《交通运输工程学》编审委员会

第二版前言

由国务院学位委员会交通运输工程学科评议组成员组成的编审委员会共同编写的《交通运输工程学》，自1999年7月正式出版至今已印刷10000册。《交通运输工程学》作为交通运输工程一级学科及其所含二级学科内硕士研究生的共同专业必修课教材，已在全国10多所高校试用。从试用情况看，普遍认为教材能适应我国交通运输现代化建设的需要，按照交通运输工程学科所含的二级学科，即交通运输基础设施的布局及修建、载运工具的运用、交通信息工程及控制、交通运输规划及管理四个方面的要求，全面介绍了铁路运输、公路运输、水路运输、航空运输和管道运输以及综合运输多式联运等各个领域的基本理论与专业基础，简要叙述了各种运输方式的主要设备、设施和建设技术，并对其运输能力、组织与管理、规划与评价、配制与协调以及交通运输工程的现代化发展趋势进行了阐述。通过本课程的教学，能够引导学生站在一级学科平台的高度，拓展视野，了解全局，进一步把握全局。因此，本教材的试用表明，学科评议组提议开设"交通运输工程学"必修课的目的已达到。根据教育部研究生工作办公室《关于遴选出版2002～2003年度"研究生教学用书"的通知》(教研办[2002]13号)的精神，本教材已由西南交通大学和东南大学负责组织申报2002～2003年度"研究生教学用书"。2003年4月，国务院学位委员会与教育部在北京召开专家评审会，通过严格审查，《交通运输工程学》已通过评审列入"2002～2003年度研究生教学推荐用书。"

21世纪，中国经济与社会发展将展现出更加雄伟的气势，交通运输作为现代经济和社会发展不可缺少的组成部分，将面临重要的发展机遇。为了适应发展的需要，学科评议组和编委会于2002年在上海和兰州两次开会，总结"交通运输工程学"课程的教学实践和教材的使用经验。会议一致认为，《交通运输工程学》对拓宽学生的知识面，打好专业基础是非常重要的，也顺应了国民经济发展对综合运输体系提出的要求，教材的编写体现了学科发展的前瞻性，知识结构反映了学科发展的先进性。在充分肯定前阶段工作成绩的基础上，决定立即组织编写本教材的第二版。《交通运输工程学》第二版与第一版相比，在三方面作了更新和补充：第一，将各种运输方式中关系全局，而且都有必要作系统介绍的内容，如交通运输系统规划、智能运输系统、综合运输与多式联运等，集中在专题篇章中作介绍；第二，根据现代交通运输发展趋势，新增加的内容有：物流工程、管道运输；第三，各种传统交通运输方式领域相关的篇章，在原有基础上，适当加强有关该领域现代化进程的新趋向及关键技术等内容。

《交通运输工程学》(第二版)包括以下内容：绪论；交通运输系统规划；智能运输系统；物流工程；铁路运输系统；公路运输系统；水路运输系统；航空运输系统；管道运输系统；综合运输与多式联运；城市交通运输系统。

《交通运输工程学》(第二版)的编写历时1年有余，在编写组成员的共同努力下，由10多所高校的40多位专家共同完成。经过上海会议的酝酿，形成了编写大纲和分工，兰州会议上最终审议定稿。编委会自始至终领导和指导着编写工作，并完成了大量的编审工作。编审委员会秘书为本书的编写承担了大量的组织、协调工作。

本书由沈志云、邓学钧编著，各篇的审稿和编写人员分别是：绪论，沈志云、邓学钧、杜文；第一篇，邓学钧、杨兆升、王炜、邓卫、过秀成、李文权、程琳；第二篇，杨兆升、谈振辉、卢守峰；第三篇，谈振辉、王耀球、刘凯、林自葵、宗蓓华；第四篇，张一军、杜文、刘建新、杨浩；第五篇，陈荫三、邓学钧、许志鸿、吴群琪、蔡喜棉；第六篇，吴兆麟、周劲南、贾传荧、方芳、宗蓓华、解新连、钟铭；第七篇，高德平、黄圣国、徐肖毫、胡明华、夏洪山、高金华、左洪福；第八篇，张劲军、杜文、吴长春、宫敬；第九篇，谈振辉、杨浩、朱晓宁、季常煦、吴群琪；第十篇，邓学钧、许志鸿、王炜、邓卫、陆建、陈学武、李旭宏。

在本书的编写过程中，西南交通大学、东南大学、吉林大学、北方交通大学、铁道科学研究院、长安大学、同济大学、大连海事大学、武汉理工大学、上海海运学院、南京航空航天大学、中国石油大学、中国民航学院、兰州铁道学院等单位的领导和有关部门给予了大力支持。特别在两次会议的召开过程中，上海海运学院和兰州铁道学院进行了精心的组织，人民交通出版社对本书的出版极为重视，为保证质量、及时出书进行了认真的安排，在此一并表示感谢。

本书如有不妥之处，欢迎读者批评指正。

《交通运输工程学》编审委员会

2003 年 5 月 10 日

目　录

第二篇　智能运输系统

第三篇　物 流 工 程

第四篇　铁路运输系统

第五篇　公路运输系统

第六篇　水路运输系统

第七篇　航空运输系统

第八篇　管 道 运 输

第九篇　综合运输与多式联运

第十篇　城市交通运输系统

绪　论

交通运输是人类社会生产、经济、生活中一个不可缺少的重要环节。随着社会的发展,人们对交通运输的需求迅速增长,从而形成了现代的交通运输业。交通运输业是国民经济的重要部门之一,它在整个社会机制中起着纽带作用。交通运输既是衔接生产和消费的一个重要的环节,又是保证人们在政治、经济、文化、军事等方面联系交往的手段,在现代社会的各个方面起着十分重要的作用。现代化交通运输业包括铁路、水运、公路、航空和管道五种基本的运输方式。

五种基本运输方式在运载工具、线路设备和运营方式等方面各不相同,并且各有其不同的技术经济特征,因而也各有其适用的范围。纵观交通运输业的发展史,在历史上的各个时期,虽然有所侧重,但都是几种运输方式同时并存的。从世界范围内交通运输业发展的侧重点和起主导作用的角度考察,可以将交通运输业的发展划分为四个阶段:即水运阶段,铁路阶段,铁路、公路、航空和管道运输阶段以及综合发展阶段。

第一个阶段是水运阶段。水上运输既是一种古老的运输方式,又是一个现代化的运输领域。在出现铁路以前,水上运输同以人力、畜力为动力的陆上运输工具相比,无论运输能力、运输成本和方便程度等,都处于优越的地位。在历史上水运的发展对工业布局和大都市的形成影响很大。海上运输还具有独特的地位,几乎不能被其他运输方式所取代。

1825年英国在斯托克顿至达灵顿修建了世界第一条铁路并投入公共客货运输,标志着铁路时代的开始。由于铁路能够快速、大容量地运输旅客和货物,因而极大地改变了陆上运输的面貌,为工农业的发展提供了新的、强有力的交通运输方式,从此,工业布局摆脱了对水上运输的依赖,在内陆腹地加速了工农业的发展。

20世纪30年代至50年代,公路、航空和管道运输相继发展,与铁路运输进行了激烈的竞争。就公路运输来说,由于汽车工业的发展和公路网的扩大,使公路运输能充分发挥其机动灵活、迅速方便的优势。工业的发展和科学技术的进步,促使人们对价值观念日益增强,航空运输在速度上的优势,不仅在长途旅客运输方面占有重要的地位,而且在货运方面也发展很快,这几种运输方式发挥的作用明显上升,铁路一枝独秀的局面开始改观,各种运输方式同时竞争成为交通运输发展第三个阶段的特征。

20世纪50年代后,人们开始认识到在交通运输的发展过程中,铁路、水运、公路、航空和管道这五种运输方式是相互协调、竞争和制约的,因此需要进行综合考虑,协调各种运输方式之间的关系,构成一个现代化的综合运输体系。综合发展阶段的重点之一是在整体上合理进行铁路、水运、公路、航空和管道运输之间的分工,发挥各种运输方式的优势。调整交通运输的布局和提高交通运输的质量则成为综合发展阶段的主要趋势。

一、交通运输在国民经济中的地位和作用

国民经济各部门所包括的物质生产部门和非物质生产部门,统称为产业部门。为社会提供

初级产品、满足人类最基本的食品需要的农业为第一产业;为社会提供加工产品和建筑物,满足人类更进一步生活需要的工业、采掘业、水电业、建筑业等为第二产业;为人类提供满足物质需要以外更高级需要的其他行业和部门为第三产业。由于第三产业包括的行业多,范围广,在我国,又将第三产业划分为流通部门和服务部门两大部分,并将运输业列入第三产业的流通部门。

运输业的生产过程是以一定的生产关系联系起来的具有劳动技能的人们使用劳动工具(如车、船和飞机等运载工具及其他主要技术装备)和劳动对象(货物和旅客)进行生产,并创造产品(客、货位移)的生产过程。运输业的产品,是旅客和货物的位移,并以运输的旅客人数(客运量)或货物吨数(货运量)和人公里数(旅客周转量)或吨公里数(货物周转量)为计算单位。

运输业又是一个特殊的产业部门。作为生产单位外部的运输,按其在社会再生产中的地位、运输生产过程和产品的属性,它和其他产业部门有很大区别。其主要特点为:

(1)运输生产是在流通过程中进行的,是为满足把产品从生产地运往下一个生产地或消费地的运输需要。因而,就整个社会生产过程来说,运输生产是在流通领域内继续进行的生产过程。

(2)运输生产过程不像工农业生产那样改变劳动对象的物理、化学性质和形态,而只改变运输对象(客、货)的空间位置,但并不创造新的产品。对旅客来说,其产品直接被人们所消费;对货物运输来说,它把价值追加到被运输的货物身上。所以,在满足社会运输需要的条件下,多余的运输产品和运输支出,对社会是一种浪费。

(3)在运输生产过程中,劳动工具(运输工具)和劳动对象(客、货)是同时运动的,它创造的产品(客、货在空间上的位移)不具有物质实体,并在运输生产过程中同时被消费掉。因此,运输产品既不能储备,也不能调拨,只有在运输能力上留有后备,才能满足运输量的波动和特殊的运输需要。

(4)人和物的运输过程往往要由几种运输方式共同完成,旅客旅行的起讫点、货物的始发地和终到地遍及全国各地。因此,必须有一个干支相连、互相衔接的交通运输网与之相适应。同时,运输业的生产场所分布在有运输联系的、广阔的空间里,而不像工农业生产那样可以在比较有限的地区范围内完成它们的生产过程。由此可见,如何保证运输生产的连续性,以及根据运输需要,按方向、按分工形成综合运输能力,具有重要意义。

(5)各种运输方式虽然使用不同的技术装备,具有不同的技术经济性能,但生产的是同一的产品,它对社会具有同样的效用;而工农业生产部门工艺不同,其产品有很大差异,这是运输生产的又一特征。

运输的目的是实现旅客和货物在空间的位移,运输生产是社会再生产过程中的重要环节。运输业的发展影响着社会生产、流通、分配和消费的各个环节,它对人民生活、政治和国防建设都有重要作用。

运输业是社会生产的必要条件,而且它不是消极地、静止地为社会生产服务的。运输网的展开、方便的运输条件,将有助于开发新的资源、发展落后地区的经济、扩大原料供应范围和产品销售市场,从而促进社会生产的发展。

运输费用在生产费用中占很大比重。在生产布局中,如何考虑运输因素,最大限度地节省运输成本,不断降低运输费用,是节省社会生产费用,提高社会劳动生产率的重要因素。

运输业担负着社会产品和商品流通的任务。缩短流通时间,就可减少社会产品和商品在流通过程中的时间消耗,缩短流通时间的重要手段就是发展运输业。我国目前国有工业企业流动资金周转时间较长,如果流动资金的周转时间缩短 10%,就可以节省流动资金 100 多亿元。因此，加快运输业的发展，建设一个发达的交通运输体系，不仅可以满足国民经济和人民生活的运输需要，也将促进生产发展和缩短流通时间，加速资金周转，最终将促进社会劳动生产率的提高。

交通运输是国土资源开发的先锋。我国西部地区生产力落后，经济欠发达，一个主要原因是交通闭塞，流通不畅。因此，西部大开发首当其冲的就是交通运输的大发展。由于西部地区特殊的自然环境和地理条件，公路运输在西部综合运输体系中占主导地位，所以实施西部大开发战略，交通基础设施的建设以公路为重点。铁路构建西部地区出海的主要通道，是连接东部和组成大陆桥的大动脉，故全国铁路建设投资亦以西部地区为重点。青藏铁路的建设必将带来西藏资源开发和经济繁荣的直接效果。其他如西气东输和从东欧引进石油的输油管道，将成为我国最大规模的管道运输工程。交通运输的发展，不但可以促进欠发达地区或边远地区的资源开发，而且可以优化资源配置，调整农牧业结构，推动农业现代化；可以改善投资环境，加速工业化进程；可以加快人流、物流、信息流，促进第三产业的发展和社会文明的进步。开发国土资源，交通是先行，这是为无数事实证明了的真理。

运输业在平时为经济建设服务，战时为军事服务。在战争中，它是联系前方和后方、调动部队运送武器弹药和粮食等物质的保证。因此，交通运输业具有半军事性质，是国家战斗实力的重要组成部分。

交通运输还是带动一系列相关产业的龙头产业。交通基础设施的建设占国家基本建设投资的最大份额。“十五”期间全国公路建设投资将要达到 10 000 亿元，铁路建设达到 3 800 亿元，加上水运航道、港口、机场、管道等建设费用，将占基建总投资一半以上。另一个重要部门是机械制造业和造船业。制造和购置机车车辆、汽车、飞机、船舶等运载工具，使制造业成为国家的支柱产业。随着交通运输需求的增长，这一支柱产业必将长盛不衰。交通运输及其相关产业的现代化为电子信息产业提供广阔的市场，大大促进信息产业的发展。交通运输业的发展还直接促进新世纪两大新兴支柱产业的形成和发展，即旅游业和物流业。这两大产业直接依托于旅客运输业和货物运输业。

综上所述，交通运输的发展直接为国民经济和人民生活服务，是国土资源开发的先锋，是国防建设的组成部分，是一系列支柱产业的市场和支撑，所以交通运输在国民经济中具有极为重要的地位和作用。

二、各种运输方式的技术经济特征及其评价

我国现代化的运输业由铁路、水运、公路、民航和管道等五种运输方式组成。它们的产品（客、货在空间的位移）虽然是同一的，但其技术性能（速度、重量、连续性、保证货物的完整和旅客的安全、舒适程度等）对地理环境的适应程度和经济指标（如能源和材料消耗、投资多少、运输费用大小、劳动生产率高低等）是不同的。

人们对交通运输的要求是安全、迅速、经济、便利。各种运输方式的技术经济特征可以从上述要求出发，按以下几个方面进行考察。

首先是送达速度。技术速度决定运载工具在途运行的时间，而送达速度除在途运行时间外，还包括途中的停留时间和始发、终到两端的作业时间。对旅客和收发货人而言，送达时间具有实际的意义。铁路的送达速度一般高于水上运输和公路运输。但在短途运输方面，其送达速度则低于公路运输。航空运输在速度上虽然占有极大的优势，但将旅客前往机场的路程

时间考虑在内,方有实际意义的比较。

在评价某种运输方式的速度指标时,还应适当考虑运输的频率(或间隔时间)和运输经常性对送达速度的影响。

各种运输方式各有其适用的速度范围(或称服务的速度范围)。旅客运输速度链将各种交通运输方式的最优速度范围(旅客运输速度)以链的形成连贯起来,认为公路运输的最优速度为50~100km/h,铁路运输为100~300km/h,航空运输则为500~1 000km/h,并对"速度链"中的空白段(300~500km/h)设想以新型的交通运输工具填补(如高速铁路、磁悬浮列车等)。

其次是投资方面。各种运输方式由于其技术设备的构成不同,不但投资总额大小各异,而且投资期限和初期投资的金额也有相当大的差别。例如,铁路技术设备(线路、机车车辆、车站等)需要投入大量的人力物力,投资额大而且工期长。相对而言,水上运输是利用天然航道进行的,其设备的投资远较铁路为低,投资主要集中在船舶、码头。比较各种运输方式的投资水平,还需要考虑运输密度和运载工具利用率等因素。

第三是运输成本。一般来说,水运及管道运输成本最低,其次为铁路和公路运输,航空运输成本最高。但是,各种运输方式的成本水平是受各种因素影响的。例如,与运量无关的固定费用,如果在运输成本中所占的比重较大,则成本水平受运输密度的影响也较大。在这方面铁路运输最为显著。又如运输距离对运输成本也有很大的影响。这是因为两端作业成本(始发和终到)的比重随着运输距离的增加而下降,通常对水运的影响最大,铁路次之,公路最小。再如运载工具的载重对运输成本亦有相当的影响,载重量较大的运输工具一般来说其运输成本较低。水运在运输成本方面居于有利的地位。

此外,从能源、运输能力、运输的经常性和机动性等方面考察各种运输方式的特性。例如,从能源的角度来看,铁路运输由于可以采用电力牵引,在这方面占有优势。从运输能力的角度来看,水运和铁路都处于优势的地位。从运输的经常性角度来看,铁路运输受季节和气候的影响最小,而就运输的机动性而言,则公路运输最好。

当前,我国五种运输方式的主要技术特征见表0-1。

我国五种运输方式的主要特征 表0-1

运输方式	最高速度(km/h)	最大运输能力(万吨/年)	通用性	机动性
铁路	客车80~160、货车80~100	单线1 800、双线5 500	较好	较差
海运	海船25~27	航线能力不受限制	较好	差
河运	客船13~15、货船8~10	船闸单线2 000、双线4 000	较好	差
公路	客车80、货车60	四个车道300~500	较好	好
民航	波音747 907 A320-300 850	波音747 291个客座 A320-300 218个客座	较差	较好
管道		管径762mm输油2 000 管径564mm输油1 000	差	差

铁路运输的各项经济指标,虽然比沿海和内河干线航运差一些,但比公路运输优越得多,作为陆上的运输方式,成本和能耗都比较低。从技术性能看,铁路运行速度高,客车最高速度每小时可达160km,货车可达100km;运输能力大,目前我国单线铁路单方向最大运输能力达到1 800万吨以上,双线可达5 500万吨,有些国家双线铁路单方向能力已达1亿吨左右,受自然

条件的影响较小，连续性较强，又可适应各种运输需要。铁路的缺点是投资大，建设周期长。

水运的经济指标在各种运输方式中是比较好的，并且它的运输工具主要航行在自然水道上，水上航道的通过能力限制较少，特别是海上航道的通过能力几乎不受限制；单位运量大，海船的最大载重量已达56万吨，内河运输一个顶推船队也可达几万吨；运费低，劳动生产率高，运距长，可到达全世界任何一个港口等。水运的缺点是受自然条件限制较大，连续性较差，速度慢。

公路运输的经济指标虽然比其他运输方式差，但是它的投资少、机动灵活，可以减少中转环节，实现“门到门”的运输，货物送达速度快，并可深入到工矿企业、广大农村和边远地区，是其他运输方式所不能比拟的。

民航运输具有速度快，在两点间运输距离短，基本建设周期短，投资较少，灵活性大，可跨越各种天然障碍等特点，它在长途和国际旅客运输中占特殊的地位。民航运输的主要问题是机舱容积和载重量都比较小、成本高、运价也比地面运输为高，而且在一定程度上也还受气候条件的限制，从而影响运输的准确性与经常性。

管道运输目前已成为世界各国陆上油、气运输的主要运输方式。管道在油、气运输中具有投资少、成本低、劳动生产率高等一系列优点，是油、气运输的主要运输方式。

铁路、水运、公路、民航和管道等五种现代化的运输方式，各有不同的技术经济性能和使用范围。随着科学技术的进步，社会运输需要的变化，各种运输方式的技术装备不断更新，其技术经济性能和使用范围也在不断变化。充分发挥各种运输方式的优势，就可以最大限度地节省运输建设投资和运输费用。同时，旅客的始发地和终到地，货物的生产地与消费地遍布全国，客、货运输的全过程往往要由几种运输方式共同完成。这就要求从货物的生产地到消费地，旅客的始发地至终到地，按运输生产过程内在规律的要求建设运输线路，在一个地区和全国范围内需要形成各种运输方式相互衔接、协调配合的综合交通运输网。但是，在不同国家，由于自然地理条件、政治历史背景、工业化开始的时间与经济结构不同、形成了各种运输方式地位不同，运量比重不一、技术装备水平与构成各具特点的不同类型的运输结构和运输网。

三、交通运输的发展趋势

交通运输是一个迅速发展的产业。根据1997年统计，五种运输方式的运营总里程已达1 594万公里，货运总量已达127.5亿吨，货运周转量达到38 214亿吨公里，客运总量达到132.2亿人，客运周转量为10 019亿人公里，各种运输方式的分配见表0-2。

1997年各种运输方式的运量及周转量　　表0-2

运输方式		运输总里程	货运				客运			
			运量		周转量		运量		周转量	
		万公里	亿吨	%	亿吨公里	%	亿人	%	亿人公里	%
合计		1 594	127.5	100	38 214	100	132.2	100	10 019	100
分类	公路	122.6	97.6	76.5	5 271.5	13.8	120.5	91	5 541.4	55.3
	铁路	5.76	17	13.3	13 097	34.3	9.3	7	3 548.3	35.4
	水运	10.98	11.3	8.89	19 235	50.3	2.3	1.7	155.7	1.55
	航空	1 452.5	0.013	0.01	29.1	0.08	0.563	0.4	773.5	7.7
	管道	2.04	1.6	1.25	581.3	1.52				

随着社会和经济的发展，社会总运量将以5%左右的速度不断增长。预测到2005年货运量将达163亿吨，周转量将达51 500亿吨公里，客运量将达205亿人，周转量将达16 900亿人公里。对于运输服务质量的要求将日趋强烈。面对如此强大的市场需求和剧烈竞争，现代运输业的根本出路在促进科技进步，用现代信息技术来改造和提升传统的运输产业，达到高服务质量、高运输效率和低运输成本，实现交通运输的全面现代化。

从国际交通运输发展趋势来看，在采用新技术实现现代化方面，各种运输方式虽有不同特点，但却存在共同的方向，即提高速度、加大载重、走向智能化和保护环境。

1.提高速度

提高运行速度是交通运输发展过程中的永恒主题。一部交通发展史就是运行速度不断提高的历史。任何一种运载工具都在特定的介质中运行。随着技术的进步，能够克服介质阻力而不断提高前进速度。但是，提高速度是要付出代价的，如果同提速带来的效益相比没有明显的优势，则这种提速不具备生命力。例如水运，水中的阻力比大气中的高得多，故提速受到很大限制，一般在50码(91km/h)以下，进一步提速只能减少或脱离与水的接触，如小水面船或水面飞机。同样，地面交通也受稠密大气层空气阻力的限制。列车、汽车等地面运载工具的前进速度超过300km/h时，80%以上的阻力来自周围的空气。加大牵引动力去获得更高速度在技术上总是可能的，但是否经济，则需全面考虑。这就是超高速磁悬浮列车至今仍停留在试验阶段，不能成为一种商用运输方式的原因。航空如同水运的情况一样，欲获取更高速度，就必需减小或脱离与空气媒体的接触，如超音速飞机(万米高空空气密度只有地表的1/5左右)或宇宙飞船(没有空气)。从这一观点出发，可将各种运输方式的经济提速空间列于表0-3。

各种运输方式的经济提速空间 表0-3

运输领域	所处介质的特点	运输方式	经济提速空间(km/h)
水运	水的密度为1 000kg/m³水中速度难以超过50码(91km/h)	河运	快速水翼船,50～80
		海运	水面效应飞机,300～400
陆运	地表稠密大气密度为:1.2kg/m³,速度超过400km/h后,90%运行阻力来自空气	铁路	提速铁路,160～200 高速铁路,200～400
		公路	高速公路,120～140 最高速度,180～200
空运	11 000m高空空气密度只有地表的1/5左右	民航	超高空飞行,1 000～2 000

从技术上说，各种运输方式提高速度的方法有共同特点。首先必须加大牵引动力来获得足够大的驱动和制动功率，才能克服周围介质的阻力，跑得快、停得住。其次，必须有动力特性优良的运载工具，自重轻、阻力小、运行平稳、确保安全。另外，在运输基础设施方面也应尽量平直，减少对运载工具的干扰。高速公路、高速铁路、高速水运或高速飞机都可从这些方面看到它们同一般运输之间的差别。

2.提高载重

如果说客运最关注速度的话，货运第一位的就是载重。货运重载化和客运高速化共同构成现代交通运输的主体。

以铁路为例，通常一列货物列车的质量为3 000t左右，如果提高到6 000t/列，则运输效率将提高1倍。现代重载列车技术可使载重提高到10 000～25 000t/列，最高纪录达到75 000 t/列。开一列重载列车相当开行十余列普通列车，可见采用新技术能带来巨大效益。

其他运输方式的货物运输同样有此发展趋势。船舶大型化十分明显。特大散货船的吨位已达36.5万吨，液货船的最大吨位达到56.3万吨，最大的集装箱船能装载6 797TEU。载重汽车已由几吨提高到几十甚至几百吨。载重300t的货运飞机已投入使用。俄罗斯正研制能载重1 000～2 000t的热气球，以解决特大货物在特困地区的运送问题。

重载货运是综合运用一系列高新技术的结果。超强材料和结构的采用、超常功率的牵引和制动、大宗货物的集散和管理等，都是各种运输方式实现重载化时所面临的共同问题。

3.智能化

在走向信息社会的21世纪，交通运输现代化的必由之路是信息化，是全面采用由计算机技术、通信技术和测控技术组成的信息技术。信息化的高级阶段就是智能化。智能交通系统是当前发展的重点方向。

公路运输智能化首当其冲，如高速公路和城市道路的智能控制系统、城市交通流诱导系统、车辆定位及通信系统、车辆安全系统、收费管理系统等，都急待开发和推广。铁路在开发列车自动驾驶系统、调度管理信息系统、运输信息管理系统等基础上，有待统一集成，发展现代智能铁路系统。水路运输智能化包括船舶智能化、岸上支持系统智能化和水上运输系统智能化。航空运输系统智能化，即新航空系统，包括通信导航及监视和空中交通自动化管理。交通运输智能化内涵十分丰富，是信息技术应用的广阔天地。

4.环保化

在环境持续性危机中，交通运输的影响很大。汽车尾气污染是大气污染的主凶，油船漏泄和垃圾排放等造成重大水污染，公路铁路施工中的不合理取土和填方，飞机汽车火车等噪声污染，电气化铁路和通信线路的电磁干扰等，都说明建设生态洁净型的现代交通运输系统非常重要。

汽车运输环保化是国际上最受关注的问题，最彻底的解决办法是采用电动汽车。但由于蓄电池材料问题尚未解决，电动汽车离商业化运用还需时日。采用燃料电池作为动力，是进展很快的一个发展方向，技术上已取得突破，但成本过高，尚待研究解决。目前，比较现实的措施有两个：一是采用洁净化燃料，如煤化汽油、甲醇、天然气、液态氢等，不含硫的新型汽油类燃料；其次是采用混合驱动，减小发动机，增加电机驱动，实现怠速关机和回收部分制动能量。现在开始有各种型号的混合驱动汽车投放市场。

铁路电气化是成熟的环保运输技术。高速铁路是生态最洁净的现代交通。城市轨道交通能减少汽车用量，不仅可以缓解日益严重的交通堵塞问题，而且是城市交通走向洁净化的重要途径。

高速化、重载化、智能化和环保化是交通运输发展的共同趋势。各种运输方式在解决这些问题上的技术路线和经济路线往往大同小异，可以互相借鉴，但在具体实施上又各有特点。从共性出发，把握个性，是使交通运输事业不断发展，达到现代化交通的康庄大道。

四、交通运输工程学的研究对象

交通运输学科是一门古老的学科，它是随着交通运输业的发展、交通运输技术的不断前进而逐步地发展起来的，是以交通运输业为对象与多种学科结合而发展起来的。

铁路运输、公路运输、水路运输、航空运输和管道运输是现代社会中交通运输的主要方式。信息、电子、材料、现代控制和环境工程等现代工程技术和高新技术又为交通运输的发展注入了新的活力，推动和促进了现代交通运输业的迅速发展。由多种运输形式共同组成的国内、国际多维运输网络已成为现代经济和社会发展中不可缺少的组成部分。在此过程中交通运输工程已形成为一个独立的学科门类。

交通运输工程学科涉及交通基础设施的布局及修建、载运工具的运用、交通信息工程及控制、运输规划及管理以及交通运输的现代化及安全技术等，它们有共同的理论和专业基础，与电气、电子、土木、机械、材料、信息工程、管理等科技领域各学科有着密切的联系和相互交叉。各种交通运输方式还应统筹规划、合理分工、扬长避短、协调发展，以提高我国的综合运输能力，适应国民经济可持续发展的需要。

当前铁路、公路、水路、航空等运输正朝着高速、重载、智能化和环保化的方向发展。因此，本学科覆盖的领域和科学研究方向也需要拓宽更新，以适应综合交通运输发展的需要。

主要学科领域和范围为：

(1)铁道、公路、管道、城市道路和机场、港口的规划、设计、施工、养护是本学科中研究的重要内容，以高速重载铁路、高速公路、快速城市干道和现代化机场、港口工程等为主攻方向。从发展趋势看，铁路上部建筑及公路路面和机场、港口地面设施的功能需要进一步完善，并需要着重研究各种新技术、新材料、新工艺及其在本学科领域的作用，以适应重载以及高速列车、新型汽车和大型现代化船舶、飞机的运行、起降等发展的需要。为使线路和机场的设计更为经济合理，采用优化及自动化设计已成为迫切需要。

(2)交通运输中的运载工具运用必须适应重载、高速、高效、安全运输发展的需要。这就给运载工具结构及运用的可靠性、科学性和安全性研究，运载工具在运行过程中的动态性能与环境影响的研究，运载工具的维修、诊断研究以及轮轨(路、航道)相互作用等方面提出了许多急待解决的新课题。

(3)保证交通运输安全，提高运输效益和效率，建设智能化、综合化的交通信息控制系统，对信息采集、处理和传输、信息集成与控制等技术提出了更高更新的要求。因此，必须加强运输控制现代化、运输过程自动化与运输信息集成化的研究和应用。

(4)交通运输要实现经济、高效与安全，必须加强交通运输系统总体规划、运行技术及运输管理的研究。要利用最优化的理论和方法、计算机技术等进一步研究如何科学地组织运输生产，实现运营管理现代化。要着重研究利用现代化技术手段来提高运载工具的运行效益，研究物流过程中的技术经济规律，研究现代客运系统和城市交通的规划与管理。

(5)要进一步研究人、运载工具、交通环境及各种交通附属设施的相互作用和各种运输方式相衔接而产生的技术和经济问题，研究交通的发展对社会经济需要的适应以及交通与环保、城市规划、土地利用诸方面的协调问题。

(6)随着铁道、公路、水路及航空的发展，安全问题日益突出，在技术密集和资金密集的条件下，交通事故所造成的人员伤亡和物资损失也日趋严重，而交通运输安全技术和保障问题仍是当前交通运输业的薄弱环节，急需深入研究交通运输过程中的安全运行规律和提供安全技术保障。

第一篇　交通运输系统规划

第一章　交通运输系统规划概论

第一节　交通运输系统规划的目的与任务

一、交通运输系统规划的目的与要求

交通运输系统规划是交通运输系统建设与管理科学化的重要环节，是国土规划的重要组成部分。交通运输系统规划属于长期发展布局规划，是制定交通运输系统建设中长期规划、编制五年建设计划、选择建设项目的主要依据，是确保交通运输系统建设合理布局，有序协调发展，防止建设决策、建设布局随意性、盲目性的重要手段。

交通运输系统规划必须坚决贯彻党和国家确定的战略方针和目标，充分体现国民经济“持续、稳定、协调发展”的方针，使交通运输系统发展布局服从于社会经济发展的总战略、总目标，服从于生产力分布的大格局，正确处理地区间、各种运输方式间交通网络的衔接，使交通运输系统规划寓于社会经济发展之中，寓于综合运输体系之中。同时，必须坚持实事求是，讲究科学、讲究经济效益，从国情、从本地区特点出发，既要有长远战略思想，又要从实际出发做好安排。要严格执行国家颁布的有关法规、制度，严格执行交通运输系统工程建设的技术规范、技术标准。

二、交通运输系统规划的任务

交通运输系统规划的主要任务是：通过深入的调查、必要的勘测和科学的定量分析，在剖析、评价现有交通运输系统状况及综合运输状况，揭示其内在矛盾的基础上，根据客货流分布特点、发展态势及交通量、运输量的生成变化特征，提出规划期交通运输系统发展的总目标和大布局；划分不同路线的性质、功能及技术等级，拟定主要路线的走向和主要控制点，列出分期实施的建设序列，提出确保实现规划目标的政策与措施，科学地预测发展需求，细致地确定合理布局。

第二节　交通运输系统规划的分类与规划主体内容

根据交通运输系统规划涉及的范围，可将交通运输系统规划分为两大类型：区域运输系统

规划与城市交通系统规划。

一、区域运输系统规划

区域运输系统规划主要是指五大运输方式的发展规划，它包括公路网络系统规划、铁路运输系统规划、航空运输网络系统规划、水路运输系统规划、管道运输系统规划等。

二、城市交通系统规划

城市交通系统规划一般指城市综合交通系统规划(重点是道路交通系统规划)，中小城市只要完成了城市综合交通系统规划就能满足城市发展的要求，但特大城市、大城市除了需要进行城市综合交通系统规划外，往往还要进行以下专项交通规划，即城市道路交通系统规划、城市公共交通系统规划、城市轨道交通系统规划、城市道路交通系统管理规划、城市智能交通系统发展规划等。

三、交通运输系统规划的主体内容

无论是区域运输系统规划还是城市交通系统规划，规划的主体内容一般包括以下几个方面：

①交通运输系统现状调查；

②交通运输系统存在问题诊断；

③交通运输系统交通需求量发展预测；

④交通运输系统规划方案设计与优化；

⑤交通运输系统规划方案综合评价；

⑥交通运输系统规划方案的分期实施计划编制；

⑦交通运输系统规划的滚动。

第三节　交通运输系统规划的总体设计

一个区域的运输系统规划或一个城市的交通系统规划的编制工作是一个相当复杂的系统工程，在规划编制工作开始前，必须对整个规划过程进行总体设计。总体设计包括落实任务，建立组织机构，确定规划的指导思想、规划目标及规划原则，确定规划期限、规划范围及主要的规划指标，提出规划成果的预期要求等。

一、规划任务的落实及组织机构的建立

区域运输系统规划一般分多个层次，按国家、省(自治区、直辖市)、地(市)、县行政区划，由各级交通运输的主管部门负责组织规划的编制。

一般来说，国家级运输网络的规划由国务院下属有关部门(如交通部、铁道部、民航总局等)负责组织编制；省级运输网络的规划由各省(自治区、直辖市)政府有关部门(如交通厅、铁路局等)负责组织编制；县级运输网规划由地(市)交通运输部门负责组织编制。部门专用运输网络的规划(如农场、牧场、林场、矿山、油田的局部公路网、铁路网、管道网、航线，国防、边防公

路,旅游公路等)由专用部门负责组织编制,并纳入各地区的规划中。

编制不同层次的交通运输网络规划时,下一层次的交通运输网应服从上一层次的交通运输网布局,跨行政区划的交通运输网络需在上一级交通运输主管部门指导协调下进行,避免交通运输网络规划出现不协调现象(如断头路)。

城市交通系统的各项规划根据城市的发展需要而定,国家在上世纪 90 年代颁布的《城市规划法》中规定,建制市必须制定城市总体规划,城市总体规划中必须包含城市综合交通规划。一般城市把交通系统规划作为城市总体规划中的一个专项规划来进行,但大多数特大城市及大城市根据城市交通的发展需要而进行交通规划,并包含多项城市交通专项规划。城市交通系统规划工作一般由城市规划管理部门负责组织编制。

在进行各类交通运输系统规划时,各级交通运输部门(或规划部门)应设置交通规划专门机构,以确保规划质量和规划工作不间断地深入开展。规划技术力量不足的交通运输管理部门(或规划部门)也可将规划编制工作委托给持有设计证书的交通运输规划设计单位或大专院校进行。

由于交通运输系统规划涉及范围广、技术要求高、社会影响大,在规划编制过程中一般都要成立三个机构:规划领导小组、规划办公室、规划编制课题组。

二、规划指导思想、规划原则的确定

1.交通运输系统规划指导思想

交通运输系统规划的指导思想因规划层次不同、规划区域不同而不同,没有统一的标准,应结合当地实际情况制定。如绍兴市在进行市域(5 个县)范围的综合交通网络规划时,制定的规划指导思想为:“以服从于国家及浙江省综合运输主干线规划布局为前提,以绍兴市社会经济发展战略及国土规划为依据,以系统工程方法及综合运输规划方法为理论指导,以充分发挥绍兴市公路、水路、铁路的综合运输优势为目标,立足于绍兴市的社会经济特色及交通运输特点,将绍兴市综合运输系统作为一个与社会、经济密切相关的有机整体,对其进行全面、综合、系统的研究,并制定科学的规划,为绍兴市公路交通系统的近期建设及远期发展提供科学依据,为加速绍兴市社会经济发展服务”。

2.交通运输系统规划原则

交通运输系统规划也因规划层次、规划区域的不同而不同,但一般来说,在进行交通运输系统规划时,必须遵循以下原则:

1)交通运输系统建设服务于经济发展原则

交通运输系统发展布局必须服从于社会经济发展的总战略、总目标,服从于生产力分布的大格局。交通运输系统建设必须与所在区域的社会经济发展各阶段目标相协调,并为当地社会经济发展服务。

2)综合运输协调发展原则

在进行某一交通运输方式网络的规划时,必须综合考虑所在区域的铁路、公路、水路、航空、管道五大运输方式的优势与特点,宜陆则陆、宜水则水,形成优势互补、协调发展的综合运输网络。

3)局部服从整体原则

某一层次的交通运输系统规划必须服从于上一层次交通运输系统总体布局的要求，如省域公路网规划必须以国家干线网规划为前提，市域公路网规划必须以国家干线网、省域干线网规划为前提。

4)近期与远期相结合原则

交通运输系统建设是一个长期发展的过程，一个合理的交通运输系统建设规划应包括远期发展战略规划、中期建设规划、近期项目建设计划三个层次，并满足“近期宜细、中期有准备、远期有设想”的要求。交通运输系统建设的长期性决定了交通运输系统规划必须具有“规划滚动”的可操作性，规划的滚动以规划的近远期相结合为前提。

5)需要和可能相结合原则

交通运输系统建设规划既要考虑社会经济的发展对交通运输的要求，建设尽可能与社会经济发展相协调的综合运输网络，以促进社会经济的发展，又要充分考虑人力、物力、财力等建设条件的可能性，实事求是地进行交通运输网络的规划、布局及实施安排。

6)理论与实践相结合原则

交通运输系统规划是一个相当复杂的系统工程问题，必须利用系统工程的理论方法对交通运输系统从相互协调关系上进行分析、预测、规划及评价，才能获得总体效益最佳的交通运输系统规划布局及建设方案。但交通运输系统规划若脱离了工程实际，就会变成“纸上谈兵”，失去实际意义。

三、交通运输系统规划的范围及期限

1.交通运输系统规划的期限

交通运输系统规划一般分近期、中期、远期三个阶段，近期以距基准年1~5年为宜，最长不超过10年；中期以距基准年5~15年为宜，最长不超过20年；远期距基准年15~30年为宜，最长不超过50年。如1998年完成的常州市域公路网规划中，基准年为1997年，近期为1998~2005年，中期为2006~2010年，远期为2011~2020年。如2001年完成的苏州市综合城市交通规划中，基准年为2000年，近期为2000~2005年，中远期为2006~2020年，远景为2030年(考虑轨道交通系统的建设问题)。

2.交通运输系统规划的影响范围

交通运输系统规划的影响范围分直接规划区及间接影响区。直接规划区为规划网络的所在行政区划，间接影响区为与规划区相邻区域及与规划区有交通往来的区域。

在区域运输系统规划的交通调查、交通发展预测及综合评价中，分析模型的建立均以“交通小区”为基本分析单元，因此交通小区的划分非常重要。一般来说，整个规划范围内以100~500个交通小区(含间接影响区)最为适宜，既能满足交通分析的精度要求，分析工作量又不至过大。

进行区域运输系统规划时，一般按以下方法确定规划范围与分区：

1)国家级线网规划

①直接规划区：以地区行政区划为单位，一个地区为一个交通小区，全国约400个地区，即约400个交通小区；

②间接影响区：以周边国家为单位，一个国家为一个交通小区。

2)省域级线网规划

①直接规划区:以县为单位,大中城市内以区为单位,一个县(区)为一个交通小区;

②间接影响区:周边省份以省区为交通小区,非周边省份以大片区为一个交通小区。

3)市域级线网规划

①直接规划区:以乡镇为单位,城市内以街道为单位,一个乡镇(街道)为一个交通小区;

②间接影响区:周边以县为单位,非周边以地区、省区、大片区为单位。

4)县域级线网规划

①直接规划区:以主要经济区(重要矿场、开发区、工厂、一个村或几个村)为单位、城市区以街道为单位划分交通小区;

②间接影响区:同前。

进行城市交通系统规划时,一般按交通小区面积 1～2km^2 或 1～2 万人口进行分区。

第二章　城市道路交通系统规划

第一节　城市道路交通规划工作总体设计

为了优化城市用地布局,提高城市的运转效能,提供安全、高效、经济、舒适和低公害的交通条件,对城市道路交通设施的建设,必须经过科学、合理的规划。

城市道路交通规划应以市区内的交通规划为主,并处理好市际交通与市内交通的衔接、市域范围内的城镇与中心城市的交通联系。

城市道路交通规划必须以城市总体规划为基础,满足土地使用对交通运输的需求,发挥城市道路交通对土地开发的促进和制约作用。

城市道路交通规划一般分城市道路发展战略规划、城市道路交通综合网络规划及城市道路近期治理规划三类。规划年限分别为 20～50 年、5～20 年、3～5 年。特大城市、大城市一般应完成三类规划,中小城市只需进行后两类规划。

城市道路交通规划应包括以下主要内容:

①城市道路交通规划工作总体设计;

②现状交通系统调查及分析;

③城市交通需求发展预测;

④城市道路交通网络规划方案设计;

⑤城市道路网规划方案评价;

⑥城市道路网规划方案调整与优化;

⑦城市道路网规划方案实施计划。

城市道路交通规划工作涉及面广、工作量大,在规划工作开展前,必须进行总体设计。总体设计包括以下内容:

①建立工作机构。一般应包括规划领导小组、规划办公室及规划工作课题组三个层次;

②确定该城市道路交通规划的指导思想及规划原则;

③确定规划地域范围、规划层次、规划年限;

④规划区(直接影响区及间接影响区)交通小区划分;

⑤确定规划目标;

⑥规划过程总体流程设计。

第二节　城市交通基础信息调查

服务于城市道路交通规划的交通调查包括以下内容:

一、城市社会经济基础资料调查

需收集的城市社会经济基础资料包括以下几个方面:

①人口资料:城市人口总量及各交通区分布,人口年龄结构、性别结构、职业结构、出生率、死亡率、机械增长率;

②国民经济指标:国民收入、各行业产值、人均收入、产业结构等;

③运输量:客货运历年运输量、各运输方式比重等;

④交通工具:各方式、各车种的交通工具拥有量。

二、城市土地使用调查

城市土地使用与城市道路交通有着密切的关系,不同性质的土地使用可产生或吸引不同性质的交通,交通与土地使用的关系是进行交通需求预测的基础。服务于交通规划的土地使用调查应包括以下内容。

①土地使用性质:各交通区主要土地使用类别的土地面积,如工业、商区、居住、科教卫等土地使用类别的面积;

②就业、就学岗位数:全部交通区或典型交通区的就业、就学岗位数;

③商品销售额:全部交通区或典型交通区的商品销售额。

三、城市居民出行 O－D 调查

城市居民出行 O－D 调查即居民出行起讫点调查,O－D 为 Origin－Destination(起点－终点)的缩写。通过 O－D 调查能较全面了解居民出行的内在规律,并获得一系列的重要参数,因此 O－D 调查在城市道路交通规划中占有非常重要的地位。

居民出行 O－D 调查的内容包括居民的职业、年龄、性别、收入等基础情况,以及各次出行的起点、终点、时间、距离、出行目的、所采用的交通工具等出行情况。居民出行 O－D 调查采用的方法有:家庭访问法、电话询问法、明信片调查法、工作出行调查法、职工询问法及月票调查法等。

四、城市流动人口出行 O－D 调查

流动人口是城市总人口中特殊的组成部分,流动人口的出行规律如出行次数、出行方式等

与城市居民出行规律一般有较大的差异,在我国更是如此。

流动人口的组成十分复杂,按其在城市中停留的时间可分常住、暂住、当日进出等三种情况,按其来城市的目的又可分为出差、旅游、探亲、看病、经商、转车等。因此,流动人口出行O－D调查难度较大,对不同类别的流动人口应采取相应的调查方法。常住、暂住流动人口一般可采用与居民出行O－D调查类似的旅馆访问、电话询问等方法,对当日进出的流动人口则可采用在城市的出口,如车站、码头直接询问等方法。

五、机动车出行O－D调查

机动车出行O－D调查包括公交车出行O－D调查及非公交车出行O－D调查两类。

城市公交车出行O－D调查的内容包括行车路线、行车次数、行车时间等,可直接由公交公司的行车记录查得。

城市境内除公交车外的其他机动车辆境内出行O－D调查的内容,包括车辆的种类、起讫地点、行车时间、距离、载客载货情况等。

除城市公交车外的其他机动车出行O－D调查的方法,一般有发(收)表格法、路边询问法、登记车辆牌照法、车辆年检法、明信片调查法等。

六、城市道路流量调查

城市道路流量资料是进行现状交通网络评价、交通阻抗函数标定以及未来路网方案确定的重要依据。城市道路流量调查包括以下内容:

①道路机动车流量:主要道路分车型、分时段交通量;重要路段连续调查24h,一般路段调查16h或12h;

②交叉口机动车流量:主要交叉口分车型、分时段、分流向交通量,流量调查16h或12h,流向调查两个高峰小时;

③道路自行车流量:主要道路分时段交通量,重要路段调查24h,一般路段调查16h或12h;

④交叉口自行车流量:主要交叉口分时段、分流向流量,流量调查16h或12h,流向调查两个高峰小时;

⑤核查线流量:核查线流量用于校核交通预测模型;每条核查线把规划区分成两部分,尽可能利用天然障碍线(如河流、铁路、城墙等),核查线与道路相交处需进行流量调查。

七、道路交通设施调查

道路交通设施调查包括以下内容:

①道路:各道路路段的等级、机动车道及非机动车道路面宽度、机非分隔分式、长度、坡度、交通管理方式(如单行线、公交专用线)等;

②交叉口:各交叉口类型、坐标、控制方式等;

③停车场:停车场位置、形式、停车容量等。

第三节　城市交通需求发展预测

服务于道路交通规划的城市交通需求发展预测应包括:城市社会经济发展预测、城市客运交通发展预测及城市货运交通发展预测三大部分。

一、城市社会经济发展预测

城市社会经济发展指标是城市交通客运、货运预测的基础。城市社会经济发展预测一般包括以下内容。

1.城市经济发展预测

城市经济发展预测就是要确定各规划特征年(如2000年、2010年、2020年等)城市经济发展指标。它包括各特征年城市国内生产总值总量及在各交通区的分配等指标,以此作为城市客货运量预测的依据。

一般情况下,城市政府部门对本城市的经济发展作过规划(如城市10年发展纲要等),因此城市经济发展指标可根据已制定的城市发展纲要并结合城市总体规划、城市历年经济发展规律等情况综合确定。

2.城市人口发展预测

同样,城市人口发展预测就是要确定各特征年的城市常住人口、暂住人口及流动人口规模,以此作为城市客运预测的依据。

与经济发展指标一样,一般情况下市政府部门制定的城市发展纲要中已经包括了城市各特征年的人口指标。本预测中,主要任务是根据既定的人口模型以及现状人口特征资料,确定各特征年的人口年龄结构及人口在各小区的分布。

3.劳动力资源与就业岗位预测

劳动力资源指城市人口、暂住人口中具有劳动力能力的人数。各特征年的劳动力资源以各特征年人口指标为基础,考虑当前劳动力资源占总人口比例、人口的年龄结构变化(老龄化问题)、未来的退休年龄等因素确定。不计未来特征年的失业率,即认为劳动力市场是平衡的,那么,就业岗位数就等于劳动力资源数。

取得全市的劳动力资源数及就业岗位数后,还需将其分配到各个交通区。劳动力资源数在各交通区的分配,可根据各交通区人口数按比例分配。就业岗位数在各交通区的分配,需根据各交通区内所包含的工业、商业、科教卫等用地的面积、密度而定。

4.学生人数及就学岗位预测

城市学生总人数的确定类似于劳动力资源预测,以各特征年人口为基础,考虑当前学生人数在总人口中的比例、人口的年龄结构变化、义务教育的普及及高等教育的发展等因素综合确定。不考虑失学问题,可以认为未来各特征年的就学岗位数等于学生人数。未来各特征年学生人数在各交通区的分布,可根据各交通区人口数比例确定。就学岗位数在各交通区的分布,应根据各交通区教科卫用地面积及密度确定。

二、城市客运交通需求发展预测

城市客运交通需求发展预测一般包括城市居民出行生成(出行发生、出行吸引)预测、城市居民出行分布预测、城市居民出行方式结构预测及出行线路交通量预测(即交通分配)四部分,常称四阶段预测法或四步法。由于交通分配过程依赖于道路网络方案,因此,通常把交通分配归入网络方案论证过程中。此处只讨论前三步预测。

1.城市居民出行产生预测

城市居民出行产生预测按出行目的分类进行。图 1-2-1 分别为鞍山市、无锡市的居民出行目的结构图。

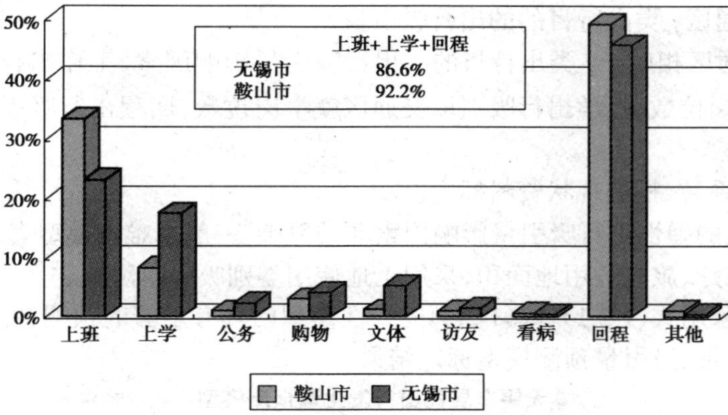

图 1-2-1　鞍山市、无锡市居民出行目的结构图

由图 1-2-1 可知,在出行目的结构中,上班、上学、回程占了绝大部分,一般在 90%左右,我们称这类出行为生存出行,这类出行是居民为生存必须进行的;其他出行比例较少,只占 10%左右,我们称这类出行为弹性出行。一般来说,弹性出行占的比例越高,生存出行占的比例越低,则这个城市的生活水准就越高。如鞍山市的弹性出行比例仅为 7.8%,而生存出行占 92.2%,无锡市的弹性出行占 13.4%,而生存出行占 86.6%,很明显,无锡市的生活水平远远高于鞍山市的生活水平。

由于生存出行在出行结构中占主体,只要抓住了这个主要矛盾,做细致的分析、预测工作,则出行产生预测精度能大大提高。因此,在出行产生预测时,我们把出行目的分成上班、上学、回程、弹性四类分别进行。

上班、上学、回程、弹性四类出行目的出行量预测基本模型,可采用下列形式的一种或几种:

$$Y_{ij} = a + bX_{ij} \tag{1-2-1}$$

$$Y_{ij} = aX^{bij} \tag{1-2-2}$$

$$Y_{ij} = ae^{bXij} \tag{1-2-3}$$

式中:Y_{ij}——i 交通区 j 类出行目的的出行发生量;

X_{ij}——i 交通区相应于 j 类出行目的的出行发生量影响因素,工作出行取为劳动力资源数,上学出行取为居住学生数,弹性出行取为居住人口数,回程出行取为非回程出行吸引量；

a、b——回归系数，根据现状居民出行调查资料及经济调查资料标定（可采用 MSExcel 系统回归）。

2.城市居民出行吸引预测

与居民出行产生预测一样，城市居民出行吸引量预测也是按上班、上学、回程、弹性四类出行目的分别建立模型，并采用相同的基本模型。

$$Y_{ji} = a + bX_{ji} \tag{1-2-4}$$

$$Y_{ji} = aX^{bji} \tag{1-2-5}$$

$$Y_{ji} = ae^{bXji} \tag{1-2-6}$$

式中：Y_{ji}——i 交通区 j 类出行目的的出行吸引量；

X_{ji}——i 交通区相应于 j 类出行目的的出行吸引量影响因素，工作出行吸引取为交通区就业岗位数，上学出行吸引取交通区就学岗位数，回程出行吸引取交通区居住人口数；

a、b——回归系数，根据现状资料标定。

由于各交通区的弹性出行吸引量影响因素非常复杂，一般很难用模型表示，通常根据交通区的商业、文体、医疗、旅游等用地面积，采用土地使用类别吸引率法确定。

通常情况下，采用式(1-2-1)、式(1-2-4)的线性模型已具有足够的预测精度。表 1-2-1 为无锡市居民出行发生量、吸引量预测模型标定结果。

无锡市居民出行发生量预测模型 表 1-2-1

出行目的	发生量预测模型	相关系数	吸引量预测模型	相关系数
上班	$Y_{i1} = 1.104X_{i1} - 55.36$ X_{i1}——i 交通区劳动力资源数	0.983 5	$Y_{i5} = 1.043\,7X_{i5} + 128.5$ X_{i5}——i 交通区就业岗位数	0.998 2
上学	$Y_{i2} = 1.396X_{i2} - 4.830$ X_{i2}——i 交通区居住学生数	0.996 8	$Y_{i6} = 1.281X_{i6} + 27.00$ X_{i6}——i 交通区就学岗位数	0.906 1
弹性	$Y_{i3} = 0.646\,1X_{i3} - 17.07$ X_{i3}——i 交通区居住人口数	0.839 5		
回程	$Y_{i4} = 0.899\,0X_{i4}$ X_{i4}——i 交通区非回程出行吸引量	0.999 8	$Y_{i7} = 1.262\,5X_{i7} - 3.2$ X_{i7}——i 交通区居住人口数	0.998 7

3.城市居民出行生成预测

将各类出行目的的城市居民出行发生量、吸引量相加，便形成城市居民全目的出行生成，它们分别是出行 O－D 矩阵中的行和（发生量）及列和（吸引量）。

4.城市居民出行分布预测

城市居民出行分布预测就是要根据前面预测的各交通区发生量及吸引量，确定各交通区之间的出行量分布，即计算未来特征年居民出行量在 O－D 表中的各元素值，所以出行分布模型是一种空间相互作用模型。城市居民出行分布预测模型主要分两大类：增长系数法及重力模型法。

1）增长系数法分布预测

增长系数法需事先给定一个先验的 O－D 矩阵(历史的,或抽样调查的,或是按某一种数学方法计算的),并假设预测的 O－D 矩阵与先验的 O－D 矩阵具有基本相同的分布形式,模型的计算主要是解决了交通需求的增长及交通区之间的平衡。

2)重力模型法分布预测

交通分布预测的重力模型考虑了两交通区之间的吸引强度与吸引阻力,认为两交通区之间的出行吸引与两交通区的出行发生、吸引量成正比,与交通区之间的交通阻抗成反比。与增长系数法相比,重力模型预测考虑的因素比较全面,尤其是强调了局部与整体之间的相互作用,比较切合实际,即使没有完整的 O－D 表,也能预测 O－D 矩阵。重力模型的一个致命缺点是短程 O－D 分布偏大,尤其是区内出行,在预测时必须给予注意。

重力模型有多种形式,目前在规划中应用最广泛、精度最好的形式是以行程时间为交通阻抗的双约束重力模型。

5.城市居民出行方式结构预测

城市居民出行方式结构预测是将前面预测的居民全目的出行量分解成各种交通方式的出行量,并转换成各种交通工具的出行量。在城市道路交通规划中,交通方式(或出行方式)分为步行、自行车、公交、出租车、摩托车、单位车、私家车及其他几类。

从目前国内城市交通预测的实践看,在进行居民出行方式划分的预测中,一个普遍的趋势是定性和定量分析相结合,在宏观上依据未来国家经济政策、交通政策及相关城市的比较来对未来城市交通结构作出估计,然后在此基础上进行微观预测。因为影响居民出行方式结构的因素很多,社会、经济、政策、城市布局、交通基础设施水平、地理环境及居民出行行为心理、生活水平等均从不同侧面影响居民出行方式结构,其演变规律很难用单一的数学模型或表达式来描述。尤其是在我国经济水平、居民的物质生活水平还相对落后,居民出行以非弹性出行占绝大部分,居民出行方式可选择余地不大的情况下,可采用这样的思路:宏观与微观相结合,宏观指导微观预测。

首先在宏观上考虑该城市居民出行方式结构及其内在原因,定性分析城市未来布局、规模变化趋势、交通系统建设发展趋势、居民出行方式选择决策趋势,并与可比的有关城市进行比较,初步估计规划年城市交通结构可能的取值。

其次在微观上,根据该城市居民出行调查资料计算出不同距离下各种方式分担率(图 1-2-2),然后考虑各交通方式特点、最佳服务距离、不同交通方式之间的竞争转移的可能以及居民出行选择行为心理等因素,对现状分担率进行修正,经若干次试算,使城市总体交通结构分布值落在第一步所估计的可能取值范围之内。

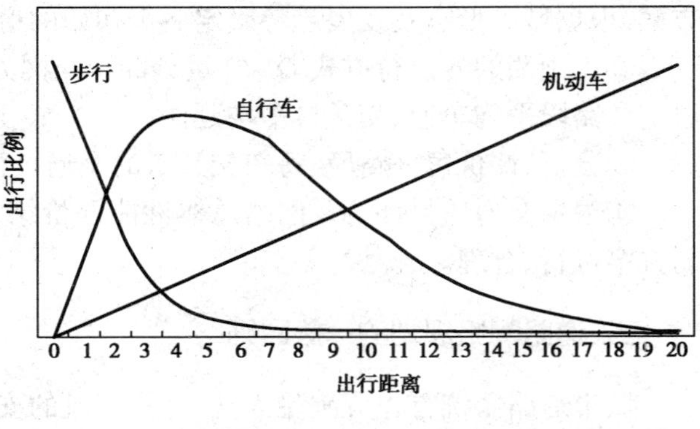

图 1-2-2　出行方式分担率-距离曲线图

三、城市货运交通需求发展预测

城市货运是城市交通运输的组成部分之一。城市货运交通需求预测包括城市货物出行总量预测、货物出行产生预测、货物出行吸引预测及货物分布预测四个方面。

1.城市货物出行总量预测

一个城市的道路货运总量与该城市的国民生产总值、商品零售额、土地使用有着密切的关系,通常城市道路货运总量通过与该城市国民生产总值、商品零售额的历史资料建立回归模型预测,并根据产业结构、工业区分布进行修正。

2.交通区货运发生、吸引量预测

各交通区的货运发生、吸引量,以城市道路货运总量为基础,根据各交通区的土地使用性质(各类用地面积及货运生成密度)进行分担,对大型企业的货运发生、吸引量要作专门预测,最后进行货运总量的平衡及调整。

3.城市货运分布预测

与城市客运分布预测一样,各交通区的货运发生、吸引量需通过分布预测转换成货运量 O – D 矩阵,并根据货车的运输效率转换成载货汽车 O – D 矩阵。

用于城市货运分布预测的预测方法与客运一致,但货运分布预测中最常用的模型为双约束重力模型,客货运分布预测的模型参数需分别标定,两者差异较大。

第四节　城市道路网络布局规划方案设计

一、城市道路交通网络规划的一般原理

城市道路交通网络的规划,必须建立在各出行方式 O – D 量的基础之上,并以满足出行要求为主要目标。

一般来说,城市道路交通网络规划方案按以下步骤产生:

①在现状交通网络交通质量评价的基础上,参考城市总体规划及分区规划中的路网系统方案,根据城市形态及发展趋势确定一个初始的道路网络方案;

②将预测的各出行方式 O – D 量分配至路网方案上,预测每一交叉口、每一路段的分配交通量及路段平均车速、交叉口平均延误;

③分析、评价每一路段、每一交叉口的交通负荷、服务水平及网络总体评价指标;

④根据交通质量评价及网络总体性能评价结果,调整路网规划方案,返回步骤 2,直到规划方案可行、合理。

二、道路网络规划的一般原则

城市道路系统首先应满足人流、客货车流的安全畅道,同时应反映出城市风貌、历史和文化传统,为地上、地下工程管线和其他设施提供空间,并满足城市日照通风与城市救灾避难要求。在进行城市道路网络系统的规划时,应对上述功能综合考虑、相互协调。

满足城市交通运输要求是道路网络系统规划的首要目标。为达到此目标,规划的道路网络系统必须“功能分清,系统分明”,为组成一个合理的交通运输网创造条件,使城市各交通区之间有“方便、迅速、安全、经济”的交通联系。这种道路网络系统由交通性与生活性两种道路组成,按道路在城市中的地位、作用、交通性质、交通速度及交通流量等指标,可将道路分为快

速干道、主干道、次干道及支路四类。快速干道及主干道为交通性道路；次干道兼有交通性和生活性两重功能，并以交通功能为主；支路一般为生活性道路，在居住区、商业区、工业区内起着广泛的联系作用。

城市道路系统应能适应今后城市用地的扩展、交通结构的变化和快速交通的要求。城市道路网络中快速干道及主干道是路网的骨架，应便捷地联系城市各主要功能区，形成客货运机动车的重要交通走廊。次干道和支路是对交通走廊的补充，以通行公交汽车、自行车及分区内部交通为主。为了构成一个协调的运输系统，各类干道及支路的路网密度，在不同的规划阶段必须予以保证。

三、城市道路网布局规划

城市道路网络系统是由于城市的发展，为满足城市交通、土地利用及其他要求而形成的。城市道路网络系统的布局与形态取决于该城市的结构形态、地理条件、交通条件、不同功能的用地分布等。

目前常用的道路网络系统可归纳为四种形式：方格（棋盘）式、放射环形式、自由式及混合式。各类城市在进行交通规划时，应根据该城市的形态、地理条件、主要客货流方向及强度，确定其道路网络系统的布局与形态，不应套用固定的模式。

四、各种城市道路规划原则

1.快速干道规划

快速干道是为车速高、行程长的汽车交通连续通行设置的重要道路，一般在大城市、带形城市或组团式城市内设置，并与城市出入口道路和市际高等级公路有便捷的联系。

快速干道应设置中央分隔带，以分离对向车流，并限制非机动车进入，部分控制快速干道两侧出入的道路。快速干道上出入道路的间距以不小于1.5km为宜。快速干道与快速干道、主干道及交通量较大的次干道相交时，采用立体交叉方式，与交通量较小的次干道相交时，可采用进口拓宽式信号控制，但应保留修建立交的可能。原则上支路不能与快速干道直接相接。

快速干道两侧不应设置吸引大量人流和车流的公共建筑物出入口。

2.主干道规划

主干道是城市道路网络的骨架，是连接城市各主要分区的交通干线，以交通功能为主，与快速干道共同承担城市的主要客、货运输。

主干道上机动车与非机动车应实行分流，主干道两侧不宜设置吸引大量人流、车流的公共建筑物出入口。主干道与主干道相交时，一般应采用立交方式，近期采用信号控制时，应为以后修建立交留出足够的用地和空间；主干道与次干道、支路相交时，可采用信号控制或交通渠化方式。

3.次干道规划

次干道是介于城市主干道与支路间的车流、人流主要交通集散道路，应设置大量的公交线路，广泛联系城内各区。次干道两侧可以设置吸引人流、车流的公共建筑、机动车和非机动车的停车场地、公交车站和出租车服务站。次干道与次干道、支路相交时，可采用平面交叉口。

4.支路规划

支路是次干道与街坊内部道路的连接线,其上可设置公交线路。支路在城市道路中占有很大的比重,在城市分区规划时必须保证支路的路网密度。支路与支路相交可不设管制或信号控制。

5.环路规划

当穿越市中心的流量过多,造成市中心区道路超负荷时,应在道路网络中设置环路。环路的设置应根据交通流量与流向而定,可为全环也可为半环,不应套用固定的模式。为了吸引车流,环路的等级不宜低于主干道,环路规划应与对外放射的干线规划相结合。

6.城市出入口道路规划

城市出入口道路具有城市道路与公路双重功能,考虑到城市用地发展,城市出入口道路两侧的永久性建筑物至少退离道路红线 20~25m。城市每个方向应有两条以上出入口道路,有地震设防的城市,尤其要重视出入口的数量。

图 1-2-3 为镇江市 2010 年道路网布局规划方案(1994 年完成的交通规划)。

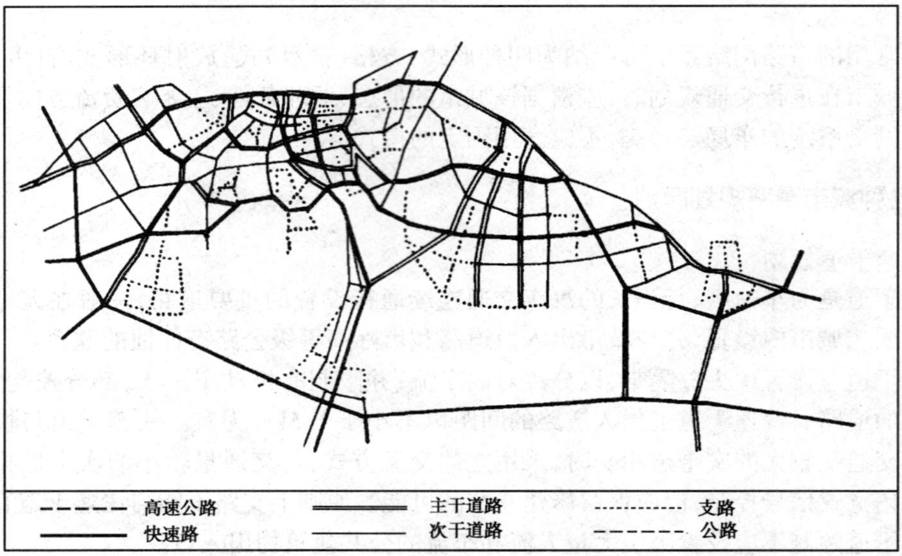

图 1-2-3　镇江市 2010 年道路网布局规划方案

五、道路网络交通分配

交通分配是城市交通规划的一个重要环节。所谓交通分配就是把各种出行方式的空间 O－D 矩阵分配到具体的交通网络上,通过交通分配可以获得交通网络中所有路段、交叉口的交通量信息。交通量资料是检验道路规划网络是否合理的主要依据之一。

在我国的城市交通规划实践中,常采用的交通分配方法有最短路(全有全无)分配、容量限制分配、多路径分配、容量限制—多路径分配四种。

六、道路交通负荷及服务水平分析

1.交通负荷分析

交通负荷分析是指分析网络中交叉口、路段的机动车及非机动车饱和度。饱和度被定义为分配交通量与设计通行能力之比。

2.服务水平分析

所谓服务水平是指道路使用者根据交通状态,从速度、舒适度、方便、经济和安全等方面所能得到的服务程度。影响服务水平的因素很多,如 V/C(即饱和度)、平均车速、交叉口延误、安全性、经济性及便利性等。其中,最主要的是 V/C,其次是平均车速(用于路段分析)或平均延误(用于交叉口分析)。

对于城市道路来说,衡量交通服务质量的最主要指标为路段、交叉口的拥挤程度(即 V/C),其次是车速(路段)或延误(交叉口)。由于车速、延误与 V/C 有关,若 V/C 增大,则必有车速降低,延误增加;若 V/C 减小,则必有车速增加,延误降低,故只有 V/C 是独立的。为方便研究,可采用 V/C 作为城市道路路段与交叉口的服务水平划分依据。借鉴国内外的经验,南京、郑州、合肥、鞍山等市综合交通规划中,采用了表 1-2-2 所示的服务水平划分标准。

路段、交叉口服务水平划分标准　　表 1-2-2

服务水平	A	B	C	D	E	F
V/C	<0.40	0.4~0.6	0.6~0.75	0.75~0.9	0.9~1.0	>1.0

各级服务水平的交通状况为:A——畅行车流,基本上无延误;B——稳定车流,有少量的延误;C——稳定车流,有一定的延误,但驾驶员可以接受;D——接近不稳定车流,有较大延误,但驾驶员还能忍受;E——不稳定车流,交通拥挤,延误很大,驾驶员无法忍受;F——强制车流,交通严重阻塞,车辆停开。

表 1-2-2 的划分标准用于城市道路网络规划时(按高峰小时分析),对于路段,可用 C 级服务水平,即要求路段 V/C 不大于 0.75;对于交叉口,可采用 D 级服务水平,即要求交叉口 V/C 不大于 0.90。

原则上要求规划网络中的每一路段、每一交叉口的服务水平均能满足设计要求。

第五节　城市公共交通系统规划方案设计

一、城市公共交通规划的一般规定

城市公共交通系统规划可以包含在城市交通规划中进行,也可以作为专项交通规划单独进行。

城市公共交通规划,应根据城市发展规模、用地布局和道路网规划,在客流预测的基础上,确定公共交通方式、车辆数、线路网、换乘枢纽和场站设施用地等,并应使公共交通的客运能力满足高峰客流的需求。

大、中城市应优先发展公共交通,逐步取代远距离出行的自行车。小城市应完善市区至郊区的公共交通线路网。

城市公共交通规划应在客运高峰,使 95% 的居民乘用下列主要公共交通方式时,单程最大出行时耗符合表 1-2-3 的规定。

不同规模城市的最大出行时耗和主要公共交通方式 表 1-2-3

城市规模		最大出行时耗(min)	主要公共交通方式
大城市	>200 万人	60	大、中运量快速轨道交通公共汽车、电车
	100~200 万人	50	中运量快速轨道交通公共汽车、电车
	<100 万人	40	公共汽车、电车
中等城市		35	公共汽车
小城市		25	公共汽车

城市公共汽车的规划拥有量,大城市应每 800~1 000 人一辆标准车,中、小城市应每 1200~1 500 人一辆标准车。

城市出租汽车规划拥有量根据实际情况确定,大城市每千人不宜少于两辆;小城市每千人不宜少于 0.5 辆;中等城市可在其间取值。

规划城市人口超过 200 万人的城市,应控制预留设置快速轨道交通的用地。

选择公共交通方式时,应使其客运能力与线路上的客流量相适应。常用的公共交通方式单向客运能力宜符合表 1-2-4 的规定。

公共交通方式单向客运能力 表 1-2-4

公共交通方式	运送速度(km/h)	发车频率(车次/h)	单向客运能力(千人次/h)
公共汽车	16~25	60~90	8~12
无轨电车	15~20	50~60	8~10
有轨电车	14~18	40~60	10~15
中运量快速轨道交通	20~35	40~60	15~30
大运量快速轨道交通	30~40	20~30	30~60

二、城市公共交通线路网规划

城市公共交通线路网应进行综合规划。市区线、近郊线和远郊线应紧密衔接。各线的客运能力应与客流量相协调。线路的走向应与客流的主流向一致。主要客流的集散点应设置不同交通方式的换乘枢纽,方便乘客停车与换乘。

在市中心区规划的公共交通线路网的密度,应达到 3~4km/km^2;在城市边缘地区应达到 2~2.5km/km^2。

大城市乘客平均换乘系数不应大于 1.5,中心城市不应大于 1.3。

公共交通线路非直线系数不应大于 1.4。

市区公共汽车与电车主要线路的长度宜为 8~12km,快速轨道交通的线路长度不宜大于 40min 的行程。

三、城市公共交通车站规划

公共交通的站距设置应适宜,市区公共汽车与电车线路的站距宜为 500~800m,大中运量快速轨道交通线路的站距宜为 800～1 200m；郊区线路的站距可适当延长。

公共交通车站服务面积，以 300m 半径计算，不得小于城市用地面积的 50%；以 500m 半径计算，不得小于 90%。

公共交通车站的设置应符合下列规定：

①在路段上，同向换乘距离不应大于 50m，异向换乘距离不应大于 100m；对置设站，应在车辆前进方向迎面错开 30m；

②在道路平面交叉口和立体交叉口上设置的车站，换乘距离不宜大于 150m，并不得大于 200m；

③长途客运汽车站、火车站、客运码头主要出入口 50m 范围内应设公共交通车站；

④公共交通车站应与快速轨道交通车站换乘。

快速轨道交通车站和轮渡站应设自行车存车换乘停车场(库)。

快速路和主干路及郊区的双车道公路，公共交通停靠站不应占用车行道。停靠站应采用港湾式布置，市区的港湾式停靠站长度，应至少有两个停车位。

公共汽车和电车的首末站应设置在城市道路以外的用地上，每处用地面积可按 1 000～1 400m^2 计算。有自行车存车换乘的，应另外附加面积。

城市出租汽车采用营业站定点服务时，营业站的服务半径不宜大于 1km，其用地面积为 250～500m^2。

城市出租汽车采用路抛制服务时，在商业繁华地区、对外交通枢纽和人流活动频繁的集散地附近，应在道路上设出租汽车停车道。

四、公共交通场站设施

公共交通停车场、车辆维修场、整流站、公共交通车辆调度中心等的场站设施应与公共交通发展规模相匹配，用地有保证。

公共交通场站布局，应根据公共交通的车种车辆数、服务半径和所在地区的用地条件设置，公共交通停车场宜大、中、小相结合，分散布置；车辆维修场布局应使高级维修集中，低级维修分散，并与公共交通停车场相结合。

无轨电车和有轨电车整流站的规模应根据其所服务的车辆型号和车数确定。整流站的服务半径宜为 1～2.5km。一座整流站的用地面积不应大于 1 000m^2。

大运量快速轨道交通车辆段的用地面积，应按每节车厢 500～600m^2 计算，并不得大于每双线千米 8 000m^2。

公共交通车辆调度中心的工作半径不应大于 8km；每处用地面积可按 560m^2 计算。

第六节　城市道路交通规划方案综合评价

一、城市道路交通规划评价

城市道路交通规划评价的原则归纳如下：

①科学性：建立的评价指标必须科学、合理、客观地反映城市交通系统性能及其影

响。

②可比性:评价必须在平等的可比性价值体系下才能进行,否则就无法判断不同城市交通网络的相对优劣;同时,可比性必然要求具有可测性,没有可测性的指标是难于进行比较的。因此,评价指标要尽量建立在定量分析基础之上。

③综合性:城市交通规划评价指标体系应全面、客观、综合地反映城市交通规划方案的性能和效果。

④可行性:评价指标必须定义确切,意义明确,并且力求简明实用。现有的一些城市交通规划评价指标中有些意义含糊,难于确定,缺乏实用性、可行性。

二、城市道路交通规划经济效益评价

对交通规划方案的经济效益评价要通过两方面的核算才能完成,即成本和效益。无论是成本还是效益都有直接和间接之分。

从成本(或投资费用)来看,直接费用包括初次投资费用以及有关的交通设施、交通服务的运营和维修费用等;间接费用则包括其他政府机构所需的经费开支(如公安机关为加强限制车速及停车规定或公共交通终点站的保护防护所增加的费用),增加大气和噪声污染、拥挤加剧等的社会费用,交通事故费用,能源、轮胎消耗费用等。

从效益来看,直接经济效益有出行时间节省、降低运输成本、减少交通事故等,间接效益有改善大气质量、减少噪声污染以及改善投资环境、生活质量、增加地区旅游吸引力等。

三、城市道路交通规划技术性能评价

根据交通规划层次和要求不同,对规划方案的技术性能评价可以从两个层次上来分析。第一层次是城市交通网络总体性能评价,是从城市交通网络整体出发,从城市总体规划、城市交通远景战略规划的角度来分析评价交通网的总体建设水平、交通网络布局质量、交通网总体容量等;第二个层次是城市交通线路节点性能的评价,是从单条线路或单个交叉口出发,分析交通线路(道路、地铁、公交线路等)或交叉口的容量、服务水平、延误、事故等,适用于中长期综合交通和近期治理规划。

四、城市道路交通规划社会环境影响评价

今天人们越来越深切体会到,交通问题不仅是一个技术经济问题,而且是一个影响广泛的社会问题。评价一个规划方案的好坏不仅要用技术性能和可见的货币价值来衡量,而且要看其能否带来良好的社会环境效益。

交通系统对社会环境的影响体现在正负两方面。负面效应包括噪声、废气、振动、安全、恐惧、视线阻挡、拥挤疲劳、社区阻隔等。正面效应包括可达性提高、促进生产、扩大市场、地价升高、改善景观等。

目前国内已经在交通噪声监测评价、汽车尾气扩散模式、城市交通综合效益分析评价模式等方面取得了一些理论成果,今后应致力于在城市交通规划实践中推广应用,并对理论模式作进一步深化完善。

第三章　公路交通系统规划

第一节　公路网络规划的目的与任务

一、公路网络规划的目的与要求

公路网络规划是公路建设与管理科学化的重要环节，是国土规划、综合运输网规划的重要组成部分。公路网络规划属于长期发展布局规划，是制定公路建设中长期规划、编制五年建设计划、选择建设项目的主要依据，是确保公路建设合理布局，有序协调发展，防止建设决策、建设布局随意性、盲目性的重要手段。

公路网络规划必须坚决贯彻党和国家确定的战略方针和目标，充分体现国民经济"持续、稳定、协调发展"和"发展以综合运输体系为主轴的交通业"的方针，使公路网络发展布局服从于社会经济发展的总战略、总目标，服从于生产力分布的大格局，服从于国家的综合运输网规划，正确处理地区间、各种运输方式间交通网络的衔接，使公路网络规划寓于社会经济发展之中，寓于综合运输体系之中。同时，必须坚持实事求是，讲究科学，讲究经济效益，从国情、从本地区特点出发，既要有长远战略思想，又要从实际出发做好安排。要严格执行国家颁布的有关法规、制度，严格执行公路工程的技术规范、技术标准。

二、公路网络规划的任务

公路网络规划的主要任务是：通过深入的调查、必要的勘测和科学的定量分析，在剖析、评价现有公路状况及综合运输状况，揭示其内在矛盾的基础上，根据客货流分布特点、发展态势及交通量、运输量的生成变化特征，提出规划期公路发展的总目标和大布局，划分不同路线的性质、功能及技术等级，拟定主要路线的走向和主要控制点，列出分期实施的建设序列，提出确保实现规划目标的政策与措施，科学地预测发展需求，细致地确定合理布局。

第二节　公路网络规划的总体设计

一、规划指导思想及原则

一个区域的公路网络规划编制工作是一个相当复杂的系统工程问题，在规划编制工作开始前，必须对整个规划过程进行总体设计。总体设计包括落实任务、建立组织机构、确定规划的指导思想、规划目标及规划原则，确定规划期限、规划范围及主要的规划指标，提出规划成果的预期要求等。

公路网络规划分多个层次，按国家、省（自治区、直辖市）、地（市）、县行政区划，由各级交通主管部门负责组织规划的编制。

一般来说，国道主干线、国道网规划由交通部负责组织编制，省道网规划由各省（自治区、直辖市）交通厅（局）负责组织编制，县道网规划由地（市）交通部门负责组织编制，乡道网规划由县交通部门负责组织编制，部门专用公路规划（如农场、牧场、林场、矿山、油田的局部路网，国防、边防公路，旅游公路等）由专用部门负责组织编制，并纳入各地区的规划中。

公路网络规划因规划层次、规划区域的不同而不同。一般来说，在进行公路网规划时，必须遵循以下原则：①公路建设服务于经济发展原则；②综合运输协调发展原则；③局部服从整体原则；④近期与远期相结合原则；⑤需要和可能相结合原则；⑥理论与实践相结合原则。

二、公路网络规划的范围及期限

1.公路网络规划的期限

公路网络规划一般分近期、中期、远期三个阶段，近期以距基准年1～5年为宜，最长不超过10年；中期以距基准年5～15年为宜，最长不超过20年；远期以距基准年15～30年为宜，最长不超过50年。

2.公路网络规划的影响范围

公路网络规划的影响范围分直接规划区及间接影响区，直接规划区为规划路网的所在行政区划，间接影响区为与规划区相邻区域及与规划区有交通往来的区域。

在公路网络规划的交通调查、交通发展预测及综合评价中，分析模型的建立均以交通小区为基本分析单元，因此交通小区的划分非常重要。一般来说，整个规划范围内以100～500个交通小区（含间接影响区）最为适宜，既能满足交通分析的精度要求，分析工作量又不至过大。

第三节　交通调查及存在问题分析

一、社会经济调查资料及分析

1.土地利用调查及分析

公路网规划的土地利用调查的内容包括现状土地开发状况、规划土地开发、发展趋势等。

2.社会经济调查分析

社会经济调查主要包括以下内容：

(1)人口　总量、分布、构成、增长状况等；

(2)经济　国民经济、国民收入、各行业产值、投资状况等；

(3)产业　结构、布局；

(4)客货运输　运输量、各运输方式的比重；

(5)交通工具　拥有量、构成等。

3.自然情况调查

自然情况调查的内容包括气候、地形、地质、自然资源、旅游资源等。

二、公路网O－D调查及统计分析

1.机动车出行O－D调查

统计分析主要包括以下内容：

①出行分布，包括统计各交通区之间，机动车所载旅客、各种货物以及各种机动车的出行 O－D 量等。

②平均载客（货）量，即统计计算各种机动车平均载客（货）量。

③出行时间与出行距离，包括统计机动车各交通区之间的平均出行时间及出行距离等。

2.交通枢纽客流 O－D 调查

统计分析的主要内容包括各种运输方式旅客的出行 O－D 量、各种运输方式旅客在各交通区之间的平均出行时间及出行距离等。

3.交通枢纽货流 O－D 调查

统计分析的主要内容包括各种运输方式、各类货物的出行 O－D 量、各种运输方式货物出行在各交通区之间的平均时间及平均距离等。

将上述统计所得机动车出行所载旅客出行 O－D 量、交通枢纽旅客出行 O－D 量汇总，便可得出包括研究区域内、研究区域对外、过境的全部客流 O－D 量。

将上述统计所得机动车出行所载货物出行 O－D 量、交通枢纽货物分布 O－D 量汇总，便可得到包括区域内、区域对外、过境的全部货流 O－D 量。

三、交通与交通设施调查及分析

1.公路网络交通调查

公路网络交通调查的内容包括区域公路网络各道路路段的交通量、车速、延误、各交叉口的交通量、延误，公路网各主要停车场的停车以及公路网络交通事故发生情况。

2.公路网交通设施调查

1）区域公路网调查

公路网络总体布局：包括停车场、加油站、休息场所的位置。

各路段状况。

各交叉口的形式。

各停车场、加油站、休息场所的规模。

2）相邻其他区域公路网络调查

调查的内容包括现状及规划的布局、各条公路的等级等。

3）铁路、航空、水运等设施调查

调查的内容主要为规划区域内及区域对外铁路、水运、航空等交通设施的状况。

第四节　公路网络交通需求发展预测

公路交通需求发展预测是对规划期内的公路运输发展做出的科学估计，公路运输发展预测应以社会经济发展规划和综合交通运输发展规划为基本依据。

一般来说，公路交通需求发展预测分社会经济发展预测、交通需求发展预测及公路建设资金预测三大部分。其中，交通需求发展预测又分综合交通运输发展预测、公路交通发展预测、公路交通分布预测及公路交通量分配预测四部分。

一、社会经济发展预测

区域交通需求预测的基本依据是未来区域社会经济发展、土地利用规划和预测。区域公路网规划所需的近远期社会经济发展指标必须在已有区域社会经济发展计划(规划)、综合国土规划、产业发展规划中提出的近远期社会经济发展指标的基础上重新进行分析、预测。

区域社会经济是一个十分复杂的大系统,其中影响区域交通需求的因素主要有:

①国民经济的发展规模和速度;

②经济结构的变动;

③人口因素和生活水平;

④基础建设的规模;

⑤能源、冶金等工业的规模、发展速度与布局。

在进行区域社会经济发展指标(主要包括各规划期的人口规模及增长速度、国民生产总值及增长速度、三产结构)定量预测之前,首先必须对该区域社会经济发展的背景、资源、条件、优势、劣势以及现有基础进行全面的分析研究,概括起来有以下几点:①资源因素分析;②区位条件分析;③区域人口分析;④政策方针分析;⑤现有经济基础分析等。

二、交通需求发展预测

公路网交通需求发展预测包括客运交通预测和货运交通预测两大部分。

交通需求发展预测的步骤是先对客、货运交通生成、分布、方式进行预测,然后将客、货运交通方式预测的结果汇总进行交通分配预测。它主要包括以下 4 个方面:

①客(货)运交通生成预测;

②客(货)运交通分布预测;

③客(货)运交通方式划分预测;

④客(货)运交通分配预测。

交通生成、交通分布、交通方式划分、交通分配四步骤的交通预测程序即是交通预测中普遍采用的"四阶段模式",其中,交通方式划分也可在交通分布之前进行。交通分配预测通常在路网方案分析时进行。

第五节　公路网络布局方案设计与优化

公路网络规划的核心及目的是路网方案的设计。网络方案设计包括根据规划期内公路交通需求量以及公路建设资金制定公路网络建设布局方案与实施方案,它是以有关资料的调查及现状交通系统分析评价为基础,以预测公路交通 O－D 量为依据,通过不断调整路网方案及预测未来交通需求在路网上分布状况来协调路网供给与未来交通需求之间平衡的一个复杂过程。

一、基年 O－D 矩阵的确定

通过公路交通需求预测,可得到各特征年(往往是近期、中期、远期期末年,如 2005 年、

2010 年、2020 年)的客运车辆 O－D 矩阵(pcu/d)及货运车辆 O－D 矩阵(pcu/d)。在进行公路网络的布局方案设计时，除了这些客货运的全日 O－D 矩阵，还需要各特征年的高峰小时客货运车辆 O－D 矩阵(pcu/h)。

各特征年的高峰小时客货运车辆 O－D 矩阵可通过在各特征年的全日客货运车辆 O－D 矩阵乘以高峰小时集中系数而得，高峰小时集中系数(即高峰小时出行量占全日出行量的比例)通过车辆出行调查、道路流量调查确定，一般在 0.08～0.12 之间。

在进行公路网络建设实施方案设计时，为了对建设项目进行优先排序，除了需要各特征年的 O－D 矩阵外，还需任一年的 O－D 矩阵，这些 O－D 矩阵可利用特征年 O－D 矩阵内插确定。

二、公路网络合理建设规模确定

一个区域的公路网络在不同的社会发展阶段应有相应的发展规模，这个规模主要与区域内的经济发展状况、重要节点分布状况、交通发展状况有关。对一个区域的公路网络合理建设规模的研究就是要确定该区域不同发展阶段的公路网络的理论长度及公路网的等级配置。

公路网络合理建设规模的确定是一个很复杂的问题，目前最权威的方法还是国土系数模型。该模型认为，区域公路网络的合理长度与区域经济发展水平、人口及国土面积有关。

除了用国土系数模型分析公路网络合理建设规模以外，还可利用本区域的历史资料采用增长率法、时间序列法、弹性系数法等常规方法来预测公路网建设里程的发展趋势，并考虑建设资金的约束状况进行综合分析后确定公路网的建设规模。

三、公路网络布局方案设计

1. 公路网络布局设计原则

公路网络布局设计应根据区域交通源的分布、交通流量流向，并结合地形、地质、河流、综合运输布局、区域周围地区的公路网以及原有公路网状况，因地制宜地进行。区域公路网布局设计首先应确定相应的运输控制点，即公路网必须连接的地点。各级公路网的控制点应为该级区域中主要的交通源。

公路网的布局、主要线路的走向、公路的等级应尽量和交通流量流向相一致，使公路发挥最佳的运输效益。

地形、地质、河流会影响到公路的造价，也会影响到公路的运输效益。因此，应尽量选择地形、地质状况较好的走向，并尽量减少与河流，特别是大江、大河的交叉。

区域运输体系是由公路网、铁路网、航运网等各种运输方式组成的，各种运输系统之间应相互协调、相互配合。公路网布局与铁路网、航运网等的布置应协调一致，共同完成区域的运输任务，发挥各种运输方式的长处。同时，公路与铁路等在线路布置上也应尽量减少相互的干扰，避免过多的交叉。

区域公路网要与区域周围地区的公路网络相衔接，使之能协调一致，避免出现断头路及设计车速的急剧变化。

公路网布局规划应分层次并由上到下进行，局部服从整体，省道网应以国道网为基础，地方道路网应服从国道网、省道网的需要，三者协调，逐步完善。

规划路网是在现有路网的基础上进行的,规划路网不可能也不应该完全抛弃现有路网,而是应该充分利用现有路网,使之能在规划路网中发挥最大的作用。

一条公路可根据交通量的大小分段采用不同的公路等级,但为使公路的技术指标保持相对均衡连接,一条公路的等级不应频繁变更。不同公路等级的路段应有一定的长度,等级越高则路段最短限制长度应越长。

公路交叉口规划是公路网规划的重要组成部分之一,它直接影响着公路的使用质量、通行能力和安全程度。

公路交叉口规划应根据相交公路的等级、交通的流量及流向、交通组成并结合地形、土地使用情况等进行。

交叉口的规划应尽量少占地,并符合安全、经济、合理的要求。交叉口的规划首先应保证等级较高的主要交通流方向的公路。

交叉口的类型包括平面交叉(含环形交叉)、分离式立体交叉、互通式立体交叉等。交叉口之间,特别是互通式立体交叉口之间应有一定的距离间隔。交叉路口的交会公路条数不宜多于4条,特别是平面交叉口,以减少交叉口的交织点、冲突点,便于组织交通。

公路与公路交叉,除高速公路外,一级公路可少量采用平面交叉,其他各级公路可采用平面交叉。平面交叉的形式,应根据交通的流量、流向确定。

高速公路与其他各级公路交叉,应采用立体交叉。交叉形式除在控制出入的地点设互通式立体交叉外,其他交叉口均应采用分离式立体交叉。

一级公路与其他公路交叉,应尽量采用立体交叉,交叉形式应根据交通流量流向确定。

2.公路网络布局典型图式

公路网络布局图式是以运输点为节点,节点间的公路为边线,由节点和表示边线基本走向的线条组成的图形。

一般来说,在平原和微丘地区,路网图式中的三角形(星形)、棋盘形(方格形)和放射形(射线形)较为普遍;而重丘和山区,由于受到山脉和河川的限制,路网图式往往形成为并列形、树叉形或条形。当区域内的主要运输点偏于区域边缘时,有可能产生扇形或树叉形;条形有可能在狭长地带的区域公路网中出现。各种图式往往又相互组合而形成混合型。

四、公路网络布局方案优化

公路网络方案优化,主要是指在原有路网的基础上,以公路网的整体最优化为目标,根据可能的投资条件,决策新建和改建路段。它包括三个方面的含义:

①一般所说的公路网络优化,是指根据资金的许可,以路网的整体优化为目标对原有路网进行的改善和扩展,即公路网布局方案设计的内容。

②广义的公路网络优化,是公路网规划建设全过程投资优化,除了上述的布局优化外,还包括将在公路网布局规划方案中确定的各个建设项目按不同的五年(或十年)规划期安排实施顺序,以使得规划期内的总建设效益最大,即通过建设项目排序进行公路网建设实施方案设计的过程。

③公路网布局规划的实际实施是一个相当长期的过程。在此期间,由于经济发展的速度、

生产力布局、投资结构或国家有关政策发生变化，可能导致运输结构和公路交通量与预测的情况不完全相符，致使公路网结构、规模及路线等级对运输需求的适用性发生变化。这时就需要根据具体情况，参考公路网建设投资方向进行调整，以充分利用有限的投资，尽最大可能满足运输需求的变化。

第六节 公路网络方案效益分析及综合评价

公路网络方案效益分析是指通过一系列的准则、标准和指标来衡量拟定的公路网络方案，并对各种定性、定量指标加以综合，得出量化结果，为方案比选提供科学的依据。

一、公路网络方案效益评价的分类

根据评价的时间，公路网络方案效益评价分为事先评价和事后评价。一般所说的评价指事先评价。

根据所采用的评价指标，公路网络方案评价分为单一目标评价（经济效益评价）和多目标评价（综合评价）。

1.单一目标评价

公路网规划中常用的是经济效益评价，将比较方案的效益和成本折合成货币单位，以确定提供最大净效益的方案。一般采用的指标主要有：净现值（NPV）、效益费用比（BCR）、内部收益率（IRR）、投资回收期（N）等。

2.多目标评价

单一目标评价把公路网络方案可能产生的多种效益都转化为用货币衡量的经济价值，采用唯一的指标，以便对所有项目进行比较。单一的目标评价虽然为规划过程提供了最有用的信息，却不可能把常常是矛盾的目标系统地包含到评价的过程中去，而这些目标可能反映了决策者最关心的内容。因此，有时需要进行多目标的分析。

二、公路网络方案效益评价的原则

公路网络方案效益评价一般依照以下原则进行方案的经济效益对比：

1.采用经济评估

评价一般分为财务评估和国民经济评估。考虑到公路运输尚未形成建设和运营统一核算的独立企业，更重要的是公路的效益，是以公路使用者获得的社会效益为主，而不是公路运输部门的效益。因此，公路网络方案一般进行国民经济评价。

2.采用直接费用和效益

效益应包括该方案国民经济做出的全部贡献。直接效益主要指可用货币形式表现出的项目产出物的经济价值，一般在方案规划中只计算直接效益，即公路使用者所获得的效益。表现为有此方案相对于无此方案时的汽车运输成本的节约，客、货在途时间的减少及交通事故费用、货损事故费用的减少。

相对来讲，费用应考虑直接费用，即可用货币形式表现出的为完成规划方案的建设、管理、运营所付出的经济价值，主要表现为公路建设费、公路大修费、公路养护费、交通管理费和残值

(以负值计入费用)。

3.采用有无方案比较方法

公路网建设方案有无比较是将规划方案建设实施的情况下发生的各种费用和效益与假定方案不实施的情况下的各种费用和效益进行比较,来评估方案的费用与效益。这是准确衡量方案所产生的净效益的必要方法。

4.采用统一年限和价格

为了使结果具有可比性,应采用统一的年限和价格。如统一采用规划期初价格,计算年限包括建设年限和预测年限,投入使用后的预测年限一般以20年计算。

5.采用预测的交通需求O-D量进行网络分析

交通量反映了公路使用者的多少,是计算公路使用者在网络上获得的效益和费用多少的最基本数据。方案实施后可能会引起公路网上的交通量重新分布,也可能使其他运输方式原有的一部分交通量转移到公路网中,甚至可能引发新的交通出行。所有这些交通量可分为转移交通量和诱增交通量两类。

但在公路网络方案规划设计中,如果被动地仅考虑是由建设项目引起的交通量变化,将使交通规划失去主动的指导意义,并不合理。从另一角度考虑,依据经济发展规划和预测交通量需求,即预测未来的O-D出行量来进行网络交通分配,而公路网络方案为需求交通量提供的效益,反映了该方案满足公路网的需求的程度,或者说是经济发展对于该公路网络方案需求的程度的一种度量,用这种效益做为评价方案指标是合理的。

三、公路网络规划方案的综合评价

公路网络规划方案的综合评价应包括技术评价、经济评价及环境评价三个方面。

1.公路网络规划方案的技术评价

公路网络的技术评价是从网络的技术性能方面分析其内部结构和功能,目的是揭示路网的使用质量,回答路网建设能不能解决交通问题,为编制公路网规划方案,验证方案的合理性,并进行方案的优化和决策提供技术方面的依据。

2.公路网络规划方案的经济评价

公路网的经济评价是指对整个路网进行经济效益分析,在交通流量、运行时间预测的基础上,通过比较规划方案的建设费用、营运费用及运输效益,并结合规划期的未来资金预测,对方案的经济合理性进行分析论证。

3.公路网络规划方案的环境影响评价

公路网的环境评价是指从区域社会经济可持续发展的角度对公路网规划方案进行环境影响分析,包括公路网对国土及自然资源的开发利用、水土保持及环境保护的影响等。

第七节　公路网建设实施方案设计

公路网建设实施方案是将已确定的公路建设布局方案中的各个建设项目按不同五年计划安排实施顺序,贯彻“近期宜细、中期有准备、远期可粗、有设想”的原则,以达到在规划期内总体建设效益最大的目的。

一、建设项目划分

1.项目划分

在适应性决策中,通过交通分配选择 V/C 值大于 V/C 允许值的路段,还应组成项目,进入备选决策集,即将所选出的路段的集合划分为若干个项目。项目划分很重要,它不仅决定了项目本身的作用和效益,而且影响着项目排序的意义,因此必须慎重对待这项工作。在项目划分中要考虑三方面的因素:

①路段物理条件的连续性。一般来说,同一项目的各个路段的宽度、等级等几何物理条件是一致的。

②路段上交通流的连续性。由于建设项目排序中的项目效益分析是在网络交通流分配的基础上进行的,保持同一项目中各路段上交通流的连续性是建设项目排序可靠的重要保证。

③项目施工实施的要求。项目的划分必须符合施工实际,这是项目划分最基本的要求。

项目划分工作必须与规划地区决策人员和了解施工要求的工程技术人员联合分析确定。

2.项目分类

在建设项目排序中,为了使不同的项目可以比较,对所有的项目应进行统一的评价。但是,由于各个建设项目的具体情况和实际意义可能不完全相同,进行统一评价有时并不具有可比性。因此,有时需要对项目进行分类,在同一类项目中采用相同的评价方法,不同类的项目可以用不同的比较方法。公路网建设项目一般可按其作用不同分为以下几类:

1)维护性项目

这类项目不能增加现有公路网的通行能力,而是要保持现有公路网的通行能力和设施的结构适应性所需要建设的项目。

2)提高性项目

这类项目能显著地提高公路网通行能力、效率和服务水平。

3)发展性项目

这类项目为满足经济或运输发展扩大的要求,通过延伸现有的公路或新建公路,提高了现有公路网的规模、结构和能力等。

4)特殊性项目

这类项目为了一些特殊的目的和要求,如改善或消除目前公路网中存在的不安全状况的项目,降低大气、噪声等污染的改善环境的项目等,需要进行单独分析。又如桥梁、隧道等项目也可能要单独分析。

同类项目分别评价之后,再做不同类项目之间的比较。

二、公路网建设项目优先排序

公路网建设项目的排序旨在为公路网建设实施方案的设计与决策提供依据,是将在公路网布局规划方案中确定的各个建设项目安排实施顺序,以使得规划期内的总建设效益最大。

公路网建设项目的评估与排序可以提供两个方面的决策依据:

①确定最佳的投资方向;

②确定最佳的项目建设时机。

合理的建设实施顺序使资金能收到最有效的利用，同时尽可能地满足交通增长的需求。项目排序应是一个动态的过程。对项目进行比较排序的方法必须符合项目建设的实际意义和满足决策的需要。

第八节　公路网规划的调整与滚动设计

一、跟踪调查

通过跟踪调查不断为数据库提供补充资料，掌握规划的实施情况，及时发现变化因素，确定调整范围。调查方式主要通过原编制规划时索取或交换资料的渠道，建立经常联系或定期索取的关系，以索取国民经济、运输结构、运输服务设施、运输需求等统计资料，干线公路定点交通量观测资料及主要行业的规划调整资料等。

二、调整与滚动原则

公路网规划的主要依据是预测公路客货运输量及路段交通量，当其变化较大时，公路网规划应随之进行调整。

公路网规划方案滚动调整的重点，在于路网结构方案的调整、某些路段标准的变化及项目按轻重缓急修建改善顺序的变化。对于各种具体情况，按以下原则进行调整。

①国家建设重点转移和投资方向转移，将导致经济发展速度和生产力布局发生变化，受其影响，运输需求量、运输的空间分布及各种运输方式的分布都将发生变化，原来规划的公路网结构已不能满足运输需求的变化，应根据影响范围，对规划作全网或区域性网络的调整。

②经济发展速度变化，影响运输需求量的速度发生变化。这时路网结构基本不变，主要对施工期进行调整，个别路线视具体情况也可对规划等级进行调整。

③由于工业、能源等行业规划调整，导致大型厂矿、电站的建设规模发生重大变化或新建项目的选址变更，只对受其影响的路线等级、施工期进行检验，根据检验结果作相应调整。

④由于铁路、水运等运输行业规划调整，使原规划的某些公路建设失去意义。为突出某些公路建设的重要性及迫切性，可对有关路线进行检验，根据检验结果，取消或推迟建设效益较小的公路，新增或提前建设效益较大的公路。

⑤由于资金筹措发生困难，或材料采购、施工组织等因素影响，使规划实施进度不能按期进行时，主要对项目的施工期进行调整。

由于在公路网规划的编制过程中，遵循了“近期宜细、中期有准备、远期可粗、有设想”的要求，近期实施计划比较详细，一般列出了实施的时间计划，中期只列出了建设项目及优先排序，没有实施计划，而远期相对较粗，只提出了布局规划。随着时间的推移，近期项目被逐步实施建设，而原来的中期渐渐变成近期、远期变成中期，因此在正常情况下，也应定期对公路网规划进行滚动，使得公路网的规划、建设不断向前推进。一般来说，省域级公路网规划每3～5年要做一次大的调整（滚动），市域级、县域级公路网规划每5年做一次大的滚动。

三、调整与滚动方法

进行公路网规划的调整或滚动时，应按路网编制方法和调整依据重新计算编制全套路网规划的图表和投资估算表。结合原有规划，基本上是将本章介绍的规划工作重复一次，即资料收集，包括数据库资料的使用，修正原来的预测模式，预测客货运输量，进行各种运输方式的运量分配，预测公路交通量及建设资金，对原规划方案及实施计划进行检验，根据需要，增加新的建设项目，取消原规划中不必要的项目，然后对新的规划方案进行综合评价，并确定实施措施。

第四章　水运交通系统规划

第一节　概　　述

一、水运交通系统构成及特点

水运交通系统是一个复杂的系统，它涵盖航道、港口、船舶及相关大量复杂的硬件、软件设施。在运输方式上，可分为内河运输和海洋运输。海洋运输又可分为沿海运输和远洋运输。它的三个基本组成是：航道网、港口及船舶运输组织系统。

航道网是水运交通系统的基本组成部分。航道网是天然形成的，沿着航道往往是自古以来经济发达的地区。航道网是整个水运交通系统的基础，决定整个系统的发展。

港口是水路运输的重要环节。第一代、第二代港口业务主要是调配和集散货物，20 世纪 80 年代后的第三代港口是资源的配置中心。现代港口是具有仓储运输、商业贸易、工业生产和社会服务功能的现代化、综合性的工商业中心和海陆空联为一体的立体交通运输枢纽。港口作为国民经济发展的基础设施，具有规模大，投资多，为水上运输提供货流、客流中转流通的保障，以服务于国民经济和社会发展为宗旨的特征。

船舶是水上运输的主要运输工具。各类船舶根据其运输对象的不同，在船舶结构和性能方面各具特色。随着船舶技术的提高和水上运输业的发展，船舶正向大型化、自动化、高速化、专业化方向发展。

水路运输具有点多、面广、线长的特点。通过内河运输与海洋运输，将内陆经济腹地与世界联通，使处于运输交汇口的港口城市产生了内陆经济腹地与国际港口城市两个极为宽阔的辐射面。

二、水运交通系统规划的目标与任务

水运交通规划的目标是建立一个适应区域社会经济发展要求，满足区域水路货运、客运的运输量的增长需要，各子系统既独立高效运转又协调配合，达到经济、安全、高效的完成运输任务的现代化水运交通系统。

规划的任务就是一方面整合现有的港口、航道、船舶等设施资源的使用，发现、分析现有的问题与不足，通过各种措施，尽可能发挥现有软硬件的效能；另一方面，通过预测未来城市及区域社会经济的增长，合理预测未来水路运输系统的运输量，确立有效的水路运输发展战略，合理解决航道、港口、船舶运行等子系统的规模、等级、实施序列等问题，为未来区域社会经济发

展提供高效、合理、优质的水路运输服务。

三、规划流程及框架设计

水运交通系统规划必须具备总体设计、现状调查与分析、水运交通运输量的发展预测、方案的规划设计、比选、综合评价、决策等一系列的基本流程(图 1-4-1),应着重研究组成水运交通系统的港口、航道网、船舶的运营组织系统,以期最优的整合现有的水运资源,发挥航线的通行能力,港口的集散、装载功能以及促进船舶运输的效率与服务水平的提高,加强水运在现代运输中的重要作用。

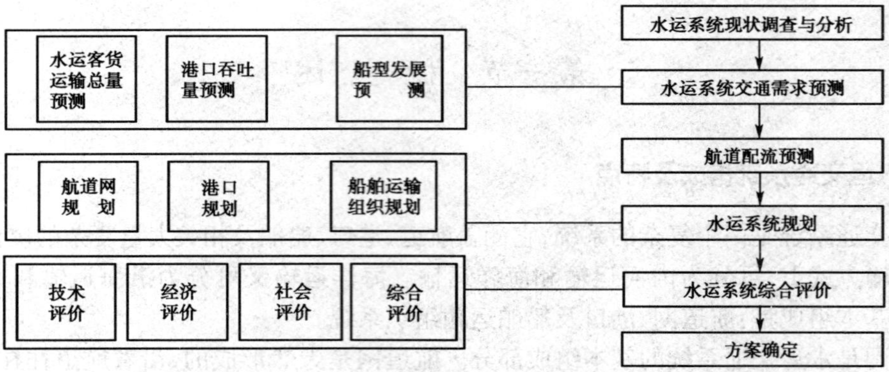

图 1-4-1 水运系统规划流程及框架设计图

第二节 水运系统现状调查与分析

水运交通调查是所有的研究与分析工作的起点,调查的准确与否直接关系到规划的合理性与可信性,是一项重要的基础工作。

这里主要介绍一些与水运规划密切相关的水运的调查项目,对于社会、经济、资源等与其他规划项目类同的调查项目请参见其他章节。

一、水运系统设施调查

1. 航道调查

主要包括航道的等级、分布、通航里程等内容。

2. 港口调查

主要包括港口的布局、规模、配套设施与管理技术水平等方面的内容。

3. 船舶交通调查

主要指研究区域船舶的拥有量、船型的划分及船舶对于现状运输发展的适应性问题等方面。

二、水运系统运量调查与分析

水运系统运量调查主要包括货运量、客运量、货运和客运周转量以及货运、客运平均运距等。

三、水运系统适应性评价

通过水运交通设施及运量的调查，诊断现有的交通设施供给与需求之间存在的矛盾，对水运系统运量的发展趋势进行科学的拟合，推导未来水运系统的运量发展情况。评价指标参见本章第七节。

第三节　水运系统交通需求预测

一、航道网交通需求预测

从系统观点和交通要适应国民经济发展的基本原则出发，使各种运输方式协调发展，综合利用，各尽其能，各显所长，发挥综合运输网最大的效益。在预测运输量时，应对区域内外社会经济发展趋势及发展水平进行科学合理的判断，建立水运发展与经济发展之间的相互关系模型，预测水运运量的发展趋势。主要预测步骤为：通过对研究区域内各小区历史经济数据的回归分析，采用相关模型进行预测、分析社会经济指标与水运运量之间的相关性，预测出全区域各特征年的客货运总量及分货种运量，预测各小区的边际总量，包括进入总量和出发总量，预测各小区分货种的进入量和出发量以及市内各节点的进入量与出发量的总量和分货种运量，对外市小区各节点进行总量及分货种进入量、出发量预测、O－D运量分布预测、航道配流。

1.运量生成预测

由于在航运中客运量比重非常小，一般根据历年资料进行回归预测分析得出，或请有经验的专家给出一定的未来运输客运的可能比例，这里主要介绍货运量预测的方法。

水运货运的货种主要是煤炭、粮食、矿物建材、轻工医药产品，这些物资运输量的增加或减少与国内生产总值、固定资产的投资完成额等密切相关，而与其他一些经济指标(如财政收入与支出、国民收入)的相关性相对较弱。可选择用国内生产总值与固定资产投资完成额这两项指标来预测水运货运量。主要方法有回归分析法和弹性系数法。

基于区域货运总量的预测值，可对各货种在总货运量中所占比重进行分货种运量预测。由于货种的构成及比重随时间的推移，将随着产业结构的调整、综合交通网络的演变而有所改变，如水运的优势主要体现在煤炭和矿建材等大宗低值货物上，而社会经济发展将继续保持对它们的较大需求，则煤炭和矿建材的比重将继续增大，但增幅微小，故而可用专家法对水运货种在各特征年份中所占比重做出预测。

2.运量O－D分布预测

1)现状O－D

用基年船舶港务费推算全区域当年的水运货运总量，并根据相关影响因素反复修正，作为宏观控制全区域水运货运量的依据；对船舶进出港签证簿进行筛选，然后将选后的港口签证簿中登记的起点、终点、货种和吨位四种数据，进行叠加运算，得到原始的O－D分配表，综合考虑相关影响因素对该O－D表作必要的修正，生成最终的基年分货种O－D运量表。

2)边际分布预测

为预测O－D分布量，首先必须对各小区的边际量进行预测，包括进入量及出发量预测，然后再根据边际量进一步推测出全区域的 O－D 分布量。

①各小区边际量的预测。在基年各小区水运出发量及进入量的现状资料基础上预测时，首先，要考虑规划建设的铁路对其沿线水运运量的影响，少量煤炭运量将转移到铁路；其次，高等级公路网的建成将更多的高附加值、时效要求高的短途货运吸引到公路上，所以水运货运中其他货种的比重将有所减少；第三，要考虑水运适应产业经济带的建立和发展，在这些经济带内的运量增长将比全区域平均增长快一些。

实际作法是先预测出特征年份各小区水运出发量和进入量在全区域总量中所占的比重，进而预测到各个规划年各小区的水运出发与进入总量。

②各区小区分货种边际量的预测。由于各区小区货种比例的构成不尽相同，有的甚至相差很大，为此通过分析各区小区历年货种的构成及演变情况，再分析今后全区域产业结构布局及其他一些影响因素，以基年现状资料为基础，对不同区小区不同货种所占全区域总货运量的比值进行适当调整，获得了各规划年份各区小区的货种构成关系，依此预测到各特征年各区小区分货种的货运出发与进入总量。其预测公式为：

$$SC_{ijr} = KC_{ijr} \cdot YC_{jr} \tag{1-4-1}$$

$$SJ_{ijr} = KJ_{ijr} \cdot YJ_{jr} \tag{1-4-2}$$

式中：SC_{ijr}——第 i 小区第 j 预测年第 r 货种的货运出发量的预测值；

KC_{ijr}——第 i 小区第 j 预测年第 r 货种的货运出发量占全区域总量的比值；

SJ_{ijr}——第 i 小区第 j 预测年第 r 货种的货运进入量的预测值；

KJ_{ijr}——第 i 小区第 j 预测年第 r 货种的货运进入量占全区域总量的比值；

YC_{jr}——第 j 预测年第 r 货种的货运出发量的预测值；

YJ_{jr}——第 j 预测年第 r 货种的货运进入量预测量。

③全区域各节点边际量的预测。全区域共有若干个节点（小区）。结合基年的节点现状资料，将若干个小区各个特征年份货种的出发量、进入量分摊到所属的各节点上，其预测公式是：

$$XC_{imjr} = KC_{imjr} \cdot SC_{ijr} \tag{1-4-3}$$

$$XJ_{imjr} = KJ_{imjr} \cdot SJ_{ijr} \tag{1-4-4}$$

式中：XC_{imjr}——第 i 小区第 m 节点第 j 预测年第 r 货种的货运出发量的预测值；

KC_{imjr}——第 i 小区第 m 节点第 j 预测年第 r 货种的水运出发量占全区域总量比重；

XJ_{imjr}——第 i 小区第 m 节点第 j 预测年第 r 货种的水运进入量的预测值；

KJ_{imjr}——第 i 小区第 m 节点第 j 预测年第 r 货种的水运进入量占全区域总量比重。

3）O－D 分布预测

O－D 分布预测的方法有很多种，其中引力系数法考虑各节点发生量、吸引量的增长率，用现状 O－D 表可直接预测未来的 O－D 表。此法易于理解，运算简单。

①相对引力系数 C_{ij} 的确定。

$$C_{ij} = \mathrm{Int}\left(8a_{ij}/\sqrt{A_i \cdot B_j} + 0.5S_{ij} \cdot Y_{ij}\right) + C \tag{1-4-5}$$

式中：Int——取整函数；

a_{ij}——现状 O－D 分布；

$A_i=\max\limits_j(a_{ij})$；

$B_j=\max\limits_i(a_{ij})$；

——距离及航道条件变化系数；

C——调整常数。

②分布模型的选择及预测。有了节点的进入量、出发量及引力系数，货运量O－D分布P_{ij}则为式(1-4-6)在某种原则意义下的一个解：

$$\begin{cases}\sum\limits_j P_{ij}=a_i\\ \sum\limits_i P_{ij}=b_j\\ P_{ij}\geqslant 0\end{cases}\tag{1-4-6}$$

一般认为节点间引力越大，则发生货物贸易的可能性越大，即遵循用户最优原则。可以说，P_{ij}正比于C_{ij}。设X_{ij}为在各节点引力都相同的情况下的O－D分布量，则$P_{ij}=C_{ij}\cdot X_{ij}$，这样(1-4-6)式就变为：

$$\begin{cases}\sum\limits_j C_{ij}\cdot X_{ij}=a_i\\ \sum\limits_i C_{ij}\cdot X_{ij}=b_j\\ X_{ij}\geqslant 0\end{cases}\tag{1-4-7}$$

当$C_{ij}=1$，对一切i、j都成立时，整个O－D系统是一个平均信息量系统。X_{ij}最容易发生的可能性是满足最大熵分布的解，即X_{ij}可以表示成u_i、v_j的乘积。在$C_{ij}\neq 1$时，将$X_{ij}=u_i\cdot v_j$代入式(1-4-7)得：

$$\begin{cases}\sum\limits_j C_{ij}\cdot u_i\cdot v_j=a_i\\ \sum\limits_i C_{ij}\cdot u_i\cdot v_j=b_j\\ u_i\geqslant 0\\ v_j\geqslant 0\end{cases}\tag{1-4-8}$$

此模型称为平均信息量用户最优分布模型。求出u_i、v_j后，令$P=C_{ij}\cdot u_i\cdot v_j$，即得到分布量。

在预测O－D分布时，采用滚动预测的思想，即首先预测到O－D边际量(出发量、进入量)，然后将前一个预测年份得到的O－D分布代入式(1-4-5)，令$S_{ij}=1.00,1.05,1.10$，针对各节点间今后航道条件改善情况，选择相应系数，计算C_{ij}。对各分货种物资分别用(1-4-8)式求得分货种O－D分布，把这几个分货种O－D求和，则得到总货物的O－D分布。

求解式(1-4-8)，可采用以下迭代方法：

当$\varepsilon>0$，令$u_j^{(0)}=b_j$，$k=0,1,2\cdots$，则

$$v_i^{(k)}=a_i/\sum C_{ij}\cdot u_j^{(k)}\tag{1-4-9}$$

$$u_j^{(k+1)}=b_i/\sum C_{ij}\cdot v_i^{(k)}\tag{1-4-10}$$

当$\sum|u_j^{(k+1)}-u_j^{(k)}|<\varepsilon$($\varepsilon$取0.0001)，则：

$$P_{ij}=C_{ij}\cdot v_i^{(k)}\cdot u_j^{(k)}=b_j\tag{1-4-11}$$

式中：P_{ij}——O－D分布量。

至此完成了初步 O–D 分布的预测工作。

③专家调查修正 O–D:在上述工作后,需进行专家调查,同时可借鉴其他的预测资料,以修正 O–D。

3.航道配流

航运动态配流及航运网配流,是将全区域的货物运输量分配到航道网上,或者说是把货运 O–D 转化为网络流。它是根据规划网络的状态、船舶的交通流特性、航政管理、船型配备及专家经验等,把货物运量分配到航道网上,形成网络上货物的流量及流向。

1)航道配流模型及原理

航道网络的配流是航运网规划研究的重要内容,是网络优化规划的基础,网络配流的成果直接影响到规划的科学性和合理性。航道网配流研究内容是:将货运量 O–D 转化为航道网络流,获得各航线上的货运流量与流向。根据基年的货运 O–D,通过动态配流,求出各航道、各特征年份货种(煤炭、建材、其他)货运量及货流密度。

网络配流的基础信息包括以下内容:网络信息、交通工具的特性及客货运量。网络的信息包括航运网络的结点、弧及其相互关系,网络上各弧的长度、等级等数据。交通工具特征包括其结构、经济运输方式、运行速度、装载率、空载率等。

交通分配的各种模型在前几章中已有论述,这里介绍若干参数的取值问题。

2)船舶的交通流特性及航道容量分析

①船舶的运行速度与密度关系:在规划配流中,船舶的速度与密度关系可采用 Dick 模型,即

$$v = \begin{cases} v^* \\ \dfrac{d^* - d}{d^* - \tilde{d}} \cdot v^* \\ 0 \end{cases} \qquad (1\text{-}4\text{-}12)$$

式中:v——船舶运行速度(km/h);

v^*——船舶畅行速度(km/h);

d——船舶实际密度(队/km);

$\tilde{d}$——船舶转折密度(艘/km);

d^*——船舶最大密度(艘/km)。

式(1-4-12)可用图 1-4-2 表示。

船舶的转折密度是指在安全畅行的条件下,航道上可能容许的最大的船舶密度。其主要因素有两个:一个是船舶间距,另一个是航道宽度与船舶航行密度的比例。兼顾大小船型及不同航道的影响,实际使用时取:

$$W'_0 = rW_0 = 2.2W_0 \qquad (1\text{-}4\text{-}13)$$

式中:r——船舶航行时占的航道宽度系数;

W_0——参考船型的宽度。

为最大限度地利用航道,将每一艘船都在航道上排列,船头间距保持在$(1+\beta)L_0$。其中,对于单船,β取 2.0;对于船队,β取 1.0。则可得到航道中船的转折密度为:

$$\tilde{d} = \left(\frac{W}{W'_0}\right) \times \frac{1000}{(1+\beta)L_0} \quad (艘/km) \qquad (1\text{-}4\text{-}14)$$

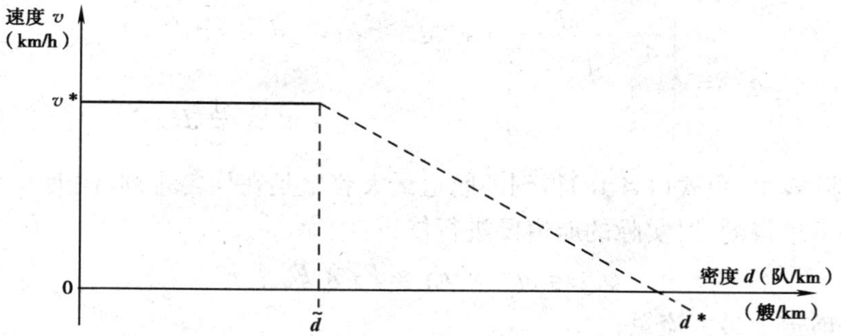

图 1-4-2　速度—密度关系

式中：W——航道宽度(m)；

W'_0——船舶航行时占用航道宽度(m)；

L_0——船舶长度(m)；

β——船头间距系数。

②航道上船舶交通流的最大密度：当航道上船头间距小于 $aL_0(a<1)$，并且船舶并行或交会时，船与船之间的间隔小于 ξW_0，这时，航道将出现堵塞，此时航道上船的密度即为最大密度：

$$d^* = \left[\frac{W}{(1+\xi)W_0}\right] \times \frac{1\,000}{(1+a)L_0} \quad (艘/km) \tag{1-4-15}$$

式中：W——航道宽度(m)；

ξ——系数，取值为 0.5；

W_0——船舶宽度(m)；

a——系数，取值为 0.5。

③交通流特性的航道容量：航道容量计算的目的就是要得出规划年度航道上的最大船流量。航道上参考船型的最大通过量是一定的，航道的容量即为某航道上能通过的参考船型的最大流量。

由图 1-4-2 可知：

$$v = \begin{cases} v^* & 0 < d \leqslant \tilde{d} \\ v^* \cdot \dfrac{d^* - d}{d^* - \tilde{d}} & \tilde{d} < d \leqslant d^* \end{cases} \tag{1-4-16}$$

故航道上的船流量为：

$$q = \begin{cases} v^* \cdot d & 0 < d \leqslant \tilde{d} \\ \dfrac{v^*}{d^* - \tilde{d}}(d^* - d)d & \tilde{d} < d \leqslant d^* \end{cases} \tag{1-4-17}$$

所以，航道上标准船型的最大流量为：

$$q^* = \begin{cases} \frac{1}{4} \cdot \frac{d^*}{d^* - \tilde{d}} \cdot v^* d^* & \tilde{d} < \frac{1}{2} d^* \\ v^* \tilde{d} & \tilde{d} \geq \frac{1}{2} d^* \end{cases} \tag{1-4-18}$$

④航道实际容量：由式(1-4-18)得到的航道最大容量是在均匀排列、同向而行、匀速通过航道的假设条件下求得的，对实际的航道要进行修正：

$$Q^* = q^* \times F_1 \times F_2 \times F_3 \times F_4 \tag{1-4-19}$$

式中：Q^*——航道上最大流量；

F_1——年通航期系数，为全年通航小时 t 与全年总小时数之比，即 $F_1 = t/8\,760$；

F_2——夜航系数；

F_3——非载货船影响系数，指客船、游船和工作船的影响；

F_4——交会损失系数，指船舶因交会引起的通过能力的下降系数。

若令 $\tau = F_1 \times F_2 \times F_3 \times F_4$，则：

$$Q^* = \tau \cdot q^* \tag{1-4-20}$$

式中：τ——通航系数。

⑤费用函数：在网络配流中，费用是个非常重要的决定因素，因为它决定着货物的流向。在公路与水路组成的综合网络中，费用应该是一个综合因素，它包括运行时间、距离、营运成本、事故率、舒适程度、方便程度、心理偏好等，可以说，费用是以上诸因素的一个多元函数。

航道上船舶的行驶速度与航道上的船流密度有关，而船流密度与船舶流量有关，所以根据航道上的船舶流量计算出航行速度 $v(q_a)$(其中：q_a 为航道 a 中的船流量)。假设航道长度为 l_a，则船在航道 a 上平均运行时间 $t_a(q_a)$为：

$$t_a(q_a) = l_a / v_a(q_a) \tag{1-4-21}$$

即运行时间 t_a 也是航道中船流量 q_a 的函数，由式(1-4-21)可得：

当 $0 \leq \tilde{d}_a \leq \frac{1}{2} d_a^*$ 时，若 $v_a^* \cdot \tilde{d} \leq q_a \leq q_a^*$，则：

$$t_a^1(q_a) = \frac{l_a(d_a^* - \tilde{d}_a)}{v_a^*[d_a^* - d_a^1(q_a)]} \tag{1-4-22}$$

$$t_a^2(q_a) = \frac{l_a(d_a^* - \tilde{d}_a)}{v_a^*[d_a^* - d_a^2(q_a)]} \tag{1-4-23}$$

若 $0 \leq q_a \leq v_a^* \tilde{d}_a$，则：

$$t_a^1(q_a) = \frac{1_a}{v_a^*} \tag{1-4-24}$$

$$t_a^2(q_a) = \frac{l_a(d_a^* - \tilde{d}_a)}{v_a^*[d_a^* - d_a^2(q_a)]} \tag{1-4-25}$$

若 $\frac{1}{2} d_a^* \leq \tilde{d}_a \leq d_a^*$，则有：

$$t_{\mathrm{a}}^{1}(q_{\mathrm{a}}) = \frac{l_{\mathrm{a}}}{v_{\mathrm{a}}^{*}} \tag{1-4-26}$$

$$t_{\mathrm{a}}^{2}(q_{\mathrm{a}}) = \frac{l_{\mathrm{a}}(d_{a}^{*} - \tilde{d}_{\mathrm{a}})}{v_{\mathrm{a}}^{*}[d_{\mathrm{a}}^{*} - d_{\mathrm{a}}^{2}(q_{\mathrm{a}})]} \tag{1-4-27}$$

其中：

$$d_{\mathrm{a}}^{1}(q_{\mathrm{a}}) = \frac{v_{\mathrm{a}}^{*}d_{a}^{*} - \sqrt{(v_{\mathrm{a}}^{*}d_{a}^{*})^{2} - 4v_{\mathrm{a}}^{*}(d_{\mathrm{a}}^{*} - \tilde{d}_{\mathrm{a}})q_{\mathrm{a}}}}{2v_{\mathrm{a}}^{*}} \tag{1-4-28}$$

$$d_{\mathrm{a}}^{2}(q_{\mathrm{a}}) = \frac{v_{\mathrm{a}}^{*}d_{a}^{*} - \sqrt{(v_{\mathrm{a}}^{*}d_{a}^{*})^{2} - 4v_{\mathrm{a}}^{*}(d_{\mathrm{a}}^{*} - \tilde{d}_{\mathrm{a}})q_{\mathrm{a}}}}{2v_{\mathrm{a}}^{*}} \tag{1-4-29}$$

计算出某路径上航道各段的运行时间后，再进行累加，得出各路径的运行时间。另外，如果航道上设有船闸，也要设置专门的变量，加上船舶通过船闸的时间。

3）配流参数选取

配流参数主要包括船型参数、节点确定、主要船型尺寸以及航道现状及规划参数。

4）配流模型检校

通过预测与调查数据进行校对，分析调整预测的精度，使模型达到预测的要求。

二、港口吞吐量预测

港口是交通运输体系的重要组成部分，港口吞吐量的发展水平预测应与整个社会经济相适应，又要与航道、船舶的发展相协调，能对腹地经济发展服务。

一方面，由于交通运输条件的限制，有些地区的陆路和铁路不能实现的货物运输，可以转由水运来完成。随着国家对于基础设施投资力度的加大，特别是高速公路的建设规模扩大，使水运的运输量进一步萎缩，港口吞吐量呈现下滑的趋势。过去我国能源结构以“火电”为主，属“高资本投入、高能源消耗、高污染排入”的模式，而能源结构改变使得对煤炭的需求不断减少。随着高新技术的引进、新材料的出现、新产品的出现，使产品产值高、重量轻，对运输条件的要求高，进一步压缩了水路运输的市场空间。此外，市场竞争机制、现代化的管理等，都对吞吐量产生影响。

另一方面，由于国家经济的快速增长以及水运系统的投资建设力度加大，促进了水运条件的改善，水运优势发挥，一些地区的水运量不断增加，港口吞吐量也有不断上升的趋势。

吞吐量预测采用定性与定量相结合的方法。定量预测的方法有：时间序列法、平均增长率法、幂函数模型法；定性分析的方法有弹性系数法。

三、船型发展预测

散货运输船型向大型化、专业化方向发展，杂货的集装箱化运输，区域间发展各类灵活机动的小型专业化运输船是目前世界范围内船型发展的总趋势。

货船：世界散货船主要承运铁矿石、煤炭、谷物三大货种。10万吨级以上大船是远洋运输煤炭、铁矿石等大宗散货的主力船型。今后，10万吨级以上的散货船比重将进一步增大，4万吨级以下散货船比例将有所下降。

杂货船：目前国际海运杂货向集装箱化运输方向发展，杂货船发展缓慢，基本在 2 万吨级以下，并且向多用途方向发展。国内杂货船沿海以 3000 吨级和 5000 吨级为主，远洋杂货船以 1.0～1.5 万吨级为主。

集装箱船：目前国际集装箱船一直在向大型化方向发展。在洲际、干线航线以第三、四代集装箱船为主。支线上活跃着第一、二代的集装箱船及灵活方便的滚装船。今后集装箱船型进一步向大型、快速、节能、系列及标准化方向发展。

油船：今后 10～25 万吨级以上油轮是国际原油运输的主力船型。成品油船以 3～4 万吨级为主，5～6 万吨级以上成品油船增长较快。

考虑提高通航能力、促进港口建设和沿线城镇和工业的发展，根据航道发展规划，并结合国家内河通行设计标准确定规划代表船型。

第四节　水运系统规划

限于篇幅，对于港口规划与船舶运输组织规划，这里不作主要论述，相关内容请参见其他相关专业文献。这里主要介绍航道网规划的内容。

一、布局规划原则

根据国民经济发展规划和运量的发展趋势，并按照资源分布和产业政策调控形成的产业经济带，结合综合交通运输网的格局，以及现有航道的技术等级状况和航道建设资金的因素，对与经济发展关系密切的航道进行规划并逐步实施，形成一个完善的水运航道网。

航道网规划时，应尽可能围绕区域经济带的发展，以水运主通道为基础，沟通各支线航道，以干带支，连片成网，四通八达；结合产业布局，把主要工矿基地，经济中心连接起来，充分发挥水运在综合运输体系中的作用；综合利用水资源是建设现代化航道网应遵循的基本原则，在开发和建设航道时，要统筹全局、全面安排，不仅要考虑水运的要求，而且应尽可能的满足发电、防洪、灌溉、供水、渔业以及旅游等部门的需要，以满足可持续发展的要求。

二、布局规划思路和步骤

通过定性与定量分析相结合，分析宏观社会经济与水运发展的关系，从战略角度出发，考虑比较广阔的地域和比较长久的时间，统筹规划、实事求是，提出未来航道网建设战略指导方针及总体航道网层次及结构配置关系，拟定出一个符合实际情况的航道网规划方案，并通过系统工程理论及交通规划方法，进行航道网规划方案的论证与分析。具体步骤见图 1-4-3。

三、航道网布局规划

首先要分析区域的地理特征和水运现状，优先考虑国家确定的水运主通道和连接临近区域的重要通道，从适应和促进全区域产业经济带的建立和发展及完善全区域综合运输网的功能出发，对全区域干线航道的重要度评价筛选，基于航道主干线、次干线，并辅以若干条联络支线，形成全区域的初始航道网络布局。

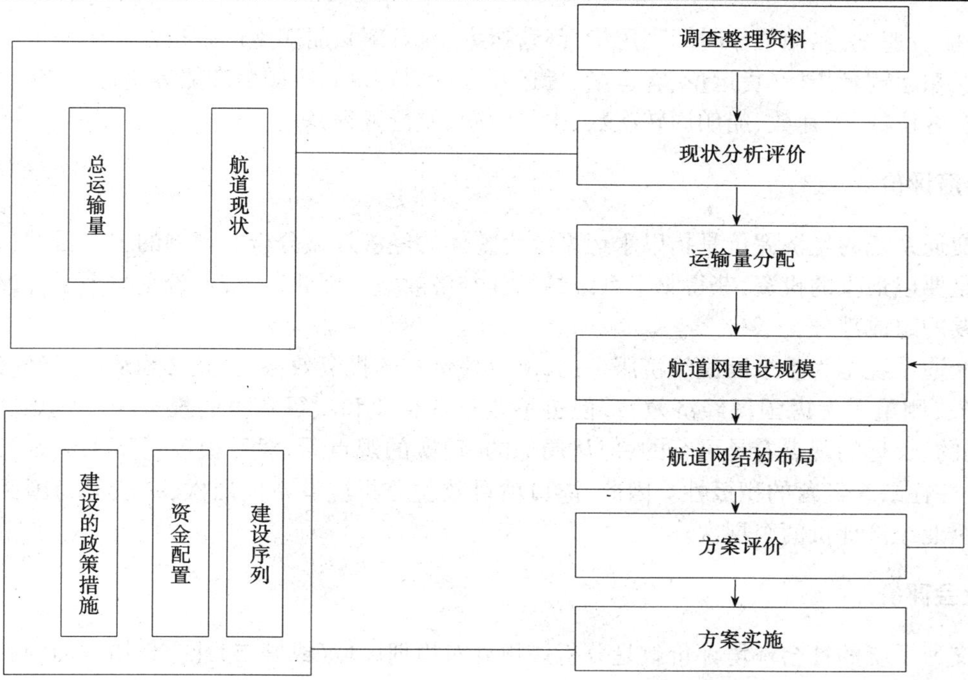

图 1-4-3　航道网规划程序框图

第五节　水运系统规划综合评价

一、技术评价

水运系统的技术评价是从水运系统的建设水平和技术性能方面分析其建设规模与社会经济发展的适应性、水运系统内部结构和功能，目的是揭示水运设施的使用质量，验证规划方案的合理性、技术可行性，为规划方案的优化和决策提供技术方面的信息与依据。从整体而言，水运交通系统的经济效益、社会效益和环境效益如何，首先取决于规划方案的技术性能。

航道网技术评价指标主要有航道网密度、航道网联通度、航道网建设条件、航道网货物周转量率等。

港口工作指标分质量指标和数量指标两大类。港口工作质量指标是反映某一计划期内港口生产经营活动应达到的质量要求，或在报告期内已达到的质量要求，一般以平均数或相对数表示。港口主要质量指标有：全员劳动生产率、装卸工人劳动生产率、装卸效率、直取比重、装卸机械化程度、操作系数、装卸成本、装卸机械利用率、装卸机械完好率、库场容量利用率、货损货差率及固定资产利用率等。港口工作数量指标是反映港口生产经营活动所应达到或已经达到的数量要求，通常用绝对数表示。主要数量指标有吞吐量、装卸自然吨、操作量、仓库（堆场）总面积和有效面积、堆存货物吨数、财务收入和支出总额、利润总额等。

船舶运输组织规划评价指标也包括数量指标和质量指标。船舶工作质量指标有船舶负载指标、平均航行速度、船舶工作时间利用指标(营运率、航行率)、船舶生产率指标。船舶工作数量指标有船舶运输量指标(货运量、客运量、货运及客运周转量)、船舶生产能力指标(运输船舶数、吨位数、客位数、千瓦数、船舶周转次数、工作时间、航行里程)等。

二、经济评价

水运交通系统的经济评价是指以水运系统为整体的经济效益分析。规划的根本目的和重要原则就是要以最少的投资,获得整个系统的最佳经济效益。因此,经济评价是整个系统评价中极为重要的组成部分。

水运交通系统是为整个国民经济服务的,所以评价它的投资效益,首先必须从国民经济整体利益出发,侧重于考虑国民经济效益,但也不能忽视企业和项目本身的投资经济效益。否则,从全局的、长远的观点看是可行的,但从局部的、现实的观点看,对亏损项目不采取政策性补贴,企业往往缺乏经营的积极性。因此,港口项目效益分析应有不同层次,一般分为国民经济评价和企业经济评价两个层次。

三、社会评价

水运交通系统的社会环境评价就是分析该规划对规划区域(或城市)社会环境方面的影响和作用,包括对区域社会经济的促进作用、与生产力布局之关系、与综合运输之协调关系、水资源综合利用能力、对环境的影响程度、对国土和自然资源的开发利用促进作用、水土保持和环境保护条件的改善以及对于区域政治、文化古迹及风景名胜等方面的影响。相对于技术、经济评价而言,社会评价具有宏观性、长期性、多目标性、指标定量难等特点,从定量分析要求出发,社会环境评价是难度较大的一类评价,有待进一步探索。

四、综合评价

水运交通系统规划评价由技术评价、经济评价和社会评价三个子系统所组成。每个子系统又包含若干个指标,分别从某一方面描述系统(方案)的特性。各个单项指标,乃至某一个子系统,均难以对整个系统作出令人满意的评价,甚至于某些单项指标和子系统的定性分析和定量分析结果是相互矛盾的。为了能全面系统的反映水运系统规划的总体性能,对方案作出客观的优劣评价,有必要建立一个科学合理的综合评价指标体系,开发相应的简便可行的综合评价方法。

目前用于交通运输系统综合评价的方法包括价值分析法、单纯矩阵法、层次分析法、主成分分析法、专家调查法等。

第五章　铁路交通系统规划

第一节　铁路网络规划的目的与任务

铁路运输网是陆路运输中的骨干,铁路网主要由铁路线路和各种类型的车站组成。铁路运输网在整个综合运输网中起重要作用,对国家经济、社会发展和国防建设具有举足轻重的作用。铁路网络规划属于长期发展布局规划,是制定铁路建设中长期规划、编制五年建设计划、选择建设项目的主要依据,是确保铁路建设合理布局,有序协调发展,防止建设决策、建设布局随意性、盲目性的重要手段。

铁路网络规划的主要任务是:通过深入的调查、必要的勘测和科学的定量分析,在剖析、评价现有铁路线路、技术站布局及其运输状况和综合运输状况,揭示其内在矛盾的基础上,根据规划区经济特点、客货流分布特点、发展态势及交通量、运输量的生成变化特征,提出规划期铁路发展的总目标和大布局;划分不同路线的性质、功能及技术等级,拟定主要路线的走向和主要控制点,列出分期实施的建设序列,提出确保实现规划目标的政策与措施,科学地预测发展需求,细致地确定合理布局。

第二节　铁路网络规划的总体设计

铁路网络规划编制工作是一个相当复杂的系统工程问题,在规划编制工作开始前,必须对整个规划过程进行总体设计。总体设计包括确定规划原则、规划期限、规划指标等。

一、铁路网络规划的原则

在进行铁路网规划时,除遵循类似公路网规划的"路网建设服务于经济发展原则、综合运输协调发展原则、局部服从整体原则、近期与远期相结合原则、需要和可能相结合原则、理论与实践相结合原则"等6条原则外,还必须遵循以下两条原则:

1.铁路网规划要服从国家宏观效益原则

铁路网规划布局必须服从于政治稳定、民族团结、社会发展的国家宏观效益,在经济待开发区域,没有铁路建设,经济无法开发,社会难于发展,人民生活水平很难提高,同时还会加剧贫富地区的民族矛盾,不利于政治稳定。故铁路网规划建设(特别是新线规划建设)必须服从于国家宏观利益。

2.铁路规划建设服务于国防安全原则

铁路是全天候、大运量的运输方式,是抗灾、战时的主要运输形式,因此铁路网的规划建设应保证铁路交通不中断。全国铁路主干线的任何区段,遇到自然灾害或突发事件而被迫中断时,铁路网应有最短的线路可以绕行,不致全线交通中断。

二、规划目标及主要技术指标的确定

1.铁路网络规划总体目标

铁路网络规划的总体目标应根据所规划铁路网的地位、特点以及在社会经济发展中的作用而制定,不能照搬硬套。

2.铁路网规划主要技术指标

铁路网规划的主要技术指标是规划总体目标的具体体现,主要包括路网密度、网距、路网等级水平、平均运输密度、通过列车对数、行车间隔、平均车速等。

三、铁路网络规划的期限

铁路网规划一般分近期、远期两个阶段,近期以距基准年1~5年为宜,以交付运营后第5

年预测运输量为依据规划设计，最长不超过10年；远期以距基准年10～30年为宜，以交付运营后第10年预测运输量为依据规划设计，最长不超过50年。

第三节　交通调查及分析

一、社会经济调查资料及分析

社会经济调查资料及分析包括：①土地利用调查及分析；②社会经济调查及分析；③自然情况调查，具体调查内容与分析方法见公路交通系统规划部分。

二、城市调查及分析

1.城市规划调查与分析

城市功能性质、发展方向、发展规模、城市的功能分区、城市人口分布及城市规划图。

2.城市交通调查与分析

城市主要干道、地铁和轻轨线路规划布局，高速铁路等城市出入口道路的规划布局，城市主要干道交通量分布，城市主要交叉口流量、流向，城市公交车数量、年客运量，城市出行资料及城市交通规划图。

3.城市与铁路的关系调查与分析

城市对主要铁路车站合理布局的影响和要求，城市对主要铁路货场、危险品货场合理布局的影响和要求，城市对铁路与城市道路交叉的意见。

三、铁路交通运营调查及分析

1.全国铁路资料调查与分析

全路运量历史及现状统计资料(包括发送量、周转量、省间交流、局间交接口运量)，有关线路的运输任务和设计文件，有关线路的能力和运量。

2.铁路局、铁路分局调查与分析

铁路局、铁路分局统计资料汇编，主要线路技术标准、输送能力、运量与运能的矛盾，铁路主要运输统计资料(包括货报11至货报15、货流图、货物交流表、铁路交叉点货流分解表、重车流表、客报1至客报3、区间客流密度统计表、月间运输计划等)，铁路计划，客货运输设备资料，铁路运行图资料，机务资料，工务资料。

3.铁路站、段调查与分析

站、段调查除核实铁路局、铁路分局有关调查资料外，应详细分析调查以下资料：货场分区作业资料，主要货主货运量资料，货运资料台账，旅客发送、中转、客流不平衡程度等。

第四节　铁路网络交通需求发展预测

铁路交通需求发展预测是对规划期内的铁路运输发展做出的科学估计；铁路运输发展预测应以社会经济发展规划和综合交通运输发展规划为基本依据。

一般来说，铁路交通需求发展预测分社会经济发展预测、交通需求发展预测及铁路建设资金预测三大部分。其中，交通需求发展预测又分综合交通运输发展预测、铁路交通发展预测、铁路交通分布预测、铁路交通量分配预测及铁路行车组织分析五部分。

铁路网交通需求发展预测包括客运交通预测和货运交通预测两大部分。交通需求发展预测的步骤是：先对客、货运交通生成、运输分布、列车方式进行预测，然后将客、货运列车方式预测的结果汇总进行铁路运输分配预测。交通生成、运输分布、列车方式划分、运输分配四步骤的交通预测程序即是交通预测中普遍采用的四阶段模式。

在铁路网规划过程中，铁路网的配流和道路网配流方法虽然都遵照系统最优的原则，但是两者之间由于运输组织规律的不一致，配流的约束条件具有本质的差异。一般情况下，在铁路网上当线路 O－D 量大小不同时，铁路组织列车的形式会因路网技术站（特别是编组站）的不同布局而千差万别。例如，当两股具有不同发站且到站相同的车流在某个站汇合后，就认为是一支车流。因此，对铁路网交通分配预测后要进行铁路行车组织分析。铁路行车组织设计分析就是要对铁路网分配的交通量从运营角度提出有益的规划方案和扩能措施，并提出完成铁路网分配预测交通量的路网线路等级、正线数目、机车类型、牵引定数、机车交路、技术站分布原则、车流组织原则、路网上编组站布局及分工、枢纽内编组站分工、车站到发线有效长、闭塞类型等，用以优化铁路网及技术站布局。

铁路行车组织分析包括车流组织、车站布局、行车组织、路网及车站作业设计、区间行车指挥、车站作业组织等分析，如图 1-5-1 所示。

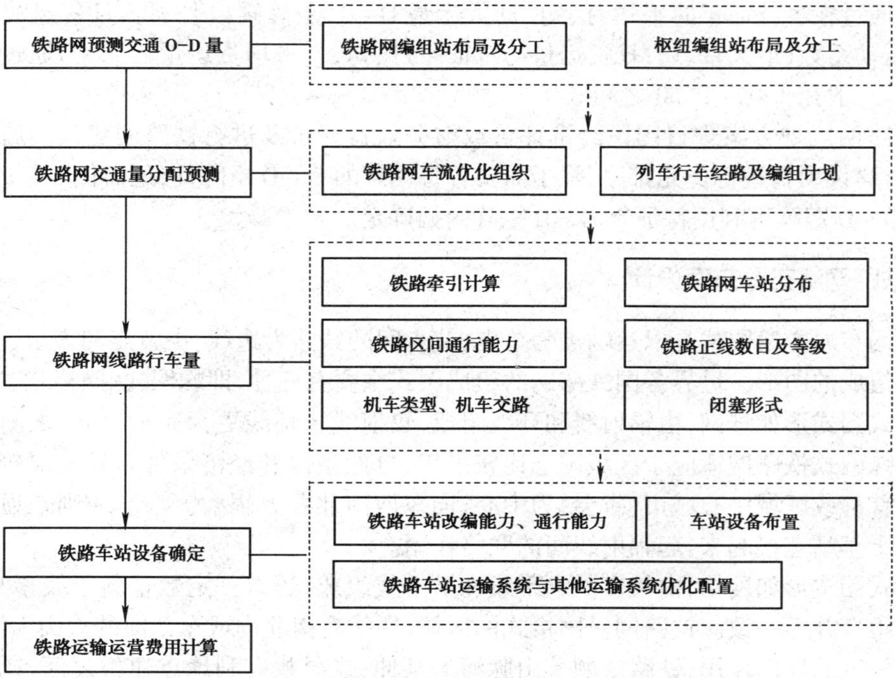

图 1-5-1　铁路行车组织分析

铁路行车组织的方法、模型等具体内容详见第 4 篇铁路交通运输系统，或有关专门文献，如技术站调车机车运用模型。

第五节　铁路网络布局方案设计与优化

铁路网络规划的核心及目的是路网方案的设计。网络方案设计包括根据规划期内铁路交通需求量以及铁路建设资金，制定铁路网建设布局方案与实施方案，它是以有关资料的调查及现状交通系统分析评价为基础，以预测铁路交通 O－D 量为依据，通过不断调整路网方案及预测未来交通需求在路网上分布状况，来协调路网供给与未来交通需求之间平衡的一个复杂过程。

一、基年 O－D 矩阵的确定

通过铁路交通需求预测，可得到各特征年[往往是近期特征年（以交付运营后第 5 年）、远期特征年（以交付运营后第 10 年），如 2005 年、2010 年、2020 年]的客运发送量 O－D 矩阵（万人/d）、货运发送量 O－D 矩阵（万吨/d）及客货换算发送量 O－D 矩阵（万吨/d），在进行铁路网络的布局方案设计时，除了这些客货运发送量的全日 O－D 矩阵，还需要各特征年的日客货换算周转量（亿吨公里/d），高峰小时客运发送量 O－D 矩阵（万人/h），最大月、旬、日货运量。

各特征年的高峰小时客运发送量 O－D 矩阵可通过在各特征年的全日客运发送量 O－D 矩阵乘以高峰小时聚集系数而得，高峰小时聚集系数（即车站旅客某一高峰小时的聚集人数占一昼夜上车人数的比例）通过车站客运调查确定，一般在 0.16～0.52 之间。最大月、旬、日货运量可以通过在各特征年的平均月、旬、日货运量 O－D 矩阵乘以月、旬、日货运波动系数而得，货运波动系数（最大月、旬、日货运量与特征年月、旬、日平均货运量的比例）通过车站货运调查确定，一般在 1.05～2.50 之间。

在铁路网规划方案进行国民经济评价或财务效益评价及进行铁路网建设实施方案设计时，为了对建设项目进行优先排序，除了需要各特征年的 O－D 矩阵外，还需任一年的 O－D 矩阵，这些 O－D 矩阵可利用特征年 O－D 矩阵内插确定。

二、铁路网络布局方案设计

铁路网布局方案图式是以运输点为节点，节点间的铁路为边线，由节点和表示边线基本走向的线条组成的图形。世界各国铁路网的组成图式主要有三种，即蛛网式、网格式、自由式。

蛛网式图式形如蛛网，由辐射线和环线组成，辐射线比环线更为完整，相互之间的距离并不相等。蛛网式铁路网适应于区域国土比较平坦，自然条件和经济条件差异相对较小。铁路网一般以首都或区域中心城市（省会）为中心，向东西南北各方辐射。环形线则是通过每条辐射线的若干车站连接起来，起辐射线间的联络作用。

网格式图式形如网格，由较多的纵干线和横干线组成，还有一定数量斜干线参与其间，相互之间的距离并不一致。铁路网呈网格式的区域，往往有南北向或东西向的大山大河，对铁路的修建起一定的导向作用，铁路或顺着山脉河流延伸，或寻找有利地点建桥过河，或寻找有利的垭口开凿隧道通过山岭。

自由式是除上述铁路网外的其他铁路网。该式没有一定的规律可循，世界上绝大多数国家或区域的铁路网都是自由式。

三、铁路编组站布局方案设计

编组站布局是路网规划中的一个重要问题，包括编组站内部车场之间的布局方案、铁路网上不同编组站之间的布局方案。

从编组站内部车场平面布局方案类型上看，有6种基本类型：单向横列式、单向纵列式、单向混合式、双向横列式、双向纵列式、双向混合式。其他类型都是在这个基础上派生的，具体内容详见第4篇铁路交通运输系统。不同布局图式的编组站有不同的解编能力，如单向横列式(一级三场)的解编能力每天一般在3 500~4 000车之间。单向纵列式(三级三场)的解编能力，如果在尾部设两条牵出线，则每天可解编6 500车左右。单向混合式(二级四场)的解编能力一般在5 000车左右。双向纵列式(三级六场)的解编能力可达14 000车以上。双向横列式的很少；双向混合式的布置图是多种多样的，能力差异较大。在路网上一个特定地点，若打算新建或改建编组站，往往根据地形条件及要求改编能力在上述6种基本方案中选取，我国铁路主要推荐的是4种布局图式：一级三场、二级四场、三级三场和三级六场。因此，不同规模编组站内部车场的布局方案已经有成熟方法和适应图式，本节主要讨论铁路网上不同编组站之间的布局方案。

铁路网上不同编组站之间的布局方案，其主要任务是根据规划期内的预测O-D运量，确定路网上合理的改编能力分布。回答在铁路网上哪些地点应该修建新的编组站，哪些已有编组站应该扩建，哪些存在编组站可以降级甚至关闭等问题。

编组站的布局原则主要是根据铁路网变化、车流结构变化和车流组织调整，远近结合，加强主要编组站，弱化或取消部分小型编组站。因此，编组站在路网上的布局方案随铁路网布局方案、车流组织方案的不同而不同。

四、铁路网络布局方案优化

铁路网络方案优化包括路网布局方案和编组站布局方案优化，主要是指在原有路网的基础上，以铁路网的整体最优化为目标，根据可能的投资条件，决策新建和改建铁路区段线路和编组站。它包括四个方面的含义。

(1)一般所说的铁路网络布局优化是指根据资金的许可，以铁路网的整体优化为目标对原有铁路网进行的改善和扩展，即铁路网布局方案设计的内容。

(2)一般所说的铁路网上编组站布局优化是指在铁路网络基本不变情况下，根据车流结构的变化，从铁路网优化作业组织的角度，改建、新建或取消编组站来优化铁路网上编组站布局。一般根据资金的许可，以整体铁路网的作业组织优化为目标对原有铁路网上编组站进行调整，即铁路网上编组站布局方案设计的内容。

(3)广义的铁路网络优化是铁路网规划建设全过程投资优化，除了上述路网和编组站的布局优化外，还包括在铁路网布局规划方案中，确定各个建设项目按不同的规划期安排实施顺序，以使得规划期内的总建设效益最大，即通过建设项目排序进行铁路网建设实施方案设计的过程。

(4)铁路网布局规划的实际实施是一个相当长期的过程。在此期间，由于经济发展的速度、生产力布局、投资结构或国家有关政策发生变化，可能导致运输结构和铁路交通量与预测的情况不完全相符,致使铁路网结构、规模及路线等级对运输需求的适用性发生变化。这时就需要根据具体情况,参考铁路网建设投资方向进行调整,以充分地利用有限的投资,尽最大可能地满足运输需求的变化,这属于铁路网规划的滚动调整中的内容。

铁路网络布局方案优化方法一般是通过构造优化方案的数学模型、求解模型而得到铁路网络优化布局和铁路网上编组站优化布局方案。

从数学模型上看,新建铁路线路和既有线路改造项目规划综合优化问题的模型是多项目决策数学规划模型,其目标函数是最小化项目投资、铁路车辆车小时消耗或车流改编、集结费用。铁路网上新建编组站的合理位置选择和既有编组站技术改造项目选择综合优化问题的模型是选址模型,也可以转化为整数规划模型,其目标函数是最小化项目投资,或车流改编、集结费用。

第六节　铁路网络方案效益分析及综合评价

铁路网络方案效益分析是指通过一系列的准则、标准和指标来衡量拟定的铁路网络方案,并对各种定性、定量指标加以综合,得出量化结果,为方案比选提供科学的依据。

一、铁路网络方案效益评价

根据所采用的评价指标,铁路网络方案评价分为单一目标评价(如经济效益评价、财务效益评价)和多目标评价(或综合评价)。

铁路网规划中常用的单一目标评价是经济效益评价,即将比较方案的效益和成本折合成货币单位,以确定提供最大净效益的方案。一般采用的指标主要有:净现值(NPV)、效益费用比(BCR)、内部收益率(IRR)、投资回收期(N)等。铁路网规划中有时也采用财务效益评价,通过比较方案的财务效益,以确定提供最大净效益的方案。一般采用的指标主要有:财务净现值(FNPV)、财务效益费用比(FBCR)、财务内部收益率(FIRR)、财务投资回收期(N)等。

二、铁路网络规划方案的综合评价

铁路网络规划方案的综合评价应包括技术评价、经济评价及环境评价三个方面。

1.铁路网络规划方案的技术评价

铁路网的技术评价是从网络的技术性能方面分析其内部结构和功能,目的是揭示铁路网的使用质量,回答铁路网建设能不能解决运输问题,为编制铁路网规划方案、验证方案的合理性、进行方案的优化和决策提供技术方面的依据。主要技术指标有铁路网规模、网距、路网密度、铁路运输密度、发车间隔、货车集结参数等。

2.铁路网络规划方案的经济和环境影响评价

铁路网的经济评价是指对整个路网进行经济效益分析,在交通流量、车流组织、行车组织分析预测的基础上,通过比较规划方案的建设费用、营运费用及运输效益,并结合规划期的未来资金预测,对方案的经济合理性进行分析论证。

铁路网的环境评价是指从区域社会经济可持续发展的角度,对铁路网规划方案进行环境影响分析,包括铁路网对国土及自然资源的开发利用、水土保持及环境保护的影响等。

第六章　航空运输系统规划

第一节　机场规划与机场布局

机场规划是规划人员对某个机场为适应未来航空运输需求而做的发展设想，它可以是一个新建机场，也可以是对现有机场某些设施的扩建或改建。机场规划目的是为了确定机场的位置、机场布局、机场设施的发展规模、机场设施的修建顺序等。机场规划的目的是为了在下述几个方面提出指导方针，供机场当局制定短期和长期的发展政策和决策，向上级部门或其他单位寻求财政资助，争取当地人民的兴趣和支持。

(1)机场设施的发展规模；

(2)机场毗邻地区的土地利用；

(3)机场的环境影响；

(4)对出入机场的交通设施的要求；

(5)经济和财政的可行性；

(6)各项设施实施的优先顺序和阶段划分。

机场规划首先要收集供规划用的基础信息，包括现有机场的规模和使用情况、空域结构和导航设施、机场周围的环境、已有的机场地面交通系统、城市发展规划、区域经济规划等，确定适应运输要求所需要的机场设施，预测包括年旅客量、年飞机运行次数、年货运量、机队组成、出入机场交通量等。进一步确定飞机场的跑道数、跑道长度、停机坪面积、航站楼面积、出入机场地面交通的类型、机场所需的土地面积等。这一工作可作为可行性、机场选址或设计方案研究的基础。机场规划过程大体上分为图 1-6-1 所示的 4 个阶段。

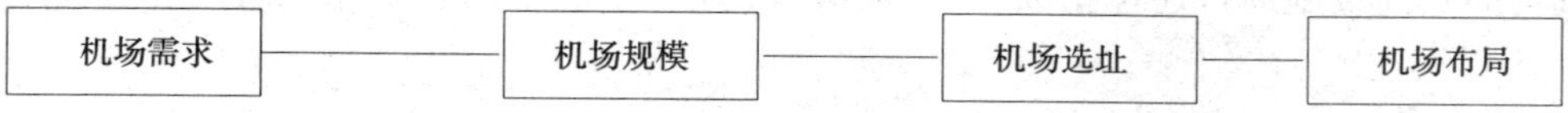

图 1-6-1　机场规划的过程

一、机场分类与构成

机场是供飞机起飞、着陆、停驻、维护、补养以及组织飞行保障活动所用的场所。大型民用机场通常又称为空港。机场、航路或航线构成了民航运输网络。机场是民航运输网络上的结点，是航空运输的起点、终点和经停点。从交通运输角度看，民航运输机场是空中运输和地面运输的转接点，它一方面要面向空中，服务于飞机的起飞、着陆。另一方面，要面向地面，成为旅客、货物的集散地。机场分类详见表 1-6-1。

机场主要有三部分构成，即飞行区、航站区以及进出机场的地面交通系统。

飞行区是机场内用于飞机起降的的区域，通常还包括用于飞机起降的空域在内。飞行区由跑道、滑行道和机场净空区构成。其相应的设施有：目视助航设施、通讯导航设施、空中交通管制设施以及航空气象设施。跑道是机场规模的重要标志，它直接与飞机起降安全有关。滑

机场分类 表 1-6-1

飞行区域	乘机目的	地位与作用
国际机场	始发机场	枢纽机场，如北京、上海、广州三大机场
国内机场	终点机场	干线机场，如大连、厦门、深圳、桂林等
	经停机场	支线机场，如温州、三亚、青岛等
	中转机场	

行道是提供飞机从跑道到航站区的通道，使已着陆的飞机迅速离开跑道，避免干扰其他起飞、降落、滑跑的飞机。飞机在机场降落或起飞时，必须按照规定的起落航线飞行，飞机的起降安全与机场内外的地形和人工建筑物密切相关。因此，对沿着起降航线附近的一定空域，不应有影响飞机爬升、降落下滑和目视盘旋的障碍物，这个空域就是机场净空。机场净空对机场周围也提出电磁环境的要求，防止非导航业务各类无线电设备、高压输电线、电气化铁路等对导航设备及导航信息的干扰。

航站区是飞行区与机场其他部分的结合部。航站区包括旅客航站楼、停机坪、停车场等。航站楼的一侧与停机坪相连，另一侧与地面交通系统相连。航站楼是旅客、行李和货邮办理各种手续、进行必要的检查、为改变运输方式而提供的建筑设施。航站楼设施布局的方式通常将旅客分为离港旅客、到港旅客、中转旅客和经停旅客；同时又将旅客划分为国际旅客和国内旅客。航站楼把空港分为空侧(airside)和陆侧(landside)：空侧包括停机坪、飞行区等受机场当局严格控制的区域；陆侧是公众能够自由出入、为航空运输提供服务的场所。

进出机场的地面交通设施是连接到机场的道路、交通轨道或水运码头，它是客货出入机场的地面通道。

机场的其他设施通常还包括油库、救援设施、动力与电信系统、保安系统、货运区和航空公司区。

二、机场需求预测

在进行机场规划建设之前，必须首先对机场未来的客运量、货运量等航空业务量作出预测，然后根据预测的结果确定机场所需各项设施、规模和等级。航空业务量预测是机场规划的基础，预测方法包括专家判断法、类比法、趋势外推法、计量经济法、市场分析法等五种。

(1)专家判断法。通过征求专家个人意见或召开专家会议作出预测。专家判断法简单易行，需要较少的人力和物力；召开专家会议可以集思广益，发挥专家们集体智慧。缺点是受专家们的业务水平、掌握资料的情况和对预测问题是否感兴趣等影响较大。专家判断法适用于用直观感觉进行预测的项目，或需要对很多相关因素的影响作出判断的项目等。对机场远期规划的各项预测宜采用此法。

(2)类比法。找出与预测机场周围环境和运输条件相似，而且有较长历史资料的机场作为类比模型，与预测机场进行全面和深入比较，然后作出预测结论。新建机场的航空业务量，可采用类比法进行预测。

(3)趋势外推法。根据过去发生的状况推测今后发生的情况,并认为影响过去发展的主要因素在今后仍然发挥主要作用,而且其本身变化不大。趋势外推法主要用于短期预测,是比较成熟的方法。用此方法预测航空业务量时,首先要收集有关历史数据,其次用图解法或回归分析法得出航空业务量随时间变化的曲线,最后根据曲线的变化趋势推测今后的航空业务量。

(4)计量经济法。在分析航空业务量与影响它的各个主要因素之间相互关系的基础上推测未来的航空业务量。例如,某机场虽然有历年客运量统计资料,足以用趋势外推法预测未来的客运量。但是,当地进行较大改革,预计经济发展较迅速,若用趋势外推法预测,得出的客运量不一定符合未来情况。经过仔细分析,该机场的客运量主要取决于当地的社会生产总值,这种根据影响机场客运量的主要经济因素进行预测的方法称为计量经济法。

(5)市场分析法。把机场影响范围内的人口按工作、职务、收入、学历、年龄等分成不同的类别,并统计出各类人数和乘飞机情况,然后根据各类人数的变化趋势及乘飞机发展情况预测未来的机场客运量。通过调查和预测,可以准确掌握哪些人乘飞机旅行,哪些人不乘飞机旅行及其原因。这些对航空公司制定航线、航班、票价等经营策略及宣传方针很重要,是一种适用于航空公司经营工作的预测。

三、机场选址

新建机场的规划应包含机场选址的内容。机场选址是从环境、地理、经济和工程观点出发,寻找一块其尺寸足够容纳各项机场设施而且位置适当的场地。选址的场地最重要的一点是对各候选机场地址(包括现有机场的扩建)进行正确的评价。评价应考虑以下因素:

①可利用空域;

②在机场附近的空域内是否有障碍物,即所谓的净空要求;

③对周围环境和发展的影响;

④机场的物理特性,如地形、地基、气候等;

⑤接近航空业务需求点,例如接近城市中心等;

⑥现有出入机场的地面交通系统;

⑦土地价格。

四、机场布局

机场布局是指机场各项主要设施的总体配置,包括跑道的数目、方向和布置,航站区同跑道的相对位置,滑行道的安排,各种机坪的位置等。

1.跑道

跑道可以布置成各种不同的形状,但大体可以归纳为 4 种基本形状组合:单条跑道;平行跑道;开口 V 形跑道;交叉跑道。

在确定跑道的方位时,应避免使飞机飞越人口稠密地区的上空和避开障碍物;同时跑道的方向应平行于主导风向,使飞机在一年内有 95% 以上的时间在侧风风速低于容许值的情况下使用跑道。当单条跑道的布置无法找到满足这个要求的方位时,需要增加一条侧风跑道,使得机场的利用率在95%以上。

当需求量超过单条跑道的容量时,可采用平行跑道方案。平行跑道系统的容量在很大程度上取决于跑道的数目和跑道之间的距离。

如果把航站区设在两条平行跑道之间,那么,跑道最好相隔的较远,以便有足够的地方设置航站楼、滑行道、机坪等。由于受跑道修建场地形状的限制,或者为了减少飞机起降时的滑行距离,可将平行跑道的入口位置错开布置。

2.风向分析

风对飞机起飞,尤其是着陆的安全影响较大。在侧风着陆时,飞机会随着侧风发生偏移,甚至会偏到跑道以外接地。顺风容易使飞机超过规定的地点接地,同时使着陆滑跑距离增大,因而飞机顺风着陆容易冲出跑道。逆风着陆正好与顺风着陆相反,飞机不容易冲出跑道,所以飞机最好是逆风着陆。但是,逆风风速很大时,飞机也不能安全着陆。所以,应尽量把跑道设置在风力负荷最大的方向上,使得一年能起飞着陆的日数最多。机场跑道应保证风力负荷不低于95%,如果一条跑道风力负荷低于95%,则应在另一风频率较大的方向设置辅助跑道,使机场跑道风力负荷总值不低于95%。

3.航站区与跑道的关系

航站区的位置,应布置在从它到跑道起飞端之间的滑行距离最短的地方,并尽可能使着陆飞机的滑行距离也最短。图1-6-2示出了五种典型的航站区与跑道的关系。

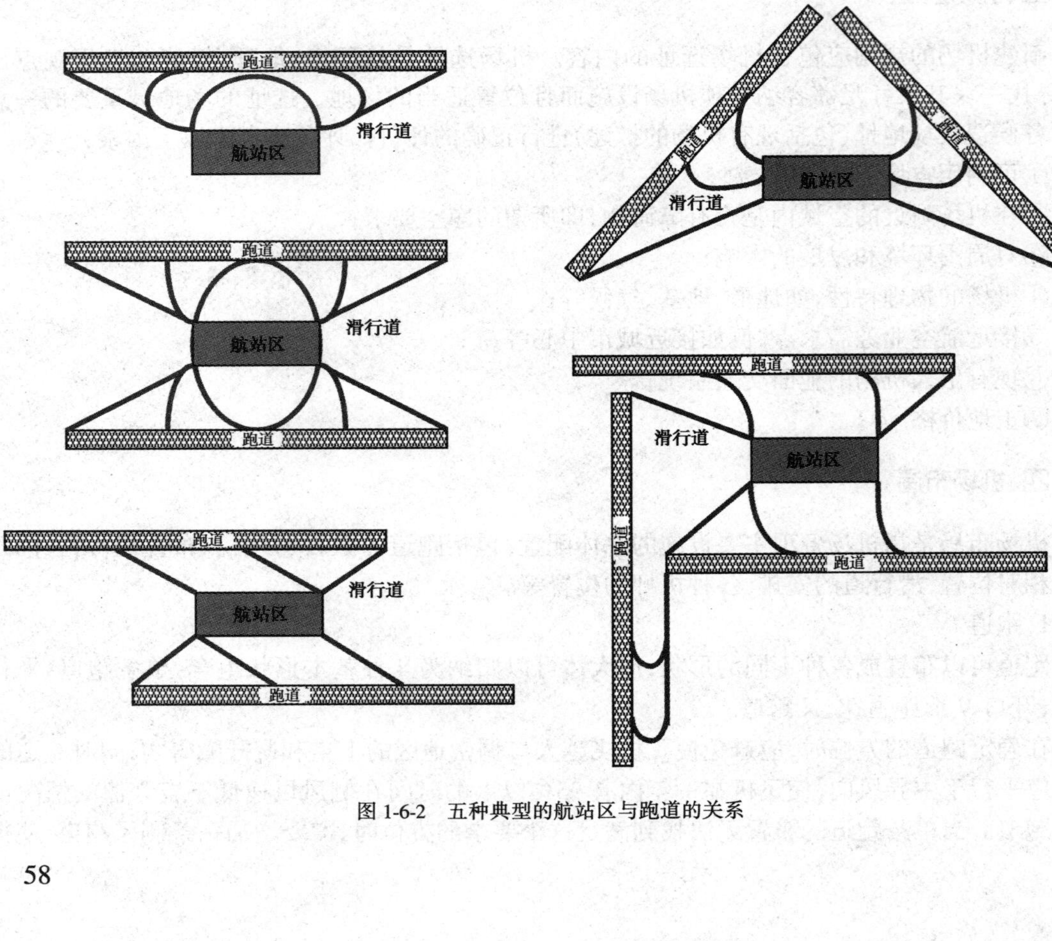

图1-6-2　五种典型的航站区与跑道的关系

4.滑行道的布置

滑行道的主要功能是为飞机提供在跑道和航站区之间的通道。滑行道的设置使得着陆的飞机迅速离开跑道,从而能够最大限度地利用跑道的容量,提高机场的运行效率。最简单的滑行道布置是在跑道两端设置供飞机调头的滑行道,并用短段滑行道同机坪相连。随着航空交通量的增加,应相应地增加出口滑行道、平行滑行道等。

第二节　航线、航班规划

航空公司的生产要素包括机队、航班时刻、航班频率、空中和地面服务等。如果把这些要素比作血肉的话,那么航空公司的航线网络就是筋骨。航线及航线网络是航空运输承运者经营运输业务的地理范围,是航空公司的客货运输市场,是航空公司赖以生成的必要条件。航线网络规划要回答两个问题,即航空企业将服务于哪些城市或地区?如何将航空公司服务的站点连接起来?民用航空公司运输航线按照其结构可以分为城市结对式和中心城市枢纽式两类;按照飞行的地区范围,航线可以分为国内航线、国际航线和地区航线。

一、航线、航段的概念

民航运输企业在获得航空运输业务经营许可之后,可以在允许的一系列城市范围内提供航空客、货、邮运输服务。由这些城市空港形成的航空运输路线,称为航线(airline)。航线由飞行的起点、经由点、终点、航路、机型等要素组成。航线通常与航路(airway)的具体空间位置有关。

飞行航段(leg)是飞机从起飞到下一次着陆之间的飞行。显然,一条航线可以有一个或多个航段组成。例如,北京—上海—旧金山航线,旅客航程可能有三种,北京—上海、上海—旧金山和北京—旧金山,飞行航段是指航班飞机实际飞行的航段,也就是北京—上海和上海—旧金山。一条航线上的航段设立取决于航线运输量、航班运载能力、运输距离等因素。

按照飞行时刻表、使用指定的航空器、沿规定的航线在指定的起讫经停点停靠的客货运输服务,称为航班(flightservice)。航班通常用航班号来标识具体的飞行班次。航班号通常用两个字母加四位数字构成,两个字母是航空公司的代码,四个数字表示航空公司所在地区号、往程航班或返程航班。

二、航线规划基本原则

首先,航线规划受到国家发展航空运输的总体规划的制约,它必须服务于国家与地区政治、经济以及军事发展战略(图1-6-3)。

其次,航线规划还受到航空企业自身的市场发展战略的驱动,服务于企业的经济利益。航空企业在作航线规划和航班计划时,必须对企业的生产状况进行分析,包括市场需求预测、运营分析和航空公司收益分析。市场需求分析是对企业在航空市场中的运量占有进行预测。民航市场可以用国民生产总值(GNP)或国内生产总值(GDP)来衡量国家经济增长水平和公众消费水平,进而分析客货运量的增长率,预测运输市场的发展趋势和规模。需求分析的目的是进行航班计划。

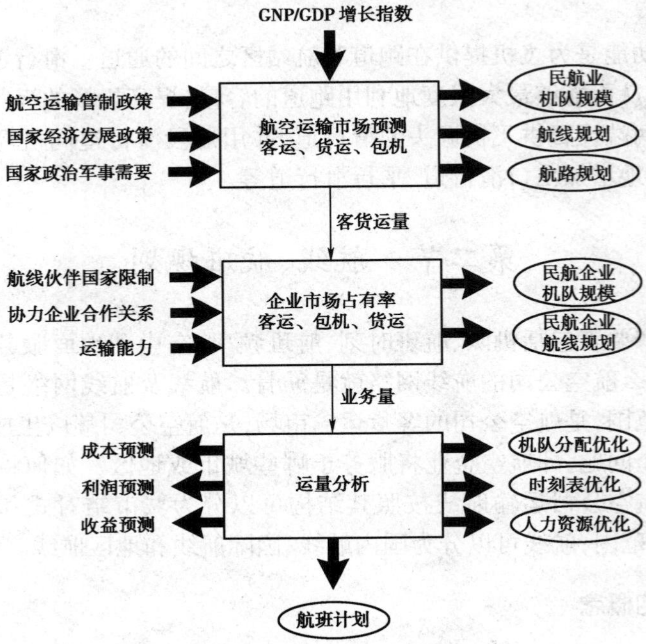

图 1-6-3 航线规划中的市场需求分析与航线规划

此外,航线规划还必须考虑以下因素:

1.航线布局的自然基础

开辟新航线,必须考虑到航线的地理条件和气象条件,有利于飞行安全。

2.对象城市或地区的经济水平

对象城市地区经济的繁荣程度,决定客货运量和航空运输市场的发展规模。

3.运输能力协调

新航线的建立,必须充分考虑到与其他航线的衔接,与地面交通的综合运输能力的协调,确保能及时、方便地集散旅客和货物。

三、航线布局方法

根据以上基本原则,进行新航线可行性研究,对拟开辟航线的必要性和可能性进行综合分析,为决策提供依据。

首先要进行需求分析。对客货运输的市场需求进行调查,掌握交通需求在空间上的发生量与吸收量,通过社会调查(SP 调查)分析,预测航空运输方式分担客货运量的比例。根据航空运输方式的分担运量的大小,研究航线对象城市机场的规模、跑道等级、通信导航能力、机队运输能力以及地面交通能力等因素。

其次,航线设计既要满足社会发展需要,又要充分考虑它的经济效益。对新航线的设立通常采用以下方法。

(1)线形规划法。线形规划法是基于运输要求来进行运输方式和航线布局的定量分析和分布优化。

(2)技术经济分析法。技术经济分析法是把多种可能布局方案可能产生的经济效益进行比较,分析航线布局的经济性。

四、航空公司的航班计划

民航运输飞行有定期航班和不定期航班之分,航班计划是针对定期航班而设计的。民航企业根据发展目标和市场需求,确定运输飞行航线、机型、航班班次、航班班期及航班时刻等具体内容。

航线选择是航班计划的基础。航空公司在获得了航线经营许可权之后,才可能根据航线的特点,制定具体的航班计划。满足航班飞行的航线必须具备下列要求:

(1)有能够供民用客机起飞和降落的机场和地面保障设施;

(2)满足民用客机飞行的航路条件,如导航、气象等;

(3)具有有关当局审批的飞行许可权。

航班的航线飞行主要有直达航线、间接对飞航线和环形航线(图 1-6-4)。直达航线是指在始发机场和终点机场之间往返直飞,无经停点。其特点是:用于运输量较大的城市之间;旅途时间短,成本低,受市场欢迎。间接对飞航线在始发机场和终点机场之间有经停点,回程按原路飞行。如果由于直飞时没有足够的客货运量,就通过提供中途机场的停靠,补充载运业务,以降低飞行成本。环形航线通常不按原路返回,其主要原因是由于单向运量不足。

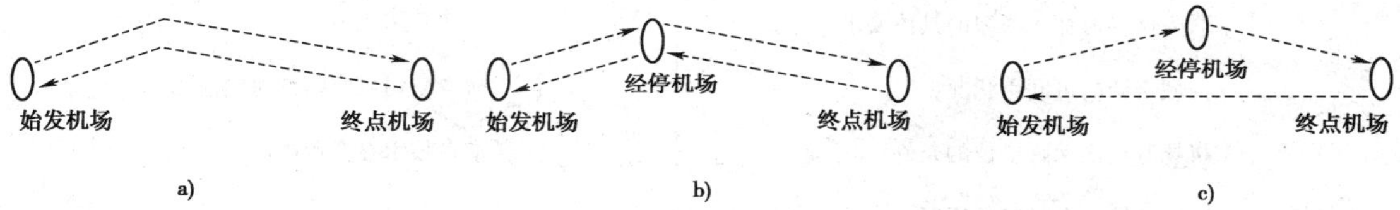

图 1-6-4　航班的飞行航线示意图

a)直达航线;b)间接航线;c)环形航线

在航线选择的基础上,根据航线运量、经停机场、航线距离、备用机型、航线维修能力等情况,选择航班机型。

航班班次、班期和起飞时刻这三者的相互关系反映了航班的飞行频率和飞行时间。通常以 7 天为一个周期。决定航班班次的多少,主要依据航线的运量。班期和起飞时刻主要根据季节、机场条件、航班衔接、客货流向和流量等因素来确定。

五、航线网络及其形式

航空网络是航路和机场所构成的物理结构。从图论的角度来看,航空网络本身只是一个无向图,航路仅仅是一个连接机场作用的空间通道。航空公司根据自身的经营战略、运力、市场占有份额选择运营的航线,这就构成了航空公司的航线网络。在航路上规定了飞机的飞行方向、飞行间距(前后、上下、左右)以及空域管制政策,便构成了航空交通网络。由于航空交通网络研究的不成熟性,这里重点介绍航空公司的航线网络规划的重要性、影响航线网络决策的因素、网络结构特征等问题。

航线网络结构的重要性表现在以下三个方面:

（1）航线网络决策是影响航空公司生存与发展的战略决策，只有在确定航线网络的基础上，航空公司才能进一步制定运营、人力资源等方面的战略规划。短期的航线决策失误会使航空公司蒙受重大的经济损失，航线网络结构的决策失误对航空公司来说可能是致命的。

（2）航线网络决策影响到航空公司经营目标的实现。一般来说，航空公司在成立之际或某个战略转折关头，都要向社会宣布其宗旨或经营方针。其经营目标能否实现在很大的程度上取决于航线网络的决策与实施。

（3）航线网络决策对航空公司、航空公司联盟的综合竞争实力有决定性影响。航线质量与航线网络的优势是航空公司综合竞争力的主要指标。

航空公司在进行航线网络规划时通常受到一系列外部因素和内部因素的影响，表 1-6-2 列出了决定航线网络规划决策的因素。

影响航线网络规划的因素　　表 1-6-2

外 部 因 素	内 部 因 素
国际贸易，国际金融的走向	航空公司的战略目标
社会对航空运输的需求变化	现有航线网络的利弊
政府对航空运输业的管制程度	现有机队的状况
联盟伙伴对加入联盟的具体要求	市场开拓能力
空域资源的可利用状况	航空公司系统内部协同能力
机场等地面保障单位的条件	信息技术在企业内部的应用
航空运输企业的竞争程度	
与其他地面交通方式的竞争	

中心辐射式航线网络（hub – and – spokesystem，缩略为 HSS）是当今国际上采用的主要结构形式（图1-6-5）。航空公司选择一些位于交通发达、经济繁荣、客货流量大的城市（机场）为中

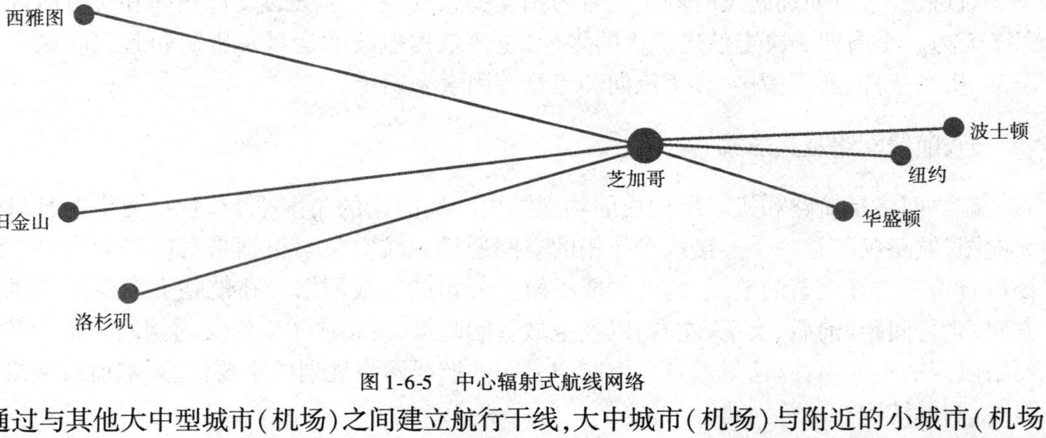

图 1-6-5　中心辐射式航线网络

心，通过与其他大中型城市（机场）之间建立航行干线，大中城市（机场）与附近的小城市（机场）建立航行支线，形成航线网络。这样，通过干线运输，将乘客从支线汇集到中心机场，或从干线

向直线疏散。由于经过机场始发或经停的航班频繁，乘客选择中转航班的机会增加，乘客可以搭乘同一航空公司的其他航班，简化旅行手续，缩短中途逗留时间。

大航空公司和小航空公司在中心辐射式航线网络结构中可能分工协作，大航空公司是主角，集中资源运营国内干线和国际航线；小航空公司是配角，致力于大机场和小机场之间的支线的开发。如此一来，可能出现大型航空公司和多家小型航空公司围绕着某个枢纽空港运营的局面。

第三节　航空公司机队规划

对于航空公司而言，收入实现于生产过程，却始于计划过程。机队规划的优劣将对航空公司的发展和经济效益产生深远的影响。机队规模过大，飞机利用率降低，势必造成航空公司运营成本庞大、巨额资本浪费，最终导致经济效益的下降；经济规模过小，损失航空公司潜在收入，而且使航空公司丧失扩大竞争力的机会，不利于航空公司的长期发展。

机队规划的实质是在可以预期的时间内，保证经营战略的实现，使运力满足运量的需要，但又不至于因飞机闲置而造成运力浪费，保持运力与运量的合理比例，适应生产规模的变化，减少航空公司的经营风险。

一、机队规划的任务与方法

航空公司机队规划的任务主要有三个方面：一是从长期发展角度预测分析航空公司的机队规模；二是在机队规模确定的情况下进行飞机选型决策；三是从航班生产运作的角度进行航班机型选择。

航空公司的机队规划一般划分为短期规划（1 年）、中期规划（3 ~ 5 年）和长期规划（10 ~ 15 年）。由于时间与信息的限制，它们在机队的灵活性、与航线网络结构变化的适应性以及确定机队的运营模式等方面具有各自的特点。

目前在世界航空界所使用的多种机队规划方法，就其本质而言大体按照以下两种思路，即宏观机队规划和微观机队规划。宏观机队规划是从机队规模预测的角度进行分析研究，主要解决长期规划问题，它是按“从上而下”（即从宏观到微观）的顺序进行分析预测。而微观机队规划是在微观航班、航线机型选择的基础上，按“从下到上”（即从局部到整体）的顺序进行分析，得出航空公司机队中短期规划结果。

二、机队规划的核心地位

航空公司需要作出许多决策。如公司经营的业务范围；航线网络如何构成；需要何种机型、多少飞机；需要多少机组人员、地面人员；航班时刻如何安排；采取怎样的票价结构；选择哪种促销方式等。这些决策都不是孤立的，而是相互影响、相互促进的。航空公司的机队规划是航空公司头等重要的决策，它不仅影响或左右着其他的决策，而且涉及到数十亿资产和收益的大事业，而这将影响到一个航空公司今后相当长时间的命运。

机队规划是航空公司规划框架中的资源规划的重要组成部分。首先，机队规划已成为航空公司计划工作中一个十分重要的内容。在航空公司的机队规划与战略规划之间存在着很强烈的依存关系，是关系到航空公司兴衰存亡的大型投资行为。菲律宾航空公司原来拥有亚洲最年轻、最现代化的机队，由于机队规划的失策而资不抵债，这家有着57年辉煌历史的航空公司在1998年亚洲金融危机中黯然倒闭。

此外，在机队规划与其他三项资源(财务、市场、航线)之间亦存在相互影响。

三、机队规模决策——宏观规划方法

机队规模分析是航空运输业和飞机制造商都十分关心的课题。如波音飞机集团在1998年的市场预测中，中国航空运输业在未来20年里将保持年均9.5%的增长率，居全球之冠，这一增长率几乎是全球年度增长率4.9%的两倍。此外，还预测中国的航空公司在今后的20年内将新增1 800架喷气式飞机，全球的航空公司将增加17 650架喷气式飞机。而国际航空运输协会(IATA)指出，受亚洲金融危机的影响，亚洲地区40%的航空公司将在今后5年减少10%的飞机订货。

面对种种分析预测，航空公司必须作出自己的评价，利用客观的信息、科学的方法作出合理的决策。概括起来，影响航空公司机队规模分析决策的因素主要有：

——现有的运量对运力的要求；

——预期的交通需求增长或航班频率的增加、占领市场份额的需要；

——获得进入新的航线的许可；

——现有飞机更新；

——提高运营效率和合理调配飞机的需要。

机队规模决策的方法是：应用载运率对指定时期的未来航空运输市场的潜在需求做出估计，当载运率达到一定水平时，就会发生客货溢出，此时航空交通需求大于航空公司的运力。载运率越高，潜在旅客需求量越大，这就意味着航空公司潜在收入的损失越多。因此，当有关指标相对偏高时，说明可供运力不能满足市场要求，此时应考虑增加运力，这是一种“指标警示”分析方法。这种方法既可以作为航空公司整体运力的需求分析，也可以用于某一航线运力需求分析。

宏观机队规划是建立在宏观运量的预测基础之上，根据宏观预测结果，得到航空运输量和周转量，进而得出飞机需求量。概括而言，这是一种依据历史数据对未来年度内的飞机需求量进行分析预测的过程。图1-6-6展示了进行宏观分析的四个子过程。

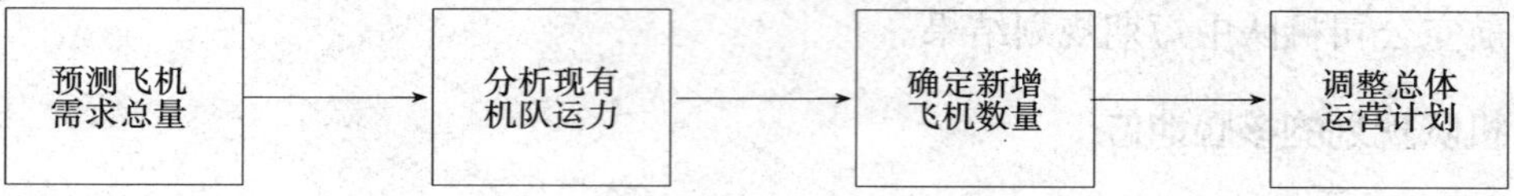

图1-6-6　宏观规划的四个基本过程

飞机需求总量是在对宏观运量需求预测的基础上，分析未来年限内预期航空运输周转量，再根据载运率的预测值，估计出所需飞机的生产能力，从而得出总的飞机需求量；根据飞机的定货和退役计划，分析现有机队的生产能力及其变化趋势；经过上述两项分析以后，可以清楚地得出需要补充的运力，根据各等级飞机承担运量的比例，将新增飞机的可用生产能力分配给不同等级的飞机，就可以求出各等级飞机的净需求量；在机队总规模确定以后，对公司总体运营计划作出概略描述。其涉及的指标通常有：总的飞行里程、飞机的起降架次、飞行小时、平均

航段距离等。

宏观机队规划的优点是易于建立预测方案,对评估总体需求很有用,可用于中长期预测;缺点是仅仅提供一个粗略的估计,可能过于简单化。需要指出的是:在进行宏观规划分析时,上述过程一般不是将航空公司的机队的总体状况直接进行分析,通常是将它分成多个子系统进行研究,将满足不同宏观要求的机队进行组合,进而得出飞机的整体需求量。例如,可以根据飞机的座级、服务市场的地理区域、航线特征和增长趋势进行划分。

四、航班机型调配——微观规划方法

微观机队规划是从城市相对子角度出发,对已经开航或拟开航的各航线逐条进行预测,求得各个座级飞机的需求量。汇总各航线需求量,得到公司飞机需求总量。微观分析方法主要是以航线为讨论问题的出发点,以每一条航线甚至航班机型选择为基础,其解决问题的思路与宏观分析方法形成对比。其分析过程涉及到的内容主要有:

——客货的流量、流向分析;

——各航线不同机型的经济性比较;

——飞机的使用及其调配方法;

——航班时刻及飞行线路计划。

微观机队规模分析的结果应包括:需购买或处理飞机的数量;飞机的调配方案;运营效益预测;财务结果。微观机队规划的优点是:可以很清楚地知道飞机需求量的的分布,对航空公司的机型选择、航班计划的安排具有直接的意义;其缺点是:仅适应中短期规划,因其预测所要求的信息量大,预测结果的精度不易把握,可能过于复杂化。在实际运用中,特别是对中短期规划,常常把两种方法同时使用,以便获得更加可靠的预测结果。

参考文献

1　铁道部.铁路运量与行车组织.北京:中国铁道出版社,1992

2　李文权,杜文.技术站调机运用的图论模型和算法.系统工程学报,2000.15(1):38~43

3　吴家豪.铁路编组站系统设计优化.北京:中国铁道出版社.1994

4　曾广位.珠江三角洲经济区铁路发展规划探讨.铁道工程学报,1996.49(1):14~19

5　张务栋,张绍飞,冯春萍等.中国和外国铁路网发展模式的比较研究.世界地理研究.1994.2:1~90

6　Li Wenquan, Du Wen, Lin Yixun. The graph model of using yard engines for railway technical service station. In: Traffic and Transportation Studies(Edited by Zhaoxia Yang, Kelvin C.P.Wang), American Society of Civil Engineers, Virginia. 1998. 642–651

7　耿淑香等.现代航空公司运营管理方略,北京:中国民航出版社,2000

8　夏洪山等.现代航空运输管理.北京:人民交通出版社,1999

9　钱炳华,张玉芬.机场规划设计与环境保护.北京:中国建筑工业出版社,2000

10　姚祖康.机场规划与设计.上海:同济大学出版社.1994

11 神原胖夫.航空输送经济.晃洋出版社,1999

12 山内弘隆.航空运赁攻防.日本 NTT 出版社,2000

13 久保斡雄.Logistics 工学.经营科学新前沿系列丛书,朝仓书店,2001

14 东京 TDM 研究会.日本初のロードプライシング,TDMで道路も铁道も变わる,都报新报社,2000

15 Paul H. W., NormanJ. A., Robert J. S. Jr., Transportation Engineering-Planning and Design, 4th Edition, Part Ⅴ: Design of Air Transportation Facilities, John Wiley & Sons, pp. 499 – 577

第二篇 智能运输系统

第一章 绪 论

第一节 智能运输系统的产生与发展

一、智能运输系统的概念、地位和作用

广义地说,交通是指人、物以及信息在空间的移动。实际上人们一般把人和物的移动划分到交通领域,而把信息的传递划分到通信领域。

智能运输系统(Intelligent Transportation System ,ITS)是通过对关键基础理论模型的研究,将先进的信息技术、通信技术、电子控制技术和系统集成技术等有效地应用于交通运输系统,从而建立起大范围内发挥作用的实时、准确、高效的交通运输管理系统。智能运输系统利用现代科学技术在道路、车辆和驾驶员(乘客)之间建立起智能的联系。借助智能系统,车辆可以在道路上安全行驶,靠智能化手段将车辆运行状态调整到最佳,保障人、车、路的和谐统一,在极大地提高运输效率的同时,充分保障交通安全、改善环境质量、提高能源利用率。由于该系统可以使交通的功能智能化,是目前国际公认的解决城市以及公路交通拥挤、改善行车安全、提高运行效率、减少空气污染等的最佳途径,也是全世界交通运输领域研究的前沿课题。

二、ITS 是科技发展的必然产物

交通运输的发展史是人类社会发展史的一个重要组成部分,是一部科技的发展史。交通运输业的发展更是科学技术发展的象征。

从车的发明,到蒸汽发动机车、内燃机车、汽车和飞机的出现,无不证明,交通运输史是科学技术发展史的缩影,交通运输业从产生到发展的每一步,都凝结着科学技术的成果,交通运输业的每一次革命,不论是交通工具的更新换代,还是运输方式的拓展变革,都与科学技术成果直接相连。科学技术的发展推动了交通运输的发展,智能运输系统(ITS)正是现代科学技术发展的必然产物。

三、ITS 是解决交通问题的根本途径

一般认为,交通问题是指未对社会或经济产生正效益,交通本身的机能也未充分发挥的状态。交通问题的存在就是车与路矛盾的存在,解决这一对矛盾的办法有四条途径。

第一是控制需求。最直接的方法就是控制车辆的增加，或者改变车型，使车变少，但相当长的一段时期内，舍弃车辆是不可能的。

第二是增加供给，也就是修路。修建道路是解决交通问题的又一个途径，城市之间的交通拥挤往往可以在建设了足够的城市间的（高速）公路后得到解决，所以相当长一段时期内，很多国家无一例外的采取了增加供给，即靠大量修筑道路基础设施来缓解当前的交通问题。

第三是加强城市交通管理。加强城市交通系统的管理在很长一段时间内被认为是解决城市交通问题的有效途径。

第四是实施智能运输系统。ITS 是解决交通问题的根本途径，也是目前世界交通运输领域研究的前沿课题，它是在当代科学技术充分发展进步的背景下产生的，是目前国际公认的解决城市交通拥挤、改善行车安全、提高运行效率、减少空气污染等的最佳途径。

第二节　智能运输系统的国际发展趋势

一、日本 ITS 的研究

20 世纪 70 年代是日本研究 ITS 的初始阶段，1973 年日本国际贸易和工业省发起了全面的车辆交通控制系统的研究，从而拉开了国际 ITS 研究的序幕。日本最初正式投入的系统有综合汽车控制系统（Comprehensive Automobile Control Systems，CACS）。通过 CACS 实验，积累了汽车在城市公路网的动态路线引导方法及相关技术方面的经验，但由于完成的时期过早，没有投入实际使用。

20 世纪 80 年代前半期，继 CACS 之后的各项工作取得了扎实的成果。警察厅从 20 世纪 70 年代始，在全国设置了交通控制中心，成立了日本交通管理技术协会（JTMA），开展了汽车交通信息控制系统 ATICS。CACS 的实地试验（1978）以连接东京都中心部和成田机场接送旅客的大客车为对象，通过路、车间的通信，利用 AVI（车辆自动识别）功能进行了行程时间的测定。另一方面，通产省设立了（财团法人）汽车行驶电子技术协会（JSK），它的任务是对改进路、车间的通信（汽车间的直接或中继数据通信）进行研究。

20 世纪 90 年代前半期，日本的 ITS 走向国际化，日本参加了汽车技术和自动化国际会议 ISATA（1988 年）、车辆导航与信息系统会议 VNIS（1989 年）、CONVERGENCE（1990 年）、ITS 美国年会（1991 年以后）等 ITS 领域的国际会议。1994 年 1 月，成立了道路车辆智能化推进协会 VERTIS（Vehicle, Road and Traffic Intelligence Society），现改称为 ITSJapan。

日本 ITS 的服务内容和开发领域见表 2-1-1。

日本 ITS 的服务内容和开发领域　　表 2-1-1

服务内容	开发领域	设定服务内容的出发点		
		主要利用者	需求	状况
(1)提供交通相关信息 (2)提供目的地信息	1. 导航系统的智能化	驾驶员	利用导航获取行驶有关的信息	从出发地到目的地的移动目的地选择；信息获取
(3)自动收费	2. 自动收费系统	驾驶员 运输企业 管理人员	不需要停车自动收取路费	在收费所交付

续上表

服务内容	开发领域	设定服务内容的出发点		
		主要利用者	需求	状况
(4)提供行驶环境信息	3.安全驾驶的支援	驾驶员	安全驾驶	行驶环境的确认
(5)危险警报				危险情况的判断
(6)辅助驾驶				躲避危险情况的操作
(7)自动驾驶				驾驶自动化
(8)交通流量最佳化	4.交通管理的最佳化	管理者 驾驶员	交通流量的最佳化	交通管理
(9)提供发生交通事故时的交通管制信息			对交通事故的适当措施	
(10)道路管理业的高效率	5.道路管理的高效率	管理者	迅速且稳妥的道路管理	道路管理
(11)特殊车辆等的管理		管理者 驾驶员 运输企业	迅速、准确地办理特殊车辆通行许可证	
(12)提供限制通行信息		管理者 驾驶员	对自然灾害的最佳对策	
(13)提供公共交通利用信息	6.公共交通的支援	公共交通利用者	交通工具的有效利用	公共交通的利用
(14)公共交通的运行、运行管理支援		运输企业公共交通利用者	提高利用公共交通工具的方便性、提高运输效率和运输的安全性	运行管理的实施 优先行驶的实施
(15)商用车的运行管理支援	7.提高商用车的利用率	运输企业	提高集配效率提高运输安全性	运行管理的实施
(16)商用车的连续自动驾驶			提高运输效率	
(17)路线引导	8.帮助行人等	行人等	提高移动舒适性	步行等的移动
(18)防止危险			提高移动安全性	
(19)紧急时自动报警	9.紧急车辆的运行支援	驾驶员	迅速、准确地请求救援	请求救援
(20)紧急车辆路线引导、支援救援活动		驾驶员	迅速、准确地引导到事故现场	修复、救援工作

二、欧洲 ITS 的研究内容

欧洲从 1986 年开始涉足 ITS 领域的研究。由欧洲主要汽车公司发起的欧洲高效安全道路交通计划(Programme for an European Traffic with Highest Efficiency and Unprecedented Safety, PROMETHUS)旨在以汽车为主体,利用先进的信息、通信自动化技术来改善运输系统,解决交通问题;由欧洲社团委员会(European Community, EC)发起的欧洲汽车安全专用道路设施计划(Dedicated Road Infrastructure for Vehicle Safety in Europe, DRIVE)主要涉及公路和交通控制技术的研究。在 1991 年末成立的欧洲道路交通通信信息实施协调组织(European Road Transport

Telematics Implementation Coordination Organization，ERTICO）作为民办的公共组织，负责监督和协调欧洲的 ITS 研究、发展和实施。

欧洲 ITS 研究的特点是：①在广泛的 ITS 领域都进行着研究与开发；②EC 发起组织的 ITS 研究着重技术的部署与评价，具有高度的研究连贯性，但是与实际的应用部署尚存在差距；③欧洲在公路上广泛部署了车辆专用电台，可以向用户提供声音或编码信息（由多种语言广播，可接收实时交通状况报告）；④将公共交通视为重要的研究内容，公交优先和公交乘客信息系统已投入使用。⑤无论哪个国家或企业提出的交通信息系统方案，都可以在环境不同的 12 个国家分别进行现场试验。因此，必然具有可适应各种环境的技术及发展新技术的可能性。下面分别介绍欧洲的有代表性的系统。

1. 交通效率与安全蜂窝式通信系统 SOCRATES（System of Cellular，Radio for Traffic Efficiency and Safety）

这是一种有效发挥传统的蜂窝无线电话基础设施（地面站）的作用，使交通控制中心与行驶中车辆进行双向通信的系统，它构成了 DRIVE 项目的核心。德国的黑森洲、英国的伦敦、瑞典的哥德堡是试验项目的对象地区。

SOCRATES 的下行线路可通过“广播方式”向行驶在各种地面站网络内的装有 SOCRATES 车载装置的车辆，提供道路交通状况的详细数字信息。这些信息可与存储在车载导航计算机中的数据连接，并可用于驾驶员最佳路线的计算。上行线路利用多频存取协议经过基地台向交通控制中心发送信息。它主要用于通报行程时间、紧急事态信息等。因此，多数车辆可利用 SOCRATES，不会给蜂窝式移动电话系统的能力带来影响。

2. EURO SCOUT

EURO SCOUT 是以德国西门子公司为主开发并推向市场的系统，也是以红外线信标为媒体的动态路线引导系统。由于车辆和信标间的红外线通信是双向进行的，因此汽车则变为一个探头，可将行程时间、排队等待时间及 O－D 信息等交通信息数据传输给中央引导计算机，并可经常更新中央数据（图 2-1-1）。

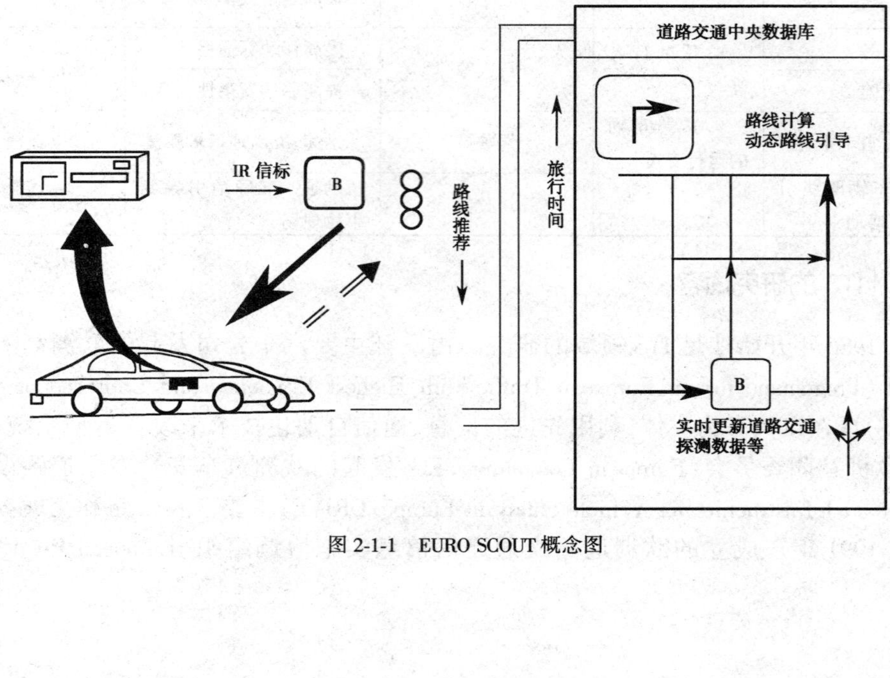

图 2-1-1　EURO SCOUT 概念图

EURO SCOUT 车载装置由导航装置、红外线收发信号机、车辆位置测定装置及显示器、键盘等组成。红外线信标是装有车载装置车辆与中央引导计算机之间的通信频道，当初计划在25%的城市交通信号器上和所有的高速公路上安装。中央引导计算机装有道路交通图及交通信息的数据库，用该装置计算的路线基本上是行驶时所需时间最短的路线(图 2-1-2)。

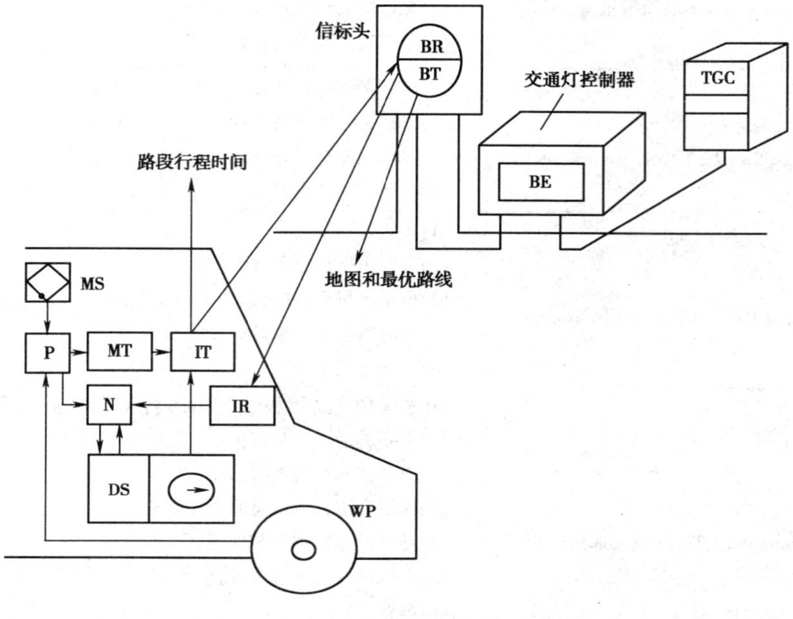

图 2-1-2　URO SCOUT 系统的组成及运行原理

3.交通主人(Trafficmaster)

Trafficmaster 是以伦敦为中心的大范围高速公路使用的系统，是采用袖珍传呼机网络提供交通信息的系统，由名为“GENERALLOGISTICS PLC”的民间企业经营。该系统由传感器、控制中心及车载信息终端组成。传感器检测车辆的速度，传感器控制仪的微型计算机计算每隔3min 车辆的平均速度，当平均速度在 30miles/h 以下时，便向控制中心发出信息。车载终端装置类似于一种在收音机上安装了显示器那样的装置，可显示全区域及分割放大区域的速度下降区域(交通堵塞区)。如转换成文本格式看指定页的话，便可详细了解事故及施工等特殊信息。这种车载装置如果事先登记取得 ID 号码，与一般的分页系统一样可以接收面向特定个人的信息，并在显示器上显示。

三、美国 ITS 研究

20 世纪 60 年代末期，美国就开始了智能运输系统方面的研究，当时称为电子路线引导系统(Electronic Route Guidance System, ERGS)。60 年代之后到 80 年代期间，在道路交通的信息化、智能化方面，几乎没有任何进展。但是，受到日欧进展的触动，产生了危机感，又由于冷战结束后军转民的要求，在 1987 年成立了 Mobility 2000 组织，该组织后来演变成为现在的 ITS America。ITS America 不但是美国运输部的国家 ITS 研究发展规划的咨询机构，而且还负责协调美国工业部门和大学、科研机构的 ITS 研究。表 2-1-2 介绍美国 ITS 的 7 个领域和 29 项研究内容。

美国ITS的研究领域及其研究内容 表2-1-2

研 究 领 域	主要研究内容
先进的交通管理系统 (ATMS - Advanced Traffic Management systems)	(1)城市区域的中央化交通信号控制系统; (2)高速公路管理系统; (3)交通事故管理系统; (4)电子收费及交通管理系统
先进的出行者信息系统 (ATIS - Advanced Traveler Information Systems)	(1)出行者信息系统; (2)车载路径诱导系统; (3)停车场停车引导系统; (4)数字地图数据库
先进的公共交通系统 (APTS - Advanced Public Transportation Systems)	(1)车队管理系统; (2)乘客出行信息系统; (3)电子支付系统(例如采用智能卡); (4)运输需求管理系统; (5)公交优先系统
先进的乡村运输系统 (ARTS - Advanced Rural Transportation Systems)	ARTS是ITS技术在幅原广阔的乡村区域的选择性应用,研究内容有: (1)出行者的安全与保护; (2)紧急情况管理系统; (3)旅游和出行者信息服务系统; (4)基础设施的运营和保养; (5)车队运营与管理系统; (6)商业车辆运营; (7)公共性的出行者服务系统
商业车辆运营 (CVO - Commercial Vehicle Operation)	(1)商业车辆的电子通关系统; (2)车载安全监控系统; (3)路边安全检查的自动化系统; (4)商业车队管理系统; (5)商业车辆的行政管理程序; (6)危险品的应急响应系统
先进的车辆控制和安全系统 (AVCSS - Advanced Vehicle Control & Safety Systems)	(1)防碰撞系统; (2)智能化行车控制系统; (3)Mayday系统; (4)驾驶员视野加强系统; (5)车辆防抱死系统ABS(Anti - lock Braking System) (6)驾驶员安全监控系统; (7)车辆安全监控系统; (8)车载路线诱导系统; (9)协作驾驶
自动公路系统 (AHS - Automated Highway System)	AHS有三种研究理念: (1)基于车辆智能化的匿名自动驾驶; (2)基于公路基础设施智能化的公路控制自动驾驶; (3)前两者的综合

美国和欧洲每年举办ITS年会,在亚太地区ITS国际研讨会已经举办了五届。从1994年

开始 ITS America、ERTICO、VERTIS 联合起来每年都要召开一次国际 ITS 大会，各国学者通过这些国际会议有了更多的互相学习和交流的机会。

四、中国 ITS 研究

我国的智能交通系统研究虽然起步较晚，但是经过几年不懈的努力，在某些领域做了许多工作，已经取得了一定成果。随着科学技术的发展和社会的进步，我国开展智能交通系统研究已具备了技术基础、国家政策倾向和颇具潜力的市场需求。我国交通运输界和国家政府部门已认识到开展智能交通系统研究的重要性。国家科技部已于 1999 年 11 月批准成立了国家智能交通系统工程技术研究中心。该中心的主要目标是以国民经济、行业和市场需求为导向，针对智能交通系统存在的重大技术问题，对有市场价值的重要应用科技成果，进行共性技术、关键技术的后续工程化、产业化以及系统集成的研究开发。

交通部曾在“九五”期间提出：“建立智能公路运输的工程研究中心”，同时指出：“结合我国实际情况，分阶段地开展交通控制系统、驾驶员信息系统、车辆调度和导航系统、车辆安全系统以及收费管理系统 5 个领域的研究与开发、工程化和系统集成。在此基础上，使成熟的科技成果转化为实用的技术和产品。该工程研究中心也将逐步发展成为我国智能公路运输系统产业化基地。”国家科学技术部已经立项进行 ITS 的研究，本章将其列于表 2-1-3。

中国智能交通系统体系框架中的服务领域与服务体系 表 2-1-3

服务领域	服务	英文
1.交通管理与规划 Traffic Management and Planning (ATMS)	(1)交通法规监督与执行	Policing/ Enforcement Traffic Regulations
	(2)交通运输规划支持	Transportation Planning Support
	(3)基础设施维护管理	Infrastructure Maintenance Management
	(4)交通控制	Traffic Control
	(5)需求管理	Demand Management
	(6)紧急事件管理	Incident Management
2.电子收费	(7)电子收费	Electronic Payment Service
3.出行者信息 Traveler Information System (ATIS/APT)	(8)出行前信息服务	Pre – trip Information
	(9)行驶中驾驶员信息服务	On – trip Information
	(10)在途公共交通信息服务	On – trip Public Transport Information
	(11)个性化信息服务	Personal Information
	(12)路径诱导及导航服务	Route Guidance and Navigation
4.车辆安全和辅助驾驶 Vehicle safety and driving assistance (AVCSS)	(13)视野范围的扩展	Vision Enhancement
	(14)纵向防撞	Longitudinal Collision Avoidance
	(15)横向防撞	Lateral Collision Avoidance
	(16)交叉路口防撞	Intersection Collision Avoidance
	(17)安全状况(检测)	Safety Condition (Inspection)
	(18)碰撞前乘员保护	Pre – crash Restraint Deployment
	(19)自动车辆驾驶	Automatic Vehicle Drive

续上表

服务领域	服务	英文
5.紧急事件和安全 Emergency and Security	(20)紧急情况的确认及个人安全	Emergency Notification and Personal Security
	(21)紧急车辆管理	Emergency Vehicle Management
	(22)危险品及事故通告	Hazardous Material & Incident Notification
	(23)公共出行安全	Public Travel Security
	(24)易受伤害道路使用者的安全措施	Safety Enhancement for Vulnerable Road Users
	(25)交汇处的安全服务	Junctions Safety
6.运营管理 Transport Operation Management（CVO/APTS）	(26)公交规划	Public Transport Planning
	(27)车辆监视	Vehicle Monitoring
	(28)公交运营管理	Public Transport Operation Management
	(29)一般货物运输管理	Common Freight Transport Management
	(30)特种运输的管理	Special Transport Management
7.综合运输 Inter – modal Transport	(31)交换客货运信息资源	Exchange Pass. Freight Transport Info.
	(32)提供旅客联运服务	Passenger Inter – modal Transport
	(33)提供货物联运服务	Freight Inter – modal Transport
8.自动公路	(34)自动公路	Automated Highway System（AHS）

国家科技部于2000年3月组织全国交通运输领域专家组成专家组，针对“九五”国家科技攻关项目“中国ITS体系框架研究”，采用了面向过程的方法，起草了中国智能交通系统体系框架，它自然、直观、易于理解。中国的ITS体系框架研究基本上是按图2-1-3中所示的几个步骤进行的。

中国ITS的体系框架共分为8个服务领域、34项服务内容、138项子服务，见表2-1-3。

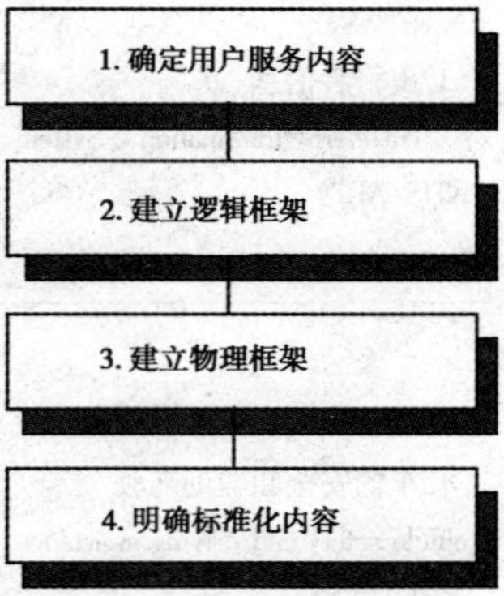

图2-1-3　体系框架研究的主要步骤

逻辑框架是对系统功能的一种分类，中国的智能运输系统逻辑框架分为四个层次：功能域，基本上和服务域等同；系统功能，基本上和服务等同但进行了功能的重新组合；过程基本上与子服务相同；子过程，基本的逻辑单元。逻辑框架最主要的内容就是描述系统功能和系统功能之间的数据流(图2-1-4)。

在交通管理与规划服务领域，国内诸如北京、上海、大连、沈阳等许多大城市已经引入并使用国外先进的自适应城市交通控制系统。

智能运输系统在国际上受到各国专家的重视，国际ISO标准已经制定。本篇介绍国际ISO标准服务领域中涉及的主要领域，包括城市交通流诱导系统及其相关的定位系统、通信系统、电子收费系统、汽车与自动驾驶系统、智能运输系统的评价效果和标准化以及航空智能运输等内容。

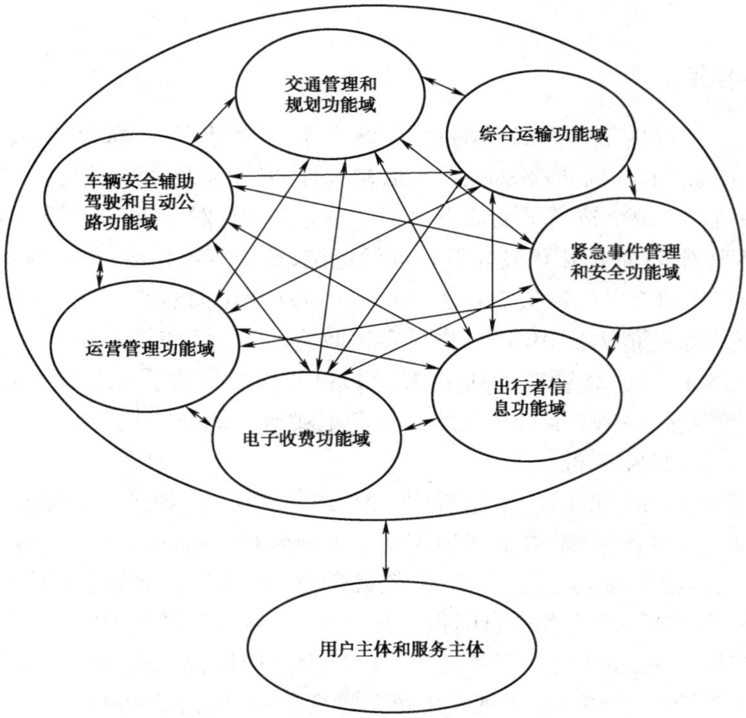

图 2-1-4　逻辑框架顶层结构

第二章　定位系统

第一节　概　述

车辆定位技术是智能交通系统的关键技术之一。作为智能交通系统的主要功能之一就是要实现自动跟踪车辆的当前位置，并为出行者提供从当前位置到目的地在一定准则下的最优路径，只有做到实时准确的当前位置跟踪显示，才能实现真正意义上的诱导。因此，准确定位是实现智能交通系统主要功能的前提条件。

在 ITS 的 28 种服务中就有 11 种需要知道车辆的实时位置，因此对在路面上行驶的车辆如何进行定位在 ITS 系统中是一项非常重要的技术。

定位是实现导航功能的前提与基础。目前移动目标定位技术有三种：独立定位、地面无线电定位和卫星定位。与后两种技术相比，独立定位技术的优点是完全自主，不需要使用通信设备，因此受外界因素的影响比较小。下面介绍几种主要的定位系统。

第二节 GPS 定位原理

一、GPS 单独定位

GPS 全部意义为导航卫星测时和测距/全球定位系统，英文全称为 Navigation Satellite Timing and Ranging/Global Positioning System。按最初设计，实用系统由 24 颗卫星组网，这些卫星分布在三个轨道平面上，每个轨道平面设置 8 颗卫星。这样，对于地球上任何一点，能同时有 6 ~ 9 颗卫星可供观测，可选择 4 颗最佳卫星进行定位，预期定位精度可达 10m。美国从 20 世纪 70 年代开始研制，历时 20 年，耗资 200 亿美元，于 1994 年全面建成，具有在海、陆、空进行全方位实时三维导航与定位能力。1978 年，由于美国政府压缩国防预算，减少对 GPS 计划的拨款，于是把实用系统的卫星由 24 颗减少到 18 颗。1989 年以后加快了 GPS 系统的建设，并将 18 颗卫星恢复成 24 颗卫星。1993 年 GPS 系统已具备正式运行能力，目前在地球上空已有 27 颗卫星(包括 3 颗备份卫星)在运行。

经近 10 年我国测绘等部门的使用表明，GPS 以全天候、高精度、自动化、高效益等显著特点赢得广大测绘工作者的信赖，并成功地应用于大地测量、工程测量、航空摄影测量、运载工具导航和管制、地壳运动监测、工程变形监测、资源勘察、地球动力学等多种学科，从而给测绘领域带来一场深刻的技术革命。GPS 自问世以来，已充分显示了其在无线电导航、定位领域的霸主地位。在海湾战争中，GPS 为美国及其盟军以极少的代价，在短时间内取得胜利起到了重要作用。许多民用领域由于 GPS 的出现发生革命性变化：美国已于 1994 年 7 月宣布放弃它已投巨资研制并准备于 1998 年取代现有仪表着陆系统(ILS)的微波着陆系统(MLS)，取而代之的是差分 GPS(DGPS)。目前，GPS 不仅仅在其盟国的军队中广泛用于导航，几乎全世界所有需要导航、定位的用户都被 GPS 的高精度、全天候、全球覆盖、方便灵活和优质价廉所吸引。GPS 现已广泛用于航空/航海导航、大地测量、遥感、石油勘探、地震测量、野外救生、探险、森林防火、飞机播种、农田耕种、车辆自主导航、特种车辆(警车、银行车)导航/监控及机场/港口交通管理等领域。

GPS 由三大子系统构成：空间卫星系统、地面监控系统、用户接收系统。现有 24 颗卫星在距离地面大约 20,183km 的轨道高度上以每日绕地球两周的周期运行着。6 条轨道按轨道面夹角 60°间距分开，每条轨道与赤道面的夹角为 55°，每条轨道上有四颗卫星。

GPS 的特点：

(1)全球地面连续覆盖。由于 GPS 卫星的数目较多，且分布合理，所以地球上任何地点均可连续地同步观测到至少四颗卫星，从而保障了全球、全天侯连续的三维定位；

(2)功能多，精度高。GPS 可为各类用户连续地提供动态目标的三维位置、三维速度和时间信息；

(3)实时定位。利用全球定位系统，可以实时地确定运动目标的三维位置和速度；

(4)定位精度高。现已完成的大量实验表明，目前在小于 50km 的基线上，其相对定位精度可达 $1\times10^{-6}\sim2\times10^{-6}$，而在 100 ~ 500km 基线上可达 $10^{-6}\sim10^{-7}$；

(5)操作简便。GPS 测量的自动化程度很高，且接收机的质量较轻、体积较小，携带和搬运都很方便。

GPS定位采用空间被动式测量原理,即在待测站上安置GPS用户接收系统,以各种可能的方式接收GPS卫星系统发送的各类信号,由计算机求解站星关系和测站的三维坐标。如图2-2-1所示,欲确定平面上一点 O 的位置,需要两个参考点 O_1 和 O_2,并测定 R_1 和 R_2 的距离(三个点不能在一条直线上)。同理,确定三维空间中一点的位置,需要三个参考点,并测定待测点与这三个参考点的距离(四个点不能在一个平面上)。因此,理想情况下,通过测定地球上某一点与三颗卫星的距离,即可确定该点空间的位置。

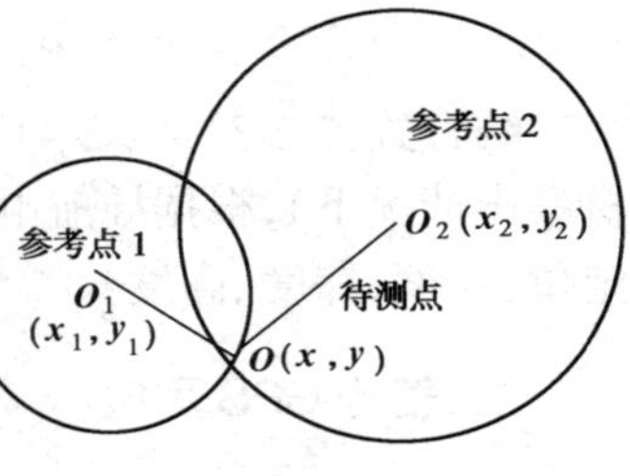

图 2-2-1 GPS定位原理图

GPS的卫星时钟基频 $f_0 = 10.23\text{MHz}$,在 L 频段上配有两种基频:

L_1 载波:$f_{l1} = 154f_0 = 1\,575.42\text{MHz}$

L_2 载波:$f_{l2} = 120f_0 = 1\,227.60\text{MHz}$

GPS的每一颗卫星连续不断地发送可跟踪的惟一编码序列,GPS接收机据此辨认相关卫星。GPS的测距码(P码和C/A码)和数据码都是采用扩频技术调制到载波上的。在 L_1 频段上有数据流和两种测距码分别以同向和正交方式进行调制,其信号结构为:

$$s_{L1}(t) = A_P P_i(t) D_i(t)\cos(w_{L1}t + \varphi_1) + A_c C_i(t) D_i(t)\sin(w_{L_1}t + \varphi_1) \quad (2\text{-}2\text{-}1)$$

在 L_1 频段上只有P码进行双向调制:

$$S_{L2}(t) = B_p P_i(t) D_i(t)\cos(w_{L2}t + \varphi_2) \quad (2\text{-}2\text{-}2)$$

式中:A_p B_p、A_c——P码和C/A码的振幅;

$P_i(t)$、$C_i(t)$——P码和C/A码;

$D_i(t)$——数据流,又称导航电文,其中包括该卫星星历、工作状态、时钟改正、电离层时延改正、大气折射改正以及从C/A码捕捉P码的导航信息;

w_{L_1},w_{L_2}——载波 L_1,L_2 的角频率;

φ_1,φ_2——信号初始相位。

这里的C/A和P码是二进制码,具有随机噪声的特性,其作用是相当于精密的时标。将卫星与接收机振荡器产生的码序列进行相关处理就完成了对某一卫星的跟踪和锁定;进一步鉴相解调,可得到导航电文 $D_i(t)$,又可求出卫星信号的传播时间,乘上光速便得到从卫星到接收机的伪距。GPS定位是通过伪距测量得到的,由于存在时钟差、大气效应、接收机误差,这里的伪距并非实距,伪距数学表达式为:

$$\begin{aligned}\rho_p &= C\cdot(t_{PR} - t_{SV}) + V_p \\ &= R_p + C\cdot(\Delta t_{PR} - \Delta t_{SV}) + d\rho_p + d\rho_{pion} + d\rho_{trop} + dM_p + V_p\end{aligned} \quad (2\text{-}2\text{-}3)$$

式中:t_{PR}——接收机已同步的观测时刻;

t_{SV}——卫星已同步的发射时刻;

Δt_{PR}——接收机的时钟偏差;

Δt_{SV}——卫星的时钟偏差;

$d\rho_p$——卫星的星历误差(包括 SA 影响)引起的伪距误差;

$d\rho_{pion}$——电离层;

$d\rho_{trop}$——对流层效应;

dM_p——多径效应;

V_p——接收机噪声;

R_p——接收机到卫星的几何实距,若接收机位置坐标设为(x_p, y_p, z_p),由卫星星历获得的卫星地心坐标是(x_p, y_p, z_p),即有:

$$R_p = \sqrt{(x_s - x_p)^2 + (y_s - y_p)^2 + (z_s - z_p)^2} \tag{2-2-4}$$

结合式(2-2-3)、(2-2-4),将 x_p, y_p, z_p, $\Delta t_{PR} - \Delta t_{SV}$视为 4 个未知数(不考虑多径效应和接收机噪声情况下),根据导航电文 $D_i(t)$确定其余各项,只要同时观测到 4 颗卫星,就可实现三维定位(经度、纬度、高度)。

二、差分 GPS 定位

由于 GPS 系统在 SA 实施下提供的单点定位精度在 100m 左右,对于交通流诱导这种精度难以满足要求。为了解决这个问题,提高定位的精度,可采用差分的技术。所谓差分 GPS(Differential GPS, DGPS)就是将一个已精确测定的已知点作为差分基准点,在此点安装 GPS 接收机,连续接收 GPS 信号,通过处理再与已知的精确位置作比较,不断确定当前的误差,然后把它通过通讯链传送至该地区的所有移动 GPS 用户,以修正它们的定位解。差分 GPS 实时定位技术基本上可分为两种类型,即局域差分 GPS 和广域差分 GPS。局域差分的技术特点是向用户提供综合的差分 GPS 改正信息——观测值改正,而不是提供单个误差源的改正。它的作用范围比较小,一般在 150km 之内。广域差分的技术特点是将 GPS 定位中主要的误差源分别加以计算,并分别向用户提供这些差分信息,它作用的范围比较大,往往在 1000km 以上。

局域差分 GPS(Local Area Differential GPS ,简写为 LADGPS)定时定位技术是由基准站、数据通信链和用户站组成。它提高用户站定位精度的原理是建立在基准站和用户站对 GPS 卫星的同步、同轨迹的基础上。通常认为,若基准站和用户站同步观测同一颗卫星,且基准站和用户站间隔在一定距离内(一般不超过 150km),则这两种站上的观测值相应于同一卫星的同一轨道弧段,它们之间存在强相关性,即它们都包含相同的误差。因此,以伪距差分为例,将基准站所观测的每一颗 GPS 卫星的伪距误差按伪距比例改正的信息(一般还需加上伪距改正变率信息)通过数据通信链传输至邻近的用户站,用户站利用这一信息对其所观测的伪距进行改正,即可提高用户站定位精度。根据国外经验,当基准站和用户站间隔小于 150km 时,伪距 LADGPS 实时相对定位误差为 $3 \times 10^{-5} \sim 10 \times 10^{-5}$。也就是说,基准站和用户站之间的距离在 150km 范围内时,用户站定位的精度为 ±(3 ~ 10)m。若利用相位 LADGPS,则定位精度可以提高几倍,但技术比较复杂,而基准站的作用范围目前一般不大于 30km,它对于某些高精度诱导系统(如飞行器着陆,即所谓的 1 类、2 类、3 类)有重要意义。

第三节　GLONASS 单独定位

美国规划了一个全球导航卫星系统——GNSS,即 GPS + GLONASS + INMARSAT。美国

RTCA(航空无线电技术委员会)是该计划的主要的策划者。由于用户具有 GPS 与 GLONASS 组合设备,可选择 48 颗卫星中的任意 5 颗或 4 颗星,星座的 GDOP(Geometric Dilution Of Precision,几何精度因子)会大幅度下降,保证随时得到高精度定位。由于卫星选择余地加大,又有 INMARSAT 可对用户广播各卫星的完善性信息,总系统的完善性和可用性也会大大提高,甚至当 GPS 或 GLONASS 中的一种系统加大了由 SA 引入的误差或采取其他措施时,民间用户还可依赖另一种系统。数字同步网设备的原始定时参考的相当部分来自于授时接收机,而我国采用较多的仍是单一的 GPS 接收机。

1996 年,美国、俄罗斯、欧洲和日本决定在 1998 ~ 1999 年期间采用一套被称为 GNSS 的用于地球同步卫星的增强型卫星系统。它包括美国的宽区域增强型系统(WAAS)、欧洲的欧洲全球导航卫星覆盖业务(WBSA)、日本的多功能传输卫星(MF SAT)、前苏联的 GLONASS 以及由 70 多个签约国组成的条约组织操纵的通信卫星 INMARSAT。开发 GNSS 系统的宗旨是为了利用所有的导航卫星信息。目前,GPS 已全部稳定工作,GLONASS 在 1996 年也已全部完成了部署。INMARSAT(国际海事卫星组织)打算用静止卫星来播送有关 GPS 和 GLONASS 的全部数据,从而以适时的方式使用户对故障卫星有所警惕。

全球海军导航卫星系统 GLONASS(Global Navy Navigation Satellite System)是前苏联紧跟美国 GPS 空间计划平行发展的。1982 年 10 月 12 日,前苏联由空军部队在拜哈努尔发射了第一颗 GLONASS 卫星,自那时起,经过 13 年的周折,虽遭遇了前苏联的解体,但始终没有中断和停止 GLONASS 卫星的发射,并维持每年发射 3 ~ 9 颗卫星的水平。截止 1995 年底,一共发射了 73 颗卫星。现在,在轨道上正常运行的卫星有 25 颗,已经完成了 24 + 1 的星座布局。

GLONASS 系统的 24 颗卫星均匀分布在三个轨道平面上,每个平面上分布 8 颗卫星,轨道倾角为 68.8°,轨道平面相互间隔 120°。GLONASS 系统的支撑系统是由地面上的 5 个跟踪站和 9 个监控站组成,提供着 GLONASS 卫星的导航电文。

与 GPS 相比,GLONASS 一个显著的缺点就是它的应用不够广泛。这也与前苏联的政策有密切的关系。GLONASS 计划一直在秘密地进行着,政府直到最近才决定将它向商业化方向发展。这种情况决定了 GLONAASS 在国际上的研究远远不如 GPS 那样深入。在对 GLONASS 系统状况进行考察方面,美国 MIT 的研究人员近年来一直在进行这方面的工作,并定期公布结果。他们的结论是:GLONASS 性能的用户使用距离误差小于 10m,而加上了 SA 的 GPS 为 40m,前者明显更好。

第四节　GPS/DR 组合定位系统

在动态路径诱导系统中,实时、准确、连续、可靠地提供移动站的位置信息是非常重要的,但不论是在城市还是在郊区,GPS 卫星信号都会受到高楼和隧道的遮挡。因此,仅用 GPS 来实现连续不间断的定位是不可能的。而车辆定位推算导航系统(DR)是一种自主式的车辆导航系统,它利用陀螺及里程仪的传感信息来记录和推算当前的导航位置,它具有短时间内精度高,但导航误差随时间积累的特点。因此,将 GPS 和 DR 组合来构成车辆定位系统,可以很好地解决车辆短时间内会丢失 GPS 卫星信号的问题,从而实现连续地对车辆进行定位。

在 GPS/DR 组合定位系统中,信息融合算法普遍采用的是卡尔曼滤波或自适应滤波算法来估计系统误差,然后进行校正。

一、GPS/DR 组合定位系统的组成

GPS/DR 组合定位系统由 GPS 定位系统、航位推算系统(DR)和信息处理系统三部分构成,系统原理框图如图 2-2-2 所示。

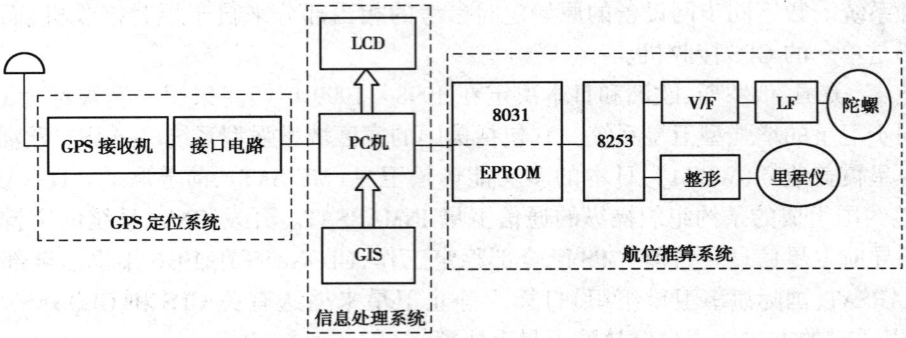

图 2-2-2　GPS/DR 组合定位系统框图

GPS 定位系统采用的是美国 ROCKWELL 公司 Jupiter12 通道接收机,接收载波信号频率为 $L_1 = 1575.42\text{MHz}$,输出信号按 RS232 标准送至计算机串口。

航位推算系统由角速率陀螺、里程表、V/F 转换器、低通滤波器、计数器、微处理器等组成。

信息处理系统接收来自 GPS 定位系统和航位推算系统(DR)两种定位数据,根据组合定位系统的数学模型进行两种定位结果的数据融合。DR 系统推算结果误差会随时间积累,可定时对其进行标定和校正。

二、航位推算系统数学模型的建立

1. 当地参考坐标系(LR)和地球坐标系(EC)的转换模型

因为航位推算系统(DR)必须以一个地球表面的参考坐标系的原点作为其推算车辆位置的起点,而 GPS 提供的是地球坐标系的位置和速度信息。首先给出当地参考坐标系和地球坐标系之间的转换模型。设 X_{LR} 是当地坐标系的位置矢量,则它与地球坐标系的位置矢量 X_{EC} 的关系为:

$$X_{LR} = RX_{EC} + S \tag{2-2-5}$$

式中:R——从 EC 到 LR 的转换矩阵,即:

$$R = \begin{bmatrix} -\sin\theta & \cos\theta & 0 \\ -\sin\phi\cos\theta & -\sin\phi\sin\theta & \cos\phi \\ \cos\phi\cos\theta & \cos\phi\cos\theta & \sin\theta \end{bmatrix} \tag{2-2-6}$$

S——从 EC 到 LR 的平移向量:

$$S = \begin{bmatrix} x\sin\theta - y\cos\theta \\ x\sin\phi\cos\theta - y\sin\phi\sin\theta - z\cos\phi \\ -x\cos\phi\cos\theta - y\cos\phi\sin\theta - z\cos\phi \end{bmatrix} \tag{2-2-7}$$

θ——当地经度;

ϕ——当地纬度；

x、y、z——地球坐标系中的位置。

2.车载里程仪数学模型

里程仪通常由一磁电传感器和一组贴在车轮上的磁片构成。车轮每旋转一圈，磁电传感器便产生一定数量的脉冲，通过这种脉冲的计数，便可知车辆的行驶路程。里程仪数学模型如下：

$$D_m = N_{pulse} S_0 \tag{2-2-8}$$

式中：D_m——里程仪在每一个T时间间隔内所测量的里程值；

N_{pulse}——每一个T时间间隔内所产生的脉冲数；

S_0——里程仪的标定因子。

又可推出：

$$D_m = N_{pulse} S_0 = D_{true}(1 + S_e) + W_0 \tag{2-2-9}$$

式中：D_{true}——每一个 T 时间间隔内车辆行驶的真实距离；

S_e——标定因子误差；

W_0——车辆的颠簸引起的随机误差，可定义为白噪声。

3.速率陀螺的数学模型

速率陀螺仪用于测量车辆的航向角，其误差主要来源是速率陀螺仪的漂移。其数学模型如下：

$$\omega_m = \omega_{true} + \varepsilon \tag{2-2-10}$$

式中：ω——每一个 T 时间间隔内测量的角速度；

ω_{true}——每一个 T 时间间隔内车辆的真实角速度；

ε——陀螺仪漂移。

而真实角速度与实际车辆速度关系为：

$$\omega_{true} = \frac{\partial}{\partial t}\left[\arctan\left(\frac{v_x}{v_y}\right)\right] \tag{2-2-11}$$

4.航位推算系统位置推算数学模型

DR系统以地球表面的参考坐标的原点作为其推算车辆位置的起点，利用车辆里程仪和航向传感器确定每一时刻车辆的位置：

$$\begin{cases} x(t) = x(t-1) + D_{true}\sin(\theta_{true}) \\ y(t) = y(t-1) + D_{true}\cos(\theta_{true}) \end{cases} \tag{2-2-12}$$

式中：$x(t)$、$y(t)$——t 时刻车辆在参考坐标系下的位置；

$x(t-1)$、$y(t-1)$——$t-1$ 时刻车辆在参考坐标系下的位置。

第五节　GSM 定位系统

欧洲数字蜂窝移动通信GSM(Global System for Mobile)，集中了现代信源编码技术，信道编码、交织、均衡技术，数字调制技术，话音编码技术以及慢跳频技术。GSM系统提供多种电信服务，包括话音、电文、图像、传真、计算机文件、消息等。

利用现有移动通信系统中基站和移动终端之间的无线电信号传播特征，同样可以实现移动站定位。通过移动通信网提供定位业务的要求最初是由美国在其 1991 年开始实施的智能运输系统通信标准中提出的。

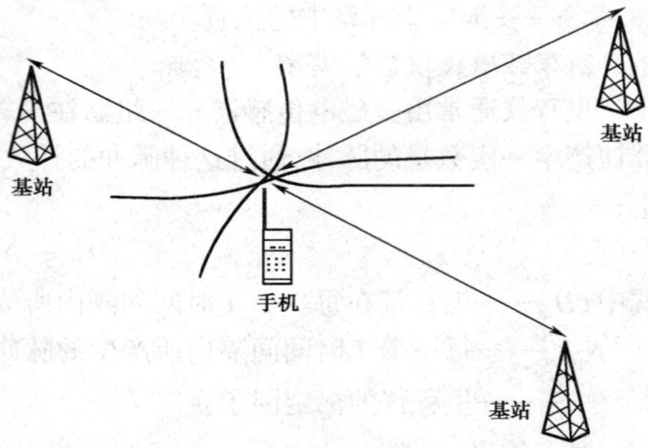

图 2-2-3　时差定位原理图

当前 GSM 定位系统采用的是时差定位方法，主要有三种，即观测时间差（OTD）定位、补偿时间或提前时间（Time Advance）定位以及抵达时间定位。

时差定位是根据同一移动站所发信号到达不同基站的时延差异，通过坐标变换获得移动终端的位置信息，其原理如图 2-2-3 所示。该定位方法与来波方向定位所需最少基站数有所不同。由于移动终端信号到达基站的等时延曲线为圆弧，因此欲确定移动站位置，在理想情况下至少需要三个基站。

第三章　交通流诱导系统

第一节　概　述

一、交通流诱导系统的起源

交通流诱导系统经历了从静态系统到动态系统的发展过程。静态诱导系统研究始于 20 世纪 70 年代，使用记录交通状况的历史数据库或者地理信息系统（数字地图）进行路线引导。目前，安装在高档汽车上的商用导航系统大多数是静态的路径诱导系统，但在功能和人机界面方面都显示了高科技的特征。为了能够将实时的交通状况反应到诱导系统中，在最优路径计算时，使用随时间变化的动态出行费用增加了时间变量，基于现代通信技术的动态路径诱导系统（DRGS—Dynamic Route Guidance System）应运而生。于是，需要建立车辆与交通管理部门之间的通信联系，并由后者提供实时的交通信息。

动态交通诱导系统主要由 3 个部分组成：①交通信息中心。这是动态诱导系统的核心，主要功能是从各种信息源获得实时交通信息，并处理成用户需要的数据形式；②通信系统。负责完成车辆和交通信息中心的数据交换。信息中心通过通信系统向所有车辆不断发送实时交通状况数据，包括路段行程时间、交通事件以及其他相关数据；③车载诱导单元。车载诱导设备主要由计算机、通信设备和车辆定位设备组成。定位设备为 GPS 接收机或信标信号接收机及速度、方向传感器等其他定位设备，为驾驶员提供良好的人机界面、方便驾驶员输入信息和获得诱导指令。

二、国外动态交通诱导系统的发展情况

动态交通诱导系统的研究最早开始于20世纪70年代中期的日本，首先进行了基于射频通信的车载动态诱导系统的开发试验，并得到了可以减少13%行程时间的结论，但是由于受当时技术、经济等因素的限制该研究项目没有继续下去。在20世纪80年代又相继进行了道路车辆通信系统(RACS)和高级车辆交通信息与通信系统(AMTIC)的研究，1990年开始的VICS(Vehicle Information and Communication System)项目则是世界上第一个全国统一的车辆信息与通信系统。

欧洲的德国和英国分别在20世纪80年代末期开发出了用于示范的基于红外信标进行通信的动态路径诱导系统，LISB系统和AUTOGUIDE系统，二者都是利用历史数据进行诱导。进入20世纪90年代，德国西门子公司基于LISB开发的ALI－SCOUT系统(在欧洲称为EURO－SCOUT)具有一定的国际影响，它是基于红外信标通信方式的中心决定式的路径诱导系统。基于ALERT－C协议的交通数据频道广播已经或即将在英国、德国、意大利等11个欧洲国家开通，它能够向用户提供交通事故、拥挤、道路施工等信息，其商用路径诱导系统CARMINAT、DYNAGUIDE等不但可以显示(提示)交通信息，亦可以实现分布式的动态路径诱导。

Pathfinder是美国第一个IVHS研究项目，它提供的信息为道路拥挤程度信息，以文字形式显示在电子地图上或以语音方式提示驾驶员。1991年7月到1996年12月，美国在Illinois的Chicago进行了ADVANCE(Advanced Driver and Vehicle Advisory Navigation Concept)项目的研究，这也是一种分布式的路径诱导系统。

目前美国投入使用的MAYDAY系统可以自动向用户报告车辆位置，在必要时可以获得紧急帮助。该系统的扩充功能包括出行者信息、路径帮助和诱导等服务。

三、我国动态交通诱导系统的发展情况

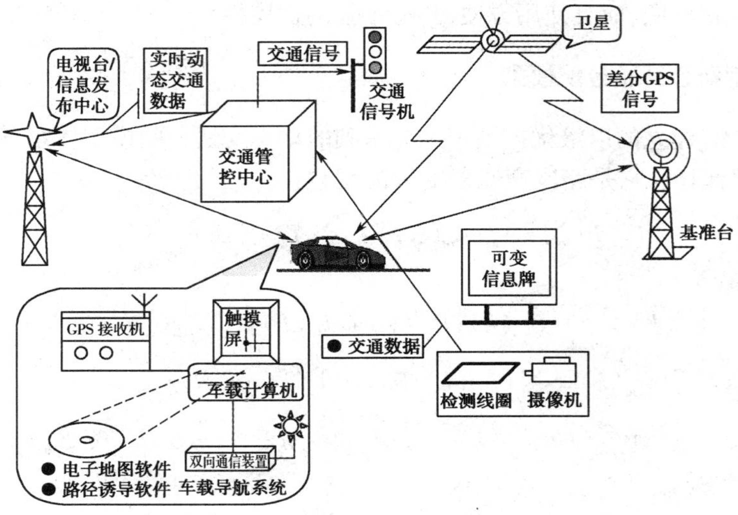

图2-3-1　城市交通流诱导系统框架

我国一些大城市，包括北京、上海、南京、长春等大城市都建立了交通诱导广播系统。道

路上的交通信息由车辆检测设备和摄像机镜头自动采集并持续不断地送到交通指挥中心，经计算机处理后的结果自动传送到交通广播电台的监视终端和打印机上，再由播音员每隔一定时间或随时予以播出。这是动态交通诱导的初级形式，其诱导效果是有限的，而车载分布式诱导系统或单车自主式诱导系统还未见报导。城市交通流诱导系统框架见图2-3-1。

第二节　最优控制动态交通分配模型算法研究

根据是否使用Wardrop原理，可以将交通分配模型分为非均衡模型和均衡模型。均衡模型又分为系统最优模型和用户最优模型。无论是系统最优模型还是用户最优模型，都包括静态和动态两种模型。在本小节介绍的交通分配模型属于均衡的最优动态交通分配理论模型。

近年来，虽然交通运输领域的专家学者已经开发了多种动态交通分配模型，但一般都假设需求固定而不是随时间变化的，网络只有单个终点以及所选路径固定不变等。Papageorgiou M.于1990年建立的动态交通网络模型，克服了一般模型的不足。模型的关键变量是针对特定终讫节点的交通流量的分配比例和构成比例，适用于需求随时间变化的多终点交通网的动态配流。然而，尽管该模型体系在求解可能性和与实际路网相似性等方面都有很大进步，但使用直接优化算法所需时间较长，因而只适用于小规模的交通网络。

20世纪70年代中期，美、德等国的科学家研究了模仿生物进化过程求解复杂优化问题的全局寻优方法，统称为模拟进化优化算法(OMSE，Optimization Method by Simulated Evolution)，也称为遗传算法(GA，Genetic Algorithm)，已在许多领域得到了实效性应用。该方法以自然选择和遗传理论为基础，将生物进化过程中的适者生存规则和同一群染色体的随机信息变换机制相结合，通过对基本可行解编码，形成初始种群，然后运用复制、交叉、变异等操作进行并行迭代来求得全局最优解。由于遗传算法只需要各可行解的目标值而无需假设目标函数连续或可微，采用多线索的并行搜索方式进行优化，而且对搜索空间没有特殊要求，因而不仅不会陷入局部极小、节省优化时间，而且使用方便，具有很强的适应性。

一、最优控制动态交通分配模型

Papageorgiou M.建立的以最优控制理论为基础的动态交通分配模型体系，极小化运行指标J是网络的总运行时间，它是路段交通密度ρ的函数：

$$J = T\cdot\sum_{m\in M}[\Delta_m\cdot\rho_m(K)] + \sum_{k=1}^{K}[T\cdot\sum_{m\in M}\Delta_m\cdot\rho_m(k)] \tag{2-3-1}$$

节点约束方程为：

$$q_{nj}(k) = \sum_{m\in I_n}[Q_m(k)\cdot\Gamma_{mj}(k) + d_{nj}(k)] \qquad n\in N, j\in S^n \tag{2-3-2}$$

$$q_m(k) = \sum_{j\in s_m}[\beta_{nj}^m(k)\cdot q_{nj}(k)] \qquad n\in N, m\in O_n \tag{2-3-3}$$

$$\gamma_{mj} = [\beta_{nj}^m(k)\cdot q_{nj}(k)]/q_m(k) \qquad n\in N, m\in O_n, j\in S_m \tag{2-3-4}$$

路段约束方程为：

$$Q_m(k) = q_{max,m}[1 - \exp(-\rho_m(k)/R_m)] \qquad m\in M \tag{2-3-5}$$

$$\alpha_m(k) = T/\tau_m(k) \qquad (m\in M) \tag{2-3-6}$$

$$\tau_m(k)=\Delta_m/\upsilon_m(k) \qquad (m\in M) \tag{2-3-7}$$

$$\upsilon_m(k)=Q_m(k)/\rho_m(k) \tag{2-3-8}$$

$$\Gamma_{mj}(k+1)=\alpha_m(k)\cdot\gamma_{mj}(k)+(1-\alpha_m(k))\cdot\Gamma_{mj}(k) \qquad (m\in M, j\in S^n) \tag{2-3-9}$$

$$\rho_m(k+1)=\rho_m(k)+(T/\Delta_m)\cdot[q_m(k)-Q_m(k)] \qquad (m\in M) \tag{2-3-10}$$

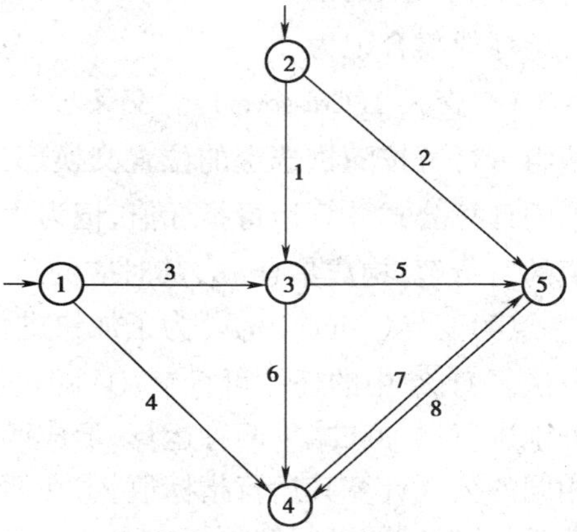

图 2-3-2　算例交通网络

式中：T——取样周期，取为 1/360h；

k——时段序数(k∈K)；

K——研究期内的总时段数；

M——交通网络的路段集合(图 2-3-2)；

N——交通网络的节点集合；

I_n——进入节点 n 的路段集合；

O_n——离开节点 n 的路段集合；

S_n——从节点 n 可以到达的终讫节点集合；

S_m——从路段 m 可以到达的终讫节点集合；

Δ_m——路段 m 的长度(km)；

$q_{max,m}, R_m$——路段 m 上的常量参数；

d_{ij}——从起始节点 i 到终讫节点 j 的交通需求量(辆/h)；

q_m——进入路段 m 的交通流量(辆/h)；

Q_m——离开路段 m 的交通流量(辆/h)；

q_{nj}——离开节点 n 到达终点 j 的交通流量(辆/h)；

q_{njm}——离开节点 n 通过路段 $m(m\in O_n)$ 到达终点 j 的交流通量(辆/h)；

$\beta_{njm}=q_{njm}/q_{nj}$——分流比例，是 q_{ni} 中流经路段 $m(m\in O_n)$ 的交通流比例，是控制指标；

γ_{mj}——在路段 m 入口处流向终点 j 的交通量所占比例；

Γ_{mj}——在路段 m 出口处流向终点 j 的交通量所占比例；

α_m——路段 m 上的结构参数；

τ_m——路段 m 上的运行时间(h)；

v_m——沿路段 m 的平均运行速度(kg/h)；

ρ_m——路段 m 上的交通密度(辆/h)。

二、新算法设计与应用

本章运用遗传算法并采用实数编码的方式设计了模拟优化算法。第 k 个时段，其主要步骤为：

(1)产生初始种群(Population)。由 0 ~ 1 之间的随机数生成 N_1 组(N_1 为偶数)基可行解(β_1, β_2, β_3, β_4, β_5, β_6)，记为集合 $\overline{\beta}_1$，按式(2-3-1)或式(2-3-2)或式(2-3-3)计算出对应的运行指标值(式(2-3-2)和式(2-3-3)为改进的运行指标计算公式)，记为集合 $\overline{J}_1$。

(2)复制(reproduction)。定义适合度为:

$$f_i = 1 - \frac{J_i}{\sum_{i=1}^{N_1} J_i} \quad (i = 1,2,\cdots N_1) \tag{2-3-11}$$

显然,$0 < f_i < 1$。以 f_i 为选择概率,采用“轮盘赌”的方式从 $\overline{J}_1$ 中复制出 N_1 个可行解,记为 $\overline{\beta}_2$。与 $\overline{\beta}_1$ 相比,复制后的可行解集合中具有较小目标值的可行解较多。与 $\overline{\beta}_2$ 相对应的运行指标值集合记为 $\overline{J}_2$。

(3)交叉 1(Crossover1)。交叉过程分为四个阶段:第一,对 $\overline{\beta}_2$ 进行随机排序;第二,相邻的两组可行解按随机选定的位置交换部分元素,形成新的可行解集 $\overline{\beta}_3$;第三,采用与步骤 1 中相同的计算公式计算运行指标值,记为集合 $\overline{J}_3$;第四,从 $\overline{\beta}_2$ 和 $\overline{\beta}_3$ 中选择 N_1 个具有较小运行指标值的可行解,构成集合 $\overline{\beta}_4$,其对应的运行指标值集合为 $\overline{J}_4$。

(4)变异(Mutation)。为了加快进化速度,不仅提高了交叉概率 p_m,,而且设计了快速变异方法。对 $\overline{\beta}_4$ 中的任一可行解:① 随机选择其中的一个元素,按预先设定的步长 $p_d(0 < p_d < 1)$ 分别进行增加和减少两种运算,形成两个新的可行解,按“二、新算法设计与应用”的步骤(1)中相同的公式计算其运行指标值;②在两个新的运行指标值和变异前的运行指标值中选取较小者,用其对应的可行解更新本次变异前的可行解,并将其作为下步变异的对象;③对②中得到的可行解,再随机选择其他位置的元素进行相同的变异与更新过程,直到该可行解中的所有元素均变异一次为止。当变异过程结束时,得到 N_1 组不劣于 $\overline{\beta}_4$ 的可行解集合 $\overline{\beta}_5$,其运行指标值集合记为 $\overline{J}_5$。

(5)交叉 2(Crossover 2)。对 $\overline{\beta}_5$ 进行交叉,过程同步骤(3),得到可行解集合 $\overline{\beta}_6$ 及运行指标值集合 $\overline{J}_6$。

令 $\overline{\beta}_1 = \overline{\beta}_6, \overline{J}_1 = \overline{J}_6$,重复(2)~(5)的步骤,直到运行指标的迭代精度满足要求为止,得到模拟最优解 $\overline{\beta}^*$。

(6)灾变(Catastrophe)。为了加快进化速度,设计了灾变操作。经过若干次(2)~(5)步骤的重复操作后,如果运行指标值下降缓慢,可显著加大变异步长,使变异后的元素发生较大变化,尽快冲出局部极小点。然后,再恢复到原定步长进行模拟优化迭代。除步长显著加大外,灾变过程与变异过程相同。

第三节　交通网络实时动态交通流量预测方法

实时动态交通流量，从字面上理解应该是任意短的时间段内的真实交通流量。它是一个相对的概念，其含义应随需要的变化而变化。比如，交叉口信号配时中的实时动态的时段长度不应大于一个信号周期时长，只有这样的交通流信息才能保证实时信号配时的需要。

交通网络中各路段的平均行程时间是构成各种路阻函数特别是动态路阻函数的核心数据,对于群体诱导和单车诱导都具有重要意义。为了实现对路段平均行程时间进行动态预测,必须首先对路网绝大多数(甚至是全部)路段的交通流量进行预测。然而,目前在我国的大中城市并不是所有的路段都安装有检测装置,有的城市安装检测器的路段还占不上全部路段的十分之一。因此,存在无检测器路段的交通流量预测模型和有检测器交叉口交通流量预测模型,从所用的方法上分为交通流量模拟预测模型、统计预测模型、数学规划预测模型、神经网络预测模型等。

一、模型结构

基于 BP 神经网络的交通流量预测模型由数据处理器和 BP 网组成。数据处理器将实测的交通流量数据进行处理构成输入样本,BP 网由三层组成,它们是输入层、隐层和输出层。输入层单元数由数据处理器构造的样本维数决定;输出层有一个神经元,它的训练用输出值由数据处理器提供;隐层的神经元个数由输入神经元个数和输出神经元个数决定。已有的建议值有:① $L=Nm/(n+m)$,② $L=\sqrt{nm}$,其中 L 为隐层的神经元个数,n、m 分别为输入神经元数和输出神经元数,N 为样本容量。当样本数较大时,按①式计算的隐层的神经元数过多。而②式计算的隐层的神经元数往往偏少。我们采用式 $L=\frac{3}{2}\sqrt{nm}$ 来计算隐层的神经元数。基于 BP 神经网络的交通流量预测模型的结构如图 2-3-3 所示。

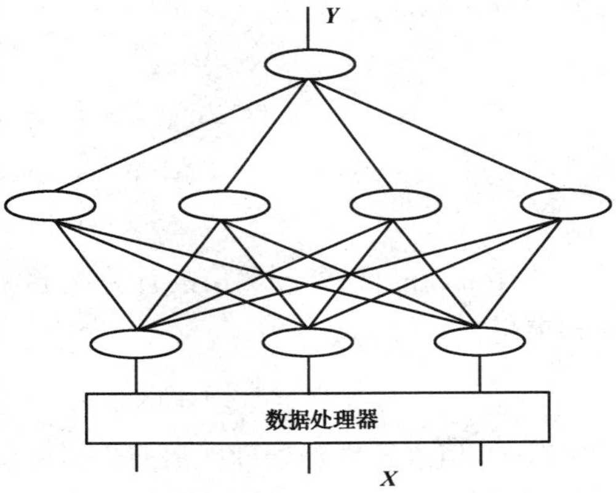

图 2-3-3　基于 BP 网交通流量预测模型的结构

二、模型原理和算法

路段上的交通流量与前几个时段的交通流量有着必然的联系,同时路段是路网中的一个部分,路段的交通状况必然受到上下游路段的交通状况的影响,所以路段上的交通流量势必与相连路段前几个时段的交通流量有着内在的联系。这样我们就可以利用路段前几个时段的交通流量数据预测未来时段的交通流量,也可以利用上下游路段前几个时段的交通流量预测路段未来时段的交通流量。

设 $u_i(\tau)$为路段 i 上的 τ 时刻的交通流量向量,$u_i(\tau-1)$为路段 i 上的 τ 时刻前一时段的交通流量向量。令 $U_i(\tau)=[u_1(\tau),u_2(\tau)\cdots,u_d(\tau)]$,$d$ 为所考虑路段的总数,若只考虑研究路段的交通流量,则 $d=1$。考虑到路段的长度和交通流的特性,我们采用当前时间段和前 s 个时间段的交通流量对未来时间段的交通流量进行预测。这样,我们将 $U_i(\tau),U_i(\tau-1),\cdots,U_i(\tau-s)$作为第 τ 个输入样本,$U_i(\tau+1)$作为第 τ 个样本输出值。

由 BP 网的响应函数 $f(x)$的特性可知,节点输出值的区间为(0,1),故我们必须对训练样本进行数值处理,这里采用等比变换。通过对数值的各指标除以某个常数,使 BP 网的输入和输出值限制在区间(0,1)内,然后再输入网络。具体算法如下:

输入数据列 $X=[U(\tau)\mid\tau=1,2,...]$,对数据列进行处理,使之变换成 BP 网络的输入模式对,初始化 BP 网络各层的权值和阈值,让各层的权和阈值取个随机数作为初值,$w_{ij}=\mathrm{random}(\cdot)$,$v_{jt}=\mathrm{random}(\cdot)$,对每个模式对进行如下循环:

按下式计算 b_j 和 C_t:

$$b_j = 1/[1+\exp(-\sum_{i=1}^{n} w_{ij}x_i + \theta_j)] \quad (2\text{-}3\text{-}12)$$

$$C_t = 1/[1+\exp(-\sum_{i=1}^{n} v_{jt}\cdot b_j + \gamma_t)] \quad (2\text{-}3\text{-}13)$$

计算各层误差:

$$d_t^k = (y_j^k - c_j^k)c_t^k(1-c_t^k) \quad (2\text{-}3\text{-}14)$$

$$e_j^k = (\sum_{t=1}^{q} d_t^k\cdot v_{jt})\cdot b_j\cdot(1-b_j) \quad (2\text{-}3\text{-}15)$$

判断是否循环至样本集总数,否则返回“二、新算法设计与应用”的步骤(4),计算总误差 E,E 为各样本误差总和;并判断 E 是否满足精度要求,若 $E<\varepsilon$,则学习停止,否则,按下列公式修改权值和阈值,并转到步骤(4)。

$$\Delta w_{ij}(l+1) = \beta\cdot e_j^k\cdot x_i + \eta\cdot\Delta w_{ij}(l) \quad (2\text{-}3\text{-}16)$$

$$\Delta v_{jt}(l+1) = \alpha\cdot b_t^k\cdot b_j + \eta\cdot\Delta v_{jt}(l) \quad (2\text{-}3\text{-}17)$$

$$\Delta\theta_j(l+1) = \beta\cdot e_j^k + \eta\cdot\Delta\theta_j(l) \quad (2\text{-}3\text{-}18)$$

$$\Delta\gamma_t(l+1) = \alpha\cdot d_t^k + \eta\cdot\Delta\gamma_t(l) \quad (2\text{-}3\text{-}19)$$

贮存 w_{ij}、v_{jt},以备预测值的计算交通流量预测值:在网络训练之后,预测的交通流量可由下式求得:

$$Q_t = 1/[1+\exp(-\sum_{j=1}^{n} v_{jt}/(1+\exp(-\sum_{i=1}^{n} w_{ij}x_i + \theta_j)) + \gamma_t] \quad (2\text{-}3\text{-}20)$$

对 Q_t 值进行数据处理即得交通流量的预测结果。

第四节　交通网络实时动态行程时间预测方法

路段的平均行程时间是进行交通流诱导的主要依据，对路段行程时间进行实时动态预测是实现交通诱导功能的基础，在当前的智能运输系统研究与开发中占有非常重要的地位。

根据交通流理论的基本知识,流量、密度、速度是紧密联系的三个变量。由于时间是距离和速度的函数,因此研究行程时间的变量就是流量和密度。由于目前所能检测到的交通流量是路段在附近的交叉口交通流量,所以本章是应用这种交通流量作为自变量去预测路段或路径行程时间。限于篇幅,下面只介绍车流服从 poisson 分布的随机服务系统理论的行程时间预测模型，除此之外,现有的模型还包括应用统计模型、神经网络预测模型、卡尔曼滤波预测模型和模拟预测模型等。

因此,本节的模型及算法考虑含信号交叉口的城市路网,其基本思想是:为确定整个城市路网的各个路段在时刻 t 的行程时间,只须求得其中任意路段在时刻 t 的行程时间即可。这里所考虑的路网中的每一个路段,均指含一个相邻的下游交叉口(有信号灯控制)的路段。当车辆进入路段后,其行程时间是随交通流量变化而变化的,特别是车流量达到一定程度时,车辆间开始相互影响,致使车辆缓慢行驶,而且到下游交叉口处受红绿灯控制还有可能停车等待。一般来说,车辆在一条路段的行驶过程中,与停车等待时间相比,车辆间的相互影响而引起的延误可以忽略不计。因此,只考虑交通流量及红绿灯控制对其的影响,通过某一路段总的行程时间将包括车辆在该路段上的平均行驶时间,在下游交叉处的排队等待时间、通过该交叉口的时间等。

一、模型假设

(1)车辆在该路段上以行驶速度 v_i 运行。

(2)路段上行驶的车辆是顾客,所通过的交叉口是服务台。

(3)输入过程——在相互独立的一定时间内,进入路段的车辆数服从参数为 λ 的 Poisson 分布,进入过程是平稳的。

(4)排队规则——单方向的,队长不能超过道路的通行能力,先到交叉口的先离去。

(5)服务机构——单方向,单个交叉口,各车辆通过交叉口的时间是相互独立的,且服从参数 μ 的负指数分布。

(6)车辆进入路段的时间间隔与离开交叉口的时间间隔是相互独立的。

(7)路网中有 n 条路段,将一天按诱导间隔 $t_0(s)$分为若干时段,第 i 个时段记为i,即 i 表示区间$[(i-1)t_0, it_0](i=1,2,\cdots,24\times3600/t_0)$。

二、模型建立

这里,将第 j 个路段记为$j(0\leqslant j\leqslant n)$,$t$ 时刻车辆在路段j 上的行驶时间记为 $T_j^r(t)$,在 j 的下游交叉口处的排队等待时间记为 $T_j^{(q)}(t)$,通过路段 j 下游交叉口的时间记为 $T_j^c(t)$,路段 j 的通行能力记为 N_j。为求得时刻 t(以下均设 $t\in i$)路段 j 上所有车辆的平均行程时间,下面从几个方面分别给出模型和公式。

1.行驶时间的计算

首先,阐明一个概念,即平均行驶速度是指所有车辆的行驶速度的平均值。由假设可知,车辆在路段 j 上以行驶速度运行,所以在时刻 t 从路段j 的上游停车线到下游排队队尾的行驶时间可表示为:

$$T_j^{(r)}(t) = T_{ij}^{(r)} = (L_j L_{ij}^{(q)})/v_i \tag{2-3-21}$$

其中:L_j——为路段 j 的总长度;

$L_{ij}^{(q)}$——时段 i 路段j 下游交叉口处的平均排队长度;

v_i——路网中第 i 时段的所有车辆的平均行驶速度,且不论任何路段均取同一个值;

$T_{ij}^{(r)}$——i 时段内路段j 上的平均行驶时间。

2.排队等待时间的计算

排队等待时间因路段所含车道数不同而不同,下面分两种情况进行讨论。

1)单车道情况

车辆到达交叉口排队,由于交叉口通行能力是有限的,因而属于系统容量有限制的排队模型,排队是单队,即符合模型 $M/M/1/N_j/\infty$。特别是在稳态的情况下,交叉口处有 k 辆车排队的概率 $P_{ij}^{(k)}(t)$与时刻 t 无关。

第 i 时段内路段j 下游交叉口处从无车排队到有一辆车排队,对每一辆车而言,转移概率为 $\lambda_j(t)P_{ij}^{(0)}$,其中 $\lambda_j(t)$是车辆到达率,这里取 $\lambda_j(t)$是 t 时刻通过检测器检测(或通过其他方法预测)得到的路段 j 入口处的车辆到达率,即 $\lambda_j(t)$ 是与时刻 t 有关的一个函数,取 $\lambda_j(t)=\lambda_{ij}$;车辆在路段 j 下游交叉口单位时间的最大通行能力记为 $\mu_j(t)$,设所考虑交叉口的该方向绿信比为 g_{ij},则有效的服务率为 $g_{ij}\mu_j(t)$,又设在任何时段 i 内单位时间的通行能力都相同,故取 $\mu_j(t)=\mu_j$,而排队的车辆每离去一辆,其状态间的转移概率为 $g_{ij}\mu_j$。

列出状态概率的稳态方程为:

$$g_{ij}\mu_j P_{ij}^{(1)} = \lambda_{ij} p_{ij}^{(0)}$$

$$g_{ij}\mu_j P_{ij}^{(k+1)} + \lambda_{ij} p_{ij}^{(k-1)} = (\lambda_{ij} + g_{ij}\mu_j) p_{ij}^{(k)} \qquad k \leqslant N_j - 1$$

$$\mu_j p_{ij}^{(N_j)} = \lambda_{ij} p_{ij}^{(N_{j-1})}$$

根据 $\sum_{k=0}^{N_j} p_{ij}^{(k)} = 1$,再令 $\rho_{ij} = \dfrac{\lambda_{ij}}{g_{ij}\mu_j}$,则得:

$$p_{ij}^{(k)} = \begin{cases} \dfrac{1}{N_j + 1} & \rho_{ij} = 1 \\ \dfrac{1 - \rho_{ij}}{1 - \rho_{ij}^{N_j+1}} \cdot \rho_{ij}^{k} & \rho_{ij} \neq 1 \qquad k = 0,1,2,\cdots,N_j \end{cases} \tag{2-3-22}$$

于是时段 i 路段 j 上排队等待的车辆数为:

$$L_{ij}^{(q)} = \begin{cases} \dfrac{N_j(N_j - 1)}{2(N_j + 1)} & \rho_{ij} = 1 \\ \dfrac{\rho_{ij}^2}{1 - \rho_{ij}} \dfrac{(N_j + \rho_{ij})\rho_{ij}^{N_j+1}}{1 - \rho_{ij}^{N_j+1}} & \rho_{ij} \neq 1 \end{cases} \tag{2-3-23}$$

平均排队等待时间为:

$$T_{ij}^{(q)} = \frac{L_{ij}^{(q)}}{\lambda_{ij}(1 - p_{ij}^{(N_j)})} = \begin{cases} \dfrac{N_j - 1}{2\lambda_{ij}} & \rho_{ij} = 1 \\ \dfrac{\rho_{ij}}{\mu_j - \lambda_{ij}} \cdot \dfrac{N_j p_{ij}^{N_j}}{\mu_j(1 - \rho_{ij}^{N_j})} & \rho_{ij} \neq 1 \end{cases} \tag{2-3-24}$$

式中:λ_{ij}——第 i 时段内路段 j 的车辆平均到达率;

μ_j——路段 j 的下游交叉口单位时间的最大通行能力;

ρ_{ij}——交通强度。

2)多车道情况

设最多容纳的车辆数为 $N_j(c)$,当路段 j 车辆数 k 已达到 N_j 时,再来的车辆即被拒绝,路段 j 单方向由 c 条车道组成,其他条件与上述 $M/M/1/N_j/\infty$ 相同。则无车排队的概率为:

$$p_{ij}^{(0)} = \begin{cases} \left[\sum_{k=0}^{c-1} \dfrac{(c\rho_{ij})^k}{k!} + \dfrac{(c\rho_{ij})^c}{c!} 1 - \rho_{ij}^{N_j - c + 1}\right] & \rho_{ij} \neq 1 \\ \left[\sum_{k=0}^{c-1} \dfrac{c^k}{k!} + \dfrac{c^c}{c!}(N_j - c + 1)\right]^{-1} & \rho_{ij} = 1 \end{cases} \tag{2-3-25}$$

有 k 辆车排队的概率为:

$$P_{ij}^{(k)}=\begin{cases}\dfrac{(c\rho_{ij})^k}{k!}p_{ij}^{(0)} & (0\leqslant k\leqslant c)\\[2ex] \dfrac{c^c}{c!}\rho_{ij}^{k}P_{ij}^{(0)} & (c\leqslant k\leqslant N)\end{cases} \tag{2-3-26}$$

其中,$\rho_{ij}=\lambda_{ij}/(cg_{ij}\mu_j)$,于是时段 i 路段 j 上排队等待的车辆数为:

$$L_{ij}^{(q)}=\frac{c^c\rho_{ij}^kP_{ij}^{(0)}}{c!(1-p_{ij})^2}[1-(N_j-c+1)\rho_{ij}^{N_j-c}(N_j-c)\rho_{ij}^{N_j-c+1}] \tag{2-3-27}$$

平均排队等待时间为:

$$T_{ij}^{(q)}=\begin{cases}\dfrac{L_{ij}^{(q)}}{\mu_j[c-\sum\limits_{k=0}^{c-1}(c-k)\rho_{ij}^{(k)}]} & \rho_{ij}\neq 1\\[3ex] \dfrac{c^c\rho_{ij}^{(0)}(N_j-c)(N_j-c-1)}{2c!\ \mu_j[c-\sum\limits_{k=0}^{c-1}(c-k)\rho_{ij}^{(k)}]} & \rho_{ij}=1\end{cases}$$

3.通过交叉口时间的计算

上述两种情况中通过交叉口的时间均为:

$$T_{ij}^{(c)}=(\mu_jg_{ij})^{-1} \tag{2-3-28}$$

4.行程时间的计算

由上述可知,时段 i 内通过某一个路段 j 的行程时间 T_{ij}将等于车辆在该路段以行驶速度运行的平均行驶时间 $T_{ij}^{(r)}$,在下游交叉口的排队等待时间 $T_{ij}^{(q)}$以及通过该交叉口的时间 $T_{ij}^{(c)}$这 3 项之和,即:

$$T_{ij}=T_{ij}^{(r)}+T_{ij}^{(q)}+T_{ij}^{(c)} \tag{2-3-29}$$

因为 $t\in I$,故总令:

$$\begin{aligned}T_j^{(r)}(t)&=T_{ij}^{(r)}\\T_j^{(q)}(t)&=T_{ij}^{(q)}\\T_j^{(c)}(t)&=T_{ij}^{(c)}\end{aligned} \tag{2-3-30}$$

又由 $T_j(t)=T_{ij}$,则有:

$$T_j(t)=T_j^{(r)}(t)+T_j^{(q)}(t)+T_j^{(c)}(t) \tag{2-3-31}$$

这里所需要的 $T_{ij}^{(r)}$、$T_{ij}^{(q)}$及 $T_{ij}^{(c)}$均可在上述(2-3-21)、(2-3-24)、(2-3-28)、(2-3-29)、(2-3-31)公式获得,因而就得到了车辆在时刻 t 路段j 上的行程时间 $T_j(t)$的预测值。

第五节　最优路径选择模型及其算法

在交通网络中,出行者选择优化的准则不同决定了不同类型的动态交通分配。如果出行者进行路径选择的目的是使所有出行者所花费的总费用最低,则形成系统最优动态交通分配;如果出行者进行路径选择的目的是使出行者本身所花费的费用最低,则形成用户最优动态交通分配。由于系统最优准则要求由部分出行者做出一定的牺牲才能换取整个出行者群体的总费用最低,因而不容易被出行者接受,而且这种分配原则需要以实时 OD 数据为基础,实际上也是很难实现的。相对而言,用户最优准则是从每个出行者的个体利益出发,分配结果与出行者的个人目的相吻合,所以更有研究价值。在以往的研究中,由于追求严格的用户或系统最优而使得信息传输和路径选择所用的时间普遍较长,影响了 DTA 理论模型的实用性。

最优路径选择是每个出行者都要面对的问题,在网络系统中最优路径选择就其本质而言,就是选取合适的路阻函数,将路网合理地优化,再选择合适的算法计算出满足一定条件的最佳路径。为解决这一问题,已经有许多优秀的算法,如 Dirkstra 算法、Floyd 算法等,但这些算法都是通用的算法,没有考虑到实际出行特点和缓解城市交通拥挤的目的。当它们直接用于路径搜索时,常常浪费大量时间。在市区里出行,驾驶员通常喜欢尽可能走主要道路,即使可以节省一些时间,也不会到处穿越小巷道;在城市之间或省际交通更是如此。长途车辆在经过城市时,大多数行走主要道路。基于此,如果把整个路网中的所有路段都投入搜索,则必然浪费大量的计算时间,而且其结果也常常不能为驾驶员所接受。这就要求我们从另一个角度来考虑问题——优化路网结构。按照出行特点,根据对路网的了解进行划分,改进搜索最优路径的路网结构,从而达到快速而实用地搜索到最优路径,这就是基于出行者特点的方法(Traveler Character——Based Method),简称 TC—B Method。

最优路径有时不能满足用户的特殊要求,这就要我们在城市交通流车载诱导系统中提供备选路径。如前所述,备选路径并非是“距离次最短路”,实际上,备选路径的意义远非于此。在 TC—B Method 划分的路网里,备选路径与最优路径的差别不会仅仅在于小区里的路段不同,因为当出行者经过的主要道路完全相同,而仅仅在小区里走了不同的巷道时,他(她)绝不会认为这是两条不同的道路。已有的备选路径算法有消除方法和 k 条最优路算法等,这些算法都没有充分利用这一点。消除方法虽然考虑到备选路径与最优路径的差异,但其考虑很不周到,过分依赖于所谓驾驶员敏感的某一特殊路段;k 条最优路算法在理论上看起来十分完美,但其结果是所用广义费用的绝对意义上的第 k 条最优路径,备选路径常常与最优路径极其相似。TC—B Method 认为,计算备选路径时,必须在主要道路上将其与最优路径区分开来。基于此,在主要道路上改变备选路径与最优路径的相似性,而不是在整个路网里。这样,根据备选路径的特点进一步简化搜索的路网,同时确定合适的算法以保证备选路径与最优路径的差异,从而得到了计算备选路径的一种有效算法。

那么,TC—B Method 如何实现?详见它的流程图 2-3-4。

1.路网划分

路网划分是 TC—B Method 的关键,路网划分的好坏直接影响到方法执行的效果。建立路网的关键是确定主要道路。由于主要道路网在绝大多数路径搜索过程中都要用到(也有少数退化情况),因此其规模的大小很重要,太小则可能导致结果误差大,太大就会增加计算量。主要道路的确定主要依据对道路网的了解,确定方法如下:

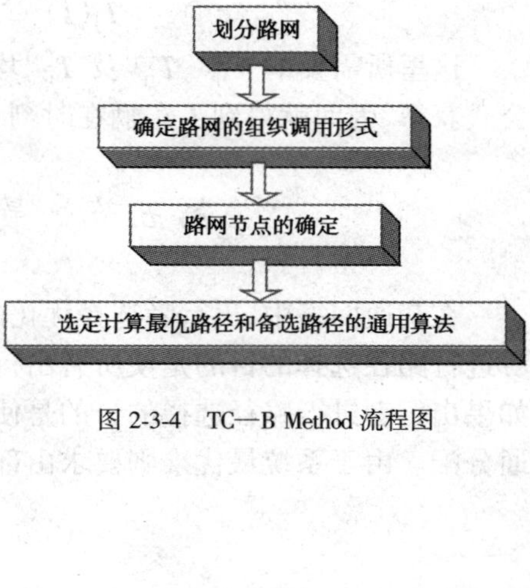

图 2-3-4　TC—B Method 流程图

(1)专家评估。根据有关专家对路网的了解,选择居民出行倾向大的路径作为主要道路。

(2)实际调查内容包括查看路网资料和询问驾驶员等。确定主要道路依据的路网资料有:交通流量和公交路线的分布情况等。

2.路网的组织和调用形式

城市道路的路网一旦确定,便很少改变,但对其组织调用却有着不同的方式,合理的组织形式会带来较少的计算量、轻易的编程和令人更加满意的结果。我们根据对多种方案的比较分析,在本文里提出以下具有不同特点,而且适用于不同情况的方案。

(1)方法一:将主要道路网及各小区的任两点间的最短路距离及相对应的最短路径都预先计算出来,编成数据库,搜索最优路径及备选路径时,只要调入相关小区的数据库文件,按小区间不同的出入口,把行经各小区的行程时间迭加起来,再搜索出总行程时间最小的路径所对应的路段即可。

(2)方法二:将主要道路网及各小区的路网信息(交叉口)编成数据库,计算最优路径及备选路径时,调入相关小区的数据库文件,把各小区的交叉口合并起来,形成简化路网,在简化的路网里搜索最优路径及备选路径。

3.选定计算最优路径和备选路径的通用算法

计算最优路径的通用算法有很多,选用时应根据目的的不同合理地选用。我们所求的最优路径是确定两点之间的最短距离,而且经 TC—B Method 简化的搜索路网节点数目不大(通常少于 1 500),因此选用算法复杂性优越的 Dirkstra 算法。

备选路径的常用计算方法有:路段消除方法、k 条最优路算法。路段消除方法通过消除替换最优路径中的部分路段以寻求备选路径。这一算法的突出优点是:它的简便性——备选路径可以像最优路径一样容易地确定出来。缺点是:消除路段难以确定,多数情况下,出行者也许不会对某一路段表示不满意。k 条最优路算法不仅结果不能满足要求,而且它的优势在于当 $k=2$ 时体现不出来。当 $k=2$ 时,所求路径为次最短路。次最短路就是除最短路以外所有路径中的最短路,因此在找到最短路后,用穷举法,把最短路中每一条路段从路网中除去(把它的路阻设为无穷大),运用 Dirkstra 算法求出相应的最短路,这样就得到一组最短路,其中最小的路径就是次最短路。

第四章　交通通信系统

第一节　概　　述

由于任何交通工具都是运动的,因此移动通信在交通领域中得到广泛的应用。从某种意义上讲,移动通信的迅速发展是信息社会和交通运输高度发展的必然结果。交通运输的发展必然促进移动通信的进一步发展。反过来,移动通信的发展又大大提高了交通运输的畅通、安全和效率。

在现代化的交通管理中,为了及时的传递各类交通信息,在交通管理中心设有中心指挥台,各类车辆及执勤人员配备通信机,实现交通移动通讯。用于移动通信的通信机大体上可分为携带台、车载台、基地台(总台)。

(1)携带台体积小,质量轻,携带方便,供交通民警短距离间相互联络以及现场指挥、调度向基地台汇报情况、接收指示。

(2)车载台功率较大,装在交通指挥车上,可在较大范围内对车辆、停车场、道路进行交通疏导,并根据交通指挥中心基地台的指令,现场处理交通事故和其他突发案件。

(3)基地台功率大,可覆盖范围较大。它主要根据全区交通情况,指挥所用台及时处理交通事务。

为便于统一指挥,使通信畅通,各种无线电台可组成很多形式的通信网。按系统的构成可分为两大类:一种是集群移动无线通信网。它是一种散射状专业移动网,结构比较简单,且仅仅涉及无线通信技术,采用选择性呼叫技术,基本上能适应交通指挥的需要。一种是蜂窝状移动无线通信网。这种系统结构复杂,要用有线和无线通信两种技术,并应用微处理机以扩大通信网的功能。

一、集群通信系统

根据集群用户业务需要,集群移动通信系统从组网规模上看,可分为单区系统和多区系统。单区系统适用于容量小、覆盖面积小的业务组网。该系统设备组成简单,即由一个基本型的系统设备组成。

多区系统适用于容量大、覆盖面大的业务组网,其系统设备组成复杂。它由多个单区系统加上连接设备(有线或无线及专用接口设备)组合而成。无论是单区制还是多区制的集群通信系统,它们所要完成的基本功能是相同的。图 2-4-1 是集群无线电通信系统框图。

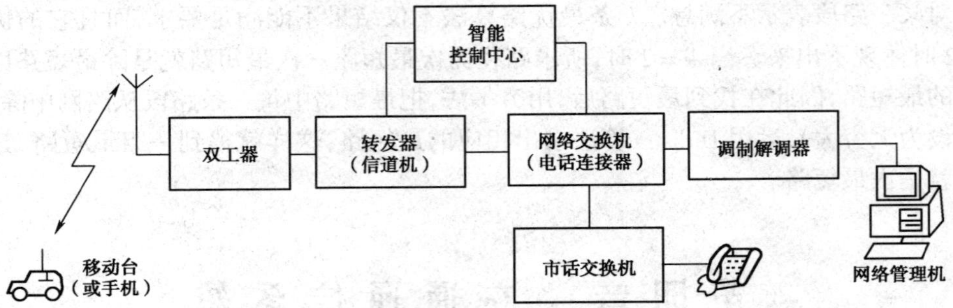

图 2-4-1　集群无线电通信系统框图

二、蜂窝移动通信系统

近几年,蜂窝移动通信迅猛发展,蜂窝移动通信属个人通信(PCS)领域,它是一种可在任何时候为位于不同地方的个人之间提供信息交换服务的通信方式。蜂窝移动通信的每一次呼叫都需要通过拨号申请、振铃、摘机后方可通话。目前程控交换平台可以为蜂窝移动用户提供诸如三方通话、电话会议、呼叫转移、遇忙回叫等功能,但这些均属于个人通信的范畴。

集群通信是一种专门用于日常生产和运营管理以及处理一些紧急或突发事件的最有效的调度指挥通信工具。它通常包括诸如组呼、通播、系统呼叫、两个集群用户机之间的私密呼叫以及发起或接收公网有(无)线电话之间的呼叫等多种呼叫功能。典型的调度通信需要有与个人通信类似的呼叫功能,但更需要提供给运营者、管理者或指挥者一个有效的调度工具,让他们能够同时对管辖范围内的所有工作人员进行实时的调度、指挥和管理。在处理紧急情况或突发事件等分秒必争的场合,蜂窝电话也是无法替代集群所固有的高效调度指挥功能。

由于集群是一种专门用于指挥调度的无线通信工具,这也注定它对用户机的要求有别于蜂窝移动电话。从某种意义上说,后者是一种消费品,外形美观,富有吸引力。而前者则是一种生产工具或辅助生产工具,因而更注重于防雨淋、防烟尘、抗冻、抗摔打、坚固耐用等性能。此外,为了增大通信覆盖区,集群用户需要有较大的发射功率;而对于像化工、石油等特殊行业,集群用户机还应具有防爆、抗蚀的要求。总之,在设计和生产集群用户机的过程中,设计人员需要针对特殊的用途和要求融入特殊的考虑。

由此可见,集群与蜂窝移动通信分别属于不同的通信范畴,有着不同的服务对象和用途,它们相互之间无法替代,并将按自己的方式不断地发展和进步。

第二节　公用移动通信网

移动电话通信经过几十年的发展,已逐渐成为电话网中的一个重要分支。20 世纪 70 年代以来,由于经济飞速发展,交通发展以及城市结构的变化,对移动电话通信提出了更迫切的要求,超高频大功率管和大规模集成电路的问世以及程控电子交换机和微处理器技术的发展,使移动通信系统进入了一个崭新的阶段,各种新型的移动通信网也应运而生。

第三节　专用短程移动通信(DSRC)

专用短程移动通信(dedicated short range communication, DSRC)是将数字信号调制在高频副载波上,再以此搭载有信号的副载波调制到频率、幅值固定的厘米波上,无线信号在路面通信站和运动车辆之间来回传播。车辆至地面站的信号传送称为上行;地面站至车辆的信号传送称为下行。全部信号的编制、发射、接收、处理、存储和转送均由双方的微处理器按专用软件控制,并由操作硬件执行。

DSRC 是 ITS 的基础,是一种无线通信系统,它通过信息的双向传输将车辆和道路有机地连接起来,主要是用来控制车辆运动和征收通行费。控制车辆运动包括对运行车辆位置和方向的测定,对车辆纵向和横向运动速度的控制等。电子收费需要在车辆运动过程中查明车辆类别、进出高速公路的站号,并将计算出的应缴通行费额通知用户。完成这些工作都需要路测固定通信站与运动车辆多次交流数据,只有高可靠性的移动通信才能满足这些要求。

支持车—路旁通信的方法之一为短距离信标。信标提供短程通信,并可在有限的频谱上高速转发数据。根据设计,信标可用于单向周期性广播、双向广播和接收,或者双向点对点通信。除了车辆定位和导航,信标也可有许多其他应用,例如电子收费、车辆自动识别、商业车辆运营(Commercial Vehicle Operation,CVO)、交通管理和车—车的相互通信。短距离信标特性见表 2-4-1。

车—路旁的信标类型有三种:①定位信标;②信息信标;③单独通信信标。定位信标发送信号以确定其位置、地图坐标、路段取向以及信标数目;信息信标既发送定位信号又通过电缆中继当前路况和交通信息;单独通信信标是用来和车辆进行双向通信的。这些信标均可用来收集交通数据和引导车辆。

短距离信标特性 表 2-4-1

生产厂	系统	距离	数据率	分组大小
Hughes	主动 RF	61m(200in.)	550kB/s	512bit
Amtech	被动 RF	23~30m (750~100in.)	300kB/s 或 600kB/s	128bit
Siemens	红外	60~80m (197~262in.)	125kB/s	256byte(下行链路) 128byte(上行链路)

当一辆配置完备的车辆经过通信信标时,就可以通过信标向中心主机发送测得的行程时间和经历信号灯的等待时间。同时,它可从信标接收到返回的相关定位和引导信息,如图 2-4-2 所示。

DSRC 协议可以说是 DSRC 的基础,美国、欧洲、日本均建立了自己的 DSRC 标准,国际标准化组织目前尚未制定出完整的 DSRC 国际标准。但资料表明,基于 5.8GHz 的 DSRC 国际统一标准将成为必然。DSRC 标准可以分为三个层次:物理层、数据链路层和应用层。

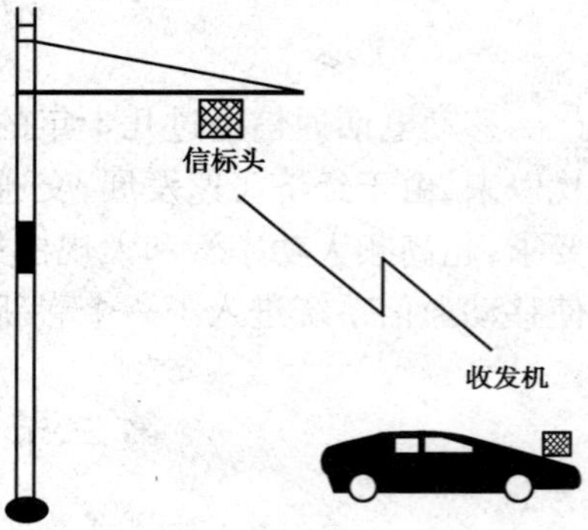

图 2-4-2 信标通信

物理层(Physical Layer):规定了机械、电器、功能和过程的参数,以激活、保持和释放通信系统之间的物理连接。其中,载波频率是一个很关键的参数,它是造成世界上 DSRC 系统差别的主要原因。

数据链路层(Data Link Layer):制定了媒介访问和逻辑链路控制方法,定义了进入共享物理媒介、寻址和出错控制的操作。

应用层(Application Layer):提供了一些 DSRC 应用的基础性工具。应用层中的过程可以直接使用这些工具,如通信初始化过程、数据传输和擦去操作等。另外,应用层还提供了支持同时多请求的功能。

第四节 交通通信实例

交通流单车诱导系统中的交通信息、DGPS 信息的发布采用广播电台调频副载波信息发布方式。这是一种单向信息传输方式,常用于交通流信息和差分 GPS 校正信息的发布,是一种相当经济的信息发布方法,其原理简述如下。

用调频广播副载波传送服务信息的系统,是利用现行立体声基带信号的空闲频带,在不影响正常的调频广播的条件下发射服务数据,供附近的用户接收交通信息和修正自身的 GPS 位置的一种系统。调频基带的频谱如图 2-4-3 所示。

通常,调频广播包括立体声广播,只占用了调频基带 53kHz 以下的频带,53kHz 以上可用于传输其他信息。迄今为止,在我国以 57kHz 为副载波的广播数据系统(RDS),以及副载波为

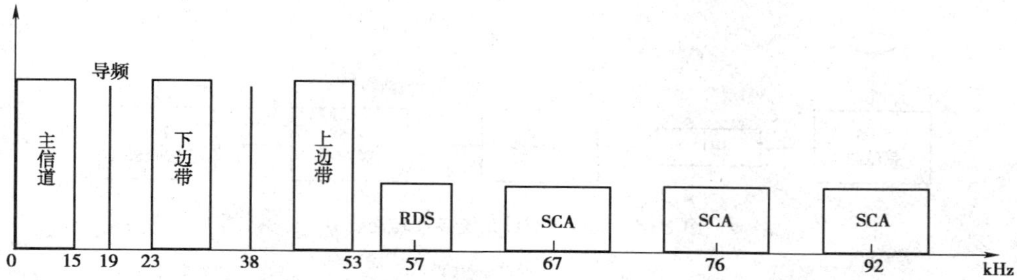

图 2-4-3　调频基带频谱

67kHz、76kHz、92kHz 的辅助通信业务信道(SCA),除了少数地区开展少量的无线寻呼和股票信息业务外,大部分地区尚未被开发利用。

一、系统发射部分结构

系统的发射部分主要包括信息服务站、DGPS 基准站、RDS 编码器和调频广播发射机等。DGPS 基准站由一台高精度的 GPS 接收机与计算机组成。GPS 接收机跟踪接收全部可视卫星信号,经计算机数据处理后,产生 RTCM104 格式的 DGPS 修正信号。信息服务站将通过 INTERNET 传送来的交通信息处理后与 DGPS 修正信号一同送入 RDS 编码器进行编码,与立体声广播的复合信号一起加到广播电台调频发射机,经调频、功率放大以后由广播电台发射天线发射出去,如图 2-4-4 所示

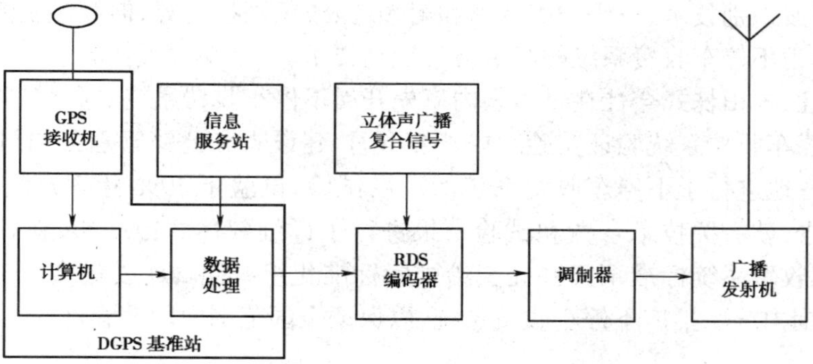

图 2-4-4　调频副载波系统发射部分结构

二、系统接收装置结构

系统的接收装置主要包括系统专用接收机和用户 GPS 接收机,如图 2-4-5 所示。系统专用接收机接收调频广播电台发射的 FM 信号,经鉴频滤波得到调制的交通信息和 DGPS 修正信号,通过解调器及解码器恢复成可读的交通信息和 RTCM104 格式的 DGPS 修正信号供用户使用。

该接受装置是诱导系统车载单元的信息接收部分,车载单元上行通信采用 GSM 短信息通信方式,传递实时的车辆位置信息、请求信息等。

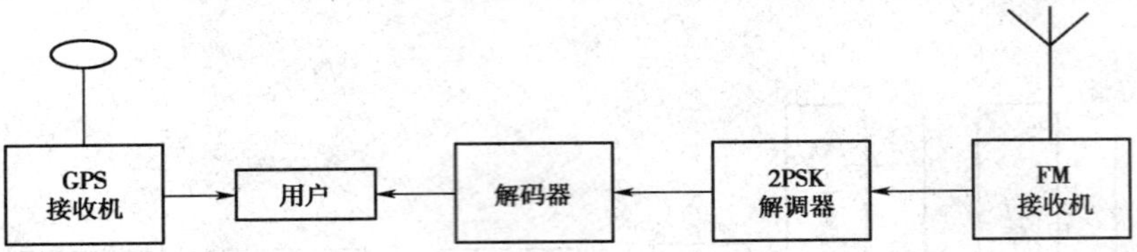

图 2-4-5　调频副载波系统接收装置结构

第五章　电子收费系统

第一节　概　　述

一、不停车收费技术现状与发展趋势

不停车收费系统是国际上正在努力开发、推广、普及的一种用于道路、大桥和隧道的电子自动收费系统。不停车收费系统主要利用车辆自动识别技术（Automatic Vehicle Identification, AVI）。在车辆自动识别技术的过程中，试验和实施了多种不同的自动识别技术，如感应线圈识别技术、声表面波识别技术、条码识别技术和射频/微波识别技术等，但最终主流可以用射频/微波识别技术作为不停车收费系统的车辆自动识别技术。

三菱株式会社、丰田株式会社在日本国内率先开展不停车收费系统的研究，并在世界各地广泛地开展了不停车收费系统验证实验。1995 年 6 月，建设省和公路管理公司组织了国内 10 多家单位在全国各地进行了不停车收费系统的现场试验，试验于 1996 年 3 月结束，1996 年 8 月发表了总结报告，就有关技术参数和试验结果进行了详细叙述。1997 年，在日本政府协调下，编制了不停车收费系统标准草案并提交给国际标准化组织第 204 委员会（ISO/TC204），于 1998 年在全国范围内统一推广不停车收费系统，以保证全国范围内的兼容性。

二、电子收费系统

高速公路收费系统的发展，经历了人工收费方式、半自动计算机人工收费方式、全自动计算机自动收费方式三个阶段。随着高速公路建设速度的加快和技术的进步，在全国高速公路路网形成全国收费计算机联网时，实现全自动收费具有一定比例的设想。图 2-5-1 给出了电子收费系统 ETC 系统的网络结构图。

对长大干线来讲，如通信采用光极端（即光纤收发器方式）时，在计算机数目不是非常大的情况下（收费系统一般是这种情况），可以将所有的计算机组合进一个局域网（LAN）内，使整个网络的设计和管理都更为容易，如采用光纤复用方式通信，则需要将一些局域网通过路由器组织起来，形成广域网（WAN）。图 2-5-2 为 ETC 系统简易图。

除了传统的手撕票收费之外，现代收费系统都要用到计算机。随着业主进一步要求降低成本的需求，对于一些改造项目，还可以将图像、声音和数据捆绑在一起，通过网络传递。这对许多距离远、布线工程量大等情况，也是很迫切的。

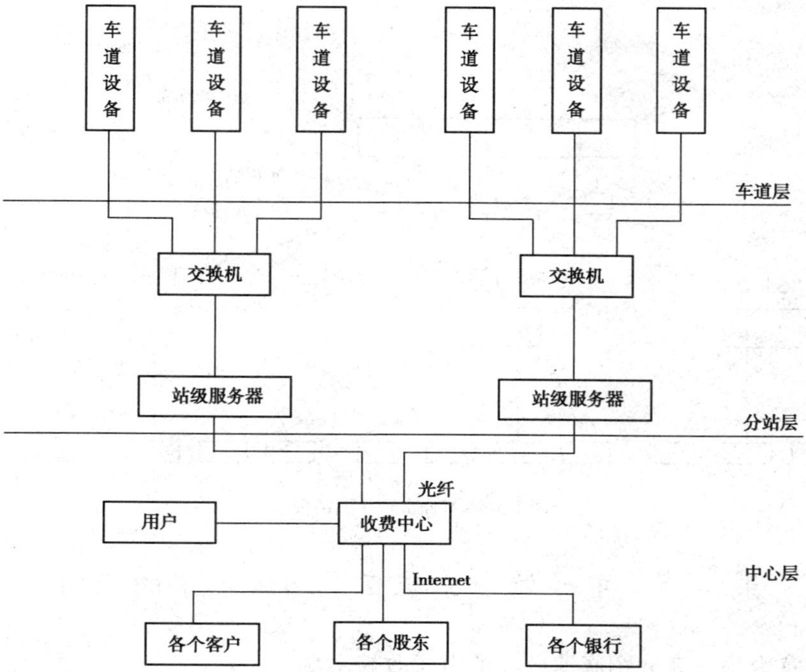

图 2-5-1　ETC 系统的网络结构图

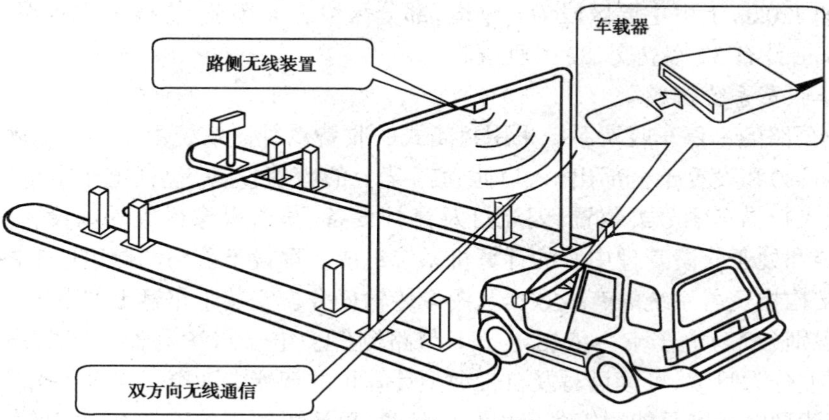

图 2-5-2　ETC 系统简易图

实现不停车收费系统，离不开计算机网络技术，下面给出的一个例子是 Modem 构造的树网。

图 2-5-3 所示的树状网络，为目前收费系统最常用的组网络方式，它充分利用现有的电话线路，价格便宜，且能满足基本需求。

该网络有两种通信方式：一种为集成商编制或定制点对点通信软件，形成独立的广域网，不易为外界侵入；另一种为采用网络服务器软件自带的功能，如 Windows NT 的 Modem Pool 加 RAS(远程连接服务)，软件方面只需启动连接，所有工作与在 LAN 上一样，无需在传输层和硬件上单独编程。两种方式都需要对 IP 地址进行处理或所有 LAN 采用同一网段，所以有时 Modem 也起到网桥的作用。

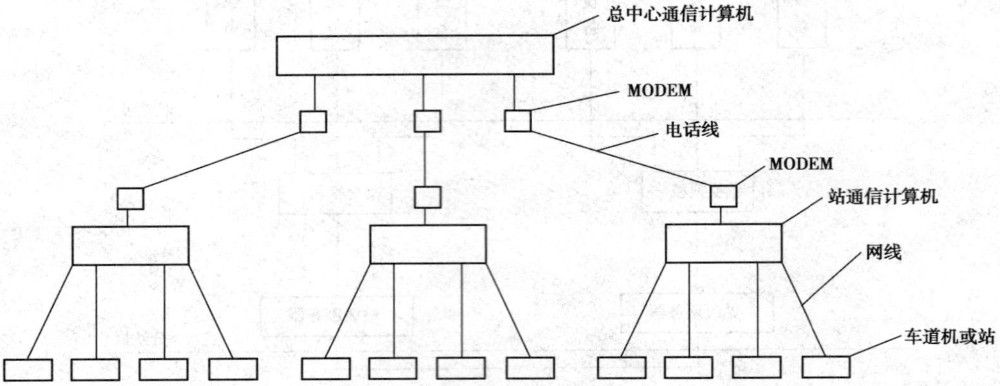

图 2-5-3　Modem 树状网络模型

第二节　电子收费系统在交通需求中的应用

本节以加拿大为例来介绍高速公路的电子收费系统。

加拿大 407 高速公路是多伦多市北部一条东西向在建的全封闭、全立交、全照明高速公路。设计时速 120km 上下主要区段为 6 车道,部分区段为 4 车道,主线采用水泥混凝土路面。该路全长 69km,计有 32 座立交,87 条匝道。

1.不停车收费系统构成

407 高速公路的不停车收费系统采用封闭式的收费系统。系统由安装于车辆风挡上的电子卡(Transponder)和设置于全部出、入口匝道门架上的收费设备,包括电子卡读写器、三角定位线 AOA、激光扫描车辆分类装置、闪光灯及光杆设备、车道摄像机等外场设备、与之配套的光纤通信系统和处于收费管理中心的计算机系统组成。埋设于公路两侧边坡下的光缆所组成的环形通信结构担负着系统的有线数据及图像传输任务。安装于车辆上的电子卡实际上是一种车辆自动识别(AVI)电子卡。依据电子卡与路侧(上)电子卡读写器之间的通信功能的不同,可将电子卡分为只读、可读可写及自带微型计算机的智能卡 3 类。在电子卡读写器发出询问信号后,只读型电子卡只能回答其已固化的信息;可读可写型的不仅有固定的信息而且有可重新编程(写入)的记忆模块,因此它既能传递已有的固化信息,又允许接收新的指令,存储新的信息;智能卡型则可与电子卡读写器全方位双向通信。407 高速公路采用的是第 2 类,即可读可写式电子卡。使用者上路前可从零售商处购买电子卡,电子卡将记录自身编号,使用者存入现金等信息。出于隐私权的考虑,电子卡不记名,也不记录车型,因此不同车种之间的电子卡可通用。电子卡可挂失。

2.系统工作过程描述

1)外场设备

在入口车道,车辆进入 VDCA 检测域,激光扫描器以每秒 600 ~ 700 次的频率不停地扫描进入车辆，测量车辆三维尺寸，并按检测车辆的三维尺寸判定车型。随后，车辆进入 AOA 检测域，若车辆带有电子卡，AOA 通知摄像机工作，拍摄车辆牌照号码。

2)收费中心

对于装有电子卡的车辆，收费中心处理较简单，只是统计些常规报表而已。当然也可处理电子卡的挂失、跟踪及查询。对于没有电子卡的车辆，中心只需用图像识别技术识别入口及出口摄像机摄录的汽车牌照号码，以判定每辆车进、出系统的位置及时间，并计算应交费款。

从实施角度讲，路由器及网络防火墙等软硬件技术将是收费系统集成的核心技术，图 2-5-4、图 2-5-5 为高速公路不停车收费系统，图 2-5-6 为桥不停车收费系统结构图。

图 2-5-4　高速公路不停车收费系统一

图 2-5-5　高速公路不停车收费系统二

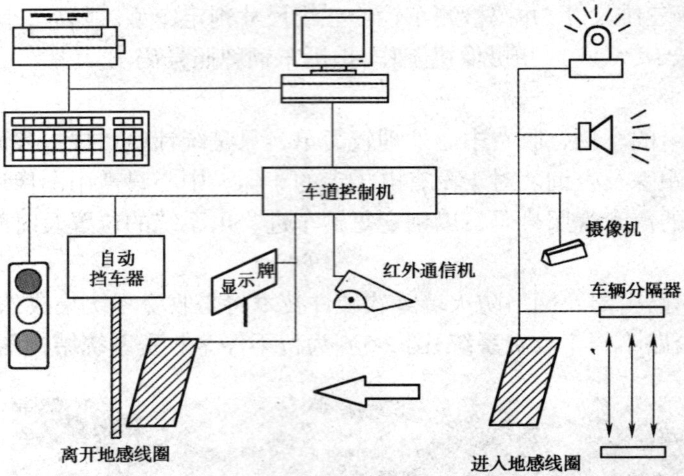

图 2-5-6　桥不停车收费系统结构图

第六章　汽车自动驾驶系统

第一节　概　　述

ITS 是一个开放的、复杂的巨型系统，当前世界各国竞相开展 ITS 的研究，分别制定了 ITS 跨世纪研究计划。在 ITS 的研究方面，各国、各地区的侧重点有所不同，其难点和关键技术是车辆的行驶导航和自动驾驶。目前，一些发达国家纷纷投巨资在这方面进行开发和攻关，并在一些方面已取得了重大的突破。

德国戴姆勒—奔驰汽车公司正在试验一种汽车自动驾驶系统。一辆装有这种系统的维塔牌汽车无人驾驶，自动行驶了 1 万多公里，这预示着汽车自动驾驶已为期不远。正在试验的这种汽车自动驾驶系统，装有 18 台袖珍电子摄像机、高效图像实时处理器、可能危险预测和制动自动控制系统及自动控制的脚踩板和转向盘等。

当这辆智能汽车驶出车库时，它会自动打开安装在车身两侧及前后的电子眼。这些电子眼能看清汽车前后百米和两侧 7m 的周围环境，用红、蓝、绿三种颜色区分的彩色图像，分别沿三条线路进入汽车行李箱。汽车行李箱中，有一高明的"驾驶员"——台随车计算机。它由 12 个微处理器组成，可每秒 12 次处理由 18 台像机拍摄的图像，能及时发现正在接近的物体、行人或其他车辆的各种征兆。该汽车驾驶系统不仅能预测所见目标的距离，计算出目标的移动速度，而且还能测出自己在路途中的位置。如果发现前方的汽车离自己太近，计算机就会发出命令，进行慢制动，以保持安全距离。如果两侧的摄像机看到有超车的机会，计算机也会命令加大加速踏板超车，然后再重新调整到原来的状态。此外，自动驾驶系统还能识别道路的标志，如限速和禁止超车等标志，并按这些标志的要求行驶，不会发生违章。

日本在汽车智能化和智能交通的研究上也不甘落后，经过几年的探索，日本在开发新一代快捷、安全、环保的智能型交通系统方面取得了很大成绩。他们研制了一套包括交通信息、行车安全警报、行车自控和自动驾驶、道路管理等四个方面的系统,从总体上来说,代表了目前世界汽车智能技术的最高水平。

这套装置将综合的数字化国家公路地图存储在位于汽车行李箱的只读光盘存储器上,其中包括有每条道路的连接点和名胜古迹所在地的位置。驾驶员只要在行驶之前将其目的地输入,按照车内小屏幕上显示的方向箭头行驶就可以了。即使驾驶员不知道通往目的地的道路,这套装置的磁传感器也能自动测出行车方位,并根据车速测出行车的精确距离,计算出车辆所在的精确位置,并在荧光屏上的交通图中显示出来。而且,这种装置能接收到道路堵塞、交通事故、道路修整等信息,进行综合分析处理,并计算出前往目的地的最佳行车路线。

行车安全警报系统是由微型马达、激光雷达、传感器、摄像机和车载图像处理系统组成。行驶中的车辆通过这些仪器准确测定出前方行驶中车辆的距离、行驶车道以及车辆周围的情况。中间信息系统根据这些信息数据进行综合处理,在驾驶员因打瞌睡、精力不集中等原因使车辆间隔距离过短或者偏离车道中央时,警报系统会马上向驾驶员发出警告。目前已有部分车辆安装了瞌睡、火灾、轮胎气压不足等警报装置。

第二节　世界智能车辆的研究与发展

当今社会,一方面,随着城市化的进展及汽车的普及,交通环境日趋恶劣,交通拥挤加剧,交通事故频发,交通问题已经成为全球范围令人困扰的严重问题;另一方面,20 世纪 90 年代以来,计算机、电子、图像处理等技术飞速发展。在这种背景下,将各种先进技术运用到汽车工程中,减少交通事故,提高运输效率,减轻驾驶员劳动负荷的思想就应运而生,从而产生了智能车辆系统(Intelligent Vehicle System,IVS)。智能车辆系统因其从轮式移动机器人(Wheeled Mobile Robot,WMR)的研究中吸取了大量的营养,所以也有许多研究者将智能车辆与轮式移动机器人等同。智能车辆的研究,追根溯源,应该说起始于20 世纪50 年代初美国 Barrett Electronics 公司研究开发出的世界上第一台自动引导车辆系统(Automated Guided Vehicle System,AGVS)。

一、智能车辆的研究方向

(1)驾驶员行为分析:主要研究驾驶员的行为方式、精神状态与车辆行驶之间的内在联系,目的是建立各种辅助驾驶模型,为智能车辆安全辅助驾驶或自动驾驶提供必要的数据,如对驾驶员面部表情的归类分析能够判定驾驶员是否处于疲劳状态,是否困倦、瞌睡等;

(2)环境感知:主要是运用传感器融合等技术来获得车辆行驶环境的有用信息,如车流信息、车道状况信息、周边车辆的速度信息、行车标志信息等;

(3)极端情况下的自主驾驶:主要研究在某些极端情况下,如驾驶员的反应极限、车辆失控等情况下的车辆自主驾驶;

(4)规范环境下的自主导航:主要研究在某些规范条件下,如有人为设置的路标或道路环境条件较好,智能车辆根据环境感知所获得的环境数据,结合车辆的控制模型,在无人干预下,自主地完成车辆的驾驶行为。

(5)车辆运动控制系统:研究车辆控制的运动学、动力学建模、车体控制等问题;

(6)主动安全系统:与被动安全相对比,主动安全系统主要是以防为主,如研究各种情况下的避障、防撞安全保障系统等;

(7)交通监控、车辆导航及协作:主要研究交通流诱导等问题;

(8)车辆交互通信:研究车辆之间有效的信息交流,各种车辆间的无线通信问题;

(9)军事应用:研究智能车辆系统在军事上的应用;

(10)系统结构:研究智能车辆系统的结构组织问题;

(11)先进的安全车辆:研究更安全,具有更高智能化特征的车辆系统。

二、智能车辆的研究范围

智能车辆的研究涉及到计算机测量与控制、计算机视觉、传感器数据融合、车辆工程等诸多领域,可以说,智能车辆的研究是计算机视觉与计算机控制研究在车辆工程上的综合。

在 20 世纪 90 年代中期,美国和日本提出:在道路中间铺设磁块的方式来进行导航,美国及日本还分别于 1997 年及 1996 年在公路上做过实验。但此种方案的造价过于高昂,缺乏推广应用价值。

1.传感器数据融合

一个智能车辆系统正确、可靠运行的前提是:通过各种传感器准确地捕捉环境信息然后加以分析处理。因此,研究如何将通过传感器得到的信息加以有效处理、分析,并准确无误地了解环境的技术是重要的。然而迄今为止,没有任何一种传感器能保证在任何时刻提供完全可靠的信息,但采用多传感器融合技术,即将多个传感器采集的信息进行合成,形成对环境特征的综合描述的方法,能够充分利用多传感器数据间的冗余和互补特性,获得我们需要的、充分的信息。

目前,在智能车辆领域,除视觉传感外,常用的还有雷达、激光、GPS 等传感器。

雷达系统可以得到计算机视觉技术比较难以解决的检测对象的距离信息,能准确发现车辆行驶环境中存在的物体。此外,雷达传感不受雨、雪、雾等自然条件的影响,在恶劣环境条件下具有独特的优势。

2.控制理论尤其是智能控制在智能车辆上的应用

为实现智能车辆对路径的稳定跟踪,性能优良的控制器是智能车辆必不可少的部分,所以控制理论在智能车辆上的应用是十分重要的。

智能控制代表着自动控制的最新发展阶段,也是应用计算机模拟人类智能,实现人类脑力劳动和体力劳动自动化的一个重要领域。智能控制是一门新兴学科,人们目前认为其包括递阶控制系统、专家控制系统、模糊控制系统、神经控制系统、学习控制系统五个方面。

总体来讲,智能控制具有以知识表示的非数学广义模型和以数学模型表示的混合控制过程,也往往是那些含有复杂性、不完全性、模糊性或不确定性以及不存在已知算法的非数字过程,并以知识进行推理,以启发来引导求解过程等特点,其本质与智能车辆的本质相一致,故在智能车辆上取得了广泛的应用。目前,美国及日本已经有应用专家控制系统知识建立的车辆辅助驾驶器产品,该种产品能够提供合理的驾驶策略,如是否可超车、换道等;给出环境危险性警告,如前后车的安全距离等信息;监督驾驶员的精神状态,如驾驶员是否困倦等。

第三节 智能车辆系统结构与微机测控系统

智能车辆的研究始于20世纪50年代美国开发的地下埋线感应式自动引导车辆,虽然其引导技术已十分成熟,但该种思路很难应用于户外环境。20世纪80年代以来,人们一直在研究其他引导技术,先后研究过光学导航、视觉导航、超声导航、红外导航等,其中视觉导航因其发展潜力巨大而吸引了国内外众多的研究者。

一、车辆体系结构及性能指标

智能车辆是建立在一个组织及计算结构基础上的复杂系统,其自主式功能就是在传感器和控制信息处理结构支持下,通过将规划、执行及监控等几个层次的活动组织协调起来实现的。通常,智能车辆的组织和控制结构可粗略分为以下三类基本模块:

感知模块:获取并处理现场的环境信息;

规划模块:分解任务序列进行规划与决策;

执行模块:驱动车体执行任务操作。

JUTIV – II 采用功能模块分解型的智能车辆体系结构,如图2-6-1所示。它是一种按信息流向将功能模块依序分解排列的结构。在这种结构中,感知、建模、规划、任务执行和驱动控制等诸模块次序分明,后者均以前者的输出结果为其输入,故又概括为SMPA(Sense Model Plan-Act)结构。这种结构方式便于人们按照模块功能与研究人员的专长划分设计任务,同时比较容易实现高层次的智能级处理。一般而言,这种功能分解型结构的系统都有中心控制器,并广泛采用黑板控制结构的软件组织方式。JUTIV – II 智能车辆的自主导航系统主要由路径图像识别系统、行驶驱动系统、转向驱动系统、制动系统、避障系统及其他辅助系统组成。

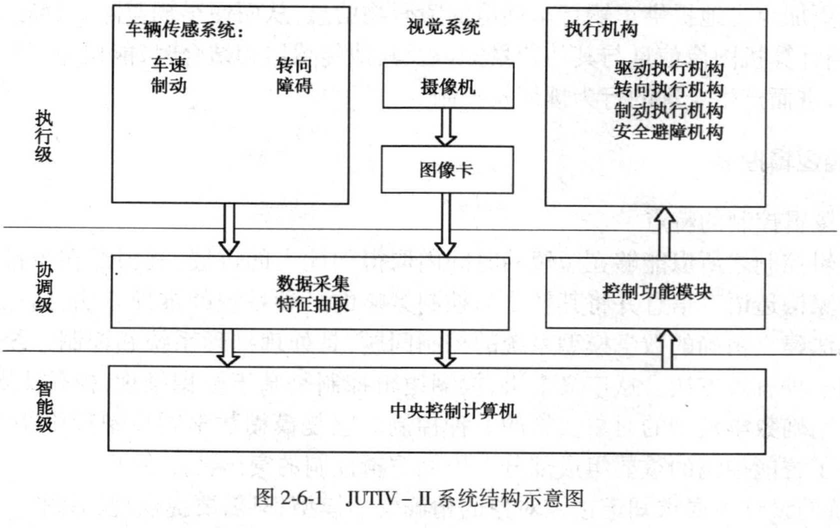

图2-6-1 JUTIV – II 系统结构示意图

二、摄像机定标及智能车辆的路径识别原理

计算机视觉的基本任务之一是从摄像机获取的图像信息出发,计算三维空间中物体的几

何信息，并由此重建和识别物体。空间物体表面某点的三维几何位置与其在图像中对应点之间的相互关系是由摄像机成像的几何模型决定的，这些几何模型参数就是 CCD 参数。在大多数条件下，这些参数必须通过实验与计算才能得到，这个过程被称为摄像机定标。

通常情况下，计算机视觉系统中使用的 CCD 摄像机为价格低廉的非量测计算机。所谓非量测计算机是指这一类摄像机，其内部参数完全未知、部分未知或原则上不稳定。摄像机内部参数是指摄像机成像的基本参数，如图像中心、焦距、径向镜头畸变、偏轴镜头畸变以及其他系统误差参数。因此，对于计算机视觉研究而言，在利用计算机技术实现对三维景物的描述、识别和理解这一任务时，摄像机定标是基本的一步，而又是关键的一步。

第四节　基于视觉导航的智能车辆模糊逻辑控制

一、计算机视觉导航的优点

选择何种导航方式一直是智能车辆研究中的一个热门研究课题。人们先后研究过地下埋线导航、光学导航、视觉导航、超声导航、红外导航等，其中视觉导航因其发展潜力巨大是目前研究的热点和主流。因为驾车时，我们所接收的信息几乎全部来自于视觉。交通信号、交通图案、道路标识等均可以看作是环境对驾驶员的视觉通讯语言。

视觉导航与其他传感器相比，具有很多优点：

(1)与其他导航方式相比，如埋线导航及激光导航等，视觉导航能提供更丰富的信息，如导航路径的方位偏差、侧向偏差、弧形弯道、各种标识等，这不仅使相关传感器系统简单、经济，而且使控制器的设计更加灵活方便；

(2)用视觉导航时，导航路径铺设、更改相对来说都更加容易，从而使导航成本大大降低；视觉导航能更加容易地提供车辆行车环境的障碍物信息，从而使车辆避障更加容易。

总之，当计算机图像信息与其他背景知识及其他传感器相结合时，能快速提取复杂环境中的有用信息，进而产生合理的行为规划及控制。

二、模糊逻辑控制

1.模糊逻辑控制的特点

模糊逻辑控制之所以能够在短短的时间内取得如此大的进展，其根源在于模糊逻辑本身提供了由专家构造语言信息并将其转化为控制策略的一种系统的推理方法，因而能够解决许多复杂而无法建立精确的数学模型系统的控制问题，是处理推理系统和控制系统中不精确和不确定性的一种有效方法。从广义上讲，模糊逻辑控制是基于模糊推理，模仿人的思维方式，对难以建立精确数学模型的对象实施的一种控制。它是模糊数学同控制理论相结合的产物，同时也构成了智能控制的重要组成部分。模糊逻辑控制的突出特点在于：

(1)系统的设计不要求知道被控对象的精确数学模型，只需要提供现场操作人员的经验知识及操作数据。

(2)控制系统的鲁棒性强，适应于解决常规控制难以解决的非线性、时变及滞后系统。

2.模糊逻辑控制系统的基本组成部分

模糊逻辑控制系统由模糊规则库、模糊推理机、模糊产生器、模糊消除器四部分组成。通过模糊推理得到的结果是一个模糊集合或者隶属函数,但在实际使用中,必须用一个确定的值才能去控制伺服机构。在推理得到的模糊集合中取一个相对最能代表这个模糊集合的单值的过程就称为模糊消除。

模糊消除可以采用不同的方法,用不同的方法所得到的结果也是不同的。比较常用的模糊消除方法有以下 4 种:①重心法;②最大隶属度法;③系数加权平均法;④隶属度限幅元素平均法。

第五节 智能车辆的自主驾驶与辅助导航

一个真正具有应用价值的智能车辆系统必须同时具备实时性、鲁棒性、实用性这 3 个技术特点,这也是智能车辆研究必须解决的 3 个重点课题。实时性要求系统的数据处理必须与车体的高速行驶同步进行。鲁棒性则要求智能车辆对不同的道路环境(如高速公路、市区标准公路、普通公路),复杂的路面状况(路面及车道线的宽度、颜色、纹理、动态随机障碍与车流)以及气候的变化条件(日照及景物阴影、黄昏与夜晚、阴天与雨雪等)均具有良好的适应性。这是智能车辆系统研究的难点所在。实用性要求智能车辆系统在体积与成本等方面能够为普通汽车用户所接受。上述技术的要求构成了智能车辆系统研究所涉及的传感器信息处理、车体精密定位、行为规划与决策、自动驾驶与安全监控、综合集成等主要关键技术。值得注意的是:进入 20 世纪 90 年代,特别是近两年来,西方发达国家在智能车辆研制与开发方面出现了一些引人注目的变化。

一、CMU 的 Navlab5 系统

CMU 的地面智能车研究并未因火星探测计划等其他项目的影响而搁置。继 1986 年改装 Navlab 1,1990 年改装 Navlab 2 之后,他们又于 1995 年建立了全新的智能车实验床 Navlab 5。这是一辆 1990 年问世的 Pontiac 运动跑车(Pontiac Trans Sport),由美国著名的 Delco Electronics 公司捐资赞助。CMU 与 Assist Ware 技术公司合作在 Navlab 5 上开发了 PANS(Portable Advanced Navigation Support)——便携式高级导航支撑平台以及快速自适应车体定位处理器——RALPH 视觉系统。

1.计算机系统

PANS 平台的计算机系统包括一台 SparcLX 便携式工作站,其主要技术参数:50MHz Micro Sparc CPU 32MB 内存,970MB 硬盘以及一台分辨率为 1024×768 的液晶显示器。

2.传感器系统

(1)视觉系统传感器为一台 Sony DXC－151A 彩色摄像机,配 Pelco TV8ES－1 自动光圈手动聚焦镜头。该摄像机可供 RGB 以及 NTSC 视频输出。经 Datacell 视频数字转换仪,将图像送到驾驶台仪表盘上的一台 Sony FDL－X600 彩色液晶监视器显示。摄像机的安装位置取决于所使用的软件系统,可根据需要在视镜支座及车体侧面玻璃两个不同的位置加以选择。

(2)差分 GPS 系统一套。选用 Trimble SVee Six－CM2 型 6 通道 GPS 接收机,在无 SA 影响时定位精度为 25m,速度精度为 0.1m/s。差分基准站使用 Motorola Cellect 调制解调器,通过峰

窝电话数据链提供 RTCM－104 标准格式的差分校正。其定位精度可提高到 2～5m。

(3)陀螺仪为 Andrew 公司生产的具有数字输出的光纤阻尼陀螺。旋转率的测量范围为 0.02～100°/s。设备的漂移补偿可达 18°/h(0.005s)。陀螺仪的输出以 9600 波特率 10Hz 的频率送到便携机。辅助定位传感器还包括装在转向轮处的光码盘。

3.车体控制与安全监控系统

底层车体控制与安全监控使用一台 HC11 微控制器。该控制器的主要功能是控制驾驶轮,并向上层的车体控制与位置估计(VCPE)模块提供转弯半径信息。该控制器配有一个积分解码板和一个数/模转换器,用于处理光码盘测量的当前车轮位置数据。通过综合底层和上层模块提供的定位信息,采用 PID 控制算法计算出适宜的转向电机力矩。

HC11 微控制器中的一个功能是监控系统底层的安全,而系统上层的安全性检测则由 VCPE 模块完成。HC11 微控制器以串行方式发送或接收上层 VCPE 模块的信息。

二、VaMoRs－P 系统

智能车辆自主导航的另一个具有代表性的研制工作由位于慕尼黑的德国联邦国防大学进行,其合作伙伴为德国奔驰汽车公司。他们从 20 世纪 80 年代初期开始此项研究,已先后研制开发出 VaMoRs 和 VaMoRs－P(或 VaMP)两种实验车。VaMoRs 由一辆奔驰 508D 型 5t 面包车改装而成。1987 年 VaMoRs 自主车曾在一段尚未通车的高速公路上创下自主驾驶 96km/h 的 20 世纪 80 年代最高速度。VaMoRs－P 或 VaMP[5,6]为自主移动性和计算机视觉实验车——客用小汽车。它由一辆豪华型奔驰 500(Mercedes 500 SEL)改装而成。

1.计算机系统

计算机系统由基于 Transputer 的并行处理单元和两台 PC－486 组成基于 Transputer 的处理单元,由大约 60 个 Transputer 构成。其中,16 位的 T－222 用于图像特征抽取、信息通讯和 I/O 操作;32 位的 T－805 用于图像处理和物体识别、基于对象的状态估计、数据库操作、行为决策、控制计算(25Hz)、方向控制(500Hz)和图形显示。一台 PC－486 和一台便携式 486 作为宿主机,主要用于软件开发和系统装入、人机交互及数据登录等。

2.传感器系统

传感器系统由下列部分组成:

(1)4 个小型彩色 CCD 摄像机,构成两组主动式双目视觉系统。一组安装在车体前部后视镜附近的特制平台上,另一组固定在车体后部挡风板的上方。

(2)3 个惯性线性加速计和角度变化传感器。

(3)测速表及发动机状态测量仪。

除传感器系统外,底层执行器还包括由计算机控制的下列设备:用于驾驶控制的力矩电机、电子油门(符合 500SEL 标准)、液压制动器、用于观察控制的力矩电机。

3.自主驾驶实验

VaMoRs－P 系统也已在高速公路和普通标准公路上进行了大量实验。实验内容包括跟踪车道线、躲避障碍以及自动超车等。利用自适应控制进行纵向及横向自主方式一般行为实验。其中,主要的自适应控制规律为:类似反射的状态反馈以适应对扰动的快速反应;反馈控制时间记录并根据规则集进行事件切换。该系统 1995 年公布的最高时速可达 130km/h,据说 1996

年已提高到 160km/h。

第七章 智能运输系统的评价和标准化

第一节 概 述

评价是用来衡量项目的目标或目的达到的程度。而且,项目评价对项目本身的实施又可以产生一个有益的反馈作用,就是项目评价的结果可以对项目适时的提出一些建议和修改来达到甚至超过原来的目标。特别是智能运输系统项目投资巨大,带来的影响也是广泛的,因此评价是其一个必要和关键的部分。我们认为:一个好的评价方法是定性和定量分析相结合的方法,能够定量的尽量给予量化,以其给决策者提供充分的依据,然而有些影响是难于量化的,只有当评价的主体和目标明确后才能取得最有效的评价。

评价是构成项目开发整体不可分割的一部分,而且在每个阶段都应实施初步规划、详细规划、系统规划、系统实施、数据收集、数据分析、结果报告等,项目评价应该由不参加该项目的投资和建设的独立机构来完成,然而项目评价机构的独立性并非根本不介入该项目。

智能运输系统作为一个各种不同技术的综合体,是由多种技术组成的,也要求对 ITS 的效果进行合理的评价。

引进 ITS 系统的效果研究才刚刚开始,但是我们应该意识到要对 ITS 进行评价,并不是一件容易的事情。

评价方法有实地调查法、费用效果比较分析法、数理模型法。从广义范围评价上述效益时,必须使用交通模型,但以往的评价手段是基于静态交通需求和均衡交通状态、假设所有车辆采取最佳行驶状态,交通流量的表现是宏观的,无法实现实时动态的交通诱导和恰当的交通控制。因此,要求进一步开发能区别驾驶员特性的详细动态模型。

第二节 智能运输系统效果评价目的和意义

智能运输系统的评价是智能运输系统研究的一项重要内容,其目的是对智能运输系统项目的经济合理性、技术合理性、社会效益、环境影响和风险做出评价,为实际的 ITS 项目提供一个综合的、全面的评价结果,为项目的可行性研究、实施、效果以及方案的优化、决策提供科学依据,对已有的系统运作优化提供依据,还可以帮助投资者对将来的投资做决定。

ITS 评价是指对 ITS 项目进行的评价,项目可以是规划中的、实施中的、完成后的项目。本书中不限定评价使用的阶段,既可以是项目前评价,也可以是项目后评价,或是项目实施中的评价。ITS 评价与建设 ITS 项目要达到的目的有重要关系,在评价中首先要明确建设 ITS 项目的目的。下面介绍六点 ITS 项目要达到的目的。

(1)提高全国交通系统的安全性,减少伤亡的数量及其严重程度,降低撞车的严重程度;

(2)路面交通系统的运行效率及其容量,减少由于交通事故所引起的局部交通系统不能正常运作，改善提供给出行者的服务水平及其方便程度，提高道路通行能力；

(3)减少由于交通拥挤造成的能源和环境消耗，降低单位出行造成的有害物质排放，降低单位出行造成的能源消耗；

(4)提高目前和将来的生产能力，降低快速行驶的成本，减少出行时间，改进交通系统规划和管理；

(5)高个体流动性和路面交通系统的方便舒适度，为出行前和出行中的信息获得提供途径，提高出行安全度，减轻出行者压力；

(6)繁荣ITS的发展和实施创造环境，支持ITS产业(硬件、软件和服务)的建立。

评价ITS是为了能够更好的了解项目本身和与其相关的交通条件的改善之间的关系，从而使管理者和设计者能够更好地管理、调整、改进和优化系统运作和系统设计。

第三节　智能运输系统技术经济评价

ITS评价可以分别从经济、技术、社会、环境影响、风险等几个不同的方面进行，下面介绍ITS的经济、技术评价。

一、智能运输系统经济评价

1.ITS经济评价的目的

智能运输系统(ITS)经济评价就是从经济角度，分析计算ITS项目所需投入的费用和获得的效益，以及ITS系统的发展对国民经济将产生的影响。经济评价包括国民经济评价和财务评价。国民经济评价是从国家整体的角度研究ITS项目对国民经济的净贡献，以判断ITS项目的合理性。财务评价是从ITS项目的财务角度，分析测算ITS项目的财务盈利能力和清偿能力，对ITS项目的财务可行性进行评价。对ITS系统的经济评价应以国民经济评价为主。

2.经济评价的原则

智能运输系统的经济评价应遵循以下五个原则：①整体性原则；②层次性原则；③实用性原则；④一致性原则；⑤定性与定量相结合原则。

3.ITS经济评价的对象和内容

ITS系统的经济评价可以从国家投资、企业投资、个人投资三个层次上进行。个人投资效果的评价与企业投资评价类似。

1)国民经济评价的内容

国民经济评价是按照资源合理配置的原则，从国家整体角度考虑项目的效益和费用，用货物影子价格、影子工资、影子汇率和社会折现率等经济参数分析、计算项目对国民经济的净贡献，评价项目的经济合理性。对于国民经济评价来说，重要的是评价ITS项目的投资将对国民经济产生多大影响。因而，应包括以下几个方面内容：

(1)波及效果分析：所谓波及效果分析就是分析ITS系统的投资将对相关产业产生多大的带动作用。在投资ITS之前，了解其对国民经济各部门产生的影响，即由此而引起的各产业部门的增产需要达到什么程度，无疑是非常必要的。

(2)投资乘数分析：投资乘数分析主要是分析项目投资的增长将对国民收入、税比、工资等指标产生的倍增作用。对 ITS 进行投资乘数分析是要确定 ITS 的投资对国民收入等的提高有多大影响。

(3)综合就业分析:分析、计算随着 ITS 产业投资的增长而最终需要投入的就业人数,其中包括直接需要和间接需要。

2)财务评价的内容

财务评价是根据国家现行财税制度和价格体系,分析、计算投资者或项目直接发生的财务效益和费用,编制财务报表,计算评价指标,考察项目的盈利能力、清偿能力以及外汇平衡等财务状况,据以判别项目的财务与商业上的可行性。

对于企业投资者和个人投资者来说,投资的目的主要是获得利润。因此,项目财务评价的服务对象主要是具体的 ITS 项目的企业投资者;而对于国家投资来说,更注重整体效益。项目财务评价的内容主要包括以下几个方面:

(1)评价指标:

①静态指标:投资回收期、投资利润率、投资利税率、资本金利润率等。

②动态指标:财务内部收益率、财务净现值等。

(2)清偿能力分析

清偿能力分析包括:借款偿还期、资产负债率、流动比率、速动比率等指标。

4.ITS 经济评价的方法

1)国民经济评价方法

ITS 系统的国民经济评价主要用来分析 ITS 系统的发展对国民经济产生的总体影响,可以采用投入产出分析法,它是利用投入产出表及相关系数表进行产业关联及产业间相互影响分析的一种常用方法。

ITS 作为一种高新技术产业,它的发展势必对其他相关产业造成一定的正面影响,带动其他产业的发展,从而拉动整个国民经济的发展。那么,各产业间的相互变动关系如何定量地衡量,就为投入产出分析法提供了发挥作用的机会。

2)财务评价方法

财务评价是确定项目盈利能力和项目资金筹措的依据,也是国民经济评价的基础。财务评价主要为企业投资者和个人投资者服务。财务评价的方法主要是费用效益分析法。

对于具体的 ITS 项目来说,企业投资者更关心投资的规模、投资的获利能力等问题。因此,财务评价与国民经济评价的出发点是不同的,进而它们的费用以及效益的汇集范围也是不同的。

3)费用与效益的估算

项目的经济评价不论是国民经济评价还是财务评价都需要进行费用与效益的汇集。费用与效益分析是国民经济评价和财务评价的主要依据。因此,对费用和效益的估计应尽可能全面、准确。智能运输系统总收益构成如图 2-7-1 所示。

二、智能运输系统技术评价

ITS 的技术评价是从技术的角度出发,试图通过对项目各技术指标的分析和计算,从系统的功能和技术层面对智能交通运输系统的科学性、合理性、可发展性以及适用性和可实现性等方面进行综合的评价。作为评价的方法可采取上下结合(系统与单项的结合)、定量与定性结合的方法。上下结合评价法,即关于ITS整个系统的综合评价和各子系统的评价,前者是关于整个系统的把握和综合评估,而后者是前者的基础,更多地影响到系统的实现性。因此,两者是互为相关的。

另外,评价对象所含内容广泛,这里更侧重于ITS关键子系统的技术评价。

- 总效益
  - 直接效益
    - 能源消耗和环境成本的降低
      - 耗油量降低的绝对和相对指标
      - 环境成本降低的绝对和相对指标
    - 运输效率和通行能力的提高
      - 速度和效率的提高
      - 货运满载率的提高
      - 相对节约路网费用
    - 安全和舒适性的提高
      - 事故损失减少
      - 广义费用降低
    - ITS产品的市场价值
      - 软硬件产品的销售额
      - ITS用户的缴费额
  - 间接效益
    - 劳动生产率提高
    - 用户所得效益
    - 带动地区经济发展的效益等

图2-7-1　总收益构成

第四节　ITS标准化

尽管欧洲、美国和日本等发达国家在智能运输系统的范畴和具体实施方案方面不完全相同,但对以下两个问题的认识却是一致的。

第一,智能运输系统是将众多的先进技术应用于地面运输体系,从而建立起来的在大范围内发挥作用的实时、准确、高效的交通管理系统;

第二,智能运输系统将成为21世纪地面运输体系的发展方向,将在高新技术领域和交通运输领域形成一个新的产业,为社会提供新的就业机会。

由此可见,智能运输系统产业化是必然的发展趋势,而产业的出现必定会带来标准化的问题。

一、标准与标准化

所谓标准,是指为了在一定范围内获得最佳秩序和效益,对活动或其结果所规定的共同的、可重复使用的规则、准则或特定文件的总称。标准要以科学、技术和实践经验为基础,要经过充分协商并得到公认机构的批准。而标准化是指制定、发布和实施标准的全过程。

标准化是现代化大生产的必要条件,是组织专业化生产的前提,是科学管理的重要组成部分,是提高产品质量的技术保证,是合理利用资源、保证安全的重要途径,是推广应用新技术的桥梁。在国民经济的各个领域中,标准化可以改进产品、过程和服务的适用性,防止贸易壁垒并促进技术合作,从而获得最佳的秩序和最大的社会经济效益。

二、ITS 标准化及其作用

交通运输作为一种社会化大生产，标准化同样是必不可少的。尤其应该强调的是，ITS是先进的信息技术、通信技术、电子技术和交通运输管理系统相结合的复杂大系统，它使人、车、路的相互关系更加协调，从而提高道路交通的效率、机动性和安全性。ITS 的最基本特征就是集成性，而标准化是系统集成的重要基础，没有标准化，就不可能实现有效的智能运输系统。因此，对与 ITS 广泛相关的技术要素制定国际统一的社会规则即国际标准是十分必要的。

标准化在生产和科学技术发展中所起的重要作用是显而易见的，在智能运输系统的实施过程中也必将发挥重要作用。智能运输系统结构框架的建立可以大大促进智能运输系统理论的发展和具体项目的实施，但它并不能直接保证其在全国和全球范围内的兼容性。标准化工作在智能运输系统实施过程中的主要作用表现在以下几个方面：

(1)标准化可保障 ITS 在全国甚至全球范围内的兼容性。结构框架中的物理实体之间存在许多技术接口,接口技术的标准化可保证物理实体的互联性,从而实现全国范围内的兼容性。如在车辆与道路之间的短程通信接口实现了标准化,则配备了这种接口的终端,将能在全国范围内接收到路边通信设施所发出的交通信息。

(2)标准化有助于拓展 ITS 相关产品的供货渠道,创造更大的市场空间。在生产领域,标准的制定无疑能刺激生产的发展,使原来的生产厂商因更易于组织科研和生产而提高获利水平,这会吸引更多的厂商加入到产品供应行列,从而使得 ITS 产品更加丰富,解决方案更多样化,服务功能更完善。缺乏标准的产品通常被局限在市场的某个狭小空间,难以占领国内和国际市场。

(3)标准化有利于系统集成。智能运输系统是一项庞大的系统工程,其每项服务功能都不是单个设备所能完成的,接口设备的互联性对系统集成至关重要。标准化使得 ITS 相关产品接口规范性好,互联性强,更易于系统集成,这对缩短工期,降低造价,提高系统的可靠性非常重要。

(4)标准化有利于降低风险,加速 ITS 产业化。标准化对产品的提供者和消费者都有好处。企业按照标准生产的产品不会由于接口不匹配的原因而受消费者冷落,消费者也不会因购买的产品不标准而无法在系统中使用。因此,标准化有利于减轻 ITS 产品与服务的提供者和消费者的风险,促进 ITS 的产业化进程。

总之,标准化是在全国和全球范围内提高 ITS 兼容性的重要保证,有利于在局部和更大范围内建立更加可靠、稳定的 ITS 系统。开放式的标准有利于促进 ITS 产品和服务功能的竞争,其结果是使最终消费者获益。ITS 标准化能够开辟出更大的规范化产品市场,使生产者易于规模经营,从而降低成本和经营风险。

三、ITS 标准的类型

与其他领域的标准化一样,ITS 领域的标准也有三种基本类型:强制性标准、事实性标准和推荐性标准。

(1)强制性标准由政府机构制定,用法律、行政手段强迫业界执行的标准,目的是保障公共福利和社会安全。这种强制性标准是保障 ITS 顺利集成和在全国范围内兼容的重要保障,可以避免诸如 A 公司生产的数字地图光盘不能在 B 公司生产的汽车导航系统中工作等问题。

(2)事实性标准通常是指由市场选择的标准。某个在市场占主导地位的生产企业或组织对某项 ITS 技术或产品制定的有利于本企业的设计规范,由于其合理性和市场普遍性而被广泛接受并作为标准使用。

(3)推荐性标准是由具有共同利益的团体制定的有利于市场统一的标准,可以促进 ITS 产品的生产者、系统集成商、服务提供商、消费者之间的协调一致性。

在智能运输系统中,三类标准都会涉及到。在 ITS 结构框架的物理层中,很多领域需要制定强制性标准,以保障公共福利和公共利益;而在传输层中,许多通信技术都存在事实上的标准或推荐性的标准。

四、ITS 标准化的国际进展

目前,国际上与 ITS 有关的标准化机构如图 2-7-2 所示,其中最具权威的是国际电气化标准委员会(International Electro - technical Commission, IEC)、国际标准化组织(International Organization for Standarization, ISO)和国际电信联合会(International TelecommunicationUnion, ITU)。

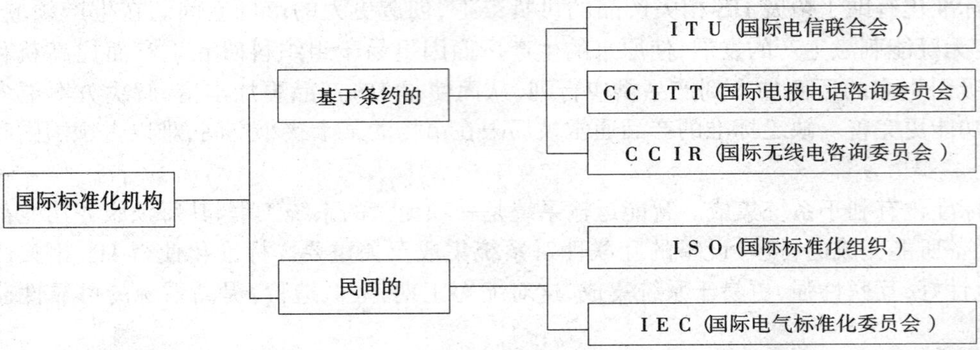

图 2-7-2　与 ITS 有关的国际标准化机构

由于在 ITS 的发展中,受经济、技术等条件的制约,形成了欧、美、日三驾马车的局面,因而它们也是 ITS 标准化工作开展得最好的地区,三方都是 ISO 的重要成员国,都设有不少机构专门从事 ITS 标准化工作,并承担国际 ITS 的标准化工作,如表 2-7-1 所示。

TC 204 工作组名称与主席国(1995 年 4 月)　　表 2-7-1

工作组	工　作　内　容	主席国
WG1	Architecture(结构框架)	英国
WG1.3	Automatic Vehicle and Equipment Identification (车辆和设备自动识别)	挪威
WG2	Quality and Reliability Requirements (质量和可靠性需求)	美国

续上表

工作组	工 作 内 容	主席国
WG3	TICS Database Technology （TICS 数据库技术）	日本
WG5	Fee and Toll Collection（收费）	荷兰
WG6	General Fleet Management （一般车队管理）	美国
WG7	Commercial/ Freight（商用车/货运）	加拿大
WG8	Public Transport/ Emergency （公共交通/紧急事件处理）	美国
WG9	Integrated Transport Information Management and Control （综合交通信息管理与控制）	澳大利亚
WG10	Traveler Information System （出行者信息系统）	英国
WG11	Route Guidance and Navigation Systems （路线引导与导航系统）	德国
WG13	Human Factors and Man – Machine Interface （人的因素与人机接口）	美国
WG14	Vehicle/ Road Warning and Control Systems （车辆/道路报警和控制系统）	日本
WG15	Dedicated Short Range Communication for TICS （TICS 专用短程通信）	德国
WG16	Wide Area Communication/ Protocol and Interface （广域通信/协议和接口）	美国
注	WG4 和 WG12 暂为空号。	

ITS 用户服务的实现是建立在大量基础设施和设备之上的。由于所涉及的技术、产品和服务种类繁多，技术更新快，因此为了确保 ITS 服务功能的实现，制定出的标准体系必须具有一定的超前性，同时具有很大的灵活性。

我国政府很早就开始重视智能运输系统的标准化工作，并为开展工作进行了一系列的组织安排。1995 年，国家技术监督局确定交通工程设施标准化技术委员会的依托单位为交通部公路科学研究所。1996 年 7 月，中国交通工程设施标准化委员会正式成立。1998 年，交通部正式批准成立 ISO/TC204 中国秘书处，地点在交通部智能交通系统工程研究中心，负责为 ITS 标准化工作提供组织和试验条件，并在智能运输系统国际标准化组织（ISO/TC204）中承担具体任务。

第八章　铁路、水路、航空智能运输系统

第一节　铁路智能运输系统

随着信息传输、处理和决策等科学技术的发展,促使一些国家把高新技术成果应用于列车运行管理、列车运行调度、列车运行控制为一体的先进列车控制技术。先进列车控制系统基于客户机—服务器结构、基于分布式数据通信网和分布式数据库、基于现代人工智能技术,系统自动收集列车运行的数据,协助调度人员进行列车运行调度,控制列车运行。

一、先进列车控制系统的基本思想

列车运行管理系统:采用分布式计算机收集与列车运行有关的信息,监视列车运行;采用分布式数据库,保持对线路、列车最新的、最准确的描述;自动编制列车运行计划;自动编制和实现人员和物质调配计划、设备维修计划。

列车运行调度系统:实时修改和实施列车运行调度计划;系统以控制(道岔和信号)、授权、通告的形式输出其结果到各个车站和列车,调度列车按计划运行;列车运行调度系统还具有为旅客服务、旅行向导的功能。

列车运行控制系统:先进列车运行控制系统的基本思想是列车的车载系统精确地掌握本列车和前行列车的位置、速度和加速度等信息;掌握列车前方线路、施工等信息,车载系统依据这些数据控制列车运行。

二、新一代智能化先进铁路运输系统基本概念

新一代智能化先进铁路运输系统又被称为新一代列车控制系统等。其主要特征是:由传统单一功能的信号设备发展成为以运输能力为中心,综合各种高新科学技术,实现多功能的智能化复杂系统。

由于铁路 ITS 涉及领域广泛,根据系统的不同功能,与道路 ITS 相对应,铁路 ITS 至少包含三个分系统:

(1)先进的运输管理系统 ATMS(Advanced Transport Management Systems)。通过自动编制各级运输计划,对车辆装、卸和列车运行进行控制与指挥,动态调整路网车流分布,智能生成预防策略,保证运输畅通和运输任务的完成。

(2)先进的用户信息系统 AUIS(Advanced User Information Systems)。它包括先进的货运服务系统、客运预售票系统以及旅客诱导系统等。

(3)先进的列车控制与安全系统 ATCSS (Advanced Train Control and Safety Systems)。它包括智能列车控制系统、司机导航系统、道旁接口单元系统等,能根据列车运行外界环境变化,实行自动化和半自动化的行车和道岔径路控制,使列车保持更高速度和更短的间隔安全行驶。

三、新一代智能化铁路系统

(1)高科技化。采用了先进的计算机网络技术实现了对列车、车辆自动跟踪管理,以改善运输效能;更好地与铁路用户沟通,以改善运输服务。采用了先进的信息传输技术来代替传统的轨道电路,能够满足调度中心和列车群之间高效大容量信息传输的需要。采用了先进的列车定位、测速技术,能够确定出列车的精确位置与状态。

(2)智能化。即由传统控制和管理型向知识工程型转化,能够模拟人的行为来实施对列车和列车群的管理。前者为智能列车,通过车载微机实现列车辅助和自动驾驶,后者通过调度中心智能工作站完成行车计划、运营管理和信息服务等功能。

(3)综合集成化。传统的铁路系统一般功能间没有或很少有直接的联系和不同管理层的垂直联系。在新系统中，各种联系得到了增强，这突出地体现在用先进的定位、测速和无线通信技术综合展的列车速度联控行车制代替传统的固定闭塞行车制，实现了列车控制与行车指挥的一体化以及建设高度集中的调度中心，实现了车、机、工、电、辆和运输服务的综合化。

(4)强调运输系统的整体功能。新系统较传统铁路更加强调整个铁路作为一个系统运作的功能,如 ATMS 进一步提高了功能的质量和效率,AUIS 的建设就更加考虑到了铁路用户、旅客的利益,以增强铁路与其他运输方式的竞争力。

新系统通过将人工智能、实时控制、计划优化和信息管理等高新技术成果综合应用于铁路运营的许多复杂方面,彻底改变了铁路的面貌,与传统的铁路运输相比,其优势主要体现在以下方面:

①安全。新系统革新了传统铁路的采用列车指令程序、路旁及机车信号两者来控制和保障列车运行的开环控制模式,通过先进的运输管理系统和先进的列车控制与安全系统来构成一个闭环自动控制系统,能够防止人为失误造成的事故,保证整个运输系统的安全。

②运输能力。新系统可采用列车速度联控方式组织列车安全行车,缩短列车追踪间隔,提高线路的通过能力。

③运输组织和管理。可制定生成低成本的运输计划,实现了列车编组、运行管理的自动化,提高安全性和效率。

④线路及设备维护和管理。提供更准确的列车到达时间,有利于做出最佳的维修计划安排,提高线路维修人员的效率,从而减少线路维修人员和列车运行工作的冲突,特别是在铁路行车密度大和有小间隔、高频率维修要求情况下尤其重要。在列车速度联控行车制条件下,由于减少了区间设备,更便于维护和管理。

⑤智能化的辅助驾驶系统和机车分析报告系统。可改善列车准点性能、节能和减少司机的加班时间,并可能使机车维修发展为一种按状态维修的系统,提高机车的生产率。

⑥先进的用户信息系统。可改善铁路运输服务质量和效率;提高铁路系统的综合能力和竞争力。

综上所述,铁路 ITS 是以高科技手段全面提高铁路运输效能的综合化系统,涉及运输组织管理、运输自动化与控制、列车牵引计算学、机车运用与管理、数据通信技术、计算机网络技术、运输经济学、系统可靠性理论和计算机仿真等多个领域,极大改变了传统铁路的面貌。

四、铁路列车安全

按设备分布的地点，系统设备分为调度中心系统、车站系统和车载控制系统。

1.调度中心系统

调度中心系统是整个先进列车控制系统的神经中枢，是最上层的决策机构；调度中心负责指定运输计划和担负列车运行调度指挥工作。调度中心的核心设备是运输管理系统服务器、列车运行管理系统服务器、列车运行控制系统服务器，每套服务器都是高速可靠的多机系统，采用高速网络连接所有的服务器和客户机，并通过远程网络与车站、地区的管理维护中心局域网相连。调度中心服务器支持各调度台的客户机系统，提供信息共享以及声音、图像等多媒体支持。行车、机车等调度台通过局域网络、分布数据库实现数据共享。

运输管理系统。它负责制定基本列车运行计划，根据这些计划再制定出当天的列车运行计划以及相关调度台的日计划。系统还将这些计划传递给列车调度员以及调度中心和车站各部门，以此指挥列车运行。

列车运行管理系统。在列车运行指挥中，直接指挥列车运行的是行车调度员，他依照列车运行计划控制道岔、开放信号、指挥列车运行。列车运行正常时，这一切都有序进行。当列车运行秩序紊乱时，行车调度人员要一边指挥列车运行，一边制定列车运行调整计划。

列车运行调度控制系统。在列车运行过程中，列车通过的道岔和信号由调度中心集中控制，调度中心根据列车运行计划和列车实际运行情况，自动控制道岔和开放信号，指挥列车运行。改变长期以来铁路行车调度工作以人为主决策的传统，实现以系统为主决策。对信号和道岔的控制通常有两种方式，一种是调度人员操纵控制台直接发送控制命令控制道岔和信号，称为人工控制；另一种是根据列车运行计划自动生成控制命令，控制道岔和信号，称为自动控制。自动控制方式又可分为集中控制和分散控制。集中控制是中心的调度控制系统将计划转换成控制命令，远距离控制道岔和信号。

2.车站信息系统

车站信息系统的核心是服务器支持的局域网络，并通过远程网络与调度中心相连。

车站信息系统的核心任务是采集列车位置、信号设备的状态等列车运行信息，并将其传送到调度中心；接受调度中心的列车运行计划并转换成命令驱动道岔和信号，为列车准备进路。车站系统接受调度中心由列车运行计划产生的旅客向导信息，以自然语言和文字引导旅客，并可以为旅客提供咨询、娱乐等服务。

3.车载及地面控制系统

列车运行控制系统主要由车载系统和地面控制系统组成，它们直接控制列车运行。在火车问世的第二年，为了保证列车运行安全便发明了轨道电路，同时出现了故障—安全的概念。所谓故障—安全(Fail – Safe)是指安全控制系统在发生失效的情况下，使对象系统能够维持在安全状态或转移到安全状态的特性。车载系统和地面控制系统直接控制列车运行，这就是一个故障—安全系统。

现代先进列车控制系统采用精确的列车定位技术，精确地测定列车位置，同时也测定列车的速度以及加速度等。列车通过车载计算机系统接收前方列车的位置和状态的信息，接收信号、进路信息；车载数据库存有列车所运行区段线路的纵、横断面信息，车载系统存有本列车的性能和驾驶方法。根据这些信息车载系统计算出本列车应有的工作方式，必要时采取制动，甚至是紧急制动措施。

车载系统除了车载的计算机系统外，还有车载的通信系统，在机车上设置数据——通话兼容的无线通信设备。通过车上的数据通信设备将列车的位置、速度、加速度、列车工况等数据传递到调度中心；列车将调度员和调度系统的有关指示，通过无线通讯方式传递给司机。尽管对无线系统采取了严格的差错控制措施，达到了极高的漏检误码率，仍不能认为是一个故障—安全系统。在先进列车控制系统研究中有两种思路：一种是研究应用故障—安全的无线通信系统；另一种是合理地利用无线通信设备。采用无线通信设备为列车发行许可证的方法不会因无线信号的丢失造成事故。无线系统传递的是许可而不是限制，传递允许列车通过某个区段，如果列车接收不到无线信号，列车将停止。

第二节　水路智能运输系统

自 20 世纪 80 年代以来，智能运输系统（ITS）在重点发展智能公路运输系统的基础上，也开始向水路运输扩展。从目前情况来看，水路运输系统的智能化主要应做 3 方面的工作：①船舶智能化；②岸上支持系统智能化；③水上运输系统整体智能化。

水运 ITS 是指运用先进的卫星导航技术、无线通信技术、有线通信技术、信息技术、控制技术、人工智能技术、水路运输技术以及系统工程技术等进行综合集成，实现水路运输优化，水运安全、高效、可靠，港站作业及客货运输信息服务一体化的客货运输系统。

从组成结构来看，水运智能化系统如图 2-8-1 所示，主要包括：货运系统、客运系统、港口系统、航道系统、疏运系统、船舶及乘务组织、客货服务和经管系统等。根据自身实际，分别制定了不同的开发重点和优先领域。以欧洲 Telematics 水运研究为例，目前水运 ITS 研究开发主要集中在以下几个方面：船舶导航与通讯服务、船舶安全和管理信息系统、内部运营的海运船舶交通信息和环境服务以及与运输链整合的一体化运输等四个方面。

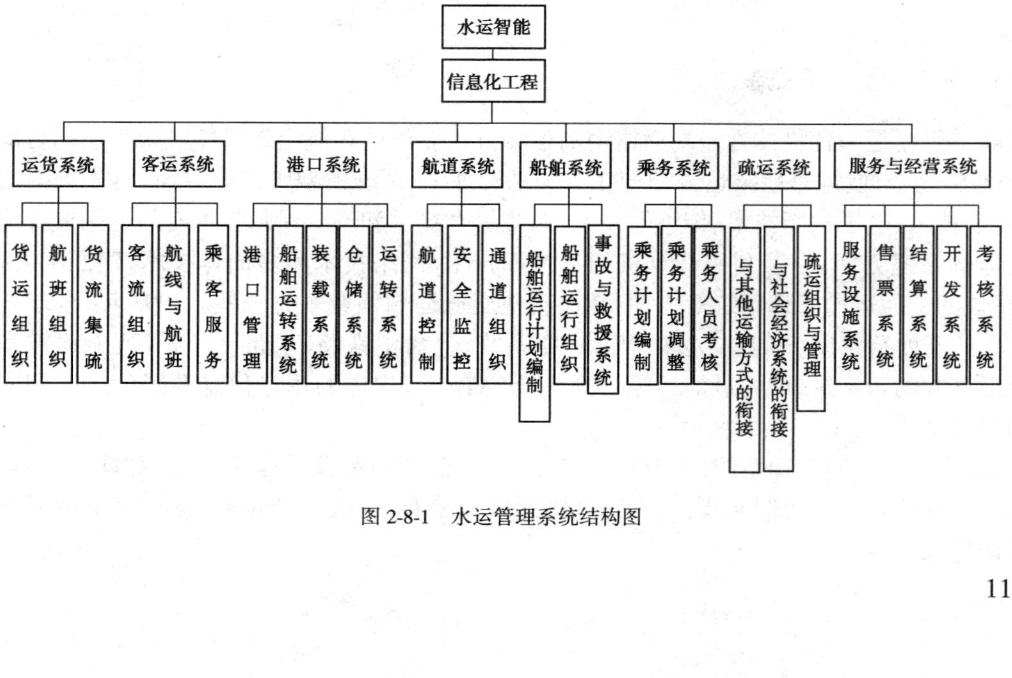

图 2-8-1　水运管理系统结构图

(1)船舶导航与通讯服务。船舶导航手段有无线电导航、空间导航等,其中无线电导航包括无线电灯塔、LORAN、DECCA、RACONS、OMEGA 以及一些局部 HI FIX 系统;空间导航包括全球卫星定位系统 GPS、GLASNOS 和 GNSSI&2 等,如在欧洲即将运用的 EGNOS,利用 INMARSAT 转发器转送类似 GPS 信号,通过地面站和网络处理包括导航在内的各种实时信息,用户利用接受机可获得及时的导航服务。在通信方面,除灯光信号及旗语仍然在船舶间的短距离通信以及船舶与海岸间的通信中保留与使用外,水运 ITS 方面应满足商业、安全、环境、VTMIS 及船舶运营对数据交换自动管理的需要,这对现代通信系统提出更高的要求,采用现代通信手段的目的是提供船舶的型号、大小和行为,以引起其他船舶的注意并采取适宜的行动,防止船舶的碰撞,进一步保证航运安全。

(2)船舶安全与管理信息系统。包括预测维修和监视推进器的决策支持工具、整合船舷系统的控制建筑与标准、供船舶及相关用户使用的 ECDIS 数据(源于航海 GPS)的校对与分发工具、基于 ISM 标准的数据管理软件工具。

(3)内部运营的海运船舶交通信息和环境服务。其关键技术包括识别、发现和跟踪船舶的高速工艺,常规和紧急条件下的环境和安全信息,从 HAZMAT 信息向 NCA 信息的传播,意外情况下的信息传播,船与船间以及船与岸间的通讯系统(SS&SSCS),语言障碍的强制限制等。

(4)与航运链整合。包括港口使用,设备、车辆及驾驶员的自动识别,运输链中资源管理、跟踪和监视的协调,乘客信息系统以及货运参照系统的结构和标准等。

总之,水运 ITS 提供了支持水运用户的系统、服务及技术,也提供了使信息管理与决策支持成为可能的解决方案,从而达到减少人为错误,提供更及时和精确的信息,以达到保证海上安全和保护环境的目的。另外,它在实现组织者、管理者以及信息系统、运输模式等的数据共享、过程共享方面提供了更好的联系,在提高水运服务的安全、质量与效率方面将发挥积极的作用。

第三节　航空智能运输系统

一、航空智能运输概念

航空运输是一种科技含量高而密集的运输方式。虽然在航空运输领域很少使用智能运输系统(ITS)这个词,但是航空运输领域在有关基础理论、系统模型研究等方面,将先进的信息技术、通信技术、电子控制技术、传感器技术、系统综合技术和安全保障技术有效地集成并应用于交通运输系统方面,以及利用计算机的数据库技术、网络技术和多面体技术,建立起实时、准确、高效的交通运输管理系统等方面,都比其他交通运输领域领先一些。1993 年,全球开始逐步实施的新航行系统,即 ICAO 的 CNS/ATM 系统,包含了铁路、水路、公路等智能运输系统的三个最基本的子系统,即先进的运输管理系统(ATMS)、先进的用户信息系统(AUIS)和先进的控制与安全系统(ACSS)。

(1)先进的运输管理系统(ATMS)。ATMS 通过自动编制各级运输计划,对载运工具装、卸和载运工具运行进行控制与指挥,动态调整网络流分布,生成预防策略,保证运输畅通和运输任务的完成。

(2)先进的用户信息系统(AUIS)。AUIS 包括先进的货运服务系统、客运预售票系统以及旅客诱导系统等。

(3)先进的控制与安全系统(ACSS)。ACSS 包括载运工具控制系统、司机导航系统、路(道)旁接口单元系统等,能根据外界环境变化,实行自动化和半自动化的运行,使载运工具保持更高的速度和更短的间隔(时间间隔或距离间隔)而安全行驶。

然而,新航行系统总论中,没有出现航空智能运输这个词。因此,航空智能运输系统中的智能的内涵仅仅是各种先进技术和计算机技术的结合。本节是以航空智能运输的概念来叙述航空智能运输系统的。

二、航空智能运输系统框架结构

航空运输体系包括飞机、机场、空中交通管理系统和飞行航线四个基本部分。这四个部分有机的结合,在空中交通管理系统的控制和管理下,完成航空运输的各项业务活动。除四个基本组成部分外,航空运输体系还有商务运行、机务维护、航材供应、油料供应和地面辅助保障等系统。

航空 ITS 是指运用先进的卫星导航技术、无线通信技术、有线通信技术、信息技术、控制技术、人工智能技术、航空运输技术以及系统工程技术等进行综合集成,实现航空运输航线优化,飞机起降运行可靠,机场作业及客货运输信息服务一体化的安全、准点、高效的客货运输系统。航空运输智能化系统主要包括:货运系统、客运系统、机场设施、空中管制、机群组织、乘务组织、客货服务和经管系统等。系统框架结构如图 2-8-2 所示。

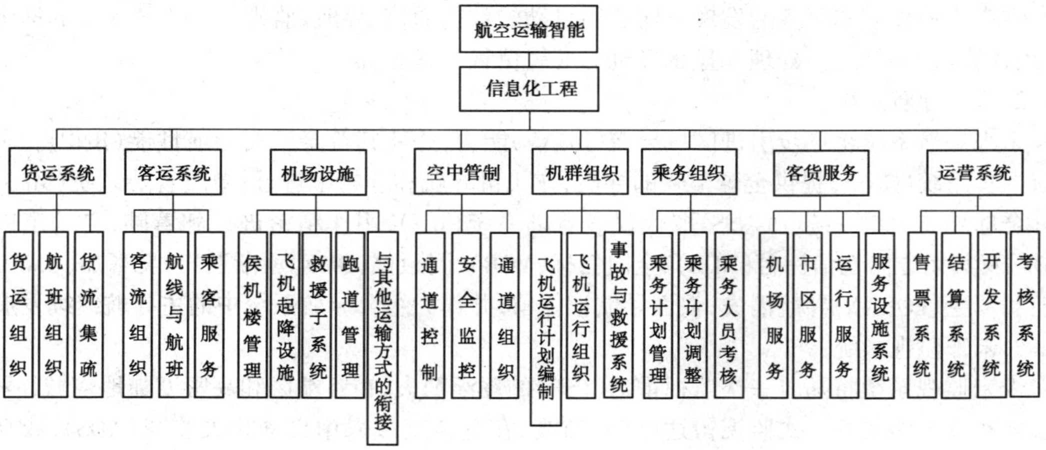

图 2-8-2 航空管理系统结构

为了实现航空 ITS 框架结构目标,需要研制新一代航空运输载运工具,在解决音爆、高升阻比、耐高温材料、一体化飞行推力控制系统等问题的基础上,推出一批新机型;研制出相适应的,具有某些智能的机载设备;实施一系列航空 ITS 工程,其主要内容包括:航空运输智能化发展战略、航空运输信息化工程、航空客货运输智能化服务、航空运输调度指挥智能化工程、航空运输事故与救援智能化工程、航空港智能化管理工程等。

三、新航行系统

航空信息化是实现航空 ITS 的基础。

随着世界民航空中运输量的日益增长，国际民航组织(ICAO)认识到现行的航行系统存在着明显的缺陷和局限性，将难以适应未来发展的需要。另一方面，随着航空航天和计算机技术的突破性进展，为建立全球的新型航行系统提供了技术基础。ICAO 于 1983 年底成立了一个未来空中航行系统(FANS)特别委员会，其任务是研究、确定和评估一些新方案和新技术，并为以后 25 年航行系统的协调与发展提出建议。经过近 5 年的努力，FANS 委员会于 1988 年 5 月提交了一份总结报告，建议国际民航组织采纳基于卫星技术的全球新通信导航监视/空中交通管理系统(CNS/ATM 系统，即 FANS 系统)，并提出了一个未来 25 年内在全球协调逐步实施的基本方案。1993 年全球进入逐步实施未来航行系统的新阶段。同时，改称未来航行系统为 ICAO 的 CNS/ATM 系统，简称新航行系统。

新航行系统由通信(C)、导航(N)监视(S)和空中交通管理(ATM)四部分组成。通信、导航和监视系统是基础设施，空中交通管理是管理体制、配套设施及其应用软件的组合。

1.未来通信系统

未来通信系统保留并发展甚高频(VHF)作语音及某些数据通信，用于陆地和终端区；引进卫星通信，至少先在世界大部分地区实现数据和语音的卫星通信能力，在卫星通信能覆盖地球极区以前，保留高频(HF)通信；采用二次雷达(SSR)的 S 模式数据链，在空中交通高密度空域和终端区供空中交通服务(ATS)使用；建立航空电信网(ATN)，将地面数据通信和空地数据通信融为一体。将上述各种子网相交联，在相应的计算机系统之间进行高速的数据交换。

空中交通管理和服务的发展方向是用自动的数据通信、导航、监视方式代替人工的话音通信，用计算机实时监视、处理和显示飞机的准确位置和状态等。

2.未来导航系统

未来导航系统将逐步引进区域导航(RNAV)能力，并使其符合所需导航性能(RNP)。全球导航卫星系统(GNSS)提供全球覆盖的导航，作飞机导航和非精密进近；微波着陆系统(MLS)或差分全球导航卫星系统(DGNSS)取代仪表着陆系统(ILS)，用作精密进近和着陆；自动定向仪(ADF)及其无方向性信标台(NDB)、全向信标(VOR)、测距仪(DME)逐渐退出；奥米加(OMEGA)导航和罗兰(LORAN)导航消失；惯性导航被保留，并作为组合导航系统中的主导航继续发展。

3.未来监视系统

未来监视系统将随着一次监视雷达(PSR)的逐渐消失，在终端区和高密度陆地空域，采用 A/C 模式或 S 模式的二次监视雷达(SSR)监视，在其他空域采用自动相关监视(ADS)，或自相关与二次雷达重迭监视。

4.空中交通管理

空中交通管理包括空域管理、流量管理和空中交通服务与管制。

(1)空域管理。在既定的空域结构条件下，实现对空域的充分利用，避免空域长时间隔离(闲置)。实现方式是：在实际需要基础上，通过对空域“时分共用”或经常性地按各种短期需求，对空域作必要的调配，以满足不同用户的需要；

(2)空中交通管制。其主要目的是：为防止飞机与飞机、飞机与障碍物之间的相撞，加速空中活动，维持空中交通秩序；

(3)流量管理。在空中交通超出或可能超出空域和机场现有能力时，保持空域和机场的最佳容量，帮助空中交通管制提高其利用率。

四、航空安全

航空安全是航空 ITS 首要目标。

1.航空器的自动化与安全保障性

现代航空技术的发展，在提高航空器本身的可靠性和安全性的同时，另一个最显著的特征就是自动化程度越来越高。信息技术的革命，又使这种自动化进一步朝着“以人为中心的自动化”方向发展。美国国家研究委员会、工程与系统委员会、航空与航天工业局、航空技术委员会等联合提出的“二十一世纪航空技术”报告中明确提出：到 2020 年的新世纪初叶，航空运输系统要基于“以人为中心的自动化”。如果现代航空器已经是“玻璃驾驶舱”和“电传操纵”的第三代自动化，那么，21 世纪初的航空器将是基于以下内容的“以人为中心的自动化”系统：

(1)利用综合卫星/机载系统，实现机上导航、定位、避撞以及常规飞行；

(2)利用机载自动监测系统、卫星和空地数据链，实现航空器运行状态的适时监控；

(3)有很强的风险探测能力，如增强的近地警告、前视式风切变探测等；

(4)具有自诊断能力的内部各系统的自检和综合管理系统；

(5)与地面空中交通管理系统配套的全面综合化驾驶舱。

“以人为中心的自动化”系统，将极大地提高航空器的安全保障性，从而将进一步降低技术因素导致的飞行事故率。

2.飞行安全的地面保障技术

随着基于人造卫星的通信、导航和监视技术的发展应用，传统的空中交通管制将过度到空中交通管理。航线与航线分隔的概念将改变为航空器与航空器分隔，并最终实现自由飞行。以此为基础，未来的地面安全保障系统将达到以下四个目标：

(1)通过空地数据链和飞机状态监控系统，适时传递与航空器运行状态有关的信息，实现适时监控；

(2)利用全球导航卫星系统等手段，实现飞机定位和导航；

(3)实现自动相关监视；

(4)实现自动化的四维交通管理和中央流量管理。

3.飞行安全管理

按照现代企业管理的理论，民航飞行安全管理主要由管理对象(也称为物流)、管理机构(也称指挥)和管理信息(也称信息流)三部分组成。航空器的运行信息是保障飞行安全的重要依据。因此，航空器运行信息管理系统的建设是现代民航安全管理的主要手段。该信息系统主要包括航行资料信息网络、航空气象信息网络、航空器适航信息网络、飞行安全信息网络、飞行情报(动态)信息网络等。

五、航空运输管理

随着社会经济迅速发展，航空运输业的激烈竞争，促使航空运输企业采用先进的信息技术、更新生产和管理手段。航空运输管理已成为航空 ITS 发展的重要组成部分。随着企业信息化程度的不断提高,航空运输业呈现出以下特点:

1.航空运输市场全球化

随着航空公司之间的“代码共享”与航空公司联盟的普遍实行,航空公司的客货运输市场已经突破本公司的单一市场限制,通过合作伙伴向国际市场渗透。

2.生产和经营规模化

实行联盟的航空公司之间采取共享资源,共享机场实施、相互客货代理、相互提供航线维修支持和集团采购等合作方式,降低生产成本,扩大规模效益。

3.商务电子化

航空公司通过先进的商务电子服务手段和优良的服务质量吸引更多的旅客和货源。

4.管理决策智能化

大量的市场销售信息和旅客信息、企业的收益和成本信息、生产和资金信息等,都需要从计算机订座系统—CRS(Computer Reservation System)、全球分销系统—GDS(Global Distribution System)、客户关系系统—CRS(Customer Relationship System)、收益管理系统—RMS(Revenue Management System)和财务管理信息系统等信息系统中进行不断地汇集统计和分析,通过计算机专家系统辅助决策。

运输管理信息化已经成为现代航空运输发展的要素之一。

参考文献

1　Texas Transportation Institute Urban Roadway Congestion.1982~1992,Volumel:Annual Report,College Station.TX:Texas Transportation Institute.Sep.1995

2　黄卫,陈里得编著.智能运输系统(ITS)概论.人民交通出版社.1999

3　中国智能运输系统体系框架研究总报告.“九·五”国家重点科技攻关计划项目.NO:96-412-02-02

4　XiaoGuang Yang,Song Zeng,PeiKuen Yang.Traffic Incident Control and Management System for Urban Expressway.The 5th World Congression Intelligent Transpotr Systems Soul, CD-ROM,1998 10

5　杨兆升、初连禹,先进的出行者信息系统(ATIS)的研究,ITS 通讯,2000

6　Zhongzhu, Zhaosheng Yang(杨兆升),A Real-Time Isoparametric Traffic Volume Prediction Model Based on the Kalman Filtering Theory,Proceedings of the IEEEInternational Vehicle Conference, IVEC'99,6~9,September,1999(EI)

7　赵亦林著.车辆定位与导航系统.电子工业出版社.北京:1998

8　杨兆升.城市交通流诱导系统理论与模型.北京:人民交通出版社.2000

9　刘伟铭.高速公路系统控制方法.北京:人民交通出版社.北京:1998

10　U.S.Department of Transportation Research and Special Programs Administration Volpe National Tramsportation Systems Center.Advanced Public Tramsportation Systems:The State of the Art(Update'98).Washington,DC:U.S:Department of Transportation,1998

11 Zhe Zhong, Yang Zhaosheng. Dynamic Prediction of Traffic Flow by Using Backpropagation Neural Network Proceedings of ICTTS'98, Traffic and Transportaion Studies, American Society of Civil Engineers(ASCE), 1998(EI)

12 [日]社团法人　交通工学研究会编.智能交通系统.北京:人民交通出版社.2000

13 Huimin Wen, Zhaosheng Yang Design and Implementation of the Public Transportation Information Service, Systems Traffic and Transportation Studies, Proceedings of ICTTS'2000(EI)

14 孟晓林等.公路地理信息系统中坐标与里程的转换.上海:同济大学学报,1999.10vol.27 NO.5

15 Dianhai Wang, Zhaosheng Yang, He Zhang. Application of the Main-composition Analysis in Traffic Flow Information Proceedings of on-detector Intersections, Traffic and Transportation Studies, Proceedings of ICTTS'2000(EI)

第三篇　物流工程

第一章　物流及物流工程

在经济全球化及现代信息技术快速发展的推动下，现代物流在世界范围内发展迅速，成为极具市场前景的新兴产业。随着实践活动的发展，现代物流与供应链管理的理论研究和学术活动十分活跃，形成了由多个学科综合交叉的新兴学科。运输是物流系统最具活力的基本功能要素，交通运输网络构成现代物流网络的基础平台，运输业向现代物流业的融入、拓展和产业升级，尤其是少数大型运输物流企业的形成和崛起，成为国际现代物流发展的突出特点和重要趋势。因此，交通运输工程也应在与现代物流工程的交叉融合之中，实现学科自身更好地创新与发展。

第一节　现代物流及物流工程

一、现代物流及其主要发展趋势

现代物流以电子信息技术为基础，注重服务、人员、技术、信息与管理的综合集成，是现代生产方式、现代经营管理方式、现代信息技术相结合在物流领域的体现。尤其是第三方物流的发展，经营主体更加重视物流系统各要素之间、物流要素与经营管理、物流要素与供应链管理的集成关系，并在组织结构、应用技术等方面为物流活动集成化提供了实施的技术手段。

现代物流与传统物流是不能截然分开的，而是在其发展过程中根据需求及技术支持手段的变化，从各个方面不断赋予更多更新的内容。因此，现代物流的发展呈现出服务项目多样化、服务范围扩大化、服务响应快速化、物流作业标准化、管理过程集成化等一系列主要特征。经济贸易一体化趋势的强化和现代信息技术的快速发展，为现代物流业的发展形成了更为旺盛的发展需求，提供了更为有利的发展条件。现代物流将进一步呈现出以下主要发展趋势。

1.物流的系统化

社会经济的发展要求进一步提升物流系统化水平，使之真正成为一个跨部门、跨行业、跨区域的社会系统，真正发挥其节约社会流通成本、提高国民经济运行质量和效益的功效。物流系统化是流通系统化的具体体现，是流通现代化的主要标志，是一个国家综合国力的体现。

2.物流的国际化

现代企业能否成功地适应全球化市场环境，其关键在于能否以有竞争优势的成品使企业的产品和服务跻身于全球流通市场。为此，生产企业必须及时整合物流要素和物流资源，选择最合理物流管理模式，物流企业要与生产企业更紧密地联系在一起，共同适应新的社会化分工条件下现代物流国际化的发展潮流。

3.物流的信息化

物流的信息化有助于使产品的流动更加迅速合理，增强物流过程的可预见性和可控性，实现物流资源的优化配置和利用，大幅度提高物流管理的科学化水平，物流的信息化也是实现物流网络化、国际化的重要技术基础。

4.物流的网络化

物流的网络化包含两个层面：其一是指物流系统的计算机通信网络。供应商、制造商、物流中心及用户通过计算机网络进行业务联系和结算管理；其二是组织的网络化。分散的物流单体只有形成网络才能满足现代生产与流通的需要。网络上各节点间的物流活动保持系统性和一致性，才能保证运输与配送的快速性与机动性，整个物流网络保持最优的库存分布和库存总水平。

5.物流的社会化

无论是企业自营物流，还是委托社会化物流企业承担物流服务，均以“服务—成本”的最佳组配为目标。国际上有企业自营物流取得成功绩效的例子，更有大量利用第三方物流企业提供物流服务的范例，物流的专业化、社会化是其发展的主流。物流的社会化趋势是其网络化的进一步发展，主要是物流中心，配送中心的社会化。物流中心及配送中心的社会化有利于其实现集约化、规模化经营，在更大范围内实现物流的合理化。

6.物流的规模化

国际上现代运输企业向现代物流的融合拓展，是推动现代物流发展的重要途径和趋势，尤其是少数大型运输物流企业的形成和规模化经营（如国际航运公司的大举合并及港口码头经营商的全球化发展），构成国际运输物流市场的主导力量。集装箱及其专用船舶继续向大型化方向发展，国际货运业务将更趋向集中化，枢纽港将获得更快的发展。物流园区将呈现更大的发展，促进实现物流企业的规模化，专业化经营，有利于发挥各物流企业的互补优势并形成它们的整体优势。

7.物流的内陆化

广大内陆地区虽然经济技术比较落后，但富藏各类资源且市场潜力巨大。发达国家和地区通过将剩余的资金、成熟的或过熟的产业及技术向内陆地区转移扩张，可以获得其得以持续繁荣发展所需的宝贵资源和市场动力。因此，沿海经济发达地区与落后的内陆地区的互动融合发展是不以人的主观意志为转移的客观规律。经济全球化过程将随着市场竞争逐渐向内陆地区延伸和扩展；内陆地区将成为国际投资和市场开发的热点地区。谁善于抓住机遇，为这些内陆地区发展创造良好的贸易、投资、市场环境和物流服务，谁就在未来的国际竞争发展大格局中拥有优势战略地位。这就要求以沿海港口为主要枢纽节点，以国际集装箱多式联运为主要载体的国际物流最大限度地向内陆地区延伸扩展，实现物流的内陆化发展。

二、物流工程

物流工程亦称物流系统工程，是物流管理领域及工业工程领域中的重要内容之一。物流工程的理论与技术应用范围相当广泛，它可以用于物流系统布局规划、物流设施规划设计、商贸系统规划管理、建设项目选址等,也可用于制造业中企业的物流系统规划、设计、管理与控制。

(一)物流工程的产生及发展概况

1.物流工程的产生及发展过程

物流工程起源于早期制造业的工厂设计。18世纪80年代产业革命后,工厂逐步取代了小手工作坊,但长时间以来,工厂设计与管理未能摆脱小作坊生产模式,停留在经验管理阶段。19世纪末到20世纪30年代,工厂设计活动逐渐纳入科学管理轨道,主要包括操作法工程(研究工作测定、动作研究等人的活动)、工厂布置(研究机器设备、运输通道和场地的合理配置)和物料搬运(研究从原材料到制成品的物流控制)等3项内容,但仍以定性分析方法为主。

二战后经济恢复时期,工厂的规模与复杂程度显著增加。工厂设计由传统的小系统设计发展到复杂大系统设计。在此时期,运筹学、统计学、概率论及管理科学广泛应用到生产建设各领域,为工厂设计由定性分析转向定量分析创造了条件。同时,系统工程理论、计算机技术等获得普遍应用,在此基础上逐渐采用系统工程理论和系统分析方法进行工厂设计与物流分析,由此产生了物流系统工程。在工程发展实践中,工厂设计的原则方法逐渐被推广应用到包括各类服务设施的非工业项目规划设计中,工厂设计这一术语也逐渐被设施规划、设施设计所涵盖。

20世纪70年代,人们研制开发了一批计算机辅助设施布置程序,计算机辅助设计逐渐进入实用阶段,可进行场地设计、建筑物设计、设施布置设计,物料搬运系统和工艺流程的布置及动态模拟。CAD技术广泛应用于规划设计的各个阶段。20世纪80年代,人们将计算机仿真技术引入物流系统分析,进行复杂系统的仿真研究,利用图论、专家系统、模糊集理论等进行多目标优化和方案比选研究。20世纪90年代以来,人们结合现代制造技术、计算机集成制造(CIMS)、现代管理技术(JIT)等技术方法进行物流系统设计布局的研究。物流工程的理论方法适应物流实践发展的要求而不断丰富和完善。

2.物流工程在中国的发展

中国自20世纪50~60年代开始,在学习借鉴前苏联的设计思想和方法的基础上开始进行设施设计。在这一发展阶段,比较注重设备选择方面的定量计算,而对于整体的规划和设施布置则以定性分析为主。随着社会经济的发展,人们资源意识、环保意识和可持续发展意识的不断增强,原来沿用的比较粗放的设施布局规划设计方法越来越不适应发展的需要。

20世纪80年代,随着改革开放的进程,国外先进的系统规划设计理论方法开始被引入中国。例如,1982年美国物流专家理查德·缪瑟来中国讲授系统布置设计、物料搬运设计和系统化工业设计规划;1987年日本物流专家河野力等在中国举办国际物流技术培训班,系统介绍企业物流诊断技术和物流系统合理化技术等。在学习借鉴国际先进理念及理论方法的基础上,中国理论和实践工作者大力开展物流工程领域的理论研究和运作实践,物流工程学科获得迅速发展。

20世纪90年代以来,中国现代物流发展进入快速启动发展时期,不同层次的现代物流系统布局规划、物流园区、物流中心、配送中心等物流设施规划设计等被提到中央及各级地方政府、各行业主管部门、工商企业和物流企业的议事日程。交通运输网络、通信信息网络根据现代物流发展需要进行扩展和加强;上海、北京、天津、山东、湖北、甘肃等省市自治区、深圳、苏州、大连、郑州、合肥等一大批城市先后编制了现代物流发展规划，深圳平湖物流园区、上海西北物流园区、北京物流港等一批物流园区及大量的物流中心、配送中心纷纷拟定系统规划和设施设计。在上述现代物流发展实践过程中，物流工程理论与方法的实际应用，在发挥其优化配置物流资源，提高物流系统作业效率和经济效益的重要作用的同时，也使物流工程本身获得进一步发展。简言之，物流工程是指根据物流系统（设施）的功能要求，以提高系统（设施）服务水平、运作效率和经济效益为目的，对物流系统及各项设施进行的分析、规划、设计、管理与控制活动过程。

（二）物流工程在系统建设管理中的作用

1. 系统布局规划是优化物流资源配置的先决条件

科学、合理的物流系统布局规划是防止物流项目建设盲目投资、重复建设、保证物流资源的优化配置和合理利用的先决条件。不合理的系统布局规划导致的不当投资及项目建设，会造成社会资源的极大浪费、企业的不良资产负担和低效率的物流经营动作。

2. 系统规划设计是物流系统优化运作的基础

物流系统设施设备配置是否得当，工艺设备是否先进适用，能否实现高效率运营，能否实现企业的科学管理，能否为企业创造经济效益和良好的投资回报，系统规划设计起着决定性的基础作用。企业管理的各种设想方案都要体现在规划设计中，好的规划设计认为是科学管理的开端。

3. 设施设计对降低物流项目运作成本起着事半功倍的作用

物流工程项目设施的设计所需费用有限，但对投产后的企业效益产生重大影响。在规划、设计、建造、安装、投产的各个阶段，如果系统要加以高速改变，所需费用会大幅度增长。如投产后再进行改造调整，则更是事倍功半，甚至是不可能的。因此，在系统规划和设施设计阶段，保证人力、时间和费用的投入是十分必要的。

三、物流系统及物流工程的研究内容

（一）物流系统

1. 物流系统概念

系统是物质存在的形式。系统作为系统工程研究考察的对象，在客观世界广泛存在。系统是由若干相互作用单元（元素）的有机结合，具有特定功能的综合体。每一单元称为一个子系统，而这一整体又是更大系统的组成部分。系统工程是一门组织管理的技术，是用科学的方法组织管理系统的规划、设计、试验及应用，达到最经济、最有效的结果。

物流系统是物流工程的研究考察对象。物流系统是指由产品、相关设施设备、人员及通信联系等若干要素所构成的具有特定功能的有机整体。物流系统的目的是实现产品的空间效益和时间效益。物流系统是社会经济大系统的一个组成部分。

物流系统除具有目的性、整体性、相关性、环境适应性、动态变化性等一般系统所共有的特点外，还具有时空跨度大、规模庞大、结构复杂、目标多样等典型特征。这些特点造成了物流系统管理控制难度大，对信息技术和优化管理技术需求迫切。显然，物流系统信息化水平的提高及优化管理技术的普遍应用会获得比一般系统更为显著的效应。

2. 物流系统要素

物流系统作为一个具有多层次结构的经济行为系统,通过各种设施设备和广泛的信息支持,实现以各种物流功能作业为基础,以物流信息和管理控制为主轴的物流系统化过程。根据不同需要,可按物流系统各项基本要素的不同组合将物流系统划分为不同的子系统进行分类研究。

1)物流系统的功能要素

物流系统的功能要素指物流系统具有的物流服务基本功能,其相互组合、有效协调和紧密衔接,形成系统的总体服务能力。其服务的基本功能有:①物流解决方案策划;②运输;③存储;④包装;⑤装卸搬运;⑥流通加工;⑦配送;⑧信息服务。

2)物流系统的条件要素

物流系统的构建和运行,需要大量的基础设施、技术装备等硬件支撑条件及政策法规、标准规范、组织管理等软件支撑条件。这些要素对实现物流系统的各项功能是必不可少的,对于提高物流系统的效率和效益是至关重要的。其条件要素有:①物流基础设施;②物流技术装备;③网络设备及信息技术;④政策法规体系;⑤标准化体系;⑥组织管理。

3.物流系统分类

为了问题研究的需要,可按照不同标准对物流系统加以分类。分类方法可根据系统规模、功能与结构的不同,再结合具体情况加以区分。

(二)物流(系统)工程的研究内容

物流工程主要解决物流系统规划与设计及物流系统的管理与控制这两类基本问题。

1.物流系统规划设计的研究内容

1)物流系统布局规划

物流系统布局规划是指在一定层次和区域范围内确定物流网络(运输网络、信息网络、节点设施)合理的空间布局方案。

物流系统布局规划有不同的层次,对应着不同的规划区域范围。例如,国际、全国、区域(经济区或省、市、自治区)、地区(通常以地级市所辖范围或其某种组合为研究范围)、城市(城区)及企业等多个层次。布局规划层次越高,其研究的对象就越宏观、越粗化;随着规划层次的下降,研究对象就愈加微观和细化。布局规划的这一层次性特征虽然对物流网络的各个组成部分都是适用的,但对运输和信息网络及节点设施而言,这一特点的内涵还有一定差别。例如,对运输网络、信息网络而言,在较高的布局规划层次上应研究运输和信息的主要干线通道,而在较低的层次上,除上一层次的研究对象外,还应包括次要的干线通道、支线通道等。对节点设施而言,则在较高的规划层次研究重点的物流区域、物流中心城市、主要国际枢纽港等,而对较低的层次上则不再包括上一层次的研究对象,而研究其下的物流园区、物流中心、配送中心、仓库等节点设施。此外,由于物流系统规划很少研究新建的专用运输网和信息网,而是充分利用区域内已建成或将改造扩展的相应网络,主要需分析验证公用网络是否能满足物流系统需求,如何实现与既有系统的衔接和相应的功能开发扩展,实现资源共享。与此不同的是,物流节点设施是物流系统专用的、当前缺乏的、需要大力发展的物流设施。因此,区域物流系统布局规划研究的重点是:物流节点设施的空间合理布局问题,主要包括以下诸点:①节点设施的数量;②节点设施的规模;③节点设施的设置地点;④节点设施间的分工与协作。

2)物流系统的管理与控制

在给定的物流设施布点条件下，根据物流运输、储存、装卸搬运、包装、加工、配送、信息服务等各项功能要求，采用各种管理方法、手段和工具对物流系统实施有效的管理和控制，以达到规划设计提出的系统目标，一般包括以下主要研究内容：①运载工具、运输方式及运输径路选择；②系统库存控制与协调管理；③运输与配送车辆调度管理；④全程信息跟踪与信息服务；⑤物流服务质量监控管理。

3)物流系统设施装备的设计和管理

根据系统的功能和服务质量要求，设计和选择先进适用的物流设施、装备和器具，以提高作业效率，保证产品质量。它主要包括以下内容：①仓库、库内货架及存取搬移设备选型设计；②堆放场及堆码搬移设备选型设计；③车辆装卸、搬运设备选型设计；④产品包装及流通加工装备及器具选型设计。

2.物流设施设计的研究内容

对物流中心、配送中心等物流节点设施进行物流作业工艺流程设计、设施设备平面布置设计、信息系统设计、建筑物设计、公用工程设计等。

1)物流作业工艺流程设计

对设施内物流作业的种类、性质、标准、衔接顺序、路线、位置所用设备、器具等进行合理设计安排。

2)设施、设备平面布置设计

按照物流、车流、信息流合理流动的需要，对仓库、堆放场、停车场、运输通道、装卸搬运设备及其他设施、设备进行合理组配和平面布置设计。

3)信息系统设计

为满足信息系统功能需要，对信息通信的传输系统进行合理设计。

4)建筑物设计

根据建筑物、构筑物的功能及空间需要，进行建筑和结构设计。

5)公用工程设计

对热力、煤气、电力、照明、给水、排水、通风、采暖、废弃物处理等公用设施进行系统协调设计。

第二节　物流基础设施

物流基础设施是指进行物流活动所必须的物质技术基础。运输、保管、装卸搬运、包装、流通加工、信息处理等都需要相应的场所，这些场所包括运输线路、桥梁、隧道、仓库建筑、车站、港口、机场等。

一、物流网络及线路、节点

1.物流网络

物流的过程，如果按其运动的程度即相对位移大小观察，它是由许多运动过程和许多相对停顿过程组成的。一般情况下，两种不同形式运动过程或相同形式的两次运动过程中都要有暂时的停顿，而一次暂时停顿也往往联结两次不同的运动。物流过程便是这种多次的运动—

停顿—运动—停顿的所交错环节组成。

与这种运动形式相呼应,物流网络结构也是由执行运动使命的线路和执行停顿使命的节点两种基本元素所组成。线路与节点相互联系、相对配置以及其结构、组成、联系方式不同,形成了不同的物流网络,物流网络的水平高低、功能强弱则取决于网络中两个基本元素的协调配置和两个基本元素本身。

2.线路和节点

全部物流活动是在线路和节点进行的。其中,在线路上进行的活动主要是运输,包括集货运输、干线运输、配送运输等。物流功能要素中的其他所有功能要素,如包装、装卸、保管、分货、配货、流通加工等,都是在节点上完成的。所以,从这个意义来讲,物流节点是物流系统中非常重要的部分。实际上,物流线路上的活动也是靠节点组织和联系的,如果离开节点,物流线路上的运动必然陷入瘫痪。

二、物流节点的作用和功能

(一)物流节点的作用

现代物流网络中的物流节点对优化整个物流网络起着重要作用,从发展来看,它不仅执行一般的物流职能,而且越来越多地执行指挥调度、信息处理等神经中枢的职能,是整个物流网络的灵魂所在,因而更加受到人们的重视。所以,在有的场合也称之为物流据点,对具有特别中枢功能的又称物流中枢或物流枢纽。

物流节点是现代物流中具有较重要地位的组成部分,这是因为物流学形成初期,学者们和实业家都比较偏重于研究物流若干基本功能,如运输、储存、包装等,而对节点的作用认识不足。物流系统化的观念越增强,就越强调总体的和谐与协调、顺畅,强调总体的最优,而节点正是处在能联结系统的位置上,总体的水平往往通过节点体现,所以物流节点的研究是随现代物流的发展而发展的,也是现代物流学研究不同于以往之处。

(二)物流节点的功能

1.衔接功能

物流节点将各个物流线路联结成一个系统,使各个线路通过节点变得更为贯通而不是互不相干,这种作用称之为衔接作用。

在物流未成系统化之前,不同线路的衔接有很大困难,例如轮船的大量输送线和短途汽车的小量输送线,两者输送形态、输送装备都不相同,再加上运量的巨大差异,所以往往只能在两者之间有长时间的中断后再逐渐实现转换,这就使两者不能贯通。物流节点利用各种技术的、管理的方法可以有效地起到衔接作用,将中断转化为通畅。

物流节点的衔接作用可以通过多种方法实现,主要有:①通过转换运输方式衔接不同运输手段;②通过加工,衔接干线物流及配送物流;③通过储存衔接不同时间的供应物流和需求物流;④通过集装箱、托盘等集装处理衔接整个“门到门”运输,使之浑然成为一体。

2.信息功能

物流节点是整个物流系统或与节点相接物流的信息传递、收集处理、发送的集中地,这种信息处理功能在现代物流系统中起着重要的作用,也是将复杂的物流诸单元能联结成有机整体的重要保证。

在现代物流系统中,每一个节点都是物流信息的一个点,若干个这种类型的信息点和物流系统的信息中心结合起来,形成了指挥、管理、调度整个物流系统的信息网络,这是一个物流系统建立的前提条件。

3.管理功能

物流系统的管理设施和指挥机构往往集中设置于物流节点之中。实际上,物流节点大都是集管理、指挥、调度、信息、衔接及货物处理于一体的物流综合设施。整个物流系统的运转的有序化和正常化,以及整个物流系统的效率和水平取决于物流节点的管理职能实现的情况。

三、物流节点的种类

现代物流发展了若干类型的节点,在不同领域起着不同的作用。按节点的主要功能分类如下。

(一)转运型节点

以接连不同运输方式为主要职能的节点是处于运输线上的节点。铁道运输线上的货站、编组站、车站,不同运输方式之间的转运站、终点站,水运线上的港口、码头,空运中的空港等都属于此类节点。一般而言,由于这种节点处于运输线上,又以转运为主,所以货物在这种节点上停滞的时间较短。

1.陆运转运站

陆运转运站种类较多,日常所讲的车站、货站、中转站、终点站、编组站等都是陆运转运站的简称或局部称谓。陆运转运站有以下几种主要类型。

1)汽车中转站

汽车中转站是汽车运输线上衔接汽车运输进行中转换载的设施。

2)火车中转站

火车中转站是铁路运输线上衔接两段或多段线路进行货物中转或换载的设施,包括编组站和中转货站两类。编组站是指实行整车从一个线路上的一列换接到另一线路上,进行列车转换编组的中转车站;中转货站是指将一个线路上装运在一车内的零星货物卸下,分别换装到另外几个线路上的车皮内,进行零星货物转换中转的车站。

3)汽车⟷火车转运站

汽车⟷火车转运站是衔接汽车、火车两种不同运输方式的中转点。这种中转站一般有三种中转方式:①汽车实行集货,由火车完成大量运输;②火车完成大量运输到站后,由汽车完成配送式短程运输或由汽车实行公路货运衔接;③汽车、火车间的转换,货物在转换中重新组合。前两种转运站转运工艺较为简单,甚至可以在转运站中实行汽车、火车的对接或靠接换载;后一种转运站,货物要重新编组,所以工艺较复杂,需要一定的装、卸、分货等设施支撑。

2.水运转运站

水运转运站有两种形式。

1)水运⟷水运转运站

衔接两种水运方式或同一种水运方式货物过驳重组的转运站,统称为港口。这种转运方式又有海运⟷内河航运转运、海运⟷海运转运及内河航运⟷内河航运三种转运方式。其实现方法有三种:①利用码头卸货、重组再重新装船,实现转运;②在港湾中两船直接靠接转运;③利用港湾船从一船卸货再装至另一船或几船。

2)水运←→陆运转运站

水运←→陆运转运站是衔接水运及陆运的转运站。由于这种转运是在港口内完成的,所以归入水运转运站一类中。这类转运通过码头进行装卸和货物重组,实现陆运与水运的转换。

3.空运转运站

衔接两种空运或衔接空运与其他运输方式的转运站,以后者为主要形式,习惯称为空港。

4.综合转运站

综合转运站是衔接两种以上运输方式的结构复杂功能完善的转运站,也叫做综合终端。

5.特种转运站

有些种类的货物很难在上述转运站中进行转运,还有一些种类的货物,由于批量大,采用特殊类型的专用转运站便可以达到规模效益,因此为提高转运水平,往往采用专用的特种转运站设计及专用设备以大幅度提高效率,降低成本,加速转运。目前采用的特种转运站的主要类型包括集装箱转运站、煤炭转运站、散装水泥转运站、石油及其产品转运站等。

(二)储存型节点

以存放货物为主要职能的节点,货物在这种节点上停滞时间较长。在物流系统中,储备仓库、营业仓库、中转仓库、货栈等都是属于此种类型的节点。

尽管不少发达国家仓库职能在近代发生了大幅度的变化,一大部分仓库转化成不以储备为主要职能的流通仓库甚至流通中心,但是在现代世界上任何一个有一定经济规模的国家,为了保证国民经济的正常运行,保证企业经营的正常开展,保证市场的流转,以仓库为储备的形式仍是不可缺乏的,总是有一大批仓库仍以储备为主要职能。

仓库有多种类型,按照不同的分类方法可分类如下:

1.按照使用对象和权限分类

1)自备仓库

附属于企业、机关、团体,专门为这些单位储存自用物资的仓库。

2)营业仓库

营业仓库是社会化的一种仓库,面向社会,以经营为手段、盈利为目的的仓库。

3)公共仓库

为公用事业配套服务的仓库,如火车站库、港口站库等本身不单纯进行经营,而是其他事业的一环或附属。

2.按照所属的职能分类

1)生产仓库

为企业生产或经营储存原材料、燃料及产成品的仓库。

2)流通仓库

专门从事中转、代存等流通业的仓库,这种仓库主要以物流中转为主要职能。在运输网点中,也以转运、换载为主要职能。

3)储备仓库

专门长期存放物资,以完成各种储备保证任务的仓库。

3.按照结构和构造分类

①平房仓库;②楼房仓库(楼库);③高层货架仓库。货架高度较高,自动化程度较高,存取货能力强;④罐式仓库。

4.按照技术处理方式和保管方式分类

①普通仓库;②冷藏仓库;③恒温仓库;④露天仓库;⑤水上仓库;⑥危险品仓库;⑦散装仓库;⑧地下仓库。

5.特种仓库

1)移动仓库

不固定在一定位置,而利用本身可移动的性能,能移动至所需地点完成储存任务的仓库。

2)保税仓库

根据有关法律和进出口贸易的规定,专门保管外国进口、暂未缴纳进口税货物的仓库。

(三)流通型节点

以组织物流为主要职能的节点。需要说明的是,在各种以主要功能分类的节点中,都可以承担着其他职能而不完全排除其他职能。如转运型节点中,往往设置有储存货物的货场或站库,从而具有一定的储存功能,但由于其所处的位置,其主要职能是转运,所以按其主要功能归入到转运型节点之中。

1.流通仓库

流通仓库是普通仓库在功能上增加了具有更强的组织货物流通能力但仍保留很强储存保管能力的仓库。它和一般仓库的主要不同之处在于:

(1)仓库的位置不同。普通仓库的位置选择往往偏离物流线路较远,而流通仓库的选址要求较严格,为了组织和加速货物流转,它的位置必须要处于物流线路之上或附近,对于交通环境条件要求较高。

(2)仓库相对的吞吐能力不同。普通仓库中货物往往长期存放,周转速度较慢,具有"静态"特点。而流通仓库中货物的周转速度较快,货物相对停滞的时间较短。

(3)仓库内部构造及机械装备不同。普通仓库内部的规划是以存货场地为主,作业机械较少。流通仓库中进出货及理货工作所占面积相对较大,库内机械运动频率高、数量多,机械运行通道面积比例大。

(4)仓库内的工艺流程不同。普通仓库和流通仓库相比,除了相同的进货、存货、搬运、出库等工序之外,普通仓库验收、保管、养护的工序比较重要,而流通仓库在这方面要求不高。

(5)仓库功能不同。普通仓库功能单一,流通仓库功能较多,主要表现在:信息功能较强、转运功能较强、理货功能较强。

2.中转仓库

中转仓库是具有转运能力的仓库,它的作用不是长期储存货物,而是在保有较大数量储存物资功能基础上,进行转发的仓库。由于这个特点,中转仓库往往被划为储存型节点,即仓库的一种;有时又被划入转运节点之中,作为转运节点的一种。

由于需要有转运能力,中转仓库衔接两种以上运输方式的能力较强,其内部的设施,除有较大面积的仓库外,转运站场、转运站台及转运设施较多,这也是这类仓库的特点,因而这类仓库"动态"性很强。

3.集货中心

集货中心是将一定范围内分散的、小批量的，但总数量较大的货物集中起来，以便大批量处理或大批量发出的流通型节点。

集货中心的位置是一端与集货支线相联接，另一端与干线（大量运输）相联结，在其内部实现多来源、小批量、高频度的进货，由储运设施集中储存，再按不同要求集合成大包装或大数量体积发运。和类型相近的转运中心相比，储存功能较强，货物从支线运输向干线运输的转换较慢。而且集货中心有一定的流通加工职能，这是和集货型转运中心的重要区别之一。

4.分货中心

分货中心是将集中到达的大数量货物做分块化小处理，形成新的货体，以满足较小数量、较分散的需求的物流场所。

分货中心是为了适应现代化大生产和个性化需求而发展起来的。分货中心并不是简单实现大量与小量地运输转换，而是采取分货的办法，将大量货物拆分并形成新的货体和新的包装形态，这一点是分货中心中带有特色的流通加工职能，是和一般转运中心的重要区别所在。

5.加工中心

加工中心主要职能是进行流通加工。加工中心是为了适应流通高附加价值而发展起来的，为了取得这种高附加价值，加工中心必须能起到生产环节不能起到的作用，否则便宁肯在生产环节完成这一使命而勿须在流通过程中再设置这样的中心。所以，加工中心的位置选择十分重要，其次是加工方式和加工程度的选择。

第三节 物流网络

一、物流网络的组成要素与分类

（一）物流网络的组成要素

物流网络有两个主要组成部分，即线路和节点。在上一节中具体介绍了节点，这里主要介绍线路。

物流线路广义上是指所有可以行驶的和航行的陆上、水上、空中路线；狭义上是指已经开辟的、可以按规定进行物流运营的路线和航线。在物流管理领域，线路一般指后者。

物流线路有以下几种类型：

1.铁路线路

铁路线路对于物流的运作来讲是有区别的。主要有以下几种类型：双轨线路、单轨线路；宽轨线路、标准轨线路、窄轨线路；普通线路、快运线路等。不同线路不同的运营要求，所能够承担的物流服务要求和服务水平也不相同。

2.公路线路

公路线路的种类是线路里面最多、最复杂的。它可以区分成以下很多类：国道、省道、城市道路；高速公路、快速公路、一般公路；货运线路、非货运线路；干线公路、支线公路、连接线公路等。不同公路能够提供的汽车运行条件不同，对车辆的通过能力和管理方式也不同。

3.水运线路

水运线路由航道、航标和灯塔构成。按照自然地理环境，水运线路可以分为内河航运线路和海运线路两种。海运线路又分成远洋海运线路、近海海运线路和沿海海运线路三种，三种线路航运条件不同，航运设备也不同，虽然都是海上的线路，但是它们的功能和作用是有区别的。

4.空运线路

已经开辟的能够进行管制、导航、通信等管理的空中航线。

(二)物流网络的分类

可以将物流网络分为两类:宏观物流网络和微观物流网络。

1.宏观物流网络

宏观物流网络是指由某个区域范围内所有线路和节点所组成的物流网络。其存在是必然的，其管理只能由各级政府部门进行。具体任务包括线路的建设、节点的布局、网络的统一配置、统一规划等。这种物流网络一经形成，基本上就不会再发生太多的变化。

2.微观物流网络

微观物流网络是指企业构造与组织的和企业本身有关的物流网络。这种物流网络的可操作性强，由企业自身进行管理与运营，确定自己物流网络的线路组成、节点所在，因此其可变性也较强，会经常处在变化之中。

二、宏观物流网络的配置

宏观物流网络的配置是指将物流网络的组成要素在空间上予以合理的配备与布置。其重点是综合运输网的配置和仓库网的配置。

(一)综合运输网的配置

集合的物流线路就组成了综合运输网。运输方式多种多样，如何将其在社会化的运输范围内和统一的运输过程中按其技术经济特点进行分工协作、有机结合、连接贯通、合理布局成一个交通运输综合体，将是一个复杂的问题。

1.综合运输网的配置应处理好的几个关系

综合运输网的配置涉及到方方面面，是一项比较复杂的工作，应处理好以下几方面的关系:

(1)处理好各种运输方式之间的关系。铁路、公路、水路、航空、管道等运输方式，都有各自的技术经济特点和适用范围，在进行运输网配置时，应根据各地的自然条件、经济特点和对运输的需求，充分发挥各种运输方式优势，使其互相衔接，协调发展。

(2)处理好新建与改造的关系。我国运输能力不足，新建任务十分繁重，主要是铁路、公路、车站和港口建设。但对现有运输设备的改造也不能忽视，如铁路复线建设、电气化改造、编组站的自动化改造等。新建和改造应很好地结合起来。

(3) 处理好点、线能力协调的关系。运输网是由运输线路和港口、车站、枢纽等运输节点所组成。点与线的能力要相互协调，方能达到少投入多产出，充分发挥各种运输设备的能力。

(4)处理好国内运输需要与国际运输需要的关系。综合运输网主要是满足国内运输的需要，但同时必须考虑国内运输与国际运输的关系，即国内物流与国际物流的关系，使运输网能满足日益增长的进出口贸易的需要。

2.综合运输网配置应遵循的原则

综合运输网的配置除处理好以上几方面的关系外,还应遵循下列原则:

(1)适应性原则。运输网的配置必须与国家的方针政策相适应,与社会主义市场经济体制相适应,与我国的自然资源分布和生产力布局相适应,与国民经济和社会发展相适应。

(2)协调性原则。应将综合运输网作为一个系统来考虑,使各种运输方式的运输设备之间、固定设备与活动设备之间、自有运输设备与公用运输设备之间,在地域分布、运输能力、技术水平等方面互相协调。

(3)经济性原则。运输网的配置应尽量少投入多产出,充分利用各地的自然地理条件,因地制宜,充分利用各种运输方式,特别是大力发展水路运输和管道运输,以减少土地占用,节省投资,降低运输成本。

(4)战略性原则。综合运输网的配置应有战略眼光,一是要考虑全局,二是要考虑长远。局部要服从全局,目前利益要服从长远利益,既要考虑目前的实际需要,又要考虑日后发展的可能。

(二)物流节点的配置

仓储活动和运输活动一般都是物流活动的主体。仓储活动是在仓库进行的。仓库的地域分布和地理位置直接影响物流活动的质量、效率和成本。仓库网点的配置亦称仓库网点的布局,主要指仓库在一定范围内的配备与布置。在这里,我们一般把物流节点都简称为仓库。

1.仓库网点配置应处理好的几个关系

仓库网点的配置和综合运输网的配置一样,也要处理好几方面的关系,但其具体内容有所不同,主要包括以下几个方面:

(1)处理好仓储与运输的关系。仓储活动与运输活动是互相衔接密不可分的。仓储活动的输入、输出都需要运输,可以说没有运输就没有仓储,所以仓库网点的配置必须考虑方便的运输条件,一般应设在交通枢纽或运输网的结合点上。

(2)处理好集中与分散的关系。仓库网点的配置较多集中在交通方便、工业发达、资源丰富的货物中转和集散地,多为大中工业城市,但同时还要考虑仓库网点的适当分散。在更大范围内设置不同类型、不同规模、不同功能的仓库,为广大用户就地就近提供仓储劳务。尤其不能忽视在经济欠发达的边远地区、贫困地区和少数民族地区;根据资源和经济状况设置仓库。

(3)处理好“条条”与“块块”的关系。在我国习惯上把部门的行政系统或经济系统称为“条条”,而把地方行政系统或经济系统称为“块块”。在仓库网点的配置上应打破条块分割的格局,从实现流通社会化的要求考虑仓库网点的配置。

2.仓库网点配置应遵循的原则

仓库网点配置原则与综合运输网配置原则有很多相同之处,如适应性原则、经济性原则、战略性原则等都是应共同遵循的原则,只是在具体内容上略有不同,如仓库网点配置中的经济性原则,主要是指减少不必要的仓库设置,有利于合理运输,接近生产与消费,节省运输费用,良好的地理气候条件,减少养护费用和库存损耗等。

3.仓库网点配置的方法

在物流系统中,合理确定流通仓库的位置、规模、数量,可采用定量与定性相结合的方法。定量方法是通过构造数学模型并求解,得出最佳配置方案,然后再根据其他影响因素,综合考虑作出决策。从定量分析看,其方法大致可归纳为两类:一是应用连续型数学模型,二是应用离散型数学模型。前者可采用重心法求解,后者可采用鲍姆尔—沃尔夫法求解。下面仅就这两种基本方法作简单介绍。在这两种基本方法的基础上,现在对仓库的选址又发展出了许多实用的新方法。

1)重心法——单一仓库的选址方法

现假设仓库只有一个,并且不考虑从工厂到仓库的运输费用和仓库的管理费用,只考虑从仓库到零售店的发送费用 H,那么仓库的选址问题就是使 H 为最小的问题。

如图 3-1-1 所示,设有 n 个需求点,它们各自的坐标是(x_i, y_i)($i=1,2,3,\cdots,n$),仓库的坐标是(x_0, y_0)。

$$H=\sum_{j=1}^{n}C_j \qquad (3\text{-}1\text{-}1)$$

而 C_j 又可以用下式来表示:

$$C_j = h_j w_j d_j \qquad (3\text{-}1\text{-}2)$$

式中:h_j——从仓库到需求点 j 的发送费率(即单位吨公里的发送费);

w_j——向需求点 j 的发送量;

d_j——从仓库到需求点 j 的距离。d_j 也可以写成下面形式:

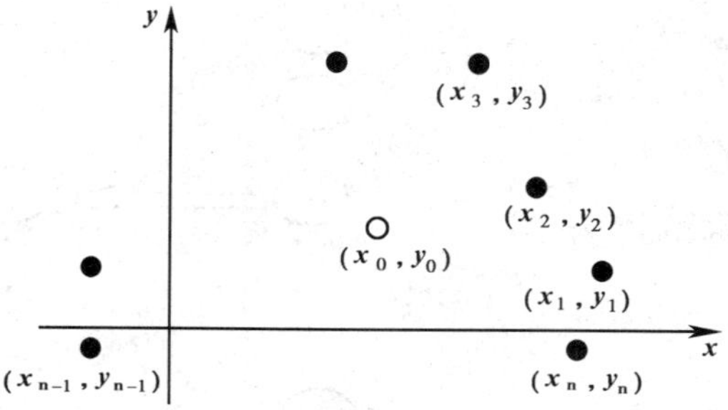

图 3-1-1　仓库和零售店的坐标

$$d_j = [(x_0 - x_j)^2 + (y_0 - y_j)^2]^{1/2} \qquad (3\text{-}1\text{-}3)$$

把式(3-1-2)代入式(3-1-1)中,可得到下列公式:

$$H=\sum_{j=1}^{n}h_j w_j d_j \qquad (3\text{-}1\text{-}4)$$

从式(3-1-3)和(3-1-4)可求出使 H 为最小的 x_0, y_0。解决这个问题的方法是运用下面的计算公式:

$$\frac{\partial H}{\partial x_0}=\sum_{j=1}^{n}h_j w_j(x_0 - x_j)/d_j = 0 \qquad (3\text{-}1\text{-}5)$$

$$\frac{\partial H}{\partial y_0}=\sum_{j=1}^{n}h_j w_j(y_0 - y_j)/d_j = 0 \qquad (3\text{-}1\text{-}6)$$

从式(3-1-5)和式(3-1-6)中可分别求得最适合的 x_0^* 和 y_0^*,即:

$$x_0^* = \frac{\sum_{j=1}^{n}h_j w_j x_j/d_j}{\sum_{j=1}^{n}h_j w_j/d_j} \qquad (3\text{-}1\text{-}7)$$

$$y_0^* = \frac{\sum_{j=1}^{n}h_j w_j y_j/d_j}{\sum_{j=1}^{n}h_j w_j/d_j} \qquad (3\text{-}1\text{-}8)$$

因式(3-1-7)和式(3-1-8)右边还含有 d_j,即还含有要求的未知数 x_0、y_0,要从两式的右边完全消去 x_0 和 y_0,一般采用迭代法来进行计算,求出最优解(x_0^k, y_0^k)。

相对于离散型模型来说，在重心法模型中，仓库地点的选择是不加特定限制的，有自由选择的长处。可是，从另一个方面来看，重心法模型的自由度过多也是一个缺点。因为由迭代法计算求得的最佳地点实际上往往很难找到，有的地点很可能在河流湖泊上或街道中间等。此外，迭代计算非常复杂，这也是连续型模型的缺点之一。

2)鲍姆尔—沃尔夫模型的应用——多个仓库的选址方法

图 3-1-2 所示的是从几个工厂经过几个仓库向用户输送货物。对此问题一般只考虑运费为最小时仓库的选址问题。

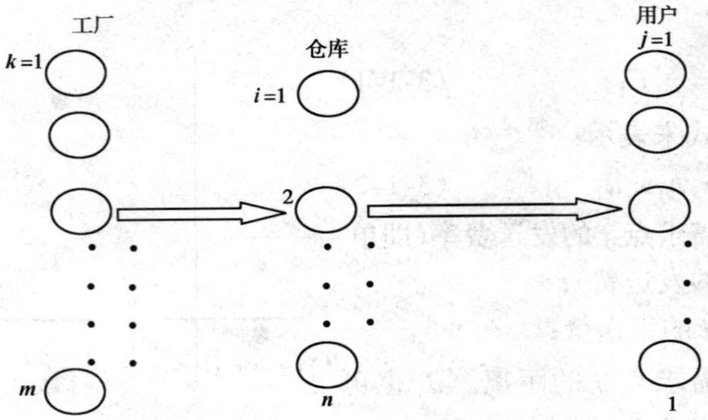

图 3-1-2 商品输送示意图

在这里所要考虑的问题是：各个工厂向哪些仓库运输多少商品？各个仓库向哪些用户发送多少商品？

规划的总费用应包括下属内容：

c_{ki}——从工厂 k 到仓库 i 每单位运量的运输费；

h_{ij}——从仓库 i 向用户 j 发送单位运量的发送费；

c_{ijk}——从工厂 k 通过仓库 i 向用户 j 发送单位运量的运费，即：

$$c_{ijk} = c_{ki} + h_{ij}$$

X_{ijk}——从工厂 k 通过仓库 i 向用户 j 运送的运量；

W_i——通过仓库 i 的运量，即 $W_i = \sum_{j \cdot k} X_{ijk}$；

v_i——仓库 i 的单位运量的可变费用；

F_i——仓库 i 的固定费用(与其规模无关的固定费用)。

故总费用函数为：

$$f(X_{ijk}) = \sum_{i,j,k}(c_{kj} + h_{ij})X_{ijk} + \sum_i v_i(W_i)^\theta + \sum_i F_i r(W_i) \tag{3-1-9}$$

式中：$0 < \theta < 1$；

$$r(W_i) = \begin{cases} 0 & W_i = 0 \\ 1 & W_i > 0 \end{cases}$$

总费用函数 $f(X_{ijk})$ 的第一项是运输费和发送费，第二项是仓库的可变费，第三项是仓库的固定费(这项费用函数是非线性的)。

计算方法是:首先,给出费用的初始值,求初始解;然后,进行迭代计算,使其逐步接近费用最小的运输规划,求出最优解。

该模型具有以下优点:

①计算比较简单;

②能评价流通过程的总费用(运费、保管费和发送费之和);

③能求解仓库的通过量,即决定仓库规模的目标;

④根据仓库可变费用的特点,可以采用大批量进货的方式。

该模型的缺点是:

①由于采用的是逐次逼近法,所以不能保证必然会得到最优解。此外,由于选择备选地点的方法不同,有时求出的最优解中可能出现仓库数目较多的情况。也就是说,还可能有仓库数更少、总费用更小的解存在。因此,必须仔细研究所求得的解是否为最优解。

②仓库的固定费用没在所得的解中反映出来。

三、微观物流网络的构造与组织

这是一个涉及到企业的微观问题。物流网络要有网点、有线路,其具体体现就是企业。因此,网点之间除了物流线路这一必要的硬件联接之外,还必须通过共同的业务活动联接起来,只有这样才能使这些要素集成为一个整体。物流网络的构造与组织主要包括对经营管理机构、物流业务、物流资源及物流信息在市场区域范围内的分布进行规划、设计和具体实施。物流网络构造与组织的目标是使物流系统反应快速化和物流系统总成本最优化。

(一)将企业的物流要素组织成网络的意义

1.扩大市场覆盖面

物流最终是要使商品实体发生空间移动,而商品实体移动的目的地由生产和销售计划决定,物流要保证执行这些计划,因此物流网络应该有尽可能大的地理覆盖面,通过物流组织网络化过程,将物流系统要素都组织成网络,就可满足这一要求,物流网络支持生产和营销网络,并成为生产和营销网络的一部分。

2.提高网络效率

网络具有乘数效应,组织成网络的物流要素所发挥的功能远大于孤立的要素所发挥的功能,这是因为以点状存在的要素组成网络后,原来点和点、要素和要素之间松散的关系,现在变成网络成员之间的紧密联系,每个要素都能按照自己的专业分工发挥作用,每个要素的功能都得以放大,整个网络的功能大大强于各个孤立要素功能的总和,同时要素之间减少了磨损和交易成本,减少了用户使用这些网络资源和要素的成本。

3.提高要素的收益

一个结构稳定、高效运作的物流网络,由于既减少了组成要素之间的交易成本,又放大了要素的功能,使得同样的要素组成网络以后的功能更加强大,相当于扩大了要素的规模,或者提高了要素的劳动生产率,因而整个网络的收益更大,同时也就提高了要素的收益。因此,要素组成网络是合算的,这与企业群体组成供应链是一个道理。

4.抵御要素的风险

与企业群组成供应链一样,企业的物流要素形成网络以后,就像组成了一条供应链,供应链的竞争能力和抵抗风险的能力比独立的企业要强。

(二)物流网络的构造模式

物流网络具有不同的结构,从原材料供应到将产品送到最终消费者手中是个完整的渠道,以生产制造为界可以分为两段,这两段的物流具有较明显的不同,因而往往是需要分别考虑的。从后面一段即销售物流来分析,物流网络可分为两种基本形式,即一种是直送形式,另一种是经过物流中心或者配送中心的形式,其他方式都是这两种方式的组合,见图 3-1-3。

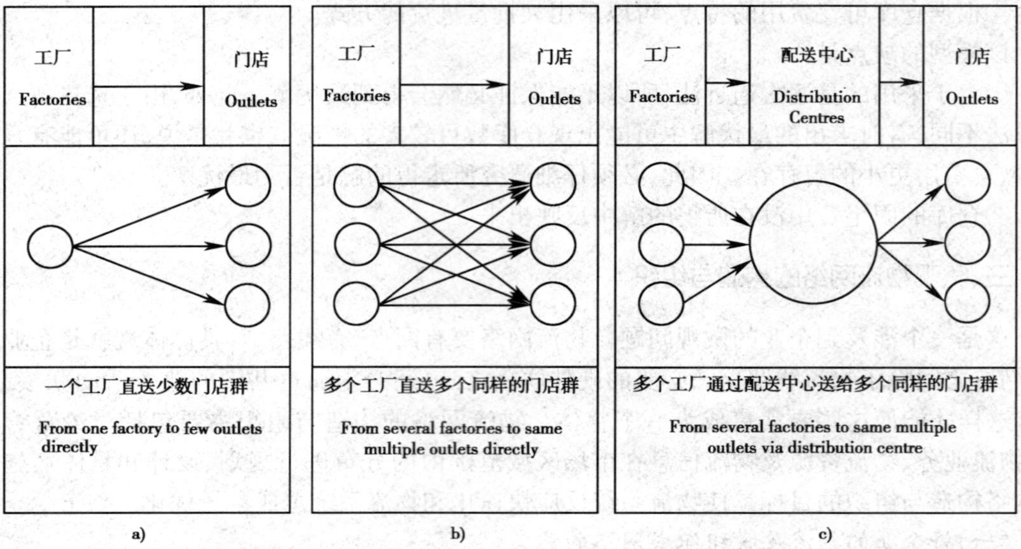

图 3-1-3　物流网络的结构

第一种方式又可分为两种形式:第一种是从工厂直接送到众多的零售门店;第二种是从工厂直接送到最终消费者。这种方式的特点是环节少,效率可能比较高,总体配送成本可能较低,直接面对最终消费者或者销售商,厂家对渠道的控制力度强,物流渠道对营销渠道的配合好,没有在流通渠道中建配送中心的成本支出。

从研究与实际运作来看,直送不是一种满足大规模、有效益的物流网络组织方式,因此需要在网络中增加一个环节——配送中心(图 3-1-3c)。尤其是在承担大规模流通任务的物流渠道中,配送中心、物流中心更是不可缺少的网络设施。

"物流中心十配送中心"模式(简称 LD 模式,即 Logistics center + Distribution center 模式)是一种可以普遍应用于经济活动的集成模式。物流中心和配送中心的出现,是由于业务规模太大,"一对一"就会变成"多对多"直送方式,这种方式的效率太低,并且无法满足业务增长的需要,另外,"一对一"或者"多对多"直送方式辐射的范围非常有限,如果要构造一个全国性或者全球性物流网络,根本不可能考虑这些方式,并且还要采用复杂的多层物流中心、配送中心网络结构才能满足需要。这种模式是一种具有普遍意义的集成模式,在运输邮政、电信、银行等各个行业都广泛使用。这种模式的核心集中表现为 6 个字:即收集(Collection)、交换(Exchange)、发送(Delivery),简称 CED。因为它的前提是 LD,所以将这种模型称为 LD - CED 模型。

LD - CED 模型将分散、零星的业务积少成多,并且提供了一个进行业务交换的平台,是一种增值性的业务模式,因此这种物流网络是增值物流网络。在商业化的模式中,以上过程总是双向的,这就大大提高了网络和平台的使用价值,因而 LD – CED 模型具有重大的经济意义,在类似的业务中都应该采用这种模式和机制,或者概括地说,凡是需要将业务对象从一个地点向另一个地点转移的业务活动,不论业务对象是人员、物品,还是资金、信息,只要需要进行空间位置的转移,都应该利用 LD – CED 模型。当然,这些业务对象也可采取"一对一"的直送方式,如银行可以派专人用运钞车将客户的汇款直接送到收款人手中,电信公司可以为欲打电话的两个人之间架设专线,邮政部门可以像银行那样,派专人将邮件送到收件人手中。这些业务如果存在,只能是极小批量的,属于特殊业务。这种模式不具有推广的经济价值,对于日常处理的大批量业务,必须采用 LD – CED 模式。

LD – CED 模型可以用图 3-1-4 表示,该图可以从图 3-1-5 所示的"复杂的双向枢纽——辐射航空网络结构图"中完整地体现出来。为了清晰地说明 LD – CED 模型的关键环节,图 3-1-4 中物流中心、配送中心都对称地分布在起始点到到达点之间,这样我们可以清楚地看到该模型所说明的各个环节。但是,这种结构实际上是以集成的方式出现的,即图中的两个物流中心可能合并起来变成一个物流中心,两个配送中心也可能与物流中心合并起来,最后可能简化为图 3-1-3c)那样的典型结构。总之,图 3-1-4 可以有各种变化,但不管如何变,CED 模式是不变的。

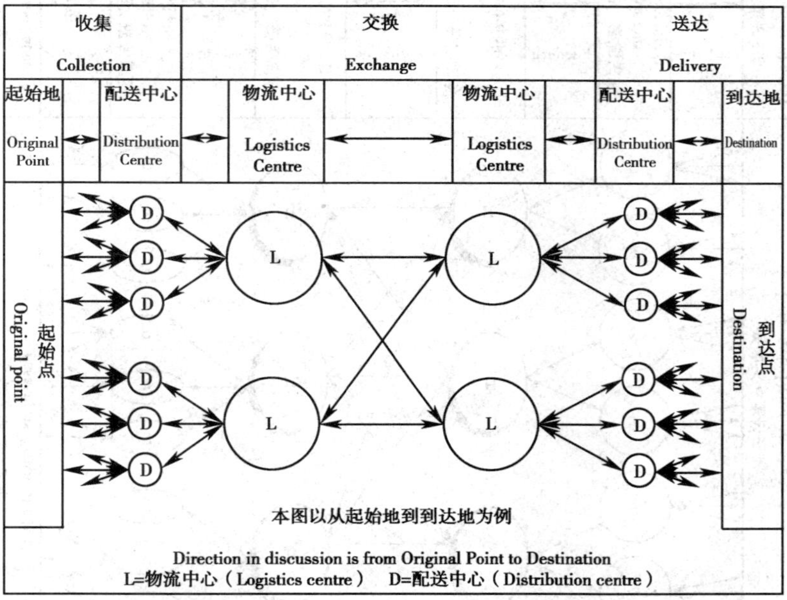

图 3-1-4 LD – CED 模型

举一个典型的例子。在航空运输业,关于枢纽(Hub)和辐射(Spoke)航线网络结构、枢纽机场、支线运输等是国内外航空运输业讨论比较多的话题,实际上这就是 LD – CED 模型在航空运输业的体现。

枢纽和辐射航线网络结构中的枢纽就是枢纽机场,辐射是指枢纽机场周边的辐射机场。这里的枢纽机场就相当于物流中心,辐射机场就相当于配送中心。物流中心的功能在于提供大批量中转运输,枢纽机场和枢纽机场之间通过干线运输连接,如美国西北航空公司在明尼阿波利斯、底特律和孟菲斯建立了三个枢纽机场,三个枢纽成犄角之势,它为来自世界各条航线的旅客提供覆盖全美国的中转服务。枢纽机场和辐射机场之间的运输是支线运输,国外航空公司发展 1 条干线时,一般要相应发展 4 条支线。枢纽机场与辐射机场、干线运输和支线运输是这样连接起来的:航空公司可在枢纽机场建立一个或几个航班相对集中的航班波(BANK),在航波中使来自辐射机场的航班(或支线和干线航班)首尾相接。在一些大型枢纽机场的航班波中,一个航班可以和几十个甚至上百个航班相衔接。以法国航空公司为例,法航 2000 年底,在巴黎戴高乐机场每天安排 650 个飞行航班,载客通往法国境内 49 个城市航站(枢纽机场)和欧洲 91 个城市航站(枢纽机场)。这 650 个航班通过上述航站,可为旅客连接转乘的航班密度,中距离(通常指 1 000km 左右)航线每周 14 500 个航班,中距离连长距离航线的密度为每周 11 320 个航班,这样旅客转乘航班最长等候时间为 45min ~ 2h,快的只要 10 多分钟就能顺利成行。

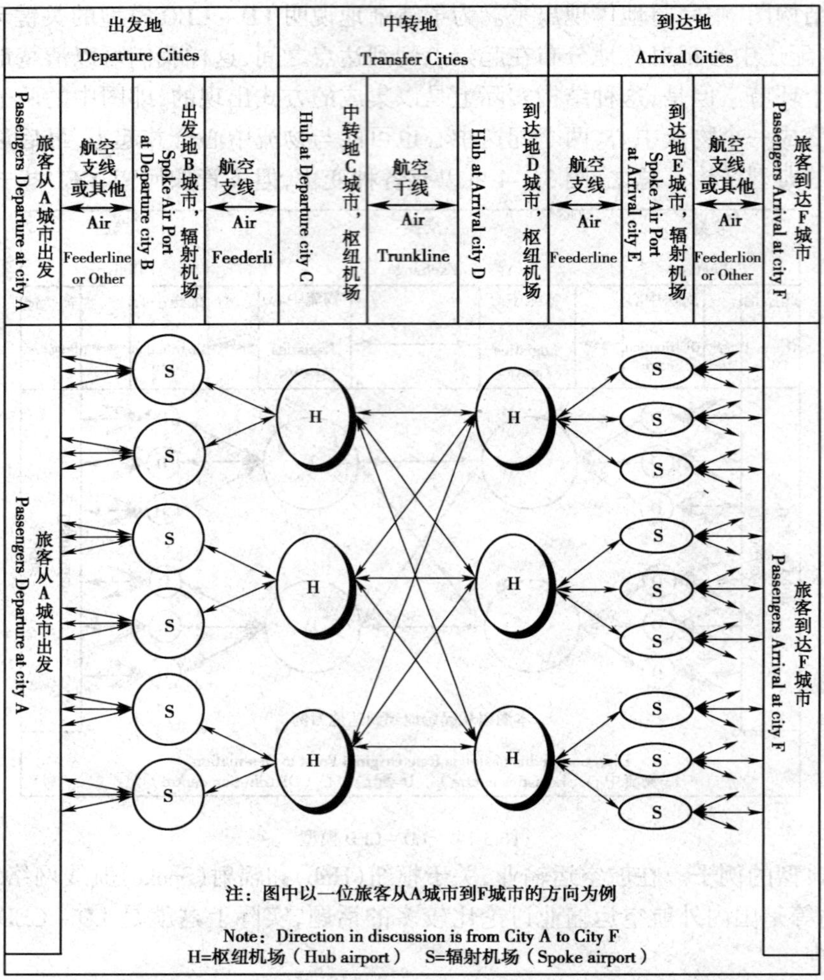

图 3-1-5 枢纽—辐射航空网络结构

在美国,枢纽机场和辐射机场之间的配合更完美,在纽约、底特律、洛杉矶等城市,几十家航空公司市场争夺异常激烈,在枢纽机场,基地航空公司或干线航空公司每周的航班班次均达数万个。从洛杉矶转机到明尼苏达、从纽约到底特律转机前往其他城市,干线转干线、干线转支线的时间，都只需10多分钟，十分快捷方便。同时，不少城市在国际机场之外，还设有专门的支线机场和旅游专机机场，其开往同一个支线目的地的航班密度，高峰时可达到10～20min就有1个航班，就像乘坐普通公交车一样，真正实现了民航班机公交化。在这里，枢纽机场的中转功能得到了充分的体现。由于有枢纽机场，旅客能够在短时间内方便地转乘其他航班，缩短了旅途时间。枢纽和辐射结构使干线航班和支线航班上的客流得到相互补充，从而提高航空公司在枢纽机场和辐射机场间航班（特别是干线航班）的客座率，客座率的提高又为航空公司降低票价提供了有利条件，低票价又有利于吸引更多旅客，增加旅客流量，从而形成良性循环。

国外航空业的这种运作方式（图3-1-5）与图3-1-4描述的LD－CED模型极为一致，这就说明，物流中心、配送中心互相衔接的物流网络模式也适合于航空运输业物流网络的构造。只不过与图3-1-4相比，在航空业的机场和航线网络中，旅客的流动是双向的，其网络结构如图3-1-5，从图中可以看出，它与图3-1-4没有什么差别。

（三）物流网络构造的方法

物流组织网络化过程可以在一些科学的方法指导下进行，如系统理论。物流的网络资源配置、配送中心和物流中心的数量、规模、地址规划与设计等决策与生产布局、市场分布、分销渠道的规划和设计等因素息息相关，必须借助科学的决策方法进行优化决策。

由于物流网络决策大量的工作与方案的比较和选择有关，在计算机技术和信息网络技术高度发达和普遍应用的情况下，这些问题可以通过一些现成的管理决策软件解决。例如，运筹学中的网络理论，可以提供计算物流网络的最大流、最短路径，或者最小费用最大流问题的解决方法。因为这些方法已经发展得很成熟，故在此不做介绍。

第二章　物流机械设备

第一节　概　　述

一、国外物流机械设备的发展现状

第二次世界大战后，物流科学得到了快速发展，与此相适应的物流机械设备也得到了相应的发展，取得了许多重要的成就。物流机械设备领域中的许多影响深远的设施和设备不断涌现，如高层自动化仓库、高起升叉车、高速分拣机、链式输送机、自动引导搬运车（AGV）、四向托盘等，极大地减轻了人们的劳动强度，一直到现在还在物流作业中起着相当重要的作用。

从仓储设备和装卸搬运机械设备来看，初期货物的输送、储存、装卸搬运、管理、控制主要靠人工实现。随着科学技术的发展，机械化程度有了进一步提高，开始运用各种各样的传送带、工业输送车、起重机等来移动和搬运物料或货物，用货架、托盘和可移动式货架存储物料，用限位开关、螺旋机械制动和机械监视器等控制设备的运行。20世纪50年代末和60年代，自动化技术对装卸搬运技术的发展起到了极大的促进作用，相继研制和采用了AGV、自动货架、自动存取机器人、自动识别和自动分拣等系统。世界上第一台AGV是由美国Banett电子公司于20世纪50年代初开发成功的，它是一种牵引式小车系统，可十分方便地与其他物流作业系统自动连接，显著地提高了劳动生产率。它的出现是物料搬运的一次革命；极大地提高了装卸搬运的自动化程度。1954年，英国最早研制了电磁感应导向的AGVS，由于它的显著特点，迅速得到了应用和推广。1960年欧洲就安装了各种形式、不同水平的AGVS220套，使用了AGV 1 300多台。20世纪60年代，随着计算机技术到AGVS的控制和管理上的应用，AGVS进入到柔性加工系统(FMS)，成为生产工艺的有机组成部分，从而使AGVS得到了迅速发展。20世纪70年代和20世纪80年代，旋转式货架、移动式货架、巷道式堆垛机和其他设备等都初步实现了自动控制，并越来越多地应用于生产和流通领域的物流系统中，物流效率大大提高。20世纪80年代以后至今，装卸搬运机械设备又上了一个台阶，大型起重机、自动运输机、自动分拣设备、自动上下料机械及智能型装卸堆垛机器人等快速、高效、自动化的物流机械设备的应用，提高了装卸搬运设备的协调性，极大地推进了世界各国物流业的迅速发展。AGVS变化更大，它采用先进的驱动技术、新型导向技术和控制系统，线路网络布置技术也得到进一步发展，逐步实现智能化、自动化作业。据粗略统计，目前全世界AGVS的保有量为15 000套以上，拥有10万台左右的AGV。起重机械大型化发展势头强劲，当前世界上的浮游起重机最大起重量已达6 500t，最大的履带起重机起重量为3 000t，最大的桥式起重机起重量为1 200t，堆垛起重机最大运行速度达240m/min。

从运输设备来看，世界各国都非常重视合理运用运输设备。汽车、铁路货车、船舶、航空运输设备、管道运输设备等广泛地应用于货物的运输中。从客货混载到客货分载，出现了专门运输某一类货物的运输设备，如集装箱船、集装箱拖车、集装箱平车、冷藏车、液化气船、罐车、散货船等。为了满足运输需要，提高物流规模效用，一些大型运输设备不断出现，目前最大的油轮载重量达到56.3万吨，矿石船达到30万吨左右，集装箱船为69 701TEU，1989年，南非在860km长的赛申——萨尔达尼亚线上，开行一列装载了71 600t矿石的列车，摘取了列车重载运输世界之冠。载重量超过50t的载货汽车已被VOLVAL公司研制出来了，管道运输的大型化体现在大口径管道建设，目前最大的口径为1 220mm，年输油量高达1.4亿吨。这些运输方式的大型化基本满足了基础性物流需求量大、连续、平稳的特点。俄罗斯研制的KP—860“祖国之翼”货机最大可载800t，一次可装载30个40ft(12.2m)的标准集装箱，比现在的货机运输能力(包括载重量和载箱量)高出50%~100%。初步测算表明，其货运成本几乎与长距离的火车运输相差无几。一个由10~15架KP—860组成的机队，就可以轻松地胜任日本和西欧之间每年22万TEU的运输量。俄罗斯还打算用此种飞机运输石油和天然气等资源，其成本将低于管道运输。物流服务提供者对上游、下游的物流及配送需求的反应速度越来越快，配送时间间隔越来越短，商品周转次数越来越高，要求运输设备必须高速化。为此，高速化运输设备得到了快速发展。目前，运营的高速列车最大商业时速已达270~275km/h。摇摆式高速铁路，商业时速已达200~250km/h。磁悬浮铁路目前仍处于试验阶段，1998年，在日本获得了时速为539km/h的实验速度。德国、法国在高速铁路上开行的高速货物列车最高时速已达200 km/h。随着各项技术的逐步成熟和经济发展，普通铁路最终将会被高速铁路所取代。在公路运输中高速一般是指高速公路，目前各国都在努力建设高速公路网，作为公路运输的骨架。航空运输中，高速是指超音速，客运的超音速已由法国的协和飞机所实现。货运方面双音速(亚音速和超音速)民用飞机正在研制之中;在水运中,水翼船的时速已达70km/h,气垫船的时速更高,而飞翼船的时速则可达到170km/h。在管道运输中,高速体现在高压力,美国阿拉斯加原油管道的最大工作压力达到8.2MPa。

从世界各国的物流机械设备发展来看,美国是世界上现代化物流发展得比较早的国家,十分重视物流机械的开发、研究和应用,拥有较为完善的运输体系和先进的物流机械设备。许多公司都设立了专门机构从事物流技术研究,致力于改善物流现代化技术设备。大部分公司在货物运输、装卸、储存过程中,都广泛采用了先进自动化物流设备,实现了仓储自动化。仓储普遍采用了高层货架及与之相适应的自控搬运工具、自控装卸机械,如APA汽车运输公司仓库建立了库内轨道货车流水线;WW格兰杰公司建立了自动分货、拣货机械设备系统和自动存货、取货机械设备系统等。港口码头的货物装卸,普遍实现了集装箱标准化,大大地缩短了装卸时间,提高了装卸效率。

日本学习美国的先进经验,于20世纪60年代开始重视物流引进,并开发先进的物流机械设备。日本非常重视仓储设施的建设,基本上实现了仓储现代化。日本一般物流中心都使用大型自动化立体货架仓库,装卸货都用巷道堆垛机,完全用计算机控制,出入库速度很快。移动式货架仓库也广泛使用,货架共六排,每排两行货架,货架可以平行移动,开出巷道,由叉车装卸,十分便捷。日本装卸货物,多数使用叉车,并用链条运输机传送。在装卸作业比较频繁的货场、码头等,普遍采用门式起重机、双层叉车等大型设备联合作业,效率很高。现代化的物流机械设备,保证了日本物流效率的不断提高。

德国、荷兰等欧洲国家也非常重视物流机械设备的运用,立体仓库、配送中心、港口码头等都配置了现代化机械设备,如分拣机械系统、装卸搬运机械系统的叉车、起重机、AGV、机器人等,实现了物流作业的机械化、自动化。

物流机械设备的广泛应用,使货物流动更快捷、更方便、更经济、更高效、更安全,从而更好地保证企业生产和社会经济活动顺利进行,进一步促进物流效率和效益的提高。

二、我国物流机械设备发展现状

从新中国建立到20世纪70年代末,我国的物流活动主要是商品储存和运输,因此对建立的一批储运公司配备了一定数量的起重机、载货汽车等物流机械设备,仓库机械作业的覆盖率仅在50%左右。生产企业的物流系统主要通过厂区合理布局,节约内部物料搬运成本,通过增大库存来保证生产,物流机械设备数量较少。

我国自20世纪70年代末导入物流概念后,物流机械设备的应用有了较快的发展。新建了铁路、公路、港口、码头,增加了车辆,改进了技术提高了车速,部分区段实现了电气化、高速化,开展了集装箱运输、散装运输和联合运输等新型的货运业务。一些物流机械设备如起重机、输送机、集装箱、散装水泥车等在仓库、货场、港口、码头得到了较为广泛的应用。我国1976年首先由北京起重机研究所研制出我国第一台滚珠加工用AGV,此后,随着工业现代化发展,CMIS发展,AGVS在我国应用得到了推广。

目前我国企业包括少数院所使用的AGV的数量近百台。我国从20世纪70年代开始建造立体仓库,1974年郑州纺织机械厂用厂房改造成半自动化立体仓库,设有672个货位。随后,北京汽车厂建成高13层的自动化立体仓库,共有1508个货位,第二汽车制造厂1977年动工修建了具有16 016个货位的自动化立体仓库,20世纪90年代物资流通部门相继在哈尔滨机电公司建成了具有2 256个货位的机电产品自动化立体库,上海机电供应公司建成梅陇自动化立体仓库,有货位7 344个。据不完全统计,目前我国已建成的立体仓库近300多座,其中全自动的立体仓库有30多个。在建造自动化仓库的同时,配置了堆垛叉车、起重机、巷道式堆垛机、输送机、搬运车辆等先进的物流机械设备。

20世纪90年代以后,随着计算机网络技术在物流领域的应用以及物流配送中心的兴建,物流机械设备广泛采用,先进的物流设备不断出现。1998年上海振华港机公司研制成功了我国目前最大的2 500t/h抓卸船机,该公司又于2000年为阿曼港研制出外伸距为65m,吊具下起重量为65t的目前世界上最大的岸边集装箱起重机。1998年9月,昆明船舶技术中心物流试验室同青岛颐中集团联合研制开发了烟箱自动化物流系统。该系统由10个分系统377台设备组成,可实现烟箱输送、条码识别、自动堆垛、外形检测、自动入库、自动出库、托盘输送、自动拆垛堆、自动发货装车、空托盘自动堆码、自动分发、火灾自动报警和自动消防等功能。其中,系统中的四轴关节型搬运机器人,达到了国内领先水平及国际上20世纪90年代同类先进机型的水平,这标志着我国企业物流技术在部分领域已实现了跨越式发展。

近年来,在上海、深圳、广州、北京、天津等地,物流配送的热潮方兴未艾,配送中心、物流中心的建设使更先进的物流机械设备的应用得到了长足的发展。从目前来看,虽然我国物流机械设备发展快,取得了丰硕的成果,但离满足新世纪全新物流任务的要求,还有很大差距,还需要配置和采用一些先进物流机械设施,如运输系统中的新型机车、车辆、大型汽车、特种专用车辆,仓储系统中的自动化立体仓库、高层货架,搬运系统中的起重机、叉车、搬运车辆,特别是内河港口需要的集装箱搬运设备、码头搬运工具,核电站需要的技术含量高的起重设备,仓储运输配套线上的单轨小车,冶金企业需要的具有金属监测功能的皮带运输机,化工企业需要的具有拐弯和升降功能的皮带运输机以及具有软启动和带载启动功能的起重机等,还有商品包装机械、自动分拣和监测设备、企业信息化管理的设备和技术等,凡是技术先进、价格合适的物流机械设备,都有广泛的需求或潜在的市场。

三、物流机械设备的发展趋势

随着生产和物流规模的扩大,自动化程度的提高,物流机械设备在现代化生产和物流中应用越来越广,作用越来越大,而现代化生产和物流又对物流机械设备提出了更高的要求。现代机械设备设计能力的提高,科学技术的飞速进步,使得物流机械设备的技术含量、知识含量、文化含量急剧增加。物流机械设备正经历着一场巨大的变革。在新世纪,物流机械设备技术性能将进入一个崭新的发展阶段,物流机械设备必将取得更大的发展。

纵观物流机械设备发展现状,可以看出,为适应现代物流的需要,物流机械设备有以下发展趋势。

(一)大型化、高速化

大型化指设备的容量、规模、能力越来越大。高速化指设备的运转速度、运行速度、识别速度、运算速度大大加快。现代社会经济快速发展,使得生产和物流规模不断扩大,为了提高作业效率和规模效益,大型、高速的物流机械需求量不断增长。物流机械设备的起重量、载重量、生产率、作业能力越来越大,工作速度越来越高。

（二）实用化和轻型化

物流机械设备是现代化、自动化物流的重要物质技术基础。物流机械设备要好用，容易维护、操作，具有优异的耐久性、无故障性和良好的经济性，以及较高的安全性、可靠性。因此，今后会更加注重开发使用性能好、成本低、可靠性高的物流机械设备。

有一些物流机械设备是在通用的场合使用，工作并不很繁重。这类设备批量较大、用途广，考虑综合效益，可降低外形高度，简化结构，降低造价，同时也可减少设备的运行成本。这种轻型化的设备在今后会有更快的发展。

（三）专用化和通用化

物流是社会经济发展的产物，必然随着社会经济的发展而呈现多样化的特征。多样化的特征反映了对物流机械设备需求的多样化，从而使物流机械设备具有多种多样的品种且不断更新。物流活动的系统性、一致性，运输与配送快速、机动，要求一些设备向专用化方向发展，同时又有一些设备向通用化、标准化方向发展。专用设备以特有的功能满足特殊的需要，能发挥出最佳的效果，如铁路、船舶、集装箱专用起重机的功能将不断增加，性能不断提高，适应性比以往更强；集装箱船、散货船、混凝土运输车、罐车等用途广泛，成本低廉，而有些通用化设备还可以实现物流作业的快速转换，极大地提高物流作业效率，如大型集装箱拖车可运载海运、空运、铁路运输的所有尺寸的集装箱等，今后通用化设备也将会得到进一步发展。

（四）自动化和智能化

将机械技术和电子技术相结合，使先进的微电子技术、电力电子技术、光纤光缆技术、液压技术、模糊控制技术应用到机械的驱动和控制系统，实现物流机械设备的自动化和智能化将是今后的发展方向。例如，大型高效起重机的新一代电气控制装置已发展成为全电子数字化控制系统，由全数字化控制驱动装置、可编程序控制器、故障诊断及数据管理系统、数字化操纵给定检测等装置组成，先进技术的应用使起重机具有更高的柔性，以提高单机综合自动化水平。而且，运输设备的操作更多的转向依靠仪表，信号和辅助驾驶系统，智能化程度越来越高。海运、空运中的自动驾驶系统、自动化立体仓库中的送取货小车、公路运输智能交通系统（ITS）的开发和应用已引起各国的广泛重视。此外，借助于卫星通信技术，可以对运输设备实行全程追踪与控制，对市场变化做出快速反应。2000 年底，西北国际电信股份有限公司为一汽储运公司建立了一套货运车辆调度管理系统，它将 GPS、GIS、GSM 等多项技术结合起来，可实现对货物全程跟踪监控。该系统可有效避免车辆的空载，合理有效地安排接、出货时间，极大地提高车辆的利用率，节省运输费用，并使企业或货主知晓货物在运输途中的全部情况，最大限度地满足客户对车辆安全服务、管理调度及信息服务的需要。该系统自建立以来，运转良好，发挥了很好的效应，为物流的有效管理提供了基础，在今后将会得到更广泛的应用。

智能式搬运车 AHV（Autonomous Handling Vehicle）也将会得到广泛应用。AHV 的形状类似现在使用的 AGV，但装有两只通用的机械手，在工作时依靠起视觉作用的工业摄像机，对货物的位置和大小进行判断，如同人一样用机械手自由地搬运重达 200～300kg 的货物。AHV 具有协同作业的功能，搬运的货物过长、过重时，可以由两台以上的 AHV 协同作业进行搬运。这样会大大减少 AHV 的规格型号，便于管理。数台同一规格 AHV 的联合协同运作，其作业能力可提高很多。

（五）成套化和系统化

在物流机械设备单机自动化的基础上,通过计算机把各种物流机械设备组成一个物流机械设备集成系统,由中央控制室控制,与物流系统协调配合。这类物流机械设备自动化程度较高,具有信息处理功能,可将传感器检测出来的各种信息实施存储、运算、逻辑判断、变换等处理加工,进而向执行机构发出控制指令。这类物流机械设备还具有较好的信息输入输出接口,实现信息全部、准确、可靠地在整个物流机械集成系统中的传输。物流机械设备通过系统集成,能形成不同机种的最佳匹配和组合;取长补短,发挥出最佳功效。以后将重点发展的系统有:工厂生产搬运自动化系统,货物配送集散系统,集装箱装卸搬运系统,货物的自动分拣与搬运系统等。

第二节 包装机械

一、包装机械的分类

包装机械指完成全部或部分包装过程的一类机器。包装过程包括充填、裹包、封口等主要包装工序以及与其相关的前后工序,如清洗、干燥、杀菌、计量、成形、标记、紧固、多件集合、集装组装、拆卸及其他工序。

包装机械的种类繁多,分类方法很多,从不同的侧面考虑则有不同的分类方法。

(一)按包装机械的自动化程度分类

(1)全自动包装机。即自动供送包装材料和内装物,并能自动完成其他包装工序的机器。

(2)半自动包装机。即由人工供送包装材料和内装物,但能自动完成其他包装工序的机器。

(二)按包装产品的类型分类

(1)专用包装机。即专门用于包装某一种产品的机器。

(2)多用包装机。即通过调整或更换有关工作部件,可以包装两种或两种以上产品的机器。

(3)通用包装机。即在指定范围内适应于包装两种或两种以上不同类型产品的机器。

(三)按包装机械功能分类

(1)充填机械。即将精确数量的包装品装入各种容器内的机器。按计量方式不同可分为容积式充填机、称重式充填机、计数式充填机;按充填物的物理状态可分为粉料充填机、颗粒物料充填机、块状物料充填机、膏状物料充填机;按充填功能可分为制袋充填机、成形充填机、仅具有单一充填功能的充填机等。

(2)灌装机械。将液体产品按预定的量充填到包装容器内的机器。按灌装方式不同可分为常压灌装机、负压力灌装机、等压灌装机、压力法灌装机;按包装容器的传送形式分为直线式灌装机、旋转式灌装机。

(3)裹包机械。用挠性材料全部或局部裹包产品的机器。按裹包方式可分为全裹式裹包机、半裹式裹包机、缠绕式裹包机、拉伸式裹包机、贴体包装机、收缩包装机。

(4)封口机械。将容器的开口部分封闭起来的机器。按其封口方式可分为无封口材料的封口机、有辅助封口材料的封口机。

(5)贴标机械。在产品或包装件上加贴标签的机器。按自动化程度可分为半自动贴标机和全自动贴标机;按容器的运行方向可分为立式贴标机和卧式贴标机;按标签的种类可分为片式标签贴标机、卷筒状标签贴标机、热粘性标签贴标机和感压性标签贴标机及收缩筒形标签贴标机;按容器的运动形式可分为直通式贴标机和转盘式贴标机;按贴标机结构可分为龙门式贴标机、真空转鼓式贴标机、多标盒转鼓贴标机、拨杆贴标机、旋转形贴标机;按贴标工艺特征可分为压式贴标机、滚压式贴标机、搓滚式贴标机、刷抚式贴标机等。

(6)清洗机械。清洗包装材料、包装件等,使其达到预期清洗程度的机器。按清洗方式不同可分为机械式、电解式、化学式、干式、湿式、超声波式、静电式;按使用的清洗剂不同可分为干式清洗机、湿式清洗机、机械式清洗机、电解式清洗机、电离式清洗机。

(7)干燥机械。减少包装材料、包装件的水分,使其达到预期干燥程度的机器。按干燥方式可分为机械式干燥机、加热式干燥机、化学式干燥机。

(8)杀菌机械。清除或杀死包装材料、产品或包装件上的微生物,使其降到允许范围内的机器。按杀菌方法可分为热杀菌法、冷杀菌法;按操作性质不同可分为间歇式杀菌机、连续式杀菌机;按操作原理特征不同可分为静止式、回转式、摇动式、水封式、静水压式、热流层式、喷淋式;按结构特征不同可分为隧道式、滚筒刮面式、螺旋泵式、板式和管式。

(9)捆扎机械。通过捆扎或结扎封闭包装容器的机器。按自动化程度不同可分全自动捆扎机、半自动捆扎机、手提式捆扎机;按捆扎带材料不同可分为绳捆机、钢带捆扎机、塑料带捆扎机。

(10)集装机械。将若干个产品或包装件集合包装而形成的一个销售或搬运单元的机器。

(11)多功能包装机械。具有两种或两种以上功能的包装机。主要种类有充填封口机、成形充填封口机、定形充填封口机、真空包装机、真空充气包装机。

(四)包装生产线

即有数台包装机和其他辅助设备联成的、能完成一系列包装作业的生产线。

二、装卸搬运机械的分类

装卸搬运机械是指用来搬移、升降、装卸和短距离输送物料或货物的机械。它是物流机械设备中重要的机械设备。它不仅用于完成船舶与车辆货物的装卸,而且又完成库场货物的堆码、拆垛、运输以及舱内、车内、库内货物的起重输送和搬运。

装卸搬运机械是实现装卸搬运作业机械化的基础。装卸搬运是在货物运输、储存等过程中随同发生的作业,贯穿于物流作业的始末。装卸搬工作的好坏,直接影响到物流的效率和效益。在装卸搬运作业中,力图不重复进行装、搬、卸操作,这些都靠装卸搬运机械有效地衔接。可见,合理配置和应用装卸搬运机械,安全、迅速、优质地完成货物装卸、搬运、码垛等作业任务,是实现装卸搬运机械化、提高物流现代化的一项重要内容。

装卸搬运机械所装卸搬运的货物,来源广、种类繁多,外形和特点各不相同,如箱装货物、袋装货物、桶装货物、散货、易燃易爆及剧毒品等。为了适应各类货物的装卸搬运和满足装卸搬运过程中,各个不同流通作业环节的不同要求,各种装卸搬运机械应运而生。目前,装卸搬运机械的机型和种类已达数千种,而且各国仍在不断研制新机种、新机型。

装卸搬运机械种类很多,分类方法也很多,为了运用和管理方便,常按以下方法进行分类。

(一)按主要用途或结构特征进行分类

按主要用途或结构特征可分为起重机械、连续运输机械、装卸搬运车辆、专用装卸搬运机械。其中,专用装卸搬运机械是指带专用取物装置的装卸搬运机械,如托盘专用装卸搬运机械、集装箱专用装卸搬运机械、船舶专用装卸搬运机械、分拣专用机械等。

(二)按作业性质进行分类

按作业性质可分为装卸机械、搬运机械及装卸搬运机械三类。有些装卸搬运机械性能比较单一,只能满足装卸或搬运一个功能,这种单一作业功能的机械结构简单,专业化作业能力较强,因而作业效率高,作业成本低,但使用上有局限。不过,由于其功能单一,作业前后需要繁琐的衔接,会降低整个系统的效率。单一装卸功能的机械有手动葫芦、固定式起重机等;单一搬运功能机械主要有各种搬运车、带式输送机等。装卸、搬运两种功能兼有的机械可将两种作业操作合二为一,因而有较好的效果。这种机械有叉车、跨运车、车站用的龙门起重机、气力装卸输送机械等。

(三)按装卸搬运货物的种类进行分类

按装卸搬运货物种类可分为四大类:

1.长大笨重货物的装卸搬运机械

长大笨重货物通常指大型机电设备、各种钢材、大型钢梁、原木、混凝土构件等,具有长、大、重、结构和形状复杂的特点。这类货物的装卸搬运作业通常采用轨行式起重机和自行式起重机两种,轨行式起重机有龙门起重机、桥式起重机、轨道起重机;自行式起重机有汽车起重机、轮轨起重机和履带起重机等。在长大笨重货物运量较大并且货流稳定的货场、仓库,一般配备轨行式起重机;在运量不大或作业地点经常变化时,一般配备自行式起重机。

2.散装货物的装卸搬运机械

散装货物通常是指成堆搬运不计件的货物,如煤、焦炭、沙子、白灰、矿石等。散装货物一般采用抓斗起重机、装卸机、链斗装车机和输送车等进行机械装车;机械卸车主要用链斗式卸车机、螺旋式卸车机和抓斗起重机等。散装货物搬运主要用输送机。

3.成件包装货物的装卸搬运机械

成件包装货物一般是指怕湿、怕晒、需要在仓库内存放并且多用棚车装运的货物,如日用百货、五金器材等。这种货物包装方式很多,主要有箱装、筐装、桶装、袋装、捆装等。该类货物一般采用叉车,并配以托盘进行装卸搬运作业,还可以使用牵引车和挂车、带式输送机等解决成件包装货物的搬运问题。

4.集装箱货物装卸搬运机械

1t集装箱一般选用1t内燃叉车或电瓶叉车作业。5t及其以上集装箱采用龙门起重机或旋转起重机进行装卸作业,还可采用叉车、集装箱跨车、集装箱牵引车、集装箱搬运车等。

三、仓储机械设备的分类

仓储活动是物流领域的一个中心环节,在物流领域中起着重要的作用,被称为“物流的支柱”,它的基本功能包括物品的保管功能、调节物品的供需功能、调节物品的运输功能、实现物品的配送功能和节约物品功能。它的基本活动包括储存、保养、维护和管理。仓储活动离不开仓储机械的支持,仓储机械选择的是否合理,直接影响着仓库的作业效率。仓储机械设备是指在仓库进行生产和辅助生产作业以及保证仓库及作业安全必须的各种机械设备的总称。

仓储机械按照功能不同可分为：储存设备、装卸搬运设备、计量设备、商品保养和检验设备、机械维修设备以及安全设备等。

仓储机械按照作业方式不同可分为：搬运机械设备和起重吊装机械设备。

仓储机械按照用途不同可分为：专用机械设备和通用机械设备。

仓储机械按照作业形式不同可分为：固定式机械设备、流动式机械设备和半移动式机械设备。

四、配送中心机械设备系统

配送中心配送是货品配送的主要形式，也是未来物流配送企业的发展方向。在配送中心要开展大规模的配送活动，必须根据配送活动的特点、作业流程、处理货物种类等要求，相应地配置各种配送机械设备。

在一些经济发达国家，配送的规模日益扩大，配送中心的数量明显增多。在美国，配送中心的数量达数万家，仅公用型配送中心就有 250 家。这些配送中心很多都配置了先进的配送设备，采用了计算机控制的机电一体化设备，当接到用户的订单后，在 24h 内就可以将大批货物配备好，运送到送货点。如此高的配送效率，从另一个侧面反映出了他们采用先进配送设备的状况和水平。

配送中心是从事配送业务的物流场所。配送中心要实现配送任务，必须具有一定的功能。一般来说，配送中心具有集散、接收；储存与分货、理货、配货；装卸搬运；包装；流通加工；送货；信息收集、传递、服务等多种功能。这些功能的完成需要配备不同的配送机械设备。配送机械设备是实现配送业务的重要手段和技术保证，是建立迅速、安全、正确、廉价作业体系的基础。由于配送中心的规模不同、所处理货物的特性不同，配送中心机械设备系统的构成也不尽相同。根据目前我国配送中心的实际情况，配送中心机械设备系统主要由以下几个部分构成：

（一）装卸机械设备系统

装卸机械设备系统主要设置在进货场、配货发送场和仓库内，它的主要任务是：把货物从进货车辆，如火车、载货汽车、船舶上卸下来，在进货场临时堆码；在配货发送场把货物装上汽车，以便送货；在配送中心仓库内，向货架上存取货物。

在进货场和配货发送场中设置的主要机械设备有：叉车和各种起重机械，如汽车起重机、轮胎起重机、桥式起重机、龙门起重机、门座起重机等。

在配送中心仓库内向货架上存取货物的主要机械设备有叉车、轨巷道堆垛机、无轨巷道堆垛机和固定式堆垛起重机等。叉车主要用于低层货架；巷道堆垛起重机主要用于中、高层货架上存取货物；固定式堆垛机主要用于旋转式货架上存取货物。

（二）连续输送机械设备系统

连续输送机械设备系统主要设置在进货场、检验场、分拣场、配货发送场、仓库和流通加工车间之间。它把配送中心的各个组成部分连成一个相互贯通的物流网络，其主要任务是按照配送中心的配送计划有节奏地输送各种货物。另外，在用户的分支输送机线上，也可临时集中储存配好的货物，以便高效率地向送货车辆装货。在配送中心输送机械设备系统中设置的主要机械设备有各种连续输送机械设备，如带式输送机、滚子输送机、链式输送机，这类输送机主要用在各部分之间的输送距离不长的场合。

(三)装卸搬运车辆系统

装卸搬运车辆主要用于配送中心中较长距离地运送货物。装卸搬运车辆主要有叉车、牵引车、托盘搬运车、电动搬运车、自动导引搬运车等。

(四)检测计量机械设备系统

为保证货物与供货合同相符,按用户要求保证货物的质量和数量,原则上进入配送中心的所有货物都应该进行检查验收。由于配送中心是大批量,多品种地进货,一般只能按照订货单进行外观、重量、数量、规格等方面的检验。

在重量检测方面主要运用的机械设备是电子台秤、吊钩电子称、地中衡、轨道衡等;在规格尺寸检测上,主要使用光电检测装置、激光检测装置等;对于粉料、液体等货物的检测主要运用电子流量计等;成件包装或单元化货物则使用电子计数装置等。现代的检测计量机械设备主要以电子检测和识别装置为主导,如各种检测器、图像识别机等。它们可以与计算机连接运行,随时记录检测结果,便于采取有效措施,加强管理。

(五)分货、拣货机械设备系统

该系统按照用户的订货要求,完成货物的拣选、分货、分放等配送作业。拣选是把用户需要的货物从储存处挑选出来;分货是把相同的货物按类别、规格分选出来,分投到每一货位处;分放是把各用户所需要的货物分别集中、配齐。该系统主要机械设备有拣选机械设备和分货机械设备,它们是配送中心中有特色的机械设备。目前,国内外大型配送中心大都应用了拣选机械设备和分货机械设备,它们的劳动生产率高,自动化程度高,技术密集,分拣能力高,已成为配送中心的核心技术装备。

拣选机械设备主要包括拣选式叉车、拣选式升降机、拣选式巷道堆垛机,这些机械设备机动灵活、使用方便、投资小、见效快。分拣作业用的拣选机利用电子计算机,可在其显示盘上显示要求拣选货物的品种、数量、层数,分拣人员根据显示盘的指令,便可把拣选机调整到指定位置,直接进行拣选作业。对于回转货架,在拣选过程中,计算机根据指令让货架回转,回转货架把下一个要拣选的货位回转到拣选位置,拣选完一种货物之后,只要按一下电钮,拣选机就上升或下降到下一个需要拣选的货架,实现连续地拣选。使用回转货架,拣选货物单元重量一般在 100kg 以下,拣选的生产率范围为 15 ~ 60s/件,拣选的物品一般为 400 ~ 800 种,最高可达 2 000多种。

分货机械设备又称为分拣机械设备。现代配送中心的分货工作,大多由自动分拣机来完成。

(六)储存机械设备系统

配送中心保持一定储备量是非常重要的,其主要原因在于保持正常连续地配送,防止缺货。为保持适当规模并提高配送能力,储存机械设备和设施不宜占用太大面积,因而常采用各种类型的货架,使存、取货物便利。货架的种类主要有普通货架、单元货架、重力式货架、贯穿式货架、旋转式货架等。

(七)流通加工机械设备系统

流通加工是配送中心的重要功能之一。为了满足用户多样化需要,保护货物的使用价值,提高流通效率,配送中心的一些货物需要进行流通加工。货物的类型、加工要求、加工方法不同,就需要配备不同的流通加工机械设备。目前,配送中心使用的流通加工机械多为剪板机、折弯机、玻璃切割设备、锯床等。

(八)包装机械设备系统

该系统主要是对货物进行集装、分装以及防变质包装等。集装的目的在于提高配送中心配送的效率;分装的目的在于满足用户小量化的需要。

集装的机械设备有捆扎机、装箱机、装罐机等;分装的机械设备有小型的自动定量分装机械设备、热收缩包装机、拉伸包装机等;防货物变质的包装机械设备有防潮包装、防锈包装、充气包装机等。

(九)配装送货机械设备系统

配装机械设备是将两个以上的用户需要的货物,或同一用户需要的不同货物配装在同一车辆上,以便提高配送车辆的满载率和减少配送里程,降低配送成本。常用的有通用起重机械、装卸搬运车辆。

送货机械设备是按用户的时间、地点的要求,将货物从配送中心送达指定地点的机械设备。送货机械设备运用最广泛的是普通载货汽车。对于裸装货物,为了保护货物不受雨淋、丢失,常采用棚式或厢式车辆。为便于装卸,这种车辆需具备敞开门的能力,如能将左右两面全部敞开的翼形车,能将后门全开而又不影响接靠站台的后部卷帘门式车等。

(十)信息处理机械设备系统

配送中心的信息处理机械设备系统,主要包括电子计算机及其网络;信息识别装置、传票传递装置、通讯设备等。建立起完整信息处理机械设备系统是配送中心提供优质服务的物质基础。

以上十类机械设备系统是实现配送的技术保证,它们直接影响着配送中心全部功能的实现,决定着配送能力和作业规模大小,影响着配送范围的大小、服务水平的高低、配送经济效益的好坏。因此,配送机械设备在配送中心中起着重要作用,普及和应用配送机械设备,是实现配送现代化、科学化的重要手段,是提高配送中心经济效益的重要因素之一。

近年来,我国配送中心的建设取得了长足的进步,涌现出了一批功能较为齐全、设备较为先进的配送中心。

第三章　物流信息系统与技术

第一节　物流信息系统

一、信息系统的一般概念

信息系统是一种由人、计算机(包括网络)和管理规则组成的集成化系统。该系统利用计算机软硬件,手工规程,分析、计划、控制和决策用的模型、数据库,为一个企业或组织的作业、管理和决策提供信息支持。

实际上,信息系统是一个金字塔形的结构,它包括四个层次:最低层为初级信息系统,它进行一般的事物数据处理,以改善人工数据处理。第二个层次是在计算机网络、数据库支持下,用于作业计划,决策制定和控制的信息系统。第三个层次为用于辅助战术计划和决策活动的信息系统。第四层(最顶层)为支持最高决策者进行战略决策的信息系统。这一层不仅要运用数据库、方法库和模型库,而且还要用人工智能、专家系统的技术,所以最高层又称为智能化信息系统。信息系统的层次结构图如图3-3-1所示。

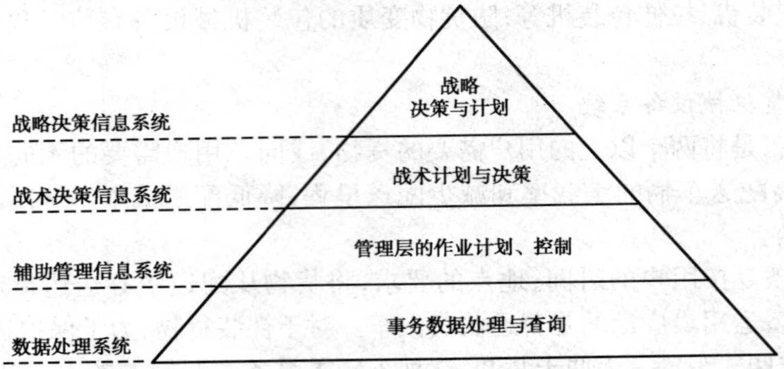

图3-3-1 信息系统的金字塔型结构

二、物流信息系统的概念

物流信息系统是企业管理信息系统的一个重要的子系统,是通过对与企业物流相关的信息进行加工处理来实现对物流的有效控制和管理,并为物流管理人员及其他企业管理人员提供战略及运作决策支持的人机系统。物流信息系统是提高物流运作效率,降低物流总成本的重要基础设施,也是实现物流信息化管理的最重要的基础设施。

物流信息系统管理两类活动流中的信息,调控活动和物流运作活动。调控活动包括企业总体的安排调度与需求计划,具体为战略计划、能力计划、物流计划、生产计划、采购计划等。物流运作活动包括订单的产生与跟踪、库存配置、产成品在分销设施之间和分销设施与顾客指定地点之间的运输以及采购等。

调控活动流程是整个物流信息系统构架的支柱。战略、能力、物流、生产、采购等计划指导企业资源在从原材料采购到产成品送货过程中的分配与调度。上述计划在物流中的具体实施便构成企业主要的增值活动,而正是这些增值的活动为企业带来利润。

尽管调控活动中的各项计划工作是相对独立的,计划周期也各不相同,但如果各项计划出现不一致、失调或扭曲,则会造成运作的低效率和库存的过量或短缺。例如,对战略计划缺乏充分的理解与贯彻,会导致生产和物流库存的不协调;同样,如果不充分估计到生产、采购和物流能力限制,也会导致系统的应变力差和低效率;各项计划工作不协调的另一个典型后果是过高的安全库存量设置,而导致资金占用成本的增加。物流信息系统的一个重要作用就是帮助实现各项计划的一致性。

物流运作活动中的信息流主要包括顾客订单和企业采购订单的接收与发送、处理及相关的货物运输调控。主要的物流运作活动包括订单管理与订货处理、分销运作、库存管理、货物运输、采购等。

实际上,物流信息系统也是一个四层结构的信息系统,如图 3-3-2 所示。

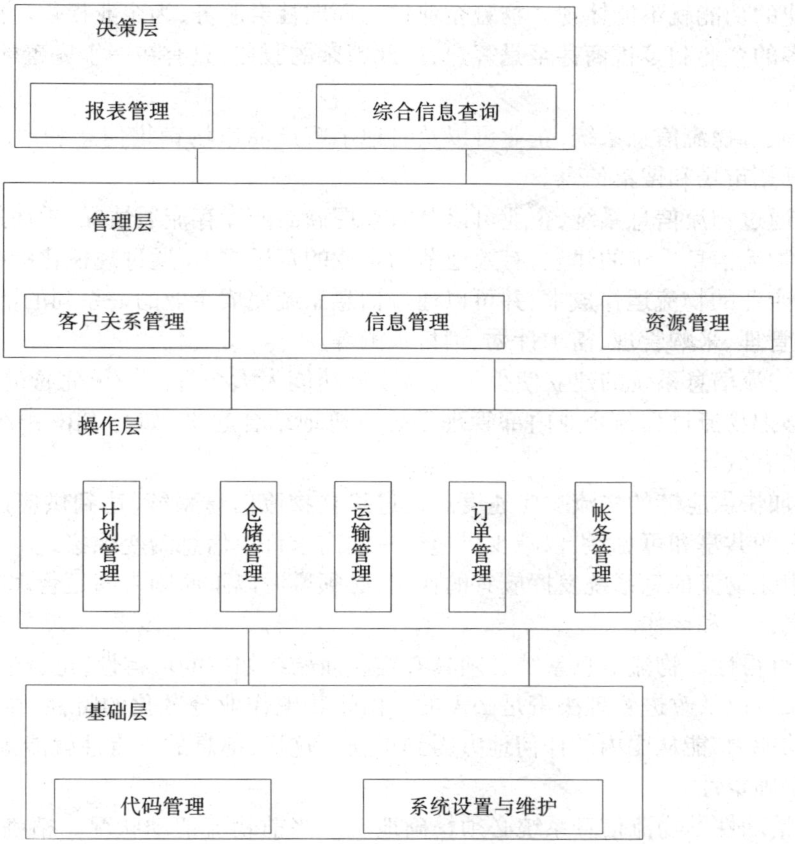

图 3-3-2　物流信息系统的层次结构

第一层是基础层,主要设计系统的代码管理及参数的设置与维护等。实体代码化是信息系统的基础,代码设计与管理是信息系统的一个重要组成部分,设计出一个好的代码方案对于系统的开发和使用都极为有利。它可以使许多计算机处理(如某些统计、校对、查询等)变得十分方便,也使事务处理工作变得简单。同样,系统设置的参数化使得系统变得灵活且易于维护。第二层是操作层,用于指导物流作业,记录、更新物流各作业环节的作业信息。第三层是管理层,用于制定作业计划,平衡、控制、协调客户需求与资源能力以及保障各作业环节的均衡平稳的运行。最高层是决策层,根据企业运转的各种综合信息或报告,收集环境信息,制定企业的中长期工作计划及战略目标,并根据自底层向上的信息反馈,不断调整修正各项目标计划。

三、物流信息系统的作用

基于互联网和现代信息技术的物流信息系统,与其他信息系统一样,能够显著提高企业物流的运行效率和管理水平,越来越多的企业愿意采纳集管理和信息技术为一体的信息系统。

一个典型的物流信息系统对企业的作用体现在以下几个方面：

(1)物流信息系统是物流企业及企业物流的神经中枢。如果没有先进的信息系统来支持，物流企业的功能就不能体现。物流企业作为面向社会服务，为企业提供功能健全的物流服务，面对众多的企业和零售商甚至是客户，如此庞杂的服务，只有在一个完善的信息系统基础上才可能实现。

(2)通过物流信息系统，企业可以及时地了解产品市场销售信息和产品的销售渠道，有利于企业开拓市场和搜集信息。

(3)通过物流信息系统，企业可以及时掌握商品的库存流通情况，进而达到企业产销平衡。

(4)物流信息系统的建立，有效地节约企业的营运成本，通过规模化的少品种，业务统一管理，节约企业的物流运作成本，并可以通过信息系统完成企业的一系列的活动，如报关、订单处理、库存管理、采购管理、需求计划、销售预测等。

(5)物流信息系统的建立使得物流的服务功能大大拓展。一个完善的物流信息系统使得企业能够把物流过程与企业内部管理系统有机地结合起来，如与 ERP 系统结合，可以使企业管理更加有效。

(6)加快供应链的物流响应速度。通过建立物流信息系统，达到供应链全面库存、订单和运输状态的共享和可见性，以减少供应链中的需求订单信息畸变现象。

要想让物流信息系统发挥应有的作用，必须遵循以下原则来满足管理的需要，并充分支持企业制定计划和运作。

(1)可得性。物流信息系统必须具有容易而始终如一的可得性，迅速的可得性对企业和客户作出反应以及改进管理决策是必需的。由于物流作业分散化的特性，要求对信息具有存储和传递的能力，能从国内的任何地方得到更新。这样，信息的可得性就能减少作业上和制定计划上的不确定性。

(2)精确性。物流信息系统必须精确地反映当前物流活动状况。精确性可以解释为物流信息系统的报告与实物计数或实际状况相比所达到的程度。例如，平稳的物流作业要求实际的存货与物流信息系统报告的存货相吻合的精确性最好在 99% 以上。当实际存货水平和系统之间存在较低的一致性时，就有必要采取提高安全库存的方式来适应这种不确定性。正如信息可得性那样，增加信息的精确性，也就减少了不确定性，并减少了库存量。

(3)及时性。物流信息系统必须及时地提供快速的管理信息反馈，以利于及时的管理控制。及时性是指一种活动发生时与该活动在信息系统内可见时之间的耽搁。例如，在某些情况下，系统要花费几个小时或几天才能将一种新订货看作实际需求，因该订货并不始终直接进入现行的需求量数据库，结果在认识实际需求量时就出现了耽搁，这种耽搁会使计划制定的有效性减弱，而使存货量增加。

及时的管理控制是在还有时间采取正确的行动或使损失减少到最低程度的时候提供信息。概括地说，及时的信息减少了不确定性，并识别了种种问题，于是减少了存货需要量，增加了决策的精确性。

(4)灵活性。物流信息系统必须具有灵活性，以满足企业和客户两方面的需求。信息系统必须具有能提供满足特定顾客需要的数据。例如，有些顾客也许想将订货发货票跨越地理或部门界限进行汇总。特别是零售商 A 也许想要每一个店的单独的发货票，而零售商 B 却只需要所有的商店的总发货票。一个灵活的物流信息系统必须有能力适应这两类要求。

(5)适当格式化。物流报告和显示屏应该具有适当的格式,这意味着信息系统的界面要用正确的结构和顺序显示正确的信息。例如,物流报告的现实界面含有向决策者提供决策所需的所有相关的信息。显示屏将过去信息和未来信息结合起来,包含了现有库存、最低库存、需求预测以及在一个配送中心某一单品的计划入库数。这种结合了库存流量和存货水平的图形界面显示,在现有库存有可能下跌到最低库存水平时,有助于计划人员把注意力集中在制定存货计划和订货计划上。

四、物流信息系统的模式

推动物流发展和物流地位改变的环境要素主要有:消费者行为的变化;多品种、小批量生产的转变和零售形式的多样化;零库存经营的倾向;信息技术的革新;新物流需求的产生等。为适应这些变化,流通各经济主体都在调整自身的物流活动,构筑新的流通系统。当然,不同的主体形式,如生产厂商、批发商和零售商所面对的物流不同,处理的方式与方法也不同。因此,没有也不可能存在统一的物流信息系统的模式,下面将分别加以介绍。

1.生产厂商物流信息系统

生产厂商物流可以划分为充实原材料、零部件等采购活动的供应物流、生产产品过程中的制造物流或生产物流,以及将生产出的产品向批发商或零售商传递的销售物流三种类型。因此,生产厂商具有自己独特的物流信息系统。

1)生产厂商物流系统的特点

(1)供应物流的高度化。生产厂商从事生产经营活动时,上述三种形式的物流都必不可少,但最具特色的物流形式是供应物流。尤其是对于加工组装型厂商来讲,往往是在获取大量零部件、原材料之后,再在生产线上从事组装生产,零部件供应的工作量相当大,而且也非常重要。如果厂商拥有大量零部件库存,虽然能确保生产顺利进行,却要为此承担巨额的物流成本或费用。从整体上来看,既不利于流通效率的提高,也不利于产品成本降低。因此,作为解决生产过程中资产占用成本的对策之一,就是彻底实现生产零部件厂内零库存生产。

(2)销售物流的高度化。对于厂商而言,物流管理的另一重要内容就是销售物流。以前,厂商主要把注意力放在产品制造、开发和销售上,对产品流通中的物流较为淡漠。这是因为此前的流通体系是批发商中介的流通体系,批发业者在接受零售商的订货后,再实施备货、配送等物流机能。然而,如今越来越多的厂商不是让批发商来承担本企业产品的物流,而是构筑自身的物流系统,向位于流通最后环节的零售店直送产品。之所以发生这种变化的主要原因是:①目前的流通体系正在发生排除中间商、实现单阶段流通的变革。随着大型零售业的不断发展,零售商与厂商相互联合,直接交易的情况越来越多,在这一背景下,厂商必须具备向流通终端的零售业者直接配送产品的能力。②以前的批发商物流机能是不充分的,在物流服务个性化日益重要的今天,厂商拥有良好的物流服务供给能力对促进厂商的产品销售有着积极意义。③如果流通过程中介太多,过于复杂,将不利于厂商正确把握商品在库或在途情况,从而形成非效率的物流系统,使厂商生产经营的决策受到影响。相反,直接建立企业到零售商的物流系统,能使厂商在迅速把握产品销售状况的同时,确切了解商品的在库情况。

构筑厂商到零售业者的直接物流体系中一个最为明显的措施是实行厂商物流中心的集约

化,即将原来分散在各支店或中小型物流中心的库存集中到大型物流中心,通过计算机等现代技术实现进货、保管、在库管理、发货管理等物流活动的效率化、省力化和智能化,原来的中小批发商或销售部已转为厂商销售公司的形式专职从事销售或订货等商流业务。物流中心的集约化虽然从配送的角度看,造成了成本上升,但是,由于它削减了与物流关联的人力费、保管费、在库成本等费用,在整体上起到了提高物流效率的目的。

(3)流通信息网络与零售支持的高度化。在厂商积极推进供应物流、销售物流发展的过程中,物流系统的信息化过程也迅速展开。如今,很多大型厂商一方面灵活利用销售公司推行由厂商主导的信息系统,进而提高物流效率;另一方面,在批发商之间或零售商之间构筑信息网络,通过信息系统实现订发货自动化。除此之外,有的厂家以现代物流观念为基础,从产销物一体化的视点出发,设计实施从产品设计(包括包装尺寸设计等活动)开始,物流系统有机运转、追求全体效率化的信息系统与网络。

2)厂商物流信息系统的组成

厂商物流信息系统的目的是使企业的生产物流、供应物流、销售物流、废旧回收物流能够以最低的成本、最快的速度实现。厂商物流管理信息系统由 12 个子系统组成,其中某些子系统的某些功能已广泛运用于美国以及其他一些国家的企业管理和物流管理中。这 12 个子系统分别是:①工程技术与生产数据控制子系统;②订货服务子系统;③预测子系统;④主生产调度计划子系统;⑤库存管理子系统;⑥生产制造计划子系统;⑦工作令开发子系统;⑧监控子系统;⑨维修子系统;⑩采购与进货子系统;⑪仓库控制子系统;⑫成本计划与控制子系统。

2.批发商物流信息系统

批发业在流通过程中起中介作用,减少单个厂商与零售商间的交易次数,在降低流通整体成本的同时,实现零售业一定程度的多样化的进货要求。批发业的机能大致可以划分为五种类型:①备货机能;②物流机能;③信息机能;④金融机能;⑤零售店经营支援机能。在发挥这五种机能的基础上,批发业作为连接厂商与零售业的经济主体,在流通过程的中间阶段积聚商品,向零售业迅速提供其所需求的产品和服务。

但是,这些批发机能并不是只有批发商才能完成,随着信息化的发展,没有批发商的中介,各流通主体也能获取信息,并实现相应机能。特别是具备高度备货机能、销售支持机能的大型零售业或便民店的出现以及构筑销售公司,使其具备批发机能的强有力的厂商的出现,使批发商面临前所未有的危机和挑战,批发业存在的意义遭到质疑。无论是在发达国家还是在我国,传统批发业的衰弱都是一个共同现象。在这种状况下,现代批发业开始从原来作为厂商销售代理人的地位转向零售购买代理人的地位,支持这种转换的基础正是信息系统化的推进以及以信息系统现代化为基础的零售业支持机能的强化。

1)批发商物流系统的特点

(1)备货范围广泛化、配送行为快速化。如前所述,当今越来越多的厂商都在积极实行多品种、少量生产的战略。与此同时,零售业者为了降低在库成本,实现即时销售的战略目标,要求多频度少量配送。尤其是随着便民连锁店的发展,往往要求物流配送能直接送到各店铺,零售业的这种物流要求有时会给厂商直送带来困难。因为,虽然厂商正在积极从事多品种少量生产,但过于分散的配送势必会增加厂商的物流成本。特别是对于一些中小型的厂商而言,一方面由于自身规模较小,不具备直送业务的能力,也没有相应的物流中心、物流设施等手段。

另一方面,因为缺乏经验,发展时间短等各种因素,且不具备物流服务所必需的技术和诀窍,难以适应如今零售业多频度少量配送的要求。也就是说,部分厂商难以实现厂对店的直送,即使能从事这种物流活动,也要等到多个店铺配送总和能达到厂商的配送规模经济才能够开展,这又有悖于零售业及时化、多频度输送的方针。厂商与零售业在物流配送上的这种分歧为批发业提供了生存、发展的空间,即批发商通过扩大备货范围和幅度,利用自己在物流服务上的经验以及相对完善、先进的物流设施,运用快速的配送服务来充当厂商与零售商的媒介,消除他们在商品配送要求上的差异。这表明,针对地域分散的零售业店铺配送要求,充实灵活的物流能力是当今批发业发展的一个重要趋势。

(2)建立高度化的物流系统。批发业者的物流系统为了对应多频度、少数量配送的要求,需要在配送中心或物流中心的高度化发展上下功夫。在物流中心的高度化发展中,最重要的问题是在推进品种多样化和订货少量化的过程中,迅速进行单个商品的包装作业以及按照订货要求提供正确的物流服务。为此,批发业者在导入信息通讯系统、实行订货合理化的同时,针对物流多频度、少量化的状况,积极采用计算机在库管理、自动分拣机器、立体自动仓库、数码化备货等机械化、自动化的作业手段,推动物流中心现代化,这是批发业备货范围广泛化、配送行为快速化的物质基础。否则,没有物流系统高度化的发展,批发业要在扩大商品品种幅度的同时保持输送管理的高效率是不太可能的。因此,伴随批发业的战略转变,批发商在自身的硬件和软件建设上都需要作出重大调整,可以认为这是批发业革新必需的战略投资。

(3)物流中心的机能分化。随着商品消费的多样化以及企业营销战略差异化的发展,对于不同商品种类、不同商品品种或同一商品不同销售方式、不同生命周期,物流管理的要求或在库、配送要求是不一致的。如果将这些不同要求的产品物流管理集中在一起进行,既增加了批发企业物流管理的复杂性和难度,不利于管理效率提高,又难以灵活应对零售业物流活动以及物流服务质量的不同要求。所以,根据一定的物流要求、流通特性等标准进行适当划分,在物流中心内成立单独的物流机能是目前批发业为适应物流发展而进行组织机能变革的重要举措。例如,在一些发达国家,随着书籍流通的不断扩大,一些大型图书批发商在加强物流、信息网络建设的同时,在物流中心内设置了相应的退货部门、杂志经营部门、书籍经营部门、24h专营部门、VCD相关部门等,从而确立了计划性的进货、发货体制,推动了专业化、机械化的分拣作业。从产业的角度看,物流中心机能分化最显著的是大型食品批发业,在食品批发业中,根据不同的销售对象和商品周转速度,常常划分为24h店专业部门,一般包装箱发货部门以及具有广域商圈、单品出货、周转率低等特点的部门,经过这种机能分化后,在物流作业机械化、自动化基础上降低了次品率,提高了作业精度,因而很容易确保顾客信赖,渐渐使物流活动向无检查进货发展。

(4)向零售支持型发展。批发业在强化自身物流效率的同时,要对占顾客群中的绝大多数、自身无法充分对应信息系统化的中小型独立零售商给予支持,努力确保顾客源是当今批发业物流发展战略的重要课题。其中之一的举措是扩大不同产业批发商共同确定商品的范围,或者说打破批发业中的产业界限,实行零售支持和共同配送。作为服务支持的对象,主要是以小型超市为代表的综合型、独立进货型的中小零售业。这种零售支持型的发展能否成功,关键在于批发业所提供的信息系统以及零售支持的服务水准,能否与大型零售业或24h经营的连锁店相匹配。

从发达国家的发展状况看，现金批发商零售支持强化的动向也很明显。所谓现金批发商，是指以现金进行交易决算、无退货形式的批发商。目前，现金批发商的主要客户——中小零售业的经营环境十分严峻。为此，批发商纷纷采取了各种支持行动来维持与顾客的关系，其中作为支持的一环，很多现金批发商为了能获得零售支持中的诀窍，直接进入零售领域，试着开展一些商品促销活动。从具备市场竞争条件的角度看，如果这种试验性的促销活动能成功，无疑能提高中小零售业的经营效率，推进零售业经营行为的合理化，触发活性化的市场竞争。

(5)批发业的组织再生。在追求实现信息系统化等批发机能高度信息化的过程中，能采取对应行为的批发企业与不能相应变化的企业在效率和利益上产生了很大的差异，从而为批发组织的再生和调整提供了基础，这一方面反映在一些全国性规模的大型批发企业通过兼并或参股的形式，将不具备条件的中小批发业纳入到自己所控制的系列之下；另一方面，一些地域性的强大独立批发企业开始快速发展。此外，在竞争中生存下来的中小批发业为了进一步确保生存发展的空间，积极从事相互间的合并或联盟。从日本和美国发达国家的情况看，批发业的组织再生形式，一是来自零售业物流要求而产生的集约化，即由零售业主导的来自下游企业的组织再生；二是中小批发企业，特别是不同产业批发企业之间推动共同物流或订发货信息系统化方面的协作。从未来的发展角度看，我国批发业也将面临重大发展，特别是随着零售业竞争优势的确立，在对应不同规模、不同业态、不同地域零售业发展状况的条件下，明确配送时间、配送频度、订发货时间等规则，抑制物流作业的波动性，实现批发业务高效率，是我国批发业革新的方向之一。

2)批发商物流信息系统的组成

批发商物流信息系统的目的是：使企业的采购、销售、配送、资金结算等能够以最低的成本、最快的速度实现。批发商物流管理信息系统的业务主要由下列几个子系统组成：①订单管理子系统；②采购管理子系统；③销售管理子系统；④配送管理子系统；⑤库存管理子系统；⑥账务处理子系统。

3.零售商物流信息系统

零售业自20世纪80年代以来，急速地向信息系统化方向发展，这种信息化是在企业内就经理业务、人事管理业务等实现合理化、效率化的同时，通过POS系统实行单品管理，把握每个商品的需求动向。但是，仅仅通过分散在各店铺中的POS数据还不能提升经营的效率。为了真正达到这个目标，还必须通过EOS将信息与订发货作业连接在一起，并使整个物流系统协同运转、综合作用，才能实现实时的备货和在库成本的削减。

1)现代零售业物流系统的特点

(1)通过物流中心或配送中心实现高效率。随着当今零售业的不断扩大，特别是连锁店的发展，出现了流通广域化、店铺复数化、商店规模大型化以及商品构成多样化的现象，订货的频度和配送车辆数也相应大大增加。为了解决由此带来的商品搬运、检查作业繁琐化以及效率低下的问题，物流中心或配送中心的建设是实现物流高效率化的必然举措。从当今发达国家的情况看，大多数零售业者都拥有物流中心或配送中心。1991年日本连锁店协会对其成员企业所作的调查表明，73.8%的零售业都拥有物流中心，在美国这个比例也很高。物流中心通过集中处理所辖区域内各店铺的订货，并实行各店铺的商品集中或共同配送来推进物流效率。具体来看，物流中心的好处在于店铺进货时间确定、作业有计划以及成本节省。

(2)商品配送的计划化与集约化。为了灵活运用物流中心,提高物流效率,必须在软件方面推进联网化,实现计划性的发货,并将之与物流系统紧密结合起来,实现配送的计划化和集约化。要达到这一目标,必须积极推进条形码标签的应用、账单以及物流手续的标准化。此外,在硬件配置上,为了实现物流中心或店铺作业的合理化及省力化,要推动分拣、商品检查业务过程的自动化与机械化,这些都是实现商品配送计划化和集约化的前提条件。

(3)物流系统设置成本的合理分担。对零售企业来讲,在进行物流系统建设时还应该重视的一个问题是物流建设成本的合理分担。因为信息系统化物流中心的建设虽然提高了物流效率,推动了物流体系的合理化,但在构筑这一系统时,必须充分重视建设成本由谁负担的问题。特别是随着当今零售业逐渐在流通体系中占据主导地位,应防止将成本全部推向厂商或批发商的情况发生。因为要维持一个安定和长期有效的物流系统,必须与批发业、厂商等发货方进行充分协商,不断根据环境和流通的变化来完善物流系统。因此,没有批发商和厂商的合作,从长远看无法保证有效的物流体系的建立。

2)零售商物流信息系统的组成

零售商物流信息系统是以采购补货的及时与低成本、销售的准确统计与预测、库存的低水平与高周转率等为目的,它包括以下几个主要的业务子系统:①采购订货子系统;②前台 POS 系统;③销售分析与预测子系统;④库存管理子系统;⑤账务处理子系统。

五、物流信息网络体系结构

计算机的迅速普及、网络通信技术及社会经济发展的互相作用,支持着企业网络体系结构的普及与发展。Internet/Intranet 网络体系已成为当今企业网络的基本构架和趋势。物流信息网络建设和使用的主要主体是物流企业。因此,可以说物流信息网络的体系结构主要是物流企业的 Internet/Intranet 体系结构。

1.物流企业的 Internet/Intranet 的基本结构

物流企业的 Internet/Intranet 是 Internet/Intranet 技术在物流企业的应用。它是物流企业利用 Internet 技术建立的物流企业信息网络,是物流企业信息管理和交换的基础设施和平台。根据物流企业的特性,在物流企业的 Intranet 建设中,又可按不同部门和结构来构建物流企业特有的 Intranet。其基本结构如图 3-3-3 所示。

在物流企业的 Intranet 和 Internet 之间采用"防火墙"或路由器连接,这与一般企业的 Internet/Intranet 基本相同。而在物流企业的 Intranet 内,则依不同的部门划分为运输配送部门、订货采购部门、库存控制部门而分别配备 Web 数据服务器和网络浏览器,构建相应的信息子系统。由于物流企业的 Internet/Intranet 中 Intranet 具有共同和独特的一面,下面我们将对其进行重点分析。

2.物流企业的 Intranet 的技术特点与优势

在 Internet 的日益普及和相关技术的发展完善的今天,传统的企业管理信息系统(MIS)受到了巨大的冲击。人们不再满足于应用 MIS 专业人员定制的数据库系统,不再愿意束缚在各自封闭的系统平台上,不再想为品种繁多的应用系统培训花费宝贵的时间和金钱。于是,在商业需求和 Internet 技术发展的双重推动下,Intranet 这一信息系统也就应运而生了。同样,对于物流企业来说,要赢得现代的商机和挑战,就必须迎头赶上信息革命的浪潮,必须建立自己的

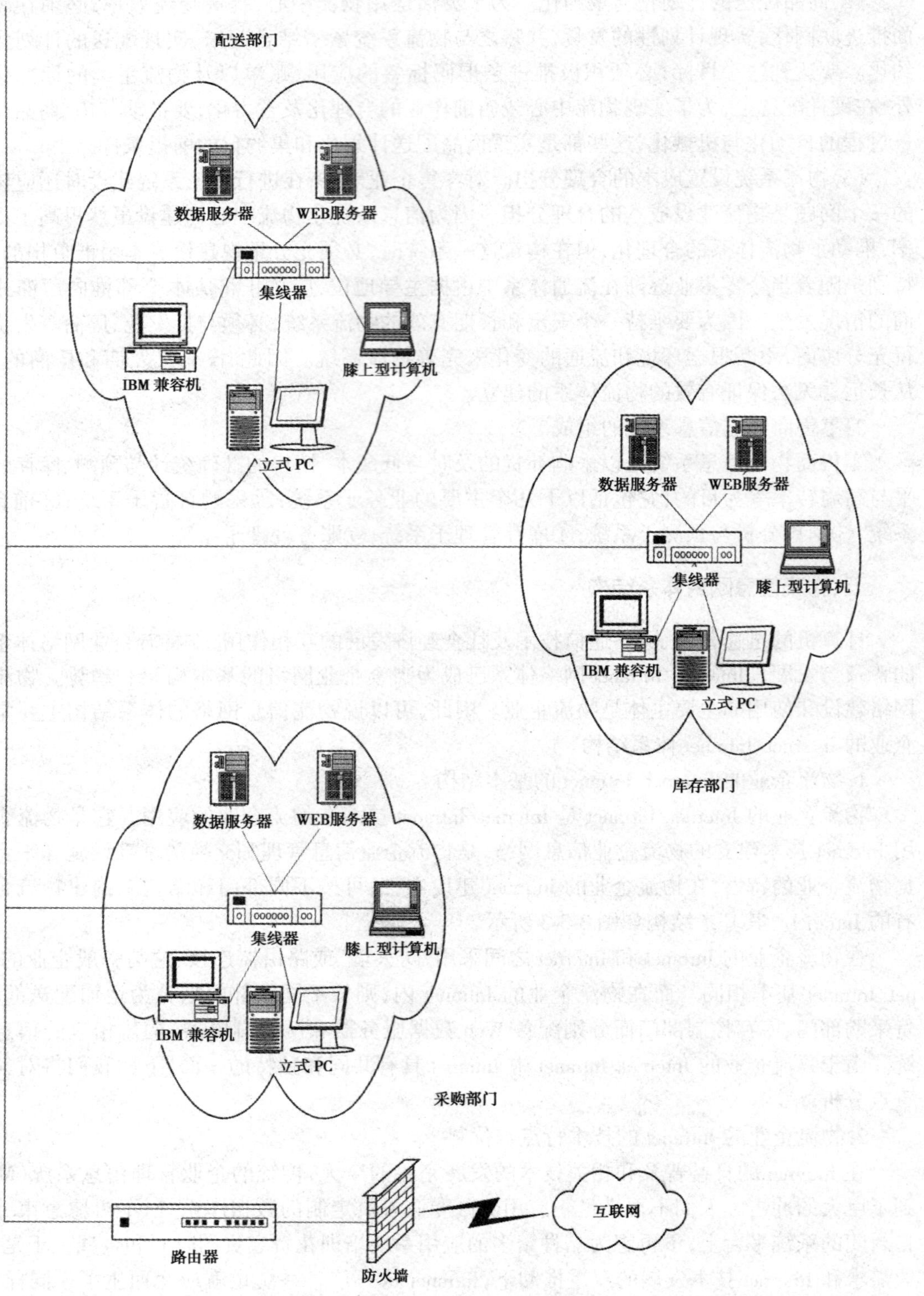

图 3-3-3 物流企业 Internet/Intranet 基本结构

Intranet 系统。

1)物流企业的 Intranet 的特点

Intranet 就是把 Internet 技术应用于企业内部或企业之间的信息管理和交换平台。它基于 TCP/IP 通信协议和 WWW 技术规范,通过简单的浏览界面,方便地集成各类已有系统,如生产物资与设备管理系统、决策支持系统、人力资源管理系统、成本管理系统、产品质量管理系统、办公自动化系统等在局域网和局域网上高速交换。可以在网络环境下,进行企业的计划、库存、商务、采供、资产管理等方面的数据查询、统计、分析、检索以及物流商品化的信息集成处理。

由于企业管理信息往往是围绕数据这一核心技术进行开发和应用的特点,在采用 Internet 软件体系为基础进行开发的同时,又引入了数据库编程接口,如各类 CGI,API 等,以满足企业用户对各数据库的访问。另外,Java 的使用,使得用户在共享超文本信息、访问数据之外,还可以共享功能日益强大的功能。

在上述条件下,企业管理信息系统可以简便地实现信息共享、协调作业以及网络处理和计算。Intranet 革命性地解决了传统 MIS 开发中不可避免的缺陷,打破了信息共享的障碍,实现了大范围的协作,形成了一个开放、分布、动态的双向多媒体信息交流环境,是对现有网络平台应用技术和信息资源的重组与集成。同时,用户端在一定的工作平台通过 NT 系统网络集成、实现对整个网络的透明操作与控制,用户网络协议可以应答用户对整个网络的管理请求和服务请求,通过不同协议与不同的 server,实现用户的操作请求和数据库信息流的调用。

2)物流企业的 Intranet 的优势

Intranet 是一种较为先进的企业网络连接的解决方案,对于现有的 MIS 网络系统来讲,有着无法比拟的优势,可以将复杂的网络连接等问题标准化,其主要表现为:

Intranet 以通信协议(TCP/IP)、域名服务(DNS)和邮件传输协议(POP3)为基础,以 WWW 和 FTP 服务为支撑,使多平台和多服务器的网络连接成为现实。以简单的超文本标记语言 HTTP 和公共关系应用接口 CGI 或 API 为主要工具,使企业内各类应用和数据库以统一的界面在网络上应用,是用户网络各个站点取向的事实标准。由于采用了统一的界面浏览器,使应用系统的界面统一和应用界面友好。利用 CGI 或 API 等程序对数据进行读取操作、维护修改以及应用功能添加。

3.物流企业的 Intranet 方案

众所周知,Internet/Intranet 可以给物流企业带来许多好处,使企业经营走向全球化。所以,物流企业应充分利用 Internet 网,设计和实施本企业的 Intranet 方案。

物流企业一般包括客户服务器体系结构和基本平台组成两部分。前者一般采用三层组成,后者一般有网络平台、开发平台、用户平台和服务平台等。按照规模及功能,一般可将 Intranet 分为以下四级:一级 Intranet,提供对静态数据的静态访问,对公共信息实现基本共享;二级 Intranet,引入检索工具,提高企业信息库的实用性;三级 Intranet,提供对动态数据的动态访问,数据从现有的、联合管理的数据源动态生成;四级 Intranet,随着访问所有联合信息成为可能,各企业将根据商家、客户或雇员个人的需要检索不同类型的信息。

物流企业 Intranet 与 Internet 之间通过“防火墙”隔开。具有内部网址的用户可以访问内部网的信息,通过“防火墙”及代理服务器访问外部网。但外部网的用户不能访问内部网信息。

实际上,Intranet 是一种新的企业内部信息管理和交换的基础设施。它在网络、事物处理以及数据库上继承了以往 MIS 的成果,而在软件上则引入 Internet 的通信标准和 WWW 内容的标准(Web 技术、浏览器、页面、检索工具和超文本连接),对信息处理表示方式和相关技术进行了变革。通过新的技术,可以方便地集成其他已有的系统,如查询检索、电子表格、各种数据库应用、电视会议、电子邮件等,并与外部信息环境紧密结合起来。因此,物流企业应在原 MIS 企业网络的基础上设计和实施本企业的 Internet/Intranet 方案。物流企业在现有 MIS 网络的基础上,综合采用数字、语音和图像通信能力,尽快与外部广域网络相接。建设初期应当考虑到将来对于多媒体传输以及高带宽的需求,因而在网络技术上要有良好的前瞻性,从具体技术构成上看,物流企业 Intranet 网络应包括以下技术:TCP/IP 网络互联技术、路由技术、"防火墙"技术、网络技术以及交换 LAN 和虚拟网络等关键技术。物流企业 Internet/Intranet 实施,必将有力地推动物流业和社会流通业全面信息化进程。

4.物流企业 Intranet 与传统的 LMIS 系统的比较优势。

1)经典 LMIS 及其缺陷

经典的物流信息管理系统(如 LMIS)经历了集中式信息管理模式、分布式信息管理模式、客户/服务器模式等发展阶段。虽然信息系统模式经历了多个发展阶段,但一般来说,都是集中在一个系统平台上。不同的 LMIS 系统之间存在的系统兼容性问题,一直制约着物流信息管理水平的提高。

物流信息管理系统一般又分为运输配送、库存控制、仓储管理、订货处理、采购管理、财务管理、办公自动化等主要功能模块。各功能模块一般都有独立的数据处理和文件处理系统,以实现各自的数据收集和整理工作。LMIS 支持各物流环节的事务处理工作,支持一定程度上的信息流动与共享。对于信息管理,则主要趋向于模拟手工信息管理方式。经典的物流信息管理系统的局限性主要表现在以下几个方面:

(1)由于物流过程具有时间的连续性、空间的位移性等特点,伴随物流过程的信息流也具有连续性、动态性,为避免组织管理与工作流程脱节,对物流的管理、对信息的沟通与反馈要求相当高。经典 LMIS 的信息共享的范围与物流信息管理,特别是供应链管理的要求的信息高透明度与快速反应相距甚远。

传统的企业组织体制的制约,导致 LMIS 系统的信息管理基本是垂直型、层次型的,信息的交流主要是纵向流动,造成同一层次的各物流环节间难以形成信息共享,不仅不利于对物流过程的全面监督评价、控制和优化,更难以发挥协同指挥的功效。

(2)由于传统的 LMIS 的数据文件的处理,主要集中在局部的处理逻辑模块内进行,对于其他模块数据的访问和处理往往要受到很多限制,这种系统的结果导致系统内及供应链内各企业的信息"孤岛"。另外,由于不同的 LMIS 的网络操作平台不同、网络通信协议不同,制约了不同 LMIS 之间的信息交流,妨碍了供应链内信息流的合理化与最优化。

实际上,信息流动的限制也制约了 LMIS 系统的决策支持能力,制约了 LMIS 系统本身的应用和推广,阻碍了 LMIS 的进一步发展。

2)基于 Web 的物流企业 Intranet 网络系统及其优势

Intranet 网络系统是借助互联网的 TCP/IP 协议,Web 技术等成熟的标准在企业内部建立的网络,被称之为企业内部网 Intranet。它是企业内部信息管理的重要的基础设施。与以往的信息管理系统相比，基于企业内部网的 MIS 系统所采用的浏览器/服务器(B/S)结构，具有分布式、标准化、跨平台、开放性、简单易用等优点。它不仅保持了原有系统内部业务正常运转的功能，还拥有信息发布、电子邮件、办公自动化、浏览服务等多项功能，以满足企业内部信息共享的要求，更好地辅助主管部门科学决策。而基于物流企业的 Intranet 的 LMIS，它是面向 Web 技术的物流企业的物流管理信息系统，也就是 LMIS 系统采用 TCP/IP 协议，网络操作系统为 WindowsNT/UNIX，文件传输方式使用 FTP 方式，浏览器使用 HTTP 等标准 Web 协议，电子邮件使用 SMTP 等标准的电子邮件协议，DBMS 服务器与浏览器通过 CGI 或 API 接口连接，这个改造过程相对来说比较容易实现，而系统功能的改善就非常明显了。

下面主要分析基于 Intranet 的 LMIS 系统的优越性，也就是物流企业基于 Web 的 Intranet (企业内部网)的优越性。

(1)基于 Web 技术的 LMIS 完全不同于模仿传统手工管理的信息系统，它采用 B/S 模式将各部门的信息“孤岛”连接在一起。通过对信息全面的管理，可以提高物流各环节的现代化基础设施、机械设备及工作人员的协同工作能力，实施对物流过程的全面监督、控制、评价和优化，最大限度地发挥人员设备的整体功效，帮助解决供应系统大批量购入、多批次小批量配送以及合理、准确、及时配送的要求，使物流活动的效率大大提升。

(2)使用 Web 技术的 LMIS，形成了物流企业与上游制造商、物流企业之间及其与下游零售商整个供应链的信息互动，帮助选择合理的配送品种和路径，既降低了运输费用，又加快了服务速度，同时还可以减少缺货率，达到顾客满意的标准。新 LMIS 系统支持准时制(JIT)物流、低库存甚至零库存的管理理念和方法，使得物流中心的快速反应与即时配送成为现实。尤其值得一提的是，LMIS 使第三方物流管理思想与外包物流管理思想得以实现。

(3)基于企业内部网 Intranet 的新型 LMIS 系统，由网络应用扶持平台、物流信息传递管理平台、信息资源平台以及事务处理平台组成。互联网/企业内部网(Internet/Intranet)技术在物流工作中的应用，必将优化物流业的管理方式和作业流程，使其组织结构逐步从层次型向网络型转变。同时，Web 技术可增加管理部门组织物流的柔性，使其在更大程度上满足变化的市场及不同层次的零售商的需要。

(4)一个新系统除了能否实现其本身的优越性之外，还要考虑到其在原有平台的生存能力。由于采用统一的标准和规则，LMIS 可以跨操作系统、跨硬件平台运行，原有的 LMIS 系统可以无缝连接到现有的 LMIS 系统上，只须在原有的 C/S 结构的网络中加入 Web 服务器和 TCP/IP 协议。因此，结合物流信息系统的特点，对原有的 LMIS 系统加以修改后，就可以构成新型的 LMIS 系统。

(5)在新的 Intranet 系统中，只要系统正常运行，各类信息即可在互联网上共享(除了访问限制外)。通过浏览器可以从地球上任何一个角落的任何一台连接在互联网上的计算机，查阅自己企业组织的信息，处理电子邮件。

第二节　物流信息技术

物流技术一般是指与物流要素活动有关的所有专业技术的总称，可以包括各种操作方法、管理技能等，如流通加工技术、物品包装技术、物品标识技术、物品实时跟踪技术等；物流技术还包括物流规划、物流评价、物流设计、物流策略等；当计算机网络技术的应用普及后，物流技术中综合了许多现代信息技术，如 GIS（地理信息系统）、GPS（全球卫星定位）、EDI（电子数据交换）、BAR CODE（条码）等。

物流信息技术是指现代信息技术在物流各个作业环节中的应用，是物流现代化极为重要的领域之一，尤其是飞速发展的计算机网络技术的应用使物流信息技术达到新的水平。物流信息技术是物流现代化的重要标志，也是物流技术中发展最快的领域，从数据采集的条形码系统，到办公自动化系统中的微机、互联网，各种终端设备等硬件以及计算机软件，都在日新月异地发展。同时，随着物流信息技术的不断发展，产生了一系列新的物流理念和新的物流经营方式，推进了物流的变革。

一、条码技术

信息采集和交换对于物流信息管理和控制来说十分重要，而条码技术是物流信息采集和交换的主要手段之一。条码技术研究如何将数据用一组条码表示，并研究如何将条码所表示的信息转变为机器可读的数据，它的研究内容包括条码编码规则及标准、符号技术、自动识别技术、印制技术、应用系统设计等。经过多年的研究和应用实践，条码技术已经发展成为较成熟的实用技术。因具有操作简单、信息采集速度快、采集信息量大、可靠性高、设备结构简单、成本低等优点，所以在物流领域具有广阔的发展前景。

1.条码编码规则

条码由一组规则排列的条、空和相应的字符组成。这种用条、空组成的数据编码可以供机器识读，而且很容易译成二进制数和十进制数。根据编码规则的不同而产生了不同的码制，目前经常使用的码制包括：UPC 码、EAN 码、交叉 25 码、39 码、库德巴码（codabar）、128 码（Code128）以及二维码 CODE49、CODE16K、PDF417 等。下面对其中一些码制的编码规则进行介绍。

1）一维条码

（1）UPC 和 EAN 码：UPC 码（Universal Porduct Code）是第一个被广泛接受的条形码体系。它诞生于 1973 年，并由美国率先在国内的商业系统中应用。在此基础上，欧洲共同体各国按 UPC 码的标准制定了欧洲物品编码，即 EAN（European Article Number Bar Code）。EAN 码与 UPC 码兼容，采用相同的符号体系和编码结构。

UPC 码和 EAN 码的字符集均为数字 0～9。虽然有 5 个不同版本的 UPC 编码和 2 个版本的 EAN 编码方式，但使用最多的是 UPC 版本 A 和 EAN13 码。UPC—A 码采用 10 个数字和 2 个附加数字。EAN13 码则由 12 位数字和 1 位附加数字组成。下面以 EAN13 码为例说明这种条形码的编码原理。

如图 3-3-4 所示，EAN13 码由 13 个数字字符组成，前 3 个数字表示国家，接下去的 4 位数字表示制造商，再接下去的 5 位数字表示产品的代码，最后一位为检验码。条形码的每一个数字用总共 7 个条码线条元宽度（共约 7 * 1.33 密尔宽）的四个相间的条和空组成。每一条或空的宽度取值范围为 1～4 个条码线条元宽度。这样可以构成 20 种组合。

EAN13 条形码被 3 个边界分割条（左边界分割条，中边界分割条和右边界分割条）分为左右两部分，每部分有 6 个数字。左半部分为奇数对称码，右半部分为偶数对称码。前述的 20

种条空组合方案可分为两组，第一组 10 个用作奇数对称码 A 和偶数对称码，第二组 10 个用作奇数对称码 B，均分别对应 10 个阿拉伯数字 0～9。奇数对称码条空排列顺序为“白黑白黑”，而偶数对称码条空排列顺序为“黑白黑白”，并且除国家代码以 0 开始的外，左半部分的条形码由 3 个奇数对称码 A 和 3 个奇数对称码 B 组合而成。条形码的数字编码表见表 3-3-1。

图 3-3-4　EAN13 码

条形码的数字编码

表 3-3-1

编码 / 数字	奇数对称码 A	奇数对称码 B	偶数对称码
	白黑白黑	白黑白黑	黑白黑白
0	3211	1123	3211
1	2221	1222	2221
2	2122	2212	2122
3	1411	1141	1411
4	1132	2311	1132
5	1231	1321	1231
6	1114	4111	1114
7	1312	2131	1312
8	1213	3121	1213
9	3112	2113	3112

EAN13 编码相当于在 UPC 编码的前面增加了 2～3 位的国家或地区代码，其他编码规则都与 UPC 编码一样。为与 UPC 兼容，EAN13 将 00～04 和 06～13 都指定为美国。中国的编码为 690～692。其中，第一位并不用条或空来表示而是由条形码左半部分的奇数对称码 A 和 B 的相对位置来确定。EAN13 码的最后一位数字为检验码，它由前 12 位数字决定，用 $X(i)$表示第 i 位数字，则检验码 $X(13) = X(2n) + 1 * 3 + X(2n) * 1$。

(2)39 码：39 码的字符集广，包括数字、字母，若使用附加字符，则可对 ASCII 码的 128 个字符进行编码，39 码自带校验，误码率更低。39 码具有串联特性，按特定的规则可将一条长的数据分成几段。另外，39 码也是一种具有很大应变性的条码码制，它的编码结构决定了多种类型的设备和方法都能印制合格的条码标签，因此应用潜力巨大，也是迄今应用最为广泛的条码码制。下边给出一个 39 码的条码标签图，它表示的数据为“A0”，通过该图来介绍 39 码的一些特点。

如图 3-3-5 所示，③④表示的是条，⑤⑥表示的是空，条与空均称为条形码的元素。39 码条码中，元素的宽度只有两种，图中③⑤为窄元素，④⑥为宽元素，条形码的高在图中用 H 表示。一个完整的条形码标签应由两侧静区、起始字符、数据字符、校验字符(可选)和终止字符组成。图 3-3-5 中 start 就是 39 码的起始字符，“A”、“0”为数据字符，它们是条形码标签所表示的真正数据，stop 为终止字符。从图 3-3-5 中不难看出，它与起始字符相同，均用字符“＊”表示，由于 39 码自带校验，可不用专门的校验字符，故图中没有校验字符。39 码是离散型条形码，为了避免前一字符与后一字符的条叠在一起，必须在每两个相邻的字符之间插入一个位空，位空的作用仅在于将连续的两个字符隔开而不代表任何信息，图中②表示位空。39 码的每一个字符在条码标签中用 9 个元素来体现，这 9 个元素是 5 个条与 4 个空相互交错而成，9 个元素中有 3 个为宽元素。一般来说，5 个条为 2 宽 3 窄，4 个空为 1 宽 3 窄，不难算出，按此编码规则，表示的字符个数最多可为 40。除了起始终止符“＊”，实际表示的字符只有 39 个，它们是：数字 0～9。字母 A～Z。2 个专用字符“－”、“.”以及空白符 space。若与附加字符“＄”，“/”，“＋”，“%”组合则可表示全 ASCII 的其他字符，这 4 个附加字符对应条均为窄条，空为 3 宽 1 窄。例如，字符 A 的逻辑值为(100001001)，其中奇数位对应条，偶数位对应空，1 表示宽元素，0 表示窄元素。

图 3-3-5 39 码

此外，39 码的尺寸也是有规定，窄元素的宽度 X 最小值是 0.19mm，宽、窄元素的比值 N 应在 2.0～3.0 之间。若 $X<0.508$mm，N 必须大于 2.2。当 $X<0.25$mm 时，位空的宽度 I 最大值为 5.3X，否则 I 的最大值为 3X 或 1.35mm，静区的最小宽度是 10X。

2)二维条码

上面介绍的都是一维条码，由于条码应用领域的不断拓展，对条码的密度和信息量提出了更高的要求。但一维条码因密度较低，仅能作为一种标识数据，而不能对产品进行描述。要知道产品的有关信息，就必须通过识读条码而进入数据库，这就要求必须预先建立以条码所表示的代码为索引字段的数据库。二维条码则通过利用垂直方向的尺寸来提高条码的信息密度。通常情况下，其密度是一维条码的几十到几百倍，这样我们就可以把产品信息全部存储在一个二维条码中。要查看产品信息，只要用识读设备扫描二维条码即可，因此不需要事先建立数据库，真正实现了用条码对物品的直接描述。二维条码密度高，信息含量大，保密、防伪性能好，可以将照片、指纹、掌纹、视网膜、声音、签名、文字等凡可数字化的信息进行编码。因此，二维条码是实现证件、卡片、档案、照片、票据等大容量、高可靠性信息自动存储、携带并自动识读的最理想的方法。从结构上讲，二维条码分为两类，其中一类由矩阵代码和点代码组成，其数据是以二维空间的形态编码的；另一类由多行条码符号组成，其数据以成串的数据行显示。重叠的符号标记法有 CODE49、CODE16K、PDF417，其中 PDF417 码利用叠加的矩形设计，每英寸能存储 1800 个字符。二维条码的主要优点有：

(1)具有纠错功能。一维条码没有考虑到条码本身的纠错功能，尽管引入了校验字符的概念，但仅限于防止读错。二维条码可以表示数以千计字节的数据，通常情况下，所表示的信息不可能与条码符号一同印刷出来。如果没有纠错功能,当二维条码的某部分损坏时,该条码便变得毫无意义,因此二维条码引入错误纠正机制。这种纠错机制使得二维条码因穿孔、污损等引起局部损坏时,照样可以正确得到识读。这种纠错机制使得二维条码成为一种安全可靠的信息存储和识别的方法。

(2)可以表示多种语言文字。多数一维条码所能表示的字符集不超过10个数字,26个英文字母及一些特殊字符。条码字符集最大的Codel28条码,所能表示的字符个数也不支持全部ASCII码,因此要用一维条码表示如汉字这样的语言文字是不可能的。而多数二维条码都具有字节表示模式,即提供了一种表示字节流的机制,这样就可以设法将各种语言文字信息转换成字节流,然后再将字节流用二维条码表示,从而为多种语言文字的条码表示提供了一种方法。

(3)可表示图像数据。二维条码可以表示字节数据,而图像多以字节形式存储,因此像照片、指纹等图像信息也可以用二维条码表示。

(4)可引入加密机制。加密机制的引入是二维条码的又一优点。如用二维条码表示图像信息时,可以先用一定的加密算法将图像信息加密,然后再用二维条码表示。在识别二维条码时,再加以一定的解密算法,就可以恢复所表示的图像,这样便可以防止各种证件、卡片等的伪造。

下面介绍一种二维条码——PDF417码的编码原理。

PDF是英文Portabel DataFile的缩写,意为便携数据文件。因为组成条码的每一符号字符都是由4个条和4个空构成,如果将组成条码的最窄条或空称为一个模块,则上述的4个空的总模块数一定为17,所以称为417码。

①417条码的结构与特点　417条码是一种多行、连续、可变长的条码符号,每一符号上具有3～90行。每行都有一起始符号,由最左边的表示,1～30个数据字符,最右边有一结束符号,它的长度和列数都是可以选择的。通过调节其外观的比例,可以得到不同的标签尺寸要求。417条码符号结构如图3-3-6所示。

图3-3-6　417条码的符号结构

417条码符号的结构每行构成如下:a为左空白区,b为起始符,c为左行指示符号字符,d为1～30个数据符号字符,e为右行指示符号字符,f为停止符,g为右空白区。每行中的字符数和行数都是可以调整的,可以改变它的外观以适应不同的需要。每行都有行左、行右的指示,中间是数据区,最上边一行的最左边表示数据区的总字符个数(错误校验码除外),数据区中的数据读出顺序是按照从左到右的原则,从第一行开始读,417码的最大数据容量是928个码字。每个417字符由四个不同宽度的条和空格组成,一共有十七个基本模块单元构成,每个条或空格包含1～6个基本单元模块,417码的名字就是来自四和十七。每个字符都有4个条和空格,由于它们的宽度不同,4个条和空格可以组成多个不同的符号字符并且都有唯一被确定的符号字符值,把它称之为码字。

②符号字符簇及计算　417 条码有三个互不相交的符号字符簇,每个簇都有 928 个不同的组合的符号字符对应着不同的码字,相邻的行用不同的簇的符号字符。这样即使不同分隔条译码器也能分辨出扫描是否通过行之间的边界。417 条码使用的簇号只有三个:第 0 簇、第 3 簇、第 6 簇。每行只使用同一簇中的符号字符。同一簇每三行重复一次。第一行使用第 0 簇的符号字符,第二行使用第 3 簇的符号字符,第三行使用第 6 簇的符号字符,第四行又重复使用第一行的内容,余此类推。行号由上至下递增,最上一行为第一行。对于一个特定的符号字符,其簇号由下式确定:簇号 = (b1 - b2 + b3 - b4 + 9)mod9。对于每一个特定的行使用的符号字符的簇号由下式确定:

$$簇号 = [(行号 - 1)\mathrm{mod}3] \times 3$$

③行编辑　每行有行左指示并以行右指示为结束,指示的字符值依赖于特殊的行号,总行数为 3 ~ 90 行,总列数为 1 ~ 30 列,行的指示值如下:

$$L_i = \begin{cases} 30x_i + y & 当\ c_i = 0\ 时 \\ 30x_i + z & 当\ c_i = 3\ 时 \\ 30x_i + z & 当\ c_i = 3\ 时 \end{cases}$$

$$R_i = \begin{cases} 30x_i + v & 当\ c_i = 0\ 时 \\ 30x_i + y & 当\ c_i = 3\ 时 \\ 30x_i + z & 当\ c_i = 6\ 时 \end{cases}$$

式中:$x_i = \mathrm{INT}[(行号 - 1)/3]$,$i = 1,2\cdots\cdots90$;

$y = \mathrm{INT}(行数 - 1)/3$;

$z = (错误纠正级别)3 + (行数 - 1)\mathrm{mod}3$;

v = 数据区中的列数减 1;

c_i = 第 i 行的簇号。

④模式结构　417 条码有三种数据压缩模式:文本压缩模式(TC)、字节压缩模式(BC)和数字压缩模式(NC)。

⑤全球标记标识(GLI)　GLI 称为全球标记标识的码字序列,能够对编码字节进行特殊的解释,通常字符的定义是默认的 GLI。利用码字 925,926,927 和随后修正字符可以切换到 811800 和 GLI 的三种应用范围。

⑥错误检测与纠正　每个 417 符号至少要两个错误纠正码字,用于符号的错误检测与纠正。在打印时,可选择 0 ~ 8 级错误纠正码,其个数如表 3-3-2 所示。

错 误 纠 正 表　　表 3-3-2

错误纠正级别	错误纠正码字个数	错误纠正级别	错误纠正码字个数
0	2	5	64
1	4	6	128
2	8	7	256
3	16	8	512
4	32		

错误纠正码字可以修正两种类型的错误:擦除(字符不能被编码的地方)和实际中的错误

(字符的位置和值不能被识别的地方)。417 条码的错误纠正能力与错误的类型和数目有直接关系。如果所有的数据都能被成功地恢复,那末擦除数目和错误数的二位之和必须小于错误纠正符的数目减 2。

2.条形码的印刷和识别

1)识别原理

目前,用以识别标签的机器种类主要有 3 种:①光学字符识别(OCR)标签;②磁条标签;③条形码标签。

通常,评价一台机器阅读识别标签的性能涉及 3 个基本技术指标:

(1)一次识别率(FRR),又称首次识别率。FRR = 首次扫描读入的标签数/扫描标签总数 * 100%;

(2)误识率(SER)。SER = 错误识别次数/识别总次数 * 100%。

(3)印刷对比(PCS),又称印刷色差对比度或印刷反差比。

$$PCS = (RL - RO)/RL * 100\%$$

式中:RL——条形码非着色符及静区的反射率;

RO——条形码着色符的反射率。

从这三个指标来看,条形码在价格及识别速度和可靠性两方面均具有优势。

那么条形码是如何被识别的呢?下面用几个简单的框图和图形说明一下识别技术。条形码的识别也称为条形码扫描,它采用光学方法逐一扫描条形码符号。图 3-3-7 为条形码扫描器的原理框图和信号的波形图。

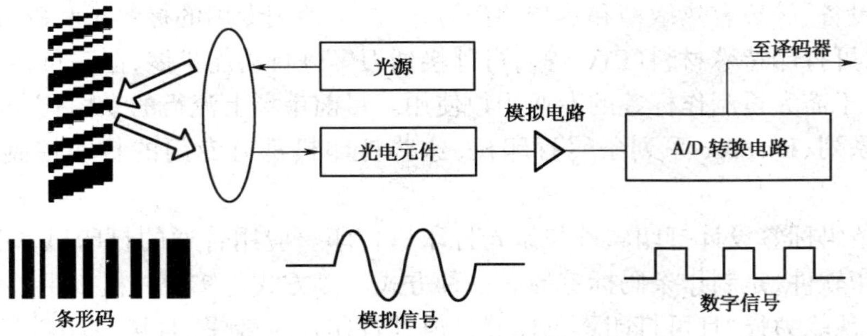

图 3-3-7 条形码扫描器原理图

从扫描器光源射出的光照射到条形码符号上后,其反射光经光学系统聚焦后由光电传感器接收。由于黑色和白色码条的反射光的强度不同即存在着色差,则在光电传感器上得到与条形码符号相对应的电信号,相对于白条的是高电平,黑条的是低电平,经整形后得到相应的数字脉冲信号,由计算机可以很容易地识别出哪个脉冲信号代表黑条,哪个脉冲信号代表白条,哪个脉冲信号代表宽黑条,哪个脉冲信号代表宽白条,从而得到条形码符号所代表的内容。

2)条码识读设备

条码识读设备是用来读取条码信息的设备。它使用一个光学装置将条码的条空信息转换成电平信息,再由专用译码器翻译成相应的数据信息。条码识读设备一般不需要驱动程序,接上后可直接使用,如同键盘一样。

(1)条形码扫描器的分类。条码扫描设备从扫描原理上可分为光笔、CCD 和激光三类。

①笔式扫描器。其特点是成本低、小型轻量、功耗低,还能读出(识别)较长的长型码,但需要手握住并横向扫描条码,而且如果扫描速度不恒定就难以辨认条码。因此,对印刷在凹凸不平表面上条码,阅读就较难。当条码高度较短的场合,使笔在其上易于滑动的基材以及条码基底具有一定曲率时,均较难于用笔式扫描器阅读。

②激光扫描器。激光扫描器有手持式和固定式。激光扫描器是高速扫描设备,又能适用于一定距离外的条码,故较适用于超级市场和工厂自动化生产控制及物流管理等信息量大的场合,但其成本高于光笔式扫描器,对固定式还有安装空间和激光本身安全性等问题。

③接触式扫描器。由于它采用了 CCD 图像传感设备,故而只需触及条码即可读出,而不必去扫描其他条码。另外,即使是条码褪色,或是在聚乙烯、瓦楞纸之类的凹凸表面上,也能发挥出较高的读码性能。因没有可动部分,所以在此基础上,采用了 LED 作光源,从而能够非接触性地进行读码。其缺点是不能读取远距离的条码,而且读取的码符长度受扫描器口径的限制。它从形式上有手持式和固定式两种。

(2)性能价格比。目前,条码设备应用多为 CCD 与激光设备,设备产地和性能决定其价格的差异。

3)条码打印设备

(1)条码打印设备分类。目前,打印条码标签有两种方式,即条码打印机打印方式和软件配合激光打印机方式。两种方式各有优缺点,并且各有其理想的适用场合。下面就对两种方式进行以下比较。

①使用条码打印机打印。条码打印机打印方式是一种传统的条码打印方式。条码打印机是一种专用设备,一般有热敏型和热转印型打印方式,使用专用的标签纸和碳带。条码打印机打印速度快,可打印特殊材料(PVC 等),可外接切刀等进行功能扩展,但其价格昂贵,使用维护较复杂,适合于需大量制作标签的专业用户使用。目前市场上流行的专用打印机主要有 Zebra 系列、Eltron 系列、InterMec 系列条码打印机,这些打印机都有专门的打印控制命令来打印条码。

②使用条码标签设计打印软件与激光打印机打印。应用普通的打印机,配合专门的条码标签设计打印软件,是制作条码标签的另一种方式。该方式可实现一机多用,且激光打印机精度高,图形表现能力强,且可打印彩色标签。但其打印速度较慢,且可打印材料较少。主要的条码打印软件有 CODESOFT、BARONE、京成标签软件(JCDL)等。另外,我们自己也可以使用各种开发工具如 VC、VB 以及 PB 等开发类似软件,并在普通打印机上进行条形码的印制。需要注意的是:条形码中的编码不能由厂家随意指定,条形码也不能自行印制,必须要由国家有关商品部门批准认定。

(2)软件方式与条码打印机方式的选择。根据上面的比较,两者各有优缺点,分别适用于不同的场合。在需大量打印标签的地方,特别是工厂需在短时间内大量打印以及需要特殊标签(如 PVC 材料、防水材料)、需要即用即打(如售票处等)的地方,应选择条码打印机。在标签打印量较少,且多为一次性打印的地方(如图书馆),应选择激光打印方式。在一些小型商场、小型工厂等地方,两种方式都可选择。也就是说,如果您经常大量打印标签,或对标签有特殊要求,且您的财力又允许,您应选择条码打印机;如您的标签打印量不很大,财力上又不想花费太多,您应选择激光打印机。利用软件和激光打印方式,不仅能满足您条码标签打印的需求,还能用它来制作名片、胸卡、打印信函签等。

二、射频识别技术

射频识别(即 Radio Frequency Identification,以下简称 RFID)技术是从 20 世纪 90 年代兴起的一项自动识别技术。它利用无线射频方式进行非接触双向通信,以达到识别目的并交换数据。RFID 可实现多目标识别、运动目标识别,因此在物流领域中的货物与运载工具跟踪、仓储管理等要求非接触数据采集和交换的场合有着广泛的应用。

1.RFID 技术原理

典型的 RFID 系统由电子标签(Tag),读写器(Read/Write Device)以及数据交换、管理系统等组成。电子标签也称射频卡,它具有智能读写及加密通信的能力。读写器由无线收发模块、天线、控制模块及接口电路等组成。RFID 可分为无源系统和有源系统两大类,无源系统电子标签内不含电池,电子标签工作的能量是由读写器发出的射频脉冲提供。电子标签接收射频脉冲,整流并给电容充电。电容电压经过稳压后作为工作电压。数据解调部分从接收到的射频脉冲中解调出数据并送到控制逻辑。控制逻辑接受指令完成存储、发送数据或其他操作。EEPROM 用来存储电子标签的 ID 号及其他用户数据。有源 RFID 系统由电池供电,可以在较高频段工作,识别距离较长,和读写器之间的通信速率也较高。RFID 的基本结构如图 3-3-8 所示。

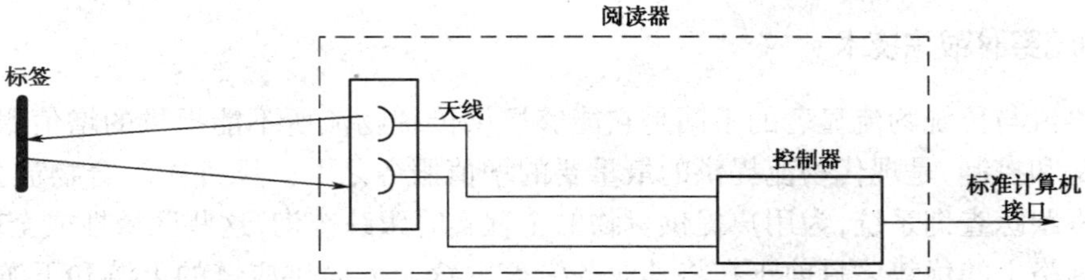

图 3-3-8　RFID 的基本结构

RFID 系统还可以根据工作频率的不同分为低频、中频及高频系统。低频系统一般工作在 100~500kHz,中频系统工作在 10~15MHz,它们主要适用于识别距离短、成本低的应用中;而高频系统则可达 850~950MHz 及 2.4~5GHz 的微波段,适用于识别距离长,读写数据率高的场合。

RFID 系统最大的特点是非接触识别,因此可以同时识别多个电子标签及高速运动的电子标签。它以无线方式通信,无须外露电触点,电子标签的芯片可以按不同的应用要求来封装,可以抵抗恶劣环境。

2.RFID 系统的分类

根据 RFID 系统完成的功能不同,可以粗略地把 RFID 系统分成四种类型:EAS 系统、便携式数据采集系统、固定网络系统、定位系统。

1)EAS 系统

ELECTRONIC ARTICLE SURVEILLANCE(EAS)是一种设置在需要控制货物出入的门口的 RFID 技术。在应用 EAS 技术时,首先在货物上粘付 EAS 标签,当货物被合法移出时,在货物管理中心通过一定的装置使 EAS 标签失活,货物就可以取走。货物经过装有 EAS 系统的门口时,EAS装置能自动检测标签的活动性,发现活动性标签时,EAS系统会自动发出警告,EAS技术的应用可以有效防止货物的非法流动。

2)便携式数据采集系统

便携式数据采集系统是使用带有RFID阅读器的手持式数据采集终端、采集RFID标签上的数据。这种系统具有比较大的灵活性,适用于不宜安装固定式RFID系统的应用环境。手持式阅读器(数据输入终端)可以在读取数据的同时,通过无线通信方式实时地向主计算机系统传输数据,也可以暂时将数据存储在阅读器中,向主计算机系统批量传输数据。

3)固定网络系统

在固定网络中,固定布置的RFID阅读器分散布置在给定的区域,并且阅读器直接与数据管理信息系统相连,信号发射机是移动的,一般安装在移动的物体或人员上面。当物体和人员经过阅读器时,阅读器会自动扫描标签上的信息,并把数据信息输入数据管理信息系统存储、分析、处理。

4)定位系统

定位系统用于制造业物流中货品及原材料的定位以及对车辆、轮船等进行运行定位支持。阅读器放置在移动的车辆、轮船上或者自动化流水线中移动的物料、半成品、成品上,信号发射机嵌入到操作环境的地表下面。信号发射机上存储有位置识别信息,阅读器一般通过无线的方式或者有线的方式连接到主信息管理系统。

三、物流实时跟踪技术

现代物流与传统物流显著的不同是它能够提供传统物流所不能提供的增值服务,而物流的全程跟踪和控制,是现代物流提供的最重要的增值服务之一。国外的综合物流公司已建立自身的全程跟踪查询系统,为用户提供货物的全程实时跟踪查询,这些区域性或全球性的物流企业利用网络上的优势。目前正在将其业务沿着主营业务向供应链的上游和下游企业延伸,提供大量的增值服务,这其中美国联邦快递公司FedEx所提供准时送达服务(Just In Time Delivery,JIT－D)具有代表性。FedEx目前每天要处理全球211个国家的近250万件包裹,利用其研究开发的基于Internet的InterNetShip物流实时跟踪系统,FedEx的JIT－D达到了99%。针对每一个包裹,FedEx现在都可以实时跟踪从包裹收取开始、到包裹送达完成这一全过程的每一环节。同时,公司的信息服务网络Powership可以使货主和收货人能够在全球通过Internet浏览服务器,实时跟踪其发运包裹的状况。目前FedEx每个月要为来自全球超过5000个网站的数百万查询请求,提供货物实时跟踪服务。由于能够提供传统物流所不能提供的增值服务,一些大企业(如Cisco等)也非常愿意与FedEx结成战略联盟,它们通过Embedded Extranet技术将彼此的企业网互联,如一个用户购买了一台Cisco的路由器,他只要登录Cisco的网站,就可以实时查询到他的货物正在FedEx的载货汽车上,并且能知道货物明天早晨就能运到。美国国家半导体公司也将自己的物流业务全部委托FedEx去做,该公司认为FedEx的物流服务不仅能满足它的JIT生产要求,而且能显著降低它的销售成本。目前该公司产品的平均送达时间已从以前的4周缩短为1周,分销成本从占总销售额的2.9%下降到了1.2%。

美国UPS公司也认为如今提供信息服务,已是包裹递送业务中的一个至关重要的竞争因素,他们已通过广泛应用三项以信息为基础的技术来提高其服务能力。第一,条形码和扫描仪使 UPS 公司能够有选择地每周 7 天、每天 24h 地跟踪和报告装运状况，顾客只需拨个免费的电话号码，即可获得地面跟踪(GroundTrac)和航空递送这样的增值服务(MaxiTrac)。第二，UPS 公司的递送驾驶员，现在携带着以数控笔技术为基础的笔记本电脑，到排好顺序的线路上收集递送信息。这种笔记本使驾驶员能够用数字记录装运接受者的签字，以提供收货签认核实。计算机化的笔记本协调了驾驶员信息，既减少了差错，又加快了递送速度。第三，UPS 公司最先进的信息技术应用是一个全国无线通信网络，蜂窝状载波电话技术，使货车驾驶员能够把实时跟踪的信息从载货汽车上传送到 UPS 公司的中央电脑。无线移动技术和系统在数据处理中心的支持下，能够实时跟踪公司在全球范围内每天的上百万笔递送业务，一般物流实时跟踪系统的组成如图 3-3-9 所示。

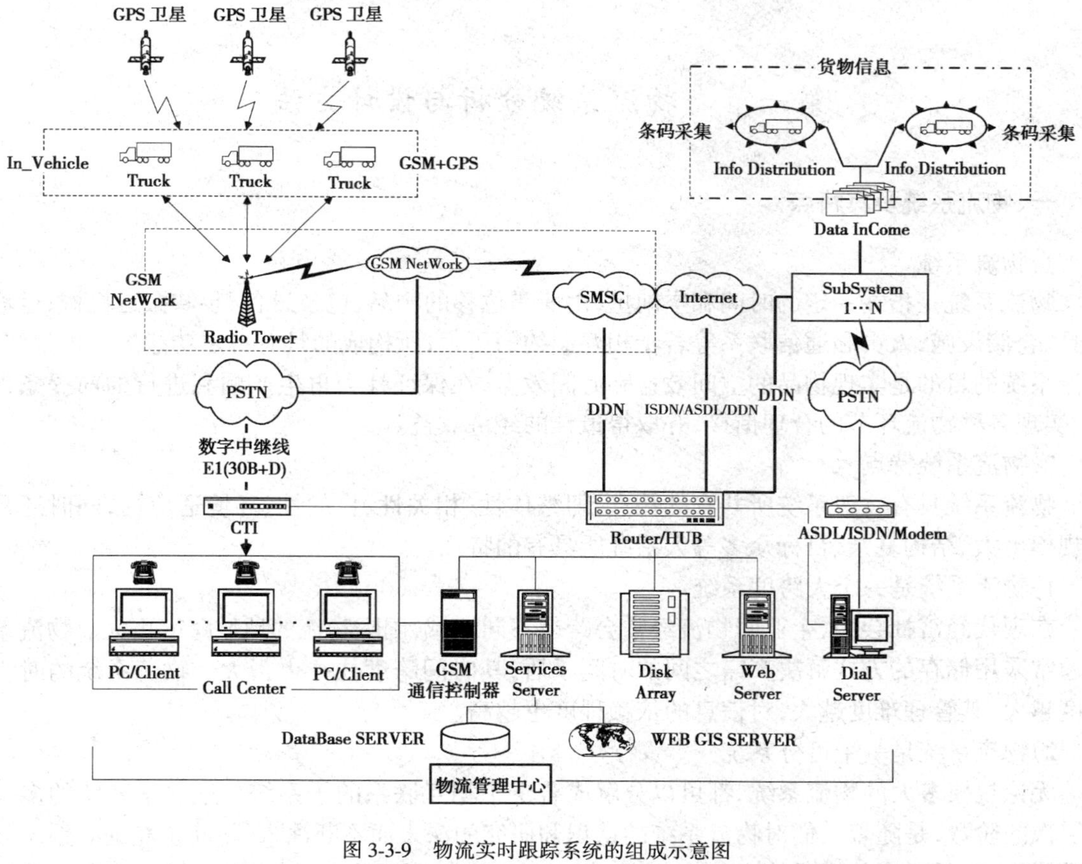

图 3-3-9　物流实时跟踪系统的组成示意图

如图 3-3-9 所示，物流实时跟踪系统由物流信息实时采集、信息传输、信息处理和信息发布等子系统组成，各子系统实现的功能和采用的技术包括以下内容：

1.物流信息实时采集子系统

物流信息实时采集子系统的功能是实时采集货物在仓储、运输或生产加工过程中的动态信息，为物流的实时跟踪提供信息和数据来源。它采用的技术包括前面介绍的条码技术、射频识别技术以及 GPS 技术等。

2.物流信息传输子系统

物流信息传输子系统的功能是将信息采集子系统得到的数据通过无线或有线的通信方式传到物流管理控制中心。目前,常用的无线通信方式有 GSM、CDPD、CDMA、GPRS 以及蓝牙技术等,有线通信方式包括 DDN、X.25、PSTN、ISDN、LAN 以及宽带网等。

3.物流信息处理与发布子系统

物流信息处理与发布子系统负责对相关的物流数据进行存储、分布式处理和发布。它涉及的技术包括数据库、GIS、人工智能以及 Internet 相关技术等。

第四章 物流系统

第一节 物流系统分析与设计方法

一、物流系统及其特点

1.物流系统

物流系统是指在一定的时间和空间里,由所需位移的物品、包装设备、装卸搬运机械、运输工具、仓储设施、人员和通信联系等若干相互制约的要素,所构成的具有特定功能的有机整体。物流系统的目的是实现物品的空间效益和时间效益,在保证社会再生产顺利进行的前提条件下,实现各种物流环节的合理衔接,并取得最佳的经济效益。

2.物流系统特点

物流系统具有一般系统所共有的特点,即整体性、相关性、目的性、环境适应性,同时还具有规模庞大、结构复杂、目标众多等大系统所具有的特征。

1)物流系统是一个大跨度系统

在现代经济社会中,企业间物流经常会跨越不同地域,国际物流的地域跨度更大。物流系统通常采用储存的方式解决产需之间的时间矛盾,其时间跨度往往也很大。物流系统的时空跨度越大,其管理难度越大,对信息的依赖程度也越高。

2)物流系统是一个可分系统

无论规模多大的物流系统,都可以分解成若干个相互联系的子系统。这些子系统的多少和层次的阶数,是随着人们对物流系统的认识和研究的深入而不断深入、不断扩充的。系统与子系统之间、子系统与子系统之间存在着时间和空间上及资源利用方面的联系,也存在总目标、总费用及总运行结果等方面的相互联系。

3)物流系统是一个动态系统

物流系统一般联系多个生产企业和用户,需求、供应、渠道、价格不断变化,物流系统受社会生产和社会需求的广泛制约,所以物流系统必须是具有环境适应能力的动态系统。为适应经常变化的社会环境,物流系统必须是灵活、可变的。当社会环境发生较大的变化时,物流系统甚至需要进行重新设计。

4)物流系统的复杂性

物流系统的运行对象——物,可以是全部社会物资资源,资源的多样化带来了物流系统的复杂化。物资资源品种成千上万,从事物流活动的人员队伍庞大,物流系统内的物资占用大量的流动资金,物流网点遍及城乡各地。这些人力、物力、财力资源的组织和合理利用,是一个非常复杂的问题。

物流活动的全过程伴随着大量的物流信息,物流系统要通过这些信息把各个子系统有机的联系起来。收集、处理物流信息,并使之指导物流活动,亦是一项复杂的工作。

5)物流系统是一个多目标系统

物流系统的总目标是实现其经济效益,但物流系统要素间存在非常强烈的"悖反"现象,要同时实现物流时间最短、服务质量最佳、物流成本最低这几个目标几乎是不可能的。而物流系统又恰恰要在解决这些矛盾的过程中运行,并尽可能满足客户的要求。

3.物流系统的目标

物流系统是社会经济系统的一部分,其目标是获得宏观和微观经济效益。

宏观经济效益是指一个物流系统作为一个子系统,对整个社会流通及国民经济效益的影响。物流系统不但对宏观的经济效益产生作用,物流设施的建设还会对周边的经济运行环境带来影响。物流系统的微观经济效益是指该系统本身在物流运作过程中所获得的企业效益。其直接表现形式是这一物流系统通过组织"物"的流动,实现本身所耗与所得之比。系统稳定运行后,主要表现在利润上。

建立和运行物流系统时,要以两个效益为目的。具体来讲,物流系统要实现5个目标。

1)服务

物流系统的本质要以用户为中心,树立用户第一的观念。物流系统的配送业务,就是其服务功能的体现。在技术方面,近年来出现的JIT(just in time)等供应方式,亦是其服务性的表现。

2)快速、及时

及时性是服务性的延伸,既是用户的要求,也是社会发展进步的要求。随着社会大生产的发展,对物流快速、及时性的要求更加强烈。在物流领域采用直达运输、联合一贯运输、时间表作业系统等管理和技术,就是这一目标的体现。

3)低成本

在物流领域里推行集约化经营方式,提高物流的能力,采取各种节约、省力、降耗措施,实现降低物流成本的目标。

4)规模优化

以物流规划作为物流系统的目标,依此来追求规模效益。在物流领域以分散或集中的方式建立物流系统,研究物流集约化的程度,体现了规模优化这一目标。

5)库存调节

库存调节是及时性的延伸,也是物流系统本身的要求,涉及到物流系统的效益。物流系统是通过自身的库存,起到对千百家生产企业和消费者的需求保证作用。

二、物流系统分析与设计方法

1.物流系统分析及其方法

1)物流系统分析(logistics systems analysis)

物流系统分析是指对物流网络的一个或多个部分进行有次序、有计划的观察了解,以确定各个部分及整个系统如何良好的进行。分析的对象可能是一项简单的作业活动,如对收货码头(站台)搬运进货的人员进行时间和作业研究;或在全国范围内,甚至在世界范围内对一个企业的整个物流系统进行彻底的整合,包括该企业在供应链中与供货厂商和用户的长期伙伴关系。系统分析过程中的观察了解,为统计分析提供数据。经分析,建立物流网络规划模型。模型通常模拟某一现实环境条件下,显示或预期的系统对各种可能发生的反应。在模拟或解析分析的基础上,最后对整个物流系统进行精心设计。

对一个系统进行系统分析,必须遵循以下原则:外部条件和内部条件相结合;当前利益和长远利益相结合;局部利益和整体利益相结合;定性分析和定量计算相结合。

2)物流系统分析的要素

进行物流系统分析时,必须把握以下几点:明确期望达到的目的和目标;确定达到预期目的和目标所需要的设备、技术条件和相应的资源条件;计算和估计达到各种可行方案所需要的资源、费用和产生的效益;建立各种替代方案所需要的模型,模型中明确目标、技术条件、环境条件、时间、费用及各要素之间的关系;为选择最优方案,建立一定的判别准则。上述论点可以归纳为五个基本要素:目的、可行方案、模型、费用和效益、评价基准。

(1)目的:物流系统分析人员的首要任务就是充分了解物流系统的目的和要求,同时还应明确物流系统构成和范围。

(2)可选方案:应充分考虑可实现系统目的的各种可行方案,以从中选择一种最合理的方案。

(3)模型:是对实体物流系统抽象的描述。借助一定的模型可有效地求得物流系统分析所需的参数。利用模型还可以预测各替代方案的性能、费用和效益,进行各替代方案的分析和比较。

(4)费用和效益:费用和效益是分析、比较、选择方案的重要依据。

(5)评价基准:评价基准一般根据物流系统的具体情况而定,但费用和效益的比较是评价个案优劣的基本手段。通过评价标准对各方案进行综合评价,以确定方案的优先顺序。

3)物流系统分析的步骤

系统分析是通过对现有系统的调查和分析,以确定新系统的目标的极为重要的阶段,是系统工程的技术前提。系统分析首先要对现有系统进行详细调查,包括调查现有系统的工作方法、业务流程、信息数量和频率、各业务部门之间的相互联系,在对现有系统从时间和空间上对信息的状态作详细调查基础上,分析现有系统的优缺点,并了解其功能。图 3-4-1 给出了系统分析的程序。

一般来说,对物流系统分析一般需要回答下面几个问题:

我们为什么要进行这项工作?

进行该项工作能增加什么价值?

为什么要按照现有程序进行该项工作?

为了提高效率,能否改变作业步骤的次序?

为什么要有某一个小组或个人来完成这些工作?

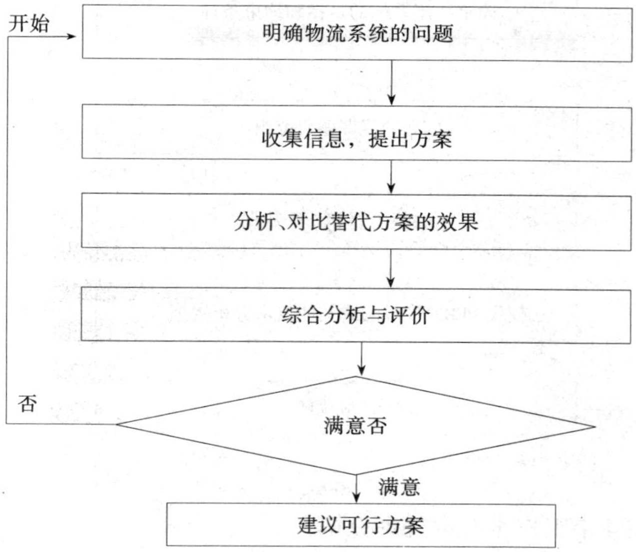

图 3-4-1

其他人可以完成这项工作吗?

还有更好的系统运行方式吗?

对物流系统的分析、设计可以由企业专职的系统分析设计师完成,但更多的企业乐于采用借助外部咨询机构。

4)物流系统分析应用范围

物流系统分析贯穿于从系统构思、技术开发到制造安装、运输的全过程,其重点放在物流系统发展规划和系统设计阶段。具体包括制定系统规划方案;生产力布局:厂址选择、库址选择、物流网点的设置、交通运输网络设置等;工厂内(或库内、货场内)的合理布局;库存管理,对原材料、在制品、产成品进行数量控制;成本(费用)控制等。

2.物流系统设计

对管理系统来说,设计过程中一些未能考虑和预测的问题,只有在系统运行后才能暴露出来。物流系统要想对环境具有较强的适应能力,必须经过一段系统运行时间,对现行的系统进行系统地分析、研究、改进,实现新建系统的预期功能。

设计一个物流系统的逻辑程序可用图 3-4-2 简要表达。

1)确定目标和约束条件

开始设计或重新设计一个物流系统之前,首先应明确叙述分析的目标。对物流系统进行设计的目标可能是降低物流费用,也可能是提高利润或投资收益,也可能是研究改进输入物流控制后对装配线作业产生的影响。此外,还要明确目标是长期还是短期的。下面是一个表述某物流系统目标的例子。

一个物流系统,应以尽可能低的费用达到下列目标:

顾客的订单传输时间将少于 2h;

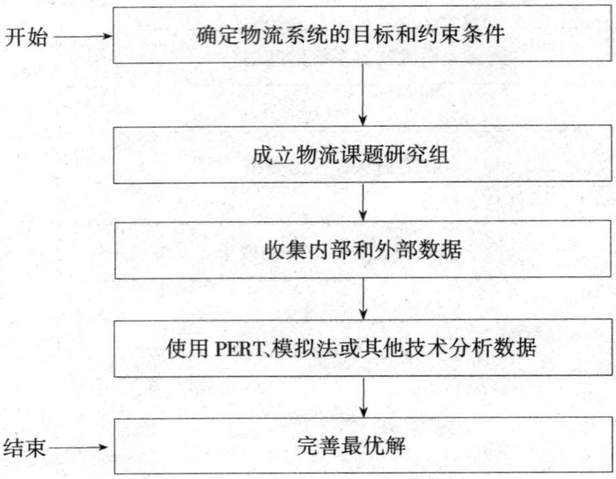

图 3-4-2

接收到的订单将在4个工作小时内处理完毕；

80%的订单订货将在8个工作小时内分拣集合完毕。在16个工作小时内，全部订单应分拣集合完毕；

85%顾客的订货的发运时间不超过48h。全部国内订货要在正式交付运输公司后的5天内送到；

缺货不能超过订货数量的7%，并应立即电话通知遇到缺货的顾客。如缺货可以后补，缺货产品要在8天内补上，并通过快运送达顾客。

值得注意的事，为衡量新系统运行后是否达成了目标，上面陈述的目标必须是可度量的。

在某种程度上，目的要比目标的范围广，美国物流专家H.·N·谢康在综述过去几十年的研究时曾提出：在过去的20年间，大多数物流规划人员按照低成本四项设计配送系统，采用含有许多变量和费用的复杂数学模型，甚至亮出最优化特征王牌，即所谓应用了科学的方法。基于这些研究，在过去的20年间配送中心的数目趋于减少，而流通费用中的运输费用占有较大的比重。这些流通评价标准一直是“低费用”。但当后来人们提出“这种系统提供的服务是否适当”的疑问时，人们又作了一些定性考察（可能破坏了已被证明的结果的最优性），以此来完善系统。但是，企业的经营目的主要不是降低成本，而是创造利润，寻求发展和获得一个合理的投资效益。在着手系统的设计或再设计时，目的和可度量的目标应保持一致。如果有系统的约束条件，也应予以详细说明。通常，约束条件涉及到系统中由于种种原因而不能改变的那些因素。如位于某地的配送中心既不能关闭也不能削减就业人员，因为公司已公开表示支持该地的经济发展；订单传输继续立足于现有的传输网络；要利用某家运输公司，当该公司提供具有竞争性载货汽车运输服务时。

从某种意义上讲，由于约束条件减少了需要进行分析的可供选择方案的数目，每一个约束条件能使情形得以简化。

2）组织研究小组

可度量的目标和约束条件一经确定，下一步工作就是组织人员进行分析。美国管理专家

J·F·梅奇发现,成立两个彼此独立的分析小组较为可取。一组是工作分析组,由有关职能领域的经理、职员和定量分析专家组成。顾客服务主任、运输经理、仓储主任、采购主管、生产调度、其他相关部门经理及聘请的外部的管理专家都是该小组的成员。这个组负责进行实际分析、试验、设计和完善新系统的工作。另一个组是由市场营销、法律、财务、生产、人力资源等部门有关人员组成一个管理监督委员会,代表公司中更广泛、更全面的观点和看法,该组与工作分析小组一同工作,为澄清和详细阐明系统目标提供咨询,并要求工作小组对他们采取的措施做出说明。

3)收集数据

要收集、掌握有关产品、现有设施、顾客、供应链、竞争对手的详细数据信息。

(1)产品　指对现有产品系列和新产品发展趋势进行综合分析。对每种产品需要确定的具体信息主要有:年销售量、生产或销售的季节性、包装状况、运输和仓储信息、现有生产和装配设施、产品生产进度安排的宽松性、仓库储存场所、目前使用的运输方式、分地区销售情况、在销售时通常同时一起出售的互补产品、产品创利能力。这些信息基本均可在公司的现行记录中获得。

(2)现有设施　现有设施中不会变更的那些方面,应作为约束条件处理,这些项目说明了目前正在使用的设施情况,它们是进行系统改进的重要数据。内容有:生产工厂的位置和生产能力、储备仓库和配送中心的位置及其储存和配送能力、订单处理能力、采用的运输方式。

(3)顾客　与顾客相关的信息是系统分析的关键性的输入,包括对现有顾客、潜在顾客进行分析:现有和潜在顾客的地区分布、每位顾客订购的产品、订货的季节性、产地交货还是到达地交货、顾客服务的重要性、所需的特殊服务、每位顾客的销售数量和销售利润。

(4)供应链　有效的物流战略要求一个企业与提供原材料和劳务的主要厂商有协作的供应链关系，从而改善资源供应质量，保证产品生产与销售，提高用户服务质量。所以，要对原材料和零部件供应商进行以下考察：位置、依赖程度、工作质量、输入运输的费用和效果。

(5)竞争对手　包括竞争对手订单传输方式、竞争对手处理订单的准确性和速度、竞争对手采用的运输工具的速度和连贯性、竞争对手由于缺货而未能履行订单的比率、竞争对手处理赔偿损失和损坏的经验、顾客对本公司和竞争对手在顾客服务方面存在的优点和缺点的意见。搜集竞争对手有关的数据,往往要借助外界的咨询公司。

4)数据分析

这一步可以通过使用相对不复杂的或综合性的方法来完成。当对整个系统进行分析时,由于数据量通常很大,因此必须采用比较复杂的方法,如系统分析技术中的模拟法、SAD 法、PERT 法等。这些内容将在本章第二节中介绍。

5)设计的完善

系统设计的最后工作是对研究结果进行完善。对于大多数物流系统来说,变化太快的一次性的全面整改影响太大,甚至会出现顾客服务功能的中断、订单遗失、货物发运出错、缺货频繁等问题。此外,工作人员也可能抵制这些改革。

大多数企业倾向于使用模拟法或 PERT 分析技术来寻找那些首先应该改革的领域,因为这些领域的功能是系统提高效率的瓶颈。一般来说,这些领域支出的费用也比较高。

第二节 物流系统分析与设计模型

物流系统分析与设计是一项需要应用各种精密分析技术的综合任务。在对实际物流系统进行分析与设计时,以系统工程的一般理论为基础,即综合运用各种数学方法、计算技术和控制论达成系统的模型化和最优化。本节将简要介绍几种物流系统分析与设计的常用的主要方法和模型。

一、模型和优化

1.模型及其分类

1)系统和模型

模型是对物流系统的特征要素、有关信息和变化规律的一种抽象表述,模型反映了系统的某些本质属性。物流系统一般是很难做试验或不可能做试验的,可利用物流系统模型代替;要对物流系统进行分析与设计,最重要的就是抓住物流系统对象的数量特征,建立物流系统模型。

模型以适当的数学方程、图像或物理的形式表达系统实体,模型表现了实际系统的各组成要素及其相互间的因果关系,反映实际系统的特征,利用模型技术了解现实问题的本质和规律更经济方便。

2)模型的分类

从不同的角度,模型有不同的分类方法。如按模型的形式可分为抽象模型和形象模型。按模型中变量的性质可分为动态模型和静态模型、确定性模型和随机性模型。

形象模型包括实体模型和类比模型。实体模型即系统本身。类比模型又称图形模型,包括结构图、流图、点线图、矩阵图、流程图、方框图、树状图及曲线图等。

数学模型指运用数学方法描述系统变量之间相互作用和因果关系的模型。

物流系统分析与设计过程中,类比模型和数学模型的综合使用效果较显著。如物资的合理调运以及物流网点的设置等采用的均是类比模型的矩阵图、点线图、树状图,同时运用调运问题的数学规划模型。

二、物流系统模型的建立

物流系统建模应遵循建模的一般原则,即准确、可靠、简明、实用,同时注意建模过程不断反馈信息,逐步调节模型细节,最后达到一定的精确度。

1.物流系统建模思路

1)直接分析法

系统要素关系较简单、问题较明确时,可按问题的性质直接建立模型。如流通加工中的下料问题,可直接用数学方程求解;单数仓库的地址选择问题,可直接用重心法求解。

2)数据分析法

当系统结构的性质虽不够清楚,但通过分析系统功能的已有数据或进行试验可以建立系统模型。如某港口码头对未来一定时期的货物吞吐量的预测问题,影响的因素很多,其中有的可控,有的不可控或难于控制,某些因素作用的大小和港口码头吞吐量之间的关系,可能还不够十分清楚。这种情况下,可使用回归分析法或指数平滑法等技术建立吞吐量的预测模型。

3)试验分析法

当现有的数据分析尚不能确定个别变量对整个系统工作指标的影响,又不可能做大量实验时,可进行系统的局部试验,以确定关键变量的本质特性。通过对问题的逐步分析,建立模型,直到取得满意的效果。

如某工厂分析广告费用与销售额之间的关系,按照过去的经验,广告费用增加时,销售额成正比例增加。但系统分析人员在研究其他产品时发现,当广告费用增加到一定数量时,销售量出现了一段平台期。联系心理学中的一种典型的反映函数形式,说明顾客对同一产品的过度广告宣传会产生逆反心理,反而不愿意购买它。因此,必然有一个最佳广告费用,即使销售量刚刚达到饱和时的广告费用。

现有的数据不足以支持确定这个最佳广告费是多少,企业又不愿冒险在整个市场上做试验,最后决定在其销售区中抽出一部分进行试验。从而大致确定了最佳广告费用的范围。

4)主观想象法

当系统结构性质不明确,又没有足够的数据,并且无法进行实验时,可以利用主观想象人为地实现一个模型。如研究未来若干年以后的经济系统、生态系统、能源系统等大系统,由于大系统的因素极多,未来的影响又不肯定,人们又希望通过模型来预测系统的未来状况,此时可先主观地(但是是科学的)设想一些情况,构造一个简单的模型,据此得出一些结果,再由专家进行分析研究,反过来修正模型,再据此模型推出一些结果,如此反复多次,随着人们认识的深化,模型会逐渐逼近真实系统。

5)人工实现法

当系统结构复杂,性质不明确,没有足够的数据,又无法进行实验时,可人为地逐步建立模型。某些复杂的物流系统建模可借助人工实现,将实际情况作适当的简化,分解若干相对简单的子系统,以便运用通常的方法进行分析和综合。从局部的子系统中了解情况,摸清底细,形成模型。实现子系统的局部优化,再根据总系统的目标对各子系统进行调整,以实现总系统的整体优化。

必须指出,由于大型管理系统中包含有人的因素,用数学模型来表现他们的判断和行为是有一定困难的。我们期望出现能很好地处理包括人的因素在内的具有模糊性的数学模型。

系统模型化研究的时间并不长,使用上述方法也不一定能将任何问题模型化。此外,所完成的模型的精度与实际的逼近程度也还存在一定的问题,期待进一步研究。

2.物流系统建模程序

不同条件下的物流系统建模的方法虽然不同,但建模的过程可归纳为以下几点:

1)明确问题

清晰准确地了解系统的规模、目的和范围以及判定准则,确定驶入变量及其表达形式。要根据有关理论,假定结构方程,确定变量关系,设定随机变量的概率分布。

2)收集资料

全面掌握真实可靠的资料,对资料进行分类,概括出本质内涵,分清主次变量,把已研究过或成熟的经验或实例,作为基本资料,供建立新模型时借鉴。系统本质因素的数量关系,尽可能用数学语言来表达。

3)确定因素之间的关系

以必要的表格、图形等确定本质因素之间的相互关系。

4)构造模型

在充分掌握了资料的基础上,根据系统的内外特征,构造一个能代表所研究系统的数量变换关系的数学模型。这个模型可能是初步的、简单的。

5)求解模型

用解析法或数值法求解模型最优解,对于较复杂的模型,有时需编出框图和计算机程序来求解。某些实际问题求解最优解很困难,当系统可以接受次优解或满意解时,可以求出次优解或满意解。

6)模型检验

必要时对模型进行修正,如除去一些变量,合并一些变量,改变变量性质或变量间的关系及约束条件等,使模型更加符合实际,满足在一定可信度内可解、易解的要求。

3.几种常用的物流系统数学模型

1)数学规划

数学规划包括静态规划和动态规划法。主要运用线性规划解决资源分配、物资调运、人员分配的优化问题;运用整数规划法选择适当的厂(库)址和流通中心位置;采用扫描法对配送路线进行扫描寻优。

2)存贮论

为了使生产经营得以正常运转,一定量的资源储备是必要的,合理确定各种所需物资的数量,使所存贮物资的采购费用、存贮费用和因缺乏资源影响生产所达成的损失的总和为最小。通常可利用的模型有库存模型。

3)预测技术

物流系统有必要预测需求、交货期、价格、战略规划和操作计划控制中所用的成本。物流管理者可应用于物流系统的预测技术很多,这些方法可分为三类:定性法、历史映射法和因果法。每一类方法对长期和短期预测的相对准确性不同,定量分析的复杂程度不同,产生预测方法的逻辑基础不同(历史数据、专家意见或调查),但物流系统基本上采用中短期预测。表3-4-1列出了物流分析方面某些常用预测技术的简要说明。

常用预测技术总结

表3-4-1

方法	说明	预测期
销售人员估计法	预测时征求销售人员的意见。因为销售人员接近客户,所以他们能很好地估计客户需求	短期到中期
移动平均法	时间序列上移动平均的每一点都是一系列连续点的算术平均数或加权平均数。需要选择若干个数据点以消除季节性影响或不规律性或前两者的共同影响	短期
指数平滑法	类似于移动平均法,只是对近期的点给与更大的权重。在描述上,新的预测值等于旧的预测值加上过去预测误差的一定比重。两重或三重指数平滑法是基本模型的更复杂版本,解决了时间序列的趋势和季节变化问题	短期

续上表

方　　法	说　　明	预测期
时间序列分解法	将时间序列分解成季节性、趋势性和规律性因素的方法。在判断转折点时非常有用，是中期(3～12个月)预测的好工具	短期到中期
回归模型	将需求与其他变量或解释变量联系在一起。变量选择的根据是其统计意义。	短期到中期
博克斯－詹金斯法	复杂的计算机迭代过程，建成自回归的、综合的移动平均模型；对季节性和趋势性因素进行调整；估计相应的权参数；模型检验；重复上述过程	短期到中期
集中预测法	在未来的3个月内，预测几个简单的决策方法，看哪一个更精确。利用计算机模拟来检验历史数据为基础的不同战略	中期
动态模拟	利用计算机模拟不同时间最终产品销售情况对分拨渠道和供给渠道不同需求点的影响，需求由库存政策、生产计划和采购政策表示	中期到长期
精确反应法	重心设计规划过程以尽量减少不准确预测的影响和改进预测的工作同时进行，使得供应链能够快速、灵活地进行管理。管理者可以推迟那些针对最难预测产品的决策，直到接到市场信号(如早期的销售结果)后再决策，有助于准确协调供应	短期

4)网络计划技术

网络计划技术是现代化管理方法的一个重要组成部分。最早用在工程任务管理方面，后来在企业的经营管理中得到广泛应用和发展。网络计划技术是以数理统计为基础，以网络分析为主要内容，以电子计算机为手段的计划管理方法，包括PERT(计划评核法)和后来发展的CMP(关键路线法)。PERT以时间控制为主，CMP以成本控制为中心。

PERT的基本思路是：在完成每一项任务时是需要一定的持续时间。一些任务可能按一定的顺序同时完成，另一些任务则存在相互的前后逻辑关系。

5)模拟法

在规划物流系统时，应用最为广泛的技术就是模拟。通常模拟是通过表达一个系统的一系列的数学关系所建立的模拟模型，有选择的改变特定的阐述来观察这个系统如何有效运行。模拟的可靠性是通过使模型尽可能接近现实世界而实现的，如可供利用的运输方式、运输费用、供货厂商地点、仓库场所、顾客地点、顾客服务要求，工厂地址等因素，都应尽可能准确地在物流模拟模型中反映出来。物流模拟模型能为企业提出“假如……会怎样”的问题，得到相应的答案。现举例如下：

如果我们把顾客的平均订货周期从12天减为7天，会增加多少费用？销售额会增加吗？

假如我们现在是用自己的载货汽车进行输出物流运输，如利用他们在返程时运输一些本企业的输入物资，会对我们的输出物流运输日程安排产生怎样的影响？

用汽车运输代替铁路运输，顾客服务和总费用将受何影响？

如果我们将配送仓库的数量从32个减少为20个，会对顾客的服务水平和费用产生怎样的影响？

如果供货厂商改善了送货时间的准确性，那么我们的备件储备可安全的降低多少？

如果可接受的最低订货限额从200元增加到1000元，那么会对总销售额产生怎样的影响?

如果以自备运输工具替代公共运输工具,那么物流总费用将发生什么变化?对顾客的服务水平有什么影响?

根据物流系统的特点设计的模拟软件很多,表3-4-2只介绍其中几种。

物流系统的几种模拟软件　　表3-4-2

软件名称	功能
LOCATE	相互影响的多个配送设施系统分析的静态模拟模型。可对用户提出的各种可供选择的配送方案进行评价:①配送中心的分布;②全系统费用;③配送系统服务质量评价
LOCATE/FORMULATE	能够分析相互影响的多层次、多种产品的复杂配送系统的大型静态模拟模型。给定一系列可能的配送中心地址,可确定5种不同的顾客分配战略方案的最优配送制度:①费用最低;②服务水平最高;③在满足一定的服务水平的同时,费用最低;④以费用最低为基础,利用模型预先确定从同一配送中心发送的产品及数量;⑤作业任务一定
LOCATE/ALLOCATE	给定一系列具有不同能力的配送设施的可能设置地址,可确定最优的设施位置和设施能力的最优分配,从而以最低的费用满足顾客的要求

专家们已开发了各种模拟技术,设计出供用户使用的各种模型。美国的H·J·亨氏公司最早应用模拟技术进行物流系统分析,他研究本公司仓库网络结构,包括下列各项专门问题:①应该使用多少家仓库?②这些仓库应如何分布?③每家仓库应对哪些顾客服务?鉴于问题的广泛性和复杂性,该公司的专家们选定模拟模型作为分析技术。

研究开始时,该公司在美国拥有68家仓库。随着时间的推移,公司管理层认识到,以家庭为经营单位的小型零售店在日用杂货流通中已逐渐被连锁店的形式取代,它们只在较少的几个地点接受公司送货,但每次订货的批量较大。显然,公司的仓库太多了。

一旦目标确定后,随即成立了工作分析与监督小组,并完成了关于产品、现有设施、顾客、供应链、竞争对手等项目的分析,公司的专家们确定,有三种可供选择的配送方法。①一些产品可以从生产厂运到其他生产工厂,在那里再与该厂产品拼装一起,立即交送顾客;②一些产品可以从生产厂直接运交给顾客;③一些产品可以从生产厂运到一个存贮仓库,然后再转发给顾客。前两种方式不需要使用仓库设施,需要使用仓库的是那些订货批量小,不适宜使用直达发货和那些订货周期比较短的顾客。

由计算机对需要存储和中转的货物,按不同数目的仓库和地址进行计算。对每一种仓库网络结构,模拟一年的销售金额数据,并确定每一方案的费用和顾客服务水平,经过大量计算后结果表明,仓库的最优数目是大约40所。这时,顾客的服务水平可以达到,而且配送的总费用最少。

6)启发法

启发法可以有助于减少求解平均时间的任何原理或概念。有时启发法表示指导问题解决的经验原则。物流系统的仓库选址,运输路线选择都经常使用启发法。当选址经验原则用于实际选址问题时,可迅速的从大量备选方案中找出解决方案。启发法不能保证一定找到最优解,但由于使用该方法可大大减少计算时间,并可很好地表现实际情况,可以得到令系统分析和使用人员满意的解,所以在仓库选址、运送路线选择时,人们仍然使用该方法。

7)SAD 法

当分析的问题属于人们头脑中的感觉等抽象模糊的定性因素时，如企业内各部门间的利益冲突，矛盾涉及面广、关系复杂、感情和理性的东西混杂在一起或某个经济活动发生恶性循环时，采用 SAD 法较为有效。SAD 法一方面对系统进行调查和调整，另一方面对系统进行开发。SAD 法借助计算机手段并通过利用数学分析方法，将混杂在一起的各种问题加以整理，并对它们之间的相互关系及其各自的重要程度加以分析，从而求出优先的系统改善步骤。

参考文献

1 徐寿波.关于物流技术经济研究的几个问题.中国物流.1985 年 7 月创刊号。

2 徐寿波、李京文主编；王之泰、吴润涛副主编.物流学及其应用.北京：经济科学出版社，1987

3 王嘉林、张蕾丽主编.物流系统工程.北京：中国物资出版社，1987

4 崔介何编著.物流概论.北京：中国商业出版社，1988

5 秦明森、王方智主编.实用物流技术.北京：中国物资出版社，1991

6 王宗喜.军事物流概论.海潮出版社，1994

7 王之泰：现代物流学.北京：中国物资出版社，1995

8 张绪昌　丁俊发.流通经济学.北京：人民出版社，1995

9 吴清一主编.物流学.北京：中国建材工业出版社，1996

10 李振主编.物流学.北京：中国铁道出版社，1996

11 王莉编著.物流学导论.北京：中国铁道出版社，1997

12 张声书、佐伯弘治主编.中国现代物流研究.北京：中国物资出版社，1998

13 董千里编著.高级物流学.北京：人民交通出版社，1999

14 何明珂著.物流系统论.北京：中国审计出版社，2001

15 丁俊发主编.中国物流.北京：中国物资出版社.2002

16 中国物流与采购联合会.中国物流发展报告(2001).北京：中国物资出版社，2002

17 汝宜红、田源、徐杰编著.配送中心规划.北京：中国铁道出版社，2002

18 日本通运综合研究所编著.物流知识.广西人民出版社，1982

19 汤浅和夫.物流管理入门.北京：中国铁道出版社，1982

20 中田信哉.物流浅论.北京：新华出版社，1983

21 蔡希贤、夏士智编译.物流合理化的数量方法.武汉：华中工学院出版社，1985

22 日本通运综合研究所编著，吴润涛、靳伟、王之泰等译：物流手册.北京：中国物资出版社，1986

23 金若楠、张文杰等编译.现代综合物流管理.北京：中国铁道出版社，1994

第四篇　铁路运输系统

第一章　铁路运输概述

第一节　铁路运输技术经济特征

一、铁路运输的特点

铁路是一种适宜于担负远距离的大宗客、货运输的重要运输方式。在我国这样一个幅员辽阔、人口众多、资源丰富的大国,铁路运输不论在目前甚至在可以预见的未来,都是综合交通运输网络中的骨干和中坚。

优点:巨大的运送能力;廉价的大宗运输;较少受气象,季节等自然条件的影响,能保证运行的经常性和持续性;计划性强,运输能力可靠,比较安全,一般情况下准时性强;收益随运输业务量的增加而增长。

缺点:始建投资大,建设时间长;受轨道线路限制,灵活较差;直接“门到门”的运输量小,必须有其他运输方式为其集散、接运客货;始发与终到作业时间长,不利运距较短的运输业务;运输总成本中固定费用所占的比重大(一般占 60%),大量资金、物资用于建筑工程,如路基、站场等;一旦停止营运,不易转让或回收,损失较大。

二、铁路运输的技术经济特征

铁路运输承担着全国客、货运输总量相当大的比重。铁路是各种运输方式的主要力量,是大动脉;它在交通运输体系中起着骨干和主导的作用。但是,铁路运输需要一定的轨道,离开轨道寸步难行,发展有一定的局限性。同时,建筑铁路需要花费大量的投资、劳动力和动力资源、金属及其他物质。铁路占用固定资产多,折旧费用占运输成本比重大,在一定时期内,固定设备投资及其维持费用基本上与运量无关,所以,随着运量的增加,这些费用分摊到单位运输产品上相对减少,从而降低运输成本。运输成本与客货运量大小,运输方向、运输距离、牵引类型、列车重量等因素有关。

铁路运输的技术经济特征,可以用一定的技术经济指标来反映。运营技术指标、实物指标和价值指标。

运营技术指标主要有:运输的经常性(不间断性、均衡性和节奏性的程度);通过能力和输送能力;货物送达和旅客运送的速度和时间;运输货物的完好程度和旅客的舒适程度;运输的安全和可靠性程度以及机动性等。

实物指标包括:劳动生产率和劳动力需要量;燃料和电力(能量)、金属和其他材料的单位需要量等。

按照运营技术指标和实物指标来说,各种运输方式的所有差别,通常都要在经济价值指标上反映出来。列入经济价值的指标有:运营支出和运输成本;基建投资需要量以及运输生产基金需要量;在途货物所需要的国民经济流动资金,与运送时货差、货损有关的损失和非生产性支出等。

1)货物送达速度

采用和发展速度快的运输方式,可以缩短货物从生产地至消费地的时间,使货物能迅速地投入生产,减少在途货物数量,节约流动资金,对于国民经济扩大再生产有着重大的经济意义。同时,还可以提高运输设备利用效率,加速运输工具的周转,相应地减少运输设备和运输工具的需要量。所以,货物送达速度指标是评价各种交通运输方式经济效果的主要指标之一。

铁路运输的技术速度较高,但铁路在货物运送过程中,需要进行列车会让(单线)或越行(双线)及其他解体、编组等技术作业,因而旅行速度低于技术速度。

货物送达速度取决于始发和到达作业时间以及货物在场、库停留的时间。目前,铁路的始发和到达作业时间在运输时间中所占的比重较大。在货车周转时间中,货物作业停留时间约占 40%,技术站中转停留时间占 25%,在途行驶时间只占 35%左右。

运输的经常性,对货物送达速度也有一定的影响,铁路运输的高度的经常性,是保证货物送达速度较高的重要条件之一。

2)运输成本

运输成本是运输业的一个综合性质的指标,它反映运输过程中物化劳动和部分活劳动的消耗。运输生产过程中,采用先进的技术设备、合理的组织管理工作、技术作业过程和劳动方法,都可以获得较高的劳动生产率和工具、设备利用率,节约燃料和材料,从而可以达到较低的运输成本,节约国民经济的运输费用。

3)基本建设投资

各种运输方式投资的大小,取决于它们的物质技术基础的构成和性质。各种运输方式的物质技术基础的构成各有其特点,从而形成初期投资和后期投资的差异。一般地说,固定设施(线路和港、站建筑)比重大而活动设备(运输工具)比重小的运输方式,所需的初期投资大、后期投资小;反之亦然。铁路运输业,由于固定设施的工程费和建筑材料、劳动力消耗大。因此,它的线路投资高。

4)劳动生产率

劳动生产率因其运输工具的载重量和运输能力不同有着显著的差异。水运干线的船舶或船队载重量大,与其他运输方式比较,它具有较高的劳动生产率。汽车运输因汽车载重量小,占用劳动力较多,因此比其他运输方式低。而铁路运输的劳动生产率较水运低,而显著地高于公路。

5)其他指标

运输能力、运输经常性与灵活性,各种运输方式有很大差别。水运和铁路都具有通过能力大,能够担负大量运输任务的运输方式。铁路运输的经常性最强,汽车运输次之,水运较差;而灵活性以汽车为最好,铁路次之。

第二节 当前世界铁路发展方向

1.国有铁路公司化

国有铁路公司化的理论依据是:国有企业的最大弊端是产权关系的不明确,政企不分,企业不是独立的商品生产者和经营者,而是行政机构的附属物,因此缺乏动力和活力。而政企不分的关键又在于所有权和经营权没有分开。建立公司法人制度,使国家对企业的财产有终极所有权(法律所有权),企业有法人所有权(经济所有权),使国有铁路成为真正独立的运输商品生产者和经营者。

国有铁路公司化的形式主要有:

(1)全部路网及设备由一家公司统一管理。通常这个总公司又将业务性质再划分成若干个分公司,如意大利和德国。

(2)基础设施与运营管理分开。瑞典就是这种模式,即基础设施仍由政府投资,运营业务摆脱政府干预,实行公司化管理。目前,这种方法已在一些欧共体国家中采用。

2.国有铁路民营化

国有铁路民营化大致有两种形式:

1)国有铁路采取民营公司的方式经营

这种形式可以分为两类:①全部路网及设施民营化,即日本原国铁改革模式。这种方式是将全国路网和设施按地区或业务性质分割,然后成立各铁路股份公司,并向社会公开发售股票,推进民营化管理。②局部路网或设施采取民营化方式经营,即把那些过去由政府承担的业务(如设备维修,餐饮供应等)以合同形式承包交由民间企业经营。如土耳其铁路企业中的局部业务民营化的改革,把港口铁路、机车车辆、一些线路的养护业务交给民营公司办理;英国铁路将机车车辆工厂和一些车站、旅馆等转给了民间企业经营。

2)国有铁路私有化

国有铁路私有化也可以分为两类:①将铁路的产权全部卖给民间财团,如新西兰在1993年以2.2亿美元的价格将其境内铁路的产权卖给了美国威斯康星中央铁路财团。②转让部分铁路的产权,如阿根廷铁路。

国有铁路民营化和国有铁路公司化这两个方案几乎都涉及到政府直接从经营者向监督者的转变,同时也需要在政府和民营企业之间签订合同,用契约关系确定下来。而且,这样的合同要确定资产所有权和其他权力,政府也需要有专门的程序(一般通过招标竞争方式)来确定由谁来接受专卖权或特许权合同。

3.开展多种经营活动,扩大铁路经营范围

铁路开展多种经营活动的出发点是强调铁路运输业的商业目的与其业务责任同等重要。铁路运输业追求商业利润,参与市场活动能加强铁路在国内外的市场地位。铁路运输业开展的业务都以市场变化为导向。多种经营和民营化一样,都以注重商务管理和合同关系为前提。

目前,一些人士认为,铁路运输业的业务应包括:①传统的铁路运输业务,将旅游运输也属于这一范畴;②房地产和铁路资产的开发;③其他业务。其中,除了铁路的传统客货运输业务外，其他两部分均可视为多种经营活动。

多种经营是铁路业务的一部分，是运输服务业的必要补充。法国铁路界人士认为，铁路运输服务应该是“门到门”的服务，而不应仅停留在铁路线上。因此，他们大力开展了一些铁路传统业务以外的其他经营活动，如联合运输、货物的寄存和仓贮、经营公园、快餐业等相关的设施和服务。多种经营可以提高铁路的经济效益。这种观点源于铁路传统的运输业务投入多、产出周期长、极难赢利，需要广开经营渠道，以求补充利润。意大利、西班牙和德国等国的铁路部门均持这种态度。多种经营是铁路传统业务的延伸。瑞典铁路专门设立了不动资产部，专门负责铁路车站等不动产的管理和开发。

4.铁路旅客运输重新受到各国政府的重视

铁路已有170多年的历史，由于它具有诸多的优势，19世纪末及20世纪初得到了大发展。凡经历了铁路发展大潮的国家，促进了其现代经济的大发展，并演变为当今的发达国家。二次世界大战后，由于航空和汽车工业的发展，尤其是高速公路的崛起，一些国家把交通运输的发展重点转向了公路和民航。但成功的背后也带来了诸多的负面影响，环境严重恶化；交通，尤其是公路拥挤不堪，甚至严重堵塞，事故频繁；城市，尤其是大城市，尽管周边公路纵横，市区遍地高架，处处立交，汽车仍不能畅行；在大通道上平行的公路、高速公路一条又一条，仍不能满足运输的需求。这些使人们不得不重新正视铁路运输的优越性，把发展大通道上的客货运输方式再度转向了铁路运输，尤其是发展城市及市郊旅客运输方面提倡城市铁路或有轨交通。铁路旅客运输再度受到各国政府的重视。

5.大力提高旅客列车速度已是共同的趋势

速度是交通运输，尤其是旅客运输最重要的技术指标，也是主要的质量指标。自有铁路以来，人们就致力于列车速度的不断提高。各国都在大幅度地提高既有的列车速度，早在1987年，就有15个国家的特、直快列车的旅行速度达到和超过了120km/h。在欧洲大陆，非高速铁路线上的特、直快列车的运营速度达到160km/h已很平常。法、德、英等国个别线路可达200～225km/h，日本的窄轨铁路列车速度已普遍达到130km/h，并计划在本世纪达到200km/h。我国在20世纪90年代就在广深铁路上开行160km/h的旅客列车，并运用摆式可倾斜动车组开行时速达200km/h的新时速列车。在一些发展中国家，如印度也在致力于列车速度的提高。由此可见，提高旅客列车速度是当前各国铁路旅客运输发展的趋势。

6.发展高速铁路已成为世界潮流

为适应旅客运输高速化的需要，在20世纪60年代日本率先建成了时速210km的东海道新干线。东海道新干线完善的高速技术和成功的运营实践，为铁路输入了新鲜血液，在世界范围内掀起了修建高速铁路的浪潮。至今世界新建和改建的高速铁路已超过了10 000km，最高时速已由初期的210km提高到了300km；本世纪正在向时速达350km和更高努力。目前日、法、德、英、俄、瑞典和西班牙等国家都修建和开行了时速200km以上的高速铁路和高速旅客列车，并有进一步发展高速铁路的规划。我国也正在修建时速达250km/h的秦沈客运专线铁路，待建的京沪、京广高速客运专线铁路规划。此外，韩国、我国的台湾省及印度也都有修建高速铁路的规划和实施计划。高速铁路是传统铁路产业现代化的重要标志，同时发展高速铁路也是改善铁路旅客运输服务质量的新契机。不仅发达国家，也不乏发展中国家都把发展高速铁路作为建成或改善国际、国内主动脉交通通道，加强人际交往，促进经济、社会发展和科技进步的重要手段。

7.重载货物运输

铁路货物运输普遍采用重载技术,铁路重载技术创始于20世纪20年代的美国,后来被世界上越来越多的国家广泛重视。多年来,一些国家依靠科技进步,更新和研究采用先进的技术设备和应用整体优化的理念,进行重载运输系统的系统设计,使重载铁路技术装备总体水平和运输效率有了极大的提高。加拿大太平洋铁路开创了微机控制列车操纵,运用自导型转向架的新技术,使重载单元列车步入了新的一代。实践证明,重载运输是扩大运输能力,提高运输效率,加快货物输送和降低运输成本的有效方法。

重载列车(列车重量≥5 000t/列)所能达到的重量,在一定程度上反映了一个国家铁路重载运输技术综合发展的水平。目前,不同国家之间在列车重量标准上存在着较大的差异,基本上都是根据各自的铁路机车车辆特性、线路条件和运输实际需要确定列车重量标准。

8.新型大功率机车

为适应重载列车重量大和列车编组长的特点,世界各国都在积极研究采用新型大功率机车,增加轮周牵引力;装设机车多机同步牵引遥控和通信联络操纵系统;车辆提高轴重,减轻自重,采用刚性结构,增加载重量;装设性能可靠的制动装置以及高强度车钩和大容量缓冲器等。

9.先进的信息控制技术和指挥系统

研制和采用先进的信息控制技术和通信信号设备;在运营中实现管理自动化,货物装卸机械化和行车调度指挥自动化等。同时,也对技术站、装车站和卸车站也进行与之配套的自动化设备改造。

除此之外,在改造既有铁路或修建重载专用铁路中采用新型轨道基础,铺设重型钢轨无缝线路,强化线路结构,提高承载力。对车站站场、线路股道进行相应的改造和延长。

第二章　铁路固定运输设备

第一节　铁路线路与轨道

铁路线路是机车车辆和列车运行的基础。铁路线路是由路基、桥隧建筑物(包括桥梁、涵洞、隧道等)和轨道(包括钢轨、联结零件、轨枕、道床、防爬设备和道岔等)组成的一个整体工程结构。

一、铁路主要技术标准

铁路主要技术标准包括铁路等级、正线数目、限制坡度、最小曲线半径、牵引种类、机车类型、机车交路、车站分布、到发线有效长度和闭塞类型等。这些标准是确定铁路能力大小的决定因素,不仅对设计线路的工程造价和运营质量有重大影响,而且是确定设计线路一系列工程标准和设备类型的依据,所以称为铁路主要技术标准。

铁路等级是铁路的基本标准。其他各项标准的确定都与铁路等级有关。在我国《铁路线路设计规范》(GBJ 90－85)中规定,新建铁路和改建铁路(或区段)的等级应根据它们在铁路网中的作用、性质和承担的远期年客货运量确定。我国铁路共划分为三个等级,如表 4-2-1 所示。

铁路等级和主要技术标准　　表 4-2-1

等级	在路网中作用	远期年客货运量(GN)	最高行车速度(km/h)	限制坡度(‰)		最小平曲线半径(m)	
				一般地段	困难地段	一般地段	困难地段
Ⅰ	骨干	≥150	120	6	12	1 000	400 (350)
Ⅱ	骨干	<150	100	12	15	800	350 (300)
Ⅲ	地区性	<75	80	15	20	600	300 (250)
	联络、辅助	≥75					

二、铁路线路平、纵断面

铁路线路在空间的位置用线路中心线表示。中心线的位置在路肩连线的中点。线路的平面是指线路中心线在水平面上的投影;线路的纵断面是指线路中心线展直后在垂直面上的投影。

铁路线路平面由圆曲线、直线以及它们之间的缓和曲线组成。在图 4-2-1 中,曲线的长度和切线的长度(均包括圆曲线和缓和曲线两部分)可用下式计算:

$$T = (R + P)\tan\frac{\alpha}{2} + m \tag{4-2-1}$$

$$L = \frac{\pi R\alpha}{180} + l \tag{4-2-2}$$

式中:P——圆曲线移动量;

m——切垂距,概略计算时可取 $m = \frac{1}{2}l$;

其余符号见图 4-2-1 的标注。

设置曲线时,要考虑许多问题。列车以一定的速度在曲线上行驶时,车辆会受到离心力的作用。离心力的大小同速度的平方成正比,同曲线半径成反比。离心力的作用,一方面影响到列车运行的平稳性,另一方面使外侧车轮踏面在曲线段会发生横向滑动,而曲线范围内的外轨较内轨长,车轮又会产生纵向滑动,这些滑动会引起车轮同钢轨间的粘着系数下降,使牵引力减小。因而,考虑到线路的稳定和旅客的舒适,列车在曲线上必须限速行驶。行车速度 v(km/h)和曲线半径 R(m)的关系为:

$$v_{\max} = 4.3\sqrt{R} \tag{4-2-3}$$

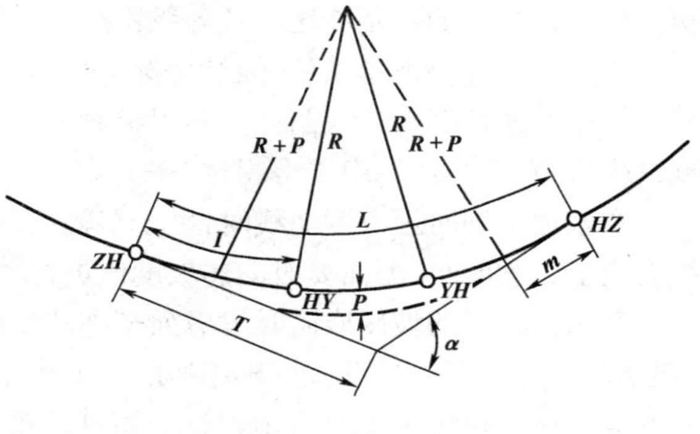

图 4-2-1　曲线设置示意图

ZH-直缓点;HY-圆缓点;YH-圆缓点;HZ-缓直点;α-曲线转角;R-曲线半径;l-缓和曲线长度;L-曲线长度;T-切线长度

由于线路曲线半径大小影响到曲线段所用钢轨的曲率大小,因而,曲线半径一般采用标准半径:4 000m、3 000m、2 000m、1 500m、1 200m、1 000m、800m、700m、600m、550m、450m、350m 和

300m。特殊困难条件下，可采用上述半径间 10m 整倍数的曲线半径值。

在两个相邻曲线之间应有足够的直线段称为夹直线，以提供平衡的运行条件。夹直线的最小长度规定为：I 级铁路不得小于 80m（一般地段）或 40m（困难地段）；II 级铁路不得小于 60m（一般地段）或 30m（困难地段）；III 级铁路不得小于 50m（一般地段）或 25m（困难地段）。

在直线与圆曲线之间应设置缓和曲线（图 4-2-1），从缓和曲线所衔接的直线一端起，其半径由无穷大渐变到所衔接的圆曲线半径 R，这样使列车由直线（或圆曲线）驶向圆曲线（或直线）时，离心力逐渐增加（或消失），减缓了外轮对外轨的冲击，使列车运行平稳、旅客舒适。缓和曲线长度应根据铁路等级、曲线半径，并结合曲线所处地段的行驶速度和地形条件合理选用。我国铁路缓和曲线长度是 20～150m。有条件时，应尽量选用较长的缓和曲线。

为适应地形起伏以减少工程量，铁路线路在纵向设置上坡或下坡。列车在坡道上行驶时，其重量平行于坡道方向的分力形成了车辆行驶的阻力，称为坡道阻力。纵坡越大，列车上坡时的坡道阻力也越大，而机车克服坡道阻力后所剩的牵引力就越小。机车的牵引重量计算式(4-2-4)如下：

$$Q = \frac{F_k - P(\omega'_0 + i)}{\omega''_0 + i} \tag{4-2-4}$$

式中：F_k——机车计算牵引力(N)；

P——机车重量(t)；

ω'_0——机车单位基本阻力(N/t)；

ω''_0——车辆单位基本阻力(N/t)；

i——线路坡度(%)。

为了保证线路的运输能力，对线路上运行列车的重量有一定的要求，因而对线路的坡度有一定的限制。用于确定列车重量的最大坡度称为限制坡度，由限制坡度确定的列车重量称为牵引定数。限制坡度定得越小，则所能牵引的列车重量越大，线路的运输能力越大。但如果地形起伏较大，则对应的工程费用就越高。因而，应结合地形情况和所要求的运输能力，通过分析比较选择合适的限制坡度。各等级铁路的最大限制坡度见表 4-2-1。

在山区为适应地形条件，经过比选可采用加力牵引（在列车前部加挂机车牵引或在后部用补机推送），使坡度超过限制坡度的规定值。受列车制动条件的限制，各级铁路的加力牵引坡度最大值，对于蒸汽牵引不得超过 20‰，内燃牵引不得超过 25‰，电力牵引不得超过 30‰。

在坡道上同时设有圆曲线时，由于车辆在曲线上行驶的曲线阻力，机车可供牵引力比在直线坡道上行驶时小，因而要对上述坡度值进行坡度折减。

车站内线路的坡度应同时考虑列车进站下坡能够安全制动、上坡出发时能克服各种阻力（包括起动附加阻力）、没有机车连挂的车组或车辆不会因有坡度而溜逸等条件。一般车站上到发线不应设在大于 1.5‰的坡度上，特殊困难条件下不大于 2.5‰。

列车行驶在各个变坡点时，会产生竖向的附加力和加速度，从而影响行车平稳性。为此，在纵断面设计时，要考虑最小坡段长度、相邻坡段的坡度代数差以及竖曲线设置。一般情况下，坡段的长度不宜短于远期列车长度的一半，并取 50m 的整倍数。两相邻坡段的最大坡度代数差，应考虑不使车辆间的车钩断裂、行车平稳、机车不脱轨和不脱钩等因素，尽量采用低值，最大不得超过重车方向的限坡值。在相邻坡段的坡度代数差大于 3‰（I、II 级铁路）或 4‰

(Ⅲ级铁路)时,应设置圆形竖曲线,其半径相应为 10 000m 和 5 000m。

三、路基

路基是铁路线路承受轨道和列车荷载的基础结构物。按地形条件及线路平面和纵断面设计要求,路基横断面可以修成路堤、路堑和半路堑三种基本形式,如图 4-2-2 所示。

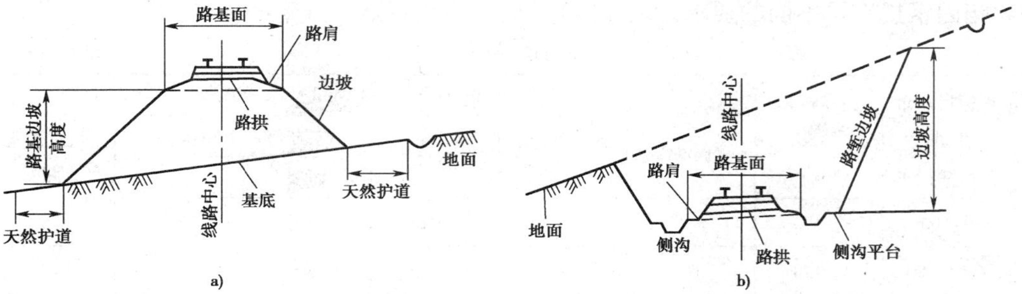

图 4-2-2　路基的基本形式

a)路堤;b)路堑

路基顶面的宽度,根据铁路等级、轨道类型、道床标准、路肩宽度和线路间距等因素确定。区间直线路段上的路面宽度数值见表 4-2-2。

区间直线地段路基面宽度(m)　　表 4-2-2

铁路等级	轨道类型	单线			双线		
		非渗水土			非渗水土		
		道床厚度	路堤路基面宽度	路堑路基面宽度	道床厚度	路堤路基面宽度	路堑路基面宽度
Ⅰ级	特重型	0.5	7.0	6.7	0.5	11.1	10.7
	重型	0.5	6.9	6.6	0.5	11.0	10.6
	次重型	0.45	6.7	6.4	0.45	10.8	10.4
Ⅱ级	次重型	0.45	6.7	6.4	0.45	10.8	10.4
	中型	0.4	6.5	6.2	0.4	10.6	10.2
Ⅲ级	轻型	0.35	5.6	5.6			

注:双线线距 4m;路肩宽;Ⅰ、Ⅱ级铁路 0.6m;Ⅲ级铁路 0.4m。

路基面的形状有路拱和无路拱两种。非渗水的路基面往往做成不同形式的路拱,以便排水。我国铁路单线路基的路拱断面是梯形的,双线路基是三角形的。为保证路基的整体稳定性,路堤和路堑的边坡都应根据有关规定筑成一定的坡度。

为了消除或减轻地面水和地下水对路基的危害作用,使路基处于干燥状态,须采用地面和地下排水措施,将降落或渗入路基范围的地面或地下水,拦截、汇集、引导和排离出路基范围外。这些排水设施有侧沟、排水沟、截水沟、渗(暗)沟等。

四、轨道

轨道是列车运行的基础。轨道引导列车行驶方向,承受机车车辆的压力,并把压力扩散到路基或桥隧结构物上。轨道主要由钢轨、联结零件、轨枕、道床、防爬设备以及道床等组成。道床是铺在路基面上的道碴层。在道床上铺设轨枕，在轨枕上架设钢轨。相邻两节钢轨的端部以及钢轨和钢轨之间用联结零件互相扣连。在线路和线路的联结处，铺设道岔。

轨道的强度和稳定性取决于钢轨类型、轨枕类型和密度、道床类型和厚度等因素。根据运量和最高行车速度等运营条件，将轨道分为特重型、重型、次重型、中型和轻型五个等级，分别对这些影响因素规定了不同的要求。表 4-2-3 所列为正线线路所规定的标准。

正线轨道类型　　表 4-2-3

轨道类型	年通过总重密度（GN.km/km）	最高行车速度（km/h）	钢轨（kg/m）	轨枕根数（根/km）		道床厚度（cm）		
				预应力混凝土枕	木枕	非渗水土路基		岩石、渗水土路基
						面层	垫层	
特重型	> 600	≥120	≥70	1 840 ~ 1 670	1 840	30	20	35
重型	600 ~ 300	≥120	60	1 760	1 840	30	20	35
次重型	300 ~ 150	120	50	1 760 ~ 1 680	1 840 ~ 1 760	25	20	30
中型	150 ~ 80	100	43	1 680 ~ 1 600	1 760 ~ 1 600	20	20	30
轻型	< 80	80	43、38	1 600 ~ 1 520	1 600	20	15	25

钢轨要支承和引导机车车辆，钢轨必须具有足够的刚度，以抵抗动轮作用下的弹性挠曲变形，并具有一定的韧度，以减轻动轮的冲击作用，不致产生折断。此外，钢轨还应具有足够的硬度，以抵抗车轮的压陷和磨损。

我国生产的标准钢轨有：≥70kg/m、60kg/m、50kg/m、43kg/m 等数种。标准长度为 25m 和 12.5m。钢轨连续铺设时，相邻钢轨间应留有轨缝，以适应温度变化时的胀缩。

钢轨是用联结零件固定在轨枕（木枕或钢筋混凝土枕）上的。两根钢轨头部内侧间与轨道中心线相垂直的距离称为轨距。我国绝大多数线路轨距为 1435mm，称为标准轨距。较其大者称为宽轨，反之称为窄轨。

道床是为了传递轨枕荷载，固定轨枕位置，排除地表积水，增加轨道弹性，便于校正线路而铺在路基面上的道碴层，其主要材料为碎石。在需要铺两层道碴时，下面和路基面接触的那层称为垫层。

道岔是铁路线路和线路间连接和交叉设备的总称，其作用是：使机车车辆由一条线路转向另一条线路，或者越过与其相交的另一条线路。最常用最简单的道岔是普通单式道岔，或称单开道岔。它由转辙器、转辙机械、辙叉、连接部分和岔枕组成。除单开道岔外，还有双开、三开、交分道岔等可供多个方向转向。

第二节　铁路车站及枢纽

车站是铁路运输的基本生产单位，它集中了和运输有关的各项技术设备，并参与整个运输过程的各个作业环节。车站是有配线的分界点。按技术作业性质可分为中间站、区段站、编组站；按业务性质可分为客运站、货运站、客货运站；按等级可分为特等站、一、二、三、四、五等站。

在车站内除有与区间直接连通的正线外，还有供接发列车用的到发线、供解体和编组列车用的调车线和牵出线、供货物装卸作业的货物线、为保证安全而设置的安全线、避难线以及供其他各种作业使用的线路,如机车走行线、存车线、检修线等。

一、中间站

中间站是为提高铁路区段通过能力,保证行车安全和为沿线城乡及工农业生产服务而设的车站。其主要任务是办理列车会让、越行和客货运业务。

中间站设备规模虽然较小,但数量很多,遍布全国铁路沿线中小城镇和农村,在发展地方工农业生产,沟通城乡物资交流中起到很重要的作用。

中间站的主要作业有:列车的到发、通过、会让和越行;旅客乘降和行包的承运、保管与交付;货物的承运、装卸、保管与交付;本站作业车的摘挂作业和向货场、专用线取送车辆的调车作业。

另外,在客货运量较大的个别中间站,还有始发、终到旅客列车及编组始发货物列车的作业。

为了完成上述作业,中间站应设以下设备:①客运设备:包括旅客站舍(售票房、候车室、行包房)、旅客站台、雨棚和跨越设备(天桥、地道、平过道等);②货运设备:包括货物仓库、货物站台和货运办公用房、装卸机械等;③站内线路:包括到发线、牵出线和货物线等;④信号及通信设备。

图 4-2-3 和图 4-2-4 为单线和双线铁路中间站布置图。

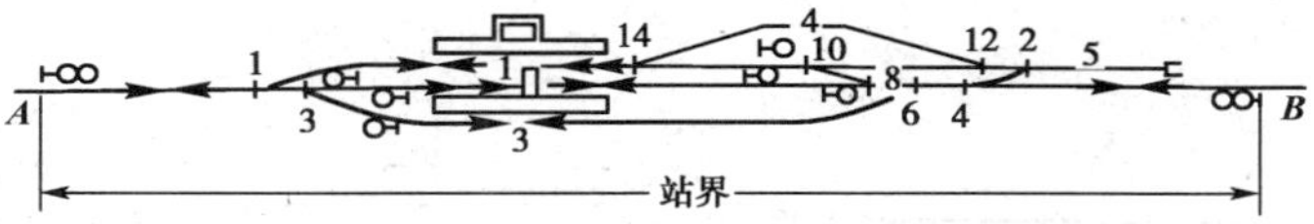

图 4-2-3　单线铁路中间站布置图

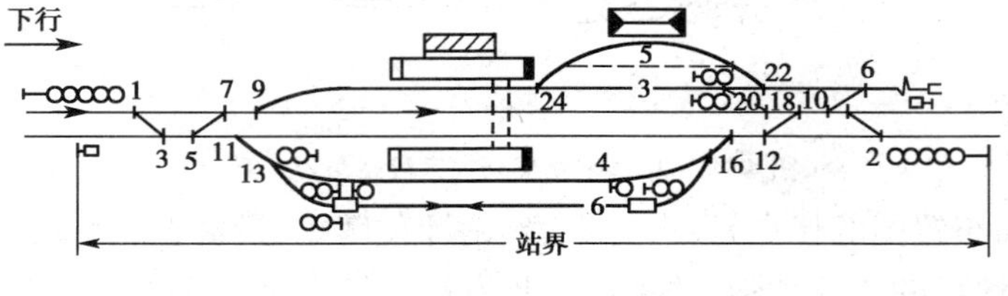

图 4-2-4　双线铁路中间站布置图

二、区段站

区段站大多设在中等城市和铁路网上牵引区段的分界处。其主要任务是:办理货物列车的中转作业,进行机车的更换或机车乘务组的换班以及解体、编组区段列车和摘挂列车。

从区段站作业的数量和性质以及设备的种类和规模来看,其特点是“小而全”。“小”是指其作业数量及设备规模与各种专业车站相比小;全是指其作业性质与设备种类齐全。

1. 区段站的作业与设备

区段站主要办理以下五类作业:

(1)客运业务:与中间站基本相同,但数量较大;

(2)货运业务：与中间站基本相同，但作业量要大；

(3)运转作业：主要办理旅客列车接发、货物列车的无改编中转作业，区段、摘挂列车的编组与解体，向货场及专用线取送车等作业。某些区段站还担当少量始发直达列车的编组任务；

(4)机车业务：主要是机车的更换或机车乘务组的换班，对机车进行整备、检修；

(5)车辆业务：办理列车的技术检查和车辆检修业务。

为了完成上述各项作业，区段站主要有以下设备：

(1)客运设备：与中间站基本相同，但规模较大；

(2)货运设备：与中间站基本相同，但数量较多；

(3)运转设备：包括到发线、调车场、牵出线或中小能力驼峰、机车走行线及机待线；

(4)机务设备：机务段或机务折返段；

(5)车辆设备：列车站修所和检修所。

2.区段站布置图

由于区段站主要办理无改编中转列车的作业，因此区段站设备的布置应主要考虑如何缩短中转列车的停站时间和提高车站的通过能力。区段站布置图形的构成主要是根据与车站通过能力直接有关设备(正线、旅客列车到发线、货物列车到发线)的相互位置确定。常见的布置图有横列式、纵列式及客货纵列式三种。

1)横列区段站布置图

到发场(线)平行布置在正线一侧，编组场紧靠到发场外侧时称为横列式布置图，如图 4-2-5 所示。

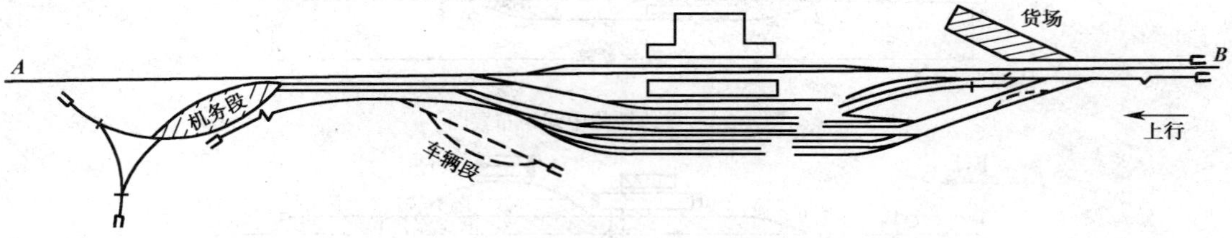

图 4-2-5　单线铁路横列式区段站布置示意图

横列式区段站布置图的优点是：布置紧凑、站坪长度短、投资省、设备集中、管理方便、作业灵活性大；对各种地形的适应性强，便于进一步发展。缺点是一个方向列车的机车出入段走行距离长、货场取送车和正线接发列车有交叉干扰、与站房同侧的工业企业接轨不方便。

我国大部分单线铁路区段站均采用横列式图形。新建单线铁路区段站也宜采用横列式图形。

2)纵列式区段站布置图

在双线铁路上运量较大时，为了减少站内两端咽喉区段上、下行客货列车进路的交叉干扰，可采用纵列式布置图。这种布置图上、下行到发场分设在正线两侧，并逆行方向错移，共用的调车场设在一个到发场一侧，如图 4-2-6 所示。

纵列式区段站布置图的优点是：作业交叉干扰比横列式少，有较大的通过能力，上、下行机车出入段走行距离都较短；站房同侧的工业企业接轨方便。但占地多，设备分散，且总有一个方向的机车出入段要横切正线。双线铁路上有多方向引入，客货列车对数较多，地形适宜时，

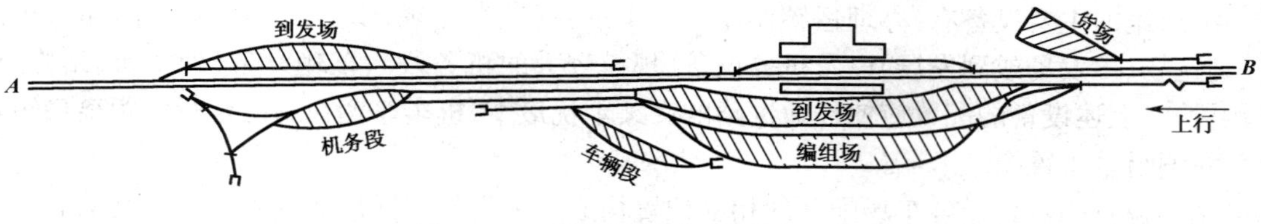

图 4-2-6　双线铁路纵列式区段站布置图

可采用或预留纵列式布置。

3)客货纵列式区段站

这种区段站采取客运运转设备(主要指旅客列车到发场)与货运运转设备(主要指货物列车到发场)纵向配列,如图 4-2-7 所示。

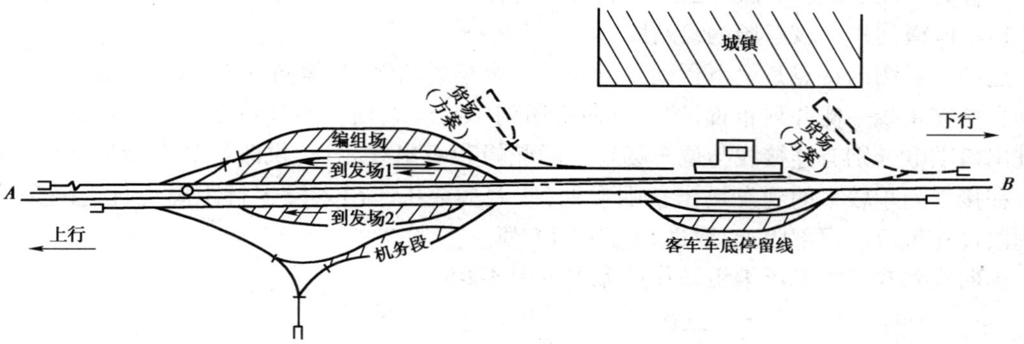

图 4-2-7　双线铁路客货纵列式区段站布置图

在靠近城市的站场办理客运业务和旅客列车运转作业,无货物列车作业干扰,对旅客服务有良好的环境;货物列车运转场设在车站另一端,且上、下行到发场分列于上、下行正线一侧,同样具有双线纵列式布置图的优点,即消除了客货交叉,提高了通过能力。

这种布置图形往往是在横列式图形基础上改建形成的,可以因地制宜,既扩大了车站能力,又能配合地方发展规划。其缺点是机务段的位置往往不易于和其他设备很好配合。

三、编组站

编组站是铁路网上办理大量货物列车解体和编组作业,并设有比较完善的调车设备的车站,有列车工厂之称。

编组站和区段站统称技术站,但二者在车流性质、作业内容和设备布置上均有明显区别。区段站以办理无改编中转货物列车为主,仅解体编组少量的区段和摘挂列车;而编组站主要办理各类货物列车的解体编组作业,而且多数是直达列车和直通列车,改编作业量往往占全站作业量的 60%以上,有的高达 90%。

编组站的主要任务是解编各类货物列车;组织和取送本地区车流——小运转列车;供应列车动力,整备检修机车;货车的日常技术保养等四项。

1.编组站的作业与设备

编组站的主要作业为运转作业、机车作业和车辆作业。运转作业包括列车到达作业、车列解体作业、车列编组作业和列车出发作业。

编组站的主要设备有：办理运转作业的调车设备（调车驼峰、牵出线、编组场等）和行车设备（到达场、出发场或到发场）以及机务设备（规模较大的机务段）、车辆设备（列检所、站修所、车辆段）。上述设备的配置应使作业进路的交叉干扰最少，机车车辆在站内走行的距离最短。

2.编组站布置图

调车设备的数量及各车场配列的相互位置构成了编组站不同形式的布置图。凡只有一套调车设备（包括驼峰、调车场、牵出线成套作业设备），供上、下行改编车流共用的车站，称为单向编组站；若有两套调车设备，各自解编上行或下行车流的车站，称为双向编组站。根据主要车场配列相对位置不同，可分为横列式、纵列式及混合式。我国编组站布置图的基本类型有单向横列式、单向纵列式、单向混合式、双向横列式、双向纵列式、双向混合式。铁路编组站图形，习惯上称为"几级几场"，"级"是车站内纵向排列的车场数，"场"是全站的主要车场总数。

1)单向横列式一级三场编组站图形

这种布置图的特点是上下行到发场分列于调车场两侧，紧靠同方向正线，直通车场在各方向到发场靠正线一侧并列布置，这样可使直通列车与改编列车的作业互不干扰。各方向到发场进出口咽喉分别有连接线与调车场首尾的驼峰和牵出线相连，供改编列车转场之用。机务段设在接发列车较多的到发场出口咽喉处，使大多数机车出入段走行距离短且进路交叉少。车辆段设在编组场尾部附近，取送扣修车辆方便。

单向横列式一级三场编组站作业流程见图 4-2-8。

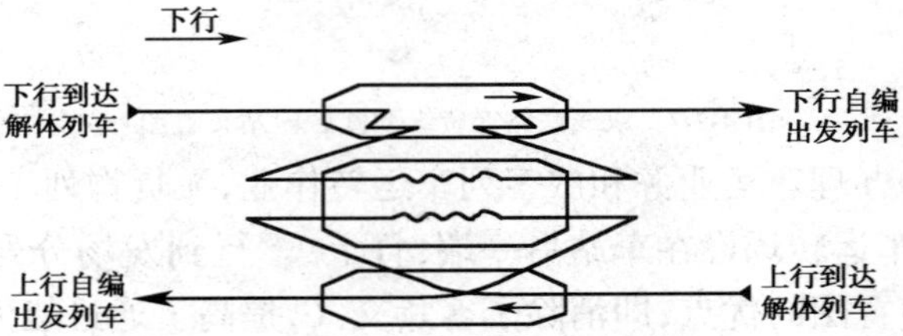

图 4-2-8　改编车流在一级三场编组站的作业流程

一级三场编组站图形具有横列式布置图共有的优点。其优点是：站坪长度短、投资省，设备布置紧凑。管理方便。其主要缺点是：改编列车作业流程中车辆折返走行，径路迂回曲折，走行距离与在站停留时间均较长。

单向横列式一级三场编组站在一般情况下，日均解编能力为 3500～4000 辆（双推单溜），适用于双方向改编车流均衡、解编作业量不大的编组站或地形条件困难、远期无大发展的中小型编组站。

2)单向混合式二级四场编组站

这种图形的基本特征是各衔接线路方向共用到达场和编组站纵向布置，而上、下行出发场分别并列在编组场两侧，如图 4-2-9 所示。

在到达场与编组场间大多数设有中能力驼峰。编组场尾部设有两条牵出线，通常配备两台机车进行编组作业。机务段一般设在到达场旁边，反驼峰方向一侧。机务段两端分别与到达场入口咽喉、反向出发场及顺向出发场连通。顺驼峰方向改编列车的本务机车经峰下跨线桥机车走行线入段，反向改编列车和无改编中转列车的本务机车出入段都很便捷；仅顺驼峰方向自编始发列车和无改编中转列车本务机车走行较远。车辆段仍设在编组场尾部适当地点。

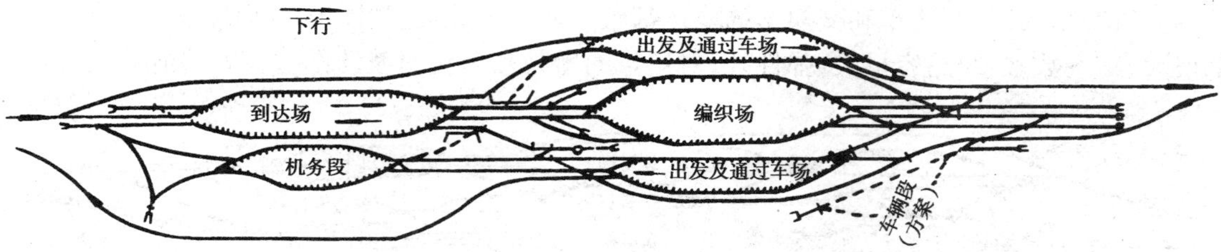

图 4-2-9　单向二级四场混合式编组站布置图

单向混合式二级四场编组站由于具有共用的峰前到达场，节省了车列的转线时间，从而提高了驼峰的作业效率即解编能力。但尾部仍有折返走行，能力偏低，从而成为全站改编能力的薄弱环节。另外，还存在共用峰前到达场固有的反向改编列车到达与反向货物列车出发的进路交叉。

单向混合式二级四场编组站采用双推单溜驼峰作业方式时，日均改编能力为 4000 ~ 5500 辆。适用于解编作业量较大，顺反驼峰方向改编车流量悬殊，地形条件困难的大、中型编组站。

3）单向纵列式三级三场编组站

这种图形的布置特点是：上、下行共用的到达场、出发场、编组场三个主要车场纵向排列，使到达解体列车上峰解体和编成车列转线出发场径路顺直。这种到、解、编、发流水作业节省了调车作业和运营支出，也大大提高了改编能力。这是纵列式三级三场图形的最大优点，如图 4-2-10 所示。

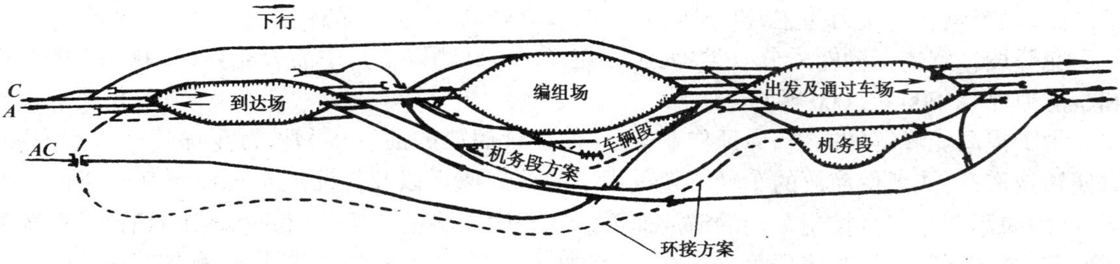

图 4-2-10　单向三级三场纵列式编组站布置图

纵列式三级三场图形的缺点是：反驼峰方向改编列车接发车时与驼峰解体、尾部编组作业均有干扰，而且走行距离增加。因此，采用改编作业量较大，日均 6000 ~ 8000 辆，顺反驼峰方向改编车流量不平衡且相差悬殊，地形条件许可（6 ~ 8km 长的站坪）的大型编组站。

4）双向编组站图形

前述三种图形的共同特点是：只有一套调车系统，在设有峰前到达场的二级式、三级式图形中，均会产生反向改编车流在站内的折返走行以及反向改编列车到达与驼峰推峰作业的交叉干扰。如果上、下行改编量都很大且比例接近时，采用单向图形将是不利的。若采用双向编组站图形就能妥善解决这一问题。

图 4-2-11 是典型的双向纵列式编组站图形，上、下行各有独立的成套调车设备，双方向各系统的到达场、编组场、出发场均为纵向排列，形成双向三级六场。上、下行改编车流各自进入本系统解体、编组、出发，作业径路顺直。无改编中转列车在各系统的出发场外侧的直通场办理技术作业。在两系统的车场间设置机务和车辆设备，并有相应的走行线和联络线，使双方向

的本务机车出入段、检修车和交换车的取送都较方便。因此,这种图形的改编能力和通过能力都很大、车场数多、线路容量大、弹性好,对运量的增长和车流的波动都有较大的适应能力。

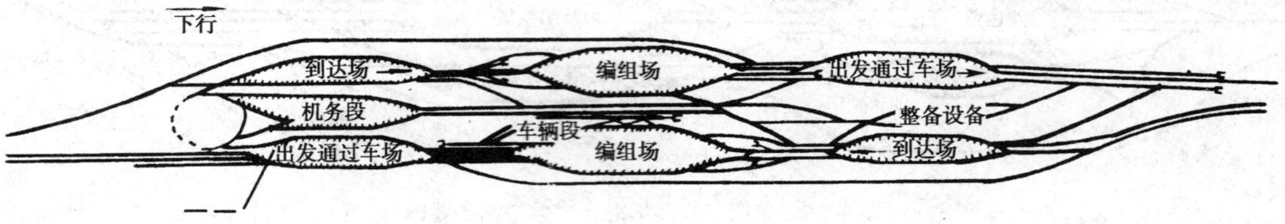

图 4-2-11　双向三级六场纵列式编组站布置图

这种图形占地面积和工程费用都很大,而且对于 3 个以上衔接方向的编组站来说,产生了折角改编车流的重复解体和转场作业,因而造成了多余的走行和作业交叉干扰。这也是其在运营上最突出的缺点。

双向纵列式三级六场编组站图形适宜于改编作业量大(采用机械化驼峰,能力达 12 000 ~ 14 000 辆/日;自动化驼峰,能力可达 20 000 辆/日),上、下行改编车流均衡,折角车流较少(不超过总改编量的 15%),地形又不受限制的大型编组站。

3. 调车驼峰

调车作业是编组站工作的核心。调车作业的安全和效率很大程度上与采用的调车设备和技术设施有关。调车设备按线路断面结构和车辆溜放动力可分为牵出线和驼峰。牵出线调车在平面上,车辆溜放以机车推动为主,效率较低,适合于编组作业;而驼峰调车时车辆从峰顶向下溜放,以车辆自身重力为主,机车推力为辅,效率较高,适合于解体作业。

驼峰按日解体车辆能力分三类:大能力驼峰(4 000 辆以上),中能力驼峰(2 000 ~ 4 000)辆和小能力驼峰(200 ~ 2 000 辆)。

为了提高驼峰解体能力,保证作业安全,使连续溜放的前行车和后行车保持必要的间隔,以便转换道岔,或者使溜放的车辆不超过规定的允许速度以及使溜放车辆停留在一定的目的点,必须采用调速工具控制车辆的溜放速度。在我国铁路被广泛采用的减速工具有铁鞋、车辆减速器、减速顶和可控减速顶等;加速工具有加速顶、牵引小车等。此外,还有加减速顶。

四、铁路枢纽

铁路枢纽是在铁路网点或铁路网端,由各种铁路线路、专业车站以及其他为运输服务的设备组成的技术设备总称。

铁路枢纽是客货流从一条铁路线转运到另一条铁路线的中转地区,也是城市、工业区客货到发和联运的地区。它除办理枢纽内各种车站有关作业外,在货物运输方面还办理各方向间的无调中转和改编以及枢纽地区车流交换的列车作业。在旅客运输方面办理直通、管内和市郊旅客列车有关的运转作业。此外,还要提供列车动力,进行机车车辆的检修等作业。

铁路枢纽内一般应具备以下设备:

(1)铁路线路:包括引入线、联络线、环线和工业企业专用线等;

(2)车站:包括客运站、货运站、编组站、工业站和港湾站等;

(3)疏解设备:包括铁路线路间的平交和立交疏解、铁路线路与城市道路的道口和立交桥以及线路所等;

(4)其他设备:包括机务段、车辆段、客车整备所等。

影响枢纽布置图的因素很多,如枢纽在路网中的作用、线路的引入方向及技术特征、枢纽客货运量及流向、城市发展规划、与其他运输方式的协作等。必须根据各个枢纽的具体条件,确定合理的布置图形。铁路枢纽最基本的图形是枢纽站(一站枢纽),一般由一个综合车站和3~4条引入线路组成,通常位于中等城市。当需要修建多个专业车站以及车站的联络线、进站线路等设备时,即形成了三角形、十字形、顺列式、并列式、环形、混合形、尽端式等各种铁路枢纽图形。图4-2-12为混合式铁路枢纽示意图。

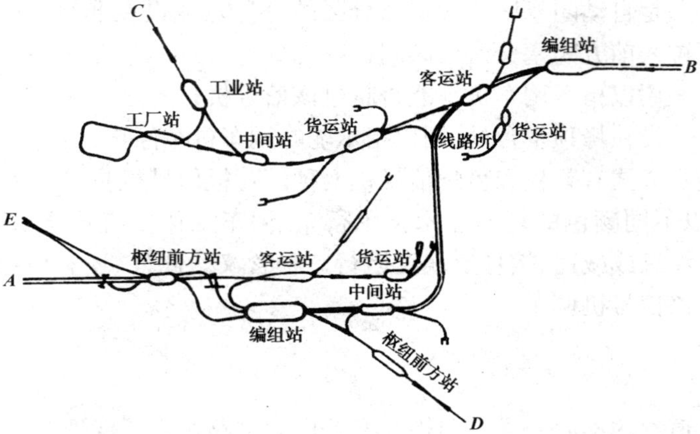

图4-2-12 铁路枢纽示意图

枢纽内专业车站的配置应考虑枢纽的客货流性质、线路引入方式、城市及其他运输系统的规划等因素进行总体布置。枢纽内编组站一般设置在主要干线汇合处,规划市区边缘之外,以保证主要车流方向有顺直的径路,使折角车流最少,并减少对城市的污染。中、小规模的枢纽一般设置一个综合性货运站。大枢纽内可设置两个及以上货运站。货运站位置的选择要与编组站衔接方便,同时要求有方便的汽车运输道路。枢纽内的客运站应配合城市规划,设在市区便利的旅客运输地段。客运站应与引入铁路方向有便捷的进路,并与市中心、市区主要干道以及其他办理客运业务的铁路车站、长途和市内汽车站、客运码头、机场等有方便的交通联系。如果引入方向较多、客流较大,可分设两个或更多的客运站,即可按快、慢分工,也可按方向或始发、终到与中转分工。

第三节 铁路信号与通信

铁路信号是信号、联锁、闭塞设备的总称。它是保障行车安全和运输效率所必需的。

一、信号

信号是指示列车运行和调车工作的命令。有关行车人员必须按照信号的指示办理作业,以保证运输安全和提高运输效率。

铁路信号可分为视觉信号(如信号机、手信号的显示)和听觉信号(如汽笛、口笛的鸣示)两类。还可分为固定设置的固定信号(如信号机)和临时设置的移动信号(如信号牌)两种。固定信号一般设在列车运行方向的左侧或所属线路中心线的上空。我国铁路的固定信号机主要有:

进站信号机——设在距车站最外方进站道岔尖轨或警冲标外方不少于50m处,用以指示列车能否进入车站;

出站信号机——设在每条发车线的警冲标内方适当地点,用以指示列车能否由车站开往区间;

通过信号机——是自动闭塞区段内闭塞分区的分界点或设在非自动闭塞区段的线路所,用以指示列车能否进入前方闭塞分区或区间;

调车信号机——用以指示调车机车能否越过该信号机;

驼峰信号机——设在峰顶平台处,用以指示驼峰调车机车停止、前进、后退以及推送速度。

信号机按其显示方式有臂板和色灯信号机两种。臂板信号机是以木制臂板的不同位置显示信号,但夜间仍以不同颜色的灯光显示指示行车、调车工作。信号显示以红、黄、绿为基本色,分别表示停止、注意或减速、按规定速度运行三种含义。此外,还有白色和蓝色,分别表示准许和不准许越过该信号机调车。

二、联锁设备

车站道岔区上道岔的不同开通方向构成多条作业进路。为了保证车站内行车和调车作业安全,必须实现进路、道岔及信号机三者的联系和制约,称为联锁。

进路、道岔及信号机之间的联锁关系可归纳为以下几类:

(1)放行列车或进行调车工作以前,必须先将进路上的所有道岔置于正确位置,信号机才能开放。

(2)信号机开放以后,该进路上的所有道岔全被锁闭,不能扳动。

(3)信号机开放以后,所有敌对进路(相互间有冲突的进路)的信号机全被锁闭,不能开放。

(4)主体信号开放以前,预告信号机不能开放;正线出站信号机开放以前,进站信号机不能显示正线通过的信号。

按道岔和信号机的控制方式,联锁可分为非集中联锁和电气集中联锁两种。电锁器联锁为我国目前主要的非集中联锁方式。道岔由人工分散在现场操纵,每个道岔握柄都装有电锁器,在供电情况下,道岔可以扳动,利用电锁器上定位接点或反位接点沟通不同进路的信号电路。当某进路信号开放后,电路断开,道岔不能再动,称为进路锁闭。只有作业完成、信号关闭、进路解锁后,道岔才能恢复自由动作。

小站电气集中联锁是为适应小站运营特点设计的,全站所有信号机和道岔都用电气方式集中在信号楼操纵,而进路、道岔和信号机之间的联锁也全部借助于电气锁闭原理来完成。即在室内用按钮操作,通过继电器、轨道电路和电动转辙器来控制联锁动作。

大站电气集中联锁是用于区段站、编组站的联锁设备,不仅可以了解道岔、信号机及进路的状态,而且能反映列车在站内运行情况。它还根据大站作业复杂、繁忙的特点,考虑了调车信号机的控制问题;采用双按钮控制进路,即按压进路始、终端按钮,则进路自动排好、信号自动开放,在列车通过某段后,逐段解锁,提高了车站作业效率。电气集中联锁在我国铁路已得到广泛应用。

由于计算机技术的高度发展和应用,铁路车站的电气集中联锁设备正在逐步向微机联锁方向发展。

三、闭塞设备

闭塞设备是用来保证列车在区间运行安全并提高区间通过能力的区间信号设备。它能控制列车运行,保证在一个区间内同时只能有一个列车占用。

我国《铁路技术管理规程》规定行车基本闭塞方法有电气路签(牌)闭塞、半自动闭塞、自动闭塞。前一种只能用于单线,后两种可用于单、双线。

路签(牌)闭塞是早期采用的列车行车闭塞方法。从路签机中取出路签,交给司机作为占用区间的行车凭证。此时,相邻两站都不能再取出路签。这种办法效率低,我国已很少采用。

半自动闭塞是一种以出站信号机的显示作为列车占用区间行车凭证的闭塞方式。发车站必须用电话与接车站联系,得到送电同意后,发车站的出站信号机才能开放。列车进入区间后,出站信号机自动关闭,同时两站闭塞机处于锁闭状态,不能重新开放出站信号发车。当列车到达相邻站后闭塞机才能复原。由于开放信号需人工操纵,而关闭信号是自动的,故称为半自动闭塞。

自动闭塞是由运行中的列车自动完成闭塞任务的闭塞方式。将站间区间分成若干个闭塞分区,以通过信号机作为分界点防护。由于闭塞分区内装有轨道电路,因而能反映列车运行情况,并传给通过信号机显示出来,向接近它的列车指示运行条件。由于通过信号机的显示是随列车的运行由列车自动控制的,不需要人工操纵,故称自动闭塞。

我国铁路广泛采用的是三显示自动闭塞,它用红、黄、绿三种颜色的灯光指示列车运行的不同条件。亮红灯时,表示前方闭塞分区占用,列车需在信号机前停车;亮黄灯时,表示前方有一个闭塞分区空闲,列车应注意运行;绿灯表示前方至少有两个闭塞分区空闲,列车不必减速。四显示自动闭塞是在三显示红、黄、绿灯光基础上增加一个黄绿灯光显示,要求高速列车越过黄绿信号后必须减速,以便在黄灯下运行时不超过允许速度,保证能在红灯前停车。对于低速列车,越过黄绿信号后则不必减速,这样就解决了某些线路上不同速度列车的行车要求。如图4-2-13所示。

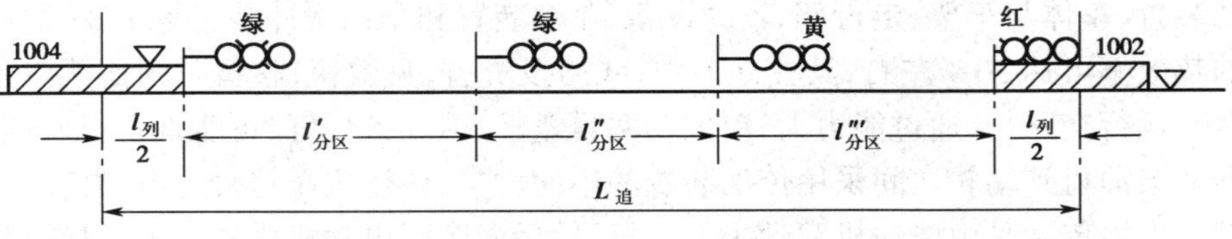

图 4-2-13　三显示自动闭塞示意图

四、通信设备

通信设备是实现铁路运输生产集中统一指挥的保证。铁路通信按传输方式分为有线通信和无线通信;按服务区域分为长途通信、地区通信、区段通信及站内通信;按业务性质分为公用通信、专用通信及数据传输等。

铁路专用通信是指专门用于组织及指挥铁路运输生产的通信设备。这些设备有特定用途，接通指定用户，自成系统。它包括各种调度电话、其他专用电话、列车预确报、扩音装置等。

列车调度电话是调度所调度员指挥沿线各车站及列车段、机务段等有关列车运行人员关于列车运行业务的通信设备。其总机操纵部分安装在调度所，分机安装在沿线各站。列车无线调度电话则可供列车调度员、机车调度员、车站值班员等调度人员和司机通话。站内无线通信是为车站调度员、驼峰值班员等站内调车作业指挥人员和调车机车司机相互通话而设置，可以更好地防止作业事故，提高作业效率。

第三章　铁路运输移动设备

第一节　铁路机车

机车是铁路运输的基本动力。由于铁路车辆大都不具备动力装置，列车的运行和车辆在车站内有目的移动均需机车牵引或推送。

从原动力来看，机车分为蒸汽机车、内燃机车以及电力机车。按运用分为客运机车、货运机车和调车机车。客运机车要求速度快，货运机车需要功率大，调车机车要有机动灵活的特点。

蒸汽机车是通过蒸汽机把燃料的热能转换成机械功，用来牵引列车的一种机车。蒸汽机车主要由锅炉、蒸汽机、走行部、车架、煤水车、车钩缓冲装置以及制动装置等组成。锅炉产生蒸汽，提供机车动力，装在机车两侧的蒸汽机把蒸汽的热能转化成机械功，以驱动机车运行。由于蒸汽机车的热效率太低，其总效率一般只有 5% ~ 9%，煤水消耗量很大，需要大量的上煤，上水设备。因此，在现代铁路运输中，蒸汽牵引已逐渐被其他新型牵引形式取代。我国已于 1988 年末停止生产蒸汽机车。

内燃机车是以内燃机作为原动力的一种机车。一般说来，内燃机车由动力装置（即柴油机）、传动装置、车体与车架、走行部、辅助设备、制动装置和车钩缓冲装置等主要部分组成。内燃机车的热效率可达 30% 左右，其独立性强，线路投资省，见效快，整备时间比蒸汽机车短，起动、加速快，运行交路长，通过能力大，单位功率重量轻，劳动条件好，可实现多机联挂牵引。

根据从柴油机到动轮之间采用传动装置的不同种类，内燃机车可分为电力传动、液力传动两种类型。电力传动是由柴油机驱动主发电机，然后向牵引电动机供电，并通过牵引齿轮驱动机车轮对转动。液力传动是由柴油机驱动液力传动装置的变矩器泵轮，将机械功转变成液体的动能，再经变矩器的涡轮转换成机械功，以适应机车的各种运行情况，然后经万向轴、车轴齿轮箱等部件传至车轮。液力传动较电力传动效率稍低，适合牵引客运列车。

我国于 1958 年跨入内燃机车时代，至 1997 年，内燃机车占总机车数的 62.5%。东风系列内燃机车是我国铁路干线客货运主型内燃机车，占国产内燃机车总数的一半以上。我国近年来生产的内燃机车概况见表 4-3-1。

我国近年来生产的内燃机车主要参数表

表 4-3-1

特性 \ 型号	东风 4B	东风 6	东风 7B	东风 8	东风 9	东风 10	东风 11
制造厂	大连	大连	二七	戚墅堰	戚墅堰	大连	戚墅堰
用途	干线客货运	干线货运	货运	干线货运	干线客运	干线货运	干线客运
传动形式	交一直	交一直	交一直	交一直	交一直	交一直	交一直
轴列式	C_0-C_0	C_0-C_0	C_0-C_0	C_0-C_0	C_0-C_0	$2(B_0-B_0)$	C_0-C_0
轴重(t)	23	23	23	23	23	23	23
机车质量(t)	138	138	138	138	138	2×92	138
机车标称功率(kW)(牵引电动机输出轴处)	1 990	2 425	1 600	2 720	3 040	2×1 600	3 040
最大速度(km/h)	120(客) 100(货)	118	100	100	140	100	160
机车全长(m)	20.5	21.1	18.8	22	22	217	22
燃油贮量(L)	9 000	9 000	5 400	8 500	6 000	25 000	6 000

电力机车靠其顶部升起的受电弓从接触网上取得电流，并转换成机械能牵引列车运行。电力机车由电气设备、车体与车架、走行部、车钩缓冲装置和制动装置等主要部分组成。电力机车功率大，获得能量不受限制，因而能高速行驶，牵引较重列车，起动加速快，爬坡性能强，容易实现多机牵引，更适用于坡度大，隧道多的山区铁路和繁忙干线。

电气化铁道按接触网供给机车的电流性质不同，分为直流制和交流制两种。在直流制中，电能是以工频三相交流电的形式，由高压输电线传到沿线牵引变电所，通过变电所内的整流装置将交流电变为直流电，再输送给接触网，因而机车从接触网上获取的是直流电。直流制的缺点是接触网电压低(一般为 3 000V)，且难以提高，因此要消耗大量有色金属，投资大。在交流制中，接触网供给机车的是 25kV 的工频单相交流电，机车安装有降压整流设备，将交流电变为直流电是在机车上完成的，可以大大减少建设投资，因而得到广泛的应用。直流制和交流制的电力机车均使用直流串激牵引电动机，电动机的两端装有小齿轮，电机的转矩从两侧齿轮传给安装在车轴上的两个大齿轮，推动机车动轮旋转。

我国于 1958 年研制生产第一代韶山 1 型(SS_1)客货两用电力机车。至 1997 年，电力机车占总机车数的 18.4%。目前使用的干线电力机车主要是韶山型交一直电力机车，有 SS_1 型、SS_3 型、SS_4 型等。几种电力机车概况见表 4-3-2。

几种国产电力机车概况

表 4-3-2

机车形号	韶山 1	韶山 4	韶山 5	韶山 6
轴式	C_0-C_0	$2(B_0-B_0)$	(B_0-B_0)	C_0-C_0
网压	25kV50Hz	25kV50Hz	25kV50Hz	25kV50Hz
额定功率	3 900kW	6 400kW	3 200kW	4 800kW
最大牵引力	331kN	627kN	235kN	485kN

续上表

机车形号	韶山1	韶山4	韶山5	韶山6
最大速度	95km/h	100km/h	140km/h	100km/h
机车总重	138t	184t	86t	138t
轴重	23t	23t	21.5t	23t

第二节　铁路车辆

铁路车辆是运送旅客和货物的工具。车辆不具备动力装置,需要连挂成车列后由机车牵引运行。

根据其用途,车辆可分为客车和货车两大类。

按照旅客旅行生活的需要和长、短途旅客的不同要求,常见的客车有:硬座车(YZ)、软座车(RZ)、硬卧车(YW)、软卧车(RW)、餐车(CA)、行李车(XL)、邮政车(UZ)等。

为了适应不同货物的运送要求,货车种类很多,主要有:棚车(P),装运怕湿及贵重货物;敞车(C),装运不怕湿的散装货物及一般机械设备;平车(N),装运长大货物与集装箱;罐车(G),装运液体、半液体或粉状货物;保温车(B),又称冷藏车,装运新鲜易腐货物。

车辆按轴数分有四轴车、六轴车和多轴车。货车通常还按载重分为50t、60t、75t、90t等多种。

车辆由车体、车底架、走行部、车钩缓冲装置和制动装置五个基本部分组成。走行部采用转向架结构,能相对于车底架自由转动,缩短了车辆的固定轴距,使车辆顺利通过曲线,从而提高车速和载重。由于车轮踏面为锥形,故能在轨上以蛇形方式运行,以使踏面磨损均匀,并能在通过曲线时,使外侧车轮以较大半径滚动,减少轮轨间的滑动。但如转向架设计不妥,则车轮"蛇行"将加剧,而使整个系统失稳。因此,任何车辆均应保证其失稳临界速度大于运行速度。为加大临界速度,往往造成弹簧悬架过硬,而使动态响应加大,使运行平稳性下降,旅客乘坐不舒适。所以,要同时保证车辆的运行稳定性和运行平稳性,是车辆设计中经常遇到的主要矛盾。

我国机车与车辆都设有空气制动机和手制动机。空气制动是将机车总风缸中的压缩空气经过纵贯列车的制动主管送入设在车辆底部的副风缸,司机在运行中操纵压缩空气的压力,根据"充气(增压)时车辆缓解、排气(减压)时车辆制动"的要求,当主管减压时,三通阀即沟通副风缸至制动缸的径路,制动缸活塞推动闸瓦抵压车轮踏面,达到制动目的。这种制动方式可以确保列车运行安全,即当列车分离或制动管路泄露等情况下,列车均能自动停车,符合故障——安全原则。

为了提高运用效率,世界各国铁路车辆都向大型化发展。一种做法是保持原有轴数不变,提高轴重以增加车辆载重;另一种做法是增加轴数,从而提高车辆载重。此外,还采用新型车体材料以减轻车辆自重。

第三节　高速列车

高速列车是旅客运输的载体,对它的基本要求是起动快、速度高、运行平稳、安全。为满足上述基本要求,必须采用相应的高新技术。高速铁路的技术水平和技术难度集中反映在高速列车上。

1.外形流线化技术

高速列车要求起动快,使其能在最短的时间和距离内达到额定最高运行速度。为此,必须加大牵引功率,以增加其起动牵引力。同时,当列车速度达到额定最高运行速度后,为保持其恒速运行,必须要有足够的持续牵引力来克服列车运行阻力。列车单位运行阻力 $W = a + bv + cv^2$,其中第三项是由空气阻力所决定的,它与列车速度的平方成正比,当速度达到 300km/h 时,空气阻力约占总阻力的 80%以上。因此,要解决好减阻和外形流线化问题。

2.高速转向架技术

机车、车辆转向架是直接参与轮轨相互作用并决定列车走行性能最关键的部件。高速列车转向架既要与高速列车的总体模式相容,又要提供更高的列车品质,使列车的牵引、制动、减振降噪、荷载的传递与分配、导向及曲线通过性能和运行平稳性能达到良好的统一。提高列车走行性能的研究以开发转向架为先导,以轮轨关系的系统研究为基础。

高速转向架的主要技术除稳定性外,还有舒适性、曲线通过性能、轻量化、动力转向架的牵引电机悬挂和传动技术等。

研制、开发先进的轴箱定位结构,选择合适的轴箱定位纵向和横向刚度数值是高速转向关键技术之一。高速列车普遍都增大了悬挂的柔度,而且悬挂采用无摇枕结构和抗蛇行减振器,大多数还采用了高柔度的空气弹簧。今后的发展趋势是无摇枕结构和主动悬挂,主动控制技术也将被采用。

动力车转向架由于要产生和传递牵引力和制动力,因此要安装电机及与之相协调的传动系统。体悬式需解决车体和轮对之间的动态相对位移,这是一项关键技术。

3.高速受流技术

采用电力牵引的高速列车必须通过弓网受流系统不间断地从接触网上获取电能。弓网受流系统必须满足的基本条件是:良好的受流质量、运行的安全性能、足够的使用寿命、减少噪声对周围环境的影响。良好的受流质量依赖于弓网系统的动态稳定和跟随性,保证弓网间良好的接触,不离线、不产生火花。

改善弓网接触关系,改进受电弓形式及结构设计是减少高速铁路噪声的一个重要方面。为了保证弓网受流系统良好的受流性能,必须对接触网的结构形式及其结构参数和性能参数进行合理的设计和选择。

4.高速列车车体结构设计及其轻量化技术

减轻列车重量可减少对牵引功率的需求,也是降低轴重、减小轮轨作用力、实现高速运行的重要措施之一。

车体结构设计应最大可能地减少列车运行阻力,在车体结构设计上减少空气阻力的措施是:车端做成流线型;车体侧墙、门窗和车辆之间的折棚要求平滑;在车体下部加底板和裙板;在可能范围内降低车体高度。

实现结构轻量化主要有两个途径,一是采用新材料,二是合理优化结构设计。

合理优化结构设计是减轻重量的有效措施,优化金属结构是在保证兼顾车体强度和刚度的基础上利用强度理论和优化设计分析程序,把车体设计成为充分利用材料强度和整体承载的筒形结构。

第四节　磁浮列车

磁浮列车是一种与传统机车车辆不同的新型交通工具。传统的机车车辆是依靠车辆与地面轨道的机械接触，达到支撑车辆重力和车辆过曲线时的导向。它的牵引力是通过轮轨接触的粘着力，即摩擦力而实现的。磁浮列车是用电磁吸力或电动斥力来克服车辆重力和产生过曲线时的导向力，没有机械接触，驱动力是由线性电动机产生的。线性电动机产生的电磁推力就是车辆的牵引力，这种牵引力没有轮轨接触粘着力限制的问题。

1.电磁吸力型磁浮列车原理

一个电磁铁线圈中有直流电流流过时，就会在它的周围产生直流磁场，磁场可用磁力线来表示。磁力线对铁磁体作用产生吸引力。例如，将一个钢块靠近电磁铁时，就会产生电磁吸力，若电磁吸力大于钢块重力，钢块就会被吸向电磁铁，直到吸死，使电磁铁与钢块间气隙为零；反之，若电磁吸力小于钢块重力，钢块就会落地，气隙很大。这两种情况都没有达到悬浮钢块的目的。为了达到悬浮钢块、保持钢块与电磁铁之间的气隙为常数，必须调节电磁铁线圈中电流的大小，改变电磁吸力，使电磁吸力等于重力。为此，必须检测气隙的大小，当气隙偏离给定大小时，及时地调节线圈中的电流。通过这样快速闭环控制，将钢块稳定地悬浮于空中并保持一定的气隙。这就是常导吸力型悬浮原理。

上述悬浮系统比较简单。因为块体的重心与电磁吸力作用在一条垂直线上，重力与电磁吸力的方向相反，在控制上只要解决电磁吸力始终平衡重力即可，所以问题比较简单。对于磁浮列车，它是由多节磁浮车辆组成，每节磁浮车辆都应能独立地悬浮，要把重达数十吨的车厢悬浮于空中，并保持悬浮气隙大小不随载客量大小而改变，问题就比较复杂。因为车厢在空间有多个自由度，如点头、蛇行、滚动等，为了乘客的舒适性，必须解决这些多自由度的控制技术。

2.电动斥力型磁浮列车原理

如上所述，直流电磁铁产生直流磁场，对铁磁物质会产生电磁吸力。如果在直流磁场内有非磁性而导电的物质，例如铜，则对电磁铁的原有磁场不会产生任何的影响，也不会产生电磁力。但是，当电磁铁相对于导电物体(铜)有相对运动时，就会在导电体内产生感应电流，感应电流产生自己的磁场，根据著名的楞次定律可知感应电流所产生的磁力线与原有直流磁场的磁力线在方向上必然相反，这样在磁力线之间形成电动斥力。所以，电动斥力形成的条件是有电而且有运行，没有相对运动不会有电动斥力。对于磁浮列车，车辆与线路有磁场耦合，在运动时必然会产生磁阻力。而斥力型磁浮列车磁阻力低速时大，而在高速时随着速度下降，这也可以说是斥力型磁浮列车适用于高速运行。而前面所述的电磁吸力型原理既可用于高速，也可用于低速磁浮列车。

超导磁浮列车原理与上述相同，差别是直流电磁铁被超导磁体所替代。超导磁体用超导材料(铌钛铜合金)制成不带铁心的电磁线圈，这种材料在 -269℃(4K)温度下，导线电阻为零。由于没有电阻，导线允许的电流密度取得很大，故而可获得十分强大的直流磁场，同样道理，当这种安装在车辆上的超导磁体相对于地面上的非磁性导电体(如铜板或短路线圈)运行时，就会在导体内感应，产生感应电流，其磁力线与超导磁体所产生的磁力线相互排斥，形成强大的电动斥力，可将车辆斥浮于空中。由于超导磁体的磁场强度十分强大，所以超导磁浮列车的悬浮气隙一般要比用常导吸力型大得多,常导磁浮列悬浮气隙为 8~10mm,而超导磁浮列车一般为 100~200mm。

3.线性电机驱动原理

磁浮列车采用线性电机产生驱动列车前进的牵引力,这是它的一个特点。传统的电力机车、电动车和地铁车都是采用旋转电机。旋转电机产生的电磁力矩要转变为驱动列车前进的牵引力,一般要经过齿轮箱传递到轮轴,再通过车轮与轨道之间的粘着产生牵引力,所以牵引力受到轮轨粘着系数大小的影响,磁浮列车采用线性电机不存在这个问题。

线性电机可以理解将电机纵向剖开,拉直放平,而将电机的定子和转子,分别置于车上或地面上。如果将电机定于绕组置于车上,转子置于地面线路上,则称为短定子型磁浮列车;反之,如果将电机定子绕组置于地面线路上,转子置于车上,则称为长定子型磁浮列车,这两种形式磁浮列车在运行性能上有很大区别。对于长定子型磁浮列车,由于电机定子绕组布置在地面线路上,车辆内无须大功率动力电源装置,仅需功率较小的辅助电源,这部分能源可以通过无机械接触的线性感应发电机供给,所以长定子型磁浮列车无须受流器,完全实现无机械接触的运行,从而使列车运行速度既不受轮轨粘着限制,又不受弓网受流的限制,可以达到传统轮轨机车车辆无法达到的高速度。日本超导斥力型和德国常导吸力型高速磁浮列车都是采用这种长定子型方式。

至于短定子型磁浮列车,由于供给电机定子绕组的大功率动力电源设置在车上,不但使列车质量增加,而且必须有受流器,将地面电能输送到车上,所以这种磁浮列车尽管没有轮轨机械接触,但仍然存在传输电能的弓网之间的机械接触,所以它一般用于中、低速度为宜。我国正在研制的磁浮列车属于这种短定子型,而且采用常导吸力型悬浮技术,这种磁浮列车适用城市交通。由于它没有轮轨机械接触的噪声,又采用高架线路,可在市中心应用。

磁浮列车线路与传统轮轨机车车辆的线路有很大区别,目前常导吸力型磁浮列车线路采用外抱的结构形式,而超导斥力型磁浮列车线路采用槽形的结构形式,这两种结构都要求用比较复杂的道岔结构及其移动装置。因此,磁浮列车线路与传统铁道线路不能兼用,不能直接接轨联网,这是推广应用磁浮列车的困难。

第五节　机车车辆新技术

1.重载货运列车

我国铁路重载运输的发展起步于 20 世纪 80 年代中期的重载组合列车试验。“七五”期间为了解决晋煤外运,缓解我国铁路繁忙干线运能与运量的矛盾,国家决定建设大秦重载运煤专线。我国铁路依托大秦线的建设,组织了重载运输各项配套技术设备的全面攻关,上至接触网,下至线、桥、隧,从固定设备到移动设备,取得了一整套重载运输技术装备攻关成果,其中主要有 DF_8 型重载内燃机车、SS_4 型重载电力机车、C_{62}型重载货车、重载列车车钩、缓冲器、120 制动机、D_5 调度集中、60kg/m 重型轨道配套技术、重载路基标准等。组织了总重达 10 570t 的单元重载列车运行试验,取得圆满成功。目前,我国铁路主要干线已经开行了 5000 吨级重载列车,并且达到了相当规模,如京广线一些区段日均开行 5000 吨级重载列车达 30~40 列,大秦线日开行 6000 吨级重载列车 67 对。

重载列车的开行，不仅扩大了铁路运能，在一定程度上缓解了我国铁路繁忙干线运能与运量的矛盾，而且推动了我国铁路技术改造和现代化建设的步伐。

2.提速客运列车

快速化、高速化是当代铁路技术发展的重要标志。我国铁路旅客列车最高运行速度长期徘徊在80～100km/h。20世纪90年代初，铁路客车平均旅行速度只有48.3km/h。1990年启动了以科技为先导的广深准高速铁路建设，拉开了我国铁路提速的帷幕。配合广深准高速铁路的建设，我国铁路研制开发了DF_{11}型准高速内燃机车、SS_8型准高速电力机车、单层与双层准高速客车、速度分级控制系统等一批新技术装备，广深线的成功运营及运输形势的变化，引发了20世纪90年代中期我国铁路的大提速。

1997年，铁路第一次大提速，以沈阳、北京、上海、广州、武汉等大城市为中心，开行了11对最高速度达140km/h，平均旅行速度达90km/h的快速列车和78对"夕发朝至"列车以及一批货运"五定"班列。1998年铁路再一次大面积提高列车速度，京广、京沪、京哈三大干线提速区段快速列车最高运行速度达到140～160km/h，非提速区段快速列车运营速度达120km/h，其他线路的旅客列车速度也有一定幅度的提高。另外，广深线首次在我国采用新时速摆式列车最高速度达到200km/h。

旅客列车提速给我国铁路带来了良好的社会经济效益，加快了我国铁路技术装备水平提高的进程，推动我国铁路旅客列车向更高速度迈进。1997年国产试验列车在北京环行铁道试验基地创造了212.6km/h的试验速度纪录，首次冲入了世界高速铁路的速度领域。1998年，又在京广线郑武段运营线路上创造240km/h新的试验速度，为200km/h的快速铁路的建设提供了科学依据，为我国高速铁路研究和设计准备了条件。

3.三相交流传动技术

交流传动比直流传动具有较大的优越性。近二三十年来电传动技术的不断创新，是电力和内燃机车及动车技术进步的主要标志。1970年ABB公司推出了世界上第一台三相交流传动内燃机车。

最新型的三相交流传动技术采用微机、全数字控制、脉宽调制技术和由专家系统构成的诊断装置，能高速高性能地控制GTO可关断晶闸管，把直流变成幅值和频率同时调节的正弦波电流供给交流异步电机，使其接牵引特性运行。现在国外先进国家新造的大功率电力机车几乎都采用了三相交流传动技术。单轴功率达到1 000～1 600kW的大功率客货通用型GTO变频调速电力机车，已广泛投入商业应用。目前，在250～300km/h及其以上的高速领域，交流传动的电动车组更是独领风骚，令世人瞩目；在140～220km/h的快速客货运输领域，也正在被三相交流传动技术所取代。在美国采用三相交流传动技术的内燃机车单节最大功率已达到4 474kW，创造了世界内燃机车单节功率的最高记录，21世纪有可能再提高到5 220kW。

三相交流传动技术的成熟发展，进一步推动了电力和内燃机车的机电一体化趋势。全面采用微机控制技术，用多功能车载微机网络系统实现牵引力/制动力调节，防空转防滑行控制，空电联合制动控制，功率因数补偿控制，设备技术诊断、监测、显示等综合自动化功能，已是高速列车和新型机车、动车的主要特征。

4.摆式车体技术

摆式列车利用车体倾摆机构、自动控制技术和车辆动态控制技术在既有线上使用，既可提高速度又能保证乘客的舒适度,与新建高速客运线相比,可大大节省基础设施的建设投资。

摆式车体依摆动方式的不同分为两类,一类是以西班牙的 Talgo 和日本 381 系为代表的无源(被动式或自然式)摆式车体,车体利用通过曲线时产生的离心力自然倾摆,其倾摆角度一般为 3.5°,最大 5°,能把常规列车的曲线运行速度提高 14% ~ 16%;另一类是以意大利的 Pendolino、瑞典的 X2000 和日本的 2000 系为代表的有源(主动式或强迫式)摆式车体,车体由曲线检测装置、车载计算机控制倾摆传动机构倾摆,其倾摆角度一般为 8°,最大 10°,能把常规列车通过曲线的速度提高 30% ~ 35%。现在摆式车体列车作为既有线提速的有效手段,已被世界各国广泛接受,边被许多国家列为多曲线既有线提速改造的主要对策之一。我国广深铁路公司采用瑞典的 X2000 摆式列车,将广深线上的旅客列车运行速度提高到了 200km/h。

第四章　铁路运输工作组织

第一节　铁路车站工作组织

一、车站接发列车工作

列车除在区间运行外,还要在车站到发和通过。因此,接发列车工作是列车送行过程中不可缺少的重要环节。

为了保证列车运行的安全,列车接入车站和由车站出发都必须按照一定的程序办理接发列车的必要作业。接发列车时需办理的作业有:与邻站办理闭塞(列车行车凭证);准备接车或发车进路;开放和关闭进站信号或出站信号;接、交行车凭证(不使用自动闭塞和半自动闭塞时);迎送列车及指示发车。

在正常情况下,列车运行采用空间间隔行车闭塞的方法,即同一时间和同一区间(或闭塞分区)内的一条正线上,只准许有一个列车运行,以防止同向列车尾追或对向列车正面冲突。因此,列车进入区间前,两站间办理闭塞手续是车站接发列车的首要作业程序。

列车到达、出发或通过所需占用的一段站内线路称为列车进路。为保证列车运行的安全,列车到达或出发之前,车站值班员应正确发布准备列车进路的命令,及时停止影响列车进路的调车工作。只有在闭塞手续办理完毕,列车进路已准备妥当后,才能开放进站信号或出站信号;列车进入或开出车站后应及时关闭信号。

车站参与接发列车工作的人员有车站值班员、助理值班员、信号员(非电气集中车站为扳道员)。所有各项接发列车工作都要在车站值班员的统一指挥下进行。

二、车站调车工作

在铁路运输中,除列车运行以外,编组、解体列车或摘挂、取送车辆等工作,都属车站调车工作。由车站调度员统一领导,由调车长指挥。具体的调车工作按其目的的不同可分为:

解体调车——将到达的列车或车组按一定要求分解到指定的线路上;

编组调车——根据《铁路技术管理规程》和列车编组计划的规定，将车辆选编成车列或车组；

摘挂调车——为列车补轴、减轴、换挂车组和摘挂车辆；

取送调车——向货物装卸地点和车辆检修地点取送车辆；

其他调车——如车列或车组转场、货车检斤，整理车场内存车等。

车站由于作业性质不同，完成各种调车工作的比重也不一样。技术站以编组和解体调车为主，中间站则主要是摘挂车辆的调车；货运站则以取送调车为主。

调车工作必须实行统一领导和单一指挥。车站的调车工作由车站调度员（未设车站调度员时由车站值班员）统一领导。每个调车组由调车长统一指挥。车站调度工作应按规定的技术作业过程和作业计划进行。每个班的调车工作任务由班计划规定，并根据实际变化情况和作业进度由车站调度员制定阶段计划，分阶段布置调车任务。按照阶段计划的要求，调车区长或计划助理调度员制定调车作业计划，并用调车作业通知单的形式下达给调车组。调车长根据调车作业通知单的要求组织指挥全组人员进行调车作业。

1.牵出线调车

牵出线调车是最基本的调车作业方式。其特点是全部依靠机车动力进行。

牵出线调车常用的作业方法有推送法和溜放法。

凡使用机车将车辆由一股道调移至另一股道，在调动过程中不摘钩的调车方法称为推送调车法。推送法消耗的调车时间长，效率较低，但比较安全。这种调车方法适用于不许可溜放的车站和地点。向货场专用线取送车、调移客车或禁溜车、车组连挂、车列转线等一般都需采用推送法。

凡使用机车推送车列达到一定的速度后摘钩，使摘解的车组利用获得的动能溜向指定地点的调车方法称为溜放调车法。用溜放法调车时，溜车的车组由制动员使用车辆上的手闸或使用铁鞋制动。溜放法的作业效率较推送法要高。

2.驼峰调车

驼峰调车法是利用车辆自身的重力并辅以机车推力将车辆溜向峰下调车场线路内的调车方法。驼峰调车在分解车列上比牵出线调车效率更高，适用于解体作业。

三、车站客运工作

办理铁路旅客运输的车站有客运站和客货运站。客运站是专门办理旅客运输业务的车站，客货运站则兼办客货运业务。车站客运工作的主要内容是售票、行包托运、旅客乘降、客运服务等。客运站还要办理旅客列车的技术作业，设有客车整备所的客运站还要进行旅客列车车底的整备作业。

1.售票工作

售票工作是车站为旅客进行优质服务的重要内容，通过售票将众多的旅客按日期、车次、方向有计划地组织起来，纳入车站旅客运送计划。

2.旅客乘降工作

旅客乘降工作的内容是有秩序地组织旅客在车站内通行、检票进站、上车以及到达车站下车的旅客在出站口验票出站。车站根据设备条件及列车占用线路来划分旅客在站内的通路。

设置现代化导向系统，指示售票处、候车室、各方向各车次列车的候车地点及通路，以便旅客按最短路快捷检票进站、验票出站。

3.客运服务工作

车站通过问事处、导向系统或多媒体系统，正确、迅速解答旅客有关购票、托运和提取行李、候车、中转等问题。随身携带品暂存处为旅客临时寄存物品，为上车前和下车后的旅客创造便利条件。候车室是旅客大量聚集等候上车的地点，室内应设有一定数量的座椅，并有足够的空间和通道，保证室内整洁、空气流通。

4.行包运输工作

行包运输工作的任务是保证行李、包裹(简称行包)安全、迅速、准确、便利地运到目的地。行李运输是随旅客运输产生的，包裹运输是工农业生产和人民生活需要由旅客列车运输的零星物资。行包运输工作分为发送作业、到达作业和中转作业。

行包发送作业包括承运——保管——装车作业；中转作业是指行包在车站卸下后，装入另一列旅客列车的行李车继续运送到目的地的作业。

5.旅客列车的技术作业

1)通过旅客列车的技术作业

无改编通过的旅客列车到达客运站后，立即换挂机车进行试风，同时进行技术检查、列车上水、行包邮件装卸，旅客上下及运转车长接收列车并发车。

2)始发旅客列车的技术作业

直通和管内旅客列车车底由客车整备所调入客运站到发线后，即进行技术检查、旅客上下、装载行包邮件、运转车长接收列车、挂本务机车及进行列车出发前的试风作业。

3)终到旅客列车的技术作业

终到旅客列车的各项作业可平行进行，行包邮件卸车完毕和旅客全部下车后，车底可由本务机车或调车机车送至客车整备所进行检修和停放。

6.客车车底整备作业

凡办理始发、终到旅客列车为主的客运站，一般设有客车整备所。客车整备所是客车进行技术检查、修理整备和停留的场所。

客车整备所对客车车底的主要整备作业为：清除泥垢及技术检查；车底改编；车底外部及内部清扫、洗涮；修理；上燃料、上水等；有关乘务组接收列车、车底等待送往出发客运站。

四、车站货运工作

1.货物运输的基本条件

铁路货物运输是根据货主的要求，在规定时间内将一定品名、一定数量的货物从指定的发站安全地运到指定的到站，交付给收货人。

根据每批货物的数量及使用运输车辆的方式不同，铁路货物运输分为整车、零担、集装箱三种。需要冷藏、保温或加温运输的货物，规定期限按整车办理的危险品货物，易于污染其他货物的污秽品，蜜蜂，不易计件的货物，都必须按整车托运。

按一批托运的货物，必须发货人、收货人、发站、到站和装卸地点相同(整车分卸货物除外)。整车货物每车为一批；跨装及使用游车的货物，每一车组为一批。零担货物或使用集装箱运输的货物,以每张货物运单为一批。

2.车站货运作业组织

车站货运作业的基本内容有:组织货源货流,办理货物的承运、保管和交付,货物的装车和卸车,计算和核收运输费用,填制货运票据。此外,有些车站还办理铁路与其他运输方式的联运,车辆的洗涮消毒及冷藏车的加冰、加盐等作业。

按照货物运输过程的阶段划分,车站货运作业可分为发送的、在运输途中的以及到站的货运作业。

发送作业为受理、进货、承运和装车;途中作业包括途中交接、货物的中转、换装和整理以及货物运输变更;到达作业为货物到达卸车、交付和出货。

五、技术站的技术作业和协调

任何货物列车和车辆经过技术站时都需要办理一定的作业才能继续运行,以保证行车安全和提高运输效率。这和工厂的生产工艺过程相似,有一定的作业项目、程序、时间标准和质量要求。

技术站(区段站、编组站)办理的技术作业取决于列车和车流种类。在技术站办理的货物列车有:

无改编中转列车——在技术站不进行改编作业,而只是在到发(通过)场进行到发技术作业后继续运行的列车;

部分改编中转列车——在技术站需要变更列车重量、变更列车运行方向或换挂车组的列车;

到达解体列车——在技术站进行解体的列车;

自编始发列车——在技术站编成的列车。

到达解体列车和自编始发列车统称为改编列车。

在技术站办理的货车有:

无调中转车——随无改编中转列车或部分改编中转列车到达,在技术站进行到发技术作业后,又随原列车继续运行的货车;

有调中转车——随到达解体列车或部分改编中转列车到达,在技术站经过一系列改编作业后,再随自编始发列车或另一列部分改编中转列车继续运行的货车;

货物作业车——又称本站作业车,随到达解体列车或部分改编中转列车到达,在车站进行货物作业(装车或卸车)的货车。

1.列车技术作业的内容和过程

列车在技术站的到达场、出发场或到发场上需要进行一系列的技术作业,包括以下内容:

1)车辆的技术检查和修理

车辆的技术检修作业由列检所检车员负责检查车辆走行部分,车辆及制动装置的技术状态是否良好。对于故障车根据情况进行不摘车修理或摘车修理(注明故障内容及送修地点)。

2)货运检查及整理

由货运检查员负责检查货物装载、铅封、篷布、车门、车窗、车体有无异状,罐车有无泄露等。如发现不良状态应及时处理。

3)车列及票据交接

到达列车运转车长(无车长时为司机)和车号员、车号员和出发列车运转车长(或司机)间要办理票据交接,并按票据核对现车。票据包括货运单据和列车编组顺序表。

4)摘挂机车或机车乘务组换班

列车到达技术站后,一般要更换机车。不更换机车时,机车乘务组也需换班。

2.货车的技术作业过程

货车的技术作业过程是指货车自到达车站时起至从车站出发时止必须办理的各项作业的全过程。

有调中转车技术作业过程见图 4-4-1。有调中转车随列车到达后,首先在到达场或到发场上办理到达技术作业,然后进行解体调车作业,分解到调车场内指定线路上集结,当车辆按列车编组计划规定集结满轴或满长后进行列车编组作业,编组完了转送出发场或到发场办理出发技术作业,最后从车站出发。在有编发线的车站,出发作业可在调车场内编发线上办理,列车从编发线直接发车。

货物作业车按其在车站完成的装卸作业次数,可以分为一次货物作业车(只卸不装或只装不卸)和双重货物作业车(卸后又装)。

货物作业车到达车站后,除要办理与有调中转车相同的技术作业外,还要进行送车、装卸、取车等作业。货物作业车技术作业过程见图 4-4-2。

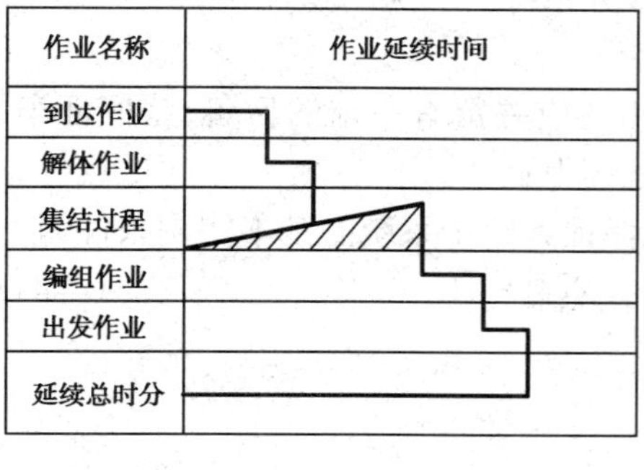

图 4-4-1 有调中转车技术作业过程

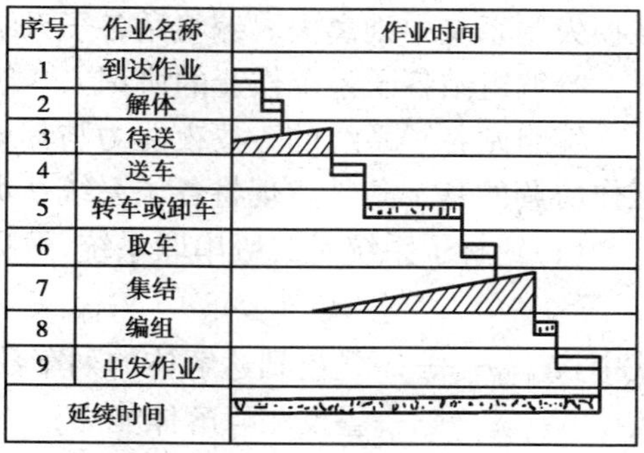

图 4-4-2 货物作业车技术作业过程

3.技术站作业系统协调

1)编组站系统的构成

根据系统论和排队论以及车辆在技术站的作业流程,技术站特别是编组站实际上是一个复杂的,由串联的相互联系的子系统组成的排队服务系统。这些子系统是:到解子系统、编组子系统、出发子系统。各子系统都具有排队系统的三个基本组成部分:输入流、服务机构和排队规则。编组站排队系统的图解如图 4-4-3 所示。

(1)到解子系统　到解子系统自列车从区间到达时起,经过列检,推峰至车列解体完毕止。可视为二级串联排队服务系统:第一级为列检服务系统,其输入流为各方向接入到达场解体的列车,服务机构为列检组,有多个列检组时为多通道排队服务系统;第二级为解体服务系统,其输入流为技术检查完毕的车列,服务机构为驼峰,采取双推单溜时为单通道排队服务系统。

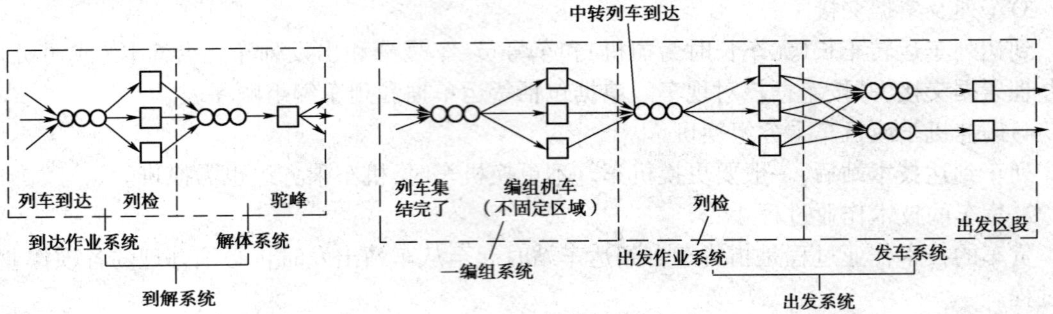

图 4-4-3　编组站排队系统的图解

(2)编组子系统　车列自驼峰解体后，经过集结、编组成为新的车列，在调车场线路配足的情况下，编组系统为一级排队服务系统。其输入流为在调车场集结的车列，服务机构为编组机车。当配有多台调车机时为多通道排队服务系统。

(3)出发子系统　出发子系统由车列从调车场转入出发场(中转列车为接车)时起，经列检作业后向区间发出止，也可视为二级排队服务系统：第一级为列检服务系统，其输入流为转入出发场的车列或到达的中转列车，服务机构为列检组，有多个列检组时为多通道排队服务系统；第二级为区间发车服务系统，其输入流为技术检查完了的各方向出发车列，服务机构为出发区间。当衔接多个发车方向时为多个单通道排队服务系统。

排队系统有损失制和等待制。在等待制系统中，输入流在服务机构未空闲时等待服务，而在损失制系统中则离去。编组站各子系统均为等待制服务系统。

2)编组站各子系统作业的协调

编组站各子系统的一昼夜能力与其承担的任务能相适应并留有一定的后备，是保证车站工作协调的基本条件。现将各子系统基本协调条件分述如下：

(1)到解子系统是二级串联系统，根据排队论原理，保证到解子系统的基本协调条件为：

$$N_{到解} < N_{能检} \text{ 和 } N_{到解} < N_{能解} \tag{4-4-1}$$

式中：$N_{到解}$——一昼夜到达解体的列车数；

$N_{能解}$——一昼夜驼峰解体能力；

$N_{能检}$——一昼夜列检作业能力。

(2)保证编组子系统的基本协调条件是一昼夜编组系统的编组能力必须大于由车站集结的自编列车数，即：

$$N_{集} < N_{能编} \tag{4-4-2}$$

式中：$N_{集}$——一昼夜车站集结的自编列车数；

$N_{能编}$——一昼夜车站的编组能力。

(3)出发子系统与到解子系统一样，也是二级串联系统。该系统作业的基本协调条件为：

$$N_{发} < N_{能检}^{发} \text{ 和 } N_{发} < N_{能发} \tag{4-4-3}$$

式中：$N_{发}$——一昼夜该系统出发的列车数；

$N_{能检}^{发}$——一昼夜该系统的列检能力；

$N_{能发}$——该系统一昼夜能向各区间发出的列车数。

以上是编组站各子系统作业的基本协调条件。但是,由于车流的不均衡性以及各项技术作业时间的波动,在满足基本协调条件下,车流在各子系统中仍有排队等待现象。为了减少各种等待时间,各子系统的作业能力应有一定的后备,并在繁忙时期采取一些可行的技术组织措施。后备能力的大小应根据车流在各子系统的停留费用和技术设备投资的换算费用的总和最小的原则确定。

编组站的到解子系统、编组子系统、出发子系统在工作上又是相互联系、相互作用的。例如,列检组数和车列解体平均占用驼峰时间决定着车列在到达场的停留时间和到达场线路需要量;驼峰机车和峰尾编组机车的不同分工影响列车待编时间和调车场线路需要量;出发场列检组数和区段的通过能力影响出发场线路需要量等。因此,为了保证整个车站各子系统工作的协调,须从整体最优的原则来确定各子系统的能力、设备数量和作业组织方法。

六、车站作业计划及指标

为了使车站有节奏地进行日常运输生产,充分发挥技术设备的效能,在技术站和货运站均设有调度机构,通过制定车站作业计划来组织指挥日常生产活动。

1.车站作业计划

车站作业计划包括班计划、阶段计划和调车作业计划。班计划是车站最基本的计划,规定了车站在一个班的期间内(12h)的主要任务;阶段计划是班计划分阶段的具体安排,是完成班计划的保证,3~4h为一阶段;调车作业计划是实现阶段计划、组织列车编解和车辆取送作业的实际行动计划。

1)班计划

班计划一般包括以下内容:①列车到达计划:各方向列车到达车次、到达时分及编组内容;②列车出发计划:各方向列车出发车次、出发时分、编组内容及车流来源;③装车、卸车和排空计划:本班应完成的装车数、卸车数、排空车数以及取送调车的安排;④班工作指标:中转车平均停留时间(中时)、一次货物作业平均停留时间(停时)和货物列车出发正点率等;⑤重点任务和上级指示。

2)阶段计划

阶段计划的内容为:列车到达车次、到达时分、占用股道顺序和解体起讫时间;出发列车的车次、出发时分、占用股道顺序、编组内容及车流来源、编组起讫时间;货场、专用线作业地点装卸车的取送时间、取送车数及挂运车次;检修车、加冰车、交换车等的取送时间及车数;其他重点要求。

阶段计划应由车站调度员根据下达的班计划任务,结合近阶段预计列车到达时分、编组内容、现在车分布、调机运用情况、到发线占用情况等进行编制。在编制时,主要解决三个相互联系的问题,即确定出发列车车流来源、调车机车的运用和到发线的运用等。

3)调车作业计划

调车作业计划由调车领导人(调车区长或车站计划助理调度员)根据阶段计划的任务、到达确报和存车情况编制。编制调车作业计划要求节省作业钩数、缩短调车行程、减轻调动重量、压缩调车时间、保证调车安全。调车作业计划包括:解体调车作业计划;编组调车作业计划;专用线取送车调车作业计划等。

2.车站工作指标及统计

车站工作计划的完成情况通过以下指标反映。

(1)装卸车数　凡由铁路车站承运并填制货票以运用车运送货物的装车,按装车数统计。凡填制货票以运用车运送到达铁路车站的卸车,按卸车数统计。

(2)现在车　现在车是车站每日 18:00 时货车和守车的现有数。

(3)一次货物作业平均停留时间　货物作业停留时间为在站线、区间、岔线、专用线内进行装卸或倒装的货车从到达时起至发出时止的全部在站停留时间。一次货物作业平均停留时间按下式计算:

$$t_{货} = \frac{\sum Nt_{货}}{U_{装} + U_{卸}}(\text{h/次}) \quad (4\text{-}4\text{-}4)$$

式中:$\sum Nt_{货}$——当日本站货物作业车的总停留车小时;

$U_{装}, U_{卸}$——当日本站货物作业车完成的装车和卸车总次数。

(4)中转车平均停留时间　中转车平均停留时间为无调中转车平均停留时间和有调中转车平均停留时间的加权平均值。

$$t_{中} = \frac{\sum Nt_{有} + \sum Nt_{无}}{\sum N_{有} + \sum N_{无}}(\text{h/车}) \quad (4\text{-}4\text{-}5)$$

式中:$\sum Nt_{有}$、$\sum Nt_{无}$——当日有调、无调中转车的总停留车小时;

$\sum N_{有}$、$\sum N_{无}$——当日有调、无调中转车总数。

第二节　货物列车运行组织

一、车流组织与列车编组计划

车流组织是规定车流由发生地向目的地运送的制度。将车流变成列车流就是车流组织要解决的问题。

车流组织是通过货物列车编组计划体现的。货物列车编组计划统一安排全路各技术站解编作业任务,具体规定所有重、空车流应在哪些车站编组列车、编组哪些种类和到站的列车以及编挂方法等。所以,货物列车编组计划是全路的车流组织计划。

将货车编成列车的正确办法是:根据车流的大小和性质,结合设备条件,采用装车地直接编组列车和技术站编组列车相结合的办法。也就是说,在装车站将较大的车流组织成直达列车,直接送到目的地;将其余的车流送到邻近技术站集中,按车流去向的远近分别编成技术直达列车、直通列车和区段列车,逐步转送到目的地。同时,在中间站到发的车流编入摘挂列车和小运转列车。我国铁路货物列车编组计划包括装车地直达列车编组计划和技术站列车编组计划两大部分。

货物列车编组计划的任务是:在装车地最大限度地组织直达运输和成组装车,以减少技术站的改编作业量,加速物资送达和货车周转;根据车流特点(设备条件和作业能力),规定装车站和技术站编组列车的办法,合理分配技术站的编解调车任务;在具有平行径路的方向上,按照运输里程及区段通过能力使用情况,规定合理的车流径路,以减轻主要铁路方向的负担;在具有几个编组站、货运站的大枢纽内,尽可能地利用迂回线、联络线放行通过车流,以加速车流输送和减少车流在枢纽内的重复改编作业；合理组织管内零散车流，加速区段管内车流的输送，更好地为工农业生产服务。

二、货物列车编组计划

1.装车地直达列车编组计划

由装车站(包括与其接轨的专用线)利用自装车辆编组的直达列车称为始发直达列车或阶梯直达列车。这种车流组织形式具有以下优点：

减轻沿途技术站的改编作业负荷；加速车辆周转和货物送达，提高车辆的运用效率；为稳定列车运行秩序创造有利条件；有效地配合厂矿企业生产。

组织装车地直达运输无论从改善铁路运输条件还是从发展工农业生产来看，都是十分有利的。组织装车地直达列车应具备以下条件：

货源充足、货流稳定、去向集中；装卸站应有足够的装卸作业能力；空车来源要有保证，车种符合需要；调车设备具有编组直达列车的能力。

始发直达列车有多种组织形式。从发站来看，有一站组织的，也有几个装车站联合组织的。一站组织的又可分一个装车点或几个装车点的不同形式。从到站来看，有到达一个卸车站的，也有到达几个卸车站的，还有到达技术站解体的直达列车。

上述不同组织方式的直达列车车辆停留车小时消耗是不同的，应根据直达车流和组织直达列车的各项作业时间等具体条件，通过计算分析比较，选出最有利的方案。

编制装车地直达列车编组计划应考虑以下问题：

(1)为使编组计划能与列车运行图较好地配合，应使直达列车在运行途中经过各种技术站的接续时间最小，对于车流量大、流向稳定的直达列车固定列车运行线，并在列车编组计划中予以规定；

(2)当卸车站与装车站间距离不长，且装车点的直达列车货源稳定时，应采用固定车底、循环使用的形式，以保证直达列车有可靠的空车供应；

(3)始发直达列车所需的空车一般应从卸车地点组织空车直达列车。其编成辆数一般按运行区段的列车计长确定，原列折返时，其编成辆数可与重车直达列车的编成辆数一致。

2.技术站列车编组计划

装车地直达列车没有吸收的车流，应将其送到附近的技术站集结和编组各类列车，首先是技术直达列车。

1)编制技术站货物列车编组计划的基本原理

在技术站编组某一去向列车时，车流是陆续到达的，而该站必须将这些车流加以集结，凑足成列后才能编组出发，因而在技术站产生了货车集结停留时间 $T_{集}$。由于编组技术直达列车使经过的沿途技术站不进行改编作业，可获得无改编通过的节省 $N_{直}\sum t_{节}$。两者比较，如果得大于失或得失相当，则开行直达列车是有利的。

开行直达列车必要条件如下：

$$N_{直}\sum t_{节} \geqslant T_{集} \tag{4-4-6}$$

式中：$N_{直}$——某一去向一昼夜的车流量；

$\sum t_{节}$——无改编通过沿途技术站的总节省时间；

$T_{集}$——开行直达列车时一昼夜消耗的集结车小时。

开行直达列车的必要条件 $N_{直}\sum t_{节}\geqslant T_{集}$ 是技术站列车编组计划计算工作的理论基础。因此，$N_{直}$、$\sum t_{节}$、$T_{集}$ 是编制技术站单组列车编组计划的主要因素。

2)编制技术站货物列车编组计划的方法

根据 $N_{直}\sum t_{节}\geqslant T_{集}$ 可以检查某支车流开行直达列车是否有利，但是几支车流合并开行直达列车可能更为有利。实际上，编制技术站单组列车编组计划就是在所有车流的组合方式中选择最为有利的方案。编制技术站单组列车编组计划的计算方法很多，其传统的计算方法有绝对计算法、分析比较法和表格计算法等。

(1)绝对计算法　实质上是穷举法。该方法的要点是计算方向上所有编组方案的车小时消耗以及在各站的改编车数，从中选择车小时消耗少并且适合各站改编能力的编组方案，即经济合理方案。绝对计算法的优点是：当对所有编组方案计算车小时总消耗后，选择方案较方便，不仅能选出最优方案，还能选出接近最优的方案。其缺点是：方向上技术站较多时，计算工作十分困难。

(2)分析比较法　即不计算所有编组方案的有关消耗，而是通过一系列的分析比较，选出经济合理的编组方案。分析比较法根据开行直达列车到达站时在编成站产生集结车小时消耗，而在沿途技术站能获得无改编通过的车小时节省这一特点，提出了直达车流开行直达列车到达站的必要条件和充分条件，然后利用这两个条件成对比较的办法，不断寻找节省更多的编组方案直至最优。但是，分析比较法在寻优过程中考虑各支直达车流的动态联系不够，因而选出的最优编组方案可能不是真正的最优方案。

(3)表格计算法　即采取绝对计算法的计算表格和分析比较法提出的必要条件和充分条件，考虑各支直达车流的动态联系，按照一定的步骤和方法，寻求最优编组方案。

方向上每一编组方案的总节省为：

$$Nt_{节}^{总}=\sum N_{直}t_{节}-\sum t_{集}\tag{4-4-7}$$

式中：$\sum N_{直}t_{节}$——该方案所有编入直达列车到达站的远程车流在沿途技术站无改编通过的车小时总节省；

$\sum t_{集}$——该方案所有直达列车到达站的集结车小时消耗。

有最大值的编组方案就是最经济的方案。表格计算法便是通过寻求 $Nt_{节}^{总}$ 数值最大的步骤和方法来选择最优方案。

随着计算机技术和运筹学的发展和广泛应用，国内外学者提出了许多新的计算单组列车编组计划的算法，如我国学者提出的动态规划法(图论法)、整数规划法、0－1规划法以及网络法等，必将在实践中逐步得到发展而日益完善。

除编制以上两种列车编组计划外，一般还要编制分组列车编组计划。

第三节　旅客列车运行组织

一、铁路客流分类及旅客列车种类

旅客根据需要选择一定的运输方式，在一定时间和空间范围内作有目的的移动便形成了客流。现在我国铁路采用按旅行距离结合铁路局管辖范围的分类方法,将客流分为直通、管内、市郊三种。

(1)直通客流　旅行距离跨两个及以上铁路局的客流称为直通客流。一般来说,此种客流旅行距离较长,要求列车服务标准高,注重舒适度。

(2)管内客流　旅行距离在一个铁路局管辖范围以内的客流称为管内客流。此客流旅行距离较短,旅客注重便捷。

(3)市郊客流　往返于大城市和附近郊区之间的客流称为市郊客流。旅客乘车距离短,要求列车密度高,时刻适宜,便于早出晚归。

对不同的客流和不同的线路设备条件开行不同等级的旅客列车。目前,我国铁路旅客列车分为准高速、快速、特快、快车和慢车等不同的等级。

为了适应客运市场的变化,提高市场竞争能力,我国铁路旅客运输一方面大力提高旅客列车速度,另一方面不断丰富列车品种,根据客流变化和不同层次旅客的需要,开行不同档次的列车,如旅游列车,节假日列车、市场列车、民工列车、球迷列车、特殊需要的列车等。

二、旅客运输计划

旅客运输计划根据执行期的不同可分为长远计划、年度计划和日常计划。

旅客运输计划的主要内容包括:

(1)客运量　一定时期内,一个车站、分局或铁路局始发,接运到达和接入通过的全部旅客人数。

(2)旅客周转量　一定时期内,一个分局、铁路局或全路完成的旅客人公里数。

(3)旅客平均运程　铁路运送的每一位旅客的平均运输距离。

客流是旅客运输组织的基本信息,掌握客流变化的规律是正确编制旅客运输计划的重要依据。这些主要依据有以下几项:

(1)客流调查资料　客流调查是编制旅客运输计划的基础。根据客流调查资料可以掌握客运量的变化和发展情况。

(2)旅客运输统计报告资料　旅客运输统计报告资料是掌握旅客运输变化规律的重要资料。根据统计资料,可以分析历年来实际客流的流量、流向及其变化规律和增长率,可以查明旅客运输的季节性波动。通过分析各方向、各车次列车乘车人数的统计资料,可以确定各区段列车的利用情况。

(3)客流调查　客流调查的目的是为了掌握一定时期内的客流数量和客流变化规律,正确编制旅客运输计划和客流计划。

客流调查是客运量预测的一种方法。客流调查以影响客流发展与变化的主要因素为对象。通过调查,收集计划和实际两种资料。车站的客流调查范围可分为直接吸引范围和间接吸引范围。前者是指车站所在地及其附近地区被车站直接吸引的城市和居民点的总区域。间接吸引范围是指车站直接吸引范围以外,由其他交通工具的联系而被吸引的城市和居民点的总区域。

客流调查一般分为综合调查、节假日调查、和日常调查三种形式,以日常调查为主。全面的较大规模的调查通常以车站为单位,在其吸引范围进行。

三、旅客列车运行组织

旅客列车运行组织的任务是将流向、流量、流程各异的旅客组织到不同种类、不同发到站、不同到发时刻的旅客列车中去，并将旅客安全、迅速、准确、便利、舒适地送到目的地，同时应使客运技术设备得到经济合理的运用。

旅客列车运行组织工作的内容包括以下方面：选择旅客列车的重量和速度；制定旅客列车的开行方案；编制旅客列车运行方案图；确定车底需要组数。

1.旅客列车重量和速度的选择

旅客列车的重量和速度决定着旅客列车编组的大小和旅客在途时间的长短，直接影响到铁路的客运能力、服务质量和客运设备的使用效率。选择旅客列车最佳重量和速度的方法有别于货物列车，应考虑的主要因素是提高旅客列车的直通速度。在机车类型和线路条件已定的情况下，提高直通速度可采用加速列车运行、压缩停站次数、减少停站时间等措施实现；还应从列车始发、终到时间，通过沿途大站时刻等方便旅客角度进行检验和修正，按修正后的直通速度可计算出各种旅客列车重量标准和编组数，并考虑沿途车站的到发线有效长、站台雨棚长度、加挂车辆预留吨位等因素最后确定。

2.旅客列车开行方案

旅客列车开行方案是指确定旅客列车运行区段、列车种类及开行对数的计划。旅客列车的始发站、终到站及经由线路构成旅客列车运行区段，列车种类区别出列车的不同等级和性质，开行对数则反映运行区段行车量的大小。旅客列车的运行区段和开行对数基本上取决于客流计划，即按流开车。这是确定旅客列车开行方案的首要和基本的原则。

旅客列车的运行区段和旅客列车行车量根据各客流区段的客流量来确定，要最大限度地吸引客流，同时要考虑列车运行区段两端站所在城市的政治、经济、文化地位及客运技术设备条件。对大城市附近，开行一定的市郊旅客列车，以满足城郊通勤、通学及居民的生活需要。

在市场经济条件下，旅客列车开行方案应以满足市场需要，提高铁路运输的市场份额为目标，讲究效益，坚持做到有流开车，无流停运。这对全面提高铁路客运的竞争能力，扩大市场份额具有重要意义。

3.编制旅客列车运行方案原则

制定了旅客列车开行方案之后，就需要编制列车运行图，通过运行图组织列车运行。列车运行图规定了各次列车占用区间的程序、列车在每个车站的到发(或通过)时刻，列车在区间的运行时间、列车在车站的停站时间及机车交路等。列车运行图是车机工电辆各部门的综合性计划，是全路运输组织工作的基本依据。

旅客列车运行方案编制原则如下：

减少旅客列车停站次数及停站时间，提高直通速度；方便旅客旅行。旅客列车的开行时刻应符合各类客流的出行规律；经济合理地使用机车、车辆；为货物列车运行创造良好条件；旅客列车运行与客运站技术作业过程相协调。由于出行规律的需求，大客运站可能出现旅客列车密集到发情况。此时，列车到发间隔时间应与车站技术作业过程相协调，否则将不能保证车站正常接发列车。

第四节 列车运行图

列车运行是一个很复杂的环节,它要利用多种铁路技术设备,要求各个部门、各工种、各项作业之间互相协调配合,才能保证行车安全和提高运输效率。列车运行图是用以表示列车在铁路区间运行及在车站到发或通过时刻的技术文件,它规定各次列车占用区间的程序,列车在每个车站的到达和出发(或通过)时刻,列车在区间的运行时间,列车在车站的停站时间以及机车交路、列车重量和长度等,是全路组织列车运行的基础。

列车运行图一方面是铁路运输企业实现列车安全、正点运行和经济有效地组织铁路运输工作的列车运行生产计划,它规定了铁路线路、站场、机车、车辆等设备的运用,以及与行车各有关部门的工作,并通过列车运行图把整个铁路网的运输生产活动联系成为一个统一的整体。另一方面它又是铁路运输企业向社会提供运输能力的一种有效形式。从这个意义上讲,供社会使用的铁路旅客列车时刻表及“五定”货运班列运行计划,实际上就是铁路运输服务能力目录。因此,列车运行图又是铁路组织运输生产和产品供应销售的综合计划,是铁路运输生产联接厂矿企业生产和社会生活的纽带。

一、列车运行图要素

列车运行图是运用坐标原理对列车运行时间、空间关系的图解表示,因而实际上它是对列车运行时空过程的图解。在列车运行图上,以横坐标表示时间,纵坐标表示距离。列车运行图上的水平线表示车站。

编制列车运行图必须首先确定组成列车运行图的各项要素。列车运行图要素包括:列车区间运行时分;列车在中间站的停站时间;机车在基本段和折返段所在站的停留时间标准;列车在技术站、客运站和货运站的技术作业过程及其主要作业时间标准;车站间隔时间;追踪列车间隔时间等。

1.列车区间运行时分

列车区间运行时分是指列车在两相邻车站或线路所之间的运行时间标准,它由机务部门采用牵引计算和运行相结合的方法进行确定。列车区间运行时分按车站中心线或线路所通过信号机之间的距离计算。

由于旅客列车和货物列车的运行速度各不相同,上下行方向的线路平面、纵断面条件和列车重量也不相同,所以列车区间运行时分是按各种列车和上下行方向分别查定的。列车不停车通过两个相邻车站所需的区间运行时分称为纯运行时分。列车到站停车和停站后出发的停车、起动附加时分,应根据机车类型、列车重量以及各站进出站线路平面、纵断面条件分别查定。

2.列车在中间站的停站时间

列车在中间站的停站时间由下列原因产生:①进行必要的技术作业(摘挂机车、试风和列车技术检查等);②客货运作业(旅客乘降,行包、邮件的装卸,车辆摘挂,货物装卸等);③列车在中间站的会车和越行。

3.机车在基本段和折返段所在站停留时间标准

机车在基本段和折返段所在站办理必要作业所需要的最小时间，称为机车在基本段和折返段所在站的停留时间标准。机车在基本（折返）段所在站的作业有：在到发线上的到达作业，包括到达试风、摘机车、准备机车入段进路等；机车入段走行；机车在段内作业；机车出段走行；在到发线上的出发作业，包括挂机车、出发试风等。综合以上各项作业所需要的时间，便可得出机车在基本（折返）段所在站的停留时间标准（图4-4-4）。

$$t_{折} = t_{到达} + t_{入段} + t_{整备} + t_{出段} + t_{出发}(\text{min}) \tag{4-4-8}$$

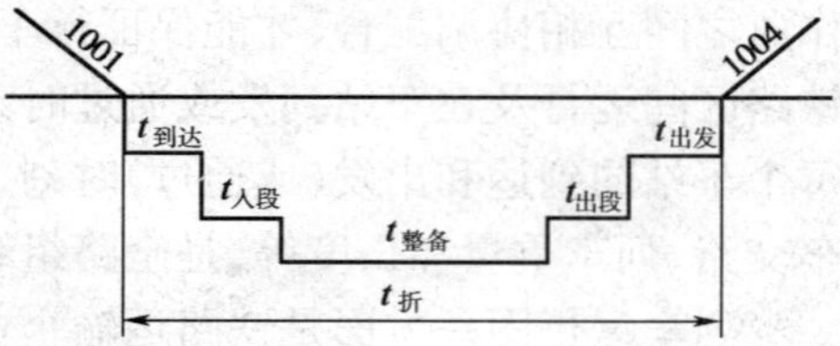

图 4-4-4　机车在基本（折返）段所在站作业过程图

4.列车在技术站和客货运站的技术作业时间标准

列车在技术站和客货运站的技术作业时间标准包括：在到发场内办理各种列车作业的时间标准；在驼峰或牵出线上解体和编组列车的时间标准；旅客列车车列在配属段、折返段所在站的停留时间标准；货物站办理整列或成组装卸作业时间标准等。上述标准一般可根据《车站行车工作细则》确定。

二、车站间隔时间

车站间隔时间是指在车站上办理两列车的到达、出发或通过作业所需要的最小间隔时间。常用的车站间隔时间包括不同时到达间隔时间、会车间隔时间、同方向列车连发间隔时间、同方向列车不同时发到间隔时间和不同时到发间隔时间等几种，其值大小与车站信号、道岔操纵方法，车站邻接区间的行车闭塞方法，以及车站类型、接近车站线路的平、纵断面，机车类型，列车重量和长度等因素有关。

1.不同时到达间隔时间（$\tau_{不}$）

在单线区段，来自相对方向的两列车在车站交会时，从某一方向列车到达车站时起，至相对方向列车到达或通过该站时止的最小间隔时间，称为不同时到达间隔时间，如图4-4-5所示。

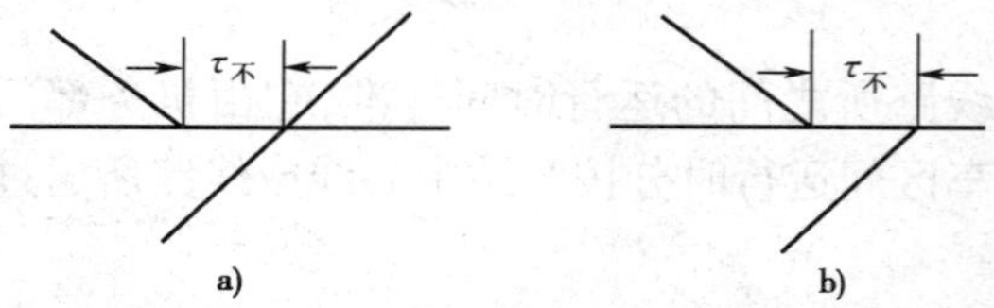

图 4-4-5　不同时到达间隔时间图

a）一列停车，一列通过；b）两列都停车

为了提高货物列车的旅行速度，除上下行列车在同一车站上都有作业需要停站外，原则上应使交会的两列车中的一列通过车站。不同时到达间隔时间由两个部分组成：第一部分为第一列车到达车站后，车站办理必要作业所需要的时间 $t_{作业}$；第二部分为对向列车通过进站距离 $L_{进}$ 所需要的时间 $t_{进}$。其计算公式如下：

$$\tau_{不} = t_{作业} + t_{进} = t_{作业} + 0.06 \times \frac{L_{进}}{V_{进}}$$

$$= t_{作业} + 0.06\frac{0.5l_{列} + l_{确} + l_{制} + l_{进}}{v_{进}}(\text{min}) \tag{4-4-9}$$

式中：$l_{列}$——列车长度（m）；

$l_{确}$——司机确认进站信号显示状态时间内列车运行距离（m）；

$l_{制}$——列车制动距离或由预告信号机至进站信号机的距离（m）；

$l_{进}$——进站信号机至车站中心线的距离(m)；

$v_{进}$——列车平均进站速度(km/h)。

2.会车间隔时间($\tau_{会}$)

在单线区段，自列车到达或通过车站时起，至由该站向同一区间发出另一对向列车时止的最小间隔时间，称为会车间隔时间(图 4-4-6)。

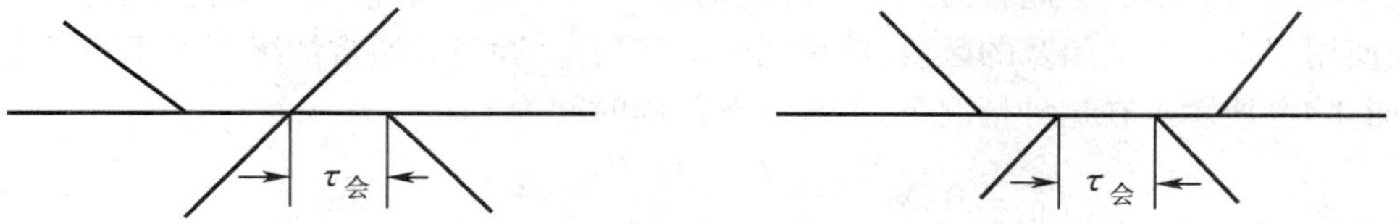

图 4-4-6　会车间隔时间图

3.同方向列车连发间隔时间($\tau_{连}$)

在单线或双线区段，从列车到达或通过前方邻接车站时起，至由车站向该区间再发出另一同方向列车时止的最小间隔时间，称为同方向列车连发间隔时间。根据列车在前后两站停车或通过的不同情况，连发间隔时间可有下列四种形式：

(1)两列车通过前后两车站(图 4-4-7a)；

(2)第一列车在前方站停车，第二列车在后方站通过(图 4-4-7b)；

(3)第一列车在前方站通过，第二列车在后方站发车(图 4-4-7c)；

(4)第一列车在前方站停车，第二列车在后方站发车(图 4-4-7d)。

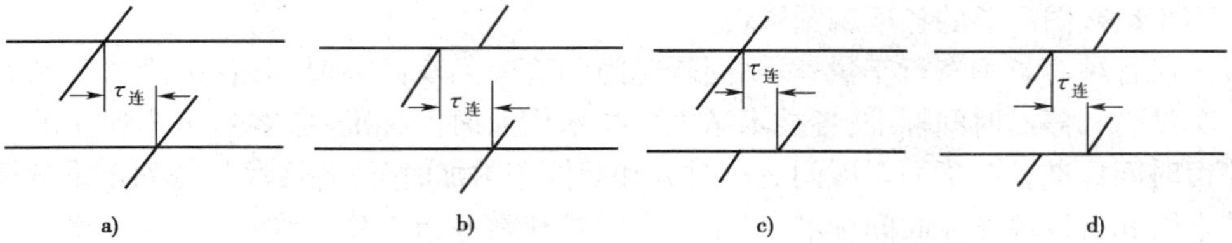

图 4-4-7　连发间隔时间图

按照连发间隔时间组成因素的不同，可以将上述四种形式的连发间隔时间归纳为两种类型。第一种类型为图 4-4-7a)、b)两种形式，其共同点是列车均在后方站通过，其不同点仅在于前者是前方站列车通过，后者是列车到达。这一类型的连发间隔时间与不同时到达间隔时间基本相同由两部分组成：前后两站办理作业所需的时间作业；第二列车通过后方站进站距离的时间。第二种类型为图 4-4-7c)、d)两种形式，其共同点是列车均在后方站发车，其不同点仅在于前者是前方站列车通过，后者是列车到达，连发间隔时间所包括的作业内容则与会车间隔时间基本相同。

4.相对方向列车不同时通过间隔时间($\tau_{通}$)

在一端连接双线区间、另一端连接单线区间的车站(或线路所)上，两个相对方向的列车不同时通过该站(或线所)的最小间隔时间，称为相对方向列车不同时通过间隔时间。计算公式：

$$\tau_{通} = t_{作业} + t_{进} = t_{作业} + 0.06\frac{0.5l_{列} + l_{确} + l_{制} + l_{进}}{v_{进}}(\text{min}) \qquad (4\text{-}4\text{-}10)$$

三、追踪列车间隔时间

在自动闭塞区段，一个站间区间内同方向可有两列以上列车，以闭塞分区间隔运行，称为追踪运行。追踪运行列车之间的最小间隔时间，称为追踪列车间隔时间 I，如图 4-4-8 所示。追踪列车间隔时间取决于同方向列车间隔距离、列车运行速度及信联闭设备类型。

在使用三显示自动闭塞的区段，前后两列追踪列车的间隔，通常情况下需相隔三个闭塞分区，如图 4-4-9 所示。在这种情况下，追踪列车间隔时间为：

$$I_{追}^{绿} = 0.06\frac{l_{列} + l'_{分区} + l''_{分区} + l''_{分区}}{v_{运}}(\text{min}) \qquad (4\text{-}4\text{-}11)$$

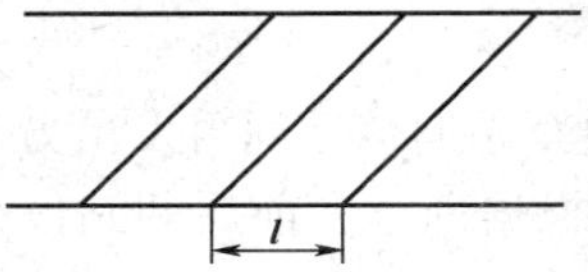

图 4-4-8　追踪列车间隔时间

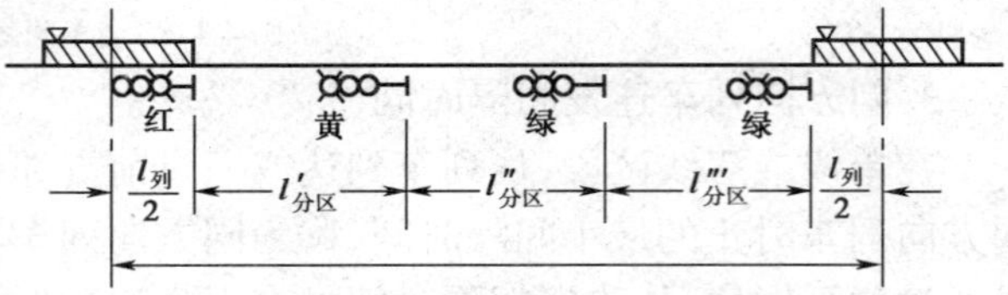

图 4-4-9　追踪列车运行间隔距离图

除此之外，还应分别按列车到站停车、从车站出发和两列车不停车通过车站等条件计算追踪列车间隔时间。

四、列车运行图的编制要求

1.列车运行图需要的各项编图资料

各区段各种客货列车行车量；车站间隔时间和追踪列车间隔时间；各区段通过能力；客货列车停车站名和停站时间标准；各技术站主要技术作业时间标准；旅客列车车列在配属段、折返段停留时间标准；客、货列车区间运行时分和起停车附加时分；各区段货物列车重量标准；机车在基本段和折返段作业时间标准；机车运用方式和乘务组工作制度；各区段线路允许速度；施工计划以及慢行地段和慢行速度；现行列车运行图完成情况的分析等。

2.列车运行图的编制要求

保证列车运行的安全。列车运行图必须符合《铁路技术管理规程》的有关规定，严格遵守行车的作业程序和时间标准；迅速、便利地运输旅客和货物。列车运行图上铺画的旅客列车应最大限度地为旅客提供方便条件，客、货列车对数应考虑到运量的波动程度，最大限度地满足运输需求；充分利用铁路通过能力，经济合理地运用机车车辆；提高列车的旅行速度；合理规定列车重量标准和机车运用方法；对直通列车要注意良好的衔接。同时，要妥善安排工务部门的施工计划，保证线路大修施工和日常运输两不误；应将区间通过能力利用率控制在一定的允许范围内，确保列车运行图具有一定的弹性，以适应日常运输生产和列车运行秩序变化的需要；列车运行图要与列车编组计划和车站技术作业过程相协调，使列车运行线与车流很好地结合起来；保证各站、各区段间工作的协调和均衡。列车在运行图上铺画列车运行线时，应力求各个阶段大体均衡，以充分利用车站到发线和咽喉通过能力、车站改编作业能力以及区间通过能力。

列车运行图在很大程度上反映着整个铁路行车组织工作的水平。提高运行图编制质量，可以改善对旅客的服务，加速货物送达，改进机车车辆的运用，更好地利用区段通过能力，提高劳动生产率，降低运输成本。

五、列车运行图指标体系

列车运行图指标包括数量指标和质量指标，主要的数量指标和质量指标有：

1.数量指标

国境站和局间分界站相互交接的列车数；按列车性质分类的旅客列车及货物列车数；旅客列车及货物列车走行公里；由各始发站发出的各种旅客列车数和货物列车数等。

2.质量指标

列车的平均技术速度、平均直通速度、平均旅行速度、直通货物列车在技术站的平均接续时间、货物列车平均直达速度；机车周转时间；机车日车公里等。

第五节　铁路车站通过能力和改编能力

一、车站通过能力

车站通过能力是车站在现有设备条件下，采用合理的技术作业过程，一昼夜能够接发各方向的货物(旅客)列车数。车站通过能力包括咽喉通过能力和到发线通过能力。

咽喉通过能力是指车站某咽喉区各方向接、发车进路咽喉道岔组通过能力之和。咽喉道岔组通过能力是指在合理固定到发线使用方案及作业进路条件下，某方向接、发车进路上最繁忙的道岔组一昼夜能够接发该方向的货物(旅客)列车数。

到发线通过能力是指到达场、直通场或到发场内办理列车到发作业的线路，采用合理的技术作业过程固定使用方案，一昼夜能够接、发各方向的货物(旅客)列车数。

1.车站咽喉通过能力的计算方法

车站咽喉通过能力的计算方法一般采用利用率计算法，可按下列方法和步骤进行。

1)占用咽喉时间标准确定

(1)列车接车占用时间($t_{接}$)：自开始准备接车进路时起，至列车进入到发线警冲标内方停车时止占用咽喉区的时间。可用查定方法或按下式计算：

$$t_{接} = t_{准} + t_{进} \tag{4-4-12}$$

式中：$t_{准}$——准备接车进路及开放信号时间(min)；

$t_{进}$——列车通过进站距离的时间，自接车进路准备完毕时起，至列车腾空该咽喉区时止的时间(min)。按下列公式计算：

$$t = 0.06 \times \frac{L_{进}}{v_{进}} = 0.06 \times \frac{l_{列} + l_{确} + l_{制} + l_{进}}{v_{进}} \tag{4-4-13}$$

式中：$L_{进}$——列车进站距离(m)，如图 4-4-11；

$v_{进}$——列车进站平均速度(km/h)；

$l_{列}$——列车长度(m)；

$l_{确}$——在司机确认信号的时间内,列车所走行的距离(m)；

$l_{制}$——列车制动停车距离(m)；

$l_{进}$——由进站信号机起至咽喉道岔联锁区轨道绝缘节(分段解锁时)止的距离(m)。

(2)列车出发占用时间($t_{发}$):自准备发车进路时起至列车腾空线路时止占用咽喉区的时间。可用查定方法或按下式计算：

$$t_{发} = t_{准} + t_{出} \tag{4-4-14}$$

式中:$t_{出}$——自发车进路准备完毕后列车起动时起,至列车尾部离开发车进路最外方道岔或咽喉道岔联锁区段轨道绝缘节止占用咽喉的时间(min)。按下式计算：

$$t_{出} = 0.06 \times \frac{L_{出}}{v_{出}} = 0.06 \times \frac{l_{列} + l_{出}}{v_{出}} \tag{4-4-15}$$

式中:$L_{出}$——列车出站距离(m)如图 4-4-10；

$v_{出}$——列车出站平均速度(km/h)；

$l_{出}$——由出站信号机起至发车进路最外方道岔或咽喉道岔联锁区段轨道绝缘节止的距离(m)。

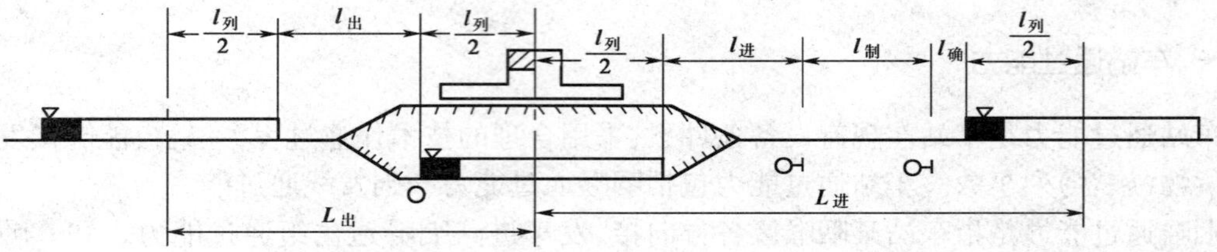

图 4-4-10　接发列车进路长度示意图

(3)调车占用咽喉时间:调车占用咽喉时间包括下列几项内容：

车列牵出时间——调车机车在牵出线起动时起,到进入到发线将车列牵出至车列尾部腾空该线时止占用咽喉的总时间。

车列转线时间——调车机车由调车场连挂车列起动时起,至将车列转往到发线,摘机后返回牵出线时止占用咽喉的总时间。

取车(送车)占用时间——自准备取(送)车进路时起,至车列离开该咽喉区进路解锁时止占用咽喉的时间。

(4)机车占用咽喉时间($t_{机}$):包括机车出段、入段占用咽喉的时间。自准备进路时起至机车进入到发线警冲标内方或机务段内进路解锁时止占用咽喉的时间。可用写实查定的方法确定。

(5)固定作业占用时间($\sum t_{固}$):固定作业包括下列各项:旅客列车(计算客运站咽喉能力时为货物列车)到、发、调移及其机车出入段等作业;向车辆段、机务段及货场装卸地点定时取送车辆的作业;调车机车出入段作业。

2)咽喉通过能力计算

(1)计算咽喉道岔(组)通过能力利用率:咽喉道岔(组)通过能力利用率按下式计算：

$$K=\frac{T-\sum t_{固}}{(1-\gamma_{空费})(1\ 440-\sum t_{固})} \tag{4-4-16}$$

式中：$\gamma_{空费}$——考虑咽喉道岔(组)的空费时间和间接妨碍时间，可采用 0.15 - 0.2。

(2)计算咽喉道岔组的通过能力：按车站各衔接方向计算的咽喉道岔组能力按下式计算：

$$接车：N^{i}_{货接}=\frac{n^{i}_{货接}}{K}; \tag{4-4-17}$$

$$发车：N^{i}_{货发}=\frac{n^{i}_{货发}}{K}; \tag{4-4-18}$$

式中：$N^{i}_{货接}$，$N^{i}_{货发}$——i 方向货物列车接车或发车的咽喉道岔组通过能力；

$n^{i}_{货接}$、$n^{i}_{货发}$——i 方向列入计算中接入或发出的货物列车数。

2.到发线通过能力的计算方法

到发线通过能力是指到发场中办理列车到发作业的线路，一昼夜能够接、发各方向的货物列车数和列车运行图规定的旅客列车数。到发线通过能力可采用利用率计算法进行计算，其具体步骤如下：

1)占用到发线时间标准的确定

(1)无调中转货物列车占用到发线时间：

$$t_{中}=t_{接}+t^{中}_{技}+t_{待发}+t_{发} \tag{4-4-19}$$

式中：$t_{接}$——列车接车占用到发线的时间(min)；

$t_{发}$——列车出发占用到发线的时间(min)；

$t^{中}_{技}$——无调中转列车技术作业占用到发线的时间(min)，可根据该种列车技术作业过程的规定取值；

$t_{待发}$——列车等待出发占用到发线的时间(min)。

(2)部分改编中转货物列车占用到发线的时间：

$$t'=t_{接}+t^{中'}_{技}+t_{待发}+t_{发} \tag{4-4-20}$$

式中：$t^{中'}_{技}$——部分改编中转货物列车(包括变更列车运行方向、变列列车重量、换挂车组)技术作业占用到发线的时间(min)，根据该种技术作业过程的规定取值；

其他符号意义同前。

(3)到达解体货物列车占用到发线时间：

$$t_{解}=t_{接}+t^{解}_{技}+t_{待解}+t_{牵} \tag{4-4-21}$$

式中：$t^{解}_{技}$——到达解体列车技术作业占用到发线的时间(min)；

$t_{待解}$——列车等待解体占用到发线的时间(min)；

$t_{牵}$——车列牵出占用到发线的时间(min)；

其他符号意义同前。

(4)自编出发货物列车占用到发线时间：

$$t_{编}=t_{转}+t^{编}_{技}+t_{待发}+t_{发} \tag{4-4-22}$$

式中：$t_{转}$——车列转线占用到发线的时间(min)；

$t_{技}^{编}$——自编出发列车技术作业占用到发线的时间(min)；

(5)单机占用到发线时间:按列车运行图规定接发单机占用到发线的时间。

(6)固定作业占用到发线的时间:固定作业包括下列各项:旅客列车占用到发线的时间;向车辆段、机务段及货物装卸地点定时取送车辆占用到发线的时间等。

(7)其他作业占用到发线的时间:其他作业包括下列各项:接发军用列车占用到发线的时间;保温列车加冰盐占用到发线的时间;牲畜列车上水、上饲料占用到发线的时间等。

2)到发线总占用时间的计算

到发线一昼夜总占用时间按下式计算:

$$T = n_{中} t_{中} + n'_{中} t'_{中} + n_{解} t_{解} + n_{编} t_{编} + \sum t_{固} + \sum t_{其他} \tag{4-4-23}$$

式中:$n_{中}$、$n'_{中}$、$n_{解}$、$n_{编}$、$n_{机}$——列入计算中一昼夜在该到发场办理到发作业的无调中转、部分改编中转、到达解体、自编出发的列车数和单机数;

$t_{中}$、$t'_{中}$、$t_{解}$、$t_{编}$、$t_{机}$——办理以上各种列车一列或单机一次占用到发线的时间(min);

$\sum t_{固}$——一昼夜固定作业占用到发线的时间(min);

$\sum t_{其他}$——一昼夜其他作业占用到发线的时间(min)。

3)到发线通过能力利用率的计算

$$K = \frac{T - \sum t_{固}}{(1440M - \sum t_{固})(1 - \gamma_{空})} \tag{4-4-24}$$

式中:K——到发线通过能力利用率;

M——用于办理列车到发技术作业的线路数;

$\gamma_{空}$——到发线空费系数,根据《车站行车工作细则》规定,其值可取0.15~0.20。

4)到发线通过能力计算

到发线通过能力应按方向和列车种类分别计算接车和发车的通过能力。

(1)接发无调中转货物列车:$N_{货中} = \dfrac{n_{中}}{K}$　(4-4-25)

(2)接发部分改编中转货物列车:$N'_{货中} = \dfrac{n'_{中}}{K}$　(4-4-26)

(3)接入到达解体货物列车:$N_{货解} = \dfrac{n_{解}}{K}$　(4-4-27)

(4)发出自编货物列车:$N_{货编} = \dfrac{n_{货编}}{K}$　(4-4-28)

(5)到发线(场)接发该方向货物列车的通过能力:

接车:$N_{货接} = N_{货中} + N'_{货中} + N_{货解}$　(4-4-29)

发车:$N_{货发} = N_{货中} + N'_{货中} + N_{货编}$　(4-4-30)

(6)某到发场接货物列车的通过能力为:$N_{接发} = N_{货中} + N'_{货中} + N_{货解} + N_{货编}$　(4-4-31)

若该站有几个到发场,则全站接发货物列车的通过能力为各到发场通过能力之和。

二、车站改编能力

车站改编能力是在合理使用技术设备条件下,车站调车设备一昼夜能够解体和编组的货物列车数或车数。它分别按解体能力和编组能力进行确定。

解体(编组)能力是指驼峰(牵出线)或牵出线(驼峰)在现有技术设备、作业组织方法及调车机车数量条件下一昼夜能够解体(编组)的货物列车数或车数。

1.驼峰解体能力

驼峰解体能力是驼峰在既有技术设备、作业组织方法及调车机车台数条件下,一昼夜能解体的货物列车数或辆数。

在纵列式编组站上,驼峰一般只进行解体作业,其解体能力可根据不同调车机台数和作业组织方法采用直接计算方法进行计算。

当驼峰上采用一台调车机进行单推单溜作业时,其解体能力可按下式计算:

$$N_{解}^{单单}=\frac{(1-a_{空费})(1440-\sum t_{固})}{t_{解占}^{单单}}(列) \tag{4-4-32}$$

式中:$a_{空费}$——由于列车到达不均衡、作业间不协调以及设备故障等原因所引起的驼峰无法利用的空费时间(不计调车组交接班等驼峰作业中断期间内产生的空费)占一昼夜时间的比重,称空费系数,一般可采用 0.03~0.05;

$\sum t_{固}$——固定作业占用总时分;

$$\sum t_{固}=\sum t_{交接}+\sum t_{吃饭}+\sum t_{整备}+\sum t_{客妨}+\sum t_{取送}^{点}+\sum t'_{取送} \tag{4-4-33}$$

$\sum t_{交接}$——乘务组及调车组一昼夜交接班总时分;

$\sum t_{吃饭}$——乘务组及调车组一昼夜吃饭的总时分;

$\sum t_{整备}$——一昼夜内一台调机进行整备作业的总时分;

$\sum t_{客妨}$——一昼夜内用于旅客(通勤)列车妨碍驼峰解体作业的总时分;

$\sum t_{取送}^{点}$——驼峰机车进行固定的取送作业而占用驼峰的时间;

$\sum t'_{取送}$——驼峰机车应担当的取送调车作业中未占用驼峰的时间;

$t_{解占}^{单单}$——采用单推单溜作业方式解体一列车平均占用驼峰的时间,按下式确定:

$$t_{解占}^{单单}=t_{空程}+t_{推}+t_{分解}+t_{禁溜}+t_{整场}+t_{妨} \tag{4-4-34}$$

式中:$t_{空程}$——调车机车自驼峰待作业地点起动时起,经到达场入口咽喉折返与到达场车列连挂并完成试牵引时止的延续时间;

其他符号同前。

2.调车场尾部编组能力

调车场尾部编组能力是在既有技术设备,作业组织方法及调车机车台数条件下,一昼夜能编组的货物列车数或车数。

调车场尾部编组能力按利用率计算法进行计算。每昼夜尾部的编组能力为:

$$N_{编}=\frac{N}{K}+N_{摘} \tag{4-4-35}$$

$$K=\frac{T-\sum t_{固}}{(1\,440M-\sum t_{固})(1-\gamma_{空})} \tag{4-4-36}$$

式中:N——平均每昼夜编组的直通、区段、小运转、交换车总列数;

K——利用系数;

T——每昼夜尾部的总作业时间(不妨碍时间)(min)。

其他符号意义同前。

用辆数表示的编组能力为：

$$B_{编} = N \times m \tag{4-4-37}$$

式中：m——编组车列的平均编成辆数。

第六节　铁路区间通过能力

在采用一定类型的机车车辆和一定的行车组织方法下，铁路区段的各种固定设备，在单位时间内（通常指一昼夜）所能通过的最多列车数或对数称为通过能力。通过能力在一定程度上取决于协同动作和铁路固定设备、机车车辆的合理运用。因此，通过能力并不是一成不变的，它随着技术设备和行车组织方法的改善而提高。主要决定于区间正线数、区间长度、线路纵断面、机车类型、信号、联锁、闭塞设备的种类等因素。

一、平行运行图通过能力

在平行运行图上，同一区间内同方向列车的运行速度都是相同的，并且上下行方向列车在同一车站上都采用相同的交会方式，在这种运行图中一组列车占用区间的时间，称为运行图周期 $T_{周}$。运行图周期系由列车（一个或几个列车）区间纯运行时分 $\sum t_{运}$、起停车附加时分 $\sum t_{起停}$ 以及车站间隔时间 $\sum \tau_{站}$ 所组成，即：

$$T_{周} = \sum t_{运} + \sum t_{起停} + \sum \tau_{站}(\text{min}) \tag{4-4-38}$$

区间通过能力 N 为：

$$n = (1\,440 - T_{天窗})/T_{周} \tag{4-4-39}$$

式中：$T_{天窗}$——运行图中预留的养护维修施工天窗时间。

一般情况下列车在各区间的运行时分不相同，各车站的间隔时间也可能不同，所以每一区间的 $T_{周}$ 常常是不等的。从上述公式可以看出，通过能力大小与 $T_{周}$ 成反比，$T_{周}$ 越大，通过能力越小。在整个区段里，$T_{周}$ 最大的区间就是通过能力最小的区间，称为该区段的限制区间。限制区间的通过能力即为该区段的区间通过能力。

1. 单线成对非追踪平行运行图在单线区段，通常采用成对非追踪运行图（图 4-4-11）。

单线成对非追踪平行运行图周期可用下式表示：

$$T_{周} = t' + t'' + \tau_{站}^{a} + \tau_{站}^{b} + \sum t_{起停}(\text{min}) \tag{4-4-40}$$

式中：t'、t''——上、下行列车的区间纯运行时分（min）；

$\tau_{站}^{a}$、$\tau_{站}^{b}$——a、b 站的车站间隔时间（min）；

$\sum t_{起停}$——列车起停附加时分（min）。

运行图上列车运行线的可能铺画方案有四种。

（1）上下行列车不停车通过车站而进入区间，见图 4-4-11a），运行图周期为：

$$T_{周} = t' + t'' + \tau_{不}^{a} + \tau_{会}^{b} + 2t_{停}(\text{min}) \tag{4-4-41}$$

（2）上下行列车不停车通过车站而开出区间，见图 4-4-11b），运行图周期为：

$$T_{周} = t' + t'' + \tau_{会}^{a} + \tau_{会}^{b} + 2t_{起}(\text{min}) \tag{4-4-42}$$

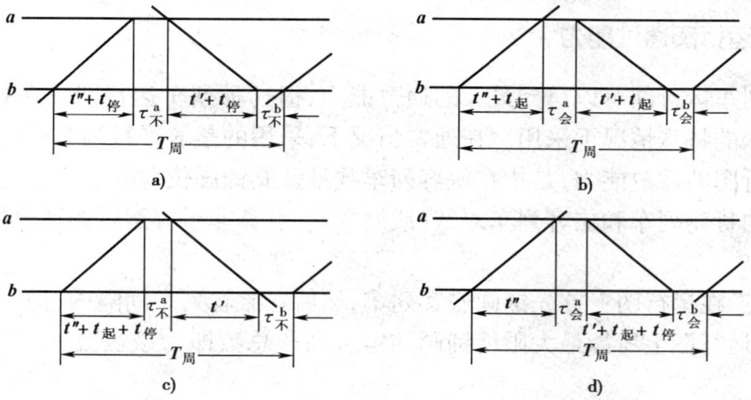

图 4-4-11　列车铺画方案示意图

(3)下行列车不停车通过区间两端车站,见图 4-4-11c),运行周期为:

$$T_{周} = t' + t'' + \tau_{不}^{a} + \tau_{会}^{b} + t_{起} + t_{停}(\text{min}) \tag{4-4-43}$$

(4)上行列车不停车通过区间两端车站,见图 4-4-11d),运行图周期为:

$$T_{周} = t' + t'' + \tau_{会}^{a} + \tau_{不}^{b} + t_{起} + t_{停}(\text{min}) \tag{4-4-44}$$

在上下行行车量不等的区段,为了适应运量的需要,可以采用不成对列车运行图。单线不成对运行图行车量较大方向的区间通过能力比成对运行图高,但是采用单线不成对运行图将会明显降低旅行速度,需要增添车站配线。

2.双线平行运行图

在未装设自动闭塞的双线区段,通常采用连发运行图(图 4-4-12)。双线连发运行图的运行图周期 $T_{周}$ 为:

$$T_{周} = t_{运} + \tau_{连}(\text{min}) \tag{4-4-45}$$

区间通过能力分别上下行方向可按下式计算:

$$n = \frac{1\,440 - T_{天窗}}{t_{运} + \tau_{连}}(列) \tag{4-4-46}$$

式中:$\tau_{连}$——为同向列车连发间隔时间;

其他符号同前。

在装有自动闭塞区段,通常采用追踪运行图(图 4-4-13)。双线追踪运行图的运行图周期 $T_{周}$ 等于追踪列车间隔时间 I,因而每一方向的区间通过能力为:

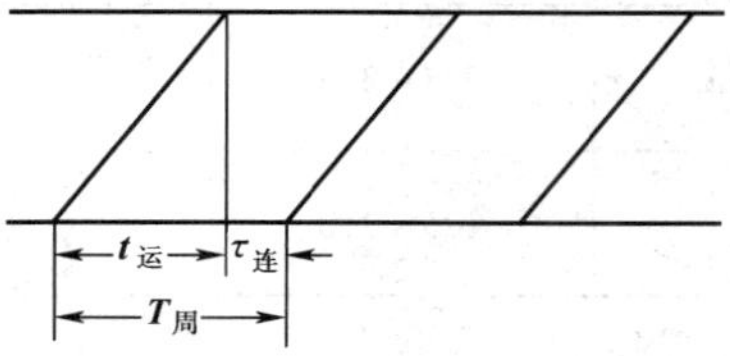

图 4-4-12　连发运行图

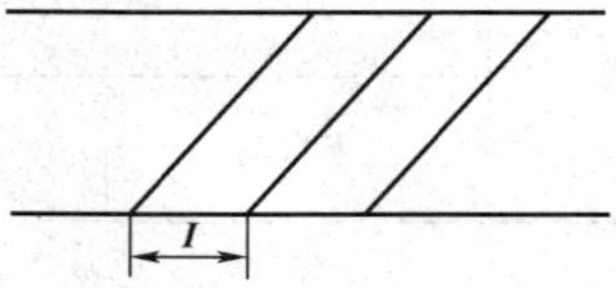

图 4-4-13　追踪运行图

$$n = \frac{1\,440 - T_{天窗}}{I} \tag{4-4-47}$$

二、非平行运行图通过能力

采用平行列车运行图可以达到最大的通过能力，但这种列车运行图只在列车速度无差别或能力特别紧张的特殊情况下采用。在通常情况下，采用的是非平行列车运行图。

非平行运行图的通过能力，是指在旅客列车数量及其铺画位置既定的条件下，该区段一昼夜内所能通过的货物列车和旅客列车对数(或列数)。计算非平等运行图通过能力的方法有两种：

(1)图解法。在运行图上首先铺画旅客列车，然后在旅客列车间隔内，铺画货物列车(包括摘挂列车)。在运行图上所能最大限度铺画的客货列车总数即为该区段的非平行运行图的通过能力。

(2)分析法。根据旅客列车和摘挂列车的扣除系数，可以近似地计算非平行运行图的通过能力 $n_{非}$，计算公式为：

$$n_{货}^{非} = n - \varepsilon_{客} n_{客} - (\varepsilon_{快货} - 1) n_{快货} - (\varepsilon_{摘挂} - 1) n_{摘挂} \tag{4-4-48}$$

$$n_{非} = n_{货}^{非} + n_{客} \tag{4-4-49}$$

式中：$n_{货}^{非}$——非平行运行图的货物列车通过能力(包括快运货物列车、摘挂列车在内)；

$n_{客}$——在运行图上铺画的旅客列车的对数或列数；

$n_{快货}$——在运行图上铺画的快运货物列车的对数或列数；

$n_{摘挂}$——在运行图上铺画的摘挂列车的对数或列数；

$\varepsilon_{客}$——旅客列车的扣除系数；

$\varepsilon_{快货}$——快运货物列车的扣除系数；

$\varepsilon_{摘挂}$——摘挂列车的扣除系数。

所谓扣除系数，是指因铺画一对或一列旅客列车、快运货物列车或摘挂列车，须从平行运行图上扣除的货物列车对数或列数，见表4-4-1。

列车扣除系数表 表4-4-1

区间正数	闭塞方法	旅客列车	快运货物列车	摘挂列车	备注
单线	自动	1.0	1.0	1.3~1.5	
	半自动	1.1~1.3	1.2	1.3~1.5	
双线	自动	2.0	2.0~2.3	2.5~3.0	
	半自动	1.3~1.5	1.4	1.5~2.0	

第七节 铁路通过能力加强

社会经济系统的不断发展，运输需求不断增加，为了适应运输市场的发展，铁路需及时地采取加强通过能力的措施,不断提高铁路通过能力。

改善铁路技术设备是提高铁路通过能力的主要措施。铁路通过能力可以用列车对数表示,也可以用运送的货物吨数表示。用货物吨数表示时,铁路货运方向一年内所能实现的通过能力可按下式求得(不包括摘挂列车及快运货物列车运送的货物吨数):

$$G_{能} = \left(\frac{n}{1+\gamma_{备}} - \varepsilon_{客} n_{客} - \varepsilon_{摘挂} n_{摘挂} - \varepsilon_{快货} n_{快货}\right) \frac{Q_{总} \varphi \cdot 365}{K_{波}} = \frac{n_{货}^{能} Q_{总} \varphi \cdot 365}{K_{波}} (\mathrm{t/年}) \tag{4-4-50}$$

式中: $n_{货}^{能}$——每日可以开行的货物列车数(不包括摘挂列车及快运货物列车);

n——平行运行图通过能力;

$\gamma_{备}$——通过能力后备系数;

$K_{备}$——月间货运量波动系数;

$G_{能}$——货运方向全年货流量(由摘挂列车及快运货物列车运输的货流量除外);

φ——列车平均载重系数(即列车净重与总重之比);

$Q_{总}$——货物列车牵引总重;

$\varepsilon_{客}$、$\varepsilon_{摘挂}$、$\varepsilon_{快运}$——旅客列车、摘挂列车和快运货物列车的扣除系数;

$n_{客}$、$n_{摘挂}$、$n_{快货}$——旅客列车、摘挂列车和快运货物列车开行数量。

提高铁路通过能力就是为了增加 $G_{能}$,所以加强通过能力可有如下三个途径:

1.提高列车平均牵引总重 $Q_{总}$ 及平均载重系数 φ

属于这类措施的主要有:采用大型货车,改善车辆构造;采用补机推送,实行多机牵引,开行组合列车和重载列车等;降低限制坡度等。

2.增加行车密度,即增加行车量 $n_{货}^{能}$

其主要途径可有以下几点:

(1)压缩列车运行图周期以提高平行运行图通过能力 n:

由于列车运行图周期为:

$$T_{周} = t' + t'' + \sum \tau_{站} + \sum t_{起停} = \frac{60 \times 201_{限}}{v_{限}} + \sum \tau_{站} + \sum t_{起停} \quad (\mathrm{min}) \tag{4-4-51}$$

式中: $l_{限}$——限制区间长度(km);

$v_{限}$——列车在限制区间的平均运行速度(km/h)。

所以,要压缩 $T_{周}$,则需①提高列车运行速度(如实行多机牵引,提高线路质量等);②缩短限制区间长度(如增设会让站、线路所,在限制区间修建双线插入段,部分区间修建双线或全段修建双线等);③减少车站间隔时间(如改建信、联、闭设备);④采用特殊类型运行图。

(2)要减少扣除系数 ε,主要是通过改善列车运行图的铺画方法来做到这一点。

3.同时增加列车重量 $Q_{总}$ 和行车量 $n_{货}^{能}$

属于这类措施的有采用内燃牵引和电力牵引,采用大型机车等。

加强铁路通过能力的措施归纳起来可划分为技术组织措施和改建措施两大类。凡是用改进行车组织方法,或只需用少量投资,就能使通过能力达到需要水平的加强措施,均属技术组织措施;凡是需要大量投资,通过改建或新建铁路技术设备来加强铁路通过能力的措施,均属改建措施。在加强铁路通过能力时,应首先着眼于挖掘现有铁路的运输潜力,并同时对现有铁路逐步进行技术改造,以便更好地适应国民经济日益发展的需要。

在选择加强通过能力的措施时,需要考虑下列因素:国家对铁路建设所采取的技术政策;该方向和区段在铁路网中的地位和作用;该方向和区段现有技术设备的状况和特点;国家生产力发展的远景;货流增长的速度;实施各种措施的技术经济效果。只有在全面分析和研究上述因素基础上,才能确定在技术上可能、在经济上合理的加强通过能力方案。

铁路各项技术装备的有关参数是相互关联的。在选择加强通过能力措施时,特别是涉及提高列车重量与运行速度时,必须注意到设备的配套问题。例如,提高列车牵引重量就要涉及到站线有效长的延长,大型机车车辆的采用,制动技术改进,线路桥梁结构的加强,养路和装卸作业的机械化,通信信号等行车控制设备的现代化等问题,同时必须使各种设备有关参数间互相匹配,才能取得最佳效果。

为了避免车站、机务、给水、供电等设备的能力与区间通过能力不相协调,在加强区间通过能力时,必须考虑其他设备的现状,找出其限制因素和薄弱环节,采取相应的加强措施来提高其通过能力,使之与区间通过能力相适应。

第五章　铁路运输新技术及发展趋势

第一节　铁路运输主要发展趋势

铁路现代化发展的总原则是:以提高运输能力为中心,以保证运输安全为前提,不断提高运输质量,效率和效益,积极采用国内外先进技术,重视各项技术的交叉渗透,根据经济发展水平和不同的运输需求,采用不同层次的技术和装备,系统配套,发挥整体效能,改革管理体制,推动新技术尽快转化为生产力。

(1)客运高速　随着世界各国经济的发展和人民生活水平的不断提高,人们对于迅速、方便、舒适和安全的出行条件及旅行环境,要求越来越高。高速铁路对一些经济发达国家铁路复兴产生了积极影响。当今世界各国旅客列车时速达到200km及以上的高速技术已日臻成熟,现在向高速300~350km/h的水平迈进。1990年5月18日,法国新一代高速列车在运行试验中创造了515.3km/h的新纪录,堪称当前铁路高速旅客列车运行的世界之最。我国在建的秦沈客运专线利用国产动车组试验速度已达250km/h以上,同时正在积极筹建线路长度达1300km的京沪高速客运专线。

(2)重载运输　自20世纪60年代以来,铁路重载运输得到世界上越来越多的国家广泛重视。一些幅员辽阔、资源丰富,煤炭、矿石等大宗货物运量占有较大比重的工业发达国家和发展中国家,发展尤其迅速。具有“短、轻、快”特点,以客运为主的一些国家铁路,也结合本国的具体情况和实际需要,在某些线路上开行不同重量的重载列车。我国的第一条万吨级重载铁路是大秦线(大同—秦皇岛),主要运输山西的煤炭,年运输量可达到1亿吨以上,使用的固移设备均为我国自己生产制造。

(3)牵引动力革命　牵引动力的现代化,是铁路运输科技进步的先导。世界上许多发达国家20世纪40~50年代着手进行牵引动力的改革,美国、加拿大主要以发展内燃牵引为主,前苏联、日本和西欧一些国家则大力采用电力牵引并兼顾内燃。近年来,国外铁路电力、内燃牵引技术发展十分迅速,设计更合理、技术更先进,运用更经济的大功率新型电力、内燃机车不断问世。

(4)货物运输集中化和集装化　通过对整个路网布局进行合理调整,减少货运站和编组站的数量使作业相对集中,重点加强一些基地站(基点站)、集装箱节点站和编组站现代化建设,提高货物装卸机械化和列车编组直达化的水平,能够充分发挥铁路运输优势。现在世界铁路集装箱运输总的发展方向是:提高装载量,实现大型化;采用新型材料,设计新结构,改善运营特性和参数;扩大通用装箱使用范围,适当发展专用箱;箱型规格标准化、系列化,以适应于国际联运的要求。

(5)运营管理信息网络化　这是铁路运输实现现代化的重要标志。由于铁路运输具有点多、线长、涉及面广,旅客、货物、车辆、列车流动分散不断变化,通信联络频繁、系统联系紧密的特点,必须采用先进手段进行组织和管理,建立起科学、有效的信息网络系统,及时掌握客流、货流、车流动态,快速传递并实时处理信息,实行集中指挥,统一调度管理。

(6)铁路行车安全技术的发展　世界各国在研制和采用现代化运输安全设备,保证铁路行车安全方面,采用的安全技术手段主要集中在以下三点:①强化铁路运输的基础技术设施,加大它们的安全系数;②加强机车安全操纵、驾驶的可靠监督和保安装置;③根据实际运营条件和技术发展水平,广泛运用能对各种运输设备的技术状态进行监测的自动化设备。除加强安全技术设备的运用外,还强调员工必须具备的心理和生理素质,尤其是与运转工作直接有关的人员。

第二节　铁路运输现代化

铁路现代化发展的总目标是:实现牵引动力电气化、内燃化,车辆大型化,运营管理现代化和主要运输过程控制自动化、半自动化,轨道结构重型化,养路、施工、装卸、修车机械化,铁路建设技术现代化,铁路宏观决策科学化,逐步建立以高新技术与适用先进技术并重,不同层次技术装备并存,速度、密度、重量兼顾,综合运输能力大、质量优、效率高、成本低、效益好,具有我国特点的铁路技术体系。

铁路运输组织现代化是一项巨大的系统工程,主要由客运组织现代化、货运组织现代化和行车组织现代化三大部分组成。

客运组织现代化主要包括:客流预测、客流组织、客运计划的自动编制、客票预售系统、客运站管理信息系统和客运服务现代化等。

货运组织现代化主要包括:货运计划的自动编制、货票信息管理系统、货运站管理信息系统和集装箱管理信息系统等。

行车组织现代化主要包括:编组计划和技术计划及列车运行图的自动编制系统、计算机辅助调度指挥系统、货车实时追踪和机车实时追踪管理信息系统、确报管理信息系统、现在车及车流推算信息系统、编组站及区段站管理信息系统等。

铁路运输现代化管理信息系统(TMIS)是建立有巨大处理能力的中央处理系统和中央数据库,从全路6000多个站段中选取2000个站段建立信息报告点,通过计算机网络将全路列车、机车、货车、列车、集装箱及所运货物的追踪管理,实现对全路旅客列车和客票的现代化管理,从而为运输生产指挥和管理人员提供及时、准确、完整的信息和辅助决策方案,以实现均衡运输、紧密运输,提高运输效率和现代化管理水平。

现将主要的子系统分述如下:

一、铁路行车指挥自动化系统

1.行车指挥自动化系统的作用

充分发挥和协调铁路各项技术设备的功能,提高车站和线路的综合通过能力;提高各级调度人员指挥水平,显著提高列车正点率和行车安全;提高计划和统计工作质量;获得较高的经济效益和社会效益;

2.行车指挥自动化系统的功能

(1)编制计划:编制和修正列车运行图、机车车辆和乘务员运用计划及其日常调整。

(2)机车车辆管理:主要制定机车车辆检查、维修计划和日常检修管理以及机车车辆履历管理等。

(3)列车运行管理:①列车跟踪及显示:随时掌握列车确切位置,并在显示设备上进行显示;②接发车进路控制:由计算机自动设置各站接发车进路;③列车运行调整:当列车运行偏离列车运行图时,计算机自动预测、计算,同时提出调整方案,作为列车调整决策支持;④旅客导向显示和自动广播:对旅客列车到发正晚点、站台号及去向等进行自动广播和显示预告;⑤自动绘制实绩运行图和对列车运行指标进行统计分析。

(4)列车自动运行控制:主要包括列车出发条件判断,加速、定速、减速控制,定位停车控制以及车内自动广播等。

(5)电力管理:电力牵引区段的电力调度控制、电量管理、负荷限制以及对机器设备进行监视等。

3.行车指挥自动化系统的发展趋势

行车指挥自动化是一种正在蓬勃发展的综合性系统,它的规模、性能和功能还在不断扩大和提高,在一定程度上它反映了一个国家的经济实力和科学技术水平。从发展观点看,行车指挥自动化系统将由集中控制向分散控制过渡,信息传输方式也从有线向无线转变。当前绝大多数行车指挥自动化系统为集中设置计算机,集中控制全区段所有车站和全部在线列车。另外,还有个别新型系统为分散控制系统,从而提高了整个系统的可靠性、可扩展性和可维修性。

二、现代化的客运管理服务信息系统

大型客站综合现代化是铁路旅客运输走向世界的重要标志之一,对于提高客运站工作效率和服务质量,促进管理现代化,以及适应市场经济发展的需要都具有重要意义。大型客站一般都处在大城市,其文化、经济建设发展较快,这必将对铁路客运提出更新的要求。因此,大型客站综合现代化应该具备一流的整体形象、一流的管理以及一流的技术设备和现代化的客运管理服务信息系统。

1.具有多功能的综合服务网

随着社会的发展和科学技术的进步,尤其是人民生活水平越来越高,对旅行方便程度的要求也越来越强烈。为满足现代化多功能的要求,大型客站应该具备一整套与旅客外出旅行相关的服务设施,即客运售票、候车、海关、边检、邮局、银行等;站前广场设有市内交通停车场。给旅客提供全方位的服务。

2.城市综合运输网的主要集散地

在大城市中,除公共汽车、小汽车外,还会逐渐出现一些新型的交通运输工具,如地铁、轻轨交通等,它们相互配合,构成了城市综合运输网,其主要客流集散点基本上是铁路车站。因此,应该将铁路车站建成各种交通工具的主要换乘点。从国外的情况看,其车站的布置形式有以下两类。

(1)站前广场立体布置　一般广场分为三层,地面一层,地下两层。地面层设有公共汽车站和通往地下广场的行车坡道;地下第二层为汽车停车库;地下第一层则设有停车场、商店、人行道,还有通向站台和地铁的出入口以及通向地面广场的人行道,旅客可以由地下广场直接出入站台。

(2)各种交通工具立体布置　一般地上 3~5 层,地下两层。地面各层为客运站房、商场等服务设施以及公共汽车侯车厅、汽车站和铁路站台;地下第一层为停车场和轻轨电车站;地下第二层为地铁车站。各层之间由自动扶梯相互联通,各种交通工具的候车站牌设在同一垂直线点上,以方便旅客换乘,改善交通秩序。

3.客运站运营管理现代化系统

一座崭新的客运站,不仅要求设计构思新颖、造型美观,满足现代化多功能的要求,而且需要具备一套完整的现代化的客运管理服务系统,其中包括旅客服务、行李、售票、管理和信息等设施。因为它是铁路部门的代表形象,应给旅客提供更加便捷的全方位服务,如建立多媒体信息网、检售票子系统、运转子系统、行包子系统、服务子系统、安全疏导子系统、车站信息管理子系统等内容。

大型客运站综合现代化为客运站实现现代化科学管理、提高工作效率、减轻劳动强度创造了条件,同时也为旅客创造了一个舒适、优美、方便、周到的候车和旅行环境。

(1)客运闭路电视监视系统该系统　在总值班室和广播室内装有控制台、电视屏、录像机、微机。在站台、候车室、大厅等处装有摄像机。摄像机群用微机控制,按程序指令自动控制摄像机的镜头方向,可将摄下的镜头在电视屏上显示。这样便于总值人员和客运作业人员及时观察列车到发情况和全站运动态,遇到问题可以采取必要的措施及时指挥客运作业。

(2)客运多回路多信源广播系统　此系统以微机语言处理器为控制中枢。实现中文普通话、英语两种以上语言的全自动广播,并能使旅客在不同的区域欣赏不同的音乐。

(3)客运自动引导显示系统　为了方便旅客购票、托运行车、候车、检票上车等,不仅设有各种醒目的显示标志,还应建立系统的电子向导装置。在中央大厅、各候车室、检票口和站台等处安装显示屏,由微机集中控制,可以自动把候车、检票、停检、列车到发时刻、列车停靠站台、车厢顺位情况等站务信息发布给各控制机、显示屏,为旅客提供从候车到上车、出站等一条龙引导服务,方便客运人员进行管理。

(4)列车到发微机通告系统　自动向车站值班人员、旅客和客运作业人员通告列车到发和运行情况。

(5)旅客问讯系统　在电话问讯处安装计算机电话问讯。根据旅客问讯内容,计算机能自动回答旅客问话;另外,也可根据需要安装彩电电视问讯,旅客站到问讯屏前,红外线开关即可启动,彩色电视屏上就能出现操作员的面容,亲切回答旅客的各种询问。

(6)行包自动秤量系统　旅客需要托运行包时,可把行包通过输送带送上电子秤,操作人员采用人机对话,整个托运过程可连续完成。

三、铁路货物运输现代化

1.优化货物运输组织

世界各国铁路现代化的运输体系可概括为三种方式,即快速运揄、大宗运输和普通运输。①快速运输方式:快速运输是城市间或运量大的地区间需要急运的货物以快运列车运输的一种方式,运输时间短,到达日期和时间准确。这种方式以鲜活易腐货物、贵重百货及集装箱等为运输对象。法国铁路货物运输按三级运送制进行,按夕发朝至、24h、72h送达规定了运送期限。②大宗运输方式:这是以专用列车在发到站间往返运输大宗货物的一种方式,以煤、矿石等为运输对象,重载运输的发展为此种形式提供了良好条件。重载列车是大宗货物运输的一种有效形式,其主要特点为列车重量加大、列车编组加长,实现全程直达运输,充分发挥铁路高度集中、大宗、长距离等运输优势,提高了运能和运输效率。③普通运输方式:普通运输方式一般以整车货物为对象,零担货物则通过货物转运公司合并为整车货物,以整车向铁路托运。

以上三种方式的比重将会随着铁路现代化程度的提高而逐步改变,快速和大宗运输方式将会成为铁路运输体系的主要组成部分。

2.货运站现代化

1)建立货运中心站

选择物资集散中心的车站作为铁路货物运输中心。中心站的到发线和牵出线有效长能容纳下整列列车。作为快运列车发到的大货运站,其装卸线和存车线有效长也应与整列车的长度相适应。同时,配备完善的货运设备和装卸设备,采用先进的现代化管理手段。如美、英、日、法等国家,修建的货运中心站采用全套机械化作业和自动化管理系统。其中,日本修建的名古屋货运中心站,占地40万平方米,双层货场,上层为集装箱作业场,下层为3万平方米的仓库,集出租、贮存和装卸、保管为一体。

2)大力发展大型集装箱专办站

集装箱到发量大的地区,设置专门办理集装箱专办站,以便实现装卸作业和管理专门化、自动化,加速货位和车辆周转,达到快速运输的目的。

3)建立物资别运输基地

所谓物资别运输是将大宗货物按性质分别用整列车运输。物资别运输要求车站在配线,装卸机械、存货地点等方面应具有专用设备。卸车基地须考虑设置有铁路卸车,公路汽车装车、货物储存分配的设备。

4)修建联合直达运输设备

联合直达运输是以集装箱专用直达列车为主体实现"门到门"运输,这种方式可以使铁路具有的大宗性、高速性与汽车的机动性结合起来。其货物集疏运输由汽车承担,实现集疏、储运全过程的一体化运输服务。

3.提高货物运输速度

提高货物运输速度是提高服务质量和加强在运输市场中竞争能力的重要方面。日本米轨铁路货物列车最高速度达 100km/h,德国提供一种新的货运业务,货物列车最高速度达160km/h。

第三节　现代化信息技术与铁路现代化

现代化信息技术在铁路现代化领域中的应用,将在以下几个方面得到体现:

1.铁路现代化通信系统图像通信已成为现代化铁路通信中的迫切要求,如会议电视、可视电话的应用将是未来铁路通信的重要组成部分,它将是铁路指挥部门决策千里、运筹帷幄的有力工具。会议电视、可视电话可给决策者提供真实的视觉信息。而图像通信中的主要技术将包括:图像采集、图像压缩、图像传输、图像显示等主要图像处理技术。特别是当今的多媒体终端的研究将为铁路运输指挥提供最便捷的工具。

2.行车指挥自动化系统中图像处理技术的应用

为使列车高速、安全地运行,必然要引进先进的自动控制技术。届时计算机将不断地收集各区间的信息、列车上的信息,经计算机处理后再送到闭塞区间和列车,这一过程必然要用到现代化的通信技术,指挥中枢的人机交互设备在快速、准确、形象化、可视化方面将大量引入图像处理及计算机视觉技术,这必将大大缓解运输调度指挥人员的劳动强度。可以预言,图像处理及计算机视觉技术将在行车指挥自动化系统中占有举足轻重的地位。

3.列车运行自动导航及安全监控系统

中国铁路列车运行的交路较长,司机的劳动强度大。因此,铁路行车中人为引发的事故较多,如果铁路运行速度进一步提高,这种危险性也会相应地增加。降低人为过失的有效手段之一就是采用现代化的自动导航及安全控制系统。优良的自动导航与安全控制系统将使当前人工操纵为主过渡到自动操纵为主、人工干预为辅的方式。这种系统可采用先进的图像处理及计算机视觉技术,该系统将具备运行状况自动检测、运行图自动核对、前方速度预告、前方有无干扰等预警功能。如果在自动导航与安全控制系统中同时引用雷达系统、避碰系统、红外和超声传感等技术将会使这种系统的安全性大大提高,届时将会把司乘人员从繁重艰苦的劳动中彻底解放出来。

4.列车的自动检测、实时监测及保养系统

列车的自动检测、实时监测系统将分为车上系统与车下系统。车上系统可采用一系列的实时监测手段,如轴温实时探测、电力机车受电弓的电视监控、车辆运行状况的实时信号分析等方法,这将是以计算机为中心的实时信号采集、处理、分析及识别系统。同时,采用视频、声频与可视化显示技术,以图像、音响、数据等方式进行故障定位及预警。它将与安全控制系统一起保证列车正常安全地运行。

车下系统的保养维护自动化是一套有效地、自动化程度较高的检测系统,其中无损检测将是该系统的主要技术。在无损检测技术中有大量的以信号与信息处理技术为基础的检测方法,如X光检测法,外成像检测法等。

5.列车服务支援系统

列车服务系统包括视象化导游系统、列车信息发布系统、移动图像通信系统及旅客车上娱乐系统等。这些服务设施将以多媒体的方式为旅客提供优质服务。

6.遥感图像处理系统

遥感是图像处理技术的重要应用领域,它在铁路选线、地质地貌分析、地质灾害监测预报都有重要应用价值。如GIPS(遥感图像处理系统)、DYMIS(动态监测微机住处系统)、RSIPL－GIS系统、MCIES(微机灾难害地貌专家系统)等。在未来的遥感研究中将结合专家系统、地理信息系统的研究成果构成铁路建设中的重要工具。

7.智能化的发展趋势

多年来,铁路大多数技术设备或系统是自成系统独立开发的,它们的资源包括信息和知识等资源不能共享和综合利用,因而限制着它们发挥更大的作用和效益。列车智能化和铁路智能化就是根据信息化、智能化的要求,把这些子系统有机结合起来构成的综合系统,从而能把行车安全、运输能力、旅行环境和服务质量提高到一个新水平。

1)日本列车智能化

列车智能化的主要内容有:①在运行列车的车载综合监测和诊断系统基础上向诊断专家系统发展,实现对机车车辆、地面设备状态的全面自动监测,包括对接触网、线路状态和ATC列车自动控制系统、地面信号设备自动监测,对车辆运行工况的监视。列车在走行中自我诊断,当检测发现线路侧设备有异常或不良情况时,把诊断信息送给维修基地,以安排备料维修。②实行对列车运行的有效控制,包括用车载系统对摆式车体、自导向径向转向架的有效控制;为辅助司机完成高速运行,安装列车自动控制和定点自动停车的行车支援系统,引进列车导航系统。③柔性列车运行系统,采用适应列车高密度高速度运行、无固定闭塞分区的移动闭塞;开行能自动分解和组合的多方向直达旅客组合列车,使不同目的地的乘客无需换乘便可以直接到达目的站。④车内信息化,这是以车内局域网、移动通信、地面一列车信息传输系统、地面网络和增值网络为支持的列车信息管理及服务系统,它把信息和列车上的各种控制系统相结合。除为列车运行目的提供信息服务外,还根据乘客的公务和旅游目的,提供娱乐、工作和导游等多方面的信息服务,车内旅客可以像地面一样在座席终端上问讯、预约交通工具和旅馆,支付旅游、电话和购票费用等。

2)德国铁路的CIR(Computer Integrated Railroading)计算机集约化铁路工程

德国铁路的CIR计算机集约化铁路工程的主要措施有:①所有列车,包括货物列车都装备连续式列车速度自动控制系统,把货物列车速度普遍提高到120km/h。②安装与连续式列车速度自动控制系统相结合的短闭塞分区高能力自动闭塞,取消地面信号机,把自动闭塞区域向车站咽喉区延伸,从而提高列车进出站速度,缩短列车追踪间隔距离,提高行车密度。③调度中心装备计算机辅助的行车指挥自动化系统。④铁路总调度室建立调度业务计算机支持系统。⑤建立面向旅客和货主的计算机辅助的信息服务系统。

作为支撑条件,将通过全路数据传输和交换系统把各个系统的硬、软件联网,并连接电子客票预约系统、旅客列车电子问讯系统、货运电子信息系统、联合运输信息系统等。

参 考 文 献

1 郑时德等编著.铁路行车组织.北京:中国铁道出版社,1988
2 黄世玲主编.交通运输学.北京:人民交通出版社,1988
3 胡思继编著.交通运输技术管理.成都:西南交通大学出版社,1993
4 乔乐中.运输经济学.成都:成都科技大学出版社,1993
5 李峻利编著.运输工程.北京:人民交通出版社,1994
6 走向二十一世纪的铁路—中国铁路的机遇、差距和发展.北京:铁道部科学技术司,1995
7 马桂贞,杨浩主编.铁路运输.成都:西南交通大学出版社,1998
8 邓午天,李泽民主编.线路工程.成都:西南交通大学出版社,2000

第五篇　公路运输系统

第一章　公路运输概述

公路运输系统是指以公路运输方式将被运送对象按既定目标实现位移所涉及到的各个有机组成部分。从应用角度看，每一种运输方式都是一个具有各自技术经济特征的运输系统。因而，公路运输系统又是整个综合运输体系中的一个子系统。

第一节　公路运输的功能、特点、地位与作用

一、几组关联概念

在理论上和实践上，常常用到一些既有联系，又有区别的重要概念，明确这些概念对准确把握本领域的知识是非常必要的。

1. 道路运输与公路运输

广义地说，道路是指能够通行的途径。不同的行为主体，对道路的界定标准不同。本领域引用的道路概念，一般是指机动车辆和行人均能通行的途径。而公路，则是公共道路的简称，习惯上指各级政府所建的连接城市之间、城乡之间、乡村之间的、具有一定技术标准和设施配置的道路。以往由于管理体制的原因，通常将城市道路与公路加以区分，前者是在城建部门职责范围内管理的城市交通道路，而后者则由交通部门管理的道路。从发展趋势看，两者逐步融为一体。公路与城市道路的概念逐步被道路概念所取代。但由于教材编排的需要，本章介绍的公路运输，不包括城市公共交通，因此未使用道路运输的概念。

2. 公路运输与汽车运输

公路运输是按运输依托的通行途径来定义的，而汽车运输则是按运输所使用的工具来定义的。仅从概念上看，前者不仅包含后者，而且还包含拖拉机、人力车、畜力车、人工运输。但在实际运用上看，公路运输主要指汽车在公路上的运输（不包括汽车厂内运输），因此两个概念通常互换使用。

3. 道路交通系统与道路运输系统

从系统构成要素上看，两者是一致的。但它们各自建立的核心不同。交通系统是以满足人行及车行为核心建立起来的系统，而运输系统则是以满足人与物的位移为核心建立起来的系统。在运用领域上看，城市更多研究交通系统问题，而城外则主要研究运输系统问题。交通系统要解决的核心问题是尽一切可能提高行人与车辆的通行速度，而运输系统则是要尽可能

的提高运输的效率。在许多场合,两个概念常常混用。

4.道路运输广义与狭义的概念

广义的道路运输概念指整个道路运输系统,包括道路基础设施(道路、桥梁及其附属设施)、运输基础设施(场站及为运输服务的辅助设施,如通讯、监控设施等)、运输工具等;狭义的概念不包括道路基础设施。广义的概念是从运输系统的有机构成角度来定义的,而狭义的概念则考虑了系统要素的性质、运作机制等因素。道路基础设施具有公共性、公益性、依托政府机制来发展,而狭义的运输系统具有鲜明的商用性,主要依托市场机制来发展。在实际运用中,道路运输用的是狭义概念。本教材延用了这一贯例。

5.道路运输行业与道路运输产业

道路运输行业是指所有与利用道路及相应的运输工具完成人或物位移相关的业务活动,是从技术特征上划分的业务领域。产业,是经济学的范畴,是指具有某种同一属性企业的集合或者说共同为输出效用与基本技术特征相同产品企业的集合,实际上也是按某一技术特征为标准划分形成的经济领域。依据这一概念,道路运输产业可定义为"具有经济行业属性的道路运输"或者说"参与国民经济活动的运输"。但不论从理论上分析还是从实践上考察,要严格界定道路运输产业是很困难的。出自于管理的需要,目前只将道路运输行业划分为营业性运输和非营业性运输。前者是指以获取运输收入为目的的运输活动,其划分标志是完成运输活动后要与服务对象发生运费结算,且获取的收入属于营业收入。除此之外的运输称为非营业性运输,包括仅为本单位服务的单位自备运输、公务车运输,私车私用,军车从事军事活动运输、公安、武警、消防、救护车运输等。但是否参与国民经济活动与是否获取营业收入是两个不同的划分标志,因此分类的结果是不一致的。例如,大量的非营业性运输实际上参与了国民经济活动,如企业自备运力的运输。此外,在现实中,还有一类与营业性运输、非营业性运输划分均难对应的运输活动——贸易性运输。车主以一定的价格在某地购买一批货物,然后将该批货物运到另一地再以一定的价格卖出,买卖之间的差价既包含运费也含贸易获利。完成这一过程运输的车辆通常是营运车辆,但整个过程并不发生运费统算。到目前为止,不论在理论上还是在实践上,对这一类运输活动均未专门论处。

尽管在理论上对运输产业未作到系统地研究和界定,但在实践中通常把营业性运输、汽车维修、搬运装卸及运输辅助服务(如场站服务、信息服务等)纳入运输产业中。形成这种分类的主要原因在于政府管理职责的划分。运输行业管理的重点实际上也就在这些领域中。从加强管理,促进发展的要求来看,亟待从理论上和实践上认真系统地研究探索运输行业、运输产业方面相关的问题。

不论在理论上还是在实践上,目前对上述几组既有联系、又有区别的概念尚未引起应有的重视,以至在理论研究或实践操作上出现各种各样的问题。在此介绍这些内容的目的并不在于用词标准化,而是有助于建立相应的思维体系和实践运作系统,便于分析研究和处理问题。

二、公路运输系统的组成及其基本功能

从技术结构上看,公路运输系统由基础设施及运输工具两部分组成。基础设施主要包括公路及其附属设施,站、场及其附属设施,公路交通控制与管理设施等。在现代社会中,公路运输工具主要是汽车。在各种运输方式的系统构成中,装卸设施是重要组成部分,公路运输亦不

例外。公路运输系统的技术构成,形成了公路运输生产力各要素。它是运输方式划分的标志。公路基础设施的技术水平是决定公路运输生产力水平的基础性、主导性的要素,这是公路运输生产力构成的基本特点。因此要提高公路运输生产力水平,关键要加强公路基础设施的建设。在生产力其他要素构成方面,公路运输与其他运输方式是一致的。

在理论上,通常将运输基本功能划分为通过与送达功能。通过功能是指在干线上完成大批量的运输。送达功能,又称为集散功能,是指为通过性运输承担集散客货的任务的运输。

就一般情况而言,客货运输全过程的完成都需要有公路运输方式的参与。在高速公路投入使用以前,公路运输的主要功能是送达,也就是主要为其他运输方式承担集散客货的任务。在五种运输方式中,航空、水运和铁路运输只有单一的通过功能,大多数情况下只能依靠公路运输才能送达运送对象,因而它们不能脱离公路运输方式的支持。在公路等级低,通行条件较差的情况下,公路运输又难以满足国民经济发展及人们出行对运输的需求,其最大的局限性在于通过的功能较差。但随着高速公路建成投入使用,公路通行条件的改善,公路运输方式的通过功能大大加强。一条六车道的高速公路,每昼夜交通量可达 7~8 万标准车次,若以 2:1 的常规比例将标准车折合为中型车并在客货车各占 50%、货车平均吨位按 5t 计、客车平均座位按 30 座计的低限条件下,每年可提供 3200~3650 万载货吨位和 1.9 亿~2.2 亿载客座位,其通过能力与一条复线铁路大体相当。

由此可见,在实现高速化后,公路运输方式已具备了通过功能和送达功能,成为全能的运输方式,这正是公路运输业发展迅速的根本原因。

三、公路运输的特点

在综合运输体系中,公路运输最显著的特点是在技术上和经济上的灵活性。

技术上的灵活性主要表现在以下几个方面:第一是空间上的灵活性,可以实现“门到门”运输;第二是时间上的灵活性,通常可实现即时运输,即根据货主或旅客的需求随时启运(旅客运输虽然实行“五定”,但随着运输网点的发展及运输组织与管理水平的提高,旅客等候时间也逐渐缩短,许多干线上基本实现了随到随走的客运服务);第三是批量上的灵活性,可接受的启运批量最小;第四是运行条件的灵活性,运输服务范围不仅在等级公路上,还可延伸到等级外的公路,甚至许多乡村便道的辐射范围,普通货物装卸对场地、设备没有专门的要求,客运站点设置灵活,有的只设置一个停靠点即可;第五是服务上的灵活性,其具体表现为能够根据货主或旅客的具体要求提供个性化的服务,最大限度地满足不同性质的货物运送与不同层次旅客的需求。

公路运输方式技术上的的灵活性,决定了其运输生产具有点多、面广、流动、分散的特点。点多、面广是指其服务对象的分布及服务范围。流动是指其服务过程。分散通常有两个层次的涵义:其一是指运输服务单位所属的基层单位分散在服务区域各点;其二是指运输服务的作业单位分散,常常是以每一辆车为独立作业单位的。这些特点,使得公路运输业在组织与管理方面具有非常鲜明的行业特色。

经济上的灵活性主要表现在两个方面:第一,运输投资起点很低,且从业者完全可以根据运输需求和自身的条件灵活选择;第二,运输生产固定结构低,选择空间大,经营者可根据市场环境和自己的风险承受能力选择合适的投资固定结构,属于低风险发展的运输方式。与其他运输方式相比，在市场经济条件下公路运输方式更具生命力。这正是该种运输方式在市场经济社会中得以持续发展并逐步成为市场经济发达国家的主力运输方式的重要因素之一。

目前对于运输品质特性的认识，理论上与应用上存在一定的差异。理论上是以运输方式为主体来分析的；而应用上，运输品质的主体应该是运输产品。运输产品是被运输对象自起点到终达目标的位移。运输品质特性主要包括安全性、方便性、及时性、舒适性（客运）、经济性等。以运输方式为主体来衡量与按产品为主体来衡量得出的结论有明显的差异。飞机的运行速度最快，但用飞机来完成整个位移过程未必最快，因为两头接送需要用时间。在此非常必要认识运输产业的经济性问题。按运输方式排列，经济性从优到劣的次序为水运、铁路、公路、管道、航空。这种排列的依据是运输方式自身消耗水平。但若按运输产品为主体来衡量经济性，标准则完全不同。从货运来看，货主考虑经济性的因素主要包括四个方面。其一，运输费用；其二，运输过程占用资金的时间价值；其三，其他消耗，包括中转装卸、仓储、货损货差、货物保存保量支出等；其四，关联经济性，包括商机的利用，原材料、完成前库存占用资金，库存费用的变化等。随着社会的发展，在上述四个方面中，运费对运输产品经济性的影响越来越小。这是由以下几方面的因素决定的。其一，商品供应呈个性化方向发展，批量变小，批次变多；其二，商品的附加值不断增高；其三，竞争日趋激烈，把握商机对时效性的要求越来越高；其四，资金成本上升。正是在这样的发展环境及经济机理下，除国际贸易形成的远洋运输外，道路运输在现代综合运输体系中所占的比重越来越大，成为发达国家绝对主力的运输方式。现代物流业中建立起来的即时供应系统（Just in time system），道路运输起到了关键的支撑作用，这也是道路运输技术上、经济上灵活性的优势所在。

必须指出，一般公路运输与公路快速运输在运输品质上有根本的区别。关于公路快速运输，将在本篇第六章中介绍。

四、公路运输管理职能构成

公路运输系统按管理职能的构成，主要包括以下几个部分：

1.公路基本建设管理

公路基本建设项目，与其他基建项目一样，按层次划分为立项及审批权限，实行计划管理。各级别的基建项目由相应级别的政府计划管理部门审批，并按基建项目的要求组织实施。纳入公路基建管理的项目一般包括新建公路及规模较大的旧路改造或扩建。

2.公路管理系统

公路管理是指对已建成投入使用的公路实施的各项管理，主要包括路政管理、公路的保养与维修、征收公路通行费等。根据《公路法》规定，国务院交通主管部门主管全国公路工作，县级以上地方人民政府交通主管部门主管本行政区域内的公路工作，但是县级以上人民政府交通主管部门对国道、省道的管另、监督职责，由省、自治区、直辖市人民政府确定。《公路法》还规定，路政管理职责可由公路管理机构行使。各省、直辖市、自治区及县（含县级市）交通主管部门一般都设有公路局，作为路政管理的专设机构。

3.运输经营管理系统

这一职能主要由从事客货运输经营的企业或个人承担。

4.运输市场管理

主要包括运政管理、车辆维修行业管理等内容。县级以上人民政府交通主管部门一般设立专门机构(省级设运输管理局、地市级设运输管理处、县级设运输管理站)来履行这一职能。

5.运输安全管理

运输安全管理,从性质上可划分为两大类。一类属业务管理,是运输企业或个人经营管理的业务内容之一;运政管理的职能中,也涉及有安全管理的内容。另一类属社会管理,又叫交通安全监理;在现行体制下,这一职能由公安系统所属的交通警察部门来行使。

五、公路运输的地位与作用

公路运输在整个交通运输业处于基础地位尝发挥着以下作用:

(1)公路运输机动灵活、快速直达,是最便捷也是唯一具有送达功能的运输方式。可以实现"门到门"运输,这是公路运输独特的优势。

(2)其他运输方式组织运输生产,需要公路运输提供集疏运的条件。运输方式之间的衔接,也需要公路运输来完成倒载换装。

(3)公路运输覆盖面广,通达深度高,到2001年底全国所有的县、99.7%的乡镇、91.8%的行政村通了公路。公路运输对城乡经济的发展起着举足轻重的作用,特别在我国中西部和一些经济不发达地区,公路运输是最主要的运输方式。

(4)随着我国公路技术等级的逐步提高,尤其是一批高等级公路的建成通车,公路客货运量在综合运输体系中所占的比重不断提高。2001年公路运输完成客、货运量分别占全社会客货运量的91.4%和75.4 %;完成的客运周转量和货运周转量分别占54.8%和13.3%。

(5)半个世纪以来,公路运输是世界各国各种运输方式中发展最快的一种,现已成为许多国家最主要的运输方式。2001年末,我国民用车辆保拥有量为1802万辆,相当于1978年的13.27倍。在当今世界,公路交通的现代化程度已经成为衡量一个国家交通发展水平的重要标志。

六、国外公路运输

发达国家公路运输是绝对主力的运输方式。营业性公路客运比重很小,私人轿车交通发达,营业性货运与物流业紧密结合在一起,形成既有高度专业化(包括运输工具、运输线路、运输领域等方面)分工又有密切合作的运作系统,发挥主力运输方式的作用。发达国家的公路货运普遍以"准时供给(just in time)"为服务的基准。这对运输的组织与管理提出了很高的要求。

第二节　公路运输现状与发展趋势

一、公路运输现状

改革开放以来,我国公路运输业快速发展,从完成的运量和周转量来看,公路客运已成为主力的客运方式,公路货运量远远超过其他运输方式,周转量快速增长,这充分说明公路运输方式在国民经济及社会发展过程中发挥着愈来愈重要的作用。我国公路运输服务方式和经营主体日益呈现多样化的趋势。

1.服务方式多样化

随着市场经济的发展,公路运输行业的竞争日益激烈,为了最大限度地占有市场,运输经营者不断扩展其服务方式。在客运方面,从等客上门到想方设法引客上门,尽可能为旅客出行全程便利着想,在售票网点设置、售票方式(电话订票、送票上门、优惠票等)、站点安排、车辆设施配置、途中服务等方面,都采取了行之有效的服务措施。除了最常规的购票乘车外,还有计程包车、订时包车。近年来,又出现了车辆租赁业务(其性质属于城市出租业,但也可租用于公路),目前一些省市正在采取措施取消公务用车,定向服务客运应运而生。在公路客运车辆配置方面,有大、中、小型客车;有普通车、空调车、豪华空调车;有直达班车,沿线服务班车;有快速客运班车的普通客运班车。在货运方面,有整车货运、零担货运;有直达快运、普通货运;有普通货车、专用货车;有合同运输、非合同运输。按承运方承担的责任分,有全责运输、非全责运输;按货物运送的要求分,有特种运输、通用运输;有单纯运输服务、储运结合服务和运销结合服务。至于在租赁、计价结算及提供运送保障等方面的服务方式那就更显多样化的特点。服务方式多样化,大大地促进了公路运输业的发展。这也是发展市场经济对公路运输行业带来最大的而且是根本性的变化。

2.运输经营主体多样化。

20世纪80年代初期,交通部先后提出了“有路大家走车,有客有货大家运,各部门、各地区、各行业一起干,国营、集体、个体和各种运输工具一起上”的措施,以缓解公路运输能力严重不足的矛盾,针对计划经济体制下存在的弊端,解放和发展运输生产力。经过十几年的发展,公路运输业形成了多样化的经营主体。其中,有国家大中型运输企业(有的改造为股份制公司,有的改造为有限责任公司,绝大部分已进行了公司制改造)、股份合作制运输企业、中外合资合作运输企业、私营运输企业和个体运输户。在公路客运行业,国有大中型企业仍占主导地位,干线运输任务主要由国有大中型运输企业承担;在公路货运方面,个体运输户所占的比重较大,许多营运车辆挂靠在企业,实质上相当于个体运输户。一些批量较大的合同运输任务主要由企业来承担,公路快速货运企业正在兴起。

3.经营方式单车化。

单车是指从事公路运输营运业务的单台车辆。它是公路运输系统最基本的构成单位。20世纪80年代以来,为了适应市场多变的环境,各运输企业纷纷采用了单车承包的经营方式,即每一承包人对所承包的单车负全面的经济责任,并赋予承包人相应的经营管理权限,这种模式目前在我国仍占主导地位。实践证明,在市场经济条件下,这种经营方式与较低水平的运输生产力是相适应的。

4.存在的主要问题

(1)公路交通的基础设施还较差,路网密度只相当于巴西的1/2,印度的1/5,美国的1/6,日本的1/30。公路品质与发达国家比差距仍很大,还不能满足国民经济及社会发展的需求。

(2)运输车辆的车型结构不合理,技术性能还较差。

(3)运输生产的效率、效益较低。

(4)运输经营组织与管理的手段还比较落后,经营主体结构不合理,缺乏能在市场上发挥骨干作用的龙头企业,建立高效、有序的运输市场缺乏基础。

二、公路运输发展趋势

(1)随着高速公路及汽车专用公路建成并投入使用,开展公路快速客、货运业务。

(2)随着公路网络的完善,特别是高速公路网的形成,按规模化要求建立集约化经营的运输企业。在这一过程中,行政区域的界限将趋于淡化。

(3)公路货运业将纳入物流服务业发展的系统中,更强调在专业化原则上的合作,包括不同运输方式之间的合作,与服务对象的合作。

(4)在经营管理方面,现在许多运输企业都建立并运用了运输信息管理系统。在发达的国家,已普遍采用了车辆运行动态监控系统以及车辆运行自动记录仪(俗称汽车"黑匣子")。

(5)运输组织方式按生产力水平分层发展。在公路通行条件好、客货流量大的公路上,按现代企业制度的要求建立了规模化、集约化经营的运输企业,在车辆配置上,充分考虑使用强度的影响及运输服务品质的要求。而在其他公路上,仍延续现行的运输组织方式。

(6)逐步加强运输规划,使公路建设及运输站场设施的配置与客货流规律更好地协调起来,同时还根据效率与效益原则,把运输服务向纵深推进。

(7)在运输市场整顿、提高运输效率方面,各级政府、各运输经营主体正在出台一系列措施,如加强资质管理、规范市场准入、强化运输企业的市场组织功能、扩展运输服务内容以提高运输服务的附加值等,有的措施实施后已初见成效。

第三节　公路运输主要技术经济指标

一、反映运输能力时间利用状况的指标

反映运输能力时间利用状况的指标是工作率。

影响该指标的因素有两个。一是车辆技术状况,二是运输任务。能够正常承担运输任务的车辆称为完好车。实际承担了运输任务的车辆称为工作车。两者存在下列关系:

$$\text{在用营运车}\begin{cases}\text{完好车}\begin{cases}\text{工作车}\\\text{停驶车}\end{cases}\\\text{非完好车}\end{cases}$$

$$\text{工作率}=\frac{\text{工作车日}}{\text{总车日}}\times 100\%=\frac{\text{工作车日}}{\text{在用营运车数}\times\text{日历车数}}\times 100\% \tag{5-1-1}$$

二、反映车辆使用强度的指标

车辆使用强度的衡量指标是平均车日行程。指标计算如下:

$$\text{平均车日行程}=\frac{\text{一定时期内车辆总行程}}{\text{同一时期车辆工作车日}} \tag{5-1-2}$$

平均车日行程受公路通行条件、车辆技术性能、运输组织与管理的水平、运输市场秩序等因素的影响。平均车日行程多少,在一定程度上反映了一个国家或地区的运输生产力水平。

三、反映车辆生产能力的指标

(1)标记载货吨位(含拖挂能力)或载客座位。

(2)技术速度 $=\dfrac{\text{计算期行驶公里数}}{\text{同期纯运行时间}}(\mathrm{km/h})$ (5-1-3)

除以上两个指标外,还有一些车辆技术参数与车辆运输能力有关,如最高车速,最大爬坡能力,最小转向半径,最大装载容量等。

四、反映车辆运输生产效率的指标

(1)里程利用率 $=\dfrac{\text{载货(客)行程}}{\text{行程全程}}\times 100\%$ (5-1-4)

(2)吨(座)位利用率 $=\dfrac{\text{实际载货(客)吨(座)位}}{\text{标记载货(客)吨(座)位}}\times 100\%$ (5-1-5)

实载率是综合反映车辆上述二方面利用率的指标。对于单一的车辆而言,该指标计算如下:

实载率 = 里程利用率 × 吨位利用率

(3)拖运率 $=\dfrac{\text{挂车完成周转量}}{\text{主挂车合计完成周转量}}$ (5-1-6)

(4)综合反映车辆运输生产效率的指标

$$\text{车吨(座)期产量}=\frac{\text{同期内完成的运输周转量}}{\text{一定时期车辆平均标记吨(座)位}} \tag{5-1-7}$$

时期可以月、年为单位计。

国外有些专家提出,以车辆运输能力利用系数来综合反映公路运输效率。

$$\text{运输能力利用系数}=\frac{\text{同期完成的周转量数}}{\text{车辆标记吨(座)位数}\times\text{技术速度}\times 24\times\text{日历日数}} \tag{5-1-8}$$

该指标综合了里程利用效率、吨位利用效率、拖运能力利用效率、车辆时间利用效率、车辆使用强度、道路通行条件、运输组织与管理水平等因素。该指标对于反映运输生产力水平有很高的运用价值。

五、反映公路运输消耗水平的指数

公路运输消耗,绝大部分运输工具运行与维护相联系。因此,消耗指数主要以车辆行驶里程为基础并分车型来反映。

1.反映燃料消耗水平的指数

$$\text{百车公里油耗(L)}=\frac{\text{同期油耗量}}{\text{计算期行驶里程}}\times 100 \tag{5-1-9}$$

2.反映维护与修理消耗指数

$$\text{千车公里维修费用}=\frac{\text{同期发生的保养、维修费}}{\text{计算期行驶里程}}\times 1000 \tag{5-1-10}$$

3.反映轮胎消耗指标

在公路运输业,轮胎消耗是单独反映的,其指标为报废轮胎行驶里程。在车辆费用中,也有轮胎费用一项,但该项费用不是当期的实际费用,因而不反映轮胎的消耗水平。

除上述几项指标外,反映汽车运输消耗水平的指标还有车辆大修间隔里程、一次大修费用、车辆报废里程。

在财务上,公路运输以千吨(人)公里运输成本来反映消耗水平。但由于行车消耗转换成运输成本时,受到车辆运用效率的影响,使得成本水平缺乏严格的可比性,也不能直接地反映出车辆行驶的消耗水平。

第二章　公路通行能力

第一节　概　　述

一、定义

公路通行能力或称公路容量是指在通常的道路条件、交通条件和人为度量标准下,在一定的时段内(双车道公路取 1h)道路某断面可以通过的最大车辆数。

道路条件指公路的几何特征,包括每个方向的车道数、车道的宽度和路肩宽度、侧向净空、设计速度以及平面和纵面线形。

交通条件涉及使用该道路的交通流特性。它是指交通流中车辆组成、车道分布、交通量的变化、交通管理和交通控制方式等。

度量标准是计算通行能力的前提条件。

将上述条件用服务水平标准来规定时,就得到各级服务水平下的路段通行能力(或服务交通量)。

通常按照实用、合理、简便及可操作性强的原则,将通行能力分成以下三种。

(1)基本通行能力:公路和交通都处于理想条件下,由技术性能相同的一种标准车,以最小的车头间距连续行驶的理想交通流,在单位时间内通过公路断面的车辆数。这是理论上所能通行的最大小时交通量。

(2)容许通行能力:公路所能承担的最大交通量,经与理想条件不符的各种道路条件和交通条件修正后得到的可能通行能力,它是在理想条件下人们所允许的最低质量要求时(高速公路对应二级服务水平、双车道公路是三级服务水平)所能通行的小时交通量。

(3)设计通行能力(或实际通行能力):在一定的服务水平要求下道路所具有的通行能力,即根据对交通运行的质量要求和该路段的具体道路条件、交通条件及交通管理水平,对容许通行能力进行相应的修正后的小时交通量。

二、公路设施的分类

公路通行能力是公路的一种性能,是公路的一项重要指标。研究它的目的在于:估算公路设施在规定的运行质量条件下所能适应的最大交通量,以便在设计时,确定满足预期交通需求和服务水平要求所需的公路等级、性质和设计道路的几何尺寸,同时可以评价现有公路设施满足交通运输需求的程度，以判断是否需要进行改善并评价各项改善措施的效果。

研究公路通行能力时，要根据公路设施的情况分别对待。一般可将设施分为两大类。

非间断交通流设施。这类交通流设施不像交通信号那样在交通流外部引起交通流量中断的固定因素。交通流状况是交通中车辆之间以及车辆与道路线形、道路环境之间相互影响的结果，其设施包括高速公路（含高速公路基本路段、交织区、匝道与匝道连接点）、多车道公路（一级公路）、双车道公路（二、三、四级公路）等。

间断交通流设施。这类交通流设施有引起交通流周期性中断的固定因素，这些因素包括交通信号、停车标志和其他类型的管制设备；不管有多少交通量存在，这些设备都有引起交通周期性停止（或显著减慢）。这类设施包括设与不设交通信号的交叉口、市区与郊区干道等。

针对上述设施情况，对公路通行能力可分为四种情况进行概述：路段的通行能力（非间断流）；交叉口的通行能力（间断流）；匝道的通行能力（分流、合流）；交织路段的通行能力。限于篇幅本章仅介绍第一种情况。

第二节　交通流要素

交通流的运行状态都由速度、交通量（简称流量）和交通密度这三种主要度量指标来确定。

一、速度

速度是每公里（或单位）行程时间的倒数，是车辆在路段上运行效率的简单度量指标。用单位时间通过的距离表示，单位为 km/h。

在表征交通流的速度特性时，由于在交通流中可以观测到的速度大小不一，所以必须采用一些有代表性的数值。一般采用的速度标准是平均行程速度。计算平均行程速度系采取该公路的一段长度，除以车辆通过该路段的平均行程时间。因此，如果有 n 辆车，通过路段的长度为 L，测得车辆的行程时间为 $t_1, t_2, \cdots, t_n$，则平均行程速度为：

$$S = \frac{L}{\sum_{i=1}^{n} \frac{t_i}{n}} = \frac{nL}{\sum_{i=1}^{n} t_i} \tag{5-2-1}$$

式中：S——平均行程速度（km/h）；

L——公路路段长度（km）；

t_i——第 i 辆车通过该路段的总行程时间（h），包括由于固定间断或交通阻塞引起的停车延误；

n——观测行程时间的次数。

应当注意，平均行程速度不要与另一相似的度量指标——平均行驶速度混淆。后者是距离除以通过此距离的平均行驶时间；平均行驶时间只包括车辆处于运动中的时间。对于非阻塞条件下运行的非间断流设施，平均行程速度和平均行驶速度是相等的。

通行能力分析时，最好通过观测车辆驶过公路已知长度的时间来度量。对于在稳定流范围内运行的非间断流设施，所取长度应为数百米，以利于观测。对于间断流设施，路段长度应包括那些有关的固定间断点。

可以用雷达测速仪或其他设备测量点速度,对点速度取平均值,就是时间平均速度。通常时间平均速度比平均行程速度和平均行驶速度大 1.5 ~ 5km/h。

二、交通量和流率

交通量(V)是指单位时段内通过一条车道或道路某一点或某断面的车辆总数,可用下式表示:

$$V = \frac{N}{T} \tag{5-2-2}$$

式中:T——时段(小时,天,年……);

N——车辆数。

流率(v):在给定不足一小时的时段(通常为 15min)内,通过一条车道或道路指定点或指定断面的车辆数。以当量小时流率表示。例如在 15min 内观测到的交通量为 100 辆,则流率 v 为 100 辆/0.25h 或 400 辆/h。

根据交通量的不同用途,需要有某一期间交通量的平均值作为该期间交通量的代表,通常有:平均日交通量、月平均日交通量和年平均日交通量。

平均日交通量(ADT):任意期间各日交通量的总和除以该期间日数所得的值;月平均日交通量($MADT$):一个月的交通量总数除以该月天数的平均值;年平均日交通量($AADT$):一年的交通量总数除以该年日数的平均值。

根据交通量变化规律,可以用下列特征值来表示。

高峰小时交通量(PHT):全天交通量最大的一个小时称高峰小时,该小时内的交通量称为高峰小时交通量。

高峰小时系数(PHF):高峰小时交通量与该小时内最大的 15min 流率之比。

$$PHF = \frac{\text{高峰小时交通量}}{\text{该小时内的高峰流率}}$$

如果采用 15min 时段,则:

$$PHF = \frac{V}{(4 \times v_{15})} \tag{5-2-3}$$

式中:PHF——高峰小时系数;

V——1h 的交通量(辆/h);

v_{15}——在高峰小时内最大的 15min 期间的交通量(辆/15min)。

三、交通密度

交通密度(K)是单位长度(通常为 1km)路段上,一个车道某一瞬时的车辆数,以辆/km 表示:

$$K = \frac{N}{L} \tag{5-2-4}$$

式中:N,L——符号的意义同前。

此外,交通密度也可表示为:

$$K=\frac{V}{S} \tag{5-2-5}$$

交通流中某瞬间连续两辆车之间的距离(由前车的保险杠测量到后车的保险杠),称为车头间距。该段长度内,各连续车辆的车头间距并不相等,其平均车头间距 l_a 为:

$$l_a=\sum l_i/N=L/N \tag{5-2-6}$$

代入式(5-2-4),可得:

$$K=\frac{1}{l_a} \tag{5-2-7}$$

因此,交通密度为平均车头间距的倒数。

交通密度是一个描述交通运行的重要参数,它表示车辆之间相互接近的程度。由于在现场直接测定比较困难。所以,这一指标的应用不太普遍。

四、速度、流量和密度的关系

1.速度—密度关系

道路上行驶的车辆数增多(即密度增大),车速就会降低。因此,最早对交通流进行研究就与速度—密度的关系有关。格林希尔兹(Greenshield)在研究美国俄亥俄州的公路交通流中,假定速度与密度之间为线性关系,提出了下列表达式:

$$S=S_f(1-K/K_j) \tag{5-2-8}$$

式中:S——平均行程速度(km/h);

S_f——自由流速度(km/h);

K——密度(辆/h·车道);

K_j——阻塞密度(辆/h·车道)。

此线性模型在许多情况下与观测数据拟合良好,而且公式简单、实用。

2.流量—密度关系

将速度—密度关系式(5-2-8)代入式(5-2-5)可得流量—密度关系式如下:

$$V=S_f\left(K-\frac{K^2}{K_j}\right) \tag{5-2-9}$$

由此可以看出,流量与密度是两次抛物线关系,其曲线如图 5-2-1 所示。当密度 $K=0$ 和 $K=K_j$ 时,$V=0$;当 $K=K_m$ 时,$V=V_m$,此最大交通量称为容量(或称通行能力或通过能力),K_m 则为最佳密度。曲线上任一点(K,V)与原点连线夹角的斜率,即为该点的平均速度 S。而且

$$\tan V=\frac{V_m}{K_m}=S_m \tag{5-2-10}$$

由于图 5-2-1 把 V、K 和 S 三者联系起来,所以称之为交通流特性基本关系图。

3.流量—速度关系

将速度—密度关系式(5-2-8)适当变换可得:

$$K=K_j\left(1-\frac{S}{S_f}\right) \tag{5-2-11}$$

将(5-2-11)式代入(5-2-5)式,可得流量—速度关系式如下:

$$V = K_j\left(S - \frac{S^2}{S_f}\right) \tag{5-2-12}$$

由此可以看出,流量与速度的关系也是两次抛物线关系,其曲线如图 5-2-2 所示。当速度 $S = S_m$ 时,$V = V_m$,此时的速度称为最佳速度。由 S_m 点作平行于流量坐标轴的直线,将曲线分成两部分。这条线以上的部分为不拥挤部分,流量增加,速度降低,此时的交通流称为自由流;这条线以下部分为拥挤部分,流量降低,速度也降低,此时的交通流称为不稳定交通流或称强迫流。

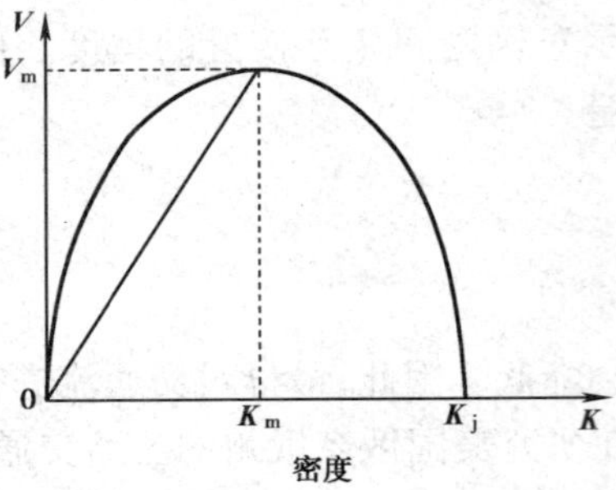

图 5-2-1　理想条件下流量—密度关系图

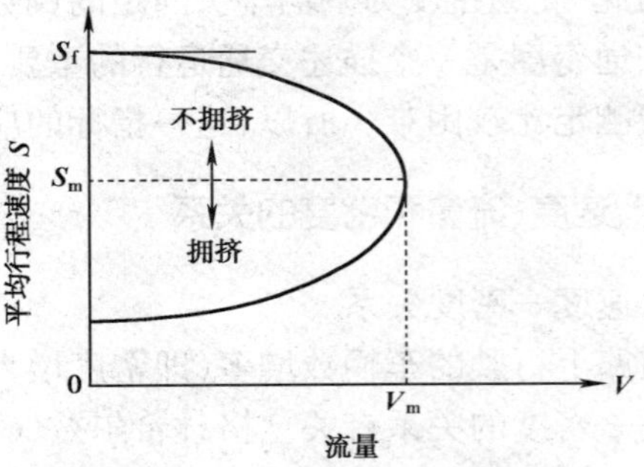

图 5-2-2　理想条件下流量—速度关系图

第三节　公路通行能力

公路路段通行能力指汽车在以正常速度、车流不间断的条件下,单位时间内通过道路某一断面的最大车辆数,以辆/h 或辆/d 表示。它是正常条件下道路交通的极限值。

一、基本通行能力

如前所述,基本通行能力是指道路与交通在理想条件下,每条车道以一定车速连续安全行驶每小时能通过的最大车辆数,是路段的通行能力。

通行能力的计算可采用车头间距或车头时距推求。

车头间距 l 是指交通流中连续两车之间的距离,它要考虑汽车长度、制动距离、车速与驾驶员反应时间及汽车间距,一般可用下式计算:

$$l = l_1 + s \cdot t + s_{制} + l_0 = l_1 + s \cdot t + \frac{K_2 - K_1}{2g(\varphi + f \pm i)}v^2 + l_0 \tag{5-2-13}$$

式中:s——汽车车速(m/s);

t——驾驶员反应时间,取 $t = 1.2 \sim 1.8$s,一般可取 1.2s;

l_1——汽车长度(m)。小汽车 5m,普通汽车 12m,铰接车 18m;

l_0——汽车间距(m),可取 3 ~ 5m;

φ——附着系数,通常取 0.5 ~ 0.2;

f——滚动阻力系数,可取 0.02;

K_2、K_1——制动使用系数，后车 $K_2 \approx 1.7$，前车 $K_1 \approx 1.0$。

基本通行能力 C_F（辆/h）为：

$$C_F = \frac{3\ 600}{l/s} = \frac{3\ 600s}{l_1 + st + K_0 s^2 + l_0} \tag{5-2-14}$$

式中：

$$K_0 = \frac{K_2 - K_1}{2g(\varphi + f \pm i)}$$

车头时距指前车车头通过某一点的时间与尾随车车头通过该点的时间之差。如已知车头时距，则通行能力为：

$$C_F = \frac{3\ 600}{t_i} \quad (辆/h) \tag{5-2-15}$$

式中：t_i——非间断流平均车头时距（s），其值可参考表 5-2-1。

t_i 可按下式计算：

$$t_i = \frac{l}{s} \tag{5-2-16}$$

式中：l——车头间距（m/辆）；

s——速度（m/s）。

平均车头时距 t_i 值　　表 5-2-1

车种 ＼ t_i(s) ＼ 设计速度(km/h)	50	46	40	35	30
小客车	2.13	2.16	2.20	2.26	2.33
普通汽车	2.71	2.75	2.80	2.87	2.97
铰接车		3.50	3.56	3.63	3.74

美国、日本等国家根据观测车头时距（或间距）的资料，对一条车道的基本通行能力的规定见表 5-2-2。

基本通行能力数值　　表 5-2-2

道路类型	计算单位	基本通行能力	
		日本	美国
双向双车道	双向往返合计平均每条车道	2 500	2 200
双向多车道		2 500	2 200

二、设计通行能力

设计通行能力指要求道路承担的通行能力，它不仅与道路条件和交通条件有关，还要考虑设计要求。各级公路，即使具有类似的道路与交通条件，会因要求的交通服务水平不同，其设计通行能力不一样。

1. 高速公路的设计通行能力

1)高速公路服务水平

交通服务水平是描述交通流内的运行条件及其对驾驶员与乘客感受的一种质量标准,一般与运行速度和行驶时间、驾驶自由度、交通密度、舒适、方便和安全有关。我国高速公路服务水平划分为四个等级,各级服务水平对应的交通密度、运行速度和服务交通量见表 5-2-3。

高速公路交通服务水平分级表　　表 5-2-3

服务水平等级	密度(小客车/km·车道)	设计行车速度 120(km/h)			设计行车速度 100(km/h)			设计行车速度 80(km/h)		
		车速(km/h)	V/c[①]	最大服务交通量[②]	车速(km/h)	V/c	最大服务交通量	车速(km/h)	V/c	最大服务交通量
一	⩽12	⩾94	0.56	1 100	⩾81	0.49	1 000	—	—	—
二	⩽19	⩾86	0.81	1 600	⩾75	0.69	1 400	⩾69	0.67	1 300
三	⩽26	⩾73	0.94	1 900	⩾66	0.85	1 700	⩾64	0.83	1 600
四	⩽42	⩾48	1.00	2 000	⩾46	1.00	2 000	⩾45	1.00	1 900
	>42	⩽48	③	③	<46	③	③	<45	③	③

注:① V/c:交通量与通行能力的比值;②理想条件下,每车道的最大流率;③变化大,不稳定。

规定服务水平是为了表示三个关键性参数(平均行程速度、密度和交通流率)的合理范围。典型的速度—流率—密度曲线要求,随着服务水平由一级降至四级,每一级所对应的密度和速度变化范围增加了,而交通流率的范围却缩小了。每级服务水平含意如下。

一级服务水平:交通流处于稳定流范围内,属于合理的自由交通流情况,但车辆行驶性能的发挥稍受限制,驾驶员要注意到交通流内有其他使用者,尽管选择所需速度的自由度,相对来说,不受影响,提供给驾驶员的舒适感较高。

二级服务水平:交通流处于稳定流范围内,仍然保持稳定的运行条件,但已接近不稳定范围;驾驶员的运行显著受到交通流内其他驾驶员的影响,从而影响速度的选择。为了安全行车,驾驶员需要提高警惕。

三级服务水平:表示高密度但仍是稳定的交通流、速度和驾驶的自由度受到严格限制;驾驶员或行人缺少舒适感和方便性,很小的交通事故也会造成持续的排队现象。

四级服务水平:表示运行条件等于或接近通行能力值;车辆运行情况极不稳定;所有车辆的速度都降到很低,但相对一致的水平;交通流中驾驶的自由度极小;舒适和方便程度极差;驾驶员和行人受到的阻碍一般都很大,任何事故都会引起严重的堵塞现象,并使车辆形成很长的排队。

2)高速公路的设计通行能力

基本通行能力是理论上的数值,实际上由于受公路等级、交叉口等的影响,通行能力会有所降低。设计时所采用的通行能力即为设计通行能力。在进行高速公路规划设计时,要保证必要的交通服务水平和车辆运行质量,同时要考虑我国的经济水平和公路建设投资力量,并要避免高速公路通车不久因交通量不适应造成交通阻塞。因此,根据上述服务水平分级标准,对于设计时速为 120km/h、100km/h、80km/h 和 60km/h 的高速公路,选取二级服务水平下的 V/C 为 0.8、0.7、0.66 和 0.62 作为我国高速公路的设计参数。此时,标准路段的设计通行能力为:

$$C_D = C_B \times (V/c) \quad (5\text{-}2\text{-}17)$$

式中：C_B——理想条件下一个车道的基本通行能力；设计车速为120km/h，100km/h时为2 000辆小客车/h；设计车速为80km/h时为1 900辆小客车/h；

V/c——与i级服务水平对应的交通量与通行能力之比的最大值。

于是，高速公路在理想条件下每车道的通行能力如表5-2-4所示。

理想条件下，高速公路每车道通行能力 表5-2-4

设计车速(km/h)	120	100	80	60
设计通行能力(小客车/h)	1 600	1 400	1 250	1 100

2.一级公路的设计通行能力

一级公路是连接高速公路或是某些大城市的城乡结合部、开发区经济带及人烟稀少地区的干线公路。这种公路强调必须分向、分车道行驶，一般应设置中央分隔带。它与高速公路相比，主要差别是未排除横向干扰，车辆要经常变换车道及侧向余宽不足，运行质量不及控制出入的高速公路。其通行能力和服务水平较高速公路有一定折减，其设计通行能力$C_{一级}$可用下式计算：

$$C_{一级} = C_D \times R_1 \times R_2 = (0.6 \sim 0.76)C_D \quad (5\text{-}2\text{-}18)$$

式中：C_D——计算行车速度为60km/h和100km/h的高速公路设计通行能力；

R_1——侧向余宽修正系数，取值为0.85～0.95；

R_2——横向干扰修正系数，取值为0.7～0.8。

代入上述各指标值，可得一级公路每车道的设计通行能力分别在650辆小客车/车道·h和1 050辆小客车/车道·h。

3.二、三、四级双车道公路的通行能力

双车道公路指有两条车行道，每条车道用于一个方向交通的公路。超越慢速车辆时，在视距和对向交通流间隔允许的地点，要在对向车道上超车。

根据交通部公路科研所的研究，这种双车道公路的交通服务水平分级时，采用的参数主要有：标准汽车(中型汽车)的平均行程速度，而以实际运行速度累计分布曲线和85%位与15%位速度差为辅，以反映车辆运行的自由度，并结合以车辆油耗试验为主的经济性分析。最后将路段的服务水平分为四级(表5-2-5)。

双车道公路服务水平分级表 表5-2-5

车速 / 公路等级 / 服务水平	标准汽车平均行程速度(km/h)			85%～15%位车速差(km/h)
	二级(9/12)*	三级(7/8.5)*	四级(6/7)*	
一	≥47	≥45	≥43	≥14.6
二	≥40	≥38	≥36	≥11.8
三	≥33	≥31	≥29	≥9.0
四	<33	<31	<29	<9.0

*：分子指双车道行车道总宽度，分母指双车道行车道总宽加二侧土路肩宽度。

根据交通部公路科研所的研究，双车道公路的通行能力如表 5-2-6 所列。

双车道公路通行能力　　表 5-2-6

公路等级	基本通行能力（中型汽车/h）	设计通行能力（中型汽车/h）	公路等级	基本通行能力（中型汽车/h）	设计通行能力（中型汽车/h）
二级 (9/12)	1 500	900	四级 (6/7)	550	360
三级 (7/8.5)	900	550			

第四节　各级公路适应的交通量

一、高速公路的适应交通量

高速公路选用的指标一般应按照单向单车道的设计小时交通量来考虑，但为便于进行公路规划设计并与我国一直沿用的指标相衔接，因而仍然用适应交通量作为指标，其值按下式计算：

$$AADT = \frac{C_D \cdot N_n}{K_e \cdot D} \tag{5-2-19}$$

式中：$AADT$——远景年限的设计平均日交通量(辆/d)；

C_D——单车道通行能力(小客车/每车道·h)；

N_n——单向车道数；

K_e——设计小时交通量系数，$K = 0.095 \sim 0.135$；

D——交通量方向分布系数，$D = 0.6$。

按上式计算可得高速公路远景年限的年平均日适应交通量大致范围见表 5-2-7。

高速公路远景年限的设计年平均日交通量范围(小客车/d)　　表 5-2-7

计算行车速度(km/h)	四车道	六车道	八车道
120	40 000 ~ 55 000	60 000 ~ 80 000	75 000 ~ 100 000 以上
100	35 000 ~ 50 000	55 000 ~ 70 000	70 000 ~ 90 000
80	30 000 ~ 45 000	50 000 ~ 65 000	65 000 ~ 85 000
60	25 000 ~ 40 000	45 000 ~ 60 000	60 000 ~ 80 000

二、一级公路的适应交通量

对于四车道一级公路或一般多车道公路，较之与高速公路，因有横向干扰，车辆要经常变换车道及侧向余宽不足，故其适应交通量有一定的折减，具体计算公式如下：

$$\begin{aligned} AADT_{一级} &= (C_D \cdot R_1 \cdot R_2 \cdot \sum K_I)/(K_e \cdot D) \\ &= (0.6 \sim 0.76) C_D \cdot \sum K_I/(K_e \cdot D) \end{aligned} \tag{5-2-20}$$

式中：$AADT_{一级}$——一级公路等多车道公路远景设计年限的年平均日交通量(辆/d)；

C_D——计算行车速度为 60km/h 和 100km/h 的高速公路设计通行能力，其值为 1 100 ~ 1 400小客车/(每车道 × h)；

R_1, R_2, K_e, D——含义同上；

K_I——相应于各车道的折减系数，第一车道为1，第二车道为0.9，第三车道为0.75～0.8，第四车道为0.6～0.7。

根据上式计算，可得四车道一级公路远景设计年限的年平均日交通量为15 000～30 000辆小客车。

三、双车道公路的适应交通量

根据交通部公路科学研究所的研究成果，二、三、四级公路标准路段的容许通行能力为：$K_C = C_a/K$，其中 C_a 值见表5-2-6；设计小时交通量系数 $K \approx 0.10 \sim 0.115$，并考虑对山岭重丘地区进行适当的折减，最后可得双车道二、三、四级公路在各种地形下相应的远景设计年限的年平均日交通量见表5-2-8。

双车道公里适应交通量范围　　5-2-8

公路等级	适应交通量范围(辆/d)	公路等级	适应交通量范围(辆/d)
二	4 000～10 000	四	1 500以下
三	1 000～4 000	单车道四级公路	200以下

第三章　公路运输设施

公路运输设施主要包括公路、桥梁、涵洞和隧道结构物及附属设施（如车站、停车站、排水、防护工程、绿化、照明、交通安全和管理设施）。

第一节　公路运输设施

一、公路分级和设计准则

公路是指连接城市、乡村，主要供汽车行驶的具备一定技术条件和设施的道路。根据公路的作用及使用性质，可划分为：国家干线公路（国道）、省级干线公路（省道）、县级干线公路（县道）、乡级公路（乡道）以及专用公路。根据所适应的交通量水平则分为五个等级：高速、一级、二级、三级和四级公路。各级公路所适应的交通量列于表5-3-1

公路分级　　表5-3-1

等级	高速	一级	二级	三级	四级
AADT(辆/d)	>25 000	15 000～30 000	3 000～3 500	1 000～4 000	1 500(双车道)
标准车	小客车	小客车	中型货车	中型货车	中型货车
出入口控制	完全控制	部分控制			
设计年限	20	20	15	10	10

注：*AADT* 为标准车的年平均日交通量。

各级公路须满足不同的使用要求，为此对于各级公路的设计应规定一些基本的控制标准或设计准则，以指导各项具体设计指标的制定。这些控制标准主要考虑以下几个方面。

1.出入口控制

出入口控制是限制车辆在指定出入口以外的地点出入道路路界。出入口控制方式和数量，对于行驶的质量和安全有很大的影响。

高速公路和收费公路应采用出入口完全控制的设施，仅允许车辆在规定的地点出入公路，这类公路同其他公路和铁路都不能采用平面交叉。

一级公路一般设计成出入口为部分控制的，在交通量大、车速高的路口，应修建立体交叉，仅在影响通行能力不大的局部地方，允许修建少量的平面交叉。

2.计算行车速度

计算行车速度是决定公路几何线形的基本要素，是直接决定汽车行驶的曲线半径、超高、视距等几何线形要素，同时又与公路的重要性、经济性有关，是用来体现公路等级的一项指标。各级公路的计算行车速度，一般规定见表5-3-2。

各级公路计算行车速度(km/h) 表5-3-2

公路等级	高速公路				一级公路		二级公路		三级公路		四级公路	
地形	平原微丘	重丘	山岭		平原微丘	山岭重丘	平原微丘	山岭重丘	平原微丘	山岭重丘	平原微丘	山岭重丘
计算行车速度(km/h)	120	100	80	60	100	60	80	40	60	30	40	20

3.设计车辆

路上行驶着不同类型的车辆，各具不同的几何尺寸和性能。公路的车道宽度和高度净空应能容纳这些车辆通过，因此车辆的外廓尺寸是公路几何设计的重要依据。公路设计所采用的各种设计车辆的基本外廓尺寸一般规定见表5-3-3。

设计车辆外廓尺寸 表5-3-3

车辆类型 \ 项目 尺寸(m)	总长	总宽	总高	前悬	轴距	后悬
小客车	6	1.8	2	0.8	3.8	1.4
载重车	12	2.5	4	1.5	6.5	4
半挂车	16	2.5	4	1.2	4+8.8	2

注：自行车的外廓尺寸采用宽0.75m，高2.0m。

4.设计交通量

交通量是公路分级和确定所需车道数的主要依据。高速公路、一级公路交通量是以小客车及四个车道(即单向双车道)为准而确定的。二、三、四级公路则以中型载重汽车为准。设计中采用标准车的年平均日交通量(*AADT*)预测值作为依据。公路上不同的车辆组成按表5-3-4规定的换算系数折算成标准车的交通量。

各种车辆对标准车的换算系数　　表 5-3-4

车辆类型	小客车	货车、公共汽车、拖拉机	拖挂车、铰接车	兽力车	自行车	人力车
换算系数	0.5	1.0	1.5	2.0	0.1	0.5

二、公路几何设计要素

公路几何设计包括平面、纵断面、横断面、视距和交叉。

1.平面线形设计

公路的平面线形主要由直线、圆曲线、缓和曲线组成。

直线是平面线形中的基本线形。直线路段的长度应根据路线所处地段的地物、地貌，并结合土地利用、驾驶员的视觉、心理状态以及保证行车安全等合理布设。直线的最大长度及曲线间直线的最小长度一般规定为设计车速的若干倍：直线最大长度为 20 倍；关于直线最小长度对于同向曲线，一般为 6 倍，在特殊路线则为 2.5 倍；对于反向曲线则为 2 倍。

圆曲线是平面线形中最常用的基本线形。它在路线遇到障碍或地形需要改变方向时设置。各级公路不论转角大小，均应设置圆曲线。由于车辆以一定的速度在圆曲线上行驶时，会产生作用在车上的离心力，此离心力有使车辆向外侧倾倒的倾向，离心力的大小同车速的平方成正比，而同圆曲线半径成反比。因而，可按照车辆不至于因离心力作用而倾倒，以及该级道路的设计车速的要求，计算确定圆曲线的半径的限制值。

为了平衡离心力的倾倒作用，可把道路的横断面做成向曲线内侧单向倾斜，这种倾斜称作超高。超高的横坡度规定为：高速公路、一级公路不应超过 10%；其他各级公路不应超过 8%，在积雪、寒冷地区不宜大于 6%。

设置超高后，由于平衡了一部分离心力的作用，在一定的设计速度条件下，圆曲线半径的限制值可以适当降低。表 5-3-5 列出了各级公路的最小平曲线半径。一般情况下，应尽量采用大于或等于表列一般最小半径，当受地形或其他条件限制时方可采用表列极限最小半径。

各级公路平面、纵断面和视距主要设计指标的设计标准　　表 5-3-5

公路等级	高速公路				一级公路		二级公路		三级公路		四级公路	
计算行车速度（km/h）	120	100	80	60	100	60	80	40	60	30	40	20
极限最小半径(m)	650	400	250	125	400	125	250	60	125	30	60	15
一般最小半径(m)	1 000	700	400	200	700	200	400	100	200	65	100	30
不设超高最小半径(m)	5 500	4 000	2 500	1 500	4 000	1 500	2 500	600	1 500	350	600	150
缓和曲线最小长度(m)	100	85	70	50	85	50	70	35	50	25	35	20
最大纵坡(%)	3	4	5	5	4	6	5	7	6	8	6	9*
合成纵坡(%)	10.0	10.0	10.5	10.5	10.0	10.5	9.0	10.0	9.5	10.0	9.5	10.0
凸形竖曲线半径一般最小值(m)	17 000	10 000	4 500	2 000	10 000	2 000	4 500	700	2 000	400	700	200
凹形竖曲线半径一般最小值(m)	6 000	4 500	3 000	1 500	4 500	1 500	3 000	700	1 500	400	700	200
竖曲线最小长度(m)	100	85	70	50	85	50	70	35	50	25	35	20
停车视距(m)	210	160	110	75	160	75	110	40	75	30	40	20
超车视距(m)							550	200	350	150	200	100

注：* 严重冰冻地区或高程超过 2 000m 时，最大纵坡不得大于 8%。

在直线段和圆曲线之间,须插入一段其曲率半径逐渐过渡的缓和曲线。缓和曲线采用回旋曲线。缓和曲线的长度应根据相应等级公路的计算行车速度求算,并应大于表5-3-5所列的数值。

车辆在曲线上行驶时,前后轮的轨迹不同,需要比直线路段更宽的车宽。平曲线半径等于或小于250m时,应在平曲线内侧加宽,所需加宽值可查有关规范。

2.纵断面设计

纵断面指通过公路中线的竖向剖面,它随地形的起伏而变化。采用直线坡度段和相邻坡段间插入的抛物线或圆形竖曲线所组成。其技术标准包括纵坡、纵坡长度、平均纵坡、合成坡度、竖曲线等。

公路路线最大纵坡是线形设计控制的一项重要指标,它直接影响公路路线的长短、使用质量、行车安全以及工程造价和运输成本。

车辆在纵向坡段上升坡行驶时,若纵坡过陡需克服升坡阻力和其他行车阻力而增大牵引力,车速会降低,而车辆在维持一定行驶速度的条件所能克服的升坡阻力,同车辆的爬坡性能有关。小客车的爬坡能力要比货车和半挂车或铰接车大得多,所以一般设计采用的纵坡值是在允许爬坡性能低的车辆(特别是大型车)以低于计算行车速度的某一速度行驶而确定的。公路所规定的最大纵坡度限值见表5-3-5。

此外,若陡坡过长,汽车在行驶过程中会引起水箱开锅(水沸腾)、气阻,严重时,还可能使发动机熄火,影响行车安全,而下坡时为克服下滑加速度又需频繁刹车,制动器容易发热失灵,引起车祸,所以对山岭、重丘区的二、三、四级公路,当连续纵坡大于5%时,其坡长要给予限制,并要设置一定长度的缓和坡段。缓和坡段的纵坡不应大于3%。

为了合理运用最大纵坡、坡长和缓和坡段的规定,以标准车辆安全行驶,二、三、四级公路越岭路线的平均纵坡一般以接近5.5%(相对高差为200~500m)和5%(相对高差大于500m)为宜。

车辆在有超高的弯道上行驶时,由于路线纵坡与弯道超高横坡所组成的斜向坡度,即合成坡度,要比单个纵向坡度大。为了防止合成坡度过大引起行驶不适和危险,所以还要对合成坡度作出限定,其中在积雪、严寒地区,不应大于8%。

在两个相邻的纵坡之间要插入竖曲线,用以缓冲汽车行驶在纵坡变坡点时产生的冲击,保证行车视距、增加行车安全感和舒适感,且便于道路排水。

竖曲线按线形有凹凸之分。对于凸形竖曲线,以改善纵坡顺适性和保证行车视距为依据,而凹形竖曲线则为缓和冲击力、保证夜间行车灯光束照明视距、跨线桥视距要求而确定。具体规定见表5-3-5。

3.行车视距

驾驶员在行车过程中,从发现前方障碍物至进行制动或绕避时,车辆所行驶的最小长度,称为行车视距。它是保证汽车运行安全所必须考虑的设计因素。行车视距有以下三种。

(1)停车视距　汽车行驶时,驾驶员自看到前方障碍物时起至到达障碍物前安全停车止,所需的最短行车距离。分析时,驾驶员的视线高度为1.2m,障碍物的高度为0.1m。

(2)会车视距　两辆对向行驶的汽车能在同一车道上及时刹车所必需的距离。规定会车视距为停车视距的两倍。

(3)超车视距　在双车道公路上,后车超越前车时,从开始驶离原车道之处起,至可见逆行来车,并能保证超车后安全驶回原车道所需的最短距离,其视高 1.2m,物高 1.2m。

4.横断面设计

公路横断面包括车道、中间带、路肩等。

行车道宽度与汽车宽度、汽车行驶速度、交通量、交通组成等因素有关,一般应有能满足对向车辆错车、超车或并列行驶所必须的余宽。通常在 3.5～3.75m 范围内变动,大部分情况采用后者,山岭、重丘地区才采用低值。车道数取决于设计交通量和车道的通行能力,对于高速公路和一级公路,一般采用四车道,设计交通量超过其通行能力时,可按双数增加;二级和三级公路一般为 2 个车道,四级公路则采用单车道,而隔适当距离设置错车道。

高速和一级公路应设置中间带,以分隔往返车流,保证车流,减少事故,提高通行能力。中间带由两条分设在各个方向行车道左侧的路缘带以及中央分隔带组成。

行车道的两侧需设置路肩,以保持行车道的功能和临时停车使用,并作为路面的横向支承。

路基顶面的宽度为上面各部分的总和,一般高速公路的路基宽度为 21.5～26m。

5.平面和立体交叉设计

参见第十篇第二章。

三、公路的主要结构物——路基和路面

1.路基

路基指路面下的土基,是公路的重要组成部分。它是按照路线位置和一定的技术要求修筑的带状构造物,承受由路面传播下来的荷载。它必须具有足够的强度、稳定性和耐久性。路基由土质和石质材料组成,横断面形式可分为路堤、路堑和半填半挖三种基本类型。

路堤是高于原地面的填方路基,其断面由路基顶宽、边坡坡度、护坡道、取土坑或边沟、支挡结构、坡面防护等部分组成。

路堑指全部由地面开挖出的路基,它有全路堑、半路堑(又称台口式)和半山峒三种形式。其断面由路基顶宽、边沟、排水沟、截水沟、弃土堆、边坡坡度、坡面防护、碎落台、支挡结构等部分组成。

半填半挖指横断面上部分为挖方,下部分为填方的路基,通常出现在地面横坡较陡处,它兼有上述路堤和路堑的构造特点和要求。

2.路面

在路基表面上用各种不同材料分层铺筑而成的结构物,供车辆在其上以一定的速度安全舒适地行驶。良好的路面必须具备下列条件:①足够的强度,以支承行车荷载,抵抗车辆对路面的破坏和过大的变形;②较高的稳定性,使路面强度在使用期内不致因水文、温度等自然因素的影响而产生幅度过大的变化;③一定的平整度,以减小车轮对路面的冲击力,保证车辆安全舒适地行驶;④适当的抗滑能力,避免车辆在路面上行驶和制动时发生溜滑的危险。

1)路面等级及面层类型

路面按其使用品质、材料组成和结构强度的不同分为四个等级。

(1)高级路面　用水泥混凝土、沥青混凝土、厂拌沥青碎石、整齐石块或条石面层铺筑的路

面。这种路面强度高、寿命长,能适应较大的交通量和较高的行车速度,路面养护费少,运输成本低,但基建投资较大,一般用于高速公路和一、二级公路;

(2)次高级路面　包括用沥青贯入式、路拌沥青碎(砾)石、沥青表面处治、半整齐石块等面层铺筑的路面,强度和使用寿命较高级路面差,造价较高级路面低,一般用于二、三级公路;

(3)中级路面　用碎、砾石(泥结或级配)、不整齐石块、其他材料等面层铺筑的路面。其强度较低,使用期较短,易扬尘,须经常养护、补充材料,造价较低,运输成本较高,一般用于三、四级公路。

(4)低级路面　用各种粒料加固土及其他各种当地材料加固土(如炉渣土、砾石土和砂砾土)等面层铺筑的路面,其强度低,须经常养护,运输成本高,一般用于四级公路。

路面按其力学特性可分为两大类。

(1)柔性路面　用各种基层(水泥混凝土除外)和各种沥青面层、碎(砾)石面层、石块面层组成的路面。在行车荷载作用下产生的弯沉变形较大;

(2)刚性路面　水泥混凝土路面。这种路面的刚度大,板体性强,在行车荷载作用下产生的弯沉变形很小,扩散荷载能力好。

2)路面结构组成

路面结构一般由面层、基层与垫层组成。

面层是直接承受车轮荷载反复作用和自然因素影响的结构层,它应具有足够的强度、良好的温度稳定性、耐磨、抗滑和平整。面层可由一层或数层组成。

基层是设置在面层之下,并与面层一起将车轮荷载的反复作用传播到基层、垫层、土基,起主要承重作用的层次,它应具有足够的强度和刚度。基层有时设两层,分别称为上基层、下基层。

垫层是设置在下基层与土基之间的结构层,起扩散荷载应力、排水、隔水、防冻、防污等作用。

3.路肩和路面排水

路肩是位于行车道外缘至路基边缘的部分,它与行车道连接在一起,作为路面的横向支承,可供紧急情况下停车或堆放养路材料使用,并为设置安全护栏提供侧向净空,起行车安全感的作用。

各级公路路肩的宽度可查阅有关规范。

路面和路肩表面需修建成直线形或抛物线形路拱,以迅速排除降落在路表面的水,减少降水沿路面裂缝或接缝下渗,路拱的横坡度随路面透水性的增大而加大。沥青混凝土和水泥混凝土的路拱横坡度为1%~2%,其他沥青类面层为1.5%~2.5%,碎、砾石等粒料面层为2.5%~3.5%,土路肩横坡要比路面横坡大1%~2%。

第二节　公路交通控制与管理

随着交通量的增长,路上的交通日益拥挤,再加上摩托车、非机动车和行人的干扰造成交通混乱、阻塞的现象屡见不鲜,这不仅影响车辆的行驶速度和公路的通行能力,而且容易产生交通事故,因而特别需要加强对交通的控制与管理。

一、交通管理

公路交通管理就是按照一定的交通法规及交通规则，规定车辆、驾驶员和行人在道路上的行动准则，并运用各种手段、方法，合理地限制和科学地组织、指挥交通，确保行车和行人的安全。

(1)车辆管理：指车辆的检验管理制度，包括车辆的牌照，车辆的尺寸和性能(机械系统、灯光、信号)，车辆的装载(货物、乘客)，车辆的重量以及各种车辆的运行、驾驶和停放的规定。

(2)驾驶员管理：指驾驶员的管理制度，包括培训、考核、驾驶执照、对驾驶人员的定期安全教育，交通法规、规则的学习，以及交通违章和事故处理的规定。

(3)交通规则：规定车辆运行、驾驶员、骑车者、行人管理方面的法规、章程和制度，以约束车辆和行人的行动，如车辆靠右行，速度限制，超车的操作程序，服从交通控制设备和警察的指挥等规定。

二、交通控制设备

交通控制设备主要有交通标志、路面标线和交通信号三类。它们的功能主要是对车辆、驾驶员以及行人起限制、警告和诱导作用。

1.交通标志

交通标志就是把交通指示、交通警告、交通禁令和指路等交通管理与控制法规用文字、图形或符号形象化的表示出来，设置于路侧或公路上方的交通控制设施。它是交通的先导，交通标志分为以下四种。

1)警告标志

唤起驾驶员对前方公路或交通条件的注意，如陡坡、急转弯、窄桥、铁路平交口以及影响行车安全地点的标志。

2)禁令标志

禁止或限制车辆、行人通行的标志，如限速、不准停车、不准超车、不准左转等标志。

3)指示标志

指示车辆、行人行进或停止的标志，如绕道标志、目的地和距离标志等。

4)指路标志

指出前方的地名或其他名胜古迹的位置和距离，预告和指示高速公路或一级公路的中途出入口、沿途的服务设施和必要的导向等。

齐全的交通标志能有效地保护路桥，保障交通秩序，提高运输效率，减少交通事故。它是公路沿线设施必不可少的组成部分。

交通标志必须简单、明了、醒目，使驾驶员在极短的时间内能看清并识别，并具有统一性，使不同地区或国家的驾驶员都能看懂。因此，它在颜色、形状和符号三方面应符合规定要求。

(1)颜色　主要指边框线、背景和符号文字的颜色。要使驾驶员从远处就能看清楚，三者的搭配很重要。我国警告标志采用黑边、黄底、黑色符号，禁令标志采用白底红圈、红杠，指示标志和指路标志采用蓝底、白图案。

(2)形状　把颜色和特殊的几何形状配合起来，对于驾驶员的视认性和识别也很重要。我国以圆形表示禁令，等边三角形表示警告，矩形或正方形表示指路和指示。

(3)符号　它表示标志的具体意义。我国警告标志有17个图符，禁令标志有20个图符。

2.路面标线和路标

路面标线与交通标志具有相同的作用，它是将交通的警告、禁令、指示和指路用画线、符号、文字等标示或嵌、划在路面、缘石和路边的建筑物上。例如，道路中心线、车道边缘线、停车线、禁止通行区等。路面标线的颜色有黄色和白色两种：白色一般用于准许车辆越过的标线，如车道线、转弯符号等；黄色一般用于车辆不准许超越的标线，如禁止通行区、不准超车的双中心线等。

路标为沿道路中线或车道边线或防撞墙埋设的反光标志物。车辆夜间行驶时，在汽车灯光照射下，路标的反光作用勾划出行车道或车道的轮廓，从而向驾驶员提供行驶导向。

3.交通信号

交通信号是最主要的交通控制设备，是用于在时间上给互相冲突的交通流分配通行权，使各个方向和车道上的车辆安全而有序地通过交叉口的一种交通管理措施。交通信号基本上可分为定时式和感应式两种。

定时信号是利用定时控制器，按预先设定的时间顺序，重复变换红、黄、绿三色灯。信号周期时间可按照交叉口处不同方向车流的情况预先规定一种或几种。这种方式既经济，又准确可靠。

感应信号是通过车辆检测器测定到达交叉口的车辆数，及时变换信号显示时间的一种控制方式。它能充分利用绿灯时间，提高通行能力，使车辆在停车线前尽可能不停车，从而可得到安全通畅的通车效果，但感应式信号装置的造价很高。

感应信号的控制可分为两类：半感应式和全感应式。半感应控制是检测器只设置在次要道路上，并给予最小限度的必要的绿灯时间，而把大部分绿灯时间留给主要道路。全感应控制是在所有进入交叉路口的路段上都设置检测器，并根据该路段上的交通量来分配绿灯时间的一种控制方式。这种方式适用于等级相当的道路相交，其交通量相仿，变化大且难以预测的交叉口上。

三、高等级公路交通监控系统

为保证高等级公路的高速、畅通、安全、舒适，并适应日益增长的经济发展，宜设交通监控系统。这种系统是综合应用自动控制、计算机、通讯、闭路电视、交通工程等技术的一项系统工程。因此，应当结合国情，力求技术先进、经济可靠、符合标准，同时应按交通量增长情况，采取总体规划，分期实施的原则进行设计。

高等级公路交通监控系统的主要任务是：收集全线的交通和道路状况的信息，并进行集中监视与处理，因此它一般由下列子系统组成。

1.信息收集和处理子系统

这种系统是通过布置在易发生交通阻塞或事故的路段附近的车辆检测器，收集交通量、平均车速、各种车辆的车辆长度和车辆通过时间等信息，并将这些信息送至控制中心的中央处理机，经处理后，一方面显示在模拟屏上供管理人员参考；另一方面发出指令控制可变限速板，可供驾驶员遵循。

车辆检测器的配置与车速有关，一般时速在 80 ~ 100km/h 的汽车，60 ~ 80s 内行驶距离为 1.5 ~ 2km，所以为兼顾实时性和准确性，在公路主线上配置的检测器以 2km 的间隔为宜。

2. 道路情报子系统

该系统是利用显示专用机向设置在收费口的可变情报板显示有关内容，为进入高等级公路的车辆驾驶员提供行车指南。情报板采用汉字显示，一块情报板可以显示十几个汉字，字体尺寸约 60cm × 60cm，可视距离为 200m 以上。

3. 可变速度控制子系统

该系统由若干块直径为 1m 的圆形可变限速板组成。限速板一般设置在高等级公路每一运行区段的前端，以便让进入该区段的驾驶员了解前方的速度限制要求。显示的数字字高 60cm 左右，视距约为 150m，显示时速为 20 ~ 120km。

4. 紧急电话子系统

紧急电话分机分布在公路沿线两测，一般每隔 1km 设一个。紧急电话总机设在控制中心，分机呼叫时，总机上发出可闻信号，并打印出分机号码和公路的某一侧，同时通过处理机在显示屏上显示出分机所在位置，以便控制中心派出抢救车进行救援。

5. 闭路电视子系统

该系统通过设置在易发生阻塞、事故多发路段或主要路段兼顾收费站、匝道及相关道路上的摄像机收集的信息，直接反映在电视监视器上，供管理人员分析和指挥用。摄像机为全天侯的，安装高度以 10 ~ 20m 为宜，一般视距为 500 ~ 600m。

6. 通讯子系统

该系统一般由勤务电话、无线电话和通讯传输等三部分构成。

勤务电话是高等级公路内部工作人员内外联系的主要手段。无线电话则主要供牵引车、路政巡逻车、工程车、消防车以及施工点的联络之用，以便及时指挥、处理公路上沿途出现的违章、事故及其他事宜。通讯传输是高速公路上的通讯传输线不仅要传输话音信号，而且要传输数据信号和视频信号。即要将勤务电话、车辆检测器、可变情报板、可变限速板的信息由传输设备，一般采用 PCM(脉码调制设备)，经光缆传输到控制中心，以便进行处理。此外，紧急电话由普通低频电缆进行话音传输，闭路电视的视频信号则通过单独的光缆进行传输。

7. 控制中心子系统

本系统的任务是把上述各子系统收集到的信息进行记录并进一步分析，根据分析的结果和管理人员的判断，向各子系统发出命令，控制沿线有关设备工作，其主要设备有中心计算机、人机对话设备和传输处理设备等。

控制中心的主要功能如下：

(1)计算各区段交通量，预测交通状态，进行流入控制，预防交通阻塞；

(2)自动检测交通事故和阻塞；

(3)启动闭路电视系统，以便直接观察现场情况；

(4)选择交通调度策略，记录并显示交通调度情况，以减少事故和阻塞的影响；

(5)显示并记录交通检测数据，形成交通统计资料；

(6)监视和记录可变限速板的信息；

(7)对传输设备和沿线设备进行状态监视和检测。

第四章　汽　　车

第一节　汽车的分类及主要技术性能

一、汽车基本结构

汽车是由自带动力装置驱动，无架线的运载工具。它基本上由动力装置、底盘、车身、电器及仪表等部分组成。

动力装置是汽车行驶的动力源，包括发动机及其燃料供给系、冷却系统。

底盘是接受动力装置发出的动力，使汽车产生运动，保证正常行驶的装置和机构。它包括传动系（离合器、变速器、万向传动装置、驱动桥），行驶系（车架、轮胎及车轮、悬架、从动桥），转向系（带转向盘的转向器及转向传动机构）和制动系（制动器和制动传动机构）。

客车车身是整体车身，货车车身一般包括驾驶室和各种形式的车箱（厢）。

电器及仪表包括电源、发动机的起动系和点火系，以及汽车、照明、信号、仪表等电气设备。

二、汽车分类与型号表示

汽车分为载货车辆和载客车辆，按欧洲 EEC 标准，如表 5-4-1 所示。

汽 车 分 类　　表 5-4-1

M类（客车）		N类（货车）	
M1	座位数≤8，厂定最大总质量≤3.5t	N1	厂定最大总质量≤3.5t
M2	座位数＞8，厂定最大总质量≤5t	N2	3.5t＜厂定最大总质量≤12t
M3	座位数＞8，厂定最大总质量＞5t	N2	厂定最大总质量＞12t

厢式汽车、罐式汽车、包栅式汽车等专用汽车以及由多节车辆组成的汽车列车都属于载货车辆的范畴。

载客车辆中包括轿车、微型客车、轻型客车、中型客车、大型客车以及特大型客车（如铰接客车、双层客车等）。我国汽车产品型号表示如图 5-4-1 所示。

企业名称代号一般由企业名称头两个汉字的第一个拼音字母表示。

车辆类别代号：1-货车；2-越野汽车；3-自卸汽车；4-牵引汽车；5-专用汽车；6-客车；7-轿车；8-（暂空）；9-半挂车及专用半挂车。

主参数代号：货车、越野汽车、自卸汽车、牵引汽车及半挂车均用车辆总质量（t）表示；客车为车辆长度（m），小于 10m 时，应精确到小数点后一位，并以其值的十倍数表示；轿车采用发动机排量（L），精确到小数点后一位，并以其值的十倍数表示。

专用汽车分类代号：X-箱式汽车；G-罐式汽车；C-仓栅式汽车；T-特种结构汽车等。第二、三格为表示其用途的两个汉字的第一个拼音字母。

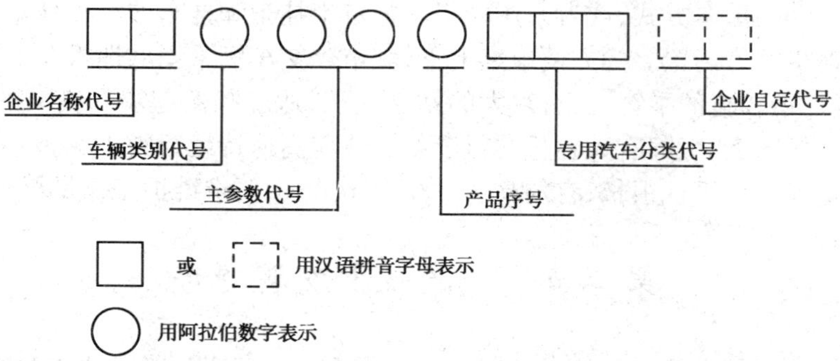

图 5-4-1　汽车产品型号表示方法

如 CA1091 表示中国第一汽车集团公司所产 9.31t 货车(第二代);JS6820 表示江苏亚星集团公司所产长度为 8.2m 中型客车;TJ7100 表示天津微型汽车厂生产的排量为 0.993L 的轿车。

三、汽车主要性能

(1)容载量　载客车辆包括座位数和站立乘客数;载货车辆以最大装载质量表示。

(2)比功率　发动机标定最大功率(kW)/厂定最大总质量(t)。

(3)最高车速　规定装载状态下,水平良好路面上,变速器最高档,节气门全开时,车辆稳定行驶最大速度。

(4)燃料消耗量　规定装载状态下,单位行驶距离消耗的燃料量(L/100km)。

(5)制动距离　规定装载状态下,以一定车速行驶时,实施紧急制动,从踩制动踏板开始到完全停车为止测得的车辆驶过的距离。

四、乘用车和商用汽车

从使用角度来看,汽车又可以分为乘用车和商用汽车两大范畴。

1.乘用车

乘用车主要是指家用的轿车、微型客车、皮卡和别墅车等。其中皮卡又称轿卡,它采用轿车车头和驾驶室,同时又带有敞开式货车车厢。近年来,在美国已占汽车销量的 20%。

乘用车作为家用的代步工具,在发达国家的保有量和销售量很大,属于大量生产的车辆产品,整车价格比较低。乘用车的驾车者是非职业驾驶员,在年龄方面要求比较宽松。不少厂家还为适应老年驾车者的需要,开发老年用车。

乘用车的发动机前置。采用前桥驱动或后桥驱动。每天的平均行驶里程比较短。出租车在结构上和乘用车相近,但它属于商用范畴,日行驶里程要比乘用车长得多,车上配装的总成和部件应该是有所区别的。

2.商用汽车

商用汽车主要是指用于营运的客车和货车。驾车人员是职业驾驶员。在发达国家,商用汽车的保有量和销售量要比乘用车少得多,属于批量生产的车辆产品。有的品种产量还很有限,整车价格比较高。

营运货车的发动机前置,采用后桥驱动。各国对道路车辆的轴载质量都有所限制,重型货车采用三轴或四轴的单车方式，或者采用牵引车拖带半挂车和挂车的汽车列车方式。

大客车发动机多为后置。为方便乘客上下，城市公交车辆采用低地板布置，一级踏步或二级踏步；两道或三道较宽的乘客门；有很大的站立面积，适应频繁起步和制动的行驶工况。长途客车采用高地板布置，底部有大容量的行李舱。适应高速持续行驶工况。

商用车辆每天行驶里程很长，有的高达 700～1 000km，要求维护工作量尽可能小。

第二节　汽车技术发展趋势

道路交通的发展是推动汽车技术发展的主要因素。以高速公路启动和发展为标志的我国公路网等级提高就对汽车高速性能提出了迫切要求。城市交通日益拥挤，也必须在环境保护方面，诸如汽车的排放、噪声、电波污染等作出越来越严格的规定；另一方面，汽车作为社会能源消耗的一个重要方面，车用能源的节约和多样化也为公众所关注。

上述要求促使汽车的各项技术功能，包括动力性，操纵稳定性、燃料经济性、舒适性、制动性、可靠性以及环境要求都在不断改进和优化之中。1965～1990 年的 25 年间西欧典型轿车的单位行驶里程燃油消耗量下降了 40%，起步到 100km/h 的加速时间（动力性主要指标）压缩了一半，排放污染也按越来越严格的法规标准进行了控制。值得指出的是，上述进步是在汽车内部乘坐空间不断扩大、安全部件不断完善、汽车质量不断增加的情况下达到的。

在汽车技术进步过程中，来自各方面的要求往往是互相矛盾和牵制的。例如，为控制排放，就有可能增加油耗，也会对成本有影响。所以，在促进汽车技术进步过程中，必须综合考虑，尽量使在多方面功能有所改善的同时，又不使其他重要功能损失过多。

为了改进汽车的各项功能，在汽车技术发展过程中，应不断地从电子学、材料学等领域得到支持，尤其是通过微电子技术的深入应用来达到汽车产品更新的目标。可以说，今天汽车已不再是一种传统的机械产品，而是机电一体化的一种产品。

一、安全技术方面

在汽车技术中，有助于减轻事故后果的功能称为被动安全性，而有助于防止事故的发生的功能则属于主动安全性。

在被动安全方面，为保证乘员必要的生存空间，要求车头是可变形而且能吸收能量的。而乘坐室则应尽可能具有弹性，以缓冲外力，如图 5-4-2 所示。

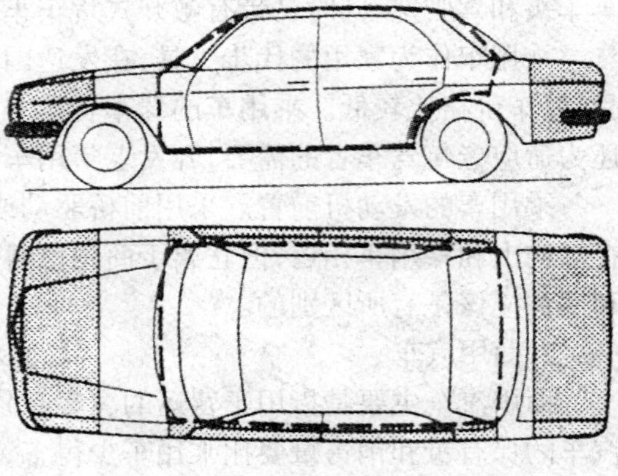

图 5-4-2　轿车车身生存空间的布置

（图中阴影部分为碰撞时可折叠变形区域）

同时，要在撞车时尽量避免乘员与车内其他部件，如风窗玻璃，转向盘等相撞。所以，要有完善的乘员约束系统。目前已广泛采用了安全带和安全气囊。现在的研究工作集中在如何保证安全带在撞车瞬间处于张紧状态，另外也研制了关闭车门时能自动压在乘员身上的安全带，以免乘员漏带。由于侧向碰撞保护日益迫切，已陆续推出了一些侧向防护装置。

在主动安全方面，改进制动性能是第一位的。其中，制动时防止车轮抱死至关重要。防抱死制动系统正成为标准装备。它由传感器、控制装置和执行机构组成。传感器装在车轮上，把车轮角速度、角减速度等运动参数传送到控制装置。控制装置进行计算并与规定数值比较，给执行机构发出指令，适时调节制动力矩，防止车轮抱死。目前努力把常用的阶段调节更新为无波动调节，以便能更好地利用道路与轮胎间的摩擦力。

为保持汽车的操纵性能，汽车驱动力控制系统正在普及，以防止驱动轮出现滑转。

轮胎的应急行驶性能也是一个努力方向。图 5-4-3 所示为其中的一种方案。即使胎中空气漏光，轮辋也不会切坏轮胎，还可行驶数十公里。

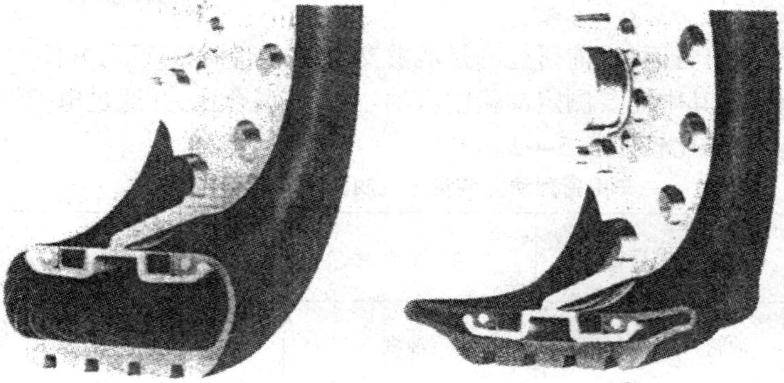

图 5-4-3　一种可应急行驶的轮胎

a)正常充气工作状态况；b)有故障时，轮胎不会甩离轮辋

驾驶员在驾驶过程中，经常需要查看仪表板上的信息，这时既需要改变眼睛仰角，又要在远近距离间调节。为了提高安全性，研制了直视显示屏，仪表板上的信息通过光学系统和设在风窗玻璃中的全息半镜，直接出现在驾驶员的视野里，就像是汽车前面几米远的实际图像。

二、节能和多种燃料技术

高速车辆的空气阻力消耗的功率比例很大。以中档轿车为例，如果空气阻力减小 30%，油耗将降低 10%。为此，加强了车身各个细部的研究来减小轿车空气阻力系数。

在大型载货货车方面也广泛采用了各种导流装置，有效降低了高速行驶阻力，如图 5-4-4。减轻质量可以有效地降低油耗。在大型车辆上通过结构优化来减轻车辆自重是关键。虽然选用轻质材料(如铝材)可以大幅度降低自重，但是燃油费用的节省往往还抵偿不了车辆售价的增加。采用塑料则需考虑车辆报废后的回收和处理问题，所以汽车厂家一直对扩大塑料应用持慎重态度。

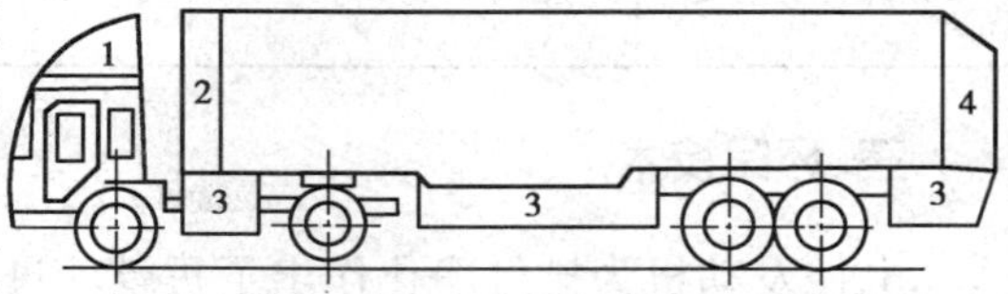

图 5-4-4　货车车身减小空气阻力装置

1-导流罩；2-间隔填空罩；3-下部防风罩；4-后部导流罩

近年来，已经推广的电控直接喷射汽油发动机由于其能按照发动机的不同工况和复杂的使用条件，精确地供应所需的最佳混合气成分，一般可以节油 5% ~ 20%。进一步的发展在于

寻求可变气门定时方法以及随负荷降低而增大压缩比的可变压缩比的方法。柴油机的电子控制喷油以及在高速柴油机中用直接喷射取代间接喷射，都将有助于油耗的降低。

鉴于世界石油资源有限，各国除了对汽车节能不断关注外，还积极探讨多种燃料的应用。太阳能电池汽车、电动汽车、液化石油气汽车、压缩天然气汽车以及使用甲醇燃料汽车等都在试验、开发和产品化过程中。

液化石油气已被广泛用于大城市的出租车。针对液化石油气的特点，在燃料供给系中对混合器、怠速系蒸发器进行改良。改良后，混合气浓度的控制精度大为提高，燃料消耗量降低。电子控制也在推广之中。

压缩天然气的贮存是一个研究课题，在一定贮气压力下尽量减小贮气罐的总容积和质量，而又保证足够的贮气量。

在酒精燃料发动机方面，目前研究的是能够交替使用酒精和汽油，并能燃用两者按任意比例混合燃料的发动机，其中需要测定油箱中汽油-酒精的混合比，并通过电控调节喷油和点火。

各种燃料发动机的比较如表 5-4-2 所列。

车用新型动力装置与汽油机、柴油机的比较 表 5-4-2

动力装置	油箱或贮存容器	车辆消耗	废气净化所需投入	成本	包括油箱在内的功率/重量
活塞式酒精发动机	油箱大 1 倍	低于汽油机	低	低	高
活塞式氢气发动机	重、昂贵（金属氢化物、冷冻容器）	与汽油机相当	很低	高到很高	中
电力驱动	电池重、容重大，昂贵	包括电站在内的整个能量过程与汽油机相当	车辆方面低，电站方面高	高	低到很低
电力—内燃机复合驱动	两个贮能器：电池和油箱	液体燃料部分低	与内燃机相当	中	中
燃气透平	相同	与柴油机相当	需要燃烧优化措施	高	高
斯特林发动机	相同	与柴油机相当	很低	高	中

三、环保技术

电控发动机为排气净化作出了贡献。进一步开发发动机在全部负荷范围内净化技术，特别是在发动机动态的负荷或转速变化条件下使混合气成分保持在“λ 窗口”范围内。在柴油机中适应瞬时工况控制和调节喷油量，减少炭烟形成和微粒排放。正在研究废气过滤系统的应用。

燃用液化石油气和压缩天然气的发动机，同样要完善燃料供给系统，采用电控装置来达到排气净化的目的。

各种排气净化催化剂已广泛用于汽车，目前对金属催化剂载体兴趣日益增加，也在研制能承受更高温度的催化剂。

装有复合驱动系统(柴油机 + 电机)的汽车(图 5-4-5)已经进入市场。这类汽车在人口密集的市区内行驶时,为减小噪声和废气排放的污染,使用电力驱动;而在公路上行驶时,柴油机作为主要动力,甚至只需简易工具就可卸掉后备箱内的电池组,扩大车内空间。它与同类轿车相比,油耗和废气排放可望降低一半以上。

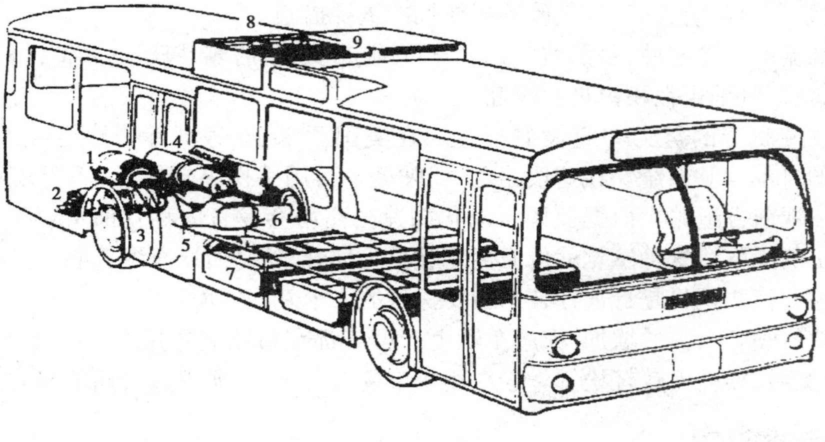

图 5-4-5　复合驱动公共汽车

1-驱动电动机;2-空气压缩机和转向助力泵;3-驱动电机冷却风扇;4-柴油机带发电机;5-蓄电池通风风扇;6-电子控制器;7-牵引蓄电池;8-蓄电池冷却设施;9-制动电阻

在噪声污染方面,随着车速的提高,轮胎噪声日益突出。胎面花纹沿轮胎圆周不规则分布的低噪声轮胎已经进入市场,平均声压级比花纹对称等间距分布的轮胎下降约 3dB(A),尖叫噪声也明显下降。轮胎两半边花纹相对错开的低噪声轮胎也已有厂家供应。

许多国家已制定限制汽车燃油蒸发污染的法规。油箱必须密闭,防止蒸发。燃油系必须装有带木炭吸附剂的容器。至于加油时的燃油蒸气则由加油站特殊加注器来回收。采取上述措施后,汽油中蒸发的气态丁烷可以得到控制。

我国长城以南广大地区汽车广泛装有制冷空调设备,因为其中制冷剂在维修作业或在报废车挤压时会逸出到大气里,所以正在采用无氟利昂空调设备。

作为大量生产的轿车在其报废后的处理是一个棘手的问题,必须在开发设计时就充分满足回收工程的要求,如尽量少用硬塑料和热塑性塑料,并保证报废车上的塑料件容易分离。

四、舒适性技术

坐姿人体受振特性是汽车舒适性开发的重要出发点。为在载荷变化的情况下保证车辆装载面处于正常水平高度,在中、小吨位汽车上日益广泛地采用了水平调节装置。一些厂家开始供应可调减振器,可以适应多种路况,并避免弯道行驶时过分侧倾。在一级方程式赛车上已采用电控的主动悬架系统,但较为昂贵,必须进一步产业化后才有望用于轿车。

在我国,公路卧铺客车已广泛用于长途班线,这是卧姿人体受振特性研究成果的成功转化,在其他国家此类客车极为少见。

车内噪声是舒适性的一项重要指标。把发动机包封起来减小发动机噪声向外幅射的设计已付诸实施。而把车身一部分包封起来防止噪声传入的办法被认为更为经济,也在研究噪声源与汽车其他零件间连接的噪声桥的传播,设法消除耦合,设置吸音材料等。目前,利用重叠声场相干的原理研究积极减噪的尝试都在进行,首先是减小驾驶员头枕处的噪声。

车内居住性是舒适性技术的一个重要方面,在长途大客车内配置卫生间、声像设施、车载电话、冷热餐饮和冷暖空调,令乘客如居家中,充满温馨。市内公共汽车广泛采用车内外信息显示系统,大容量冷暖装置等,都是改善居住性的重要措施。

座椅是减振的关键部件,目前航空式靠背可调、带头枕、肘靠、脚蹬的客椅已普遍采用。在卧铺客车上,减振卧铺也在积极进行研究。

减轻驾驶员疲劳的努力一直没有停止。在美国西部15号洲际公路上建造了12.24km(7.6mile)长的自动驾驶系统。在这段路上,驾驶员不再用手操纵转向盘,不再用脚踩踏板,也不再用眼睛注视前方道路。但据美国自动化高速公路协会发言人称:“前15s真是很兴奋,之后便感到真正的无聊。这种感觉就像雇佣驾驶员为你开车”。所以车辆控制、导航系统与驾驶员的驾驶乐趣如何协调将是舒适性技术需要探讨的一个新的方面。

面对老龄驾驶者人数的增加,家用车辆生产厂家都在研制老年用车。包括上下车的方便性,坐位比较宽敞,驾驶比较轻松等。老年用车市场潜力很大,所以这方面的研究前景可观。

五、交通流适应技术

交通管理系统的发展要求汽车技术与之协调。目前已广泛采用的是交通信息系统;正在推广的是行车引导系统;正在试验的是列队自动驾驶系统。

(1)通信息系统。初期曾尝试在路口信号灯前方通过外部光信号为驾驶员建议合适的速度以求到达路口时恰好是绿灯。继而,在车内显示汽车相对于前方信号灯变换相位的位置,使驾驶员了解车速快慢的影响。这种系统被称为绿波,可使汽车一路绿灯通过交叉路口。

针对交通阻塞,为各个车辆指示具体行车路线的交通指导信息系统也已在某些国家开通了十几年。

(2)行车引导系统,包括车载电子装置,道路信号柱上的红外发送装置和接收装置以及交叉路口上电子控制柜。车载电子装置的核心是导航计算机。行车开始时,驾驶员输入起止点坐标,随后即可向驾驶员一路提供行车方向指示。

德国柏林的行车引导系统可使被引导的驾车者平均少10%的行驶时间,并能向驾驶员发送行车建议,如避开高峰,晚出发1h,可节省15min等。

(3)列队自动驾驶系统可以大幅度增加交通通行能力。如120km/h车速行驶的两车间安全距离是60m,而列队行驶时间隔可控制到2m,所以在60m内可再行驶5辆汽车。而只有在汽车队列之间才需保持60m的安全距离。

在发达国家,在紧张的路段上单向已多达6~8车道,道路网所占用的土地面积已经不小。再建造新的道路,或者扩宽现有紧张路段已经没有更多余地。因此,上述采用列队自动驾驶系统来扩大通行能力具有很大吸引力。

列队行驶的间隔小,因而大大降低了空气阻力,又保持车速均匀,油耗和排放都可大幅降低。驾驶员可以解脱,但也有随时离队的自由。

列队自动驾驶系统的核心是车载测距装置。这一装置可能要综合闭路电视摄像和图像分析；脉冲激光测距；红外监视等几套系统。如图 5-4-6 所示。

图 5-4-6　车辆列队自动驾驶系统

六、汽车电子技术

在上述各项技术发展中，电子技术已经取代了许多机械系统，尤其是在精密复杂的控制系统中，它使汽车某些总成能从单纯的调节作用发展到实现闭环控制。今天汽车已成为机电一体化的产品。电器和电子装置的成本在轿车总造价中的比例已达 20%以上。

轿车上装用的电子装置有：发动机与传动系上的柴油机电子控制、怠速控制、空燃比控制、停车—起动系统、变速器电子控制、数字式燃油喷射和爆震控制、点火正时控制等。

改善安全性能的有前照灯调节与清洁装置，车窗刮水与刷洗控制，防抱死制动系统，牵引力控制系统，随负荷变化的维护和修理里程间隔指示器，燃油系和磨损件监控系统，空气囊充气装置，安全带拉紧装置，防盗系统等；

改善舒适性的车速控制，中央锁，暖气、空调控制系统，坐椅调节和位置记忆装置，悬架控制等；

通讯方面的电子话音命令，收音机，车上计算机，汽车电话，引导与信息系统等。

另外，雷达式距离报警装置，轮胎压力监测装置，车上诊断系统和电子加速踏板等一些电子装置也在试用推广之中。

由于汽车电子控制装置是随各个总成，各种功能的发展而发展起来的。现在就需要一个整体系统，使其互通信息，协同工作。目前研究的方向是根据不同的任务，将系统、硬件和软件分为几个不同模块，它们之间又有一定通用性。这样就无需重复设置许多传感器，避免各个子功能间的冲突，也便于测试和诊断。

为了提高电子装置的可靠性，解决抗电磁干扰的问题日益突出。除了控制单元采用金属壳封装、屏蔽线和车身附加接地等措施外，也在探索采用光束波导管来避免传感器和控制单元间的信号干扰。

第五章　道路建设新技术

第一节　软土地基处理技术

通常所说的软土，主要指滨海、湖沼、谷地、水稻田、河滩沉积的天然含水量高于液限、天然空隙比大于或等于1，压缩性高、压缩系数大于$0.5MP^{-1}a$，不排水抗剪强度小于30kPa的细粒土。它包括淤泥、淤泥质土、泥炭、腐殖质土、有机质土等。这种土地基的特点是强度低、固结慢、变形大。在其上修建路堤将产生如下问题：

(1)地基抗剪强度不够引起路堤侧向整体滑动，边坡外侧土体隆起，桥头路堤纵向沿路线、向河床方向产生整体滑动，导致桥台的破坏；

(2)人工构造物与路堤衔接处产生差异沉降，引起跳车及路面的破坏；

(3)涵身凹陷、过水断面减小，沉降缝被拉宽而漏水，端墙向外挤出或后仰；

(4)路基底面沿横向产生盆形沉降曲线，导致路面横坡变缓，影响横向排水。

因此，在软土地基上修筑路堤，应按照规范进行稳定验算与沉降计算。当稳定安全系数和路面设计使用年限内残余沉降(简称工后沉降)不满足要求时，应对软土地基进行处理。

软土地基按处理深度可分为浅层处理和深层处理。浅层处理适用于表层软土厚度小于3m的软土路段，所使用的施工设备和工艺技术较为简单，耗费材料较少，费用较低；深层处理的施工工艺和技术较为复杂，工期较长，费用也较高，只有在特殊需要时才采用。

一、浅层处理

浅层处理的方法有表层压实、重锤夯实、垫层置换、挤密短桩、加筋路堤、预压及超载预压、轻质路堤等，这里简要介绍下列几种。

1.挤密短桩

当软土层较薄、埋藏较浅时，挤密短桩就是一种有效的加固方法。桩的材料是生石灰、水泥、石灰粉煤灰碎石、石灰土、水泥土等。它的作用是：通过桩体将软弱土层挤密，同时因桩身材料强度大于软土，桩与土共同作用形成复合地基，提高路基整体强度，降低压缩量。

2.预压及超载预压法

预压：为提高软土地基的承载力，减少道路结构建成后的沉降，提高地基的固结度，预先在拟建结构的软土地基上施加一定的静荷载(采用路堤作为静荷载)，使地基土压实。它适用于路堤填土高度不大的一般路段。

预压高度(荷载强度)：由于路堤堆载预压过程中地基的下沉，预压填土高度要大于路堤的设计高度，实际路堤填筑高度应等于路堤设计高度与预压期间的沉降量之和。

超载预压高度：它要在确保路堤稳定性的前提下，同时考虑预压结束后剩余土方的处理后确定。通常宜结合竖向排水体进行超载预压。

预压和超载预压应有一定的预压期。前者不短于6个月，后者不少于3个月。

填筑路堤预压或超载预压部分宜用细粒土分层填筑，也可用砂砾石料等材料，但应考虑这些材料能为后期工程所利用，并不使材料受污染。

3.轻质路堤

为减轻路堤自重，减少沉降及增大稳定安全系数，采用轻质材料（如粉煤灰等）修筑或素土与粉煤灰分层间隔填筑的路堤。粉煤灰路堤对减轻软土土基的附加应力有显著作用。

二、深层处理

深层处理的方法主要有：带装砂井、塑料排水板、碎石桩和粉体搅拌桩等。

1.袋装砂井排水固结法

袋装砂井是采用锤击沉入钢管或振动压入钢管至设计所要求的深度后，将已装入砂的砂袋（砂袋由聚丙烯编织袋装砂而成）垂直放入管内，然后拔起钢管，由砂袋的自重将自动开启门打开，随着钢管向上移动、拔出，袋装砂井在成孔内形成，然后在砂井顶部铺以砂垫层路堤压载，以使土中水沿砂井排出，缩短软基固结时间的办法。

袋装砂井的直径以 7 ~ 10cm 为宜，其间距以 1 ~ 2m 为宜，其长度以穿透软土层为宜，对于较厚的软土层，则根据设计计算确定。

袋装砂井施工机具简单，效率较高，材料省，费用低（比普通砂井造价低 40% ~ 60%）。

2.塑料排水板固结法

塑料排水板固结法是将带状塑料排水板用插入机将其插入软土中，然后在土基面上加载预压，土中水沿塑料板的通道逸出，从而使地基得到加固的方法。

塑料排水板是由芯体和滤套组成的复合体或是由单一材料制成的多孔管道板带（无滤套），芯板应具有足够的抗拉强度和垂直排水能力，滤套一般由无纺织物制成，应具有一定的隔离土颗粒和渗透的功能。

塑料排水板的断面尺寸宜为 10cm × (0.4 ~ 0.5)cm，布置间距宜为 1 ~ 2m，长度以贯穿软土层为宜；对于较厚的软土层，则根据设计计算确定。

塑料排水板留出的孔口长度应保证伸入砂垫层不小于 50cm，使其与砂垫层贯通，并将其保护好，以防机械、车辆进出时受损，影响排水效果。

这种方法的优点是：排水板是工厂生产的，质量容易控制，成本较低，施工机具重量较轻，效率较高，可在超软地基上使用，无需滤砂工艺和设备。

3.碎石桩

这是利用一个产生水平向振动的管状设备，以高压水流边振边冲，在软弱粘土地基中成孔，在孔内分批填入碎石振密制桩，并与周围粘土形成复合地基。这种加固技术称为振冲置换法或碎石桩法。

碎石桩所用填料应由未风化的干净砾石或轧制碎石而成，粒径宜为 20 ~ 50mm，含泥量不应大于 10%。

碎石桩的直径及设置深度、间距应经稳定、沉降验算确定，相邻桩净距不应大于 4 倍桩径。

设有碎石桩的路堤底面应设置排水垫层。

碎石桩对地基土起置换、竖向排水体及应力集中作用，其承载力和沉降量在很大程度上取决于周围软土对碎石桩的约束作用，如周围的土过于软弱，加固效果也就不明显。

4.粉体搅拌桩

这是利用水泥作为固化剂,通过特制的搅拌机械将水泥喷入软土地基中强制搅拌,经一系列物理化学反应,使软土硬结成具有整体性、水稳性及一定强度的水泥土桩体,桩和桩间的土共同组成复合地基,从而提高地基承载力,减少沉降量。

桩体的直径及设置深度、间距应经稳定验算确定,并应满足工后沉降要求,相邻桩的净距不应大于4倍的桩径。

设置粉体搅拌桩的路段,路堤底部应设置垫层。

用粉体搅拌桩处理软土层时,最好将整个软土层穿透,否则将影响处理效果。

粉体搅拌桩施工简便,形成的复合地基强度较高,质量可靠,是高填方软土地基及桥梁、结构物两侧且在工期紧的条件下处理软基的理想方法,但该法工程费用高。

第二节 土工合成材料在道路工程中的应用

土工合成材料作为一种新型建筑材料,以其重量轻、强度高、渗滤性好、质地柔软、经久耐用等突出优点,在国外已广泛用于公路、铁路、机场、港湾及海岸工程、地下工程、农田水利、环境工程等。我国开发应用虽晚,但发展很快,它将在工程建设中发挥有越来越大的作用。

一、土工合成材料的种类与特性

土工合成材料是以高分子聚合物(其中采用最多的聚合物有:聚酯,聚丙烯,聚乙烯,聚酰胺,聚氯乙烯和聚苯乙烯等)制成的新型建筑材料。目前大致可以分为以下四大类。

1.土工织物

土工织物的制造一般是先把聚合物加工成丝、短纤维、纱或条带,然后再制成平面结构的织物。它可分成以下四种类型:

(1)有纺土工织物:一般是由相互正交的经丝和纬丝织成或用压粘法织成。由单丝或细丝带织成者一般都很薄,约0.5mm;由多丝织成者较厚,为3~5mm;其他特殊产品可达10mm。

(2)针织土工织物(编织物):由单丝、多丝、各种细股丝按一定联锁方式编织而成。

(3)无纺土工织物:是由细丝或短纤维按定向排列或任意排列,并按热粘法或针刺机械结合法生产的平面结构织物。前者生产的是1mm厚以下的薄型织物,后者一般生产1~5mm或更厚些。

(4)复合土工织物:由两种或两种以上的土工织物组合而成。如有纺织物与无纺织物的组合、有纺织物或无纺织物与土工薄膜的组合以及塑料板与无纺织物的组合等。

2.土工薄膜

主要由透水性低的聚合物、沥青以及合成纤维和织物另加一定的填充料以及外加剂制成的材料。它具有很好的防渗和防水性能及很强的抗变形能力和耐久性。工厂制造的土工膜厚度一般为0.25~4mm,工地制造的厚度则常在3~7.5mm之间。

3.特种土工合成材料

它包括土工格栅、土工网、超轻型土工合成材料、土工膜袋、土工垫、土工格室等。常用的为前三种。

(1)土工格栅是在聚合物板材(原料多为聚丙烯或高密度聚乙烯)上冲孔,再单向或双向拉伸制成。SS_2 双向拉伸格栅最大孔长 34.42mm,最大孔宽 24.73mm,主肋最小厚度 1.54mm,次肋最小厚度 1.74mm,节点最大厚度 4.17mm,单位面积质量 2026g/m^2。

(2)土工网是合成材料条带、粗股条编织或合成树脂压制的具有较大孔眼的材料,网孔 8mm×(6~60mm)×60mm,网厚 3.0~6.0mm。

(3)超轻型土工合成材料是以聚苯乙烯聚合物为原料加入发泡添加剂而制成,又称泡沫聚苯乙烯,呈板块状,尺寸为 0.1m×1m×3m(厚×宽×长)~0.5m×1m×5m。

4.复合型土工合成材料

它由土工织物、土工薄膜和某些特种土工合成材料中两种或两种以上的材料互相组合而成,可将不同构成材料的性质结合起来,以满足具体工程的需要。

二、土工合成材料的功能

土工合成材料在土木工程中应用时主要有下列功能,这些功能或作用相互间有着密切的关系。

1.增强功能

将土工合成材料埋设在土体中或路面结构适当位置,可以分布土体或路面结构的应力、传递拉应力、限制其侧向位移,增强它与土体或路面结构层材料之间的摩阻力,使土或路面结构层—土工合成材料复合体的强度提高,从而约束土体或路面结构层的变形,并抑制或减少土体的不均匀沉降,提高土体或路面结构层的稳定性。

2.分隔与过滤功能

利用土工合成材料将两层性质不同或粒径不等的土石料分开,以免相互混入影响某一层材料的工程性质。同时,作为滤层允许土或石料中的水分穿过织物自由排出。

3.排水功能

利用土工织物汇集土体中的水分,使之沿织物的平面排出土体外面,形成排水通道。较厚的针刺型无纺织物和某些具有较多孔隙的复合型土工合成材料(如塑料排水板),都可以起排水作用。

4.防渗功能

利用土工膜和土工合成材料防止水分渗漏,阻截流过土体的水流,保护结构物的安全。

三、土工合成材料在路基工程中的应用

土工合成材料在软基处理、加筋土路堤、加筋土挡土墙、加筋土桥台等路基工程中的应用,不仅积累了较为丰富的使用经验,而且有关成果已经编入行业标准。此外,在处理路基翻浆、唧泥以及排水和滤水方面也有相当广泛的应用。

1.土工合成材料加筋路堤

加筋路堤是采用强度高、变形较小、老化慢的土工合成材料(如土工格栅、土工织物等)等抗拉柔性材料作为加筋材料而修筑的路堤。材料的纵向或强度高的方向应垂直于公路的中线铺设,加筋材料应尽可能设置在路堤底部,加筋层数应按稳定计算确定。土工织物在路堤中起加筋、反滤、排水和隔离作用,既减小不均匀沉降,又能减薄垫层厚度。

在规范中规定的土工合成材料加筋路堤或挡土墙等工程的设计原理和方法，是采用求解土体稳定性最常用的极限平衡法。这种方法概念直观而简单，运算方便，是传统的分析手段。但是，该法的缺点是分析计算中不考虑土体的变形。虽然近年来发展了位移法和有限元法，但采用较少。

2.超轻型土工合成材料——泡沫聚苯乙烯筑路堤

泡沫聚苯乙烯作为路堤填料以代替传统的土料，将其铺填在桥台和引堤的交接处，减轻软基上的填土荷载，从而减小软基变形，减小桥、堤之间的沉降差，这对桥头跳车问题大有帮助，国外已有十多个国家采用。

设计这种路堤时，一般应考虑下列因素：①令路堤挖方重量尽量等于泡沫塑料堤身重量与路面结构重量之和，使得地基中不因建堤而产生附加应力；②令泡沫塑料堤引起的沉降量仅为填土堤沉降量的若干分之一。

四、土工合成材料在路面结构工程中的应用

与路基工程相比，土工合成材料在路面结构工程中应用要少些，所修建的工程还属试验性的，处于积累经验阶段，离推广使用还有一段距离，还需今后积极探索，努力去开发应用。

土工合成材料在路面结构工程中的应用有以下几个方面：

(1)铺在粒料底基层和路基土之间，既可防止路基土中细粒料对底基层材料的污染，又可避免底基层材料沉入路基，减少底基层所需厚度；

(2)铺在半刚性基层与沥青面层之间，用来控制半刚性基层的收缩裂缝向上扩展；

(3)铺在水泥混凝土下面层与沥青上面层(即以水泥混凝土与沥青面层形成的复合式路面结构)之间，用来减缓水泥混凝土层的接缝或裂缝向上扩展而形成的反射裂缝的出现；

(4)修复已开裂路面时，铺在罩面层之下，以防原有路面裂缝向上扩展而形成反射裂缝。

国内一些单位曾先后针对上述四种情况做了大量室内试验并铺设了试验路段均收到了良好的技术、经济效果，但是要提出一套完整的设计、施工工艺规程，还有待今后不断进行实践，积累和提高才有可能做到。在国外，目前似乎也处于这个阶段。

第三节 改性沥青

沥青路面的使用性能和使用寿命与沥青质量有很大的关系，国产沥青由于油源的特点，大多含蜡量较高，其性能难以适应快速、重载交通及不同气候条件的要求。而有些地区由于交通量特大，超载严重或者寒冷地区低温收缩的原因，即使重交通沥青也不能满足需要。虽然亦有少量适合于生产重交通沥青的油源，但产量有限，运输困难，价格昂贵，仍然不能解决问题。因此，研究采用改性沥青，即在原有沥青中掺加改性剂进行混合，成为一种新的结合料，使新的沥青及其混合料的技术性质和路用性能有明显的改善，从而提高路面抵抗破坏的能力。

一、改性剂

对原有沥青改性所采用的外掺材料，即改性剂按其化学成分，可分为：

(1)热塑性橡胶类：如苯乙烯—丁二烯—苯乙烯嵌段共聚物 SBS、苯乙烯—乙烯—丁二烯

共聚物 SEBS 等。

(2)橡胶类:如丁苯橡胶(SBR)及其乳液。

(3)热塑性树脂类:如乙烯—醋酸乙烯共聚物 EVA、低密度聚乙烯(LDPE)、聚苯乙烯 EPS、环氧树脂 EP、聚酰胺树脂等。

除上述三类外,还有金属皂、纤维(石棉、聚脂、矿渣棉、钢纤维)等。通常一种改性剂能改善沥青某些性能,但也可能在另一方面带来副作用;同时一种改性剂常不能满足工程应用上的多方面的要求,因此几种改性剂复合使用是值得考虑的方案,如 PE + SBS + 纤维,SBS + 纤维已在一些重大工程中应用。

二、改性沥青的技术要求与评价

对原有沥青改性,可针对使用条件,改善下列一种或几种性能:

(1)改善沥青及沥青混合料的高温稳定性能,提高路面抵抗永久变形的能力,减少车辙、推挤拥包现象;

(2)改善沥青及沥青混合料的低温稳定性能,提高路面抗裂能力,减少路面低温开裂现象;

(3)改善沥青对石料的粘附性及沥青混合料的水稳定性,减少或防止路面因水损害而造成剥落、坑洞现象;

(4)提高沥青路面在行车荷载反复作用下抗疲劳的能力,延长路面使用寿命;

(5)延缓沥青在储存、运输、拌和、摊铺及在道路开放交通后的老化速率,提高沥青的抗老化能力,延长路面的使用寿命。

针对上述技术要求,对改性沥青与改性沥青混合料性能进行评价时,所采用的试验项目与规范规定的重交通沥青的检验项目基本相同,其中不少试验项目是参照美国公路战略研究计划的最新成果提出的。国内对改性沥青进行了大量研究和广泛的工程实践并据此编制了相应的规范,其中就规定了聚合物改性沥青的技术要求,见表 5-5-1。

聚合物改性沥青技术标准　　表 5-5-1

技术指标		SBS(I)				SBR(II)			EVA、PE(III)			
		I-A	I-B	I-C	I-D	II-A	II-B	II-C	III-A	III-B	III-C	III-D
针入度 25℃,100g,5s(0.1mm)	最小	100	80	60	40	100	80	60	80	60	40	30
针入度指数 PI	最小①	−1.0	−0.6	−0.2	+0.2	−1.0	−0.8	−0.6	−1.0	−0.8	−0.6	−0.4
延度 5℃,5cm/min(cm)	最小	50	40	30	20	60	50	40	—			
软化点 $T_{R\&B}$(℃)	最小	45	50	55	60	45	48	50	48	52	56	60
运动粘度 135℃(Pa·s)	最大②	3										
闪点(℃)	最小	230				230			230			
溶解度(%)	最小	99				99			—			
离析,软化点差(℃)	最大③	2.5				—			无改性剂明显析出,凝聚			
弹性恢复 25℃(%)	最小	55	60	65	70	—			—			

续上表

技术指标		SBS(Ⅰ)				SBR(Ⅱ)			EVA、PE(Ⅲ)			
		Ⅰ-A	Ⅰ-B	Ⅰ-C	Ⅰ-D	Ⅱ-A	Ⅱ-B	Ⅱ-C	Ⅲ-A	Ⅲ-B	Ⅲ-C	Ⅲ-D
粘韧性(N·m)	最小	—				5			—			
韧性(N·m)	最小	—				2.5			—			
RTFOT 后残留物④												
质量损失(%)	最大	1.0										
针入度比 25℃(%)	最小⑤	50	55	60	65	50	55	60	50	55	58	60
延度 5℃(cm)	最小	30	25	20	15	30	20	10	—			

注:①针入度指数 PI 由 15℃、25℃、30℃等三个以上不同温度的针入度,按式 $\lg P = AT + k$ 进行线性回归,在计算获得参数 A 后由下式求得,但直线回归的相关系数 R 不得低于 0.997;

$$PI = \frac{20 - 500A}{1 + 50A}$$

②表中 135℃运动粘度可采用《公路工程沥青及沥青混合料试验规程》(JTJ 052－93)中的"沥青粘度测定方法(勃洛克菲尔德粘度计法)"进行测定。若在不改变改性沥青物理力学性质并符合安全条件的温度下易于泵送和拌和,或经试验证明适当提高泵送和拌和温度时,能保证改性沥青的质量,容易施工,可不要求测定。有条件时,应测定改性沥青在 60℃时的动力粘度,用毛细管法测定;

③改性沥青在现场制作后立即使用或贮存期间进行不间断的搅拌或泵送循环时,对离析试验指标可不作要求;

④老化试验以采用旋转薄膜烘箱试验(RTFOT)方法为准;允许采用薄膜加热试验(TFOT)代替,但必须在报告中注明,且不得作为仲裁结果;

⑤对采用几种不同类型改进剂制备的复合改性沥青,根据不同改性剂的类型和剂量比例,按照工程上改性的目的和要求,参照表中指标综合确定应该达到的技术要求。

三、改性效果

近年来,我国有关部门对不同基质沥青、不同改性剂及不同剂量的改性效果做了大量试验研究,主要结论如下:

(1)SBS 改性沥青具有较强的低温抗裂性,对高温性能也有明显的改善。如胜利 100# 改性沥青 10℃延度由－7.5cm 提高到 25.7cm;低温抗裂性能指标 T1.2 由－9.7℃降低到－21.8℃,寒冷季节不发脆,具有柔性和韧性,变形能力强,减少路面裂缝;软化点由 47.3℃提高到 63.5℃;高温稳定指标 T800 由 43.7℃提高到 62.8℃,混合料动稳定度由 258 次/mm 提高到 4054 次/mm,车辙变形仅 4.2mm。高温季节不软化,提高了路面的高温抗推挤、拥包能力;在抗水损害方面,48h 浸水马歇尔试验残留稳定度 90.2%,冻融前后的劈裂强度比达 72.5%。说明水稳定性是好的,所以一般认为 SBS 是一种对高温、低温性能都有明显效果的改性剂。因而,成为目前世界上使用最多、效果最好的改性剂。但其缺点是成本较高。

(2)SBR 改性沥青的突出优点是对低温性能有明显改善,高温性能有所改善。

此外,无论是 SBS 还是 SBR 对沥青的粘结力、粘附性、抗老化能力均有提高。

(3)PE 改性沥青对提高高温性能最明显,软化点提高,针入度降低,抗拉强度提高,与矿料的粘附力增强,抗老化性能提高;但对低温性能改善不显著,延度锐减,因此就出现了 PE + SBS 复合改性沥青,使用效果令人满意。

四、改性沥青混合料

1.配合比设计

改性沥青混合料配合比设计与未改性沥青混合料基本相同:①都要通过目标配合比、生产配合比及试拌试铺验证三个阶段,确定矿料级配及最佳改性沥青用量。②进行马歇尔试验,但前者试验温度应相应提高10~20℃。

2.技术要求

改性沥青混合料在高温稳定性和低温抗裂性方面的要求均高于未改性沥青混合料。

对于高速公路及一级公路或特重交通路段以提高高温抗车辙能力为主要目的的新拌改性沥青混凝料其动稳定度应符合表5-5-2要求。

改性沥青混合料高温稳定性技术要求　　表5-5-2

气候条件与技术指标	气候分区及相应的技术要求								
七月平均最高气温(℃)	>30℃(夏炎热区)				30~20℃(夏热区)				<20℃(夏凉区)
气候分区	1-1	1-2	1-3	1-4	2-1	2-2	2-3	2-4	3-2
车辙试验稳定度(次/mm),不小于(60℃,0.7MPa)	1 500	2 000	2 500	3 000	1 000	1 400	1 700	2 000	800

注:表中的“气候分区”采用七月份平均最高气温作为高温气候分区指标,将全国分为>30℃、30~20℃、<20℃三个区。对于交通量特别大,超载车辆特别多的运煤专线、厂矿道路,可以通过提高气候区等级来提高对动稳定度的要求。

对于高速公路及一级公路,以提高低温抗裂性能为主要目的的新改性沥青混合料,其低温弯曲试验的破坏应变应符合表5-5-3的要求。

改性沥青混合料低温抗裂性技术要求　　表5-5-3

气候条件与技术指标	气候分区及相应的技术要求								
年极端最低气温(℃)	<-37.0℃(冬严寒区)		-21.5~-37.0℃(冬寒区)			-9.0~-21.5℃(冬冷区)		>-9.0℃(冬温区)	
气候分区	1-1	2-1	1-2	2-2	3-2	1-3	2-3	1-4	2-4
弯曲试验破坏应变(με),不小于(-10℃,50mm/min)	3 000	3 500	2 500	3 000	3 500	2 000	2 500	1 500	2 000

注:表中的气候分区采用年极端最低气温作为低温气候分区指标,将全国分为>-9.0℃、-9.0~-21.5℃、-21.5~-37.0℃、<-37.0℃四个区。

改性沥青混合料的水稳定性应符合以下两个指标要求,达不到要求时应采用抗剥落措施:

(1)采用“沥青混合料马歇尔稳定度试验”方法测定的48h浸水马歇尔稳定度试验残留稳定度不应小于80%。

(2)采用“沥青混合料冻融劈裂试验”方法测定的劈裂强度比不应小于80%。

五、我国改性沥青研究展望

我国差不多有三分之一的省市和地区对改性沥青进行了研究,品种繁多,从废胶粉到各种橡胶、塑料、树脂等应有尽有,应用面也较广,涉及到高等级道路路面的铺筑、道路的维修、桥面铺装、反射裂缝的防治等。但是,绝大多数改性沥青未能形成工业化生产能力,远未达到实用程度,少数几种改性沥青虽有应用实践,但推广应用也进展缓慢。今后应在已有研究成果的基础上,针对下列内容进行系统、深入的研究:

(1)根据不同的气候和交通条件,选择适宜的改性途径,评价改性效果的方法和指标;

(2)改性沥青及改性沥青混合料的技术标准和要求;

(3)改性沥青混合料的设计参数;

(4)改性沥青路面的施工工艺;

(5)研制高效灵活的生产设备,开发新的改性沥青品种,并制定相应的技术规范。

第四节　沥青玛蹄脂碎石混合料(SMA)

沥青玛蹄脂碎石混合料 SMA(Stone Matrix Asphalt)最早出现于 20 世纪 60 年代德国的路面工程中,用于适应日益增长的汽车交通量及车辆大型化、带钉销轮胎的要求。经过多年不断改进与发展,如今已在欧美各国广泛使用,我国不少省市和地区也陆续进行试验应用。使用经验表明,采用 SMA 混合料铺筑的面层高温抗车辙性能好,低温稳定性有较大改善,抗水害能力强,其使用寿命比普通沥青混凝土长 20%~40%,而且构造深度大,抗滑性能好,能降低噪声 2~3db,在机场道面和路面工程中具有广阔的应用前景。

一、沥青玛蹄脂碎石混合料的组成和特点

沥青玛蹄脂碎石混合料是一种以沥青、矿料(细集料)及纤维稳定剂组成的沥青玛蹄脂结合料(沥青胶浆),填充于以间断级配或开级配粗集料为骨架的间隙中而形成的沥青混合料。它有以下特点:

(1)在材料组成级配方面:采用间断级配或开级配的集料组成,呈现三多一少的特点:即 4.75mm 以上的粗集料多,占集料的比例高达 70%~80%,作为沥青混合料的骨架,主要承受交通荷载的作用;矿粉用量多,一般 0.075mm 的通过率高达 8%~12%,粉胶比远超出通常的 1.2 的限制而接近于 2;沥青用量多,高达 5.8%~6.5%;细集料用量少,仅占集料比例的 20%~30%。沥青胶浆部分仅填充了粗骨料之间的空隙,所以空隙率很小,仅占 3%~4%。

(2)在混合料中添加纤维作为稳定剂,以便吸收沥青,增加油膜厚度,增强与集料的粘附性;稳定剂可采用木质素纤维或矿物纤维,前者用量为沥青混合料的 0.3%;后者为沥青混合料的 0.4%。

(3)对原材料的要求高,具体要求如下:

沥　青　粘结性要高,希望选用针入度小、软化点高、温度稳定性好的沥青,最好采用改性沥青;

粗集料　要坚硬,强度高,针片状颗粒含量少,以便有良好的嵌挤作用;

细集料　最好采用坚硬料破碎的人工砂。若使用天然砂,必须非常洁净;

矿　料　必须是磨细石灰石粉。

二、沥青玛蹄脂碎石混合料配合比设计与技术要求

SMA 混合料配合比设计的原则是使间断级配的粗集料相互嵌挤，形成混合料的骨架，骨架间的间隙被由沥青、矿粉、少量细集料及纤维所形成的沥青玛蹄脂所填充，以使空隙率达到要求，而且沥青玛蹄脂要能持久地维持住骨料骨架。因此，SMA 的配合比设计主要控制空隙率和滴漏指标。

SMA 混合料的配合比设计应遵循现行规范关于热拌沥青混合料配合比设计中的目标配合比、生产配合比及试拌试铺、验证的三个阶段，确定矿料级配及最佳沥青用量。

SMA 的矿料级配采用间断级配，其级配范围应符合表 5-5-4 要求。

沥青玛蹄脂碎石混合料(SMA)矿料级配范围　　表 5-5-4

规格	筛孔 (mm) (方孔筛)											层厚 (mm)
	19	16	13.2	9.5	4.75	2.36	1.18	0.6	0.3	0.15	0.075	
SMA-10			100	90~100	22~36	18~28	14~26	12~22	10~18	9~16	8~12	25~30
SMA-13		100	90~100	50~75	20~34	15~26	14~24	12~20	10~16	9~15	8~12	35~40
SMA-16	100	90~100	65~85	45~65	20~32	15~24	14~22	12~18	10~15	9~14	8~12	40~50

SMA 混合料马歇尔试验配合比设计的技术要求见表 5-5-5。

SMA 混合料马歇尔试验配合比设计技术要求　　表 5-5-5

试验项目		单位	技术要求	
			当不使用改性沥青时	当使用改性沥青
马歇尔试件击实次数			两面击实 50 次	
空隙率 VV①		%	3~4	
矿料间隙率 VMA①		%	不小于 17.0	
粗集料骨架间隙率 VCA_{mix}		%	不大于 VCA_{DRC}	
沥青饱和度 VFA		%	75~85	
最小油石比，合成集料毛体积相对密度	2.9	%	不小于 5.5%	不小于 5.5%
	2.8	%	不小于 5.8%	不小于 5.8%
	2.7	%	不小于 6.1%	不小于 6.0%
	2.6	%	不小于 6.3%	不小于 6.2%
稳定度②		kN	不宜小于 5.5	不宜小于 6.0
流值		mm	2~4	2~5

注：①对高温稳定性要求较高的重交通路段或炎热地区，设计空隙率取高限且可放宽到 4.5%，VMA 可放宽到 16.5%；
②SMA 试件马歇尔试验的稳定度和流值指标，不是确定通过或否决配合比设计的指标，确实有困难时，对非改性沥青 SMA 的稳定度可放宽到 5.0kN，改性沥青 SMA 可放宽到 5.5kN，但车辙试验的动稳定度必须合格。

SMA 设计配合比应符合表 5-5-6 各项指标的要求。

SMA 配合比设计检验指标 表 5-5-6

检验项目		技术要求		试验方法
		当不使用改性沥青时	当使用改性沥青时	
谢伦堡沥青析漏试验的结合料损失①	%	不大于 0.15	不大于 0.1	T0732
肯塔堡飞散试验的混合料损失(20℃)	%	不大于 25	不大于 20	T0733
车辙试验动稳定度②	次/mm	>1 500	>3 000	T9719
水稳定性:残留马歇尔稳定度	%	75 以上	80 以上	T0709
冻融劈裂试验残留强度比	%	70 以上	75 以上	T0729
渗水系数③	mL/min	<20		T0730
构造深度④	mm	0.7~1.1		T0731

注:①谢伦堡沥青析漏试验在施工最高温度下进行,没有明确规定时,非改性沥青混合料的试验温度为 170℃,聚合物改性沥青混合料的试验温度为 185℃;

②当采用改性沥青时,车辙试验的试件成形后在常温下保温的时间不宜少于 2d,也不得大于 4d。用于施工质量检验时,车辙试验不得采用取样后冷却再经二次加热重塑成形的试件;

③渗水系数仅适用于配合比设计时室内试验的压实试件检验,不适用于施工现场检验;

④构造深度与集料公称最大粒径有关,粒径小的构造深度也小,此值不适用于施工现场检验。

SMA 混合料的水稳定性,即抗水损害的能力,应符合下列要求:

(1)48h 浸水马歇尔试验残留稳定度不小于 75%,对使用改性沥青的不小于 80%;

(2)冻融劈裂试验强度比(TSR)不小于 75%,对使用改性沥青的不小于 80%。

三、沥青玛蹄脂碎石混合料的施工工艺特点

SMA 混合料的施工工艺与普通沥青混凝土大同小异,主要区别在于:

(1)拌和方面:应采用间歇式沥青拌和机,并配备有纤维稳定剂投料装置,纤维必须在投入矿料的同时投入拌和缸的热集料中,保证在喷洒沥青前有一定的干拌时间,然后投入矿粉。干拌时间应比普通沥青混凝土增加 5~10s,喷入沥青后的湿拌时间也应增加 5s 左右。拌和温度要比普通沥青混凝土提高 15~20℃;出厂温度也要比普通沥青混凝土高 10~20℃,但不得超过 190℃。

(2)运输方面:对改性沥青 SMA 混合料,任何情况下都必须在运料车上加盖篷布;运输车的数量宜较正常施工用的数量适当增加,以防止车辆不足,摊铺机待料的情况。

(3)摊铺:SMA 混合料摊铺和普通沥青混凝土相似,但改性沥青 SMA 混合料的摊铺温度比普通沥青混合料要高 10~20℃;当路表温度低于 15℃时,不宜摊铺改性沥青 SMA 混合料。

(4)压实:SMA 面层不得采用轮胎压路机碾压,以防轮胎搓揉造成沥青玛蹄脂挤到表面而达不到压实效果;压路机必须紧跟摊铺机上去碾压,不得等候。

第六章 公路快速运输

在技术配置上,一般运输与快速运输的主要区别(也就是各自的特征)有两点。一是公路配置的区别。在一般公路上从事的运输活动称之为一般运输,而高速公路或等级高的汽车专

用路是开展快速运输的必要条件。二是运输工具配置的区别。一般运输用普通车辆即可,快速运输必须配备高速车辆。一般运输由于技术配置水平较低,固定投资较小,运输效率受到车辆及公路通行条件的约束而难以提高,因而要求灵活机动的运营组织管理。经营规模不宜过大,经营管理权限不宜太集中。根据平衡配置原理,一般运输不宜配置高档车辆。一般运输提供的是普通的运输服务,价格相对便宜,收益水平也相对较低。

在我国,公路快速运输是随着高速公路建成投入使用后才发展起来的,现在已成为公路运输行业发展的热点,也是新的经济增长点和运输产业升级领域,但有关公路快速运输的理论及实践,目前仍处于探索过程中。本书介绍的只是其中较有代表性的论述。

第一节　公路快速客运系统

一、公路快速客运的内涵及基本特征

依托于高速公路建立起来的客运系统称之为快速客运系统。但高速公路要占全线多大的比重才称之为快速客运,仍缺乏一个量的界限。从理论上说,应当以在正常的条件下运送速度及服务水平不低于一定标准界限来定义公路快速客运。

关于公路快速客运运送速度的最低标准,一般认为是 70km/h。

以生产力水平提高为根本的推动因素,公路运输整个系统运作能力及其相应的要求提高,是公路快速运输的本质特征,由此而延伸出公路快速客运的基本特征。

(1)客流量大,具备高密度发车的前提条件。运送速度是指乘客从进站候车直到抵达终点站所花的时间与距离的比值。如果候车时间过长,不论运行速度多快,都将很难保证运送速度的提高,因此公路快速客运在乘客出行时段首先要求要有一定的发车密度。显然没有一定的客流量,就不可能开展真正的快速客运。

(2)具备良好的道路通行条件。要使运送速度达到一定的限度,就要求运行全程有良好的道路通行条件。若按运送时速 70km 为低限。在一般情况下,全程绝大部分道路都应是高速公路或车辆平均运行时速能达到 80km、90km 以上的道路。

(3)运输工具高速化、高档化。要使平均运送时速达到 70km,在运输途中车辆运行技术速度一般时速要达到 100km 左右,只有高速客车才能具备这种能力。而高速客车整体配置都比较高,属于高档客车。

(4)优质的运送服务。与一般公路客运相比,公路快速客运投入和消耗都比较高,按照市场经济的基本规则,运价亦必然高。从消费者的角度来看,他们必然要求要有与价位相称的运送服务。因此,公路快速客运的优质服务不是需不需要的问题,而是由其经济特征延伸出来的必备的品质特征。

综上所述,公路快速客运不只是速度提高了的一般公路客运,而是由其技术经济特征所决定的具有专门品质特征的运输“升级产品”。

二、我国公路快速客运发展的基本情况

20 世纪 80 年代末,我国高速公路实现零的突破,1990 年成规模的第一条高速公路沈大线

建成通车，投入了一批进口的伊卡路斯大客车从事客运，这批车的档次及价位都远远高于当时公路客运普遍使用的客车，并配以较好的服务，对平行的沈大铁路客运产生了较强的冲击。在沈大路客运市场的启发下，广深高速公路建成前夕，参与该路客运的竞争明显比沈大线激烈，要求进入市场的投资及经营者远远超过市场的承受能力。获准进入的经营者投入车辆的档次远远高于沈大线，有的单车价位在250万元以上，服务措施也比较多。由于广深线连接我国经济发达区，初期经营者获利颇丰，使高速公路客运市场进一步升温。

1995年，成渝公路建成通车。它与铁路相比，在里程上具有绝对优势。高速公路客运市场竞争进入白热化程度。政府主管对此几乎难以有效地调控。获得经营资格的业主，在投入车辆的档次、服务方式、价格等方面展开竞争。高速公路客运成为我国公路运输业发展的热点。

高速公路客运有其自身的规律，它对经营组织与管理模式有特殊的要求。在沪宁高速公路建成投入营运之前，为了避免重复以往高速公路客运发展的怪圈："火爆——下滑（客源减少）——陷入困境"，开始探讨研究高速公路客运发展的深层问题，认识到要规模化、集约化经营，才能体现出公路快速客运的技术经济优势。

1996年，沪宁高速公路建成通车。此前，各条高速公路客运经营组织与管理的共同特点是：把一般公路上形成的客运模式直接引入高速公路客运，可以说是传统模式向高速公路客运的延伸，而沪宁高速公路客运则采用一种新的经营、组织与管理模式，是对原有高速公路客运市场的调整。自此以后，陆续建成投入营运的高速公路，在发展客运方面借鉴了沪宁模式，结合本地的具体情况加以改造，形成各具特色的高速公路客运市场。由于高速公路至今尚未连接成网，每一条高速公路形成一个相对独立的客运市场，且各具特色。我国高速公路客运仍处于探索调整时期。

从已投入使用的各条高速公路的客运来看，公路快速客运的基本模式大致可分为以下三类。

1.传统模式

一般公路客运经营企业直接参与高速公路客运。我国一般公路客运企业的营运车辆，在经营方式上一般都是承包或租赁，基本上是一辆车一个经营主体，企业掌握的经营权限并不完整。这种模式的企业参与高速公路客运并未摆脱一般道路的运输条件下形成的"单兵作战"的特点。

2.自由模式

这种模式产生于高速公路客运经营权公开拍卖的条件下，投资者通过竞争，获得高速公路客运经营班次的权力，自购车辆，在规定班次、规定运价的约束下，自行组织高速公路客运经营活动。投资者及经营主体大都以企业的形式出现，经营规模大小差异很大，从一辆、几辆到几十辆；有国有名义的、集体名义的以及合资企业的。

3.集约化经营模式

这一模式最显著的特征是按照高速公路客运的基本要求，专门组建的有一定规模且实行集约化经营的企业，在某一高速公路客运市场中起主导作用。

三、公路快速客运的系统结构

与一般公路客运系统相比，公路快速客运系统具有鲜明的特殊性，主要表现在两个方面：

其一是对相关系统素质的要求不同，它们必须与快速、优质、高投入、快回收的特征相适应；其二是存在一些公路快速客运特有的系统要素。

1.发达的售票系统

公路快速客运与一般公路客运相比，实载率对效益的影响远远大于后者，必须通过发达的售票系统，良好的售票服务，完善的客票体系尽可能提高上座率。

2.便利的疏导系统

公路客运的优势之一是“门到门”运输，乘客关心的是整个出行（“门到门”）的时效。要提高这一时效，公路快速客运不仅要提高途中运送速度，而且还必须在两端具备良好的疏导系统，应从站点选择和专设疏导系统两方面来考虑。

3.标准、规范的“软”服务体系

从过程来看，软服务包括候车服务、上车服务、途中服务、下车出站服务等环节。要做到优质运送服务，必须建立标准、规范的服务制度，避免服务过程的随意性或因人因时而异的服务。

4.公路快速客运系统其他要素的配置

（1）站场配置：总体原则是小候车室、大停车场、足够的发车位，不得已时可考虑分设停车场。既要满足快速客运的需要，又要尽可能节约站场投资。

（2）运力配置：要根据客流的特征选择车型及其档次。运力投放时，应正确处理规模与效益的关系，切忌盲目追求规模。

（3）投资配置：公路快速客运是公路运输行业新的经济增长点，存在着巨大的获利潜力。在投资配置上，应将发展公路快速客运与搞活国有大中型汽车运输企业结合起来，适当吸收其他投资主体，实现投资主体多元化。

（4）经营主体配置：公路快速客运是一个特殊的经营市场，既要维持市场经济的基本特征——竞争发展，又要尽可能避免由于经营主体过多而在利益驱动下破坏必要的发展秩序。因而，在一个相对独立的公路快速客运市场中，经营主体不宜过多。对此政府应保持必要的干预控制力，强化对这一领域的管理。在配置经营主体时，应把握两个基本点：一是适度竞争；二是经营主体的规模与效率。

（5）管理系统配置：这一方面主要涉及到运输市场管理的政策及措施，路政管理，安全管理，通讯系统，沿线服务系统（维修、加油、途中休息等），还应特别重视塑造公路快速客运的文化特征。

四、建立公路快速客运经营组织的根本原则

经营组织属于生产关系的范畴，必须与生产力相适应，这是最根本的原则。公路快速客运，是以公路运输先进的生产力水平为基础发展的，它对客运经营组织及由此决定的管理方式必然不同于生产力水平相对较低的一般公路运输。从理论上分析，实现规模化、集约化经营，应作为建立公路快速客运的经营组织的基本指导原则。

规模化、集约化经营是社会发展的基本趋势，因此对于任何一个产业领域来说，不存在应不应该实现规模化、集约化经营的问题，而是该产业领域的生产力水平是否达到了应有的要求。对此应有明确的认识。

有序化。快速，要求必须有序，有序才可能安全，才能出效益。有序主要包括：车辆配置及

管理有序;旅客运送组织有序;驾驶员选择、训练、管理有序;经济有序等。

第二节　公路快速货运系统

在我国公路快速货运除由邮政部门经办的快速邮件收发业务外,其他领域尚未真正起步,公路运输行业虽然也有一些针对某些特别的运输任务按快运方式等承担,但不论从经营组织,管理规范还是运输手段来看,也只是属于“专运”,而不属于快运系统。对于我国公路快速货运系统的研究早在1991年就已开始,到目前为止,由于种种条件的限制,其中也包括认识深度与广度的局限性,还未全面付诸实践。

一、公路快速货运系统的概念

公路快速货运系统是以高时效的货物为服务对象,以高等级公路为基础,依托多层次、网络化的货运站场体系集散货源,使用技术先进、结构合理的车辆载运货物,利用高效的通信信息技术作为管理手段,通过科学有效的运输组织,实现货物和信息安全、准确、快速流动的公路货运系统。

快速货运也是公路运输的“品种”之一。因此,它首先应符合货物运输的品质要求及安全、方便、经济、及时、周到等。在这一前提下,能够体现公路快速货运特征的品质参数则是快速。有的专家提出快速的标准是“在网络覆盖范围内,保证货物从发货人到收货人运距在500km以内的运送时间不超过24h,运距每增加600km,运达时间增加24h”。这一量化品质参数,可供参考。

二、公路快速货运系统的构成要素

公路快速货运系统涉及到七个基本要素,即快运货物、道路设施、站场设施、货物装卸分拣设备及组织、运输装备、通信信息和运输组织。

快运货物是指系统的服务对象,主要为小批量、多品种、附加值高、高时效等时间价值高、对时间敏感的货物,诸如部分零担货物、集装箱货物、时令商品(食品、时装印刷品等)、鲜活易腐品、高价值贵重物品以及用户要求快运的小件物品等。

道路设施作为公路快速货物运输的基础条件,应有较大的通行能力和较高的服务水平,具有足够的覆盖程度和通达深度的较为完善的公路网络。

构成公路快速货运系统实体内容的为站场设施、货物装卸分拣设备及组织、运输装备、通信信息和运输组织五个子系统。站场设施子系统作为网络系统的节点,以货运枢纽站场为中心,结合不同层次的货运站场与货物集散地,构成多层次、网络化的站场结构系统。快速货运通常要对不同流向,不同货种的货物进行分拣中转拼装,需要有专门的分拣及装卸设备,并有专门的作业及管理组织,由此而构成了快速货运系统中必不可少的子系统。运输装备子系统为快速货物运输的载体,通过技术先进、结构合理的车辆,满足区域内取送货服务和区域间干线公路快速运输的要求。通信信息子系统作为快运系统的神经中枢,以公用通信网和专用通信网为基础,以各类常规电信和 EDI 等专用数据交换为手段,以专业化的计算机应用系统为核心,形成高效、及时、准确的通信信息网络,满足货物组织和管理的需要。运输组织子系统作为运输服务和运输生产的主体,主要以货运站场为依托,以现代化的通信信息为手段,通过提供货物集散、中转和中介代理、运输组织、辅助服务等全方位的服务,高效、优质地实现公路快速运输的全过程。

三、我国公路快速货运发展的基本情况

我国公路快速货运至今尚未真正起步。有些省市,如广东、上海、辽宁、山东等依托现有的零担运输网和高速公路正在规划筹建快速货运企业。对于一些特殊的货物(主要是鲜活货物、急运货物)实行专运,从运送速度来看,远远快于一般货运,但这仅属于速度提高的一般货运而已,因为它不是运输生产力水平提高推动的结果,而是原有生产力水平下开设的一种专项货物运输服务。

四、系统基本运行模式

从系统的服务形式看,可以分为零担货物快速运输(以下简称零担快运)和整车货物快速运输(以下简称整车快运)。由于零担快运与整车快运的货源组织与生产特点各不相同,系统运行模式也各有其特点。

1.零担快运

所谓零担快运,就是指所运送的货物从承运至送达收货人手中整个过程需要经过分拣拼装的环节才能完成的运输组织方式。零担快运产生于两种情况。其一,被运送的货物批量太小,直达运输不经济;其二,由于道路通行条件(包括交通管制)等原因,为了达到快捷、经济运送的目的,而选用零担快运的组织方式。

2.整车快运

所谓整车快运,就是指从接货承运直到送达收货人整个运送达程,货物不需经过分拣拼装的运输组织方式。同零担快运系统的运行模式相比,整车快运系统基本生产流程中简化了货运站务装卸分拣作业过程,实现货物由发货人直接快运到收货人手中。

与公路客运相比,公路货运涉及面更广,运送对象千差万别,运送时间及其他相关条件要求各异,运送与组织难度大。快速货运更是如此。正因为如此,我国公路快速货运的发展远不及快速客运那么快。对于整个公路交通行业而言,如何充分利用公路建设所创造条件,加速公路货运业的发展,使之更好地为国民经济及社会服务,是当前正在认真探索研究的重大课题。从发展的基本趋势来看,公路货运业必将成为整个物流服务业的组成要素。

第三节　公路主枢纽

从本质特征上看,公路主枢纽是公路运输网中最重要的客货集散、中转的节点服务设施系统。主流观点认为,公路主枢纽具有运输组织管理、中转换装(乘)、装卸储运、多式联运、通信信息和生产生活辅助服务等六项基本功能,但也有专家提出,主枢纽的基本功能为连接、集散

中转、疏导(城市交通)三项。根据"三主一支持(公路主骨架、水运主通道、港站主枢纽和支持保障系统)"的规划,全国确定了45个公路主枢纽点,主要分布在省会城市、中心城市、沿海开放港口城市及经济特区城市。公路主枢纽分为客运主枢纽和货运主枢纽的两大系统,其主要组成部分包括站场生产服务系统、通信信息系统规划、生产生活辅助服务系统、组织管理系统等。

有关公路主枢纽的基本理论、规划方法、投资体制及其运行机制等方面,目前仍在探讨与摸索之中,特别是货运系统。发展的基本趋势是货运枢纽建设与物流园区建设一体化。

参考文献

1 中华人民共和国行业标准.公路软土地基路堤设计与施工技术规范(JTJ 017-96).1997.10.1实施

2 方开泽,俞仲泉,施建勇.软土地基浅层处理方案分析报告.沪宁高速公路软基处理论文集.江苏省高速公路建设指挥部,南京:河海大学,1994

3 方开泽,俞仲泉,施建勇.软土地基深层处理方案分析报告、沪宁高速公路软基处理论文集江苏省高速公路建设指挥部.南京:河海大学,1994

4 朱诗鳌.土工合成材料的应用.北京科学技术出版社,1994

5 《土工合成材料工程应用手册》编委会,土工合成材料工程应用手册.北京:中国建筑工业出版社,1994

6 邓学钧、杨军.土工织物在路基路面结构中的应用.中国公路学会道路工程学会.1993年学术会议论文集

7 熊有言.土工合成材料及其在道路工程中的应用.中国公路学会道路工程学会.1993年学术会议论文集

8 交通部公路科研所.道路沥青及沥青混合料的路用性能研究."八五"国家重点科技项目,1995.11

9 AASHTO Draft(June 1998) Standard Specification for Designing Stone Matrix Asphalt(SMA)

10 中华人民共和国行业标准.公路改性沥青路面施工技术规范(JTJ 036-98).1999.3.1实施

11 任福田等译.道路通行能力手册.北京:中国建筑工业出版社,1991

12 中华人民共和国行业标准.公路工程技术标准(JTJ 001-97).北京:人民交通出版社,1998

第六篇　水路运输系统

第一章　水路运输概述

第一节　水路运输特点、地位和作用

一、水路运输系统的组成

水路运输是货物运输中一个重要组成部分。水路运输可分为内河运输和海洋运输两大类,海洋运输又可分为沿海运输和远洋运输。水路运输系统由船舶与港口、各种基础设施及服务机构等组成。

1.船舶与港口

船舶是水上运输的主要运输工具。各类船舶根据运输对象的不同,在船舶结构和性能方面各具特色。随着船舶技术的提高和水上运输业的发展,船舶正向大型化、自动化、高速化、专业化的方向发展。

港口是水路运输的重要环节,第一代、第二代港口业务主要是以调配和集散货物为主,80年代后的第三代港口已成为国际资源的配置中心。随着现代物流的发展,现代港口不但具有仓储运输、商业贸易、工业生产和社会服务功能的现代化、综合性的工商业中心和海陆空联运立体交通运输枢纽,而且也是集物流、商流、信息流和资金流为一体的现代物流中心。港口作为国民经济发展的基础设施,具有规模大,投资大,为水上运输提供货流、客流中转流通的保障,以服务于国民经济和社会发展为宗旨的特征。

2.主要基础设施

1)港口水工建筑

港口的水工建筑和港口水域及陆域设施是水上运输不可缺少的基础设施。港口水工建筑主要有防护建筑物、码头建筑物和护岸建筑物三类。海港的防护建筑物主要是为了防止波浪对港口的冲击而建造的。它通常建于港口水域外围的深海中,在港口工程中被称为外海防护建筑物。码头是港口的主要水工建筑物的第二个组成部分,它是由码头主体结构和附属设备两部分组成。主体结构包括水上部分(码头面上胸墙、梁、靠船构件等)和水下部分(墙身、板桩、桩基等)组成;附属设备包括系船柱、护木、系网环等,使船舶靠码头装卸作业安全可靠。水工建筑物的第三个组成部分是护岸建筑物,其作用是对码头、泊位的岸边进行加固,确保码头泊位岸线的稳定。最常见的护岸建筑物有护坡和护墙两种。

2)港口水域和陆域

港口水域主要包括航道和锚地。根据港口水域的划分,航道和锚地可分为港外航道、锚地和港内航道、锚地。港外航道的宽度要考虑船舶的型宽和船舶进港的密度等因素,还应留有适当的余地。

港口陆域基础设施主要有码头泊位、仓库和堆场、港内铁路与道路、装卸机械及其他给排水系统、配输电系统、燃料供应等辅助生产设施。

3.船舶营运者和各种代理业

船舶经营者是指以自有或租用的船舶从事客货运输的公司、单位或个人。船舶租赁者是指船舶所有人不经营船舶的营运业务,而将船舶以光租的形式出租给承租人,由承租人作为船舶经营者经营船舶营运业务。

对于对外贸易货物的国际航运业务来说,还需要货运代理、船舶代理等各种运输服务机构。货运代理通常指报关行或运输行,是指以收取佣金,代货主办理货物进出口报关手续,或以自己的名义接受海上货物运输的托运,并将自己承运的货物交由船舶营运者运输的行业。船舶代理业是指接受船舶经营人或船舶所有人的委托,为其在港的船舶代办在港一切业务的行业。根据具体的业务,又可分船舶代理人,即为船公司代办在港的各项业务和手续,或代为揽货代理人;船舶营运代理人,即为船舶营运人(或承租人)代办船舶在港业务的代理人;和船舶所有人代理人,即为船舶所有人代办船舶在港业务的代理人。

4.航运交易所

航运交易所是提供水运交易的场所。世界上第一个航运交易所波罗的海交易所是由其股东共同拥有的有限公司,会员在交易所内进行的最大业务为国际货运市场,由所有贸易国家的租船人租赁各个国家的船舶。其大部分会员都是在各类市场中周旋于当事人之间的经纪人。

我国目前仅有的国家级水运交易市场——上海航运交易所成立于 1996 年 11 月 28 日，其主要功能是以“公开、公平、公正”的原则规范航运市场交易行为,调节航运市场价格,沟通和发布航运市场信息,为包括船公司、货主、代理方等航运市场主体提供全面的服务。上海航运交易所的成立为培育和发展我国航运市场、对上海国际航运中心的建设发挥了重要作用。

二、水路运输的特点

水路运输具有点多、面广、线长的特点。通过内河运输和海洋运输,将内陆经济腹地与世界连通,使处于运输交汇口的港口城市产生了内陆经济腹地和国际港口城市两个极为宽阔的辐射面。联江通海的水路运输线路长,沿线站点多,是水路运输为腹地的经济建设提供运输服务的有利条件,从而体现了水路运输对国民经济发展的重要作用。

水路运输可充分利用江、河、湖、海的天然水资源,与其他运输方式相比,它又具有对环境污染小、运输量大、水运价格低廉、对运输货物适应性强的的优点。因此,在各种货物运输方式中,特别国际货物运输中,水路运输是一种重要的运输方式。

21 世纪,世界经济发展的特点是全球经济一体化、世界上绝大多数产业已完成了其在全球范围内的拓展和跨国公司迅猛发展。这种世界经济的特点带来了国际贸易和运输的巨大增长,提出了国际货运向现代物流服务方向发展的需求,同时也要求港口在现代物流体系中发挥更为重要的作用。

在国际经济、贸易和运输尚未一体化的时代，生产、贸易、运输和装卸是相互脱离的系统，其中运输也被分割成许多独立的过程。传统的港口仅承担货物装卸、中转、换装的任务，而游离于生产、商贸、信息和运输等生产、流通领域之外。随着国际经济贸易的发展和物流技术水平的提高，货主对货物流通和资源配置提出了高效率、低成本的要求，运输业率先开始拓展传统的运输服务功能，向现代物流服务发展。国际航运公司为了满足货主的要求，开始关注并积极拓展从海上向陆上物流服务的延伸业务，出现了班轮公司的集团化、多角化经营，并进一步向全球承运人方向发展的趋势。游离于生产、运输领域的第三方物流业也迅速发展，成为所在地区和城市经济发展的新的增长点。港口也在从事物流服务中，提升了自己的地位和作用。

首先，港口为了适应现代物流服务的需求，已从传统货物转运场所到物流、商流、资金流、技术流、信息流全面大流通的汇集点的转变；从车船换装点到以公、铁、水、空综合运输为特征的现代运输方式的转变；成为在整个物流供应链中，实现社会经济资源高效率、低成本流通的物流服务中心。

其次，港口在提供物流服务中，以其独特的地域、设备、装卸、仓储、信息和运输的优势，为各种用户提供方便的运输、商务、保险、金融和信息服务，从而成为区域乃至国际性的商务和物流综合服务中心。各地生产资源和商品通过港口的集散得到合理的配置和分拨，使货物的流通的时效、成本和空间三者达到完美的结合。同时，港口作为国际物流供应链上的重要的节点，是船舶、航海、内陆运输、通讯等领域技术革新的汇集点，港口作为商务服务中心，还集聚了货主、货运代理、船东、船舶代理、商品批发公司、陆上运输企业、海关、商检等机构。所有的商流、物流、资金流和信息流将在港口流通。因此，港口必须要应用现代信息技术与自动化技术及时处理各种信息，成为现代物流信息中心。

三、水路运输在国民经济发展中地位与作用

1.水路运输在国民经济中的地位

水上运输与国民经济中的其他产业不同，它本身具有的基础设施并不生产有形的产品，而是为产品在商业的流通中提供运输服务。这个特殊性使水上运输业不仅是服务部门，而且又是国民经济的基础产业，如水路运输中的航道，水中建筑物如堤坝、港池、锚地及港口设施等都表明了水路运输是国民经济的基础产业部门，这个基础产业具有资本密集，技术密集，劳动密集，信息密集的特征。

经济要发展，交通必先行，国际贸易要发展，水上运输必先行。无数的历史实例都证明了水上运输在国民经济发展中的先行地位。这是因为国民经济贸易发展必然需要运输大量的原材料，成品和半成品。20世纪70年代初，水上运输曾是我国对外开放和经济发展的瓶颈，由于港口设施的不足和落后，使大量外轮在港外排队等泊，使我国蒙受了大量的经济损失，并损害了我国的国际声誉。再以日本为例，日本是个贫资源国家，在它经济腾飞的前期，它首先发展水上运输业，以优惠的政策鼓励发展造船业，以保护政策扶持本国船队的发展，使它在经济腾飞之时有充足的运力向世界各地运输优质的原材料，从而制造优质的产品，进入世界市场，使之在短时期内跻身于世界发达国家行列。历史的经验和教训使我们深刻认识到水上运输的先行地位。根据国际实证分析，水上运输能力的拓展与发展的先行期一般为3~5年。

战时，水上运输船队历来都被用作后勤交通运输工具。水上船队的强大与否，是国防力量

强弱的重要标志之一。在国外,美英等国家把商船队称为"除陆、海、空军之外的第四军种",中外战争历史上,水上运输对运输军用物资,支援战争胜利后勤保障方面均作出过重要的贡献。

2.水路运输在国民经济发展中的作用

水路运输是增进人类全球性经济联系的纽带。水上运输通过越洋通海联河的运输,将世界各地联成了一片,从此,任何国家和地区结束了孤立和封闭而走向世界。在人类历史进入21世纪的今天,在航空仍不能解决大批量货物运输的现实情况下,量大价廉便捷的海上运输仍将是联系全球性经济贸易的主要方式,承担着全球性、区域间的货物运输,成为世界经济全球一体化和区域化服务的运输纽带。

1)水上运输对国民经济发展的促进作用

包括水上运输在内的运输业不仅是国民经济的一个重要产业部门,而且还是国民经济与其他产业部门联系最为广泛的特殊产业部门。水上运输在运作过程中,不仅与造船业、建筑业、制造业及其他产业部门密切相关,更与金融业、保险业密切相连,它的发展为经济贸易起服务保障作用,促进了国民经济的发展;它的发展同样为国民经济创造了就业机会,为国民经济积累作出重要的贡献。有关资料表明,在过去的20年内,我国的蓝色经济——包括海运、港口、渔业和制盐业总产量增长了32倍,80%的外贸货物都由海上运输承担,海运对全国GDP的贡献达2%。海运业已成为我国国民经济增长的"发动机"。世界上航运发达的航运中心常常也是当地经济、贸易、金融中心的实例雄辨地证明了水上运输对国民经济发展的重大促进作用。

水上运输通过国际航运,对发展国家外向型经济发挥了基础性作用。水上运输系统中良好的港口基础设施和航运服务质量是吸引国际资本的重要条件,对国家经济的发展具有重要的门户作用。由此可见,水上运输在国民经济中具有极为重要的战略地位。

2) 港口和航运业提供现代物流服务成为港口城市经济发展的新的增长点

国际上,物流产业被认为是国民经济或地区经济发展的动脉和基础产业,是促进经济发展的"加速器"。据统计,1997年美国第三方物流业的总收入达340亿美元。在欧洲国家,第三方物流占该国总物流市场的份额,德国为23.33%,法国为26.9%,英国为34.48%,意大利为24.99%,比利时为24.99%,荷兰为25%,瑞士占22%,希腊占11%。由此说明,国外市场对第三方物流的需求是巨大的。

我国物流业的发展起步较晚,第三方物流业尚处于起步阶段,目前的物流服务市场更具有巨大的发展空间。市场已孕育了对第三方物流以及港口物流服务的需求。有关预测表明,如果在"十五"期间,中国物流成本占GDP的比例降低到15%,每年将为全社会直接节省约2400亿元的物流成本。对港口城市而言,如果把物流成本占GDP的比例降得更低,将为城市带来更为可观的经济效益。因此,港口和航运提供的现代物流服务,对新建港口城市的经济发展的新的增长点具有十分重要的意义。

第二节　水路运输发展现状与趋势

一、水路运输现状

1.水上运输发展现状

改革开放以来，我国水运业在党和政府的领导和关心下，得到了迅速发展。截止 2001 年底，我国营运拥有航运企业 6 000 多家，水上运输的船舶 21.1 万艘，总运力 5 449.5 万载重吨，集装箱位 50.6 万 TEU，其中从事外贸运输的船舶运力 2 386 万载重吨(不包括方便旗船)、沿海运输船舶运力 918 万载重吨，内河运输船舶运力 2 146 万载重吨。全国具有公共船舶代理权的代理公司 217 家。中国远洋运输(集团)公司和中国海运(集团)公司的集装箱船队在世界 20 大班轮公司中分别排名第七位和第十五位。

随着我国市场经济制度的确立和航运市场的发展，我国水运发展呈现出如下特点。

1)国际集装箱运输持续高速发展

我国海上集装箱运输起步较晚，但发展极快。自 1973 年天津港装卸了第一个集装箱至今，港口集装箱吞吐量连续 12 年保持 25% 的高速增长速度。2001 年受美国“9·11”事件的影响，世界经济受到自 1997 年亚洲金融危机以来最严峻的挑战，美国经济的低迷，直接影响了全球货物出口量，国际航运市场状况出现了衰退，世界集装箱运量增幅下降，尽管如此，由于中国经济的持续发展，中国集装箱运输仍然保持了高速增长。

2001 年，中国大陆前十大港口的远洋航班数达 699 班/月，比上年增长 50.6%，近洋航线 1 218班/月，国内支线 702 班/月。在大陆港口全年完成集装箱吞吐量 2 748 万 TEU 中，比上年增长 17%，其中，沿海港口集装箱为 2 470 万 TEU，比上年增长 20.7%；内河港口集装箱吞吐量为 278 万 TEU。随着我国外贸进出口结构的不断优化和内外贸集装箱运输网络的完善，我国集装箱运输市场日趋成熟，适箱货比例逐年上升。2001 年我国集装箱生成系数达每亿美元外贸额生成 0.52 万 TEU。

2001 年我国从事国际贸易运输的船队发展到 3 700 多万载重吨，排名世界第四；中远集运、中海集运船队在世界 20 大班轮公司中分别名列第七位和第十五位。全国拥有万吨级集装箱专用泊位 83 个，在全年完成的港口集装箱吞吐量中，前十大港口的集装箱吞吐量为2 237.76 万 TEU，占全国港口集装箱吞吐量的 80% 以上。我国大陆沿海已初步形成了华南以深圳为中心、华东以上海组合港为中心、华北以青岛、天津、大连港为中心国际集装箱中转型枢纽港口群。大陆沿海的上海港、青岛港、深圳港、天津港和广州港已跻身世界前五十大集装箱港口行列，标志着我国沿海港口正在向以集装箱运输为象征的现代化港口发展。

2)我国航运进一步对外全面开放

2001 年 12 月 11 日，我国正式成为世界贸易组织(WTO)成员。与此同时，随着我国对外开放的深入，我国航运市场实行全面对外开放。根据世贸组织的《服务贸易总协定》的要求，中国作出的水运入世的承诺主要包括运输、辅助服务、港口服务和相关的船舶检验即水运工程建设等各方面。

国际海上运输方面，对外商从事挂靠我国港口的班轮和非班轮运输无限制；允许外商设立合营船公司，经营悬挂中国国旗的船舶，但外资比例不得超过 49%；合营企业可享受国民待遇。

海运辅助服务(装卸、集装箱场站、船舶代理)方面，允许外商设立合营企业从事船舶代理服务，但外资比例不得超过 49%；允许外商设立外资控股的合营企业从事货物装卸和集装箱场站服务；合营企业可享受国民待遇。

港口服务方面，外商船舶在我国港口和在合理和不歧视的条件下使用以下港口服务：引航、拖带、食品、燃料和淡水供应、垃圾收集和污水处理、驻港船长服务、助航设备服务、船舶营运必须的岸基服务(包括通讯和水、电工给等)、经济维修服务。锚地、泊位和锚泊服务等。

仓储业方面,从加入时起,允许外商设立合营企业从事仓储服务,但外资比例不得超过49%;加入后1年内,允许外资控股;加入后3年内,允许外商独资经营;合营和独资企业可享受国民待遇。

船舶检验方面,从加入时起,允许外商设立合营检验机构,但外资比例不得超过49%;加入后两年内,允许外资控股;加入后4年内,允许外商独资经营;合营和独资企业可享受国民待遇。

水运基础设施建设方面,从加入时起,允许外商设立外资控股的合营企业;加入后3年内,允许设立外商独资企业,但是允许承揽下列工程项目:①全部由外国投资、赠款或外国投资和赠款建设的工程;②我国利用国际金融组织贷款并采取国际招标的工程;③外商投资占50%以下、但国内企业在技术上难以单独完成的中外合资建设的工程;④国内建筑企业难以单独完成的国内投资建设的工程,经省级建设行政主管部门批准,允许与国内建筑企业联合总承包或分包。加入后3年内,合资和独资企业可享受国民待遇。

2.中国港口发展现状

中国是个滨海的国家,大陆岸线占18 000多公里,环绕大陆边缘是渤海、黄海、东海和南海。海域总面积470多万平方公里,有大小岛屿6 400多个,岛屿岸线总长达14 000多公里。2001年底我国港口拥有生产性泊位33 441个,其中万吨级泊位810个,非生产泊位703个。

全国沿海港口拥有生产性泊位3 718个,其中万吨级泊位677个;内河港口拥有生产性泊位29 723个,其中万吨级泊位133个。内河港口万吨级泊位主要集中在长江干流和珠江水系,其中长江干流万吨级泊位121个,长江支流1个,珠江水系11个。

近些年来,我国港口生产继续保持良好的发展态势,2001年全国港口完成货物吞吐量24.0亿吨,比上年增长8.8%。沿海港口完成货物吞吐量14.5亿吨,内河港口完成货物吞吐量9.5亿吨,分别比上年增长12.4%和3.6%。大陆沿海港口中,上海港、广州港、宁波港后,天津港、秦皇岛港、青岛港、大连港已进入亿吨大港之列,在实际货物吞吐量排名20位的港口中,中国港口占了7个。

内河港口货物吞吐量出现了强劲的增长势头,特别是长江下游的地方性港口货物吞吐量增长率达30%。2001年长江干线主要港口完成货物吞吐量2.9亿吨,比上年增长25%。

中国港口经过近20世纪50年的建设和发展,根据地缘地理和区域经济的特征,已形成了三大港口群的格局。

(1)环渤海湾港口群——北起丹东至青岛诸港口,其中有中国最大,也是世界上最大的煤炭出口港秦皇岛港;沿海港口历史最长的,地处我国东北、华北、山东发达的经济中心城市的大连港、天津港和青岛港,还有新兴的黄骅港和津唐港等吞吐量超过4万吨的港口6个。

(2)黄海及华东港口群——青岛以南至厦门以北的沿海各港,其中包括中国大陆最大的上海港、新兴的宁波(北仑)港和长江三角洲各港。以中国最大的经济中心城市之一上海为依托的上海港,以建设上海国际航运中心为契机,近年来港口建设和发展迅速,2001年完成吞吐量2.2亿吨,集装箱吞吐量633万TEU,进入了世界集装箱大港排行榜的第五位。毗邻上海的宁波北仑港拥有20万吨级的大型散货泊位,已成为中国大陆沿海最大的铁矿石转运港。改革开放以来，经济发展最快的长江三角洲港口的建设和发展极为迅速。几年以来，老港拓建，新港兴建，在长江下游沿岸已形成了南京港、镇江港、扬州港、常熟港、太仓港、张家港和南通港等港口群，为长江三角洲区域经济发展起了重要的推进作用。为了遵照中央关于充分发挥上海、江苏集装箱箱源充沛的优势，加速上海国际航运中心的建设，以上海港为核心，南京港以下的江苏各港和浙江宁波、舟山港组建组合港已正式启动，它的成功将成为我国港口资源优化配置和港口管理体制改革作出示范性的样板。

(3)华南和南中国海港口群，是指从厦门以南至广西防城以东，及海南岛沿线的各港，其中包括历史悠久，依托华南经济中心城市广州市的广州（黄埔）港，北部湾沿岸及珠江三角洲各港。在改革开放中崛起的，由盐田、蛇口、赤湾港组成的深圳港（口岸）发展引人注目。2001年，完成吞吐量6 642万吨，在全国十大港口吞吐量排行榜上名列第八；香港回归后，港深两地集装箱运输发展加速，2001年完成集装箱吞吐量507.6万TEU，名列我国十大集装箱港口的第二位，世界集装箱大港排行榜的第八位。

二、水路运输发展趋势

1.运输功能拓展，运输方式变革

现代运输强调物流的系统观念，在拓展港口功能、充分发挥港口集疏运作用的前提下，建立以港口为物流中心的由铁、公、水、空、管道等多种运输方式优化组合的多式联运系统，使由原材料供应，产品生产、储存、运输，到商业销售地的整个物流流通更畅通，从而使货方、运输方、销售方和购买方在合理的多式联运中全面受益，体现运输服务于社会经济的宗旨。

物流的系统观念改变了传统的船方、港方、货方在运输中分别顾及各自的利益，而树立了全新的物流流通全系统利益的观念，使运输服务于社会经济的观念得到升华，这是运输的时代新特征。

2.船型专业化、大型化、低龄化，运输全球化

在经济贸易全球化的今天，运输全球化是必然的趋势，长距离的海上运输促进了船舶大型化、专业化，近年来，铁矿石、煤炭的好望角型船舶的载运量越来越大，20世纪90年代初，好望角型船舶载运中国内地进口铁矿石比例不足30%，2001年已达到70%，巴拿马型船舶的载运比例相应减少到30%以下。

为了提高船舶的安全性能，降低风险，提高环境保护力度，世界各国都加强了港口国检查和船舶检验力度。2002年ISO规则将进入全面实施的最后期限，全球船舶将面对安全和保险机构的双重检查，一半以上的老旧运力将要退出经营；15年以下船龄的船舶将受到租船人的青睐，一些船东已提前订造新船。

3.泊位深水化、码头专用化、装卸机械自动化

船舶大型化的趋势对港口航道、水域和泊位前沿的水深提出了新的要求，例如随着第四、第五代集装箱船舶和大型油轮、散货船的出现，要求港口航道和泊位前沿水域的水深不断加深。对流量大而稳定的货物，如散货、石油、及其成品油类和集装箱运输，专用码头泊位的产生，加上专用装卸机械自动化程度高，大大地提高了港口通过能力，同时也提高了港口的装卸效益。

4.现代信息技术的应用改变了传统的运输经营方式

随着国际互联网和电子商务的发展,一些大型船公司已实现了网上租船、定舱、货物跟踪和港口货物托运、仓储、查询等业务。电子商务的实现,提高了运输商务谈判、信息管理和服务的效率,使客户得到增值服务。

5.航运经营观念的新变革

在现代航运充分发达的情况下,在现代物流观念的冲击下,在航运市场激烈的竞争形势下,航运公司经营观念从单纯追求利润转变为追求低运输成本和努力为客户提供增值服务,以使自己获得新的生存和发展机会。由于在物流系统中,货方兼有"双重身份",即它不仅是物流系统中的组成部分,而且也是运输服务的对象,船方和港方也不再象计划经济时期那样按计划分配运量,而是用"顾客至上"的态度争取为货方服务,用运输低成本和高质量吸引货源,由此引起了航运经营观念的大变革,这也是市场经济促使航运经营观念变革的结果。

6.管理体制与经营机制

近几年中,世界航运业实现"强强联合,优势互补"的企业联合,表明了航运公司经营机制有了现代化的转变。

在港口方面,政企分开和港口经营民营化是当前我国港口管理体制改革的又一特点。我国港口对外开放以来,吸纳了大量的外资,沿海各大港口的集装箱码头的中外合资经营已不鲜见,加入 WTO 后,我国又承诺外资可控股投资建设我国港口。政企分开的港口体制和建立港口现代化企业制度已经成为我国港口体制改革的核心任务,港口组合经营,港航联合经营,港方和货方合作经营正成为港口的一种新的经营机制。

第三节　国际航运中心的建设与发展

一、国际航运中心的模式及特征

国际航运中心是指具有航线稠密的集装箱枢纽港、深水航道,畅通的集疏运网络等硬件设施和发达的航运市场,及为航运服务的相关产业和服务功能的港口城市。尽管国际航运中心的形成具有相同的基本条件,但由于受自然地理条件和经济环境的影响,世界现有的国际航运中心仍有不同的运作模式。

1.国际航运中心模式

按航运中心覆盖面和形成类型分,国际航运中心可分为四种基本模式。

(1)全球级经济腹地型国际航运中心,该航运中心是以经济腹地的货物国际运输为主而形成的,其航运及其信息覆盖面达全球,如纽约国际航运中心。

(2)洲际级经济腹地型国际航运中心,该航运中心是以经济腹地的货物国际运输为主而形成的,其航运及其信息覆盖面达洲际,如鹿特丹、东京、香港等国际航运中心。

(3)洲际中转型国际航运中心,该航运中心主要是以货物国际中转运输形成的,其航运及其信息覆盖面达洲际,如新加坡国际航运中心。

(4)地区级经济腹地型国际航运中心,该航运中心是以经济腹地的货物国际运输为主而形成的,其航运及其信息覆盖面以区域为主,如汉堡国际航运中心。

需要说明的是,上述各种模式分类并不是绝对的,随着航运中心功能的拓展,特别是在全球信息化、航运国际化、全球化的条件下，航运中心的覆盖面将可达到全球，原来以经济腹地货源为支撑的航运中心也在积极争取国际中转货物运输业务。因此，随着现代航运中心的发展，航运中心的模式也将会发生变化。

2.国际航运中心的基本条件

形成国际航运中心的第一个基本条件，是具有强大的腹地经济实力，进出口货源充沛。美国纽约国际航运中心的形成与其发达的经济腹地是分不开的。纽约的直接腹地是纽约与新泽西洲，间接腹地有美国东北部和中西部产业区，及北美、南美等世界区域。广阔的经济腹地使纽约成为美国、加拿大、阿根廷的各大出口商和南美、澳大利亚、非洲等出口商云集的地方，纽约也因此成为世界上最大的国际贸易市场和经济中心，为国际航运提供了充足的货源。20世纪的美国是世界最大的经济实体，它以占世界7%的土地和5%的人口，生产了世界五分之一的钢、煤、石油和粮食，其中木材、电力、纸、化肥、化纤等产量占世界第一，成为纽约国际航运中心的货源基础。

鹿特丹国际航运中心的经济腹地是莱茵河流域的瑞士、德国和荷兰三国。该地区也是世界上最发达的地区之一。发达的经济产生巨大的货源，从20世纪70年代中期起，鹿特丹港年吞吐量达3亿吨，欧共体30%的外贸货，四分之三的莱茵河转运的货物都由鹿特丹港口进出口，鹿特丹成为国际航运中心也就不足为奇了。

区位条件优越，集疏运畅通是形成国际航运中心的第二个基本条件。最好的例证是新加坡。新加坡地处欧洲与亚太两大洲区域的航路之中，扼马六甲海峡航道。因此，世界三大航线中有两条——东亚至西北欧、环太平洋航线和欧洲至澳大利亚、东亚至地中海航线都把新加坡作为主要的国际中转枢纽港。

国际经济中心、贸易中心和金融中心的国际大都市是促进国际航运中心形成的第三个基本条件。繁荣的贸易和金融使纽约航运中心经久不衰。香港国际航运中心的兴旺发达同样与香港经济、金融的发达分不开。

发达健全的航运市场、航线密集、运量巨大是形成国际航运中心的第四个基本条件。如香港国际航运中心，它与世界上100多个国家、地区的460多个港口有业务往来，世界各地有300多家轮船公司的总部、分部或代理处设在香港，2001年，香港港口完成集装箱吞吐量1780万TEU，继续雄居世界二十大集装箱港口排行榜榜首。

形成国际航运中心的第五个基本条件是具有现代化的港口设施和高效优质的航运服务。现代国际航运中心已完全摆脱了传统的人工管理模式，取而代之的是人工智能化的信息管理和现代EDI技术的应用，使航运和港口服务高效化、优质化。如伦敦的港口虽然因航道问题而失去了昔日的辉煌，但那里有世界航运界著名的劳氏信息服务公司、劳氏船级社、德鲁里咨询社等航运服务机构，它们使伦敦仍然享有国际航运中心的盛名。

二、我国国际航运中心的建设

1.建设上海国际航运中心的深远意义

1996年1月，国务院总理李鹏在上海视察期间，向世界宣布了把上海建成国际航运中心的构想。这是党中央、国务院为加快我国经济建设，促进上海浦东、长江三角洲以及长江经济带的开放、开发作出的一个重要决策，建设上海国际航运中心的深远意义体现在：

(1)上海国际航运中心的建设促进和加速了上海国际大都市的建设。现代国际航运中心是一个综合的概念,它不仅具有运输功能,还有运输市场功能和国际贸易商业功能这三个基本功能都是国际大都市应该具备的。以港口和船舶运输为核心的国际航运中心的运输功能对建设上海国际大都市提供了国际贸易和经济交流的基础条件。其次,以航运经营和管理为基础的运输市场功能,保证了航运为国际贸易的有效服务,有利于树立上海国际大都市的良好形象。还有国际航运中心的商业功能,为开展国际贸易奠定了基础,也促进了国际贸易的发展。

(2)上海国际航运中心的建设是21世纪中国世界航运大国的标志之一,是中国航运业对世界发展的贡献。中国是历史上的航运大国,上海有过近代远东航运中心的辉煌历史。改革开放以来,中国国际航运得到了快速发展,上海港集装箱吞吐量自1995年以来,每年以超过20%的增长率递增,2001年达633万TEU,在世界二十大集装箱吞吐量港口中名列第五位。随着我国经济的发展和航运服务质量的提高,经上海中转的国际集装箱量也将不断增加,体现了上海国际航运中心的建设对未来世界经贸和航运发展的贡献。上海国际航运中心的建成对提高我国航运的国际地位具有重要的意义。

(3)上海国际航运中心的建设有利于上海发挥龙头作用,带动长江经济带的经济发展。上海地处中国南北海岸线的中部和长江入海口的交汇处,长江黄金水道流经由上海、南京、武汉和重庆四大城市为中心的7个经济圈和28个开放城市组成的长江经济带,上海国际航运中心辐射了占地180万平方公里、3.5亿人口的极具经济发展潜力的内陆腹地。上海国际航运中心的建设不仅沟通了长江经济带与世界的联系,还带动了人流、物流、信息流和资金流的国内外交流,为长江经济带和长江三角洲地区参与国际分工创造了条件,具有实现我国“以东带西、东西联动”的经济发展战略意义。

2.上海国际航运中心建设的重要举措

在党和国家有关领导部门及上海市政府的领导和支持下,两年来上海航运中心的建设有了可喜的进展:

首先,1997年11月28日,中国第一个国家级航运交易市场,上海国际航运中心的重要标志性的机构——上海航运交易所宣告成立,它为发挥规范航运市场交易、调节航运市场价格、沟通航运市场信息等方面产生了重要的作用。

第二,长江口深水航道治理工程确定。工程分两期三阶段进行建设,整治后的长江口航道水深将达-12.5m,将有力地提高长江三角洲各港接纳大型船舶进港的能力,改善上海国际航运中心建设的基础设施条件。整治的一期工程于1998年7月1日正式开工,2001年年底完成,长江口水深已达到-8.5m。长江口航道整治二期工程即将开工,二期工程完工后,长江口水深将达-10m。

第三,上海组合港成立。1997年9月29日,横跨上海、浙江、江苏等省市的港口集装箱码头的行政管理机构——上海组合港委员会宣告成立。委员会的成立将对以上海为中心,江苏和浙江为两翼的深水岸线集装箱泊位的规划、建设及发展布局的综合平衡、组织协调,营运和分工发挥积极作用,也是上海国际航运中心的建设的重要内容。

第四,上海国际航运中心洋山深水港区的建设。洋山港址位于杭州湾长江口的崎岖列岛,西北距上海南汇芦潮港约30km,距国际航线仅45mile,是离上海最近的具备15m水深的天然港址。整个洋山港区工程规划至2020年,建设码头深水岸线总长超过10km。布置集装箱深水泊位 30 多个，设计年吞吐能力 1 300 万 TEU 以上。

即将开工的洋山深水港区一期工程由港区、东海大桥、沪芦高速公路、芦潮港陆域配套工程等四部分组成。港区工程一期建设码头岸线 1 600m，将建 5 个集装箱深水泊位，可停靠第五、六代集装箱船，同时兼顾 8 000TEU 的第八代集装箱船舶的靠泊，设计年吞吐能力 220 万 TEU，陆域面积 $1.7km^2$。东海大桥始于南汇芦潮港客运码头东侧约 4km、靠北约 1.4km 的海滩与现大堤的交接处，终于浙江省嵊泗县崎岖列岛小城子山，总长 31km，其中跨海部分 25km，按双向六车道高速公路标准设计，桥宽 31.5m，沪芦高速公路北起 A20 公路（外环线）环东二大道立交，南至东海大桥登陆点，全长 43km，芦潮港陆域配套的重要组成部分是海港新城，新城以深水港建设为契机，规划建设用地 $90km^2$，居住人口 30 万人，最终建成一个生态型、信息化、港口产业发达、具有国际通行制度、有着独特风貌的滨海园林城市。洋山深水港的建成将全面提高我国集装箱港口的国际竞争力，也标志着我国港口的国际地位提升。

第二章　水运资源的合理开发和利用

第一节　水运资源的分布

水运资源是指能够行船的海洋、湖泊与河流等，其更为广泛的含义还包括可供船舶停靠的港口和进行客货运输的船舶，本节所指的为狭义的水运资源。

一、世界水运资源的分布和利用

1.世界主要海运资源的分布和利用

太平洋是全球面积最大、水深最深、边缘水域和岛屿最多的大洋，约占世界海洋总面积的一半。太平洋沿岸有 40 多个国家和地区，是当前世界经济贸易活动最活跃的区域。经济学家预言，21 世纪将是太平洋沿岸国家的时代，该地区海运量将进一步提高，航线密度也将不断增加。目前，太平洋的主要航线有：远东—北美西海岸航线；远东—加勒比海、北美东海岸航线；远东—南美西海岸航线；远东—澳、新及西南太平洋岛国航线；东亚—东南亚航线；远东—北印度洋、地中海、西北欧航线；东亚—东南非、西非、南美东海岸航线；澳、新—北美西、东海岸航线等。印度洋地区有 30 多个沿岸国家和岛国，沿岸矿产资源较为丰富，如石油、铁矿，但加工业欠发达，地区间的经贸量有限，沿岸国家港口较少，主要分布在北印度洋沿岸，大致有以下航线：中东海湾—远东各国航线，中东海湾—欧洲、北美东海岸航线，远东—南非航线，中东海湾—澳大利亚航线等。大西洋沿岸有 70 多个国家，是诸大洋中沿岸国家最多、经济最繁荣，贸易往来频繁，航运最为发达的地区，其海运量约占全球海运总量的 50% 左右。尽管目前占全球海运量的比重逐渐下降，但仍然是全球最重要的海运区域之一。其主要航线有：西北欧—北美东海岸航线；西北欧—地中海、中东、远东、澳新航线；西北欧—加勒比海航线；欧洲—南美东海岸、非洲西海岸航线；北美东海岸—地中海、中东、亚太地区航线；北美东海岸—加勒比海沿岸航线；北美东海岸—南美东海岸航线等。

北冰洋在全球四大洋中面积最小,平均水深也最浅。它是欧、亚、北美三洲的顶点,是联系三大洲的捷径。北冰洋虽然气候寒冷,洋面大部分常年冻结,鉴于地理位置的特殊性,目前北冰洋已开辟从摩尔曼斯克经巴伦支海、哈拉海、拉普捷夫海、东西伯利亚海、楚科奇海,白令海峡至俄罗斯远东港口的季节性航线,以及从摩尔曼斯克直达斯瓦尔巴群岛、冰岛的雷克雅未克和英国的伦敦等航线。随着航海技术的进一步发展和北冰洋地区经济的开发,北冰洋航线将会有较大的发展。

2.世界主要内河水运资源的分布和利用

全球内河航运较为发达的代表性国家主要有美国、欧洲诸国以及俄罗斯。美国内河航道全程约有3万多公里,其中密西西比河水系有近2万公里,大湖区水道约1 800km。其中,水深在2.7m以上的航道约为1.77万公里,占内河航道总里程的44%,共有226座船闸。密西西比河水系是美国内河运输的主要通道,已形成江、湖、河、海相连,干支通畅无阻的内河航道网。该水系有五大支流,服务范围达22个州,是美国工农业的心脏地区,运量和运输密度居世界首位,主要运输方式是大型顶推船队。德国、荷兰、比利时、芬兰等欧洲14国北邻北海、波罗的海,南向黑海、地中海,西临大西洋。该地区河流众多,其中向北注入北海、波罗的海的有:维斯拉河、奥得河、易北河、威悉河、莱茵河等;注入大西洋的有:塞纳河、卢瓦尔河;注入地中海的有:多瑙河、罗纳河。上述河流多为穿越西欧诸国的国际河流和界河。为开发这些河流,各国单独或联合完成了大量的渠化工程,同时修建了许多通航运河,将各主要水系沟通,形成一条与北海、波罗的海基本呈平行走向的东西向运河,与南北走向的河流大致垂直相交,连同沿海水道构成了网格状的运输网。而莱茵河与塞纳河、卢瓦尔河及罗纳河之间的运河,将德、法的内河航道连成统一标准的四通八达的水运网。著名的莱茵—美茵—多瑙运河将欧洲二条最大的河流连为一体,从而形成了北海—黑海的内陆直达航道。欧洲这些河流由于航道狭窄,运输方式均以自航驳运输为主,在莱茵河下游也有驳船队,但规模较小。

俄罗斯等国家航道网是经过数十年建设而形成的,内河通航里程为12.3万公里,人工航道里程约占15%。但因受气候影响,全年平均通航时间仅220d左右。开发、渠化了第聂伯河、伏尔加河和卡马河,开挖了白海—波罗的海、莫斯科—伏尔加、伏尔加—顿河、伏尔加—波罗的海运河。20世纪60年代在境内欧洲地区建成了总长6 600km、统一水深3.65m的深水航道网,将莫斯科与波罗的海、白海、黑海、亚速海、里海联系在一起,伏尔加河主干航线可通行5000吨级货轮和2~3万吨级顶推船队,境内亚洲地区的鄂毕河、叶尼塞河、勒拿河等干流航道水深均在2.5~3.0m以上。

二、我国水运资源分布和利用

我国东部毗邻渤海、黄海、东海、南海,有1.8万公里的海岸线;岛屿总数5 000多个,有1.4万公里的岛屿岸线。在漫长的海岸线上,分布有众多的海湾、海峡和河口;河流有5万多条,多呈东西走向;我国湖泊分布甚广,面积在1km^{2}以上的湖泊共有2 800余个。内河航运主要分布在水资源丰富的地区,如长江、珠江、淮河水系及其水网地区,通航里程占全国的80%以上,水运资源居世界第一位。

1.我国沿海运输航线

我国沿海运输航线可分为北方航区和南方航区。北方航区的航线以上海、大连为中心,其主要航线有：上海—大连、秦皇岛、天津、烟台、青岛、连云港、宁波、温州、福州、厦门、广州、香港、湛江、北海、防城、海口等航线，大连—营口、龙口、秦皇岛、天津、烟台、青岛、连云港、上海、广州、湛江等航线。此外，还有天津—龙口、营口—烟台等航线；南方航区的航线以广州为中心，开辟的主要航线有：广州—大连、青岛、连云港、上海、汕头、湛江、北海、海口、三亚、八所等航线，此外，还有湛江—秦皇岛、青岛、连云港、厦门、香港等航线。

2.我国远洋运输航线

我国开辟的远洋航线通达160多个国家和地区的1 100多个港口，有近100多条近洋和远洋航线，形成了一个发达的环球运输网络。我国远洋航线以沿海港口为起点，可分为东、南、西、北四个主要方向。东行线方向：从我国沿海各港出发，经日本、横渡太平洋抵达北美、南美和拉丁美洲诸国；西行线方向：从我国沿海各港先南行至新加坡，西行穿越马六甲海峡进人印度洋后，可达西亚诸国，如欲至欧洲及非洲各国港口，还可有两条航路进入大西洋：一条经非洲南端好望角，另一条则经苏伊士运河、地中海、直布罗陀海峡；南行线方向：由我国沿海各港南行，可通达东南亚、澳大利亚等国港口；北行线方向：从我国沿海各港北行，可至日本、韩国、朝鲜、俄罗斯东部港口。

3.我国主要内河水运资源的分布和利用

长江为我国最大的通航河流，整个水系有通航支流3 500多条，通航里程约7万公里，占全国内河航道总里程的70%。长江干线从宜宾—长江口全长2 813km，分为上、中、下游三段。宜宾—宜昌共1 044km，通称上游，其中宜宾—重庆长384km，可通航500~800吨级船舶；宜昌—武汉约626km，习惯上称之为中游，其中宜昌—临湘416km，可通航1500吨级船舶，临湘—汉口210km，通航3000吨级船舶；汉口—长江口为长江下游，全长1 143km，其中汉口—南京706km，常年可通航5000吨级船舶；南京—长江口496km，常年可通航15000吨级船舶，24000吨级油轮可乘潮直抵南京长江大桥处。

珠江是我国仅次于长江的第二大通航河流。珠江水系现有通航河流988条，通航里程1.3万公里。珠江指从三水—入海口长约96km的一段水道，珠江南水道—黄埔港25km，可通航1000~5000吨级船舶；黄埔港—虎门沙角47km，可通航15000~20000吨级船舶。珠江水系包括西江、北江、东江。西江干流各段有不同名称：南宁—桂平段称为郁江，长424km，可通航1000吨级船舶；桂平—梧州段称为浔江，长167km，可通航1000吨级船舶；梧州—思贤窖段称为西江，长218km，全年可通航1500吨级船舶。北江主流发源于江西省信丰县，坪湖—始兴73km，只能季节性通航12吨级船舶；始兴—韶关68km，可通航15~20吨级船舶；连江—三水县河口约100km，水深1m以上，通航百吨级船舶。东江发源于江西省寻邬县大竹岭，通航里程429km。从粗沙石—石龙387km，通航15~50吨级船舶；石龙—东江口42km，可通航50~100吨级船舶。

京杭运河通航里程为1 044km，梁山—济宁60.9km，只能季节性通航50~100吨级船舶；济宁—蔺家坝可常年通航100吨级船舶；蔺家坝—长江北岸的六圩404km已全部渠化，其中，商家坝—邳县可通航200~500吨级船舶，邳县—六圩常年可通航1000吨级以上船舶。长江南岸谏壁—常州长64.5km，其中丹阳—陵口航段只能通航20~60吨级船舶；常州—苏州91.7km，可通航60~90吨级船舶；苏州—杭州经嘉兴东线长167.6km，可通航60~100吨级船舶；苏州—杭州经塘栖中线108.6km，可通航100吨级船舶；经湖州西线130.2km，可通航60~

100 吨级船舶。

黑龙江水系由黑龙江、松花江、第二松花江、嫩江、乌苏里江、石勒喀河等组成，黑龙江是主流，通航里程为 1 890km，每年封冻期长为 180 ~ 200d。黑龙港—抚远乌苏里江口 996km 为中游，可通航 1 000 吨级船舶；松花江通航里程为 1 447km，其中大船口—桦树林 45km，可通航 50 吨级船舶；桦树林—丰满大坝 104km，可通航 100 ~ 200 吨级船舶（丰满大坝为断航大坝，致使松花江航道被隔断）；丰满大坝—三岔河 370km，可通航 50 ~ 100 吨级船舶；三岔口—同江口 928km，一般通航 500 ~ 1000 吨级船舶。乌苏里江通航里程约 771km，从兴凯湖西岸的当壁镇—东岸的龙王庙 70 多公里属于湖区，航行条件较好；龙王庙—虎头 301km，可通航 50 ~ 100 吨级船舶；虎头—伯力 400km，可通航 300 ~ 1000 吨级船舶。

4.我国内河航运实施以航道建设为核心的发展战略

航道是内河航运的基础，是实现内河航运现代化的关键。经测算，与其他运输方式相比，采用 500 吨级以上内河船舶运输大宗物资才有较强的竞争力。因此，我国的内河航运应根据各航区的货物运输特点，形成由四级以上航道、大吨位船舶、一定经营规模的企业构成的内河运输体系。

目前我国内河航道基础差，大部分处于天然状态，四级以上的航道少且不连贯，制约了内河航运优势的发挥。在我国内河航运各方面普遍落后的情况下，发展内河航运应采取的重要战略之一是：集中力量搞好以航道为核心的内河航运基础设施建设，通过政策引导和市场配置以推动港口和船舶的发展，促进整个内河航运业的产业升级。

未来 20 年航道建设的重点是长江水系、珠江水系、京杭运河、淮河水运主通道和长江、珠江三角洲骨干航道，并根据经济发展的需要和可能适当延伸水运主通道的通达深度和广度，实现四级以上骨干航道联网。

1)长江水系

以长江干流为重点，相应开发主要支流航道。长江干流上游将加快三峡库区航运设施淹没复建工程建设，治理库尾航道，改善航道条件；中游结合系统的河道治理工程及河势控制工程，治理重点碍航浅段、险段航道，提高通航保证率，确保航行安全；下游结合河势控制工程和长江口深水航道治理工程，整治碍航河段及“三沙”河段航道，稳定航槽，提高海船通航保证率，使长江干线航运在全国率先实现现代化，充分发挥干流运输大通道的作用。

结合水利、水电枢纽建设，加快嘉陵江、汉江、湘江、赣江、乌江等主要支流航道渠化，提高航道等级，实现与长江干线高标准沟通，以适应大型船舶（队）干支直达运输、扩大长江航运辐射作用的需要。用 20 年左右的时间，形成以长江干线为主轴、三级航道为骨干、四级航道为基础的航道体系，建立港口、航道、船舶及支持保障系统各方面协调发展、干支相通、多式联运、江海直达的现代化长江航运系统。

2)珠江水系

以西江航运干线为主干，建成以三级航道为骨架，四级航道为基础的干支直达、江海相通、水陆联运的航运体系，使 3000 吨级海船可经西江至肇庆。上游结合水电开发逐步打通右江、南北盘江及红水河、都柳江及柳江等对外运输通道，改善北江、东江航道的通航条件；下游以三角洲航道网建设为重点，开发建设崖门（含虎跳门）、横门、磨刀门出海通道。

3)淮河水系

以京杭运河和淮河干流为主干，打通沙颍河、涡河航道，提高航道等级，沟通主要水利工程输水渠道，逐步形成以三级航道为骨干、四级航道为基础，与流域内工矿基地沟通、与交通枢纽及综合运输网衔接、江河湖海互通的现代化水运网。

4）黄河水系

近期优先发展对地方经济发展有明显效果的区间河段和水利枢纽库区航运；远景结合干流水利、水电梯级建设和上中游减淤治河工程及中、西线南水北调工程的实施，选择有效益的河段开展航道整治及闸坝复航，在黄河水资源合理分配和综合利用的条件下，逐步恢复航运并延伸通航里程。

5）黑龙江和松辽水系

建成黑龙江、松花江水运主通道，并实现2000～4000吨级海船经黑龙江下游俄罗斯境江段出海，相应开发其他航道；远期结合北水南调工程，建设松辽运河，形成东北地区一横一纵水运通道格局。

第二节　水资源的综合开发和利用

水资源是内河航运发展的前提和必要条件，水资源综合利用指的是妥善解决防洪治涝、航运、灌溉、发电、养殖、供水和环境保护以及经济、产业布局等对水资源需求间的矛盾与差异，以求得整体的最优社会效益。因此，水资源的综合利用原则应该是在不破坏生态平衡的前提下，以最少的基本建设投资，使国民经济各用水部门获得最大的综合效益。当然，由于河流的具体情况不同，综合利用有主次之分，有的以航运为主，有的以发电为主，有的以防洪为主，有的以灌溉为主。总之，应该是在全面规划、统筹安排的基础上综合考虑，相得益彰，而不是互相排斥、互相制约。我国的水资源综合利用经过几十年的努力，取得了一定的成绩，但从整体水平来讲，在水资源综合开发利用上尚存在许多问题：如旱涝灾害频繁发生、灾情较为严重，农业水利化程度低，与水资源密切相关的内河航运还处于较低的发展水平，内河航运的发展与国民经济发展不相适应等等，均与水资源的综合开发利用没有获得应有的重视紧密相关。

实际上我国在水资源综合开发利用方面已有十分明确的政策，然而难以实施。我国西部河流主要以发电为主，不少河流修建了拦河闸坝而没有同时修建过船设施，内河航道断航、碍航情况严重。长江水系通航河流上有碍航闸坝58座，切断通航里程10 277km；广西自治区由于碍航闸坝的建设，通航里程由1949年的8 659km逐渐减少到目前的5 581km，里程缩短约28%；贵州省的通航河流建有103座碍航闸坝，碍航里程达1600多公里。尤其是“两江一河”（南盘江、北盘江和红水河）受红水河下游大化等电站碍航闸坝的影响，20余年来，运输船舶只能在上游区间运行，给云南、贵州、广西、广东四省经济发展带来严重损失。一些调峰电站如垄口、碧口、麻石以及最近建成的五强溪、万安、水口等电站造成下游水位不稳，枯水期航道水量不足，通航条件恶化，航运萎缩严重。由此可见，在水资源综合利用中，航运至今尚未得到应有的重视。

世界内河航运较为发达的国家均十分重视水资源的综合开发和利用，并毫无例外地将内河航运放在必须保证的重要地位上。即使在不以航运开发为主的河流治理中，也充分考虑了航运发展的需要。如美国，对河流采取以防洪为主，但将航运放在重要地位，兼顾水电、农田灌溉、水产养殖、旅游和环保等行业发展需求；德国的河流开发以航运为主，兼顾发电、灌溉和防洪;法国确定和实施了航运第一、发电第二、灌溉第三的罗纳河综合开发方案。尽管这些国家关于内河治理的方针各不相同,但均十分重视并确保航运在水资源综合开发中的地位。与此同时,航运发达国家实行依法治水,对水资源的开发、利用和管理均通过法律手段实现,并十分重视航道的管理。

我国也有水资源充分利用成功的范例,如京杭运河苏北段是以航运开发为主,兼顾防洪、灌溉和排涝,同时也是南水北调的干线,综合效益十分显著。西部地区水资源开发也有航电结合的成功经验,1993 年建成的桂平航运枢纽装机容量 4.65 万千瓦,船闸一次可通过两个由两艘 1000 吨级驳船组成的顶推船队,水库回水从根本上解决了枢纽上游滩险的碍航问题,使桂平至梧州达到千吨级航道标准,改善了桂平以下 13 个险滩的通航条件。嘉陵江也是实施"航电结合、联合开发、共同建设、滚动发展"开发模式的成功案例。

在人类社会日益重视资源的利用效率、关注可持续发展问题的当代,天然交通资源的开发利用程度是衡量一个国家交通运输整体发展水平的重要标志。如何确保内河航运动脉的畅通,确保水资源的综合利用既是当务之急,又是根本大计。应充分认识到为发电而修建的通航闸坝工程有利于改善通航条件,提高航道等级;而航道整治工程也有利于恢复和扩大航道泄洪能力,应该纳入水资源综合利用规划。

目前,在水利枢纽建设中除了碍航闸坝问题外,还存在水利枢纽设施与航道建设规划不同步问题。例如大化电站主体工程自 1975 年 10 月正式动工,于 1986 年 6 月通过验收正式交付使用,而通航 250 吨级船舶的升船机未同步建成。至 1989 年底大化电站升船机被定为缓建工程,腰斩红水河航运 20 多年,后经过国家计委和交通部协调,预计 2005 年可以建成通航。这样就造成了水利水电设施规划建设与航道规划建设不同步、不配套问题,航道规划建设的预期目标难以实现。

综上所述,由于条块分割,我国在水资源利用上没有统一机构进行管理。作为交通部门航道建设规划的出发点是航道通航、成网及运输的经济性和规模性,而水电部门进行梯级枢纽建设的目的是发电,仅从本部门自身经济利益出发,造成河流断航或通航能力受到限制,而交通部门对此则束手无策。因此,有必要设立专门委员会,统一解决水资源综合利用问题,尽量做到航道建设规划与过船设施的设计方案一致,过船设施与水利水电设施要同步建设,否则不仅造成航道整治建设资金的浪费,而且航道规划建设的预期效果将难以达到。

欧美内河航运发达国家的一条值得借鉴的重要成功经验是,内河运输的经济性取决于内河航运的网络化和渠化。我国内河航运始终没有摆脱恶性循环的境况,其根本原因之一是始终没有一个完整的航道网络作为支撑。20 世纪 90 年代以来是我国内河航运史上投资最大、发展速度最快的时期。虽然内河航道基础设施得到了较大的改善,但由于建国以来国家投入太少,对内河基本建设投资额不到国家基建投资总额的 1%。从 1986 年开始,虽然内河航道建设投资略有增加,但仍远不能适应国民经济发展的需要,内河航道总体水平落后,航道等级低、连通度差,与国外内河航道存在较大的差距。目前,我国内河通航里程有 11.9 万公里,1000 吨级以上航道仅占内河通航总里程的 7%,500 吨级以上航道仅占 11.5%。而美国内河通航里程 4 万多公里,均可通航 300 吨级船舶,其中通航 1000 吨级船舶的航道占内河通航里程的 61%;通航 500 吨级船舶的航道占 75%。西欧四国内河航道中 1000 吨级航道占 41.7%,400 吨级以上航道占 57.6%以上。

我国不仅在通航船舶吨级水平上远远低于发达国家。在航道渠化、网络化方面也与发达国家存在较大差距,如德国境内的主要通航河流莱茵河、埃姆斯河、威悉河、易北河、奥德河之间通过中部运河沟通成网;莱茵河与马斯河、莱茵河与罗纳河之间也都由运河沟通,实现了水系之间货物的直达运输。前苏联建成了以伏尔加河为主干线的内河运输网,实现了白海、波罗的海、黑海、里海和亚速海五海相通、江海直达。美国也不例外,密西西比河上游通过支流伊利诺斯河及运河与五大湖沟通,支流田纳西河上游开挖运河与莫比河的支流沟通,使田纳西河和俄亥俄河货物运输有了第二个出海通道,形成了以密西西比河为干线的江河湖海、四通八达的内河运输网。我国仅有京杭大运河沟通了海河、黄河、淮河、长江、钱塘江,苏北大运河沟通了长江水系和淮河水系。长江和珠江两大水系在古代有灵渠相通,现已断航,成为人文景观。在西部地区,更多的河流则呈天然状态,航道渠化和网络化尚处于规划设想阶段。目前,我国河流多处于天然状态,如适度开发,形成相互连通的内河航道网,其综合效益将不亚于公路、铁路等运输方式对国民经济的贡献。

第三章 船舶与水运基础设施

第一节 船舶种类与特点

船有多种分类,可按用途、航行区域、航行状态、推进方式、动力装置和船体材料及船体数目等分类。按用途分类,作为军事用途的称为舰艇或军舰;而用于交通运输、渔业、工程及研究开发的称为民用船舶。民用船舶中运输船舶的吨位(容积吨,$1t = 2.83m^3$)与艘数占首位。运送货物与旅客的船舶称为运输船,它是民用船舶中的主要部分。

一、货船

货船是运送货物的船舶的统称,一般不载旅客,若附载旅客,不超过 12 人。

1.杂货船

杂货船又分为普通型杂货船与多用途杂货船。由于杂货船运送的单件货物,最小的为几十千克,最大的可达几百吨,它的航线遍布内河和大海,到达的港口也大小不等。排水量从几吨到 1～2 万吨。海上杂货船载重量(船舶装载的载荷重量)在 2 000～15 000t 之间;航速 12～18 节(kn,1kn = 1 n mile/h,,1 n mile = 1.852km);货舱通常分为二层或三层,便于装货分票和避免挤压;货舱按船的大小及装货方便需要有 1～6 个不等。每个货舱的甲板上有舱口及吊杆。吊杆起重能力为几吨,而吊重大件货的重吊负荷可达 500t。机舱大多在船的舯后与尾部。由于普通型杂货船装卸效率低,逐渐出现一些多用途船,它既可装杂货,又可装散货、集装箱、甚至滚装货,以提高揽货能力与装卸效率,提高营运经济性。

2.散货船

散货船是专门运输谷物、矿砂、煤炭及散装水泥等大宗散装货物的船舶。由于它具有运货量大、运价低等特点,目前在各类船舶的总吨位中占据第二位。散货船的特点:单层甲板,尾机型，船体肥胖，航速较低，因常有专用码头装卸，船上一般不设装卸货设备。通常载重量为3万吨左右，满足通过巴拿马运河限制的巴拿马型船(Panamax)，载重量一般为5万～8万吨，最大载重量也有近40万吨的，如韩国1987年建成的散货船，最大载重量达36.5万吨。由于散货船常为单程运输，为使船舶有较好的空载性能，压载水量较大，常在货舱两侧设有斜顶边水舱，在舭部有斜底边舱。为了克服散货船的单向运输，开辟货源，出现了一些新型散货船，如矿—散—油船，大舱口的散货船，浅吃水肥大型船，散货－汽车联运船与自卸散货船等。

3.集装箱船

集装箱船是载运规格统一的标准货箱货船。集装箱船具有装卸效率高，经济效益好等优点，因而得到迅速发展。集装箱运输的发展是交通运输现代化的重要标志之一。根据国际标准化组织(ISO)公布的统一规格，集装箱一般都使用20ft和40ft两种，它们的长、宽、高分别为(8ft×8ft×20ft)和(8ft×8ft×40ft)两种，20ft的集装箱被定为统一标准箱(Twenty－foot Equivalent Unit，简称为TEU)。集装箱船的特点是船型尖瘦(方型系数小)，舱口尺寸大，便于装卸。舱内有导轨与水平桁材组成的格栅结构，便于垂直装卸集装箱。船舷是双层壳，用以补偿大舱口对抗扭强度的不利影响。舷边双层壳舱可分上下两层，供压载用。通常船上无装卸设备，由码头装卸，以提高装卸效率。由于甲板上装集装箱，船舶重心高，受风面积大，常需压载，以确保足够稳性。为提高经济效率，船速较高，一般为20～33kn。集装箱船按装箱多少分为第一代，第二代，第三代等，载箱数大致分别为1 000TEU，2 000TEU及3 000TEU，现已发展到第五代、第六代集装箱船，载箱数为5 000TEU以上。

4.液货船

运送散装液体的船统称为液货船，如油船、液体化学品船和液化气船等。由于液体散货的理化性质差别很大，因此运送不同液货的船舶，其构造与特性均有很大差别。

油船一般只有一层甲板。由于防污染的要求，国际海事组织已明确规定从1996年6月6日以后交付使用的载重吨为5 000t以上的油船，要求双壳与双层底。载重吨在600～5 000t的要求双层底，每舱容积不超过700m^3。油船的机舱、住舱及上层建筑均在尾部，以便防火与输油管道布置。露天甲板上有纵通全船的步桥。油船没有大货舱口，只有油气膨胀舱口，并设有水密舱口盖。油舱载重吨位是各类船舶中最大的，最大的达55万吨。装原油的载重吨位一般比装成品油的大，沿海油轮航速一般为12～15kn，远洋油轮为15～17kn。

液体化学品船是专门运输有毒、易挥发及属危险品的化学液体的船舶。除双层底外，货舱区均为双层壳结构，货舱有透气系统和温度控制系统，根据需要还设有惰性气体保护系统。货舱区与机舱、住舱及淡水舱之间均由隔离舱分隔开来。根据所运载货物的危害性，液体化学品船分为Ⅰ、Ⅱ、Ⅲ级。Ⅰ级船危害性最大，其货舱容积要小于1250m^3；Ⅱ级则要小于3000m^3；Ⅲ级装危险性较小的液体化学品。

液化气船分为液化石油气(LPG)船，液化天然气(LNG)船和液化化学气(LCG)船。采用常温加压方式运输的液化气体，装载于固定在船上的球形或圆筒形的耐压容器中；采用冷冻方式运输的液化气体，装入耐低温的特种钢材制成的薄膜式或球式容器内，外面包有绝热材料，并装有冷冻系统。加压式适用于小型船舶，载重量在4 000t以上的船舶以冷冻方式运输较多。此外，还有一种低温低压式液化气船，又称半冷冻式液化气船，它是采用在一定压力下使气体冷却液化。

5.滚装船

滚装船(Roll on and Roll off Ship, Ro - Ro Ship)类似于汽车与火车渡船,它将载货的车辆连货带车一起装船。到港后一起开出船外。这种船适用于装卸繁忙的短程航线,也有向远洋运输发展的趋势。滚装船具有多层甲板,主甲板下通常是纵通的无横舱壁的甲板间舱,甲板间舱高度较大,适用于装车;首尾设有跳板,供车辆上下船用;船内有斜坡道或升降机,便于车辆在多层甲板间舱行驶;主甲板以下两舷多设双层船壳;机舱位于尾部,多采用封闭式;从侧面看,水上部分很高,没有舷窗。

6.载驳船

载驳船也叫子母船,由一大型机动船运载一批驳船(子船),驳船内装货或集装箱。母船到锚地时,驳船队从母船卸到水中,由拖船或推船将其带走;母船则再装载另一批驳船后即可开航。驳船的装卸方式有三种:利用尾部门式起重机、尾部驳船升降平台或浮船坞原理装卸驳船。

7.冷藏船

冷藏船是运送冷冻货物的船。它的吨位较小,航速较高,一般在22节以上。船上设置冷藏舱,对制冷、隔热有特殊要求。

二、客船与客货船

根据《国际海上人命安全公约》规定,凡载客12人以上的船舶均须按客船规范要求来建造与配置设备及人员。专运旅客的称为客船,而客货兼运的称为客货船。客船的建造具有如下特点:①快速性。为此客船具有较好的线型,推进器具有较高的效率;②安全性。除保证船舶强度以外,还要保证船舶具有良好的稳定性、抗沉性、防火结构及其他安全设施;③耐波性。为保证旅客有较平稳的旅行环境,因此客船要具有较好的耐波性;④操纵性。为改善船舶的操纵性,客船选择先进的舵型、性能良好的主机遥控装置,一般采用双螺旋桨,并尽可能地增加螺旋桨轴的间距。现代豪华客船,船长超过300m,具有较大的侧受风面积,为保证良好的操纵性,还在首尾设有侧推装置。

三、驳船

驳船常指靠拖船或推船带动且为单甲板的平底船。上层建筑简单,一般无装卸货设备,也有的驳船自己有动力装置称为自航驳。驳船主要用于沿海,内河或港内驳运货物,往往用于转驳那些由于吃水等原因不便进港靠泊的大型货船的货物,或组成驳船队运输货物。驳船具有结构简单,造价低廉,管理维护费用低,可航行于浅狭水道,编组灵活等特点。因此,它在内河运输中占有重要地位。

四、其他船舶

除了上述各种船舶外还有渡船、工程船和工作船等几种船舶。渡船是指往返于内河、水库、海峡、岛屿与陆地或岛屿之间从事短途渡运旅客、货物与车辆的船舶。渡船分为普通渡船与车辆渡船。车辆渡船分为汽车渡船与火车渡船。渡船一般要求甲板宽敞,稳性好,操纵灵活,旅客及车辆上下方便。有些渡船首尾均有推进器与舵,以便两头都可靠离。工程船是从事水上专门工程技术业务的船舶总称,包括挖泥船、起重船、浮船坞、救捞船、布设船、打桩船等。

工作船是指为航行服务或进行其他专业工作的船舶，包括破冰船、领航船、供应船、消防船、测量船、航标船、交通船、浮油回收船、拖船和推船、钻探船、科学考察船和深潜船等。

第二节 船舶设备与装置

现代船舶除了船体以外，为了使船舶正常运行，运送货物与旅客，它还需要一系列的设备与装置。它们是船体舾装设备、船舶管系、船舶动力装置、船舶电气设备、船舶冷藏、空调及通风等。

一、船体舾装设备

1.舵设备

舵设备是用于控制船舶方向的装置。它主要由舵、舵机、传动装置及操纵装置等部分组成。驾驶人员操纵舵轮或手柄，或由自动舵发出信号，通过传动装置带动舵机，由舵机带动舵的转动来控制船首方向。舵的设计原则是使舵产生的转船力矩最大，而转舵所需要的力矩最小。通常舵装在船尾螺旋桨后，远离船舶转动中心，使舵产生转船力矩的力臂最大；而且使螺旋桨排出的水流作用于舵上，增加舵效。

舵可按如下两种方法分类：①按舵面积在舵杆轴线两侧的分布，分为平衡舵、不平衡舵与半平衡舵；②按照剖面形状可分为平板舵与流线型舵。流线型舵因舵效高而被广泛采用。舵的数量对一般单螺旋桨船为一个，对双螺旋桨船一般为两个。舵机一般分为手动舵机、电动舵机和液压舵机。除舵设备外，控制船首方向的还有转动导管螺旋桨、Z 型推进器、侧推器。

2. 锚设备

锚设备由锚，锚链和锚机三部分组成。锚用于协助制动，操纵船舶和船舶在锚地停泊用。锚设备主要包括锚、锚链、锚机等。锚利用它在海底的抓力（一般为锚重的 4 ~ 5 倍）和锚链与海底表面的摩擦力来制动船舶。常见的锚分为有档锚、无档锚及大抓力锚。商船常用的锚为无档锚中的霍尔锚。一般在船首左右各布置一只锚，称为主锚。较大船舶还有备锚和装在尾部的尾锚。锚链用于连接锚与船体，当锚链在海底时，也可增加固定船舶的拉力。它由链环、卸扣、旋转链环和连接环组成。锚链的大小以链环的断面直径表示。锚链的长度以节为单位，每节为 27.5m，一般左右舷锚链各为 12 节。锚机主要用于收锚或缓慢放锚用。目前商船上采用卧式锚机，两边通常还带动两个系缆绞盘用于收绞系缆用。

3.系泊设备

船舶的主要停泊方式是系泊。就是用分布在舷侧的缆绳将船舶固定在码头边。缆绳有尼龙缆，钢丝绳与棕绳。目前用得最多的是尼龙缆。除了缆绳外，系泊船上还需要带缆桩、导缆装置、绞缆机与卷缆车。较先进的船上卷缆车本身有动力，用于收绞缆绳。

4.起货设备

起货设备是用于装卸货物的机械。液货用输送泵与管路；散货用传送带或抓斗；件货则用吊杆或吊车。吊杆或起货设备，由吊杆、起重柱（或桅）、起货机、钢丝绳、滑车、吊钩等组成。吊杆负荷一般不超过 10t，重吊杆负荷最大几百吨。起重吊车，将起货设备与起货机械合为一体。目前船上一般使用是单臂吊车，又称为克令吊，克令吊通常布置在船首尾线上，也有全部布置在船舷一侧。负荷小的为几十吨，大的可达 500t。船上除克令吊外还有门式起重机。

5.救生设备

为了保证人命安全，当船舶发生海难事故需要弃船时，要为船员准备足够的救生工具。包括救生艇、救生筏、救生圈及救生衣等。

除了上述设备外，船舶舾装设备还有消防设备、舱盖、水密门、窗等。

二、船舶动力装置

船舶动力装置是保证船舶推进及其他需要提供各种能源的全部动力设备的总称。有的将它扩大为满足航行、各种作业、人员的生活和安全等需要所设置的全部机械、设备和系统的总称。船舶动力装置由推进装置、辅助装置、管路系统、甲板机械与自动化设备组成。

1.推进装置

推进装置也称主动装置，它是为保证船舶航行速度而设置的所有设备的总称，是船舶动力装置中最主要的部分。其中包括主机、传动设备、轴系和推进器。主机发出动力，通过传动设备及轴系驱动器产生推力，使船舶克服阻力航行。根据主机形式不同，船舶动力装置可分为蒸汽动力装置、燃气动力装置和核动力装置。燃气动力装置的主机是采用直接加热式（内燃式），燃烧产生物即是工质。根据运动方式的不同，分为柴油机（往复式）与燃汽轮机（回转式）动力装置两种。目前民用船舶使用内燃机最普遍。柴油机具有热效率高、起动迅速、安全可靠、质量轻、功率范围大等优点。在大、中型民用船舶上使用的柴油机有大型低速和大功率中速两大类。船舶动力装置由于工作条件的特殊性，要求可靠、经济、机动性好、续航力长等。

2.辅助装置

辅助装置是产生除推进装置所需要能量以外的其他各种能量的设备，它包括船舶电站、辅助锅炉装置和压缩空气系统。它们分别产生电能、蒸汽和压缩空气，供全船使用。

3.船舶管系

船舶管系是指为了某一专门用途而设置的输送流体（液体或气体）的成套设备。按用途可分为：①动力系统。它是为主、辅机安全运转服务的管系，有燃油、润滑油、海水、淡水、蒸汽、压缩空气等系统；②船舶系统：又称为辅助系统，它是为船舶航行安全与人员生活服务的系统，如压载、舱底水、消防、通风、饮用水、空调等系统。

4.甲板机械

为保证船舶航向、停泊及装卸货物所设置的机械设备，如锚机、舵机、起货机等。

5.自动化设备

用以实现动力装置的远距离操纵与集中控制，以改善船员工作条件，提高工作效率及减少维修工作。主要由对主、辅机及其他机械设备进行遥控、自动调节、监测、报警的设备组成。

第三节　港口及其陆上设施

一、港口水域设施

港口是一个国家或地区的门户，是水陆运输的衔接点，又是货物的集散地。按其用途划分，一般可分为商港、渔港、军港等，在此主要介绍商港。由于港口的主要功能是集散旅客与货物,因此对港口的基本要求是:一方面要有良好的水域,保证进出港船舶航行安全;另一方面要有功能齐全的陆上设施与机制健全、运行灵活的管理机构,以保证高效、安全地集散旅客与货物。港口的水域包括港池、航道与锚地。

1.港池

港池一般指码头附近的水域。它需要有足够深度与宽广的水域,供船舶靠离操作。对于河港或与海相连的河港,一般不需要修筑防浪堤坝,如上海黄浦江内的各港区和天津海河口的港口。对于开敞海岸港口,如烟台、青岛、大连等,为了阻挡海上风浪与泥沙的影响,保持港内水面的平静与水深,必须修筑防波堤。防波堤的形状与位置根据港口的自然环境而确定。港池要保持足够的水深,以保证最大吃水的进港船舶靠泊;港池要有足够宽广的水域,使船舶有足够的操纵余地。

2.锚地

锚地是供船舶抛锚候潮、等候泊位、避风、办理进出口手续、接受船舶检查或过驳装卸等停泊的水域。锚地要有足够的水深,使抛锚船舶即使由于较大风浪引起升沉与摇摆时仍有足够的富余水深,锚地的底质一般为平坦的沙土或亚泥土,使锚具有较大的抓力,而且远离礁石、浅滩等危险区。锚地离进出口航道要有一定距离,以不影响船舶进出港口为准,但又不能离进出口航道太远,以便于船舶进出港操作。过驳装卸的锚地不仅要考虑锚泊大船的旋回余地,还要考虑到过驳小船与装卸作业的安全。锚地水域面积的大小根据港口进出口船舶艘次与风浪、潮水等统计数据而定。

3.航道

在此,航道指的是船舶进出口航道。为保证安全通航,必须有足够的水深与宽度,不能弯曲度过大。为了避免搁浅、擦浅而造成船舶、生命财产损失与环境污染,船舶在航行时必须在龙骨线以下保持足够的富余水深。船舶航行时留有富余水深的原因有两个:①实际水深与预报水深不一致;②船舶运动时吃水增加。在考虑船舶富余水深的同时,除上述因素外,还需考虑船舶所装货物的危险程度,海底底质等因素。如对油轮、液化气或其他危险品货物的运输船舶,必须适当增加富余水深,以保证船舶安全与水域环境不受污染。如海底为坚硬岩石,则富余水深要留得多一些;而海底为淤泥,富余水深可以留得少一些。

确定航道宽度要考虑下列因素:船舶航行时由于风、流的影响,航迹带宽度要比船宽大,一般是2.0~4.5倍船宽。若是双向航道,船舶对遇、追越或平行航行均存在船间效应,其中包括不同的相对位置,产生不同的吸引力、排斥力、向内力矩与向外力矩。这种力与力矩也经常是造成船舶碰撞的原因。在设计航道宽度时要增加一个船宽。由于船舶贴近航道边航行时,由于岸壁效应产生吸引力。富余水深小,吸力大;船舶方形系数大,吸力大。根据上述三因素,典型的双向航道为通航船舶宽度的8倍,单向航道为通航船舶宽度的5倍。从航行安全考虑,航道弯度即航道转向角一般不大于30°,转弯半径不小于通航船舶船长的3~5倍,两次转向之间的直航距离要大于通航船舶船长的6倍。如通航船舶的船速较大,风压与流速较大,则转弯半径与直航距离都要增加。除了上述估算结果得出的标准外,还要考虑通航船舶载货的危险程度。

二、港口陆上设施

为保证船舶货物的流通,港口要有配套的铁路、道路、货物仓库与堆场、港口机械、给排水与供电系统。

1.港口铁路

由于我国海港集中在东部沿海，腹地纵深大，铁路运输是货物集疏的重要手段。合理配置港口铁路，对扩大港口的通过能力具有重要意义。完整的港口铁路应包括港口车站、分区车场、码头和库场的装卸线，以及连接各部分的港口铁路区间正线、联络线和连接线等。港口车站负责港口列车到发、交接、编解集结；分区车场负责管辖范围内码头、库场的车组到发、编组及取送；港口铁路区间正线用于连接铁路网接轨站与港口车站；装卸线承担货物的装卸作业；联络线连接分区车场与港口车站；连接线连接分车场与装卸线。港口铁路一般采用国家标准轨距(1435mm)，便于与铁路网接轨。

2.港口道路

港口道路可分为港内道路与港外道路。港内道路由于通行重载货车与流动机械，因此对道路的轮压、车宽、纵坡与转弯半径等方面都有特殊要求。港内道路行车速度较低，一般为15km/h左右。港外道路是港区与城市道路与公路连接的通道。若通行一般的运输车辆，其功能及技术条件与普通道路相同。

3.仓库和堆场

1)仓库

港口是车辆换装的地方，也是货物的集散地。出口货物需要在港口集聚成批等候装船；进口货物需要检查、分类或包装，等候散发与转运。因此，港口必须具有足够容量的仓库与堆场，以保证港口的吞吐能力。按仓库所在位置分为前方仓库和后方仓库。前方仓库位于码头的前沿地带，用于临时存储准备装船与从船上卸下的货物；后方仓库用于较长期存储货物，位于离码头较远处。按结构与用途划分，港口仓库可分为普通仓库和特种仓库(筒仓、油罐等)。普通仓库用于堆放杂货，也有堆放粮食或化肥等散装货物。筒仓主要用于存储散装水泥与粮食等。油罐主要用于存储油类等液体货物。随着海上油田的开采，还出现了大型海上油库。

2)堆场

根据码头作业的情况和使用经验，将堆场分成三个区域：码头前沿区、前方堆场和后方堆场。

前沿区：一般情况下，仅作为流动起重运输机械、门机和火车的通道和货物的倒载场地。

前方堆场：对于有门机的码头，按门机吊臂可伸到的范围确定宽度，一般为18m或23m。

后方堆场：指上述区域以外的堆场。

4.港口机械

港口装卸机械是完成港口货物装卸的重要手段，用于完成船舶与车辆的装卸，货物的堆码、拆垛与转运等。港内流动装卸机械有较大型的轮胎起重机、履带式起重机、浮式起重机、各种装卸搬运机械，如叉式装卸车、单头车、索引车等；固定装卸机械，有门座起重机、岸边起重机、集装箱起重机等；各种连续输送机械，如带式输送机、斗式提升机、气力输送机和螺旋输送机。随着水上交通运输的发展，适应船舶与码头的大型专业化发展的需要，港口机械的大型、高速专业化是一个发展方向。但有时为了克服单一效能的专用码头和设备不能充分发挥其效率的缺点，也出现了以集装箱作业为主的多用途门座起重机、多用途装卸桥等。此外，装卸机械与一般工业发展一样，标准化、系列化、自动化、安全可靠与减少污染均是发展方向。堆货场地可分为件杂货堆场与散货堆场,集装箱码头堆场可作为件杂货堆场的特例。其特点是载荷大,场地基础需要加固处理。

5.港口给水与排水系统

港口给水系统是为船舶和港口的生产、生活、环境保护与消防提供用水。根据不同用途的需要提供不同的水量、水压与水质。港口排水系统的任务是及时地排除港区的生产水、生活污水及地面雨水,对有害的污水必须进行净化处理,达到环境保护的要求后才能排放,以防止对环境水域的污染。

6.港口供电

港口供电的对象主要是装卸机械、维修设备、港口作业的辅助设施、照明、通信与导航设施等。

7.船舶基地

为了保证港口生产与安全,需要有各种辅助船舶,如拖轮、供水船、燃料供应船、起重船、垃圾船、巡逻艇、搜救船等。

8.港口通信与助航设施

港口通信系统是保证港口与船舶高效与安全生产的重要手段。目前已广泛应用的有各类有线、无线通信与计算机网络通信等手段,主要用于港口生产、调度、安全保障等方面。

三、航标

为了保证进出口船舶的航行安全,每个港口、航线附近的海岸均有各种助航设施。航标的主要功能是:①定位:为航行船舶提供定位信息;②警告:提供碍航物及其他航行警告信息;③交通指示:根据交通规则指示航行方向;④指示特殊区域:锚地、测量作业区、禁区等。

按照设置地点,航标可分为沿海航标与内河航标。沿海航标建立在沿海和河口地段,引导船舶沿海航行及进出港口与航行。它分为固定航标和水上浮动航标两种。固定航标设在岛屿、礁石、海岸,包括灯塔、灯桩、立标;水上标志浮在水面上,用锚或沉锤、链牢固地系留在预定海床上的标志,水上标志包括灯船与浮标。内河航标是设在江、河、湖泊、水库航道上的助航标志,用以标示内河航道的方向、界限与碍航物,为船舶航行指示安全航道。它由航行标志、信号标志和专用标志三类组成。按照工作原理分类,有视觉航标、音响航标与无线电航标。视觉航标包括灯塔、灯桩、立标、灯浮标、浮标、灯船、系碇设备和导标。视觉航标用它的颜色、外形、灯光(包括颜色、闪光间隔与次数,射程、光弧范围,以及高度)来指示灯标指示的方向、位置及其他含义。音响航标一般指的是雾号,即下雾时按照规定的莫斯信号作为识别特征发出的音响信号。一般听程仅为几海里。根据工作原理分为气雾号、电雾号与雾情探测器。气雾号用压缩空气驱动发声,电雾号以电能驱能驱动发声,雾情探测器能自动测量能见度和开启电雾号。无线电航标包括雷达反射器、雷达指向标、雷达应答器、无线电指向标。从广义上来说,所有的无线电导航系统都可称为航标,因为它能协助船舶获取位置信息。

海区水上助航标志具有国际性质,它直接影响海上船舶的航行安全。国际海事组织(IMO)经过多年的努力,于 1980 年采用了新的综合航标制度的规则,确定了浮标制度区域的界限划分。我国于 1984 年制定了《中国海区水上助航标志》国家标准(GB 4696 - 84),1999 年修改制定了新的版本(GB 4694 - 1999),于 1999 年 12 月 1 日开始实施。1986 年我国制定了《内河助航标志》国家标准，1993 年进行了修改，新版本号为（GB 5863－1993），于 1994 年 9 月 1 日开始实施。

第四章　航行安全保障技术

第一节　船舶航行定位与避碰

一、船舶定位与导航

1.航向

为了保证船舶航行安全，首先要确定船舶的航向与位置。实际航向有三种。首先是罗经航向，它是由罗经直接指示的船首方向。罗经航向经过罗经误差修正后得到正确的船首方向，称为真航向。但由于风、流的影响，船舶运动的速度是船舶在静水中运动的速度与风流引起的速度的合速度，该合速度的方向是船舶重心轨迹的方向，称为航迹向。

测定船首方向的主要仪器包括磁罗经与陀螺罗经。由于地磁场的南北极与地球的南北极不一致，地磁场随地理位置而变化，磁罗经又受周围的铁磁性物质的影响，因此磁罗经的误差变化较大。陀螺罗经是利用绕定点转动的高速旋转陀螺仪的定轴性与进动性，借助于控制系统及阻尼系统使陀螺仪的轴自动指北，并能跟随地球自转，精确跟踪地理子午面的指北仪器。由于陀螺罗经安装时，基线与船舶首尾线不一致会造成基线误差，此外由于陀螺罗经的结构以及船舶运动会引起纬度误差、速度误差、冲击误差与摇摆误差等。这些误差通过校正或补偿的方法，一般均可控制在较小的范围之内。

2.岸基定位

定位方法按照参照目标可分为岸基定位与星基定位。岸基定位是利用岸上目标，如灯标、山头以及导航系统中的信号发射台等都是岸基目标。最普通的是用肉眼通过罗经测定灯标、山头等显著物标的方位，或通过六分仪测定目标的距离，然后得出几个目标的方位或距离的位置线，相交求出船位。雷达定位是通过雷达脉冲遇到显著物标反射回来所经过的时间及方向测定物标的距离和方位，得出位置线，相交而定出船位。有些导航系统，如劳兰 C，它是利用到两个定点（信号与发射台）的距离差为定值的点的轨迹作为位置线，测定两发射台信号到船舶的传播时间差，而得出双曲线位置线，因而称为双曲线导航系统。

3.星基定位

星基定位是以星体为参照物测定船舶位置的方法。传统的星基定位方法是利用天体，包括太阳、月亮、恒星、行星与船舶的相对位置来确定船舶的位置，称为天文定位。

卫星导航系统是以人造地球卫星为参照目标的位置测定系统。目前使用最广泛的是美国从 1973 年开始研制到 1993 年投入使用的全球定位系统（Global Positioning System，GPS）。它包括 24 颗卫星，分布在 6 个轨道平面，卫星高度为 20 200km。它是利用已知空间位置的人造卫星发射的经过伪随机噪声码调制后的电磁波，测定其卫星到接收机天线的距离。若同时测量三颗卫星的距离,则可求得接收机的三维位置,经度、纬度和高度。若同时测量四颗卫星的距离,除测定接收机的三维位置外,还可求得接收机的钟差。

为了提高GPS的定位精度,目前沿海地区使用最多的是差分GPS,缩写为DGPS。它使用一台精确位置已知的GPS接收机作为基准接收机,测得所在地的各种误差,而附近的GPS用户接收机在接收含有各种误差的GPS信号的同时,还接收基准台发送的误差信息,经过修正后,得到精确的位置信息。当用户距基准台100km时,水平误差在5m以内。我国在“九五”期间建成沿海无线电指向标差分全球定位系统台链(RBN/DGPS)。

二、船舶操纵与避碰

控制船舶运动的设备是推进器(车)与舵。在海上正常航行时一般只用舵控制,当测得船舶位置偏离计划航线,或船首偏离设定航向时,要设法使船舶以最有效的方法回到计划航线与设定航向。控制航向的主要设备是舵,在港内或狭水道,对有双螺旋桨或侧推器的船舶,在用舵的同时也可用双桨配合或侧推器来控制船首向。在狭水道或港内一般由人工操舵;在海上一般采用自动操舵控制航向。自动操舵大致可分为两类:一类称为航向保持系统;另一类称为航迹保持系统。航向保持系统是根据船首向与设定航向的偏差,通过控制系统来控制舵角,使船首回到设定航向。根据控制系统的原理不同分为PID(比例—积分—微分)自动操舵、自适应自动操舵等。此外,新的自动操舵中还采用模糊控制,多模式控制等先进技术。航迹保持系统是根据定位信息测定航迹偏离程度,通过计算确定出最有效舵角与舵角执行时间,使船舶能最快、最省燃料地回到设定航线上来。

舵用于控制航向,螺旋桨用于推进与制动船舶。要控制船舶的航向、速度、回转角速度等,必须掌握船舶的操纵特性。了解船舶在舵作用下的保向与改向能力,惯性停船冲程及螺旋桨逆转制动冲程等规律。这些规律一般用船舶操纵运动方程式来描述。最有代表性的有二种:一是阿柏柯维茨(Abkowitz)推导的运动方程,其特点是水动力用泰勒级数的形式表示;二是日本操纵性数学模型小组提出的MMG方程,它在分别计算船体、螺旋桨和舵的水动力基础上,加上船—桨—舵之间的流体力干扰,得出船舶运动方程。

根据《国际海上避碰规则》,避碰是指航行中各类水上运输工具相互间的避让。一般是通过航行值班人员的了望与仪器观测来判断是否有碰撞危险,然后用舵与车避免本船与它船的碰撞,但至今尚未构成一套实用的闭环自动避碰系统。目前,使用最广泛的雷达自动标绘仪(ARPA),它根据雷达的目标回波经过量化、滤波和跟踪处理后得出的目标运动轨迹,在雷达荧光屏显示目标的相对运动矢量或目标的预示危险区(PAD),向驾驶人员提供避碰信息,然后由驾驶人员采取避碰措施。但由于噪声干扰等引起的目标回波误差,本船航向误差,使滤波跟踪后得到的目标轨迹有误差,还会引起跟踪目标丢失或误跟踪。目标船的运动不是本船所能控制的,它有相当的随机性。由于这些原因,使得带ARPA的雷达也只能向驾驶人员提供避碰信息,而不能进行自动避碰。

第二节　船舶交通管理系统

随着世界外贸海运量迅速增加,大量船舶频繁活动于港口和海上交通要道,加之船舶向大型化、高速化发展，使港口航道拥挤不堪，导致这些水域的海损事故率逐年增加。国际海事组织对此制定了相应的对策，船舶交通管理系统(亦称船舶交通服务系统，Vessel Traffic Services，VTS)是其中之一。

一、VTS 功能与组成

经过多年的实践与各方面的努力，1995 年 11 月国际海事组织(IMO)通过了 A.578(14)号决议，即《船舶交通服务指南》。VTS 旨在提高交通安全、交通流效率和保护环境。VTS 的功能包括搜集数据、数据评估、信息服务、助航服务、交通组织服务与支持联合行动。VTS 由 VTS 机构、使用 VTS 的船舶与通信三部分组成。VTS 功能见图 6-4-1 所示。

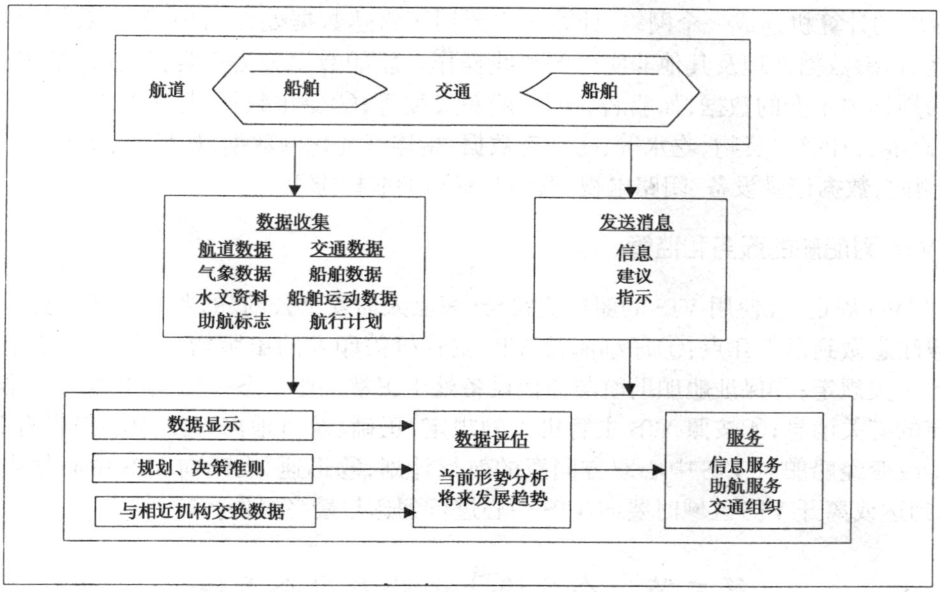

图 6-4-1　VTS 功能

VTS 在其覆盖的水域中搜集两方面数据：一方面是航路的气象、水文数据及助航标志的工作情况；另一方面是航路的交通形势。搜集到数据以后，再用适当的方式显示这些数据，根据国际与当地的船舶交通规则以及有关的决策准则，对交通形势现状与发展趋势进行分析，这就是数据评估。VTS 通过发布消息的方式提供服务。发布的消息分三类：①信息——在固定时刻，或在 VTS 中心认为必要的时刻，或应船舶要求而播发的。它包括有关船舶动态、能见度与它船意图；航行通告、助航设施状况、气象与水文资料；各航行区域的交通状况、各种碍航船舶与障碍物警告，并提供可选择的航线。②建议——是 VTS 通过咨询服务发出的消息，它包括以专门方式影响交通或个别船舶行为的意图。③指示——是为交通控制目的而以命令方式发布的消息，它包含了控制交通或个别船舶行为的意图。

二、VTS 设备

VTS 的设备配置随 VTS 系统的等级不同而变化，一个完整的 VTS 系统应配置如下主要设备：

1.雷达监测系统

按照各 VTS 的不同任务,要求雷达的分辨率与探测距离不同,配备的雷达从最简单的船用雷达到复杂的、专门设计的岸基雷达。一个较大规模的 VTS 系统所覆盖的区域,常由几个分散的雷达站构成雷达链。雷达信号通过同轴电缆、微波接力或光导纤维传送到 VTS 中心。雷达数据处理包括雷达目标自动录取、自动跟踪、及多雷达跟踪过程中的数据处理。

2.通信系统

VTS 中的通信方式很多,供语音通信使用的频率也很多,但大部分 VTS 以甚高频无线电话(VHF)为基础。

3.计算机系统

VTS 中的计算机连成一个网络,计算机主要用于雷达数据处理、VHF 测向数据处理、船舶数据处理、遥感数据处理及其他非实时的离线操作。船舶数据分为三类:①固定数据:常指在船舶寿命周期内不变的数据,如船名、呼号、船舶尺度等;②变化数据:指一个航次内有效的数据,如驶离港、目的港、货物、吃水等;③动态数据:指连续变化的数据,如船速、航向等。此外还有 VHF 测向、数据记录设备、闭路电视、遥感装置与助航标志等。

三、VTS 对船舶的服务和监管

根据 IMO 规定,凡使用 VTS 的船舶应符合《海上人命安全公约》的要求。到达实施 VTS 港口之前应注意做到以下几点:①仔细阅读 VTS 主管机关印发的出版物,了解当地水上交通规则及其他有关规定;②保证船舶助航与通信设备处于正常工作状态;③注意按照规定收听 VTS 中心发布的有关消息;④按照 VTS 主管机关的规定,正确、及时地向 VTS 中心报告有关信息;⑤一般不改变经船舶与 VTS 中心双方同意的航行计划;⑥迅速、准确向 VTS 中心报告意外情况;⑦当到达或离开 VTS 区域时要向 VTS 中心进行到达与最终报告。

第三节　全球海上遇险与安全系统

全球海上遇险与安全系统(Global Maritime Distress and Safety System, GMDSS)是一个符合《1979 年海上国际搜救公约》规定的全球性通信网络。它应能满足遇险船的可靠报警,对遇险船的识别、定位,救助单位之间的协调通信,救助现场的通信,可靠、及时的预防措施以及日常通信等各项要求。其原理如图 6-4-2 所示。

一、GMDSS 的功能

1.报警

船对岸报警即遇险船向某一岸上救助协调中心(Rescure Coordination Center, RCC)的报警;船对船报警,即遇险船向附近船舶的报警;岸对船报警,即岸台向遇险船附近的船舶报警。报警信息应包括遇险船舶的识别码(国际统一的一个九位十进制数字识别码)、遇险位置、性质和其他有助于搜救的信息。

2.通信

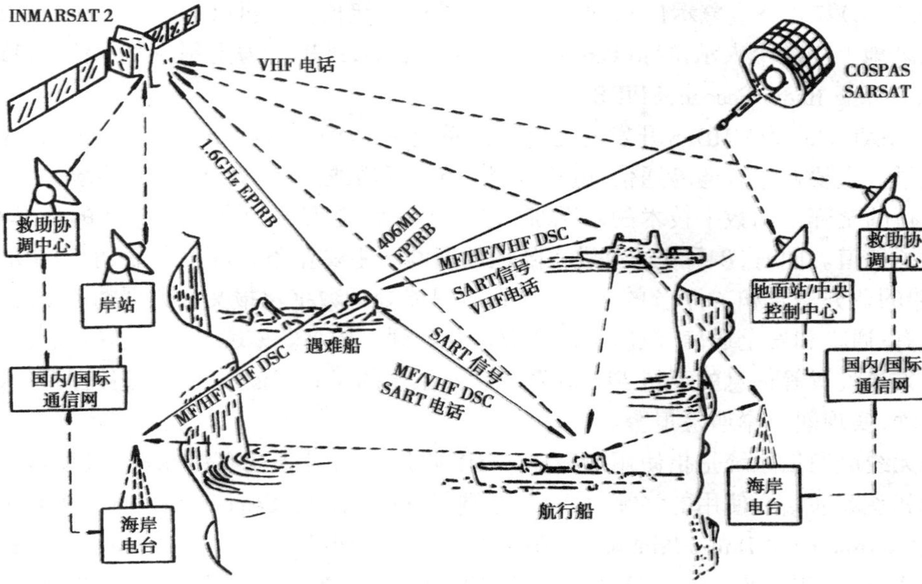

图 6-4-2　GMDSS 原理

通信包括搜救协调中心通过岸台或岸台与遇险船舶、参与救助的船舶、飞机及其他搜救单位之间的双向通信。在搜救现场参与救助的船舶、飞机之间的通信。GMDSS 系统还能进行正常航行时相遇船舶之间的通信和有关的业务通信。

3.寻位

遇险船舶或救生艇通过应急示位标(Emergency Position Indicating Radio Beacon,EPIRB)或其他设备发出一种无线电信号,便于救助船舶和飞机寻找。

4.播发海上安全信息

GMDSS 系统能提供手段发布航行警告、气象预报和其他各种紧急信息以保证航行安全。为了实现上述功能,GMDSS 系统采用了两种系统:一是卫星通信系统,二是地面通信系统。

二、GMDSS 的组成

卫星通信系统包括 INMARSAT 和 COSPAS/SARSAT 两个系统。国际海事卫星通信系统(International Maritime Satellite System,INMARSAT)是一个静止卫星通信系统,用于纬度低于 70°区域的报警与通信。

INMARSAT 是为海上航行船舶提供卫星通信服务的国际性组织。系统由①卫星及其跟踪遥测指令站;②船舶地面站;③海岸地面站;④通信网络协调站;⑤运行控制中心五个部分组成。

INMARSAT 中的作用是:①用 INMARSAT 船站实现船到岸的遇险报警;②利用 INMARSAT 岸站实现岸对船的遇险报警;③利用 INMARSAT 船站的搜救协调中心通信;④救助现场通信。

COSPAS/SARSAT 是一个近极地轨道卫星通信系统,用于全球范围内船对岸的遇险报警。

COSPAS/SARSAT 是由加拿大、法国、美国、前苏联和其他国家联合开发的全球性搜救卫星系统。该系统包括卫星、本地用户终端(Local User Terminal,LUT)、使命控制中心(Mission Control Center, MCC)与各种应急示位标,如飞机上用的应急定位发射机(Emergency Locator Transmitter, ELT)、陆地上用的个人示位标(Personal Locator Beacon, PLB)和海上用应急示位标(Emergency Position Indicating Radio Beacon, EPIRB)。

INMARSAT组织为GMDSS开发的卫星通信系统有INMARSAT－A/B/C/E四种。A系统投入使用最早。主要业务有遇险通信、电传、电话、传真和数据的自动传输。B系统是1993年10月开始运行的全部采用数字技术的新系统,它比A系统更有效的利用了卫星的功率和带宽,因而增加了信道。同时,B系统还可进入陆地数据网。主要业务有双工电话、船对岸的单工电话,岸到船的业务通告和A系统的业务。C系统只能处理数字化报文和数据的卫星通信系统。主要业务有:遇险和安全通信、双向电传和数据及船到岸传真。E系统是通过静止卫星来获得遇险船或人员位置等信息的卫星EPRIB系统。该系统的1.6 GHz EPRIB在遇险时可人工启动或自动启动,实现船对岸遇险报警。

地面无线电通信系统是指使用MF/HF/VHF收发通信设备及其终端进行遇险报警、搜救协调通信和现场通信。使用的终端设备:数字选择呼叫(Digital Selector Calling, DSC),窄带直接印字电报(Narrow Band Direct Printing, NBDP),单边带无线电话(Single Side Band TP, SSB),甚高频无线电话(Very High Frequency, VHF), NAVTEX, 9GHz的雷达应答器(SART)和VHF CH70的应急示位标(EPRIB)。其中NAVTEX业务是指在518kHz频率上由各国主管部门指定的岸台用英语向400 n mile海域内船舶定时播发(海上安全信息, MSI),包括航行警告、气象预报和海上搜救通知及航标失效等。船上NAVTEX接收机自动接收MSI,并打印输出。

根据1988年SOLAS公约修正案,一切从事国际航行的客轮和300总吨以上的货轮,都必须在1999年2月1日前,按其航行区域配备相应的GMDSS船用设备。

第四节　船舶自动识别系统

一、系统概况

船舶自动识别系统(Automatic Identification System＝AIS)是一种工作在海上VHF波段的船载自动广播系统。通过该系统可以连续向其他船舶或岸台发射船舶的识别信息、位置、航向、船舶的长度、宽度,类型和吃水量、是否装载危险货物及危险货物的类型等信息。其他船舶和岸台可以将接收到的这些信息显示在各自的电子海图上。这样以前仅仅提供给船舶交通控制中心的信息,现在在每个装有AIS设备的船上都可以看到。有了这些信息之后就可以通过VHF无线电话,使用船名呼叫船舶,提高了船舶的航行安全性能。对于捕鱼船和游艇等没有能力安装AIS设备的小型船舶,可以安装一种价格相对便宜的AIS接收机。这样虽然它们无法向其他船舶发射自己的位置信息,但是可以接收其他船舶的位置等其他信息,同样有助于提高它们的航行安全性能。

AIS系统的核心技术是自组织时分多址STDMA(Self-orgnising Time Division Multiple Access)的无线数据链路技术。它最早是由瑞典民航局提出的。在这种数据链路中把一分钟作为一帧,并且进一步划分为2 250个时隙。每一个时隙都可以由任意一个电台使用。运行时AIS系统首先监视TDMA信道,建立和存储一个能反映TDMA信道活动的帧图,然后根据自组织原则选择自己使用的时隙。并且随机分配一个 0～8 之间的数 n 作为该时隙的保留帧数。每个电台在每帧中自己选择的时隙上发射自己的位置报，并将该时隙的保留帧数 n 减去 1。当 n 等于 0 时，每个电台不仅要在自己的时隙上发射位置报，还要为下一个位置报预定时隙，如图 6-4-3 所示。在这种数据链路中没有主台和副台之分，而且容量也非常大，每分钟可以传输 2 000 个位置报。这种数据链路不仅可以支持广播服务，还可以支持点到点的服务。

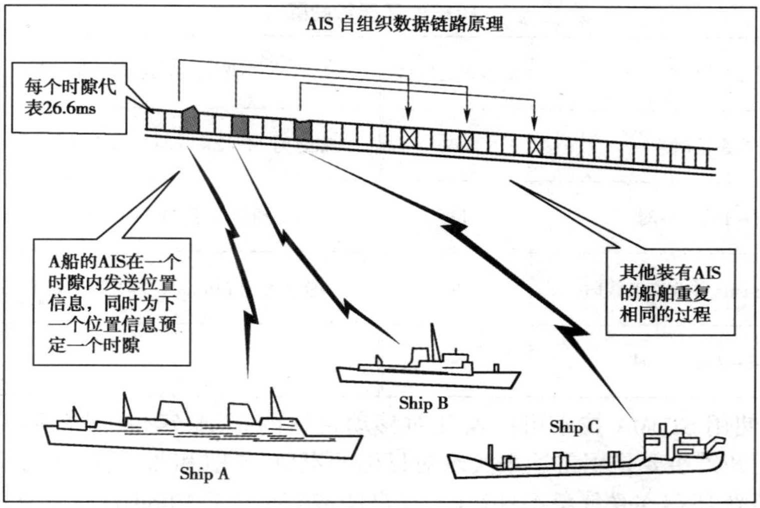

图 6-4-3　AIS 自组织时分多址无线数据链路

二、系统的组成与功能

AIS 系统的核心单元是 AIS 转发器，也叫做 4S 转发器，它主要由三部分组成：

1. GPS 接收机
2. 通信控制器
3. 两台 VHF 数字收发信机

AIS 将 GPS 与 VHF 广播结合起来，为各种船舶提供了一种可靠、经济的自动广播位置报的方法。为了实现在一个信道上传输多个船舶的位置报，可以把一个信道的时间分成多个时隙，然后使用从 GPS 卫星导航接收机获得的时间信号对每个时隙进行同步，并在每个时隙上自动播发一个船舶的位置报(表 6-4-1)。转发器根据本船当时的运动状况来选择自动位置报播发的时间间隔。例如，船舶处于抛锚状态，则可能是每分钟播发一次位置报；如果船舶正在航行，则位置报的播发间隔可能是几秒。这种通信方法就叫做自组织时分多址技术(STDMA)。它的主要特点是能够有效的利用无线电频谱，从而在单个无线电频道上具有很大的信息容量。正是由于这种特点，使自组织时分多址技术成为对移动目标实现识别、定位、监控和导航的主要技术。

在 AIS 系统中装有 AIS 设备的本船，除了可以自动发射自己的位置报外，还可以接收其他安装 AIS 设备的船舶的位置报。如果将这些位置报信息接入到船载电子海图上，就可以在本船上实现对其他船舶的识别、定位和监控，这样以前仅仅提供给 VTS 中心的信息，现在在每艘装有 AIS 设备的船舶上都可以看到。如果港口的 VTS 中心安装了 AIS 设备，就可以接收到整个港口内所有船舶的位置报，并将它显示在 VTS 中心的电子海图上，这样在 VTS 中心就可以很方便的实现对整个港口内的船舶的识别、定位、导航和监控。如果进一步将几个 VTS 中心组成一个局域网，将每个 VTS 中心接收到的位置报通过局域网传输给其他的 VTS 中心，这样在任何一个 VTS 中心就可以实现对整个局域网内的船舶的识别、定位、导航和监控。

船舶信息报告间隔　　表 6-4-1

船舶的状态	信息报告间隔	船舶的状态	信息报告间隔
抛锚或系泊时	3min	船速为 14～23n mile 并改变航线时	2s
船速为 0～14n mile 时	12s	船速大于 23n mile 时	3s
船速为 0～14n mile 并改变航线时	4s	船速大于 23n mile 并改变航线时	2s
船速为 14～23n mile 时	6s		

综上所述，使用 STDMA 技术可以实现对移动目标的识别、定位、导航和监控。而目前的 VTS 系统中我们知道主要是用雷达来实现对目标的定位、导航和监控，却无法实现对目标的识别。同时雷达系统还存在受气象条件影响，受岛屿或其他障碍物的阻挡，以及定位精度不是很高等缺陷。而在使用 STDMA 技术的系统中不仅能够实现对移动目标的识别，而且还能克服雷达的所有缺点。除此之外，还能提供一些雷达无法提供的功能，如在 STDMA 系统中还可以传输航行警告、水文气象和差分 GPS 数据等其他信息；也可以通过 STDMA 数据链路传输文本消息，以实现移动物体之间的短消息通信。

在一些欧洲国家已经为 STDMA 技术分配了用于航空应用的频率为 136.95MHz，用于航海应用的频率为 138.05MHz。如果能够为该技术分配一个统一的频率，就可以在飞机和船舶之间交换信息，从而实现对海上和空中的全面监控和导航。如果把这个技术应用到海上搜寻和救助系统中，将大大提高海上搜救的能力和效率。

三、AIS 的系统性能

根据国际海事组织 1998 通过的年 AIS 系统的性能标准规定，AIS 系统必须：

·能自动向装有 AIS 设备的岸站、其他船舶和飞行器提供包括船舶识别、位置、航向、速度、航行状态以及其他与安全有关的信息。

·能自动向装有 AIS 设备的其他船舶发送上述信息。

·能监视和跟踪船舶。

·能与岸上设施交换信息。

四、国际海事组织（IMO）与国际电信联盟（ITU）关于 AIS 的有关规定

1995 年国际海事组织航行分委会第 41 次会议（即 IMO NAV（41））上瑞典和芬兰两国首次提出了以 STDMA 技术为核心的 4S 转发器系统的建议草案。

2000 年 5 月国际海事组织海事安全分委会第 72 次会议(即 IMO MSC(72))上通过了强制装载 AIS 系统的规定,并将于海事安全分委会第 73 次会议(即 IMO MSC (73))上最后通过。

这个规定的主要内容是:

对于所用从事国际航运的 300t 及 300t 以上的货船、所有从事国内航运的 500t 及 500t 以上的货船和所有的客船无论大小都应该安装 AIS 设备。具体规定如下:

(1)2002 年 7 月 1 日以后建造的新船都必须安装 AIS 设备。

(2)2002 年 7 月 1 日以前建造的从事国际航运的船舶,安装 AIS 设备的日期规定如下:

- 如果是客船,不能超过 2003 年 7 月 1 日。
- 如果是油轮,不能超过 2003 年 7 月 1 日以后的第一次安全设备检查。
- 对于 50 000t 及 50 000t 以上的其他种类船舶,不能超过 2004 年 7 月 1 日。
- 对于 10 000t 及 10 000t 以上 50 000t 以下的其他种类船舶,不能超过 2005 年 7 月 1 日。
- 对于 3 000t 及 3 000t 以上 10 000t 以下的其他种类船舶,不能超过 2006 年 7 月 1 日。
- 对于 300t 及 300t 以上 3 000t 以下的其他种类船舶,不能超过 2007 年 7 月 1 日。

(3)2002 年 7 月 1 日以前建造的且不从事国际航运的船舶,不能超过 2008 年 7 月 1 日。

(4)对于在 2002 年 7 月 1 日以后的两年时间里将要退役的船舶,则不对它们实行强制装载的要求。

对于从事国内航运的船舶,如果它们的航行水域经管理机构判定不具备建立 AIS 系统的船舶密度,也不对它们实行强制装载的要求。

在 1997 年 ITU 的世界无线电大会(WRC97)上为通用 AIS 系统分配了两个全球信道 87B (161.975MHz)和 88B(162.025MHz),带宽为 25kHz。WRC97 还规定某些情况下在这两个波段也可以使用 12.5kHz 的窄带信道,这样就产生了两个新的信道 75 和 76,并记载在 ITU-R.M. 1083-3 文件中。

1998 年 3 月国际电信联盟的工作组 8B 在日内瓦召开会议制定了 AIS 设备的技术标准草案。1998 年 7 月 ITU 的研究组 8 通过了这个标准草案,即 ITU – R M.1371 文件。

由于 AIS 系统的优点,它将使得 VTS 系统功能更加完善,避碰信息更加可靠,海上搜救更加方便,使岸上存储的船舶信息可作为船用"黑匣子"的补充。

第五节　船载航行数据记录仪

一、系统与性能

船载航行数据记录仪(Voyage Data Recorder)是用于记录船舶固定数据、动态数据和操作信息的系统。一般称为船用"黑匣子"。用于对事故的有关因素进行事后分析。

船载航行数据记录仪由下述各部分组成:

(1)数据输入接口。它与采集船舶数据的传感器相连接,具有数据处理、数据编码和压缩的功能。

(2)最终记录介质。它用于记录数据和备份数据,通过适当的设备,可以恢复和再现这些数据。

(3)专用电源。它包括具有自动切换功能的专用电源和备用电源。当船舶电源与船用应急电源均断电时使用备用电源,备用电源能在断电后使系统独立工作 2h 以上。

(4)具有良好物理性能以及颜色鲜艳的容器,包括水密、防震、抗压、防火等性能。在容器内备有发送供搜索的无线电信号的装置。

以上各组成部分保证船舶航行时能记录与存储必要的数据。一旦发生事故时便于搜寻,也能最大限度地保证数据的完整与再现。

船载航行记录仪所记录的信息包括以下几点:

(1)固定数据:船名、船舶国际编码、呼号、登记号码、船舶种类、船籍港、建造日期;船舶总长、型宽和型深、总吨位、净吨;主机种类和台数、主机转速、推进器种类;船舶所有人名称和地址、管理人/经营人名称和地址。以上数据固化于最终介质中,可在专用设备上再现,但不得随意变更。

(2)船舶动态数据:日期和时间、船位、航速、航向、主机转速和舵角。

(3)操作信息:车钟指令、车钟回令、主机油门操作、舵操作和可变螺距操作。

(4)可选的记录数据:语音信息、雷达数据、测深数据、船体开口状况、水密门和防火门状况、侧推器相关数据、加速度和船体应力、风向和风速、号灯动态及报警信号等。

为了保证事后能为分析事故提供足够的可靠数据,要求最终记录介质安放在安全可靠的受保护的容器中,最终记录可采取双备份的形式。对不同航区的船舶,分别要求应能保存距最后一次记录时间之前至少 4h、12h 或 24h 内的所有信息数据。

二、国际海事组织的有关规定

1997 年国际海事组织通过了国际海事组织决议(IMO A.861(20)决议),采纳了 VDR 系统的性能标准,并鼓励所有船舶安装 VDR 系统。

根据新的《海上人命安全国际公约》(SOLAS 公约)第 V 章第 20 条规定:

(1)2002 年 7 月 1 日以后建造的客船都必须安装 VDR 系统。

(2)2002 年 7 月 1 日以前建造的滚装船,必须在 2002 年 7 月 1 日后第一次检验之前安装 VDR 系统。

(3)2002 年 7 月 1 日以前建造的其他船舶,必须于 2004 年 1 月 1 日前安装 VDR 系统。

(4)2002 年 7 月 1 日以后建造的 3000 总吨与 3000 总吨以上的其他船舶,必须安装 VDR 系统。

第六节　特种货物与危险货物运输管理

一、重大件货物的装运管理

重大件货物是指重量、体积过大或尺度超常的货物。按我国规定，远洋运输中，凡单件重量超过 5t 或长度超过 9m 的货物；在沿海运输中，单件重量超过 3t 或长度超过 12m 的货物。按国际标准规定，凡单件重量超过 40t，或长度超过 12m，或宽度、高度超过 3m 的超高或超宽货物，如车辆、大型成套设备、集装箱、快艇等均属重大件货物。由于重大件货物的尺寸与重量过大，在装运过程中，对稳性计算、局部强度计算与加固绑扎有特殊要求。在装运之前一方面要仔细审核重大件货物的件数、单件重量、重心位置、外形、尺寸、包装、吊点位置与装运要求。然后根据本船的重吊负荷、船体结构、货舱空间、舱底或舱盖的局部强度，审查大件货是否能装，最后编制配载图、吊装方案（包括预算横倾角等）、衬垫方案与加固绑扎方案。为了保证在运输过程中船舶和货物的安全，需对装运重大件货物对船舶稳性的影响以及船舶局部受力进行计算。装于船上的重大件货物，由于船舶的纵摇、横摇、波浪引起的船舶升沉以及装于甲板上的大件货所受的风力以及船舶倾斜面引起货物重心偏移，都使货物受到附加作用力。为了避免航行时货物移动，需要对货物加固绑扎，克服船舶运动时货物受到的上述各种力。

二、危险货物运输与管理

危险货物指具有爆炸、易燃、毒害、腐蚀、感染与放射等特性的物质，在运输、装卸和存储过程中，容易造成人身伤害、财产毁损或环境污染等需要特别防护的货物。目前国际危险货物海运量约占海运货物总量的 50%。国际海事组织依据并为实施《1974 年国际海上人命安全公约》(SOLAS)和经 1978 年议定书修正的 1973 年《国际防止船舶造成污染公约》(MARPOL73/78)制定了《国际海运危险货物规则》(以下简称《国际危规》)。我国交通部根据《国际危规》制定并颁布了《水路危险货物运输规则》的第一部分《水路包装危险货物运输规则》(水路危规)，并于 1996 年 12 月 1 日在我国实施。

《国际危规》与《水路包装危险货物运输规则》适用于包装危险货物。《MARPOL 公约》对油轮运输，散装液体化学品运输的安全问题有具体规定。此外，《国际散装运输危险化学品船舶构造及设备规则》(简称《IBC Code》)和我国《散装运输危险化学品船舶构造及设备规范》对运输散装液体危险化学品的船舶结构与设备都提出特殊要求。《国际散运液化气船舶构造和设备规则》(简称《IGC Code》)对运输低温加压而成液态货物的船舶的结构和设备有具体规定。《国际危规》的主要内容包括危险货物的分类与性质、包装与标志以及海上安全运输的要求。《国际危规》根据危险货物的主要特性和运输要求分为①爆炸品；②气体；③易燃液体；④易燃固体；⑤氧化剂和有机过氧化物；⑥有毒物质和有感染性物质；⑦放射性物质；⑧腐蚀品；⑨杂类危险货物和物品九大类。

根据《国际危规》的要求，危险货物必须按照《国际危规》标准，附带正确耐久的标志。危险货物的标志有标记、图案标志和标牌组成。所有标志均须满足经至少 3 个月的海水浸泡后，既不脱落又清晰可辨的要求。危险货物的包装分为通用包装与专用包装两类。通用包装适用于第 3、4、5 类，第 6 类中的有毒物质类中的大部分货物和第 1、8 类中的部分货物；其余由于特殊危险性质，需要采用专用包装。根据危险程度通用包装分为 I、II、III 类。I 类包装适用于高危险性货物；II 类包装用于中度危险货物；III 类包装用于低危险性货物。

危险货物的合理配载与隔离，对货物的安全运输具有重要意义。易燃易爆货物要远离一切热源、电源及生活居住区。遇水要起化学反应者，要安排在干燥货舱。有毒货物与放射性质货物应远离生活区。绝大部分危险货物均需远离热源、电源与生活居住区。对互不相容的危险货物要正确隔离，以防止泄露等引起的各种事故。一旦事故发生后，便于采取各种应急措施，减少损失与危害程度。

第五章　船舶运输组织

第一节　船舶运输组织的基本要求

船舶的运行组织,是指航运企业根据已揽取到或即将揽取到的运输对象和航运企业控制的运力情况,综合考虑船舶生产过程中各个环节及与其他运输方式的协调配合,对船舶生产活动所作出的全面计划与安排。做好这项工作的基本要求是强调运输的经济性、及时性、协调性和安全性。

商船运输生产的基本单元是航次。按惯例,客船、货船或驳船"自上航次终点港卸完所载货物(或下完旅客)时起,至本航次终点港卸完所载货物(或下完旅客)时止,计为本航次的时间。"航次时间是由航行时间、停泊时间以及其他时间组成。在这三项时间里要完成基本作业和辅助作业两类作业。装卸货物、上下旅客、船舶航行属于基本作业;装卸货准备,办理船货进出港手续和燃物料、淡水供应等属于辅助作业。认真分析航次中各项作业的协调性、经济性和安全性,合理安排各个环节是提高运输效率,保证运输质量的关键。

船舶运输组织是以实现运输对象的流向、流量、时间、质量要求为目的,以船舶运行环境为客观约束条件。船舶运行的主要环境参数包括:

(1)船线总距离和港口间各区段的距离(单位:海上运输用海里,内河运输采用千米);

(2)各港平均装卸定额,反映航线上各港口的平均装卸效率和组织管理水平;

(3)航线沿途水文气象条件及适航性,如风浪参数、海况、航道尺度等。

这些航线参数对船舶运行组织有着直接的影响,做船舶运行计划前应充分分析研究,在船舶运行中也要密切关注其变化,适时作出必要的调整。

近年来,在船舶运输组织方面出现了两个新特点:

(1)随着单船装载能力的提高,船舶运行组织的重要性更加突出。例如,现今最大的超巴拿马型集装箱船的载箱定额已达到了 7 500TEU,载箱量多达 10 000TEU 的集装箱船也走进设计室。大型船舶不仅因其本身投资巨大,船时成本高,而且因其装载量大,每耽误一天就意味着有大量的资金晚一天兑现。因此,要求对这种大型船用科学、精确的方法组织运输。

(2)物流概念的提出使运输组织优化的着眼点从运输工具转到运输对象。也就是说,站在更高的层次、在更大的范围内,以运输对象运输全过程的优化为目标组织安排各个运输工具。这就使水运环节的船舶运输组织更加复杂化,要适应现代物流系统发展的需要,要求组织者有系统分析的能力。

第二节　班轮运输组织

一、班轮运输特点

班轮运输又称定期船运输,它是指固定船舶按照公布的船期表在固定航线和固定港口间运行的运输组织形式。从事班轮运输的船舶称之为班轮。

班轮对所有托运人提供货运空间。不论船舶是否被装满都要按计划日期起航。保证班期是班轮运输组织的核心工作。船舶按船期表公布时间抵离港口的程度可用准班率 K 表达：

$$K = \frac{n_0 - n_1}{n_0} \times 100\% \qquad (6\text{-}5\text{-}1)$$

式中：n_0——一定时期内（年、月）计划航次数；

n_1——同一时期内脱班（即不按时抵离港口）航次数 。

班轮主要承运件杂货。件杂货物价格高；且多为轻货，平均积载因数在 2～3m^3/t 范围内。这就要求有较快的运送速度和较大的舱容。传统的杂货班轮承运包装、外形、重量千差万别的散件形式件杂货，致使船舶在港停泊时间过长，严重影响了船舶的营运效率，增加了船舶运输成本。为了改变这种落后状态，20 世纪 60 年代后半期，件杂货成组化得到了迅速的发展，其中以集装箱化最为突出。目前，许多航线上的件杂货装箱率已达 70%～80%之多。

在班轮航线上营运的船舶包括传统的杂货船、多用途船、集装箱船和滚装船。以集装箱船、多用途船和普通杂货船为主，滚装船多用在短距离的近海班轮航线上（如大连—烟台线）。

二、班轮航线设置

国际上班轮航线有许多种布局形式，但最基本、最常见的有以下几种，即传统多港口挂靠航线；干线配支线船航线；多角航线；单向环球航线；小陆桥航线及大陆桥航线等。

影响班轮公司航线选择的最主要因素是货源，或准确地讲是航线经济效益；其次是港口的自然条件和社会、政治因素。为了选定合适的航线，必须做货源调查及港口调查。货源调查一般分为两种，即短期货源调查与长期货源调查。前者是指对各待选航线目前货物流向与流量的调查，后者是指对航线沿途上有关国家的经济与贸易发展总趋势进行调查与预测。一般来说，选定的航线要有足够的货源，并且从长远角度看有很好的发展前景。班轮航线货流方面的特征可以用以下四个参数描述：

(1)港间货流量（Q_{ij}），是指一定时期内两港间的货流量。

(2)航线货流总量（ΣQ_{ij}），是指一定时期内该航线上各港间的货运量总和。

(3)运输方向不平衡系数（ρ_d），运输方向不平衡系数等于运量较小方向的货流量（Q_m）与运量较大方向的货流量（Q_f）的比值，其计算公式为：

$$\rho_d = \frac{Q_m}{Q_f} \qquad (6\text{-}5\text{-}2)$$

式中：$0 \leqslant \rho_d \leqslant 1$，$\rho_d$ 越小说明航线上的往返运量越不平衡。

(4)运输时间不平衡系数（ρ_t），运输时间不平衡系数等于最繁忙时期的货流量（Q_{max}）与平均货流量（Q_e）的比值，其计算公式为：

$$\rho_t = \frac{Q_{max}}{Q_e} \qquad (6\text{-}5\text{-}3)$$

式中：$\rho_t \geqslant 1$，ρ_t 越大说明运量沿时间分布的波动幅度越大。

三、班轮船期表的编制

1.往返航次时间计算

往返航次时间是一艘班轮由始发港起航，经中途港、目的港返回到始发港再起航所经历的时间，或称为船舶周转周期。往返航次时间计算的依据是：航线总距离、船舶航速、港口装卸效率和在港装卸货物的数量及其他可能发生的耗时因素(如进出港减速航行，通过运河等)。计算公式为：

$$t_r = \frac{L}{\bar{v}} + \sum\left(\frac{Q_1 + Q_d}{\overline{M}}\right) \tag{6-5-4}$$

式中：t_r——船舶往返航次时间或周转期(d)；

L——航线总距离(mile)；

$\bar{v}$——船舶平均航行速度，考虑了进出港航行和过运河、船闸等因素(mile/d)；

Q_1, Q_d——航线沿途各港装货量与卸货量(t)；

$\overline{M}$——航线沿途各港的总平均装卸效率(t/d)。

2.航线配船数计算

一条班轮航线上需要配置船舶的艘数通常要由货运需求(量的多少及发到船频率)、单船装载能力和往返航次时间等因素决定，其计算公式为：

$$m = \frac{t_r \cdot Q_{max}}{\alpha_b \cdot D_d \cdot T} \tag{6-5-5}$$

式中：m——航线配船数(艘)；

Q_{max}——运量较大航向的年货物发运量(t)；

α_b——船舶载重量利用率(发航装载率)；

D_d——船舶净载重量(t)；

T——平均每艘船舶年内营运时间(t)。

计算出 m 后，若 m 不为整数，则应将 m 取为整数。在具体计算时，要注意运量在往返方向上的不平衡性。

如果航线由一家班轮公司独自经营，可按上边计算的 m 值决定配船数量，取大于 m 的最小整数；如果航线上有多家公司同时经营，则各公司配船数取决于本公司的实力和货载占有份额。

3.航线发船间隔的计算

发船间隔是指一个班次的船舶驶离港口后，直至下一班次的船舶再次驶离该港的间隔时间。它可由船舶往返航次时间及航线配船数确定，即：

$$t_i = \frac{t_r}{m} = \frac{\alpha_b \cdot D_d \cdot T}{Q_{max}} \tag{6-5-6}$$

班轮的发船间隔必须具有一定的规律性，以便于记忆。如常以月、旬、周、天、时等单位为发船间隔时间。所以，对于按(6-5-6)式计算得到的发船间隔时间还要按照规律性的要求加以调整。

4.到发时间计算与调整

在以上计算的基础上，结合沿途各港的具体情况，先分别计算出相邻两港之间各航段的航行时间和在各港的停泊时间，然后根据始发港发船时间依次推算出船舶到、离各港的时间。当沿途各港所在地的时差不同时，在船期表上应给出船舶到发的当地时间。为此，需要将上述末考虑时差而计算出的各港到发时间加上或减去各港所在地与始发港所在地之间的时差。向东行为加,向西行为减。当航线上有几艘船舶运行时,后续船舶在各港的到发时间依次相差一个发船间隔时间。

班轮船期表是以表格的形式反映船舶在位置和时间上运行程序的文件,其主要内容包括:船名、航次编号、始发港、中途港和终点港的港名,到达和驶离各港的时间。根据前述4步的计算结果可编制船期表。表6-5-1列出了一种格式的船期表。

船 期 表 表6-5-1

香港/美西南 HONGKONG/PSW

船名	航次	香港	釜山	神户	长滩	奥克兰	横滨	神户	釜山	香港
VSL	VOY	HKG	BUS	KOB	LGB	OAK	YOK	KOB	BUS	HKG
龙后	23E/24W	1/4	4/4	6/4	17/4	18/4	28/4	30/4	1/5	6/5
天后	29E/30W	8/4	11/4	13/4	24/4	25/4	5/5	7/5	8/5	13/5

注:资料来源于《中国航务周刊》1995.3.27

集装箱班轮运输组织与传统班轮相比最大的特点是船舶大型化、高速化,船舶在港停泊时间短,船舶周转快,需要专门对集装箱进行调度与跟踪管理。

四、班轮公会

班轮运输的特点是航线垄断性很强,许多航线上都存在着垄断组织——班轮公会。它是由经营同一条航线的若干个航运公司为了限制他们之间互相竞争,并抵御外来竞争,就航线经营的利益分配达成某种协议而形成的一种半垄断联合体。班轮公会的主要活动包括以下几个方面:

(1)制定防止内部竞争的措施。其形式有:运费协定;运量分配;运费收入分配;吨位限制等。

(2)采取回扣制度对外竞争、取得货载。回扣主要有两种形式,即延期回扣和合同回扣。

班轮公会的存在有利有弊。利在于它可以在一定程度上避免无益的竞争;弊在于它对航线的垄断和形成了新船东的入会障碍及会员公司之间的差别待遇。尤其对发展中国家船公司扩大船队及申请加入公会常常造成很大的障碍。经过斗争,1972年拉美和亚非发展中国家以"77国集团"的名义提出了"班轮公会行动守则"的联合方案。经讨论修改,1974年4月联合国在日内瓦举行全权代表会议,经投票使守则获得通过。该公约中一个重要的内容是4:4:2货载分配原则,即由班轮公会承揽的两国进出口货物中,进口国可以承运40%,出口国也可以承运40%,余下的20%由第三国船公司承运。

2001年1月1日开始施行的《中华人民共和国国际海运条例》中第22条规定,从事国际班轮运输的经营者之间订立涉及中国港口的班轮公会协议、运营协议、运价协议等,应将协议副本报国务院交通主管部门备案。在第35条规定,如果这些协议可能对公平竞争造成损害,则国务院交通主管部门可以对其实施调查和做出相应的处理。表明我国政府不反对班轮公会的存在,但又鼓励公平竞争的态度。

第三节 不定期船运输组织

一、不定期船运输特点

船东随时根据货主的需求在时间、地点和内容上发生的变化，组织船舶运输的一种营运方式称为不定期船运输。不定期船的主要运输对象是货物本身价格较低的大宗散货,如煤炭、矿石、粮食、铝钒土、石油、石油产品及其他农、林产品和少部分干杂货。这些货物难于负担很高的运输费用,但对运输速度和运输规则性方面要求不高,不定期船运输正好能以较低的营运成本满足它们对低廉运价的要求。在不定期船市场上成交的租船合同形式主要有:光船租船合同、期租合同、程租合同、连续航次租船合同、包运合同等。

光船租船的特征是:船舶出租人只提供一艘空船,合同期一般较长；承租人负责配备船员、任命船长,并负担船员的工资及伙食费等；承租人负责船舶调度和安排营运,并负担一切营运费用；租金按船舶的装载能力和租期长短计算。

定期租船的特征是:船舶出租人负责配备船员、负担船员工资、伙食费等；承租人负责船舶调度和营运组织工作。航次费用,如燃油费、港口费等均由承租人负担；租金按船舶的装载能力和租期长短计算。

航次租船的特征是:船舶出租人负责运输组织工作,并负担船舶的营运费、燃料费、港口费等；按装载货物的数量或按船舶总载重吨位及航线(或航程)计收运费。

二、航次租船

航次租船的主要依据是航次经济性。根据货源情况和装卸港、航线情况进行航次估算。所谓航次估算是船舶经营者根据各待选航次的货运量、运费率、挂靠港口、船舶特性及航线参数等有关资料,估算各航次的航次收入,航次成本和航次每天净收益,从而预知某个航次是否盈利。特别是当有多个航次货载机会时,根据估算结果,经营者就可做出最有利的决策,即选择单位时间净收益最大的航次签定运输合同。因此,航次估算是船东或经营人进行航次租船决策的基础,它被广泛地应用在不定期船的运输组织中。

一艘船某航次每天的净收益可以按公式(6-5-7)计算。

$$每天净收益 = \frac{航次净收入 - 航次费用}{航次时间} - 每天营运费用 \tag{6-5-7}$$

航次经济性的优劣通常用每天净收益指标来衡量。一般来说,每天净收益大的航次自然对船东具有较大的吸引力,但单纯的盈利数字高低并不是唯一决定性的因素,有时还要注意到船主喜欢的航行方向,或考虑到下一航次易于获得货载的港口位置等其他因素。

三、船舶期租

在期租过程中,通常船舶出租人负有保证船舶适航性的义务,并基于此收取一定的租金。因此,期租保本费率就是每一载重吨、每一个月分摊的船舶出租人为提供适航船舶和船员所发生的全年所有费用,也叫船舶期租租金基价,简称 H/B(Hire Base)。即:

$$船舶期租租金基价 = \frac{船东为提供适航船舶和船员发生的年总费用}{船舶总载重吨 \times 年营运月数} \tag{6-5-8}$$

上式分子所列费用通常应包括:船舶资本费、维修费、保险费、船员工资费、润料费及应分摊的管理费等。船舶营运月数是指一年内能出租给租船人实际使用的月数,国外航运公司通常以全年 11.5 个月(或 350 天)计算。这一数值的大小取决于船龄及船舶的技术状况。如以 C/B(Charter Base)表示期租租金费率,则期租船舶的经营盈亏值为:

$$船舶每月每载重吨盈亏值 = C/B - H/B$$

$$船舶每月盈亏值 = (C/B - H/B) \times DW$$

对船东来说,他只要把世界各地报来的期租租价 C/B 与他的具体船舶的租金基价 H/B 比较,就可得知是否有利可图。

若:　　$C/B > H/B$,出租盈利;

$C/B = H/B$,出租不赔不赚;

$C/B < H/B$,出租亏损。

显然,租价超过租金基价越多,盈利就越大。反过来说,租金基价越低的船舶,在市场上的竞争能力就越强。

四、船舶闲置

在航运市场上,需求随着世界经济的发展和贸易量的变化经常发生变化,而做为供给的船舶吨位一旦形成,一般是比较稳定的。因此,在运输需求与实有运力之间常会出现不平衡的现象,导致运价上下波动。当货少船多,运价下跌时,船舶盈利逐渐减少、保本、甚至出现亏损,企业被迫就要考虑封存(闲置)一部分运力,以减少亏损,调整供需关系,使运价回升。尽管发生亏损就意味着运输收入不能抵偿运输成本,但也并不能一亏损就草率地将船舶封存起来。因为虽然亏损,还会有一部分收入以抵偿营运成本的支出。而船舶封存起来以后,仍需要发生一定的维持费用,如资本费(折旧费)、看守费用、保险费、维护保养费等,称其为封存成本或闲置成本,虽然船舶的闲置成本比其营运成本数额大为减少,但这些成本却是得不到任何来自船舶自身的补偿。权衡这两种状态的经济得失,可以得出船舶封存的经济条件:

当船舶营运亏损额 < 船舶封存成本,应继续营运;

当船舶营运亏损额 = 船舶封存成本,视其他情况而定(称为封存点或封存界限);

当船舶营运亏损额 > 船舶封存成本 ,应停航封存。

在日常的经营工作中,为简便、直接地判别,可将上述亏损额与封存成本之间的比较转换为费率之间的比较,以便根据市场运费率的高低,直接做出反应。下面分别给出程租和期租的封存费率:

1.对于程租船舶

因为达到封存点时,航次亏损额 = 航次总成本 - 航次运费收入 = 在航次时间内的封存成本。所以,航次运费收入 = 航次总成本 - 在航次时间内的封存成本,即:

$$f_I = \frac{(K_f + K_v - K_I) \cdot t_v}{Q} \tag{6-5-9}$$

式中:f_I——封存点所对应的运费费率(元/t);

t_v——程租航次时间(d)；

K_f——船舶每营运天固定成本(元/d)；

K_v——船舶航次中平均每天变动成本(元/d)(此项有时不与时间相关)；

K_I——船舶封存时每天封存成本(元/d)。

当市场上程租费率 $f > f_I$ 时尽管可能亏损，但继续营运在经济上看也是合适的，当 $f < f_I$ 时，从经济性上看，船舶应封存。

2.对于期租船舶

因为当达到封存点时有：期租保本费率 - 期租租金费率 = 每月每载重吨封存成本，即：

$$H/B - C/B = \frac{K_I \cdot 30}{DW} \tag{6-5-10}$$

所以，封存租金费率为：

$$(C/B)_I = H/B - \frac{K_I \cdot 30}{DW} = \frac{(K_f - K_I) \cdot 30}{DW} \tag{6-5-11}$$

当市场期租租金费率 $C/B > (C/B)_I$ 时，尽管船舶营运可能出现亏损，但继续营运还是合适的，只有当 $C/B < (C/B)_I$ 时才可以说船舶继续营运已失去了经济意义。

第四节　轮驳船队运输组织

一、轮驳船队运输主要特点

在内河及沿海运输中，人们很早就学会了采用机动拖轮拖带非机动驳船的运输方式。即用缆绳将一艘或多艘驳船系在拖轮后边，由拖轮带着前进。这种运输方式把水上运输工具的动力部分与载货部分分开成两体，它的优点在于驳船上不设推进动力装置，其造价低廉、日常维护费用低、装货量大；拖轮上的动力装置可以得到更充分的运用；适应于货运量大、航道或港口水深较小以及发货港或到货港分散在某一区域的运输航线。拖带运输的主要缺点在于拖轮走在驳船前边，螺旋桨推向后方的水流正好打在紧随其后的驳船首部，使整个船队受到的水阻力增加，船队速度降低。如果在拖轮与驳船之间采用长的拖索，又会降低船队的操纵性能。为了解决这个问题，就产生了顶推运输方式。

顶推运输方式与拖带运输方式相比具有以下优越性：

(1)船队阻力小，节省燃料或航速高。由于推轮运行在驳船的后面，处于驳船的尾部伴流之中，使推轮船体上的阻力降低，螺旋桨的推进效率提高。另外，采用分节驳时，由于几个驳船连接一起后形成了水下外型光顺的整体，也使阻力下降。

(2)有较好的操纵性能。推轮与驳船联接成整体后，通过推轮的操舵和正倒车，可以直接控制驳船的转向和前进、后退。有利于避免或减少发生碰撞事故。

(3)减少了驳船船员数，改善了驳船船员的工作和生活条件。这是因为每艘驳船上不再需要专人操舵，水手可以利用推轮上的机械设备对驳船进行各项作业，船员也可以在推轮上休息和生活。

顶推运输方式与拖带运输方式相比，也有弱点。如顶推运输对驳船的船体强度要求较高；船队的系结、编队不如拖带运输简单方便；在水流湍急的狭窄、弯曲、浅滩航段上，以及风浪较大的海面上的适航性不如拖带运输方式。海上顶推运输对推船与驳船的联结技术要求更高，通常采用一轮推一驳的船队编组方式。在这种情况下，就适航性和快速性来说，往往较同吨位的机动货船差。尽管如此，顶推船队在沿海和江海直达运输中都有着广泛的应用。

二、轮驳船队运输组织

轮驳船队的运输组织形式有以下几种：

按货物是否在中途港倒载、换驳运输来区分，不在中途港换驳，直接由起运港装船运达目的港卸船的运输组织形式叫直达航线；需要在中途港由一个驳船倒载到另一驳船上继续运输才能到达货物的目的港的运输组织形式叫做非直达航线。

按推(拖)轮的运行组织方法划分，轮驳船队从航线的始发港至航线终点港，在中途不更换推(拖)轮者称为直通航线；如在中途更换推(拖)轮，实行分段牵引，则称为区段牵引航线。在沿途装货港、或卸货港比较分散的一些航线上，驳船队中的部分驳船在航线沿途港加入船队或从船队中分离出去送达途经港口的运输组织形式，称为中途集解航线。

按轮驳配合方式划分，一艘推(拖)轮每个航次将驳船从起运港送达目的港后，马上去运送其他驳船，称为单航次配合。这种方式充分体现了轮驳船队的动力部分与载货部分即可分离，又可组合的特点，提高推(拖)轮与驳船的使用效率。一艘推(拖)轮在运送驳船时，只在装货港或卸货港更换一次驳船，每个往返航次轮、驳重新组合一次，这称为往返航次配合。一艘推(拖)轮与一组驳船长期固定组合运行，称为固定配合。

第六章　港口装卸工艺

第一节　港口装卸机械

港口装卸机械是港口用来完成船舶与车辆的装卸、库场货物的堆码、拆垛与转运以及舱内、车内、库内装卸作业的起重运输机械。港口装卸机械是现代化港口不可缺少的设备。港口装卸机械的种类很多，通常可分为两类：一类是固定在泊位上为装卸船服务的装卸机械和固定在仓库或堆场为进出库服务的装卸机械；另一类是可从事各种作业的流动机械。择其主要设备简述如下。

一、起重机械

起重机械是周期性间歇动作的机械。港口常用的起重机械有门座起重机、岸边集装箱装卸桥、轮胎起重机和浮式起重机等。下面简要介绍这些机械的性能与特点。

1.门座起重机

门座起重机是一种旋转类型起重机，是码头前沿的通用起重机械之一。它由门形座架和安装在座架之上的回转部分组成。门座两侧装有运行机构，可沿轨道运行。门座中间的净空比较大，可供一列或数列机车车辆通过。用于港口装卸货物用的门座起重机常用起重量为5

~25t。取货装置采用吊钩或抓斗。门座起重机的工作地点相对比较固定,以较高的生产率完成船—岸、船—车、船—船之间等多种装卸作业。

2.岸边集装箱装卸桥

集装箱装卸桥是集装箱码头装卸集装箱的专用机械。它主要由带行走机构的门架、支承臂架机构的拉杆和臂架等几部分组成。门架可沿着与岸线平行的轨道行走。臂架伸出码头部分可以俯仰,这便于船舶靠离码头的作业。

集装箱装卸桥的起重量包括集装箱重量和吊具重量。国际标准40ft集装箱最大总重量为30.5t。由于集装箱装卸桥的吊具种类繁多,吊具自重大小不一,目前世界各港的集装箱装卸桥的起重量也各不相同,其中大部分装卸桥的起重量为30.5t和40.5t。

3.轮胎起重机

轮胎起重机是装在专用的轮胎底盘上的全回转臂架起重机,其起重量分为使用支腿和不使用支腿两种。起重量随臂架长度和幅度而不同。轮胎起重机的特点是机动灵活,可在码头前沿、堆场或其他装卸地点进行装卸作业。

4.浮式起重机

浮式起重机是装在专用平底船上的臂架起重机,又称起重船。它分为自航式和非自航式两种,适于在水位差变动较大的港口或装卸重大件货物,也可用于水上装卸和过驳作业。

二、连续输送机械

连续输送机械是沿着一定的运输路线连续地运输货物的机械。一般适用同一类型的货物(件货或散货),但不适于搬运单件重量很大的货物。大多数的连续输送机不能自行取货,需采用供料设备。其种类主要有带式输送机、链式输送机、斗式提升机以及气力输送机和螺旋输送机等。

1.带式输送机

带式输送机的主要部件有输送带、支承托辊、驱动装置、制动装置、张紧装置、改向装置、装料装置、卸料装置和清扫装置等。带式输送机是连续输送机中生产效率最高、使用最广泛的一种机型,可用于输送散货或件货,特别是在煤炭、矿石、散粮等大宗散货装卸作业中,它已成为主要的输送设备。许多港口专用机械如散货装船机、堆取料机、卸船机等常以带式输送机作为主要的组成部分。

2.斗式提升机

斗式提升机是在垂直或接近垂直的方向上连续提升粉状物料的输送机械。其优点是结构比较简单,在港口应用颇广,如在机械化圆筒粮仓内,用于向筒仓顶部提升粮食;还可用于卸船和装卸车,如链斗卸船机和卸车机等。

3.气力输送机

气力输送机是利用风机使管道内形成气流来输送货物的设备。在港口常用于散粮卸船作业。气力输送机有多种类型。利用气力使物料悬浮于气流中而进行输送的称为悬浮气力输送机。悬浮气力输送机又可分为吸送机、压送机和混合式气力输送机。吸送式气力输送机运用风机从整个管路系统中抽气,使管道内的气体压力低于外界大气压力,以形成一定的真空度。吸送式输送机其用于对船舶及车辆的装卸时,可以装一根吸料管或几根吸料管从几个供料点上吸取物料。吸送式输送机的输送距离较近。压送式气力输送机中的空气在高于大气压的正压状态下工作。它可在较长距离输送货物，也可由一个供料点输送到几个卸料点。混合式气力输送机由吸送式和压送式两部分组成。其机械结构比较复杂，且鼓风机的工作条件较差，一般是在长距离输送时才考虑选用。

三、装卸搬运机械

装卸搬运机械是一些可用于水平搬运和堆码货物的机械。主要有叉式装卸车、牵引车、跨运车、单斗车、搬运车和平板车等。下面简要介绍叉式装卸车、牵引车和跨运车的特点。

1.叉式装卸车

叉式装卸车由轮胎底盘、门架及货叉组成。货叉能垂直升降及前后倾斜，整机能自行行走移动。主要用于件货的装卸搬运，配备其他取物装置后，也可用于散货等多种货物的装卸作业。其起重量随货种变化。对一般件杂货的装卸，其起重量为 3～5t；对集装箱的装卸，起重量可达 25t。此外，对舱内、车内作业的叉式装卸车，起重量为 1～2t。

2.集装箱跨运车

集装箱跨运车是用于码头前沿和堆场水平搬运以及堆码集装箱的专用机械。它由门形跨架、起升机构、动力设备及其他辅助设备组成。作业时，其门形车架跨在集装箱上，由装有集装箱吊具的液压升降系统吊起集装箱，进行搬运，并可将集装箱堆码至两、三层高。

3.牵引车

牵引车是拖带的机械，用于拖带载货的平板车进行水平搬运作业。其结构同汽车类似，但结构较为紧凑，具有良好的机动灵活性。

第二节　港口装卸工艺

一、装卸工艺的内容

工艺是社会生产中改变劳动对象所采取的方法。港口装卸工艺是指港口装卸货物的方法。即按照一定的劳动组织形式，运用装卸机械及其配套工具等物质手段，遵照规定的技术标准和规范，按一定的操作过程，以合理和经济的原则完成货物在不同运输工具之间的换装作业的方法。其主要内容包括装卸作业的操作方法、作业技术标准和规范以及维护工艺纪律的生产组织程序。

装卸作业的操作方法是对货物在具体的操作过程中所采用的作业手段。它包括货物的吊装方法、加固方法、拆码货组方法、水平搬运方法、堆装作业方法等，还包括机械、工具的运用以及每一作业环节的操作方法，如摘挂钩动作、指挥手势等。

作业技术标准和工艺是指装卸作业过程中的技术标准和规范。如货物的堆码标准、装车标准、码舱标准、机械运用规范、工具的使用标准、船舶的配载技术等。这些标准和规范是保证装卸作业正常进行的工艺纪律。

港口生产组织包括船舶作业组织、火车作业组织、库场作业组织、驳船作业组织、车船直取换装作业组织等。为保证各作业环节之间的衔接和生产率的一致性，每一类型的生产组织都应编制出作业组织程序，确定出各作业环节的配工人数、配机台数、工具的种类和数量等。工艺过程的实现应按程序进行。

港口是交通运输的枢纽，设计港口装卸工艺的目的是经济合理的完成货物在不同运输工具之间的换装。货物在港口换装有两种形式：直接换装和间接换装。直接换装是指货物从一种运输工具直接换装到另一种运输工具；间接换装是指货物经过港口的仓库或堆场储存之后再换装至其他运输工具。换装是由一个或者一个以上操作过程实现的。一个操作过程是指车、船、库(场)之间，货物每经过其中两个环节所完成的一次位移。例如，船—船(海船、江船、驳船)、船—车(火车、汽车)、船—库(场)、车—库(场)。

在直接换装作业中，货物只经过一个操作过程；而在间接换装作业中，货物要经过两个以上的操作过程。一般来说，操作过程越多，港口为了完成货物换装所耗费的人力，物力越大，因此直接换装是最为简单的作业形式，在生产作业组织中应该尽可能地采用。但是车船直取作业时车船在港停时较长，因此应该采取何种作业方案，要根据具体情况确定。

二、装卸工艺设计的基本原则

装卸工艺设计的任务是根据货类、运量、流向、船型、车型、使用要求以及自然条件，结合国内外技术水平，完成装卸工艺流程的设计、装卸机械化系统的技术经济论证和各生产环节通过能力的计算等项工作，其基本原则如下：

(1)装卸工艺设计应尽量满足加快车船周转、货物疏运、安全优质地完成装卸任务的要求，并结合具体情况进行多方案的技术、经济分析。

(2)各环节通过能力应根据船舶流、车流、货物流的密度和分布规律相互适应。

(3)装卸机械化系统应根据装卸工艺的要求选型，尽量减少机械设备的类型和规格。

(4)应尽量简化工艺流程，减少操作环节，提高机械化、自动化水平。

(5)应根据有关标准、规范的要求，保证作业安全，保护工人健康，减轻劳动强度和改善劳动条件。

三、主要货种的装卸工艺

1.件货装卸工艺

件货又叫杂货，指有包装和无包装成件运输的一类货物。由于件货种类多、包装形式各异，而且在同一泊位上既有进口，又有出口。因此，要求装卸机械设备应具有通用性并能适应货流的双向性。

件货装卸工艺方案通常采用门座起重机或船舶吊杆——流动机械工艺方案，即码头前沿采用门机或船舶吊杆进行船舶装卸作业，水平搬运和库场作业采用各种流动机械进行。

港口使用的流动机械主要有：叉式装卸车、蓄电池搬运车、牵引车挂车、汽车和流动起重机等。叉式装卸车既可作短距离水平运输，又可作拆码垛和装卸卡车、铁路平板车的机械。对于较长距离的码头水平搬运作业，通常采用牵引车挂车。特长距离的搬运可采用汽车。码拆垛和装卸车辆可采用各式流动起重机。流动起重机和叉式装卸车比较，具有货堆堆得高、单位面积堆存量大以及能装卸敞车等优点。但使用流动起重机通常需要与其他水平运输机械配合作业，距离在 100~200m 内时，不如采用叉式装卸车方便。

2.集装箱码头装卸工艺

现代化集装箱专用码头普遍采用集装箱装卸桥进行船舶作业。集装箱堆场使用的机械有跨运车、底盘车、叉式装卸车及有轨和无轨龙门起重机。集装箱装卸桥与堆场和水平运输作业机械可以组合成多种装卸工艺方案,以下简要介绍跨运车和龙门起重机工艺方案。

集装箱装卸桥——跨运车工艺方案,集装箱装卸船作业采用集装箱装卸桥。跨运车承担码头前沿与堆场之间的水平运输以及堆场的堆码和进出场车辆的装卸作业。近年由于跨运车的制造技术水平大幅度提高,世界上集装箱专用泊位采用跨运车方案的数量最多。

集装箱装卸桥——轮胎龙门起重机工艺方案,集装箱装卸船作业采用集装箱装卸桥。轮胎龙门起重机承担码头堆场的装卸和堆码作业。从码头前沿至堆场、堆场内的水平运输由牵引车和底盘车完成。我国绝大多数的集装箱专用泊位采用此工艺方案。

3.干散货装卸工艺

干散货是指不加包装而呈松散颗粒状态运输、装卸和保管的货物。在水上运输中,大宗干散货主要有:铁矿石、煤炭、粮谷以及化肥、食糖、水泥等小宗干散货。散货具有粘性、团结性。自流性、吸湿性、腐蚀性等性质。散货这些特性对装卸工艺、运输和保管都提出了不同的要求。因此,很多港口设有专门的码头泊位进行散货的装卸作业。散货的装船工艺和卸船工艺是不同的,它们采用不同的装卸机械设备。散货装船比散货卸船效率要高得多。散货码头上的装船机,无论采取哪一种形式,它的核心部分用的都是皮带输送机。散货卸船作业,常采用的机械有:船吊或普通门机抓斗、带斗门机抓斗、装卸桥抓斗、连续卸船机(如链斗卸船机、螺旋卸船机、斗轮卸船机)和吸粮机等。

散货堆场作业根据散货保存在露天场地或专用仓库而采用不同的作业方式。散货露天堆场一般采用地面堆、取料机作业系统进行堆场进、出料作业。专用仓库通常设计成高架式,可用皮带运输机向仓库内装货,装车作业时货物通过漏斗从仓库中靠重力自行流到车箱里。卸车作业通常采用链斗卸车机、螺旋卸车系统、翻车机系统及自卸车方式进行。

4.石油装卸工艺

石油具有易燃烧、易爆炸、易挥发和易生静电等特性。在石油专用码头,不同油品的油分别贮存在不同的油罐内。石油的装卸设备主要包括输油泵、输油管、输油软管或输油臂及附加设备。输油泵,多采用离心泵。装卸粘度较大油品时,也可用往复泵。输油管是联系泵房、油罐、油码头及铁路装卸车台的主要设备。为了使粘度大的油品在输送过程中不冷凝和降温不要过大,油管须采用伴热和保温措施。伴热保温有蒸汽管伴热或电加热。

油船的装卸通常是用橡胶管或输油臂将船上与岸上的管路接通。装卸时,一般可同时接通3~5根输油管线。卸货时由船上自有的货油泵向岸上排油。装船时,一般由岸泵向船上注油。有条件的地方,装船常常采用自流方式。例如,我国原油出口码头秦皇岛港和大连港,油罐区设在距海平面几十米高的山坡上,可以保持较高的自流装油速度。

第三节　港口通过能力

一、港口通过能力的概念

港口通过能力是港口企业的生产能力。它是在外部环境条件为一定时,港口各项生产要素和经营管理条件综合作用的结果。它分为理论通过能力、营运通过能力和后备通过能力。理论通过能力是港口最大的通过能力。它是指港口在一定时期(通常是一年)内,在港口设施为既定和劳动力为一定时,在一定的组织管理条件下,最大限度利用港口各生产要素所能装卸的一定结构的货物的自然吨数。它由营运通过能力和后备通过能力所组成。港口营运通过能力是港口的实际通过能力。它是港口编制年度生产计划和短期作业计划的基础。其定义是:港口在一定时期(通常是一年)内,在港口设施和劳动力为既定时,在一定的组织管理条件下,港口各生产要素在得到合理利用时所能装卸的一定结构的货物吨数。它与理论通过能力的区别在于生产要素的利用程度不同。后备通过能力则是应付运输工具或货物密集到港时的那部分生产能力,在非高峰时则以闲置状态存在着。

二、影响港口通过能力的主要因素

港口通过能力通常是指货类结构一定时的通过能力。在港口生产要素为一定的前提下,不同时期通过能力的变化,此变化主要是因为货类结构的变化所引起的。货类对通过能力的影响主要表现为货物种类、批量、单件重量、运输的形式(如散装、包装等)以及货物在流向和时间上的分布特征等。

港口设施和设备是港口企业进行生产活动的物质基础。它们的数量和规模、性能和技术状态是影响港口通过能力的主要因素。进港航道的水深、宽度、曲率半径及其可利用的潮位将限制进港船舶的最大尺度和来港船舶的艘数;锚地的规模、水深、掩护程度及其距港池或装卸泊位的距离决定着港口水上过驳能力、船舶让档时间以及内河港口对船队的编解能力。泊位的数量、结构、水深及其装备情况,包括岸壁机械的数量、技术性能和技术状态都决定着泊位的通过能力;仓库和堆场的面积及其布置,仓库的结构特征,进出库场的方便程度和库场使用的机械,不仅决定着库场的能力,而且决定着装卸效率,它们是影响港口通过能力的主要因素;其他辅助设施和设备,如供电能力,港内运输能力,装卸机械的维修能力,港内导航设备等都会影响到主要设施和设备能力的充分发挥。

港口的总体布置对通过能力的影响主要表现在码头的布置,码头前沿、堆场和仓库的相对位置;水域、路域面积是否满足需要;港内外交通的方便程度。此外,有水水中转的港区,船舶之间的换装是否方便等,也会影响通过能力。

装卸工人和机械司机的技术水平、数量和积极性的发挥程度通过设备在时间上的利用程度以及装卸效率的高低体现出来。此外,装卸工人与司机的劳动组织形式,如轮班制度及工组的组成等,对港口通过能力也有影响。

港口的自然条件,如风、雨、雪、雾、气温、水深,都会对港口通过能力产生影响。如有些货种雨天不能装卸;遇有大雾船舶不能进出港,使港口无法作业等。

此外,港口的经营管理水平以及港口系统和外部环境之间的协调发展程度等,对港口通过能力也起着重大的作用。

三、港口通过能力的计算

港口通过能力的大小取决于港口各环节能力的大小,需要从泊位装卸能力、库场堆存、铁路线装卸能力、工人装卸能力和机械装卸能力等方面分别确定能力情况。

1.泊位装卸能力

泊位装卸能力用装卸船舶的货物吨数表示。其计算公式为：

$$P_{泊营} = P_{泊理} \times K_{合泊} \tag{6-6-1}$$

式中：$P_{泊营}$——以装卸吨数表示的泊位营运装卸能力(t)；

$K_{合泊}$——合理泊位利用率；

$P_{泊理}$——以装卸吨数表示的泊位理论装卸能力(t)。

$$P_{泊理} = N_{年} \times \overline{Q}_{船} \tag{6-6-2}$$

式中：$\overline{Q}_{船}$——每艘船平均在港装卸货物吨数(t)；

$N_{年}$——全年所能装卸船舶艘数(艘)，可用下式计算：

$$N_{年} = \frac{T_{年}}{t_{占} + t_{让}} \tag{6-6-3}$$

式中：$T_{年}$——泊位年工作天数，指泊位全年可用以停泊船舶的天数；

$t_{让}$——船舶让档时间(d)，指一艘船舶离开泊位后，下一艘船舶开始靠泊以前，因技术原因必须的间隔时间；

$t_{占}$——船舶占用泊位时间(d)，指船舶开始靠码头到船舶离开码头的延续时间。

以上计算的泊位装卸能力是在单一货种、单一船型的情况下进行的。由于不同货种、不同流向或不同船型，计算所用的参数不一样。因此，泊位理论装卸能力应先分货种、分流向和船型分别计算，然后再按下式计算泊位的综合理论通过能力：

$$P_{泊理综} = \frac{1}{\sum \frac{\alpha}{P}} \tag{6-6-4}$$

式中：α——分货种、分船型、分流向的货物吨数占该泊位装卸货物总吨数的比重；

P——与 α 对应的泊位理论装卸能力。

2.库场堆存能力

它是指库场在计算期内可以堆存的货物数量，它以货物堆存吨数表示。计算公式为：

$$P_{库场堆} = A_{库场总} \times K_{总利} \times \overline{P}_{堆} \times T_{库场} \times P_{库场运} \div \overline{T}_{堆存} \tag{6-6-5}$$

式中：$A_{库场总}$——库场总面积(m^2)，指仓库或堆场地面总面积；

$K_{总利}$——库场总面积利用率，指库场有效面积与总面积的比值；

$\overline{P}_{堆}$——单位面积堆存定额(t/m^2)，指同一时间内平均每平方米有效面积上所能堆存的货物吨数；

$T_{库场}$——库场年工作天数。它等于港口年营运期减去仓库和堆场因为修理不能堆存货物的时间；

$P_{库场运}$——库场运用率，指平均每天在库场内堆存货物的数量和库场容量之比；

$\overline{T}_{堆存}$——平均堆存期，指平均每吨货物在库场内堆存的天数。

计算库场通过能力时，仓库和堆场能力要按泊位分别计算。在同一库场堆存若干种不同货物时,要先分货种计算库场的堆存能力,然后用调和平均的方法计算平均的堆存能力。

3.铁路线装卸能力

铁路线装卸能力是指计划期内在铁路装卸线上可以装卸火车车辆的货物吨数,它以铁路作业吨表示。计算公式是:

$$P_{装卸线} = N_{停车} \times N_{车次} \times \overline{Q}_{车} \times T_{装卸线} \times K_{合线} \tag{6-6-6}$$

式中:$N_{停车}$——装卸线可以同时停靠的车辆数,这是指铁路装卸线上在同一时间可以停靠进行装卸及等待装卸的车辆数;

$N_{车次}$——装卸线每昼夜最大可能来车的次数;

$\overline{Q}_{车}$——平均每辆车载货数量;

$T_{装卸线}$——装卸线每年可以进行装卸作业的天数;

$K_{合线}$——装卸线合理利用率。

4.工人装卸能力

工人装卸能力用一定时期内完成的操作吨表示。其计算公式为:

$$P_{人工操} = N_{工人} \times T_{营} \times (1 - K_{轮}) \times K_{装出} \times K_{工利} \times (1 - K_{辅}) \times T_{班} \times P_{工时} \tag{6-6-7}$$

式中:$N_{工人}$——在册工人数;

$T_{营}$——港口营运期(d);

$K_{轮}$——装卸工人轮休率;

$K_{装出}$——装卸出勤率;

$T_{班}$——班制时间(h),指装卸工人出勤后每班最大可能的工作时间;

$K_{工利}$——工时利用率;

$K_{辅}$——辅助作业率,指装卸工人从事辅助作业工时与实际工作工时之比;

$P_{工时}$——工时效率(t/h),是指每个装卸工人(不包括驾驶员及其助手)平均小时装卸的货物吨数。

5.机械装卸能力

固定机械的装卸能力与泊位或装卸线一并计算,这里计算的只是流动机械的装卸能力。机械装卸能力以起运吨表示,计算公式为:

$$P_{机起} = N_{机} \times T_{营} \times N_{班} \times T_{班} \times K_{机使} \times \overline{P}_{台时} \tag{6-6-8}$$

式中:$N_{机}$——装卸机械台数,仅指用于装卸作业的机械台数;

$N_{班}$——昼夜班次数;

$K_{机使}$——机械使用率,指进行装卸作业的台时数与企业实际按制度作业时间和台数乘积之比;

$\overline{P}_{台时}$——平均台时产量。

港口通过能力在一般情况下是指能力最小环节的能力。因而,最小环节的能力成为港口通过能力的瓶颈,也是港口扩大通过能力的工作重点。

第七章　水路运输现代化

第一节　船舶及其运输现代化

我国实行改革开放以来，航运业有了飞速发展。截至1996年底，民用船队规模已达36万余艘、5000多万载重吨。航运业、造船业的发展给船舶技术进步带来了契机，目前船舶发展的总趋势是大型化、高速化、专业化、自动化。

一、船舶现代化的发展趋势

1.船舶大型化

船舶大型化是20世纪下半叶，尤其是90年代在国际航运市场表露出来的一个显著特征。以集装箱船舶为例，截止2000年9月，超巴拿马型集装箱船舶已增加到213艘，102.5万TEU，占世界集装箱船舶总运力的24%，且其中大部分是4 800TEU以上的第五代或第六代集装箱船舶。据目前的订单分析，船舶大型化的趋势仍将继续，在未来的10～20年内15 000～18 000 TEU的超级特大型集装箱船舶将投入全球航运。船舶大型化是世界经济和贸易发展的必然结果，是航运市场在激烈的市场竞争中求生存、谋发展以及船队结构调整的必要手段。

发挥大型船舶的规模效益、降低运输成本、提高竞争实力是实现船舶大型化的主要驱动力。德鲁里航运咨询公司的研究结果表明，在满载情况下与4 000TEU的巴拿马型集装箱船相比，6 000TEU的超巴拿马型船每年单位箱位的航次成本要低21%。6 000TEU船舶每箱位每年可节约船员费30%、燃料费20%、港口使费15%、保险费10%和船舶修理费25%左右。但是，船舶大型化要受到以下诸方面的限制：一是船舶在港口时间的长短对规模经济的限制。如港口对大型船舶装卸效率不能同步提高，那么船舶越大，在港口的停泊时间越长，在港的单位停泊成本也将随之增加；二是货源是否充足，货主发货批量大小和发货时间间隔长短，将确定航线发船密度和集装箱船舶的载箱率的高低，影响竞争能力和运费收入；三是港口堆场容量的大小以及内陆集装箱集疏运系统能力的限制，将影响集装箱船舶在港的装卸停泊时间，增加停泊费用；四是运河通航能力的限制，大型集装箱船舶不能通过运河，只能绕道，势必延长航行时间，增加航行成本。船舶大型化趋势在油轮及集装箱船的发展中尤为显著。

船舶大型化的发展趋势将对我国的远洋船队产生新的冲击波。虽然我国的远洋船队的数量和规模已跻身世界前5名，然而与世界水平相比，船队结构尚不合理，船型偏小、船龄较高，竞争能力不强。因此，突破现状，优化船队结构，增加大吨位船舶是我国远洋船队的发展趋势。

2.船舶专业化

船舶专业化是随着经济建设速度的不断加快、运输需求的迅速增长而逐渐发展起来的。传统货船的装卸搬运工艺已不能满足运输的需求，且装卸效率低、劳动强度大、船舶在港时间长、船舶周转速度低。船舶专业化的实现扭转了上述被动的局面，改善了各种运输工具之间的换装作业，加速了货物的整个运输流程和船舶周转，但也应看到专用船只适合单一货种。

返程常常空放,船舶载重量利用率低。由于地区之间、国与国之间自然资源分布、经济发展程度与产业结构的不平衡,大部分货物的流向是不平衡的,这导致了专用船有了存在与发展的物质基础。而科学技术的进步促进了港口建设,装卸设施、船舶结构、货运设备等方面的发展,为船舶专业化奠定了基础。随着世界经济高速发展和经济一体化的进展,海上物流形态和品种不断变化,专用船将得到进一步发展。

3.船舶高速化

众所周知,船在水中运动速度的提高,受到船舶阻力特性限制,也受到经济性等因素的影响。就船公司而言,在航线与发船间隔一定的条件下,航速与配船数呈反比关系。即航速越高,航线上需配备的船舶数就越少。就货主而言,则希望货物送达速度越高越好。但是,由于船舶燃料消耗量与主机功率的增加成正比关系,尤其是在油价较高的情况下,船东对提高一般货运船舶的航速往往持谨慎态度。

高速船按船舶类型划分,有高速单体船、高速双体船、水翼船、气垫船、穿浪船、掠海地效翼船等。高速船设计、建造、检验有其特殊的方法、工艺和规范要求。高速船的营运、维护、保养有比常规客船更严格的要求,更新换代比常规客船要快。

由于船舶在水中航行时的阻力与船舶航速的三次方成正比,而水的密度与空气的密度相差约 800 倍。因此,如何设法使船舶湿水面积减少,以减少水对船舶航行的阻力便成为高速船的基本设计思想之一。高速船的种类繁多,具有代表性的是水翼船和气垫船。

水翼船在欧洲、美国和日本均有研制,在靠近船艏部、艉部各设置了一贯穿于船底的翼柱,翼柱由上、下大型球面轴承固定在船体内,翼柱延伸于水下的端部装有水翼,它与飞机机翼的原理相类似,当船舶航行时,水翼产生的升力将船体抬出水面而在水面上“飞行”,它的航速一般可达到 35kn 以上。美国波音公司研制了一种很先进的称之为 K-JET(jetfoil)射流水翼船,是一种超高速客船,航速可达 45kn(83km/h)。

气垫船主要是由空气站提供高压空气,将船体底部与水面之间形成气垫以减少船舶航行时水对船舶的阻力。气垫船在工农业生产、交通运输及军事等方面有广泛应用,小到 2 客位,大至 80 客位以上,能水陆两用,一般情况下速度可达 50kn 以上。

地效翼船有许多优点,如经济性好、效率高、安全和舒适。据美国翼船公司对各种高速船乃至飞机,在各种不同速度下阻力及动力消耗进行比较,结论是地效翼船的效率高、性能好,在各种航速下阻力均最小,在高速航行时,所需动力最小,比其他高速船节省燃料 75%,较同样大小飞机载荷可增加 50%或燃料节省 30%,且船体底部结构比普通船舶和飞机所需强度更低。由于地效翼船贴近海面飞行,并离开波面避免遭受飞浪及水面外来物撞击,同时,也使旅客具有舒适感,不会产生晕船现象。其速度介于船与飞机之间,比较容易达到 75 ~ 100kn,甚至 300kn。

短途客船在高速化方面发展较快,特别是在海湾、陆岛、岛岛之间等具有地理优势及其他运输工具无法或难以竞争的地区发展尤为迅速。这类高速客船船体一般都采用铝合金材料焊接而成,目的在于减轻船舶自身的重量而提高装载能力。由于船舶的航速大幅度提高而随之带来的一系列问题,如高速航行中船舶自适应的稳定性问题、安全性问题等,必须采取相应的措施解决好。

近年来,日本运输省在分析研究了有关国家和地区对日本高速货运需求量基础上,提出开发载重 1 000t、能在汹涌海面上以 50kn 航行的高技术超级班轮，以便装载较为贵重货物来替代航空货运。近期此班轮将投放于日本沿海及日本至东南亚各国海上集装箱运输。远期打算开辟日本与北美之间的远程集装箱高速运输航线。与货运飞机相比，高技术超级班轮虽然航速较低，但运价相对便宜，较为经济，有实力与空运竞争。

4.船舶自动化

随着造船和航海技术及自动化技术的不断进步，船舶自动化程度越来越高。例如，中国远洋运输(集团)总公司购进的 12 艘第四代集装箱船就都配备了自动导航系统。该系统具有最佳航行计划、自动航行、定位和监测功能。当船驶至开阔海面需自动航行时，开启自动航行，则综合导航仪里的自适应舵控制单元根据 GPS 位置与计划航线的交叉误差(XTE)和跟踪增益所得出的推荐航向，结合罗经航向、计程仪速度、舵角反馈信号，根据自适应原理，以省油的方式给自动舵发出舵角指令，使船首方向与航向一致，从而使船航行在计划航线上。

随着全球卫星定位系统(GPS)。自动雷达标绘仪(ARPA)、电子海图显示与信息系统(ECDIS)、国际海事卫星组织(INMARSAT)、船舶交通管理系统(VTS)、全球海上遇险和安全系统(GMDSS)、船舶维修与保养系统(CWBT)、港口维修中心(PMC)等系统的广泛应用，将导致船舶及其公司的管理发生一场根本性的变革，船舶的管理不但实现机电合一、驾通合一，而且实现驾机合一。船舶操纵和管理人员的功能演变成对船舶进行监控。船公司将依靠现代化通讯技术，将各个分散的、独立的通讯、导航、避碰、配载和维修、支持系统连成一综合性的网络。船舶的位置、状态、控制、动力装置的各种参数都将依靠计算机进行分析、调整，并随时将信息反馈给船公司，由公司进行调度、指挥、监督和控制。设备的故障也可由公司直接进行远程诊断、预测。定期维修的方法完全由视情维修所替代。备件、燃润物料、水的供应和管理也由全球计算机网络进行计划和调拨，届时船舶的实时管理将让位于船公司在岸上的综合管理。

5.船舶绿色化

21 世纪是一个发展与环保的新世纪。船舶的增加、航区的扩大、航线的密集，不仅会促进生产力的增长，也必然会带来严重的环境污染。“绿色船舶”的研制与运行已引起了世界上所有航运大国的关注。为了保护海洋与大气环境，世界商船必须逐步向“绿色船舶”过渡已成为一个迫在眉睫的课题。

“绿色船舶”即指对船舶所有废气、废液、废物的排放都要经过一定的装置和设备处理，全面符合国际公约和国内法规的排放标准的船舶。根据 IMO 近年来的调查报告和有关资料，船舶营运时对海洋环境、大气环境的变化有很大的影响。消耗世界总能量 3% 的船舶所造成的污染已占全球污染的 7%，而且这种污染流动性强、扩散性大、持续时间长。海洋、大气环境质量的下降，近海和内河的污染，南极臭氧空洞的出现等恶果都是显而易见的，其中又以港湾的受害最为直接和严重。船舶在港口的密集航行，停靠作业，排放出来大量废气、废液和固体垃圾都会对港口的环境造成极大的危害。据日本科研机构调查，成千上万条在濑户内海明石海峡至大阪湾穿梭航行的船舶造成了严重污染，特别是 SOx 和 NOx 排放造成的污染影响更大。SOx 释放到大气中，会形成酸雨。NOx 与太阳光发生光化学反应，会产生对人体有害的物质，引起人体血液循环紊乱。由于 NOx 无色、无味，船员和其他人员容易吸入中毒。在一些陆海风条件不好的地方，海上污染将殃及内陆，著名的阪神工业区也深受其害。因此，各港口国都十分重视船舶废气、废液、废物的排放，并制订了严格的控制标准，以达到保护海洋、大气环境的目的。

“绿色船舶”计划正是在这样的背景下推出的。一些发达国家首先进行了该方面的尝试，20世纪90年代，挪威提出了第一艘“绿色船舶”的设想，拟对该船全部排放指标进行控制。芬兰Wartsila公司率先致力于开发“绿色发动机”(国外也称“最佳排放型发动机”)，经试车后测试，其废气的NOx含量明显低于现有水平，达到IMO(国际海事组织)即将推行的船用发动机废气排放标准。日本川崎重工和阪神内燃机公司也成功研制出世界上第一台船用甲醇发动机，并用于实船。三菱重工也有意以VLCC船舶为母船，进行“绿色船舶”的研制。

“绿色船舶”是一个整体的概念，它贯穿于新船的设计与制造，营运船舶的航行、停泊和作业，旧船的改造和设备更新，甚至于船舶退役时的报废和拆解的全过程，保证所有的设计、安装、试验和操作、人员的管理和控制都不会造成对海洋、大气环境的污染。它不但要检验最后的结果，还要控制整个过程。这样的船舶才是名符其实的“绿色船舶”，才能从根本上保护人类赖以生存的自然界。

二、航线网络化

在船舶大型化和港口深水化的推动和制约下，世界上现行的以亚洲—欧洲、亚洲—美洲、美洲—欧洲三大传统主干航线为框架的航线布局将被更新，出现以赤道环球航线为主干、南北支持航线为辅助、区域喂给航线为基础的新的全球航线网络。当然，目前的三大干线及其相应的钟摆航线和环球航线仍会有一定程度的运行，但国际贸易量的一半以上将会通过连接少数超级深水大港的赤道航线及其网络运送，因为这是被喻为海运“第四次革命的新战略”，无疑会在国际航运的效率与成本上处于相对优势的地位。

三、航运业务物流化

国际经济的巨大发展，国际间货物交流更为活跃，客观需要通过建立一种系统性的运输服务网络，使相关企业取得最大的经济效益。而且海洋运输方式单一，不能满足货主日益增长的服务需求；海洋运输的低利润严重阻碍着企业的发展，从事单一海洋运输的弱点决定国有企业必须进行改革。随着货主对运输服务的要求越来越高，船公司的发展方向开始转移到整个物流系统，其业务范围也从单一的海上运输扩展到物流系统的各个环节，提供增值服务。

目前，为了降低营运成本，提高市场竞争力，世界上诸多著名的跨国海运公司已将其业务的触角向两头扩展延伸，组建将其所运送的货物从原料开采开始，经生产加工、营销配送到消费后废旧处理为止的物流供应链，从而开辟新的营运天地和利润源泉。伴随着这一进程的加速，新世纪的国际航运企业将脱离单一航运企业的传统角色，“全球承运人”将成为“全球物流服务提供者”，被动的海洋运输将成为主动的网络策划与组织，现今的多式联运将被注入全新的时代理念。

四、国际航运政策和法规趋同化

自20世纪80年代以来，在一些国际或区域组织的推动下，各国的航运政策法规在内涵与取向上发生了广泛而深刻的变化，特别是在关贸总协定(GATT)乌拉圭回合关于服务贸易总协定(GATS)的讨论与海运谈判的进程中，考虑到世界经贸一体化与市场竞争的发展趋势，各国的相关政策与法规正在逐步向统一与相互和谐的国际航运惯例靠拢。与此同时,亚太经济合作组织(APEC)也在进行同样的努力,促成各方在一定的时期内使其国际航运政策与法规向市场化、竞争化和开放化的方向演变。目前,以欧盟为代表的区域性共同海运政策已从传统的由政府直接扶持与补贴的保护主义政策体系,转向以宽松的市场准入与无歧视性国民待遇以及以制裁别国非市场竞争行为为主要标志的新自由主义政策体系。可以预计,在21世纪初叶,发达国家与WTO等国际组织所推动的这一国际航运政策法规发展趋势将不会改变。随着国际间经济交往与业务合作的深入、国际贸易往来的频繁,世界各国的航运政策法规将进一步在上述的主要方向上趋向一致,从而给全球国际航运提供一个更为自由、更加开放和高效的营运环境。

五、营运联营化

航运业中新垄断的形成主要体现在集装箱班轮的运输中。在新经济体制下,国际集装箱班轮市场竞争日趋激烈,促使国际班轮运输业不断调整经营策略,其中最为突出的是集装箱运输企业间的联合,这种联合正逐步改变当今国际航运市场的竞争格局与游戏规则,促进了航运公司组织结构和管理方式的变革,使原有的公司管理战略、甚至有些国家政策都面临着新的挑战。

由于集装箱主要航线竞争日趋激烈,船公司促进船舶大型化,导致运力过剩,船舶积载率下降,同时随着主要航线同盟效果的减弱,同盟体制纷纷解体,同盟与非同盟船公司之间协同配船逐渐增加,再加之非同盟船公司的低运价以及发展中国家船队的发展,运价上升的机会非常渺茫,故集装箱公司为减少费用和风险,只有选择联盟经营的策略。

联营化能够充分利用闲置的船舶设施,增加积载率,提高揽货能力;各成员公司通过联盟运输,可避免重复挂靠港口,并且通过分配航线,减少运输时间,增加运输航班,扩大服务范围,发展全球运输。成员公司共享港口堆场,内陆集装箱货运站以及运输设备。船舶保有量不足的公司通过与其他公司合作,无需投入大量资产即可间接地增加本公司保有量,并且可以增加航班及挂靠的港口。按照客户的要求,提高服务质量,减少成本,提高经营效率。近年来,相继出现了伟大联盟,新世界联盟,马士基、海陆,川崎汽船、中远、阳明,进、朝阳、胜利等联营体,形成了新的垄断。目前,集装箱运输市场中最大的四大联盟控制了全球集装箱总箱位的三分之二。

企业的兼并与收购是新经济体制下所特有的经济现象,对航运企业也不例外,特别是对集装箱运输企业,近年来不断发生集装箱班轮运输企业间的兼并与收购,其中以荷兰渣华与英国铁行的兼并、新加坡东方海皇收购美国总统、韩国的韩进收购德国的胜利海运公司以及法国的达飞收购法国海运总公司等最为典型。经过大班轮公司之间的兼并、合并与收购,20大班轮公司大约控制着世界集装箱船总箱位的80%左右。

六、经营多元化

由于航运业是一种投资巨大而收益较少的行业,而且航运业的景气与否受到了多方面因素的制约,这就决定了航运业的风险是很大的。在新经济体制下,国际航运市场竞争日趋激烈,规避风险则是航运企业经营中所必须采取的一项措施,因此,目前世界各大船公司无不采取多元化经营策略。即航运企业在确保运输核心业务发展的同时，应通过收购、兼并、参股等多种方式，开发、参与多种商品或劳务的生产与营销，增强在供应链上的竞争优势，巩固航运主业地位。这样，既促进了主营业务发展，也可以降低由于航运市场不景气而引起的企业收益急剧下降的风险，根据自己的资金、设备、技术等状况选择合适的外延投资，开拓市场，不断扩大自己的生存空间，寻找新经济增长点。日本邮船持股参与日本航空货运，美国船公司经营铁路、公路集装箱运输，就是其多元化经营的一部分。

第二节　港口现代化

港口现代化与船舶现代化一样离不开经济贸易的发展和科学技术的进步。作为全球综合运输系统节点的港口，效率、服务质量及水平是其得以生存发展的关键因素。港口现代化主要表现在泊位深水化、码头专业化、装卸机械自动化、信息网络化等方面。

一、泊位深水化

与船舶大型化同步，为方便地接卸大型船舶，港口在向深水化方向发展。从船舶靠泊要求分析，第五代、第六代集装箱船舶的结构吃水要在 14.5m 左右，作为国际区域性枢纽港必须拥有至少 15m 以上水深的泊位。为了适应现代运输技术的发展，尤其是船舶大型化、高速化对港口靠泊条件和装卸设备的要求，以及出于保持或争取成为世界级大港的目的，当前世界各国有条件、有能力的港口均先后加强港口建设，扩大港口生产规模，建设深水泊位。如世界第一大港鹿特丹港为迎接 21 世纪更大的经济增长，在 2000 年前，已投资 13 亿美元增建 8 个集装箱泊位；投资 1.29 亿美元建设堆场和内陆集疏运系统；2010 年前，准备填海造地 12.5km^2，以吸引工业企业和转运货物。

目前，为适应船舶大型化趋势，世界各国港口深水泊位发展较快。除超级油轮普遍采用单点系泊作业方式外，散货船吨位大多在 15 万～20 万吨，集装箱船则向超巴拿马型发展。为了适应船舶这一发展趋势，出现了许多 15 万～25 万吨级的矿石码头，30 万～50 万吨级的油船码头，5 万～10 万吨级的集装箱码头等等，给货源稳定、批量大的专业化运输带来巨大的经济效益。据预测，至 2020 年世界上将有 20%的国际集装箱班轮需要水深在 13.5m 以上的深水泊位和航道。目前许多大型港口新建集装箱泊位水深均在 14～15m 之间；而新一代的超级特大型集装箱船舶的吃水将达 17～18m。世界主要集装箱港口在扩大其装卸设备的过程中，已经为船宽达 50m 的集装箱船作好了准备，可以承接 8 000TEU 集装箱船舶的装卸任务。

二、码头专业化

船舶运输的历史始终贯穿于专业化运输由低级到高级的不断发展过程。船舶运输的几次重大工艺变革，均与专业化的发展有关。第一次是石油从一般件杂货中分离出来，实现了专业化液体货运输。第二次重大工艺变革是粮谷从一般件杂货中分离出来，实现了散粮运输专业化。第三次是件杂货本身的专业化，实现了集装箱专业化运输。从全球范围来看，由于船舶运输生产规模的急剧扩大，为了寻求更大的经济效益，船舶运输专业化有了进一步发展，船舶专业化程度越来越高，如在大宗散货运输船舶方面，出现了超级油船、矿/油船、液化天然气船、液化石油气船、水泥船、浆化船、化学品专用船等。与船舶运输的专业化相适应，港口也相应地建起了适应专业化船舶运输的专业化码头。

专业化码头的特点是装卸机械及设备专用性强，可大大提高装卸效率和码头的通过能力，大幅度缩短船舶在港停时。但是码头专业化也有弊病，它一般投资大，对货种的适应性很差，甚至无法适应。因此，建立专业化码头要有充足、稳定的货源给予保证，否则，其经济效益将受到极大的影响。

三、装卸机械大型化

为适应船舶大型化的需求，码头装卸机械也在向大型化方向发展。早在 1998 年初，全世界已订购了 45 台活动半径为 50 m 和 53m 以上的集装箱装卸桥。这表明港口已下定决心为未来的巨型集装箱船的装卸作好了准备。巨型的集装箱船舶要求港口必须保证每小时装卸 300TEU 以上的能力，为此港口采用了双小车（双钓钩）集装箱装卸桥，并尽可能地在船坞式码头的两侧装卸巨型集装箱船舶。

四、装卸机械自动化

现代高科技的发展给港口装卸机械向自动化方向发展奠定了基础。目前，荷兰的鹿特丹港是世界上最先进的港口，该港出于商业竞争和树立大港形象的需要，建设了全球自动化程度最高的散货码头和集装箱码头。

在鹿特丹港的 EMO 码头上配备了长外伸距的桥式抓斗散货卸船机。该机的货物抓取、小车运行、向漏斗喂料，全部实现了自动化，使这三个动作的作业时间缩短到最低限度。为了防止粉尘污染，采用了防散漏抓斗，并在漏斗周围装备了辅助除尘设备，利用气吸将抓斗张开时散飞的粉尘吸入过滤器，当抓斗进入漏斗后，漏斗盖会自动封闭。在机械的维修方面，零部件的磨损、故障隐患等均由自动监测系统进行检测和记录，并能自动提出修理和更新零部件的维修计划。根据电脑提出的修理计划，可以在忙闲间隔时间进行零星修理和保养，大幅度缩短了修理保养时间，提高了机械的利用率和完好率。集装箱的装卸、存储、分拨、转运等环节被大规模使用自动控制设备进行管理。

鹿特丹港的海陆集装箱码头于 1993 年建成投产，泊位水深 17m，配备 8 台装卸效率为 60TEU/h 的集装箱装卸桥，该机由人力操作。从码头前沿至堆场的水平运输采用 48 台橡胶轮胎的自动导向牵引车（AGV）组成无人驾驶集装箱港内运输系统。在集装箱堆场配备了 24 台自动控制的轨道式集装箱龙门起重机进行堆场和装卸作业。除集装箱装卸桥外，其他所有机械都按中央计算机系统控制室的指令自动进行工作。提送箱的载货汽车驾驶员，只要在大门把货物文件放入接受器内，集装箱就会由跨运车送来放在卡车上或将卡车上的集装箱取走。卡车司机还可凭专用磁卡与中心控制室进行电话联系。自动导向牵引车的加油、加水、故障检测也全部实现了自动化。

德国的汉堡港首次采用了跨运车自动定位系统。这种定位系统不仅用于堆场作业，还用于集装箱位置的实时查询。在同一时间内可同时提供 3 500 个集装箱的定位查询，极大地提高了集装箱的处理能力。

第三节　港航管理现代化

一、港航管理信息系统

管理信息系统(MIS)是以计算机为基础、以系统思想为主导,为管理业务和管理决策服务的信息系统。其主要内容包括数据、信息、计算机软硬件、数学模型的产生、整理、加工、存储、分析、传输、分发和使用。

在港航管理业务中,管理人员要处理大量的数据、文件和资料,计划人员要在日常管理中积累大量的原始资料并加以归纳、统计和分析,寻找生产任务完成好坏的原因,总结经验,以制定更完善的计划。这些信息伴随着货物的移动而存在,并通过不同渠道传输,容易造成因信息不统一、混乱、传递速度缓慢而管理效率低下。为克服上述种种不足,以企业整体为对象构成一个信息传递系统,达到既避免信息收集、传输和处理上的重复交错,又有利于各管理层次进行科学的决策。

港航企业的管理信息系统通常划分为 3 个层次:①作业性系统。该系统随时将港航生产营运活动中的原始数据输入系统,结合数据库中原有的资料作出各种生产营运分析表格和辅助决策的信息;②管理性系统。根据计划、统计与控制的要求,该系统能利用数据库中的数据作出各种综合分析报告和专题报告,对某方面的发展趋势作出预测,并能提供查询服务。这一系统主要供中级管理人员使用;③战略决策性系统。该系统具有对企业发展战略问题作出辅助决策的功能。如运量或客流量预测、装卸机械及设备或船舶的投资经营经济性分析、港口或船队规划等,主要为港航企业高层领导作辅助战略决策服务。

管理信息系统是由管理、计算机和通讯三种功能相异的体系组成的系统。一个完好的管理信息系统应具有以下特点:①有一个集中管理的中央基本数据库,具有资料共享的功能;②通过建立相应的数学模型,为模型参数提供可靠的数据,对各层次及各种管理问题可以进行处理,满足各层次决策的要求;③除具有统计分析并输出报表功能外,还应具有即时作业处理功能和查询功能,以满足管理控制的要求;④对于航运企业的管理信息系统,还应具有相对独立的船舶管理子系统以及有效的船舶信息传输系统。

港航企业管理信息系统由调度管理系统、经营管理系统、计划与统计分析系统、财会管理系统、人事工资管理系统、技术管理系统、物资管理系统、外部信息交换系统所构成。管理信息系统常分为 5 个子系统,即日常事务处理子系统,联机查询子系统,处理报表子系统,维护子系统,物资油料管理子系统。当然,每一个港航企业业务范围有所不同,管理信息系统划分应根据企业实际而定。

目前,多数港口开发了不同层次的管理信息系统(MIS)。从发展趋势看,MIS 系统正在向智能型方向发展。人工智能技术(A1)发展很快,已开始渗透到各个领域。将 AI 技术与 MIS 系统结合起来所形成的智能型 MIS 系统不仅能对各类信息进行管理,而且能通过对信息的分析提出决策咨询意见,能预测行情变化的趋势。目前采用的人工智能技术主要包括专家系统和人工神经网络技术。

二、电子数据交换(EDI)

电子数据交换(Electronic Data Interchange,EDI)是利用计算机与通讯的结合,自动地实现贸易伙伴计算机应用系统之间按照标准格式进行数据的互相交换,并对之进行自动处理。

港航企业每天需填制大量表格、卡片,采用计算机处理港航业务有三大优势:①处理速度高,在货运业务量增加的同时可使工作人员数量减少;②准确程度高,用计算机接受订舱、签发单证和发票的失误现象减少;③功能趋向多样化,用EDI系统可以实现传统方法不可能实现的功能,如各种复杂的统计、集装箱管理的改善和信息传递等。

由于海上运输业具有国际性,港航信息网络化无疑是提高运输服务效率的重要手段。尤其是港口企业,通过EDI系统可使港口的计算机系统直接同用户、货主、海关、商检、理货等有关机构的计算机系统进行联网。早在20世纪80年代初,欧美等国的一些港口之间就已开始实施有关船图、船期的EDI。英国、荷兰、德国的十几家码头和船公司成立了一个旨在推进码头和船公司之间利用EDI进行船图交换的国际性组织"SMDG协会"。该组织发布的EDIFACT规则已成为联合国的推荐标准,为全球1 000多个码头和船公司使用。

几乎被公认为全球最成功的EDI系统是新加坡在1989年建立的贸易网络,这是世界上第一个国家范围的EDI网络。一宗贸易或海关申报通过该网络送达到政府有关部门,从送出到批复只需15~20min,货物即可发运,货物到港即可交付收货人。此答复是通过一份标准化的文本,由20个政府部门直接对其处理的结果。新加坡港口网络(Portnet)是与贸易网络联网的。其用户包括港务局、船公司及其代理、货主、集装箱中转站和卡车运输业等1 300余家及与它联网的计算机码头作业系统(CITOS)。该系统计划与管理新加坡集装箱码头的所有作业,包括指定泊位,为船舶配备起重机、计划最佳积载次序、集装箱实时跟踪等。工作指令通过无线数据发送,从CITOS机房传递给吊机和牵引车驾驶员,驾驶员就立刻按指令工作。此外,通过对集装箱动态的实时跟踪,可随时查出任何一个集装箱的精确位置。陆运公司和货运代理所运的集装箱可以不需要任何单证快速通过港区大门。CITOS的大门自动化系统由闭路电视、电子感应器、应管器和集装箱号码识别系统组成,只需几秒钟即可完成集装箱的登记、称重、指定卸车位置。为跟上集装箱作业日趋复杂的势头,目前正在开发集装箱作业模拟系统,寻找堆场内和码头前沿船边的潜在瓶颈和拥挤区,以便采取预防措施。新加坡港口还与新加坡贸易发展局联合开发了"海运信息系统"(MAINS),使新加坡成为世界上第一个成功规范各种运输单证的国家,现在已可以全天候处理货物。新加坡港还引进一个与用户交互联网的"集装箱网络",使用户作业时间安排与港务局的集装箱码头作业密切协调,希望集卡在送、取箱的同时能取、送箱,避免集卡空驶。新加坡港还利用EDI与全球港口联网通讯,其联网范围在不断扩大。其他港口也意识到了国际EDI网络带来的好处,信息只需一次输入,既节省时间又增加准确性,而且信息是通过电子传输而不是用邮局或电话输送,加快了传递速度,提高了效率。进出口商之间利用互联网,可更好地控制库存和货物移动,从而更有效地利用劳动力、节省成本。

上海港在信息技术与信息资源综合利用上走在我国诸港的前列。"七五"期间,上海港开始计算机网络应用试点,成功地在开平装卸公司建立了第一个微机网络系统。"八五"期间,全港计算机网络规模不断扩大,性能不断提高。覆盖全港的上海港港口网络(SH-PORTNET)已于1997年开始建设，1999年开通运行。该港口网络提供动态、多媒体的用户界面，各种结构化及非结构化信息均可通过Web服务器实现存取，能在更高层次上把上海港生产业务信息、企业管理信息、办公自动化信息有效地汇集在一起，为提供管理信息的集成环境，为上海港MIS由静态转向实时动态系统创造有利条件，并与Internet网互联，与局外单位实现信息交换与共享。

集装箱船舶配载计划的制定也已开始利用信息技术。蒂尔伯里集装箱服务公司装备了美国纳维斯公司开发的CAPII系统，将其作为码头中央配载计划服务。它包括到港船舶计划、EDI发送、船舶强度和稳性计算等等。CAPII充分利用现代计算机工作站的彩色画面能力，配载计划员只需用鼠标器点击即可实现船图形象化，制定货物积载计划。使用者可在屏幕的多个窗口里同时观看船舶在航线上每一港货物的不同装载位置。如某个窗口里的配载位置有所变化，系统便自动对后挂港货物的分布情况作相应调整，使计划员可以立即对每种配载方案作出选择。安装CAPII不仅对蒂尔伯里港带来益处，也使利用这种超前计划服务的航运公司获得显著的经济效益，因为它可以最大限度地配载货物、增加利润，减少倒箱次数，节省倒箱费用。它还具有机内支持装置，便于用EDI格式进行电子箱位交换，并还有代码编译表便于自动将EDI标准的港口、设备和集装箱代码转换为用户喜欢的系统。

我国在港口和航运领域引入EDI系统后已取得喜人的成绩：办公效率提高约20倍，错误率和文件核对工作量减少了6倍，办公成本减少了60%，船舶在港时间节省1h以上。

三、电子商务

电子商务是英特网爆炸式发展的直接产物，是网络技术应用的全新发展方向。它具有英特网本身所具有的开放性、全球性、低成本、高效率等优点，不仅能改变企业本身的生产、经营、管理活动，而且将影响到整个社会的经济运行与结构。电子商务表面上看是指两个或多个参与者通过计算机和计算机网络进行商务活动的全过程，即企业与企业之间的商务活动、企业与客户之间的网上营销以及企业内部之间业务流程的数字化处理过程，但从其内涵和外延所代表的意义上看，它带动了全球企业从经营思想到市场营销、企业管理直至企业文化的一场深刻革命。

电子商务将传统的商务流程电子化、数字化，一方面以电子流代替了实物流，可以大量减少人力、物力，降低成本；另一方面突破了时间和空间的限制，使得交易活动可以在任何时间、任何地点进行，提高了商务效率。它所具有的开放性和全球性的特点，为企业创造了更多的贸易机会，使企业可以以相近的成本进入全球电子化市场，使中小企业有可能拥有和大企业一样的信息资源，提高中小企业的竞争能力。电子商务重新定义了传统的流通模式，减少了中间环节，使得生产者和消费者的直接交易成为可能，从而在一定程度上改变了整个社会经济运行的方式，它不仅突破了时空的壁垒，而且提供了适时的信息资源，为各种社会要素的重新组合提供了更多的可能，影响了社会的经济布局和结构。

目前，世界第一大港鹿特丹港的EDI服务系统"INTIS"推广了电子商务网络。该网络的用户除港口外，还有制造商、装卸公司、铁路、服务代理、货运代理等超过180家公司。该系统用于报关、运输指令、国际铁路运单、装货通知、装货清单、货物进出口等信息，日处理量达2000余条，目前已开发船舶进出港和港内活动动态登记。该计划实施后，给予港口、船公司和用户以极大的方便,可在很大程度上提高以该港为节点的国际多式联运的效率。

参考文献

1　肖钟熙.港口企业管理.大连:大连海运学院出版社,1992

2　余洲生.港口装卸机械.北京:人民交通出版计,1992

3　余佑权,徐大振,吴皋.水运概论.北京:人民交通出版社,1997

4　贾传荧等编.船舶驾驶自动化基础.大连:大连海事大学出版社,1993

5　吴兆麟编著.海上交通工程.大连:大连海事大学出版社,1993

6　沈玉如主编.船舶货运.大连:大连海事大学出版社,1998

7　王英志编著.航标学.大连:大连海事大学出版社,1997

8　吴兆麟主编.船舶避碰与值班.大连:大连海事大学出版社,1998

9　黄世玲主编.交通运输学.北京:人民交通出版社,1988

10　程斌编.船舶及海洋工程导论.上海:上海交通大学出版社,1996

11　杨广治等编.GMDSS 船用通信设备.大连:大连海事大学出版社,1997

12　谢新连,船舶运输管理与经营.大连:大连海事大学出版社,1997

第七篇　航空运输系统

第一章　航空运输概述

第一节　航空运输的体系

一、航空运输体系

随着经济建设的高速发展,社会活动节奏的不断加快,以高科技为基础的航空运输得到了前所未有的迅速发展。

航空运输体系包括飞机、机场、空中交通管理系统和飞行航线四个基本部分。这四个部分有机地结合,在空中交通管理系统的控制和管理下,完成航空运输的各项业务活动。

飞机是航空运输的主要运载工具。它是20世纪初出现的、技术发展最迅速的一种运载工具。按运输类型的不同,民用飞机可分为由航空公司定期或不定期航班使用的各种运输机和为工农业生产作业飞行、抢险救灾、教学训练等服务的通用航空飞机两大类;按其最大起飞重量,民用机可分为大型、中型、小型飞机;按航程远近,可分为远程、中程、短程飞机。

机场是供飞机起飞、着陆、停驻、维护、补充给养及组织飞行保障活动的场所,也是旅客和货物运输的起点、终点或中转点。机场系统由供飞机使用的部分(包括飞机用于起飞降落的飞行区和用于地面服务的航站区)和供旅客、接运货物使用的部分(包括办理手续和上下飞机的航站楼、地面交通设施及各种附属设施)组成。

空中交通管理系统是为了保证航空器飞行安全,提高空域和机场飞行区的利用效率而设置的各种助航设备和空中交通管制机构及规则。助航设备分仪表助航设备和目视助航设备。仪表助航设备是指用于航路、进近、机场的管制飞行,包括通信、导航、监视(雷达)等装置。目视助航设备是指用于引导飞机起降、滑行的装置,包括灯光、信号、标志等。空中交通管制机构通常按区域、进近、塔台设置。空中交通管制规则包括飞行高度层配备,垂直间隔和水平间隔(侧向、纵向)的控制等。管制方式分程序管制和雷达管制。

飞行航线是航空运输的线路,是由空管部门设定飞机从一个机场飞抵另一个机场的通道。飞行航线分航路、固定航线和非固定航线。航路是国与国之间、跨省市航空运输的飞行航线,规定其宽度为20km。固定航线是用于省市之间和省内定期航班飞行,尚未建立航路的飞行航线。非固定航线是用于临时性的航空运输或通用航空飞行,不属于航路和固定航线的飞行航线。

航空运输体系除了上述四个基本组成部分外，还有商务运行、机务维护、航材供应、油料供应和地面辅助保障系统等。

二、我国的航空运输体系

我国的航空运输体系是在1978年以后发展起来的，并已形成了以航空公司、机场、管理局（航管部门）为主体的基本格局。至2000年底，我国拥有运输飞机527架，通用飞机353架，教学校验飞机154架，合计1 034架；共有运输航班使用机场129个，其中4E级23个，4D级35个，4C级40个，3C级31个；定期航线达1 165条，国内通航126个城市国际通航33个国家的60个城市*。

我国的空中交通管制区划分为9个飞行情报区，28个高空管制区，37个中低空管制区141个塔台管制区，并在若干飞行繁忙机场设立进近管制区，作为区域管制区和塔台管制区的连接部分。

第二节　航空运输的特点、地位与作用

一、航空运输的特点

航空运输之所以能在短短半个多世纪内得到快速的发展，是与其自身的特点分不开的。与其他运输方式相比，航空运输的主要优点是：

（1）速度快。这是航空运输的最大特点和优势。现代喷气式客机，巡航速度为800～900km/h，比汽车、火车快5～10倍，比轮船快20～30倍。距离越长，航空运输所能节约的时间越多，快速的特点也越显著。

（2）机动性大。飞机在空中飞行，受地域、地形条件限制的程度比汽车、火车、轮船小得多。它可以将地面上任何距离的两个地方连接起来，可以定期或不定期飞行。尤其对灾区的救援、供应、边远地区的急救等紧急任务，航空运输已成为必不可少的手段。

（3）舒适、安全。喷气式客机的巡航高度一般在10 000m左右，飞行不受低空气流的影响，平稳舒适。现代民航客机的客舱宽畅，噪声小，机内有供膳、视听等设施，旅客乘坐的舒适程度较高。由于科学技术的进步和对民航客机适航性严格的要求，航空运输事故的亿客公里死亡率小于0.1。

（4）基本建设周期短、投资少。要发展航空运输，从设备条件上讲，只需添置飞机和修建机场。这与修建铁路和公路相比，其建设周期短、占地少、投资省、收效快。据统计分析，在相距1000km的两个城市间建立交通线，若载客能力相同，修筑铁路的投资是开辟航线的1.6倍，铁路修筑周期为5～7年，而开辟航线只需2年。

航空运输的主要缺点是飞机机舱容积和载重量都比较小，运输成本比其他运输方式高。由于飞行在一定程度上受气象条件的限制，有时会发生航班延误。

根据我国1993年的数据统计，铁路、公路、水路和航空的旅客平均运程分别为330.3km、

---

* 以上数据不包括港、澳、台地区，下同。

44.2km、75.6km 和 1412.9km。因此,航空运输比较适宜于 500km 以上的长途客运,以及时间性强的鲜活易腐和价值高的货物的中长途运输。

二、航空运输的作用

航空运输是随着社会、经济发展和技术进步发展起来的。它在现代社会的政治、经济生活中占据着重要的地位,发挥着不可低估的作用。它对经济所起的作用主要表现为:

(1)航空运输是交通运输体系的一个重要组成部分。航空是长距离旅行,特别是国际、洲际间旅行的主要工具。它与其他交通运输方式分工协作、相辅相成,共同满足社会对运输的要求。随着社会经济的发展、人民生活的提高、工作节奏的加快,航空运输将越来越普及。例如,美国年人均航空旅行距离,1950 年、1960 年、1970 年、1980 年和 1990 年分别为 183km、630km、2 274km、4 704km 和 7 576km。

(2)航空运输促进了全球经济、文化的交流和发展。航空运输本身是国家经济领域的一个重要行业,除了其自身的经济效益外,还带动了一批相关产业的发展,如旅游业等。它使国际间的经济、文化、科技的交流往来十分方便,有利于国家或地区间的相互协作、共同发展,有利于经济发达国家或地区向经济不发达国家或地区投资开发。在我国,航空运输发展已成为一个地区经济是否发达和对外开放程度的重要标志。

(3)航空运输带动了飞机制造和相关工业及其技术的发展。国际航空运输业的不断发展,使几个主要飞机制造商,如波音公司、空客公司保持了长盛不衰的势头,也给相关配套设备的企业提供了广阔商机。航空技术属于高新技术领域,航空运输的发展,促使更安全、更舒适的民航飞机和先进的航空动力不断出现,也促使通信、导航、监控等设备与技术不断更新、完善。

三、我国航空运输的地位

建国以后,特别是改革开放以来,我国航空运输业快速发展。航空运输已成为我国交通运输体系的重要组成部分,成为我国实现现代化和加快国际化进程的重要生力军。

在生产规模方面,运输总周转量、旅客运输量、货邮运输量快速增长。2000 年全行业完成航空运输总周转量 1.225×10^{10}t·km,航空旅客运输量 6.722×10^{7} 人,货邮运输量 1.967×10^{6}t。我国民航在世界民航业的排位稳步提高,航空运输总周转量的排位从 1978 年的第 37 位,提高到 2000 年的第 9 位。2000 年首都机场旅客吞吐量突破 2×10^{7} 人次,成为亚洲最繁忙的空港,并跻身世界特别繁忙机场的行列。

民航教育与培训体系建设方面,经过 50 多年的建设和发展,已逐步建立了一批具有航空运输特色的航空飞行、载运工具维修、空中交通管理等学科、专业,为民航企业培育了一大批专门技术人才。我国已形成了一个多层次、多类型、多形式的航空运输教育体系。

我国航空运输在国家运输系统中的地位不断提高。1950 ~ 1994 年铁路、公路、水路和航空等四种运输方式所完成的旅客运输量年均增长 9.11%,其中铁路 4.43%,公路 14.23%,水路 5.69%,航空 20.18%。航空客运量增长速度最快,为铁路客运量增长的 4.56 倍。40 多年来,我国运输结构发生了很大变化。1950 年铁路、公路、水路、航空运输完成的客运量分别占总量的 77.03%、11.3%、11.67%、0.005%,到 1995 年分别为 8.75%、88.62%、2.19%、0.44%。1950 年铁路、公路、水路、航空运输完成的旅客周转量分别占总量的 88.5%、5.33%、6.13%、

0.04%,到1995年分别为38.83%、51.74%、1.97%、7.46%。目前,我国航空运输在各种运输方式中所占的比重还是比较小的,但它在我国运输体系中具有特殊的地位并拥有巨大的发展潜力。

第二章　航空运输设备与设施

第一节　民用飞机

一、飞机类型及其组成

1.飞机分类

飞机是航空器的一种,按国际民航组织给出的定义,“航空器是指可以从空气的反作用(但不包括从空气对地球表面的反作用)中取得支撑力的机器”。

航空器一般可分为固定翼航空器和旋翼航空器。固定翼航空器产生升力的翼面固定在机身上。这一类航空器又可分为飞机(有动力)和滑翔机(无动力)两类。飞机是目前最主要、应用最广泛的航空器,它的特点是有动力装置提供推力(或拉力),主要由机翼产生升力,由操纵面控制飞行方向。

旋翼航空器产生升力的翼面在飞行时相对于机身是运动的。直升机目前是最常见的旋翼航空器。

航空器按其用途可分为民用航空器和国家航空器。国家航空器系指用于执行军事、海关、警察飞行任务的航空器。民用航空器主要有民用飞机和民用直升机。民用飞机主要是指民用的客机、货机和客货两用飞机。

飞机可按其组成部分的结构、形状、数量及其相互之间的相对位置进行分类,如单翼机、双翼机;螺旋桨飞机、喷气式飞机;双发飞机、四发飞机等。也可按其起飞着陆地点不同分类,如水上飞机、陆上飞机、水陆两用飞机等。还可按其性能特点不同分类,如按最大飞行速度不同分为亚音速飞机和超音速飞机;亚音速飞机又可进一步分为低速飞机(飞行速度在400km/h以下)和高亚音速飞机,目前使用的喷气式客机大多数属于高亚音速飞机。按飞机的航程不同可分为短程飞机、中程飞机和远程飞机。远程飞机的航程为11 000km左右,足以完成中途不着陆的洲际跨洋飞行;中程飞机的航程在3 000km左右;短程飞机的航程一般在1 000km以内。短程飞机一般用于支线飞行,所以又称支线飞机;中、远程飞机多用于国内干线和国际航线,因此又称干线飞机。大多数客机的客舱内只有一个旅客过道,若客舱内有两个旅客过道,则称其为宽体(或双通道)客机。

2.飞机的基本组成部分

飞机有四个基本组成部分,即机体、动力装置、飞机系统和机载设备。

1)机体

飞机机体由机翼、机身、尾翼(组)、起落架等组成(图7-2-1)。现代民用飞机机体除起落架外一般都是骨架加蒙皮的薄壁结构,其特点是强度高、刚度大、重量轻。机体使用的材料主要有两大类,一是金属材料,大多采用比强度和比刚度高的铝合金;二是复合材料,多为纤维增强树脂基层状结构材料。

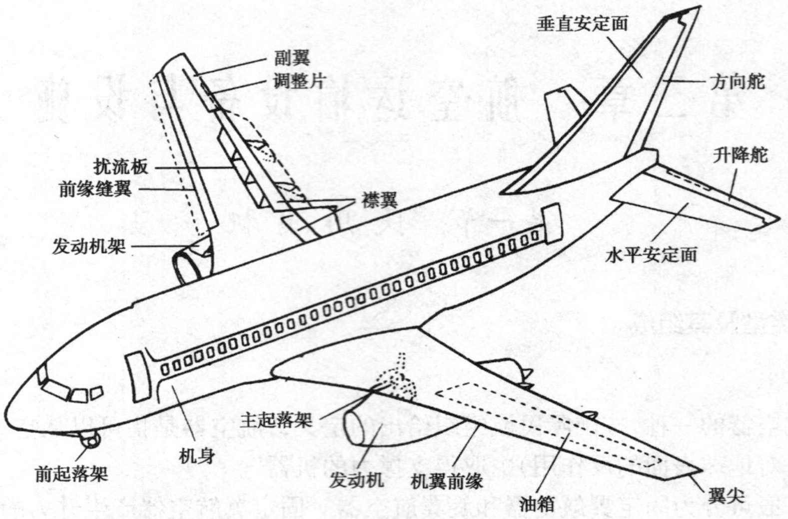

图 7-2-1　飞机示意图

亚音速飞机机翼的翼型(机翼剖面形状)几乎都是下表面平直而上表面凸起的,以产生升力。大部分大型飞机的机翼在翼根处与机身的下部连接(即下单翼形式)。高速飞机常采用后掠翼设计,即机翼从翼根到翼尖向后倾斜。机翼上还装有很多用于改善飞机气动特性的装置,包括副翼、襟翼、前缘缝翼、扰流板等。副翼是飞机的主操纵面之一,位于机翼后缘外侧,一对副翼总是以相反的方向偏转,使一侧机翼的升力增加而另一侧机翼的升力减小,从而使飞机滚转。襟翼和前缘缝翼都是增加飞机起飞降落时的升力的装置,以缩短飞机的起降滑跑距离。襟翼位于机翼后缘内侧,放下时可以改变翼型形状和增加机翼面积;前缘缝翼位于机翼前缘,打开时可使下翼面的气流流向上翼面以增加上翼面的空气流量。扰流板是铰接于机翼上表面的金属薄板,打开时分离上翼面的气流,造成机翼上的升力下降、阻力增加。在空中扰流板可以协助副翼使飞机滚转,在地面扰流板可起减速板的作用。

机身是飞机的主体,用于装载人员、货物,安装设备,并将飞机的各部件连接为整体。机身基本上是左右对称的流线体。大型客机机身一般由机头、前段、中段、后段和尾锥组成。机头主要是雷达天线和整流罩;前段和中段为气密增压舱,空间被地板分成上、下两部分,上部为驾驶舱和客舱,下部为货舱、设备舱和起落架舱;后段主要安装尾翼及部分设备;尾锥主要是辅助动力装置的排气管。

尾翼组由垂直尾翼和水平尾翼组成。垂直尾翼包括垂直安定面和方向舵,提供方向(航向)稳定性和操纵性。水平尾翼包括水平安定面和升降舵,提供俯仰稳定性和操纵性。

起落架主要由支柱、机轮、减振装置、制动装置和收放机构组成。其功用主要是飞机起降时能在地面滑跑和滑行,并使飞机能在地面移动和停放。现代飞机的起落架都是可收放的,可以大大减小飞机阻力,也有利于飞行姿态的控制。

2)动力装置

飞机飞行的动力来自发动机。航空发动机有活塞式发动机和燃气涡轮发动机两种类型。目前,时速小于300km轻型飞机的活塞式发动机仍是最经济的动力。

航空燃气涡轮发动机工作时,进入发动机的空气经压气机压缩提高压力,流入燃烧室与喷入的燃油混合后燃烧,形成高温、高压燃气,进入燃气涡轮中膨胀作功,使涡轮高速旋转并输出驱动压气机及发动机附件所需的功率。由燃气涡轮出来的燃气,仍具有一定的压力和温度。利用这股燃气能量有多种方式,相应地形成了不同类型的燃气涡轮发动机:涡轮喷气、涡轮螺旋桨、涡轮轴和涡轮风扇发动机。

如果燃气涡轮后紧跟一个尾喷管,由燃气涡轮出来的燃气在尾喷管中膨胀加速,并由喷管排出,产生推力,这种发动机称为涡轮喷气发动机,简称涡喷发动机(图7-2-2)。

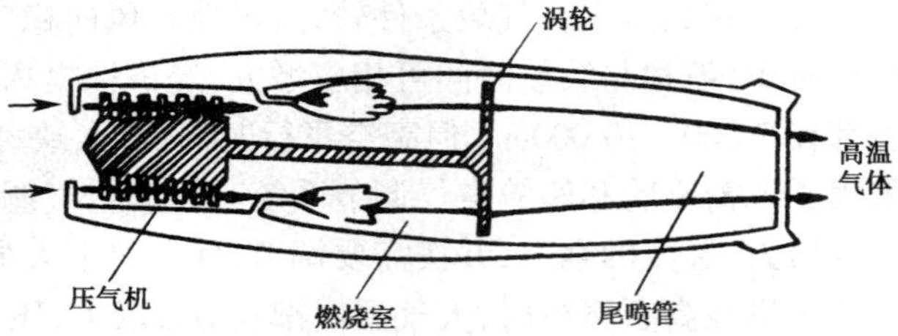

图7-2-2　涡喷发动机示意图

由于涡喷发动机的推力是由高速排出的高温燃气获得的,所以在得到推力的同时有不少由燃料燃烧所产生的能量以燃气的动能和热能形式排出发动机,能量损失较大,耗油率较高。如果从燃气涡轮出来的燃气大部分在其后的动力涡轮中膨胀作功,使动力涡轮高速旋转,然后通过减速装置降低转速后再驱动螺旋桨,提供拉力,燃气中剩下的少部分能量在尾喷管中膨胀,产生一小部分推力,这种发动机称为涡轮螺旋桨发动机,简称涡桨发动机(图7-2-3)。涡桨发动机由于有直径较大的螺旋桨,飞行速度受到限制,一般用于时速为300~400km的飞机上。由于其排气能量损失少,推进效率高,所以耗油率低。目前其仍是支线飞机的主要动力。

涡轮轴发动机简称涡轴发动机,是直升机的动力。其工作原理和结构基本与涡桨发动机相同。不同的是燃气涡轮输出的能量主要是驱动直升机旋翼而不是螺旋桨。此外,燃气涡轮排出的燃气基本上在动力涡轮中完全膨胀,燃气由喷管排出时,气流速度很低。

涡轮风扇发动机简称涡扇发动机(图7-2-4),是目前应用最广泛的发动机。涡扇发动机的动力涡轮的传动轴通过燃气涡轮轴的中心,驱动压气机前的风扇叶轮。流入发动机的空气经风扇增压后,一部分流过压气机,称为内涵气流;一部分由围绕内涵道的环形涵道中流过,称为外涵气流。发动机由内、外涵气流分别产生推力。外涵与内涵空气流量之比称为涵道比或流量比。涡扇发动机具有耗油率低、起飞推力大、推重比高、噪声低的优点。因此,目前高涵道比、大推力的涡扇发动机广泛应用于大型运输机上。

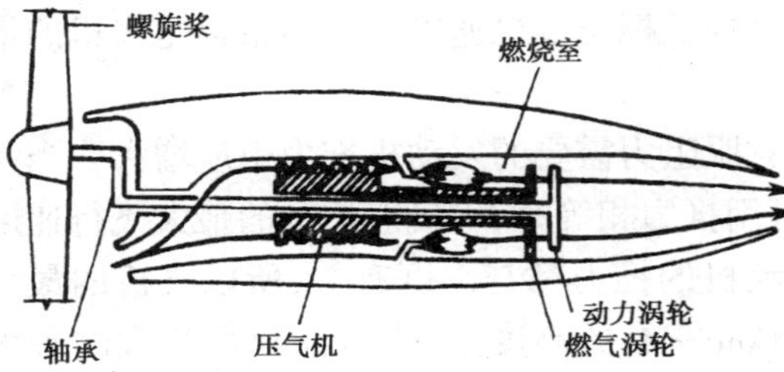

图7-2-3　涡桨发动机示意

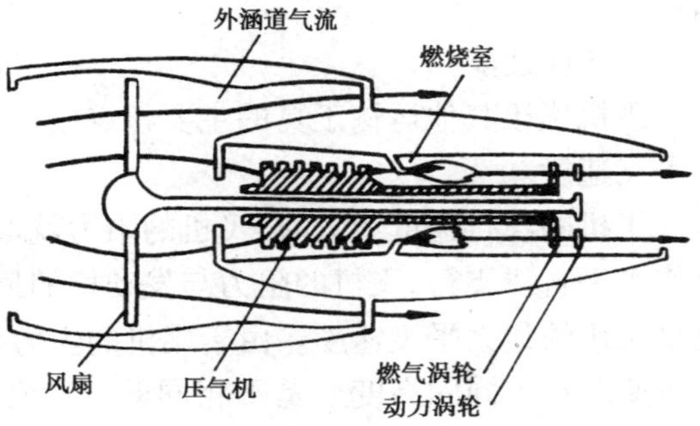

图7-2-4　涡扇发动机示意图

3)飞机系统

飞机系统主要有飞机操纵系统、液压传动系统、燃油系统、空调系统、防冰系统等。

飞机操纵系统用于传递驾驶员的操纵动作,驱动舵面或其他有关装置,改变和控制飞行姿态。

飞机采用液压系统传动和控制操纵系统和起落架系统等。

燃油系统用于贮存飞机所需的燃油,并保证在飞机各种飞行姿态和工作条件下,按照要求的压力和流量连续可靠地向发动机供油。此外,燃油还可以用来冷却飞机上的有关设备和平衡飞机等。

飞机在高空飞行气象条件较好,风速与风向稳定,保持相对空速时,发动机消耗的燃料比低空时少,航程与续航时间可相应增大,经济性提高。因此,现代大、中型旅客运输机的巡航高度都在 7 000 ~ 10 000m。但高空飞行时的低压、缺氧和低温使人体难以承受,因此现代飞机都采用了气密座舱和座舱空气调节系统。座舱空气调节系统能在飞行高度范围内,向座舱供给一定压力、温度的空气,并按需要调节,保证机上人员的舒适与安全。

飞机在高空飞行时,大气温度都在 0℃以下,飞机的迎风部位,如机翼前缘、尾翼前缘、驾驶舱挡风玻璃、发动机进气道等易结冰。现代飞机都有防冰系统,以防止结冰给飞机飞行带来危害。

4)机载设备

现代大型运输机驾驶舱内的机载设备包括飞行和发动机仪表、导航、通信以及有关辅助设备等。机载设备为驾驶员提供有关飞机及其系统的工作情况,使驾驶员能随时得到飞行所必需的信息,并可在飞行后向维修人员提供有关信息。

飞机的飞行仪表包括指示飞行速度、飞行高度、升降速度的全静压系统仪表,指示飞行姿态和方向的仪表,指示时间和加速度的仪表等;现代飞机上还有自动驾驶仪等。

发动机仪表测量并指示发动机的工作状态。其测量的参数包括不同部位的温度、压力、转速等。

导航、通信以及有关辅助设备是为了保证飞机的安全飞行,而提供定位信息和通信联络信息等。

二、民用飞机主要性能

不同用途的飞机,对飞机性能的要求有所不同。对现代民用飞机而言,主要考虑以下性能指标。

1.速度性能

飞机优于其他运输工具的主要特点之一是速度快。标志飞机速度性能的指标是飞机的最大平飞速度。

飞机的飞行速度增大时,飞机的阻力就增大,克服阻力需要的发动机推力也应增大。当飞机作水平直线飞行,飞机的阻力与发动机的最大可用推力相等时,飞机能达到的最大飞行速度就是飞机的最大平飞速度。由于飞机的阻力和发动机的推力都与高度有关,所以飞机的最大平飞速度在不同的高度上是不相同的。通常在 11km 左右的高度上,飞机能获得最大的最大平飞速度。

飞机不能长时间地以最大平飞速度飞行，这一方面会损坏发动机，另一方面消耗的燃油也太多。所以，对需作长途飞行的运输机而言，更注重的是巡航速度。所谓巡航速度，是指发动机每公里消耗燃油最少情况下的飞行速度。也就是说，飞机以巡航速度飞行时，最为经济，航程最远或航时最长。

2.爬升性能

民用飞机的主要爬升性能是指飞机的最大爬升速率和升限。飞机的爬升受到高度的限制，因为高度越高，发动机的推力就越小。当飞机达到某一高度，发动机的推力只能克服平飞阻力时，飞机不能再继续爬升了，这一高度称为飞机的理论升限。通常使用的是实用升限，所谓实用升限是指飞机还能以每秒 0.5m 的垂直速度爬升时的飞行高度，这也称为飞机的静升限。

3.续航性能

民用飞机的续航性能主要指航程和续航时间（航时）。航程是指飞机起飞后，爬升到平飞高度平飞，再由平飞高度下降落地，且中途不加燃油和滑油，所获得的水平距离的总和。飞机的航程不仅取决于飞机的载油量和飞机单位飞行距离耗油量，而且与业务载重量有关。飞机在最大载油量和飞机单位飞行距离耗油量最小的情况下飞行所获得的航程就是飞机的最大航程。由于飞机的满燃油重量与最大业务载重量的总和通常大于飞机的最大起飞重量，所以为了要达到这一飞行距离就不得不牺牲部分业务载重量。同样，飞机欲以最大业务载重量飞行，则通常要牺牲部分航程。

4.起降性能

飞机的起降性能包括飞机起飞离地速度和起飞滑跑距离、飞机着陆速度和着陆滑跑距离。

在地面滑跑的飞机，当其前进速度所产生的升力略大于飞机的起飞重量时，飞机就能够离陆了。但在正常起飞时，为了保证安全，离陆速度要稍大于最小平飞速度（飞机能够保持平飞的最小速度）。

离陆距离也称起飞距离，由起飞滑跑距离和起飞爬升距离组成。飞机从松开刹车沿跑道向前滑跑至机轮离开地面所经过的距离称为起飞滑跑距离。从机轮离开地面到升高至规定的安全高度，飞机沿地平线所经过的距离称为起飞爬升距离。飞机的离陆距离希望尽可能地短，这样可以在较短的跑道上起飞。飞机发动机的推力越大、最小平飞速度越小，其离陆距离也就越短。

飞机的着陆过程也希望着陆的速度尽可能地小。着陆过程的速度分着陆进场速度和着陆接地速度。着陆进场速度是指飞机下滑至安全高度进入着陆区时的速度，着陆接地速度有时也简称为着陆速度。

着陆距离可分成着陆下滑距离和着陆滑跑距离。着陆滑跑距离取决于飞机的着陆接地速度和落地后的减速性能。现代民用飞机除了在机轮上安装制动外，通常还采用减速板、反推力装置等来缩短着陆滑跑距离。

为了改善飞机的起降性能，使飞机在起降阶段在较小的速度下能获得较大的升力，现代民用飞机均采用了不同的增升装置，如襟翼、前缘缝（襟）翼等，从而减低飞机的离地和接地速度。

图 7-2-5 说明了飞机的起飞与着陆过程。

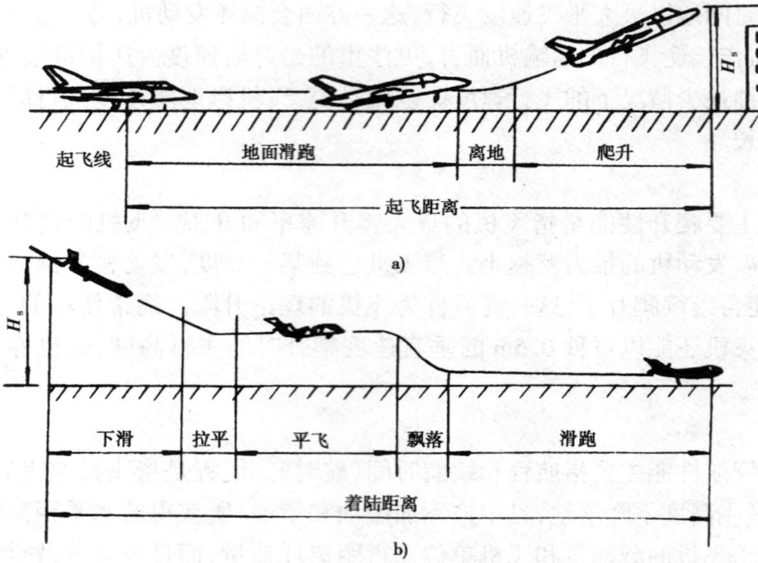

图 7-2-5　飞机的起飞与着陆过程

a)起飞过程;b)着陆过程

三、民用飞机适航管理

1.适航性

航空器在进行运输及其他航空作业时,须适应各种气象、地形、距离、载荷、飞行高度、空中交通规则等各方面的要求,才能安全、及时和经济地运送旅客、货邮或完成其他飞行作业。为了保障安全,航空器首先要具备相应的适航性能。适航性(Air Worthiness)(或称适航)是指航空器(包括其部件和子系统、整体性能和操纵特性)在预期的运行环境中和在经申明并被核准的使用限制下运行时,应具备的安全性和物理完整性品质,这种品质使航空器始终处于符合其型号设计及安全运行的状态。

适航性是出于以确保航空安全为目标的民用航空立法需要所确立的民用航空器的一种专有属性。适航性通过制定适航标准作规定,由国家指定的监督、管理体系作保证。为了保障航空器的适航性,世界各国民航当局对航空器的设计、生产、使用和维修等制定了适航标准。适航标准是一类特殊的技术性标准,是为保证实现民用航空器的适航性而制定的最低安全标准。适航标准与其他技术标准不同,它是政府部门或授权管理部门,在民用航空实践,尤其是在空难事故调查结果的基础上,为对航空器的安全性进行有效控制而制定的法规性文件,是国家民用航空法规。如美国的 FAR、英国的 BCAR、欧洲联合航空局的 JAR、原苏联的 HJITC 和我国的 CCAR 等。目前各国的适航标准多数是以美国的 FAR 为基础的。所谓最低安全标准,一是表明适航标准是基本的、起码的;二是表明该标准是经济负担最轻的。民用航空器的安全性与经济性是相辅相成的。因此,适航标准是安全性与经济性的综合平衡。

安全是航空运输之本。从以往的空难来看,飞机发生事故或全损失事的原因一般可分为人为差错、机械故障和环境因素等方面的原因。造成机械故障的原因大体上可分为先天性和后天性两个方面。先天性主要是设计方面的安全性缺陷和制造方面的物理完整性缺陷;后天性主要是不恰当的使用、维修,降低甚至破坏了航空器的安全性水平。航空器的安全性属性只能说明航空器先天应有的安全性水平,而航空器的适航性属性则既概括了设计、制造等先天应赋予航空器的安全性,也包含了使用、维修等后天应该恢复或保持的安全性,从而赋予了航空器全寿命周期的安全属性。如果说安全性是航空器的一个设计属性的话,适航性则是航空器的一个全寿命周期属性。保障最起码的航空安全水平是适航性工作的根本目的。

2.适航管理

航空器的适航性工作称为适航管理,是政府适航部门在制定最低安全标准的基础上,对民用航空器的设计、制造、使用和维护等环节进行的审查、鉴定、监督和管理。

适航管理工作主要包括:

(1)制定各类适航规章、标准、程序、指令、通告和审定监督规则。

(2)民用航空器的型号合格审定,颁发型号合格证书。取得型号合格证书是准予生产的前提条件,这是为了保证产品设计符合适航标准和要求。

(3)对航空器、发动机和螺旋桨的制造进行生产许可审定,颁发生产许可证;对其他民用航空产品进行设计和生产审定,颁发"制造人批准书"或"技术标准规定项目批准书"。这是为了保证每件产品都符合型号设计并处于安全使用的状态。

(4)对已取得国籍登记证的航空器进行适航检查、鉴定并发给适航证。

(5)对维修企业进行审定并发给维修许可证。该维修企业要根据批准的维修大纲制定维修方案,对维修人员进行考核并发给执照。这是为了使航空器的适航性始终得到良好的保证。

(6)掌握民用航空器的持续适航情况,颁发适航指令。这是为了监视航空器的故障率、使用可靠性和不正常的飞行情况。

(7)对安全问题和事故进行调查,对违章和不符合适航标准的情况采取措施。

上述适航管理内容,一般又可分成初始适航管理和持续适航管理,即民用航空器"优生"和"优育" 两个相辅相成的方面。

初始适航管理是对航空器设计、制造阶段所赋予的适航性实施的控制,即在航空器交付使用之前,依据有关适航标准和规范对航空器所进行的审定、批准和监督工作,包括型号合格审定和生产许可审定及其相应的监督工作。我国初始适航标准有:运输类飞机适航标准(CCAR－25),运输类旋翼航空器适航标准(CCAR－29),航空发动机适航标准(CCAR－33)等。

持续适航管理是对航空器在使用、维护阶段所保持的适航性实施的控制,即在航空器通过初始适航审定,并获得适航证投入运行之后,为保证航空器保持其设计、制造所赋予的安全性和物理完整性所进行的各项审定、批准和监督工作,包括维修单位的合格审定、维修人员的资格评审和航空器适航性的监督等三个方面。其基本依据是《民用航空器维修许可审定的规定》(CCAR－145)和《民用航空器维修人员合格审定的规定》(CCAR－65)。

第二节　机　　场

一、机场的功能、构成和分类

1.机场的功能

机场是供飞机起飞、着陆、停驻、维护、补充给养及组织飞行保障活动所用的场所，包括相应的空域及相关的建筑物、设施与装置。它是民航运输网络中的节点，是航空运输的起点、终点和经停点。从交通运输角度看，民航运输机场是空中运输和地面运输的转接点。它一方面要面向空中，送走起飞的飞机，迎来着陆的飞机；另一方面要面向陆地，供客、货和邮件进出。机场可实现运输方式的转换，因此也可以称作航空站(简称为航站)。民用运输机场的基本功能是为飞机的运行服务，为客、货、邮件的运输以及其他方面的服务。

2.机场的构成

机场主要由三部分构成，即飞行区、航站区及进出机场的地面交通系统，见图 7-2-6。

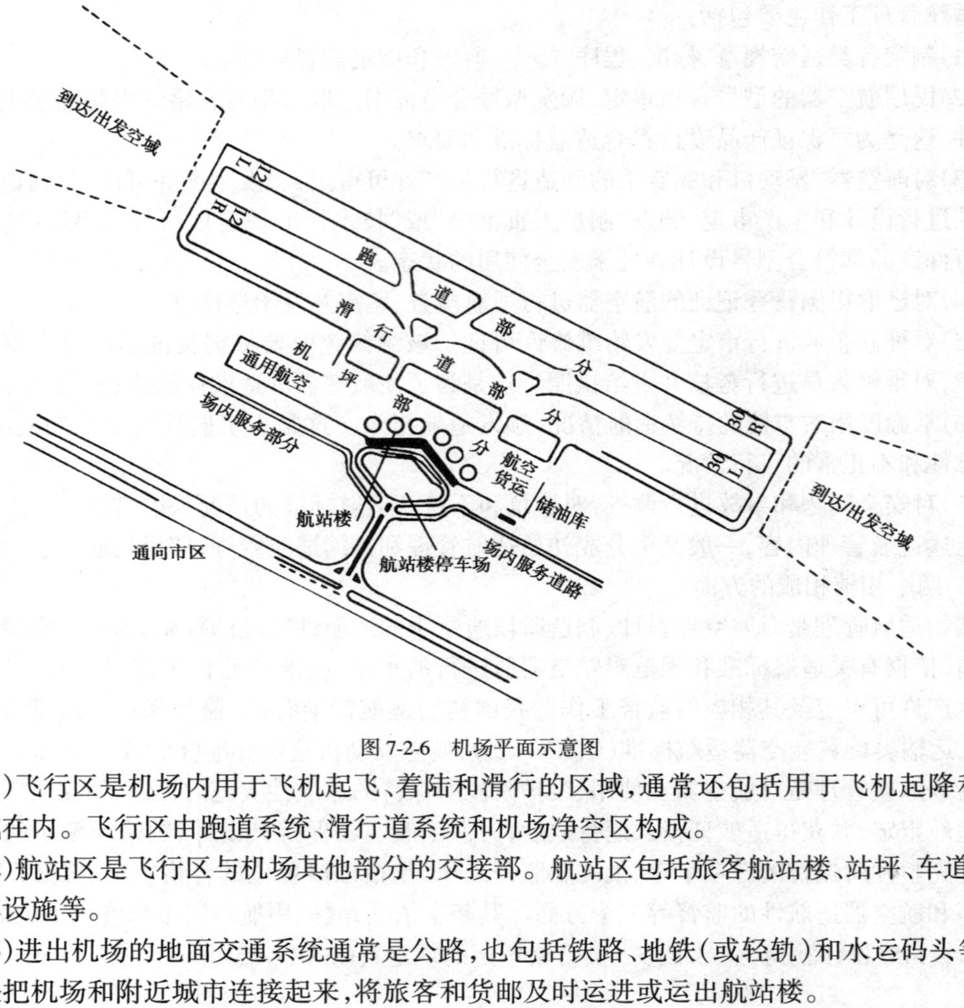

图 7-2-6　机场平面示意图

(1)飞行区是机场内用于飞机起飞、着陆和滑行的区域，通常还包括用于飞机起降和盘旋的空域在内。飞行区由跑道系统、滑行道系统和机场净空区构成。

(2)航站区是飞行区与机场其他部分的交接部。航站区包括旅客航站楼、站坪、车道边、站前停车设施等。

(3)进出机场的地面交通系统通常是公路，也包括铁路、地铁(或轻轨)和水运码头等。其功能是把机场和附近城市连接起来，将旅客和货邮及时运进或运出航站楼。

机场的设施包括目视助航设施、通信导航设施、空中交通管制设施以及航空气象设施、供油设施、应急救援设施、动力与电信系统、环保设施、旅客服务设施、安检设施、保安设施、货运区及航空公司区等。

习惯上将机场分为空侧(airside)和陆侧(landside)两部分。空侧是受机场当局控制的区域，包括飞行区、站坪及相邻地区和建筑物，进入该区域是受控制的。陆侧是为航空运输提供各种服务的区域，是公众能自由进出的场所和建筑物。

机场占地面积大、位置选择要求高，而且还包括相应的空域。机场必须要有足够的面积容纳飞行区和航站区，同时要求平坦开阔；考虑噪声影响和持续发展，机场应适当远离城市市区；还应考虑周围地势、海拔高度、气象（尤其是风向）、相邻机场距离和方位、附近居民区和工业区状况、陆上客货运输工具进出机场的方便程度等。

3.机场类别和等级的划分

1)机场类别

(1)按航线性质，可划分为国际航线机场（国际机场）和国内航线机场。

国际机场有国际航班进出，设有海关、边防检查（移民检查）、卫生检疫和动植物检疫、商品检验等政府联检机构。

国内航线机场是供国内航班使用的机场，在我国还包括地区航线机场（指内地与港、澳等地之间航班飞行使用的机场，设有类似国际机场的政府联检机构）。

(2)按机场在民航运输网络系统中所起作用，可划分为枢纽机场、干线机场和支线机场。

航线密集且中转旅客比例较高的机场称为枢纽机场。干线机场通过骨干航线连接枢纽机场，空运量较为集中。而支线机场则空运量较少，航线多为本省区内航线或邻近省区支线。

(3)按机场所在城市的性质、地位，我国将其划分为Ⅰ、Ⅱ、Ⅲ和Ⅳ类机场。

Ⅰ类机场，即全国经济、政治、文化大城市的机场，是全国航空运输网络和国际航线的枢纽，运输业务繁忙，除承担直达客货运输外，还具有中转功能。北京、上海、广州三城市机场均属于此类机场，亦为枢纽机场。

Ⅱ类机场，即省会、自治区首府、直辖市和重要的经济特区、开放城市和旅游城市，或经济发达、人口密集城市的机场，亦为干线机场。

Ⅲ类机场，即国内经济比较发达的中小城市，或一般的对外开放和旅游城市的机场，也可称为次干线机场。

Ⅳ类机场，即省区内经济较发达的中小城市和旅游城市，或经济欠发达、但地面交通不便城市的机场，也称为支线机场。

2)机场等级

(1)飞行区等级：飞行区等级由第一要素代码（飞行区指标Ⅰ）和第二要素代字（飞行区指标Ⅱ）的基准代号划分，用来确定跑道长度或所需道面强度，即能起降机型的种类。表7-2-1中的代码表示飞机基准飞行场地长度。它是指某型飞机以最大批准起飞质量，在海平面、标准大气条件（15℃、1个大气压）、无风、无坡度情况下起飞所需的最小平衡场地长度。表中的代字应选择翼展或主起落架外轮外侧之间距两者中要求较高者。例如，北京首都国际机场、上海浦东国际机场和虹桥国际机场、广州白云国际机场等的飞行区等级为4E。

(2)跑道导航设施等级：跑道导航设施等级按配置的导航设施能提供飞机以何种进近程序飞行来划分。

非仪表跑道——供飞机用目视进近程序飞行的跑道，代字为V。

仪表跑道——供飞机用仪表进近程序飞行的跑道，可分为：①非精密进近跑道— 装备相应的目视助航设备和非目视助航设备的仪表跑道，能足以对直接进近提供方向性引导，代字为NP。②Ⅰ类精密进近跑道— 装备仪表着陆系统和（或）微波着陆系统以及目视助航设备，能供飞机在决断高度低至 60m 和跑道视程低至 800m 时着陆的仪表跑道，代字为 CATI。③II 类精密进近跑道— 装备仪表着陆系统和(或)微波着陆系统以及目视助航设备，能供飞机在决断高度低至 30m 和跑道视程低至 400m 时着陆的仪表跑道，代字为 CATII。④III 类精密进近跑道—装备仪表着陆系统和(或)微波着陆系统的仪表跑道，可引导飞机直至跑道，并沿道面着陆及滑跑。又可分为三类：以 CATIIIA、CATIIIB 或 CATIIIC 为代字。

飞行区等级划分表(飞行区基准代号表)　　表 7-2-1

第一要素		第二要素		
代码	飞机基准飞行场地长度(m)	代字	翼展(m)	主起落架外轮外侧之间距(m)
1	<800	A	<15	<4.5
2	800～<1 200	B	15～<24	4.5～<6
3	1 200～<1 800	C	24～<36	6～<9
4	≥1 800	D	36～<52	9～<14
		E	52～<65	9～<14
		F	65～<80	14～<16

目前，我国民用机场尚无有 III 类精密进近跑道；II 类精密进近跑道也不多(如北京首都机场、上海浦东机场)；多是 I 类精密进近跑道。

(3)机场的救援和消防等级：救援和消防勤务首要目标是在飞机失事或事故发生的情况下拯救人员的生命。为此，必须要有足够救援和消防的手段。机场的救援和消防等级以计划正常使用该机场的飞机外形尺寸(飞机机身全长和最大机身宽度)最大者为依据。

二、机场场道

1. 飞行区

1)跑道

跑道是机场工程的主体。机场的构形主要取决于跑道的数目、方位以及跑道与航站区的相对位置。跑道是供飞机起降的一块长方形区域。它提供飞机起飞、着陆、滑跑甚至起飞滑跑前(或着陆滑跑后)运转的场地。因此，跑道必须要有足够的长度、宽度、强度、粗糙度、平整度以及纵向与横向坡度要求。

跑道数目取决于航空运输量的大小。跑道方位主要与当地常年主导风向有关，但也受其他因素的影响。跑道通常是指结构道面，可分为：水泥混凝土、沥青混凝土、碎石、草皮和土质等若干种。水泥混凝土道面称为刚性道面，其余称为柔性道面。

(1)跑道的长度：设计跑道长度主要是依据预计使用该机场飞机的起降特性。此外，跑道长度还与下列因素有关：飞机起降质量，飞机起飞或降落质量越大，则离地速度或接地速度越大，滑跑距离就越长；机场所在环境，如机场的海拔高度和地形；气象条件，特别是地面气温、大气压、风向和风力等；跑道条件，如表面状况、湿度和纵向坡度等。海拔越高，空气密度越低或气温越高，起降滑跑距离越长。逆风起降可缩短滑跑距离。

(2)跑道的方位：飞机最好是逆风起降，侧风过大将妨碍飞机起降。因此，跑道的方位应尽量与当地常年主导风向相近；此外，还受到周围地形、发展规划、可用面积以及相邻机场状况的影响。跑道方位以跑道磁方向角度表示，由北顺时针转为正。首都机场跑道方位为 179°~359°。

(3)跑道的强度：道面要有足够强度和刚度，以承受飞机运行的荷载。ICAO 要求会员国必须用 ACN—PCN 法通报供起飞质量大于 5 700kg 的飞机使用的道面强度。ACN 即飞机等级序号，表示飞机与道面相对作用的数字。PCN 即道面等级序号，表示道面可供无限次使用的承载强度数字。当飞机的 ACN 等于或小于道面的 PCN 时，则说明道面可不加限制供其使用；否则，则表示飞机超载，飞机的运行受到限制或禁止。在通报跑道道面强度时，除报告 PCN 数值外，还要报告道面的类型(R 代表刚性道面，F 代表柔性道面)、土基强度类型(分别以 A、B、C、D 代表高、中、低、和极低强度)、最大允许胎压(分别以 W、X、Y、Z 表示允许高、中、低和极低胎压)和评价道面等级所用方法(T 表示技术方法评定，U 表示用经验法评定)。如首都机场东跑道的道面强度通报为 108/F/C/W/T。对于起降质量小于 5 700kg 飞机的跑道，则仅需通报最大允许飞机质量和最大允许胎压即可。

2)跑道系统

跑道系统由跑道的结构道面、道肩、防吹坪、升降带、跑道端安全地区、净空道和停止道组成。它们与起飞及着陆有直接关系，构成了起飞着陆区。

3)滑行道系统

滑行道系统主要包括：主滑行道、进出滑行道、旁通滑行道、飞机机位滑行通道、机坪滑行道、辅助滑行道、滑行道道肩及滑行带。滑行道是机场内供飞机滑行的规定通道。滑行道的主要功能是提供从跑道到航站区的通道，使已着陆的飞机迅速离开跑道，不与起飞滑跑的飞机相干扰，并尽量避免延误随即到来的飞机着陆。此外，滑行道还提供了飞机由航站区进入跑道的通道。

4)机场净空

飞机在起降时必须按规定的起落航线飞行。机场能否安全有效地运行，与场址内外的地形和人工构筑物密切相关。它们可能使可用的起飞或着陆距离缩短，使可以起降的气象条件范围受到限制。因此，必须对机场附近沿起降航线一定范围内的空域提出要求，也就是净空要求。这个区域称为机场净空区，不应有高障碍物。

航空无线电导航是以各种地面和机载无线电导航设备，向飞机提供准确可靠的方向、距离及位置信息。因此，对机场周围的一定范围内，还必须提出电磁环境的净空要求。

2.停机坪

停机坪包括站坪、维修机坪、隔离机坪、等候机位机坪、等待起飞机坪等。停机坪上设有供飞机停放的划定位置，即机位。在靠近航站楼所设停机坪称站坪，可供飞机滑行、停驻机位、停靠门位以便上下旅客、行李和货邮及加油。客机坪的平面布局受以下因素的影响：①机位的数目；②机位尺寸；③飞机的停靠方位及进出机位方式。④旅客登机方式。⑤航站楼布局。⑥飞机地面服务要求。

三、机场设施与设备

1.航站楼

1)航站楼的基本功能和设施

航站楼(主要指旅客航站楼,即候机楼)是航站区的主体建筑物。旅客、行李及货邮在航站楼内办理各种手续,以实现运输方式的转换。旅客航站楼基本功能是安排好旅客和行李的流程,为其改变运输方式提供各种设施和服务,使航空运输安全有序。旅客航站楼的基本设施应包括:公共大厅(办票大厅)、安全检查设施、政府联检机构、候机大厅、行李处理设施、机械化代步设施、登机桥、旅客信息服务设施及商业经营和服务设施等。因此,航站楼不仅是民航的营运中心,而且还是商业中心。

2)航站楼的水平布局

对于空侧,旅客航站楼要有足够停机位以便接纳到港和离港的飞机。对于陆侧,应有足够的地面旅客接纳能力。为妥善处理航站楼与空侧、陆侧相互位置,协调好机位与登机门位的关系。有多种航站楼的水平布局方式:前列式、指廊式、卫星式、转运车式(图 7-2-7)。客流量较少时,可采用指廊式或卫星式。当航站楼前机位不够用,飞机停放在远机位时,可用转运车接送旅客上下飞机。对于客流量很大的机场,往往需要用综合式水平布局。

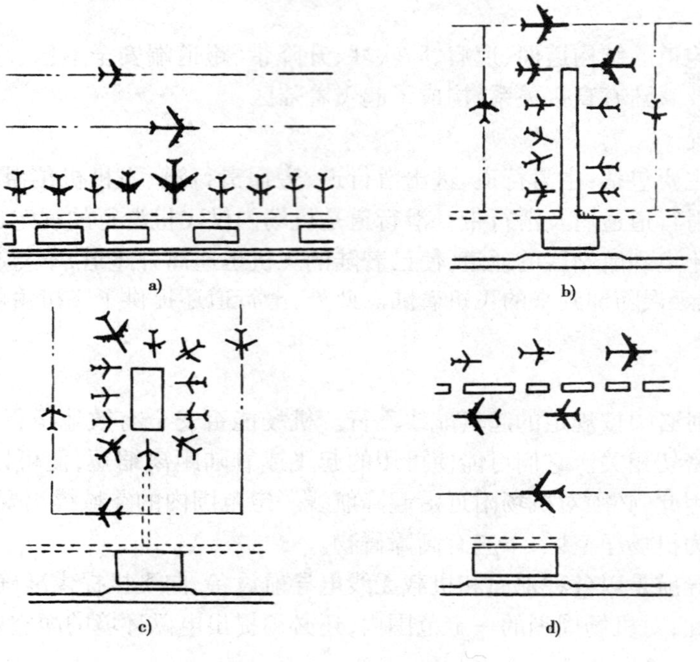

图 7-2-7　航站楼水平布局

a)前列式;b)指廊式;c)卫星式;d)转运车式

3)航站楼的竖向布局

按照客流量的大小、航站楼可用土地的面积以及空侧、陆侧交通组织等情况,为合理安排旅客和行李的流程,航站楼根据客货运输功能在竖向布局可采用一层式、一层半式、二层式和三层式,如图 7-2-8 所示:

2.目视助航设施

1)助航灯光系统

目视助航设施中最重要也是最复杂的是助航灯光系统。该系统主要有:跑道引入灯光系统、进近灯光系统、目视进近坡度指示系统、盘旋引导灯、跑道和滑行道灯光系统、机场灯标、机坪泛光照明、目视停靠引导系统、机位操作引导灯、应急灯光等。

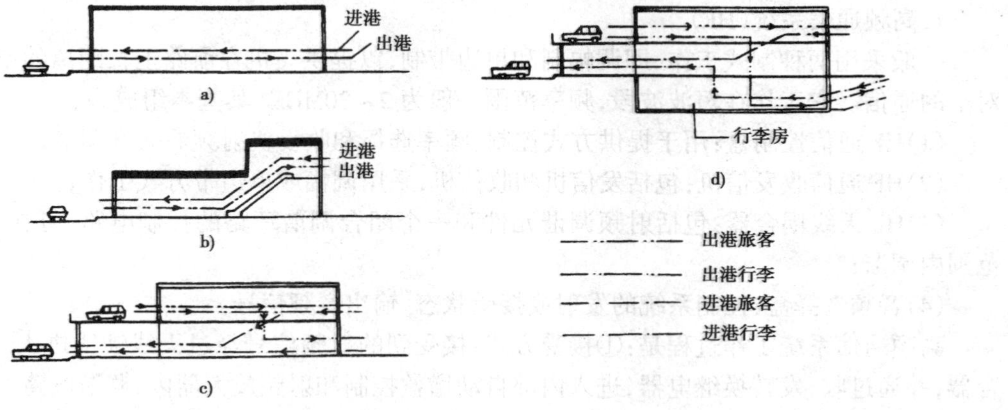

图 7-2-8　航站楼竖向布局

a)一层式;b)一层半式;c)二层式;d)三层式

2)标志

为了引导飞机在跑道、滑行道和机坪上运行,道面上用不同颜色的线条和数字作标志,以显示某些特定的功能。跑道标志采用白色。滑行道标志和机位标志必须为黄色。机坪安全线的颜色必须鲜明并与机位标志的颜色反差良好,以便利用安全线标出地面设备停放区、工作道路和旅客通道等。

3)其他目视助航设施

机场必须设置风向标和着陆方向标、信号灯等指示标和信号设施。为了向驾驶员提供各种不同信息,需要设立各种标记牌,如强制性标记牌、通知性标记牌等。在不具备设置标志(或灯光)条件的地方,可以用标志物显示出边线、中线等。

3.地面活动引导和管制系统

地面活动引导和管制系统是指由助航设备、设施和程序组成的系统。该系统主要是使机场能安全地解决运行中提出的地面活动需求,即防止飞机与飞机、飞机与车辆、飞机与障碍物、车辆与障碍物以及车辆之间的碰撞等。该系统可以是简单的,如能见度良好、交通量不大的小机场可用目视标记牌和一套机场交通规则;也可以是复杂的,如低能见度或交通繁忙的大机场。

4.地面特种车辆和场务设备

进出港的飞机都需要一系列的地面服务,这些服务大多是由各种车辆或设备来完成,包括:牵引车、电源车、气源车、空调车、清洗车、食品车、污水车、垃圾车、行李车、升降平台车、客梯车、摆渡车、加油车等。为保证飞机在飞行区和停机坪内正常运行,机场应配备维护、检测设备(如清扫车、吹雪车、推雪车、割草机、除胶车、道面摩擦系数测试车等)以及驱鸟设备等。

第三节　通信与导航设备

一、通信设备

民航客机用于和地面电台或其他飞机进行联系的通信设备包括:高频通信系统(HF),甚高频通信系统(VHF),选择呼叫系统(SELCAL)。

1.高频通信系统(HF)

一般采用两种制式工作,即调幅制和单边带制,以提供飞机在航路上长距离的空与地或空对空的通信。它工作在短波波段,频率范围一般为2~30MHz。其基本组成为:

(1)HF通信控制盒:用于提供方式控制、频率选择和收发机射频灵敏度调节;

(2)HF通信收发信机:包括发信机和收信机,采用调幅或单边带方式工作;

(3)HF天线耦合器:包括射频调谐元件和一个闭合调谐环路的控制电路,可在2~30MHz范围内调谐;

(4)音频选择盒:控制系统的发射或接受状态,输出音频信号。

高频通信系统工作过程是:①接受方式:接受到的射频信号经过天线馈线进入HF天线耦合器,并通过收/发转换继电器,进入内部自动增益控制和射频放大器内,调谐电路完成频率变换,变换成的中频信号经调幅,输出到音频选择系统的耳机插孔或扬声器内。调幅音频也输出到选择呼叫系统。②发射方式:在频率选择和耦合器被调谐后,按下发话按钮使系统处于发射状态。经过音频选择盒提供的音频信号输入调制在调幅或单边带的射频上,放大后的信号通过收/发继电器和天线耦合器向空间发射电磁波。

2.甚高频通信系统(VHF)

一般采用调幅方式工作,主要提供飞机与地面塔台、飞机与飞机之间近距离视线范围的话音通信。其工作于超短波波段,频率范围一般为113~135.975MHz。其基本组成和工作过程与高频通信系统类似,仅天线有些不同。

3.选择呼叫系统(SELCAL)

选择呼叫指地面塔台通过高频或甚高频通信系统对指定飞机或一组飞机进行联系。选择呼叫系统的基本组成为:

(1)选择呼叫控制盒:包括指示灯、选择转换旋钮,用于指示对本飞机的选择呼叫码并选择不同通道接受。

(2)选择呼叫译码器:包括译码电路和选择开关,用于调谐所选择的频率并控制指示灯和钟声装置。

(3)钟声装置。

其工作过程为:在选择呼叫译码器上选定飞机呼叫码,系统处于待用方式。当地面通过高频或甚高频发射机呼叫时,飞机上收到的信号加到译码器。如地面呼叫代码与飞机的代码相同,译码器便使控制盒上的灯亮、钟响。飞行员即可用高频或甚高频与地面联系。

二、导航设备

1.甚高频全向无线电信标/测距机系统(VOR/DME)

(1)甚高频全向信标系统(VOR)是一种近程无线电导航系统,ICAO确定为国际标准航线的无线电导航设备。它由地面发射台和机载设备组成。地面设备通过天线向飞机发射信息,机载设备接受和处理信息,并通过指示器指示飞机到VOR台的磁方位角。安装在机场的VOR台叫终端VOR,使用108~112MHz之间的40个波道,发射功率50W,工作距离25n mile。它通常和DME或航向信标(LOC)装在一起,可以进行着陆引导。安装在航路上的VOR台叫航路

VOR,使用 112 ~ 118MHz 之间的 120 个波道,发射功率 200W,工作距离 200n mile。它在航路上的安装地点叫航路点。飞机可以利用甚高频全向信标系统(VOR)从一个航路点到另一个航路点沿预定航道飞行。

(2)测距机系统(DME)系统是为驾驶员提供距离信息的设备。ICAO 确定的标准测距系统。它由机载测距机和地面测距信标台配合工作。一般情况下,地面测距台与 VOR 台安装在一起,形成极坐标近程定位导航系统。它是通过询问应答方式来测量距离的。工作方式是:机载测距机的发射电路产生脉冲询问信号,通过天线发射出去;测距信标台收到这一信号后,发射相应的应答信号;机载测距机在接受到应答信号后,即可根据询问脉冲和应答脉冲之间的时间延迟,计算出飞机到测距信标台之间的视线距离。

2.无方向性无线电信标系统(NDB)

无方向性信标系统(NDB),即导航台,是用来为机上无线电罗盘提供测向信号的发射设备。发射天线长 70m,是架在两个高 30m 铁塔上的 T 形天线。它在 150 ~ 1 600kHz 波段内辐射垂直极化波信号。根据要执行的导航任务,导航台可以设置在航线上的某些特定点、终端区和机场。航线上导航台,可以引导飞机进入空中走廊的出、入口,或到某一相应的导航点以确定新的航向;终端区的导航台,用来将飞机引导到所要着陆的机场,并保证着陆前机动飞行和穿云下降,也用来标志该机场的航线出口位置;机场着陆导航台,用来引导飞机进场,完成机动飞行和保持着陆航向。它和飞机上的机载无线电导航设备自动定向机(ADF),(又称无线电罗盘)配合工作,由自动定向机测量飞机与地面导航台的相对方位。

3.仪表着陆系统(ILS):

ICAO 确定仪表着陆系统为飞机标准进近和着陆设备。它能在气象恶劣和能见度差的条件下,给驾驶员提供引导信息,保证飞机安全进近和着陆。

ICAO 根据在不同气象条件下的着陆能力,规定了三类着陆标准,ILS 的设施也相应的分成三类。其规定如表 7-2-2。

飞机着陆类别标准表　　表 7-2-2

类　别	跑道视程(RVR)(m)	决断高度(DH)(m)	类　别	跑道视程(RVR)(m)	决断高度(DH)(m)
I	800(2 600ft)	60(200ft)	III_B	50(150ft)	
II	400(1 200ft)	30(100ft)	III_C	0	
III_A	200(700ft)				

注:跑道视程指在跑道表面的水平方向上能看见物体的最大距离;决断高度指驾驶员对飞机着陆或复飞作出判断的最低高度。

ILS 系统包括三个分系统:提供横向引导的航向信标、垂直引导的下滑信标、距离引导的指点信标。每一分系统由地面发射设备和机载设备所组成。

航向信标台天线产生的辐射场,在通过跑道中心延长线的垂直平面内,形成航向面,提供飞机偏离航向面的横向引导信号。下滑信标台天线产生的辐射场形成下滑面,提供飞机偏离下滑面的垂直引导信号。航向面和下滑面的交线为下滑道。飞机沿下滑道着陆,就对准了跑道的中心线和确定了下滑角,以保证飞机在离跑道入口约 300m 处着地。指点信标台发射垂直向上的扇形波束,只有当飞机飞越其上空的波束范围时,机载接受机才能收到发射信号。驾驶员可以据此判断飞机在那个信标台的上空，即知道飞机离跑道端部的距离。

三、监视设备

目前空中交通主要的监视设备是雷达。它利用无线电波发现目标，并测定其位置。监视雷达系统一般分为两种类型：一次雷达（包括气象雷达、航行雷达、多普勒雷达及监视雷达）和二次雷达，见图 7-2-9。

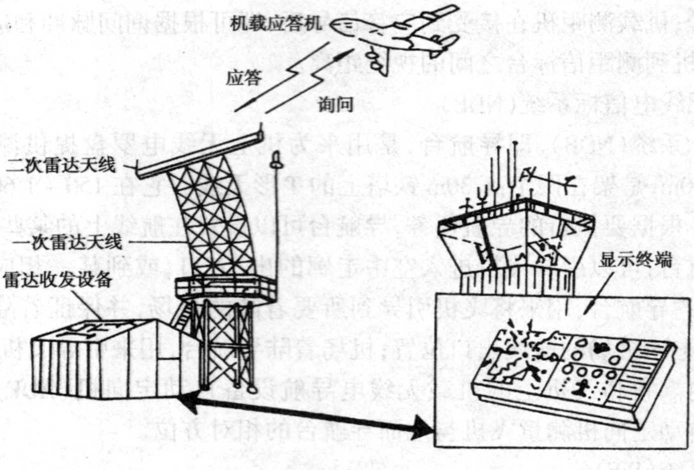

图 7-2-9 二次雷达与一次雷达

1. 一次监视雷达

一次监视雷达的工作方式是依靠目标对雷达天线所辐射的射频脉冲能量的反射而探测目标的。它的基本组成是：

(1)发射部分：用于产生大功率高脉冲信号。其包括触发器、调制器和发射机；

(2)接受部分：用于检测与处理在雷达作用范围内由目标反射回来的能量；

(3)天线部分：将发射机输出的电磁能量辐射出去，接受反射回来的电磁波；

(4)显示部分：显示接受机处理后的信号。

地面一次监视雷达通常工作于 L 波段（1 000 ~ 2 000MHz）和 S 波段（2 000 ~ 4 000MHz），具有很强的脉冲功率，探测距离可达 400km 或更远，因而发射设备和天线都相当庞大。

2. 二次监视雷达

二次雷达是由地面询问机与机载应答机配合，采用问答方式工作的。地面二次雷达发射机产生询问脉冲信号，并由其天线发射；机载应答器在接受到询问信号后发射相应的应答信号；地面二次雷达接受这一应答信号。在进行一系列处理后，获得所需的飞机代码等信息。二次雷达可以获得的信息主要是：飞机的距离与方位信息、目标的识别信息（即飞机的代码）、飞机的气压高度信息和一些紧急告警信息（如飞机发生紧急故障、无线电通信失效或飞机被劫持等）。

在同时装备一、二次雷达的空中交通管制系统中，通常二次雷达的天线安装在一次雷达天线的上方，二者同步扫掠，协同工作。

第三章　航空运输管理和空中交通管制

第一节　空域管理和空中交通流量控制

一、空域管理

航空运输飞行的航线和区域十分广阔。为了对航空运输飞机及时提供有效的管制服务、飞行情报服务和告警服务,防止飞机空中相撞和与地面障碍物相撞,保证飞行安全,促使空中交通有秩序地运行,必须进行空域管理。

空域管理的原则是:①充分满足交通需求的增长,充分利用空域资源,尽可能满足商业运输、通用航空、军事飞行三类用户的基本要求;②尽量减少对空域使用的限制和妨碍,使飞机能沿其最有利的路线飞行,并保证其与其他飞机的之间的安全间隔。

空域管理的主要内容是:空域划分与空域规划。

1.空域划分

空域划分包括飞行高度层规定和空中交通服务区域的划分。

1)飞行高度层的规定

为了防止飞机在飞行中相撞,根据飞机的飞行方向、气象条件和飞机性能的区别,规定了不同的飞行高度层。

(1)机场区域内:不论航向如何,从600~8 400m(含8 400m),每隔300m为一个高度层;8 400m以上,每隔600m为一个高度层。

(2)航线区域内:真航线角在0~179°范围内,从900~8 100m,每隔600m为一个高度层;9 000m以上,每1 200m为一个高度层。真航线角在180°~359°范围内,从600~8 400m,每隔600m为一个高度层;8 400m以上,每1 200m为一个高度层。

2)空中交通服务区域的划分

按照统一管制和分区负责相结合的原则,可将空域划分为若干飞行情报区和飞行管制区,并建立相应的机构,对在该区内的航空飞行提供空中交通服务。同时,为了对航空飞行实施有效的管制,要求飞机沿规定的路线在规定的区域内飞行。在飞行情报区和管制区内划定飞行的航路、航线、空中走廊和机场区域,并对禁止飞行和在规定时间与高度范围内禁止飞行的区域,划定空中的禁航区、限制区和危险区。

(1)飞行情报区是为飞行提供情报服务和告警服务而划定的范围空间。我国的飞行情报区主要是对外国飞机进出和飞越我国境内而划定的。目前我国内陆、沿海及毗连公海的空域,共划分沈阳、北京、上海、广州、武汉、昆明、兰州、乌鲁木齐、香港、台北10个飞行情报区,其工作由有关的区域管制中心负责。

(2)飞行管制区是对飞行提供空中交通管制服务而划定的范围空间。我国民航飞行管制区分A、B、C、D四类管制空域。

A类空域为高空管制空域。我国境内6 600m(含6 600m)以上的空间划分为若干个高空管制空域。在此空域内飞行的航空器必须按照仪表飞行规则飞行,并接受空中交通管制。

B类空域为中低空管制空域。我国境内6 600m(不含6 600m)以下最低高度层以上的空间,划分为若干个中低空管制空域。在此空域内飞行的航空器,可以按照仪表飞行规则飞行。如果符合目视飞行规则的条件,由航空器驾驶员申请,并经中低空管制室批准,也可以按照目视飞行规则飞行,并接受空中交通管制服务。

C类空域为进近管制空域。通常是指在一个或几个机场附近的航路汇合处划设的便于进场和离场航空器飞行的管制空域。它是中低空管制空域与塔台管制空域之间的连接部分。其垂直范围通常在6 000m(含6 000m)以下最低高度层以上;水平范围通常为半径50km或走廊进出口以内、除机场塔台管制范围以外的空间。在此空域内飞行的航空器,可以按照仪表飞行规则飞行,如果符合目视飞行规则的条件,由航空器驾驶员申请,并经进近管制室批准,也可以按照目视飞行规则飞行,并接受空中交通管制服务。

D类空域为塔台管制空域。通常包括起落航线、第一等待高度层以下、地球表面以上的空间和机场机动区。

3)航路、航线

航路是国与国之间、跨省市航空运输的飞行航线,其宽度为20km(航路中心线两侧各10km)。它沿途应有良好的备降机场,良好的导航设备和监视雷达,以保证飞机准确地在航路内飞行。目前我国建立的航路主要有北京—上海、北京—广州—深圳、上海—广州、广州—昆明等20条。

航线是为了保证省市区之间和省区内两个机场之间进行的定期航班飞行,尚未建立航路的飞行航线称之为固定航线。固定航线的导航设备应尽量与航路相同。因临时性的航空运输或通用航空飞行的需要,在航路和固定航线以外飞行的航线,称之为非固定航线或临时航线。临时航线的导航设备不能保证飞机作仪表飞行时,应作目视飞行。

4)空中走廊

空中走廊是在机场飞行频繁的地区,为减少飞行冲突、提高飞行空间的利用率,在机场区域内划定飞机进出机场的空中通道。它的宽度为8~10km。目前全国划有空中走廊的机场有沈阳、北京、上海、武汉、广州、成都等城市。

5)机场区域

机场区域是指机场及其附近地区上空,为飞机在机场上空飞行、加入航线、进入机场和进行降落而规定的空间,包括空中走廊和飞行区域。

6)空中禁航区、限制区和危险区

空中禁航区是指在一个国家的陆地或领海上空,禁止航空器飞行的划定空域,分永久性禁航区和临时禁航区。我国的永久性禁航区,如北京市、上海市、沈阳市、葫芦岛等;临时禁航区,如杭州、北戴河等。

限制区是指在一个国家的陆地或领海上空,根据某些规定的条件,限制航空器飞行的划定空域。它用时间和高度等条件限制航空器飞入或飞越,如炮射区、靶场等。

危险区是指一个在某些规定的时间内存在对飞行有危险活动的划定空域。它在规定的时间和高度范围内禁止航空器飞越。

2.空域规划

空域规划的基本内容包括终端区规划、进离场航路设计和航路设计。

1)终端区规划

确定终端区大小时,应考虑雷达覆盖范围的限制、无线电覆盖范围的限制、进出口或空中走廊的限制、正常下降和爬升剖面的要求和对提供服务机场的操作要求。

终端区规划特殊空域时,应考虑环境问题(如噪声敏感区、人口密集区、国家保护区、特殊建筑)、机场情况(地形、通信导航设备的类型和特性、邻近设备的相互影响)、军事区、放油区和扩建计划等问题。

终端区规划的空域运行结构主要包括基本结构(最简单的一种空域运行结构,只有一个席位,但管制所有的空域)、扇区结构(通常按平行于主要跑道划分)、进/离场结构(将终端区划分为进场区和离场区)和四角位置结构(根据导航台的数量和位置划分)。

2)标准仪表离进场航路设计

标准仪表离场程序(SIDs)设计准则:

(1)采用可行的、最短的航路到达每条 ATS 航路;

(2)避免对飞机失去最优性的爬升限制,例如在导航台上空或航路点上特定的飞越高度过多或将由于高度限制需要停止爬升;

(3)提供的飞行航迹要与进场过渡航路、其他机场飞行活动、邻近空域以及不是由所要建立的 SID 服务的航路分隔开;

(4)尽可能将多条 SID 过渡航路合并在一张航图上,以保证 SID 符合减噪程序。

标准仪表进场程序(STARs)设计准则:

(1)采用符合运行要求的可行的最短航路;

(2)建立一个尽可能与多种型号飞机相容的 STAR。不要采用 DME 弧,因为有些飞机并不装备 DME 的机载设备;

(3)确保超障余度;

(4)使一个机场使用的 STAR 数量为最少;

(5)采用 VOR/DME 设施作导航。

二、空中交通流量控制与优化

1.流量管理的概念

空中交通流量管理 ATFM(Air Traffic Flow Management)是当空中交通流量接近或达到空中交通管制能够控制的流量时,适时地进行调整,保证空中交通量最佳地流入或通过相应的区域,尽可能提高机场、空域的利用率。

随着民航运输业的快速发展,空中交通流量增长较快,形成了空中交通网络的“瓶颈”。空中交通流量管理问题成为国内外研究的热点。美国和欧洲根据本国、本地区的特点,利用先进、科学的流量管理方法,陆续建立了各自的流量管理中心,不仅对空中交通流量的协调、控制和管理起了重要作用,还大大提高了空域利用率,减轻了管制员负担,增加了空中交通流量,提高了飞行安全水平。

2.流量管理的发展过程

20 世纪 60 年代后期，随着空中交通流量的增加，需要根据交通需求和时间以及地理情况来组织和调配空中交通，联邦德国建立了一个区域调整中心，调整在德国的国际机场的进离港航班时刻。1973 年，它的职责又扩展到调整所有在联邦德国的越境飞行。

1972 年 1 月，法国建立欧洲的第一个流量管理机构，1975 年 4 月，德国设立相应机构。在接下来的数年里，十二个国家级或次区域级流量管理机构相继建立，被委托在各个国家内为所有空域控制中心提供空域管理以及流量控制措施。

20 世纪 60 年代，美国已认识到当交通量超过的限制时延误将会增加，为了解决这个问题，发展了着陆计量管制程序，建立了交通管理组及航线计量管制程序。同时，他们也认识到，当一个机场的进场能力严重下降时，可以通过延迟起飞时间的方法来减少该机场的进场延误。因此，建立了华盛顿中央流量控制设备。此后，美国交通控制系统控制中心采取了四种策略即地面延误或预计飞离许可时间、跟进间隔限制、恶劣天气回避和地面停车来解决国家空域系统的交通流量管理问题。

3.流量管理应考虑的问题

1)空域结构和网络布局

空域结构与网络布局对其容量有着重要影响，从而影响流量管理的效果。

2)空中交通容量

对空中交通容量的准确估计是空中交通流量管理的基础和前提，也是制定有关空管规章、合理配置空管保障系统设备与管制席位以及进行空域规划的重要依据。通常的空中交通容量包括机场容量和空域容量两大部分。机场空中交通容量，主要由跑道容量，停机位容量和滑行道容量所组成；空域空中交通容量包括终端区和各扇区管制空域容量、航线网容量和航路交叉点容量等。

3)需要的信息

(1)飞机实时动态信息：包括飞机在某一时刻的高度、速度、航向和位置信息。雷达、电报等多种方式均能提供这些信息，其中雷达数据是主要的信息来源。

(2)飞行计划信息：由飞行计划处理系统所提供的区域、航线及相关机场的飞行计划数据信息是完成流量预测和流量管理的另一主要依据。

(3)实时气象信息：机场、终端区和航路气象条件的变化将直接影响管制区容量的大小。因此，气象信息是决定流量管理方案的重要因素。

(4)设备状况信息：通信、导航、监视等设备运行的状况直接影响流量管理系统的运行和实现，同时还影响管制区容量的大小，为此流量管理系统中必须引入设备状况信息。

(5)人员状况信息：空中交通流量管理的决策方案，要由空中交通管制员来实施。因此，管制员对流量管理系统的整体效能产生重要影响。管制员状况的好坏、管制技能的高低将直接影响指挥飞机的数量，即管制区的容量。

(6)信息集成与共享：空管系统拥有的信息是多种多样的，如由雷达数据处理系统提供的飞行动态信息，由飞行计划处理系统提供的飞行计划信息，由自动转报系统提供的航班动态信息，以及由气象雷达提供的航空气象信息和情报系统提供的航行情报信息等。这些信息是分散的，各自独立，自成系统。要实施流量管理，要求集成与共享多方面的信息。

4)硬件环境

流量管理系统应具备的硬件配置包括雷达数据处理系统、飞行计划处理系统、自动转报系统、航空气象雷达系统、航空情报系统、通信系统、导航系统和流量管理计算机网络系统。

4.流量管理方法

空中交通流量管理方法可分为三类：

(1)长期法(从概念到实现一般要 15 年左右)：包括建造机场，增加机场跑道，改善硬件设备环境，提高空中交通管制技术，如 ICAO 提出的未来新航行系统等。这都需要大量的资金，周期长；

(2)中期法(从概念到实现一般要 6 个月到几年)：包括增加空中航线，修改空域结构等。它使得空中交通网络的飞行流量宏观上更加合理，能更加有效、经济地利用空域；

(3)近期法：通过采用地面等待、空中等待、修改飞行计划等策略，直接对空中交通流量进行控制和使空中交通流量与空域、机场的容量相匹配，从而减少拥挤。

由于前两类方法实施周期较长，涉及宏观的规划和管理。在实际中大多采用第三类方法。因此，通常的流量管理方法是指第三类方法。

三、空中交通流量战术管制和战略管理

20 世纪 80 年代末，美国麻省理工学院(MIT)的 Odoni 教授首次对空中交通流量管理进行了系统的描述，提出了战术管制和战略管理两种流量管理模式。当飞机处于飞行状态时，实施战术管制，主要内容包括：

(1)高空等待、修改航线飞行计划等，以避免昂贵的低空等待；

(2)控制航线飞行速度，调整空中交通网络的航班流量；

(3)优化机场飞机起飞和降落的次序，获得最大的机场跑道接收率。

这些空中交通管制方法控制了空中交通网络某些区域的飞机流量，但是其流量控制作用是有限的。流量控制的另一种方法是战略管理，其主要内容包括：

(1)在飞机起飞前，修改某些飞机的飞行计划，以避开空中交通网络的拥挤区域。

(2)延迟飞机的起飞时间，即采用地面等待策略，调节飞机流量。

当交通流量超过机场跑道系统容量或空管扇区容量时，交通产生拥挤。交通拥挤与每天的流量高峰时段及每年的高峰期紧密相连，并同恶劣气象条件下机场或航路区域服务效率显著降低密切相关。在没有可通过机场跑道扩建或空管设施更新获得容量长期改善的情况下，交通流量管理是降低延误损失的最有效方案。交通流量管理按一定的规则动态地将空中交通需求与机场和空域容量相配，其核心问题是采用何种合理的流量管理计算模型与有效算法。

根据交通流量管理最优化模型及其所针对的问题分成以下类别：

(1)地面等待模型：在满足任意机场或航路空管流量约束的前提下，安排飞机延迟起飞，目标是使总的延误损失最小。它可分为二个子问题，即单机场地面等待问题和多机场地面等待问题。它们分别考虑某段时间单机场与多机场地面等待问题，在单机场问题中，地面等待时间分配给预定飞往某个特定机场的航班，该机场的预定需求可能在某一时间段超过可用容量；在多机场问题中，延误被认为分布在整个机场网络中，由于飞机执行连续航班，求解时必须考虑整个交通网络，其问题复杂性与求解算法的难度大大增加。

(2)机场多元受限流量管理模型：这是地面等待问题的通用模型。除了确定飞机的放行时

间外，同时考虑让飞机在终端区和航路上某些点延误的可能性。这些延误可通过飞机在这些点上空的等待或通过运用速度控制和流量限制来消除。如果考虑飞机空中改变航路的可能性，就得到了流量管理改航问题。在这问题中，如果现行航路要穿越某个突然变得很拥挤的区域或因其他原因（通常是天气恶劣）要绕过某区域，飞机就要实时地改航，通过不同航路到达目的地。

上述两种模型均可分为动态和静态策略问题。静态策略问题指某一方案在执行过程中不再变更。动态问题指在方案执行过程中因数据的变化（如机场容量改变）不断地更新方案。它们都包含一个目标函数和多个约束条件，约束条件通常包括以下几点：

(1)容量约束条件：即在某一时段所关心的空域或机场的流量不得超过该区域的容量；

(2)着陆约束条件：对任何到达目的机场的航班必须安排着陆时间；

(3)连接约束条件：当一架飞机连续执行数个航班，则下一个航班的起飞时间大于等于其上个航班的着陆时间加上必需的周转时间；

(4)整数约束条件：指一个航班只能安排在一个时段内降落。

第二节　航空运输管理

一、航空运输生产体系

航空运输生产按其生产内容可以分成五大体系，如图 7-3-1 所示，在运输现场指挥部门的统一组织下，各管理部门和岗位之间分工合作，共同完成航空运输生产任务。

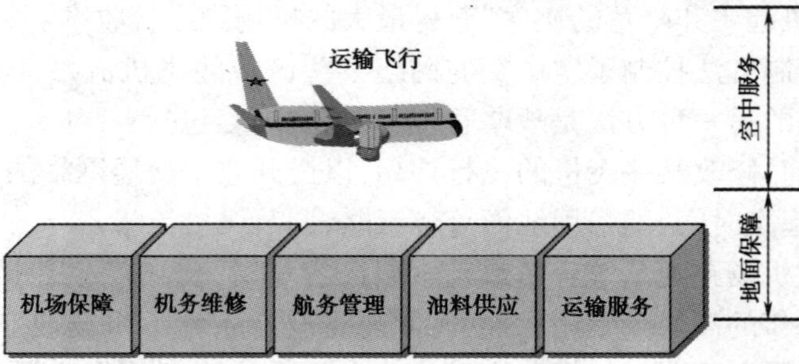

图 7-3-1　航空运输生产保障体系示意图

1)机场保障体系

机场是航空运输生产的必备基地。它为空中运输的地面准备和空中飞行提供跑道、灯光、特种车辆、旅客候机场所和相关服务设施，并提供安全检查和紧急救援服务。在国际机场，还设有边检、海关、检疫等派出机构，为国际航班客货运输提供必要的服务。

2)机务维修管理体系

机务维修是保证客货运输飞机空中飞行安全的重要保障环节。它的主要任务是：维护航空器正常运行，施行对航空器机体、发动机、通信导航和驾驶控制等机械与电子电气设备的检测与维修，使航空器保持在良好的适航状态。

3)航行业务管理体系

航行业务管理主要负责空域规划、航路管理、航行调度、通信导航、气象与航行情报服务，以及空勤人员管理等工作，为航空运输飞行提供一个完整的安全的空中飞行环境。

4)油料供应保障体系

油料供应主要为航空运输飞行提供必要的合格的航空用油，如航空燃油和机械润滑油等。在我国目前的管理体制下，我国航油由民航专业油料公司专供，负责航空运输必需的航空燃油的供应和管理。

5)运输服务体系

民航运输各部门的工作，始终围绕着“安全正点、优质高效”这一服务宗旨，为民航客货运输生产服务。民航客货运输服务部门负责制定运输生产计划、组织客货运输、提供运输飞行、保证服务质量、开拓运输市场，以达到最佳经济效益。

二、航空客货运输管理

1.航班运输生产管理

航空旅客和货物运输是航空公司的主营业务，是航空公司赖以生存的社会基础和经济基础。航空客货运输生产管理分四大部分：

1)航班计划管理

航空公司根据发展目标、航线计划、运力、人力资源以及资金等情况，在市场调查的基础上，进行航班安排，具体确定飞行班次、航班频率和经停机场，并制定航班时刻表。航空公司和机场的所有生产活动，将以航班计划为核心进行组织安排，确保航班计划的顺利实施。

2)市场销售管理

根据航班计划，航空公司市场销售部门以及销售代理，在公布的订座期限内，组织航班座位或者航班吨位销售。市场销售是航空公司回收投资的关键环节。航班座位销售将直接影响航空公司的经济收益。

3)地面服务管理

航空公司与机场等单位根据航班时刻表，为旅客安排登机准备，接受旅客的行李交运。同时，机场有关部门对旅客和行李进行安全检查，飞机吨位配载控制，提供候机服务和查询服务。在航空公司、机场、航油和机务等部门的相互协作下，完成旅客候机服务、机坪服务、旅客登机(装货)、下客(卸货)和离开航空港等工作，为航班安全正点起飞和降落提高优质高效的地面服务。

4)运输飞行管理

运输飞行管理的主要任务负责为具体实施运输任务制定飞行计划，进行航班飞机调度，保障航班飞机安全正点飞行。航班运输飞行分为飞行准备和飞行实施两部分：

(1)飞行准备阶段：为了保证运输飞行安全和正点，航空公司的机务维修部门必须保证飞机各项性能指标符合适航标准；地勤部门必须保障机上服务用品(如配餐、用水等)；机场当局必须确保跑道等设施条件良好，为航班飞机牵引提供登机桥和其他特种车辆服务；航务管理部门确保飞行调度和通信导航设备可靠，为飞机的起飞、飞行和降落提供可靠的航行指挥和通信服务；油料供应必须保障航油优质充足。

(2)飞行实施阶段:在飞机的空中飞行阶段,飞行任务主要由机组和地面空中交通管制指挥部门协作完成。在飞行旅途中,乘务人员向旅客提供优质服务。

2.航空旅客运输生产的组织与实施

航空运输生产过程在"安全正点、优质高效"的原则下,通过有机地组织和协调,有效地完成生产任务。

1)市场营销组织

航空公司的主要收益来源是客货运输。在对市场进行调查分析之后,航空公司将根据企业的发展目标,制定可行的市场计划。根据市场计划,对销售网点的分布、销售渠道的拓展、促销方案的拟定、价格政策和销售策略的制定,客源的组织、运力的安排等有效地组织市场营销。

2)制定航班计划

航班计划是航空运输企业组织生产的核心,是组织和协调生产部门与管理部门各项工作的依据,是企业赖以生存的基础。因此,航空公司根据市场计划、旅客(货物)运量等信息,科学地安排运力,合理地制定运输计划,即航班时刻表。

3)座位管理

航班座位管理一般通过计算机订座系统(CRS)来实现,辅以手工操作。管理部门通过制定有关规定,规范订座过程,采用集中控制、规定配额和始发控制等方法,对航班座位进行有效的管理,以充分利用航班座位,提高飞机乘坐率。

4)吨位控制

吨位控制的目的,是在保证运送乘客的基础上,充分利用飞机运载能力,配以足够的货物或邮件,提高飞机的载运率,降低成本。吨位控制是通过对航班飞机进行配载来实现的。

5)运输飞行组织

航空运输生产活动的目的是要将旅客、货物、邮件安全正点地运送到目的地。运输飞行组织的任务,就是有效地组织航班飞行。

6)生产调度

在航空运输生产过程中,航空公司、机场、航务管理、油料供应等单位在现场指挥部门的统一协调下,各有关生产部门联合行动,共同完成生产任务。

航空公司运输生产调度的职责,主要是实现航空公司的生产计划,使航空公司能够高效地、经济地运营,为公众提供最佳服务,为企业创造最佳效益。因此,航空公司的生产调度,就宏观而言,必须权衡公众服务和企业效益,在保障航班安全正点的原则下,组织协调机务、油料、运输、航行等方面的力量,完成航班运输任务。此外,在包机、专机、延误或紧急情况下,需要及时地进行各方面力量的调配,作出快速响应。

三、国际航空运输管理

1.基本概念

航空运输是当代主要的国际运输方式之一。国际航空运输涉及领空主权、国家关系、航空法律、运价、航线权、航班等问题,需要通过国际性民航组织来协调。

(1)国家主权概念:在国际事务中,尊重国家主权是一个至关重要的原则性问题。国际航空运输的所有活动应建立在这个原则基础之上。一个国家行使它的主权,对在本国领土和领空范围内,国内和国外的所有航空运输活动以及本国航空运输企业在国外的航空运输事务进行管理。

(2)领空主权概念:第一次世界大战之后,各国政府考虑到本国安全和利益,对其领土之上的空间提出了主权要求。1919 年 10 月通过的《国际民用航空公约》确立了领空主权原则。1944 年 12 月在美国芝加哥修订的《国际民用航空公约》中,进一步明确了领空主权的原则。该公约认为,国家领空主权是“缔约各国承认每一个国家对其领土之上的空气空间具有完全的和排他性的主权”。航空器的空中活动场所或范围,称为空域或空气空间(Air space)。根据世界各国达成的一致原则,空气空间实行领空主权制度,每一个国家对其领空(Territorial air)享有完全的、排他性的主权。

2.国际航空管理组织

国际航空运输管理机构负责制定国际航空运输活动的行为规范,协调国际间航空运输业务,以保障国际航空运输的航行安全和国际航空运输业的有序发展。

目前世界上有多个国际性航空组织,具有较大影响的主要有两个。一是国际民用航空组织(ICAO),另一个是国际航空运输协会(IATA)。

1)国际民用航空组织(International Civil Aviation Organization,简称 ICAO)

ICAO 是主权国家政府之间的国际性组织,成立于 1947 年 4 月 4 日,总部设在加拿大的蒙特利尔市。ICAO 组织的宗旨是:保障《国际民用航空公约》的实施,“开发国际航行的原则和技术,促进国际航空运输的规划和发展”。它的作用是:制定和监督执行有关航空运输飞行安全和飞行秩序的标准,在业务上,促进发展与和平利用航空技术,保证飞行安全;在政治上,尊重主权,协调发展。

ICAO 的最高权力机构是大会,由常设机构理事会负责召开,每三年至少召开一次。理事会由大会选举出的 33 个缔约国组成。在大会休会期间,理事会代表缔约成员国处理日常事务。大会下属机构除了理事会之外,还有空中航行委员会、航空运输委员会、空中航行服务联合支持委员会和财经委员会等。

我国政府于 1974 年 2 月 25 日宣布承认《国际民用航空公约》和有关修正协议,并参加国际民用航空组织的活动,同年 9 月在国际民用航空组织的大会上当选为理事国。

2)国际航空运输协会(International Aviation Transport Association,简称 IATA)

IATA 是全世界航空公司之间最大的一个国际性民间组织,于 1945 年 4 月在古巴的哈瓦那成立, 总部设在加拿大的蒙特利尔市。它有四个地区办事处,分别设在安曼、圣地亚哥、新加坡和华盛顿。

IATA 组织的宗旨是:促进国际航空运输安全、规范和经济的发展;促进航空运输业界的合作。它的主要任务是:制定国际航空客货运输价格、运载规则和运输手续,协助航空运输企业间的财务结算,执行 ICAO 制定的国际标准和程序。

IATA 最高权力机构是大会,每年召开一次。它的常设机构是执行委员会,并设置运输、货运、技术和财务等四个常务委员会。

IATA 的会员有两种:正式会员(经营国际定期客运航班的航空公司)和准会员(不经营国际定期客运航班的航空公司)。协会会员所属国必须是 ICAO 组织的签约国。

IATA 的活动一般分为两大类:第一类是行业协会活动,以程序性会议形式进行,所有会员必须参加,主要讨论国际性客运和货运的价格与代理、客货运输专用票据格式、行李规定运价、订座程序等问题。第二类是运价协调活动,通常是通过运价协调会议方式进行,会员可以选择参加。会议主要讨论客票价格、货运费率与运价、代理人佣金率等问题。

3.国际航空运输市场管理

当航空公司经营不在同一国家的两个城市之间的航空客货运输业务时,将涉及国际航空运输市场管理的有关国际事务问题,如市场准入和航行业务等。

1)市场准入问题

当一个国家的某个航空公司计划开辟国际航线,准备开设到另一个国家某个城市的航班时,必须具有对方国家授予的航空运输市场准入权。航空运输市场准入权是进入国政府授予的航班运营基本权利,以允许外国航空公司进入本国航空运输市场进行有条件的或无条件的航空旅客运输或航空货物运输业务。航空运输市场准入权的审批和实施,应基于《芝加哥公约》的国家领空主权原则和有关规定。

2)航班业务权

国际航空运输市场准入的内容之一是业务经营权。一国授予另一国的航班在授权国内的业务经营权利,规定承运人、航班次数、航班号、飞机型号、航班经营方式等事项,并在两国的航空运输协定中详细说明。业务经营权还包括飞越权、技术性降停权、加班飞行权等一系列问题。获得、保护、保留或撤销这些权利的法律基础是相关的国际民航公约以及两国政府的协定。

3)运力管理

运力是航空运输运营能力的体现。在国际航空运输市场准入的协定中,准入运力标志着授权国允许开放本国航空运输市场的程度。换言之,在两国的航空运输协定中,将明确规定准入航班在运营航线上的机型和座位数或吨位。这种运力协定可以是对等的,也可以有差额,通过其他贸易途径进行补偿。

4.国际航空运输多边协定

国际航空运输多边协定是指两国或者多个国家之间的国际航空运输协定。《芝加哥公约》中明确规定,任何国际定期或不定期航班飞机,未经缔约国授权或特许,不得进入其领空。国际航空运输双边协定,是两个主权国家之间的政府协定,基于国际民航公约的统一原则和规定,代表两个国家的利益就两国航空运输业务所涉及的事项达成共识。国际航空运输双边协定通常包括以下几方面的内容:

(1)互惠业务权:国际航空运输与其他国际贸易交往的相同之处,就是航空运输业务权利的互惠互利。在航空运输协定中规定授权经营航线、航线经停点、使用机场和业务范围,并明确规定经营授权航线的承运人以及具体互惠条款。

(2)运力与运价:航空运输协定中明确规定运力和运价管理原则以及实施方法,如航班、机型、业务载重量、运价的制定和审批程序等。

(3)协定生效程序:在协定中规定航线承运人的运营资格申请程序和运营许可证发放程序,并对有关征收机场与地面设施使用费、油料供应、机务维修、互免关税、适航资格认可、航空器、机组、旅客和货物进出对方国家的查验以及紧急事件的处理等事项进行具体的规定和明确说明。

(4)协定生效与终止:协定中还包括有关法律性质的事项,如协定审批、生效、争议、终止、撤销、修改等事项。

双边国家航空运输协定是一个政治性、技术性和商业性相结合的法律文件,协定谈判涉及国家外交、外贸和民航等政府部门,在遵守国际航空公约的基础上开展国际航空运输业务,维护国家利益,坚持互惠互利原则,拓展航空运输市场,繁荣和发展国家经济。

第三节　空中交通管制

一、管制工作任务与管制机构

空中交通管制工作在民用航空运输中发挥着重要作用。它的主要目的是:使航空器按计划飞行,使保障工作有条不紊;维护飞行秩序,合理控制空中交通流量,防止航空器之间、航空器与障碍物之间相撞,保证飞行安全;对违反飞行管制的现象,查明情况,进行处理。

1.管制工作任务与要求

(1)周密计划,充分准备,做好飞行的组织和保障工作。根据有关单位和个人提出的飞行申请,拟定飞行预报和飞行计划,申请和批复飞行预报和计划,下达或布置飞行任务,报告或通报飞行动态。

(2)主动、准确、及时和不间断地进行管制服务。及时准确掌握和通报各种与飞行和管制有关的情况;预见可能发生的问题;灵活机动地处置飞行情况的各种变化,使空中交通始终处于安全、合理、严格的管制之中。

(3)主动配合,密切协作,合理地控制空中交通流量。对空中交通流量进行合理的控制是保证飞行安全的重要手段,必须主动配合、密切协作,合理控制和有效提高空中交通流量。

(4)掌握熟练的业务技能,为飞行提供保障安全的情报、措施和建议。空管人员必须熟练掌握有关飞行和空中交通管制工作的各项规章制度,熟悉机场的地理环境、天气特点、航路情况以及各种机型的性能特点,较熟练地了解各部门(如机务、通信、气象、运输、场务、油料等)的工作程序和工作内容。

(5)保证及时提供导航设备,提供遇险飞机的情况。空中交通管制员要根据飞行的需要,及时提供导航设备。当其工作不正常时,应立即通知检查。当其处于工作状态时,未经值班管制人员的许可,不得关机。在相邻管制区内,管制人员要保证飞机有不间断的导航和管制服务。

当航空器在飞行过程中发生遇险、失事等紧急情况,空中交通管制部门应立即将掌握的资料和情况,提供给组织搜寻和援救的单位和部门。

2.空中交通管制机构的设置

(1)空中交通服务报告室:负责审查航空器的飞行预报及飞行计划,向有关管制室和飞行保障单位通报飞行预报和动态。

(2)塔台管制室:管制范围包括起落航线与最后进近定位点以后的空间及机场活动区。它负责提供塔台管制区域内航空器的开车、滑行、起飞、着陆和与其有关的机动飞行的管制服务。

在没有机场自动情报服务的塔台管制室,还应当提供航空器起飞、着陆条件等情报。

(3)进近管制室:管制范围通常在一个或几个机场附近的航路汇合处划设的管制空域。它是中低空管制空域与塔台管制空域之间的连接部分,垂直范围通常在6 000m以下、最低高度层以上;水平范围通常是半径50km以内。负责一个或数个机场的航空器进、离场的管制工作。

(4)区域管制室:区域管制是指飞机飞离起飞航空站区域以后,至到达降落航空站区域之前,全航线飞行过程中所实施的空中交通管制。它负责监督航线上飞机的活动、掌握天气变化、安排飞机的间隔、调配飞行冲突和协助机长处置特殊情况。

(5)区域管制中心:负责管制与监督本区域管制室辖区内的飞行,协调各管制室之间和管制室与航空公司之间的工作。

(6)民航总局调度室:负责监督、检查全国范围内跨地区高空干线、国际航线的飞行以及外国航空器在中国境内的飞行,控制全国的飞行流量,组织承办和掌握专机飞行,处理特殊情况下的飞行。

二、程序管制

程序管制是依照空中交通管制规则、机场和航路的有关规定,依靠通信手段进行管制的方法。它要求机长报告飞行中的位置和状态,管制员依据飞行时间和机长的报告,通过精确的计算,掌握飞机的位置和航迹。程序管制的主要职责是为飞机配备安全间隔。部分间隔规定如下:

1.机场放行仪表飞行的时间间隔规定

(1)同速度、同航迹、同巡航高度时,前一架飞机起飞后10min,放行后一架飞机;跨海洋飞行时,为20min。

(2)同速度、同航迹、不同巡航高度时,前一架飞机起飞后5min,放行后一架飞机;

(3)不同速度、相同航迹时,速度较快飞机起飞后2min,放行较慢飞机。

2.航路仪表飞行穿越航线的时间间隔规定

(1)当穿越处无导航设备,在穿越航线中心线时,保持与其他飞机时间间隔不少于15min。

(2)当穿越处有导航设备,在穿越航线中心线时,保持与其他飞机时间间隔不少于10min。

三、雷达管制

雷达管制是依照空中交通管制规则,依靠雷达监视的手段进行管制的方法。它对飞行中的飞机进行雷达跟踪监视,随时掌握飞机的航迹位置和有关的飞行数据,并主动引导飞机运行。

1.雷达识别

在向飞机提供雷达管制服务前,管制员必须对飞机进行识别确认。识别的方法为:

(1)二次雷达的识别:从雷达标牌上认出该飞机的识别标志;直接认出S模式设备航空器的识别标志;通过雷达识别的移交;通过使用应答机识别。

(2)一次雷达的识别:飞机起飞后,其雷达目标在起飞跑道端2km以内被发现;飞机在某定位点或目视飞行报告点的位置显示与机组报告的一致,并且其航迹也与报告的航向和飞行的航线一致;转弯识别;通过识别移交。

2.雷达引导

雷达管制员通过指定飞机的应飞航向实施雷达引导。应引导航空器尽可能沿便于驾驶员利用地面设备检查自身位置及恢复自主领航的路线,避开已知的危险天气。

3.雷达间隔

雷达管制员通过综合考虑航空器的航向、速度、雷达限制、工作负荷等各种因素来确定航空器之间的最小安全间隔,并保证不能低于此安全间隔。如水平最小雷达间隔为 9.3km(5n mile),如果雷达设备定位精确,最小间隔可以减少到 5.6km(3n mile)。

第四章　航空运输的发展与趋势

第一节　航空运输的发展趋势

一、航空运输的发展

1903 年 12 月美国莱特兄弟完成的首次飞行,实现了人类梦寐以求的翱翔蓝天的愿望。1933 年,被称为世界第一架现代运输机——全金属的单翼波音 247 型飞机诞生。1936 年,具有可收缩起落架的 DC-3 型飞机投产。由于新机型的加盟,1937 年世界航空运输客运量达到 250 万人。1942 年,推出了第一代喷气飞机——贝尔 XP59A。从 1945 年开始,航空运输机主要机型的发展呈现系列化的趋势。客机的系列化为航空运输量的不断增长提供了有力的保证。1987 年,世界航空运输客运量突破 10 亿人。1996 年达到 15 亿人。

电子和信息技术的发展,使航空运输飞行安全保障能力不断提高。1930 年美国 Cleveland 机场建成了世界第一座装备无线电台的塔台。1935 年,世界第一个用于仪表飞行的空中交通管制中心在美国 Newark 机场建成。20 世纪 40 年代,能够监视飞行动态的雷达投入使用。20 世纪 50 年代,用于导航的全向信标和测距仪投产。20 世纪 60 年代,出现计算机雷达数据和飞行计划处理系统以及自动转报网。20 世纪 70 年代,出现空地数据通信和卫星导航。20 世纪 80 年代,国际民航组织提出新一代航行系统方案。20 世纪 90 年代,开始进入系统方案的实施阶段。

航空运输的国际化使航空运输业的运行和管理模式日趋成熟、完善。1919 年,在航空运输发展的初期,有十多个国家参加的巴黎会议通过了《国际航空公约》。1944 年,52 个国家在芝加哥召开了国际民航会议,签订了《国际民用航空公约》,又称《芝加哥公约》,成立了临时国际民航组织。《芝加哥公约》制定了国际航行的一些基本原则,对颁发人员执照、空中规则、国际航行气象服务、航图、空地运行中的计量单位、航空器的运行、航空器国籍及注册标记、航空器的适航、简化手续、航空通讯、空中交通服务、搜救援、事故调查、机场、航行情报服务、环境保护、安全保卫、危险品的安全空运等问题作了具体规定。1947 年,国际民航组织(Internationmal Civil Aviation Organization,简称 ICAO)正式成立,现有缔约国 185 个。

二、航空运输工具的发展趋势

1.推出新一代航空运输载运工具

20世纪的航空设计和制造技术决定了目前绝大部分民用飞机只能是亚音速客机，最大载客量不超过500人。预计到21世纪，在解决音爆、高升阻比、高温材料、一体化飞行推力控制系统等问题的基础上，将推出一批新机型。届时，超音速客机的飞行速度将达2～3倍音速，亚音速客机的最大载客量将达800～1 000人，旋转翼垂直起降运输机载客可达100人左右的能力。两栖运输船（又称地效飞机）是21世纪看好的运输工具之一，可搭载100人左右的乘客沿水面或较平坦的地面飞行。

2.实施新一代通信、导航、监视和空中交通管理系统

现行的空管系统有三大缺陷：覆盖范围不足，对大洋和沙漠地区无法有效控制；运行标准不一致，跨国（地区）飞行安全难以保障；自动化程度不够，管制人员的负担过重。为此，ICAO正在全球部署实施CNS/ATM（Communication Navigation System and Air Transportation Management，简称CNS/ATM）系统，预计新系统21世纪上半叶完成。

3.信息技术在航空运输中得到更普遍的应用

从20世纪50年代起，计算机就开始应用于美国航空公司的航班定票系统。现在，计算机信息网络及处理已渗透到商务、机务、航务、财务等各个领域。预计21世纪，航空公司的生产组织和运行管理将进入系统化的动态控制时期。届时信息技术将广泛应用于航空运输的市场预测、机队规划、价格决策、收益管理、定座系统、机务与航材管理、飞机运行管理、财务数据分析和运行统计评估等各个方面。机场生产自动化和管理信息化将成为现实，以信息化为核心的机场运作体系将涉及运行信息、现场管理、旅客服务信息、进离港系统、货运系统、保安系统以及航空公司和空管部门的信息接口等各个业务领域。

第二节　新航行系统

一、新航行系统概念的历史

随着航空运输量的日益增长，国际民航组织（ICAO）认识到现行的航行系统存在着明显的缺陷和局限性。1983年ICAO成立了未来空中航行系统（FANS）特别委员会。其任务是研究、确定和评估一些新方案和新技术，为其后25年航行系统的协调与发展提出建议。经过5年的努力，FANS委员会于1988年5月提交了一份总结报告，建议国际民航组织采纳基于卫星技术的全球新通信导航监视/空中交通管理系统（CNS/ATM系统，即FANS系统），并提出了一个未来25年内在全球协调逐步实施的基本方案。该建议得到了ICAO航行委员会的认可，认为有必要继续完善和研究如何在全球协调实施的问题。1990年ICAO批准成立了FANS第二阶段专门委员会（简称FANS/II），负责制订FANS系统的实施计划和过渡安排。

FANS/II专门委员会在1993年的第4次会议上宣布完成历史使命，全球转入实施未来航行系统的阶段，同时改称未来航行系统为ICAO的CNS/ATM系统，简称新航行系统。

二、新航行系统的构成

新航行系统由通信(C)、导航(N)监视(S)和空中交通管理(ATM)四部分组成。通信、导航和监视系统是基础设施,空中交通管理是管理体制、配套设施及其应用软件的组合。

新航行系统是一个以卫星技术为基础的全球通信、导航、监视加上自动化的空中交通管理的系统。新航行系统所采用的新技术有:一是卫星技术利用,从陆基通信、导航、监视系统逐步向星基通信、导航、监视系统过渡,早期先用星基系统作为陆基系统的补充,后期除少数陆基设备作星基系统的备用外,大部分陆基设备将淘汰撤离,逐步以星基系统为主;二是数据链的开发利用,实现空—地、地—地可靠的数据交换,并进一步实现空—空数据交换;三是系统的数字化、计算机联网及处理。星基系统是保证空中交通形成全球连续无隙通过的有效手段,数据链和计算机联网是空中交通管理高度自动化的前提。

三、通信、导航和监视(CNS)

1.未来通信系统

未来通信系统保留并发展甚高频(VHF)作语音及某些数据通信,用于陆地和终端区;引入卫星通信,至少先在世界大部分地区实现数据和语音的卫星通信,在卫星通信能覆盖极区以前,保留高频(HF)通信;采用二次雷达的S模式数据链,在空中交通高密度空域和终端区供空中交通服务用;建立航空电信网,将地面数据通信和空地数据通信融为一体。将上述各种子网相交联,在相应的计算机系统之间进行高速数据交换。

1)航空移动卫星业务

航空移动卫星业务在分配给它的专用频段上,利用卫星中继站进行数据和语音通信。采用开放式互联建立航空电信网。在此网络中,航空移动卫星业务子网可以和其他空—地通信子网络互补交联工作,并且可以在不同卫星系统之间交替使用。

2)航空电信网

为促进空中交通管理的自动化,通信上应发展数据通信,使各种数据通信子网(如航空移动卫星通信数据链、甚高频通信数据链、二次雷达S模式数据链)以及地面计算机系统的各子网互联成一体,建立航空电信网。新航行系统的数据链是面向数据位的,主要为空中交通管制服务,能进入航空电信网。

2.未来导航系统

未来导航系统将逐步引进区域导航能力,并使其符合所需导航性能:全球导航卫星系统将提供全球覆盖的导航,作飞机导航和非精密进近;微波着陆系统或差分全球导航卫星系统将取代仪表着陆系统,用作精密进近和着陆;惯性导航将被保留,并作为组合导航系统中的主导航继续发展。

1)区域导航

为适应灵活的航路结构,国际民航组织提出了区域导航的概念。区域导航的计算由机载计算机承担,由飞行管理计算机来实现。未来导航系统的区域导航功能将根据国际民航组织提出的所需导航性能(在指定空域和航路内,装备各种导航系统的飞机,在规定概率上,能够保持在指定轨迹的允许偏差以内的能力)标准逐步引入。

2)全球导航卫星系统

对于导航的选择,FANS委员会选定了独立导航。目前的导航卫星系统有美国的全球定位系统和俄罗斯全球导航轨道卫星系统。这两种卫星系统很相似,都是在中高度、圆周轨道上,平均分布若干卫星。各系统分别各有24颗卫星,主要为本国军事服务,有密码的高精度信号供军用,非密码的低精度信号供民用。两者民用码的定位精度相似,水平误差100m以内,垂直误差150m以内,均可以满足航路导航和非精密进近。国际民航组织认为:两种卫星系统可以选用。着眼长远,民间仍需投建一个国际管理的民间全球导航卫星GNSS系统。

3.未来监视系统

未来监视系统将随着一次监视雷达的逐渐消失。在终端区和高密度陆地空域,采用A/C模式或S模式的二次监视雷达监视;在其他空域采用自动相关监视,或自相关与二次雷达重迭监视。

1)二次雷达

当前世界上许多地区广泛采用二次雷达。这是因为,在采用单脉冲技术和大垂直孔径天线后,改善了二次雷达的性能,提高了位置信息的精度;在扩展用S模式后,二次雷达的选址和数据链能力又进一步得到加强,更能胜任监视目的。它将逐渐取代一次监视雷达。

2)自动相关监视

自动相关监视系统由卫星导航、空地数据链、地面数据处理系统和显示系统组成,用于自动报告飞机的位置。机载电子设备(卫星导航或惯性导航)导出的位置信息,通过数据链传送到地面,在自动相关监视终端形成空中交通信息,并在管制员荧光屏上显示出来。由于它和二次雷达显示相似,因此被称为仿真雷达显示或伪雷达。位置数据的发送率,可以根据要求而改变,例如,在终端区需要提高发送率,以获得接近连续的点迹,便于检测交通冲突。

此外,国外提出广播式自动相关监视技术。有两种实现方法:一种利用甚高频的自治式时分多址广播;另一种利用二次雷达应答频率1 090MHz上的S模式扩展自发报告,其报告数据比自动相关监视的简短。

四、空中交通管理

新空中交通管理系统不同于空中交通管制,它包括空域管理、流量管理和空中交通服务与管制。具体组成部分如下:

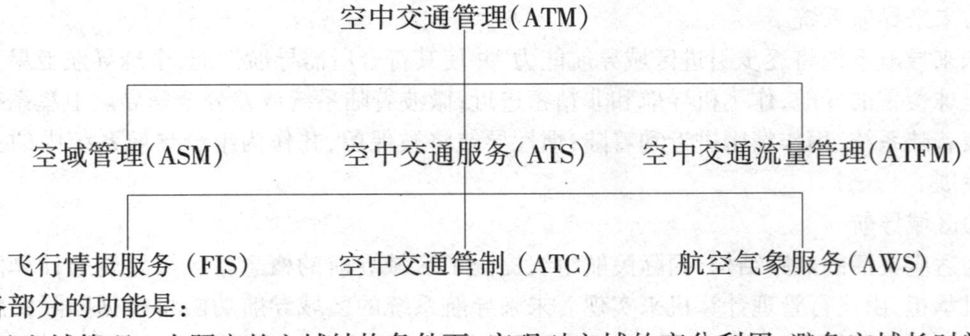

各部分的功能是:

(1)空域管理。在既定的空域结构条件下,实现对空域的充分利用,避免空域长时间隔离(闲置)。实现方式是:在实际需要基础上,通过对空域“时分共用”或经常性地按各种短期需求，对空域作必要的调配，以满足不同用户的需要。

(2)空中交通管制。其主要目的是：防止飞机与飞机、飞机与障碍物之间的相撞，加速空中活动，维持空中交通秩序。

(3)流量管理。在空中交通超出或可能超出空域和机场现有能力时，保持空域和机场的最佳容量，帮助空中交通管制提高其利用率。

第三节　航空安全

一、基本概念

1. 飞行事故等级

民航飞行安全是指航空器在运行过程中处于一种无危险的状态。安全的对立面是危险，是事故。按照民用航空器在运行过程中发生人员伤亡的数量和航空器损坏的程度及其造成的影响，国际民航组织对飞行事故规定了等级标准。我国于 1993 年 10 月发布的《民用航空器飞行事故等级》(GB 14648－93)中，借鉴国际规定，将飞行事故划分为以下 4 个等级：

(1)特别重大飞行事故——人员死亡人数在 40 人及其以上者；或航空器失踪，机上人员在 40 人及其以上者。

(2)重大飞行事故——人员死亡人数在 39 人及其以下者；或航空器严重损坏或迫降在无法运出的地方(最大起飞重量在 5.7t 及其以下的航空器除外)；或航空器失踪，机上人员在 39 人及其以下者。

(3)一般飞行事故——人员重伤人数在 10 人及其以上者；或最大起飞质量在 5.7t 及其以下的航空器严重损坏，或迫降在无法运出的地方；最大起飞质量在 5.7～50t 的航空器一般性损坏，其修复费用超过事故当时同型号或同类可比新航空器价格的 10%者；或最大起飞重量在 50t 以上的航空器一般性损坏，其修复费用超过事故当时同型号或同类可比新航空器价格的 5%者。

(4)飞行事故征状——指航空器运行过程中，发生严重的不安全情况；或发生航空器损坏、人员受伤，但其程度未构成飞行事故的情况。

2. 飞行安全指标

飞行安全是衡量一个国家的民航业和一个航空公司的经营管理水平的主要指标。目前，国际上常用的飞行安全水平衡量指标有：

(1)亿客公里死亡率—平均每运送 1 亿旅客飞行 1km，因飞行事故所造成的旅客死亡人数；

(2)亿飞行公里事故率—平均每飞行 1 亿公里所发生的飞行事故的次数；

(3)10 万飞行小时事故率—平均每飞行 10 万小时所发生的飞行事故的次数；

(4)10 万起降架次事故率—平均每起降 10 万架次所发生的飞行事故的次数。

3. 民航的安全水平

1)世界民航的安全水平

1909 年，法国人勒弗尔驾驶一架莱特 A 型飞机坠毁于朱维西机场，成为世界上因飞机失事而死亡的第一个飞行员。1920 年 12 月 14 日，一架汉·佩奇 0/400 客机从英国克里克尔伍德机场起飞后，在大雾中坠毁，2 名飞行员和 2 名旅客死亡，这是世界民航史上首次载客的飞行事故。图 7-4-1 为 1959 年以来，世界航空运输的事故率。世界各国和地区的飞行安全水平与其经济、技术、文化教育有密切的关系，大体上呈正比。据统计分析，安全水平最高的当属北美、西欧和大洋洲地区，亚洲、东欧和前苏联地区的飞行事故率略高于世界的平均值。

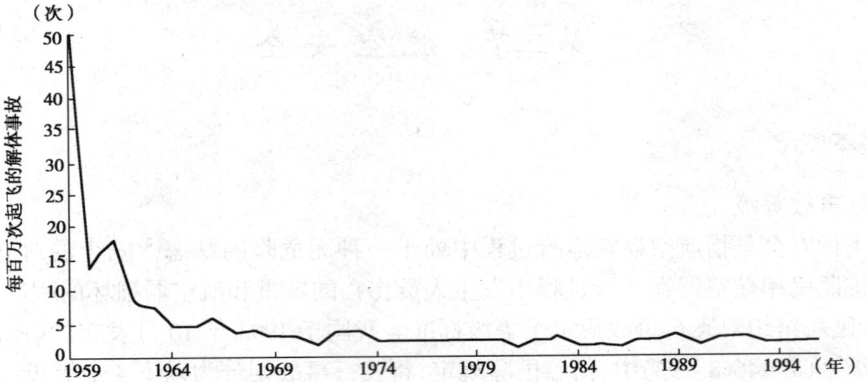

图 7-4-1　世界航空运输事故率

2)中国民航的安全水平

中国民航的事故率总体趋势与世界民航大体一致。图 7-4-2 为建国以来到 1999 年之间中国民航的运输飞行万时事故率。总体上来看，事故率是持续下降的。50 年来，中国民航平均万时事故率为 0.10，其中运输飞行 0.033，通用飞行 0.56。运输飞行的亿客公里旅客死亡人数为 0.13，运输飞行万架次事故率为 0.06。1996 年以后，中国民航的事故率已达到世界民航事故率的平均水平。

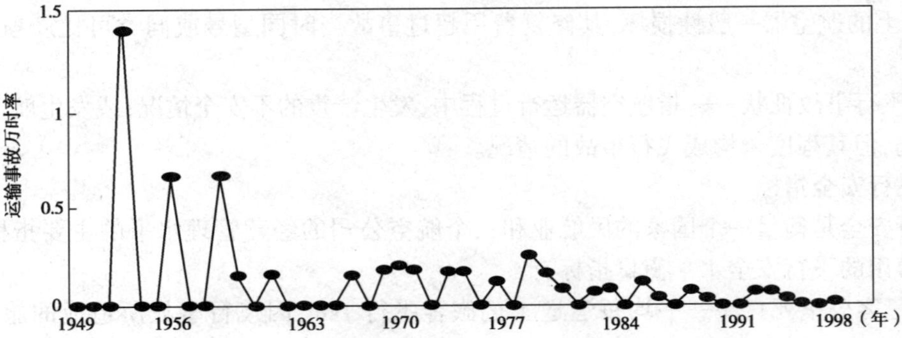

图 7-4-2　中国民航飞行事故万时率

4.影响飞行安全的主要因素

按照综合系统论的观点，认为事故是人、技术与环境的综合功能残缺所致。飞行事故的直接因素也包括人(机组人员)、机(航空器)和环境三个方面，管理作为一个综合因素，对飞行安全的影响也是至关重要的。表 7-4-1 是对中国民航 1949 ~ 1998 年共 50 年运输飞行事故的原因统计数据。

中国民航 1949～1998 年事故原因统计　　表 7-4-1

事故主要原因	事故次数	所占比例	事故主要原因	事故次数	所占比例
飞行机组	22	57.9%	天气	1	2.6%
航空器/部件失效	5	13.2%	其他	1	5.2%
机务维护	3	7.9%	合计	38	100%
空管	5	13.2%			

表 7-4-1 清楚地表明，影响飞行安全的关键因素是人，特别是飞行机组人员人为差错的控制成为降低飞行事故率的主要途径。

针对影响飞行安全的主要因素人为因素研究的重点方向有：飞行、空管和机务人员的差错机理研究；知识结构、学习方法与技能培训研究；团队协调优化与机组资源管理研究等。

二、民航安全保障技术

1. 航空器的自动化与安全保障性

现代航空技术的发展，在提高航空器可靠性和安全性的同时，提高航空器的自动化程度。信息技术的革命，使航空器自动化进一步朝着"以人为中心的自动化"方向发展。

21 世纪初的航空器，将具有与地面空中交通管理系统配套的全面综合化驾驶舱，具有自诊断能力的系统自检和综合管理系统。因此，航空器具有很强的风险探测能力(如增强近地警告、前视式风切变探测等)；利用综合卫星/机载系统，实现机上导航、定位、避撞以及常规飞行；利用机载自动监测系统、卫星和空地数据链，实现航空器运行状态的实时监控以提高安全保障性。

2. 发动机状态监测与故障诊断技术

发动机是飞机的心脏，是需要进行重点监控的对象。主要的监测诊断技术有：

1)发动机性能监控与故障诊断

利用快速数据存取装置记录的数据，采用性能监控软件(如 P&W 公司的 EHM 软件，GE 公司的 SAGE 软件等)转化为标准状态下的参数，对发动机的整机性能趋势进行监控。随着机载自动监测系统的安装和空地数据链系统的建立，发动机性能监控和诊断将可能实现实时化。

2)发动机振动监测与故障诊断

利用快速数据存取装置记录的数据，获得发动机整机振动、润滑系统的油温、油压和滑油消耗量等指标，诊断发动机转子系统的重心偏差及其部件的缺损性故障。

3)发动机油样分析技术

发动机润滑系统中安装的磁性碎屑探测器(MCD)和油滤可收集到润滑系统中的污染滑油和磨损颗粒。通过滑油光谱分析和铁谱分析，可以监测发动机轴承和润滑系统的故障。

4)发动机孔探检查技术

孔探检查用于发动机内部的探伤检查和现代计算机图像处理以及图像识别技术相结合，提高孔探检查的自动化和智能化，将是保障发动机安全的重要手段。

3. 飞行安全的地面保障技术

随着基于人造卫星的通信、导航和监视技术的发展应用,传统的空中交通管制将过渡到空中交通管理,“航线与航线分隔”的概念将改变为“航空器与航空器分隔”,并最终实现自由飞行。以此为基础,通过空地数据链和飞机状态监控系统实时传递与航空器运行状态有关的信息,实现在地面的实时监控,保障飞行安全。

三、安全管理

民航的适航管理是以保证民用航空器的安全性为目标的技术管理,是政府适航部门在制定了各种最低安全标准的基础上,对民用航空器的设计、制造、使用和维护等环节进行科学、统一的审查、鉴定、监督和管理。

21 世纪中国民航将主要在以下几方面强化安全管理工作:科学规划,协调发展;完善规章,厉行法制;强化安全监察,前移安全关口;改进技术培训,降低人为差错;实施科教兴业战略,推动安全科技进步。

第四节　航空运输管理信息化

一、航空运输信息化发展趋势

随着企业信息化程度的不断提高,航空运输业呈现以下特点:

1.航空运输市场全球化

随着航空公司之间的代码共享与航空公司联盟的普遍实行,航空公司的客货运输市场已经突破本公司的单一市场限制,通过合作伙伴向国际市场渗透。尤其是全球分销系统的广泛应用,使得航空运输市场的客货销售网络全球化,旅客在世界的任何一个地方都可以购买到世界上任何一家航空公司的飞机票。

2.生产和经营规模化

随着民航运输业的竞争日益加剧,航空公司通过联盟或者兼并等手段,变竞争对手为合作伙伴关系,形成一定的生产规模和市场经营规模,提高抵御市场风险的能力。同时,实行联盟的航空公司之间采取共享资源,共享机场设施、相互客货代理、相互提供航线维修支持和集团采购等合作方式,降低生产成本,扩大规模效益。

3.商务电子化

为适应全球航空运输市场迅速发展的需要,航空公司通过先进的服务手段和服务质量吸引更多的旅客。此外,降低销售成本,加快资金流转回笼,电子商务已经使市场营销从传统的纸质票据和代理销售向无票旅行和网上支付的电子商务发展。

4.管理决策智能化

激烈的市场竞争,促使航空公司、民航机场、航务、机务维修、油料供应等企业的管理信息化。因为这是使企业管理流程规范和决策科学、准确的必要手段。大量的市场销售信息和旅客信息、企业的收益和成本信息、生产和资金信息等等,需要从计算机订座系统、全球分销系统、客户关系系统、收益管理系统、财务管理系统等信息中,不断地汇集统计和分析,通过计算机专家系统辅助决策。

二、航空运输管理信息系统

航空运输企业的性质不同或者运输生产阶段不同，信息处理与管理系统也不同。目前应用最为普遍的有以下几类：

1.计算机订座系统

现在全球每天有成千上万个飞行航班，每个航班的旅客少则十几人，多则几百人。为了提高航班的乘座率和起飞正点率，国际上已广泛采用计算机订座系统。通过公用电话系统的线路，连接到全国甚至全球的销售代理，不仅用于订座和售票，而且已经成为进行市场渗透的工具。根据1996年的统计，世界上主要的计算机订座系统有：

(1)美国AA航空公司的SABRE，连接57个国家的300 000个订座终端，销售额占全世界的21%以上；

(2)美国UN、US，英国BA，荷兰KLM等航空公司的GALILEO/APPOLO，销售额占全世界的24%左右；

(3)德国LH，法国AF，西班牙和北欧的一些航空公司的AMADEUS/SystemOne，销售额占全世界的27%；

(4)美国DL和NW等航空公司的WORLDSPAN，销售额占全世界的11%；

我国从事旅客运输服务的航空公司主要使用中国民航的计算机订座系统。目前，全球航班机票通过计算机订座系统销售的达95%以上。

2.全球分销系统

全球分销系统是为代理人提供航空和旅游产品分销服务的计算机技术及网络服务系统，它服务内容比计算机订座系统更为广泛。它可以进行航班机票、旅馆、租车、旅游等业务的预订、销售和电子支付活动。

3.旅客离港系统

旅客离港系统用于对旅客登机过程进行管理，并处理有关信息，如提取登机旅客信息，进行座位分配和交运行李登记，打印登机牌和行李牌，对飞机配载平衡，进行航班数据控制，支持电子客票等功能。离港系统的使用，可以提高机场的管理质量和服务水平，也为航空公司多舱位销售、客票验证识别、代码共享、联程服务、异地值机服务和收益管理等系统提供有关数据。

4.计算机收入结算系统

在航空运输中，航空公司的大部分客票是通过分布在全球各地的代理人进行销售。航空公司之间也相互代理。有一部分旅客的整个航程，需要经过多家航空公司的联运完成。销售的旅客机票不仅涉及机票价格，支付方式，汇率，航段的地区差价，以及航段的票价分摊比例等规则，而且涉及国家航空运输双边协定中有关支付条款内容的影响。因此，旅客机票票款要通过计算机收入结算系统来清算，进行票据汇总、核算、汇兑、比例分摊和划账等处理，实现航空旅客运输客票的结算自动化。

5.民航电子商务系统

民航电子商务是对传统的航空运输产业结构的一个变革。虽然，表现在商务交易形式和支付手段上，但是它将引起航空运输生产方式的彻底变革。

民航电子商务系统由电子交易、网上支付、身份确认三大部分组成：

1)电子交易

航空运输企业的航空油料采购、航空材料采购、机票销售和服务用品采购等,通过电子商务网络进行选择和认购,完成交易过程。

2)网上支付

电子商务系统中的支付,一般为客户帐户自动划账、记账和信用卡等非现金支付方式。

3)身份确认

身份确认是电子商务系统中非常关键的一个环节,通过客户的身份确认无误后,实现网上支付功能和交易内容的正确交付。

由于旅客对电子商务的信任度尚处于初步认识阶段,同时网上支付手段比较有限,因此目前我国民航电子商务系统仅用于在网上售票和航材采购方面。

参考文献

1 Alexander T. wells, Air Transportation Management, Wadsworth Publishing Co. 1994

2 Alexander T. wells, Airport Management, McGraw Hill Inc. 1994

3 Nawal K. Taneja, Airline Planning: Corporate, Financial, and Marketing, McGraw Hil Inc. 1987

4 James P. Woolsey, U.S. SST Drive Advances, Air Transport World, Fall 1996

5 蔡成仁.航空无线电.北京:科学出版社,1992

6 郑斌(英国).国际航空运输法.徐克继译.北京:中国民航出版社,1996

7 都业富.运输经济.北京:中国人事出版社,1996

8 刘功仕.航空运输经济手册.北京:中国民航出版社,1994

9 顾其行.国际航空运输管理.上海:知识出版社,1987

10 王辉等.民航运输生产现场管理.上海:光明日报出版社,1994

11 中国民用航空总局适航司.中国民用航空器适航管理.北京:中国民航出版社,1994

12 Robert Horonjeff and Francis X. Mckelvey.机场规划与设计.吴向涛译.上海:同济大学出版社,1987

13 中国民用航空总局计划司.从统计看民航 1998.北京:中国民航出版社,1998

14 《新航行系统》编委会.新航行系统概论.北京:中国民航出版社,1998

15 徐柏龄主编.前车之鉴——新中国民航飞行安全回顾与思考.中国民航出版社,1999

16 夏洪山.现代航空运输管理.北京:人民交通出版社,2000

17 杨国庆.中国民航发展展望.西安:交通运输工程学报.VOL.1 NO.4, 2001

第八篇　管道运输

第一章　管道运输概述

第一节　管道运输的作用、地位及特点

一、管道运输系统概况

管道运输是大宗流体货物运输最有效的方式。在当今世界上,大部分的石油、绝大部分的天然气是通过管道运输的。虽然石油的远洋运输以大型油轮运输最经济,但是在石油开发到成品油交付用户的整个生产、销售链中,管道运输几乎是不可缺少的环节。此外,管道还用于运送固体物料的浆体,如煤浆和矿石的浆体。

管道运输的原理是通过压力差,使管内的流体从高压处向低压处流动。输送过程中,由于摩擦损失及高程差,流体的压力逐渐下降。为了给流体加压,长距离管道中需要设置中间泵站(液体管道)或压缩机站(气体管道)。

按其敷设方式,管道可以分为埋地管道、架空管道与水下管道。陆地上大多数输送管道都采用埋地方式敷设。

按输送介质划分,管道可以分为原油管道、成品油管道、天然气管道、油气混输管道、固体物料浆体管道等,其中石油、天然气输送管道占绝大部分。

按其在油气生产中的作用,油气管道又可划分为矿场集输管道,原油、成品油和天然气的长距离输送干线管道,天然气或成品油的分配管道等。

矿场集输管道是从油(气)井到矿场原油库,或长距离输油管道,或输气管道首站之间所有输送原油和天然气的管道的统称。油田的集输管道包括油井的出油管道、收集多口油井的产物并输送至油气处理站的集油管道,以及将商品原油和伴生天然气输送至长距离输油(气)管道的首站或铁路转运站的输油(气)管道。油井产出物常包括油、气、水等多相介质,因此出油管和集油管一般是多相流体混输管道。气田集输管道包括从气井至集气站的采气管道,以及集气站至天然气净化厂或长距离输气管道首站的集气管道。出油管道、采气管道、集油(气)管道的长度和直径因处理站以及油(气)井的布局、产量等各异而差别较大。油井出油管道的长度一般在几十米到几公里之间,直径一般在 50~100mm 之间。一个大型油田可拥有成千上万口油井(大庆油田有油井 2 万多口),因此油(气)田的矿场集输管道构成了一个庞大的油气运输网络。

长距离原油管道的起点一般是油田或油港，终点一般是炼油厂，或转运港口、铁路转运站。例如，我国第一大油田——大庆油田生产的一部分原油通过直径720mm的大庆—铁岭—大连输油管道输送至大连地区的炼油厂，一部分在大连港通过油轮运往南方炼油厂加工或直接出口，还有一部分通过直径720mm的铁岭—秦皇岛输油管道输送至秦皇岛港装船，其余部分则进一步通过直径529mm的秦皇岛—北京输油管道输送至北京燕山石油化工厂。

长距离成品油管道的起点一般是炼油厂，或大型成品油转运库，沿途常有若干支线分油或集油，其终点和分油点则是转运油库或分配油库，在该处用铁路油槽车或汽车油罐车将各种型号的成品油运送到城镇的加油站或用户；也有用支线将油品直接送各大型用油企业，如将轻油送至化工厂，将燃料油送至发电厂；也有沿途加入其他炼油厂或油库的进油支线，以构成地区性的产、运、销网络。成品油品种众多，长距离成品油管道都采用顺序输送方式，即在同一管道分批连续地输送多种油品。

长距离输油管道的长度可达数千公里，直径最大的已达1 220mm，工作压力可达8MPa以上。

长距离干线输气管道的任务是把经净化处理的天然气从气田输送到城市门站（即干线输气管道与城市输配气管网的连接点）或大型工业用户。这类管道是天然气远距离运输的主要工具，其主要特点是距离长（一般从几百公里到几千公里）、管径大（一般在400mm以上）、输送压力高（一般高于4MPa，最高可超过10MPa）、输量大。例如，正在建设中的西气东输管道，长4 000km，直径1016mm，设计工作压力10MPa，年输量$120 \times 10^8 \sim 180 \times 10^8 m^3$。

到达各大中小城市的天然气通过庞大的配气管网系统进入千家万户，以及各种工业和商业用户（如化工厂、发电厂等）。城市燃气管道包括的范围比较广，既有与长距离输气管道联接的大口径配气干线（直径可达1m，甚至更大），也有直径小到20mm的居民室内管道。每一个地区（城市）根据其用气量的大小设有多套管网，从高压到低压有多达四套管网的，输气干线与高压管网之间，以及各级管网之间都设有调压计量站。

与油品的运输不同，天然气从井口、矿场集输与净化、长距离输送到配气管网，诸环节构成一个一体化的产运销系统（图8-1-1）。

图8-1-1　油气运输管道系统示意图

固体物料的管道运输需要先将固体粉碎为细小颗粒，然后加入水或其他液体，制备成浆状流体后进入管道输送。浆体中的固体含量一般在 50% ~ 70%之间。因此，固体物料浆体管道输送系统一般都有三大环节，即浆体制备系统、浆体输送系统（泵站和管道）和脱水系统。根据输送距离的长短和输送工艺的繁简，这三大环节也不相同。

长距离输送管道一般都由钢管焊接而成，埋地敷设。确定长距离输送管道线路走向的一般原则为：①线路应力求顺直。②尽量避免与公路、铁路、河流等障碍物的交叉。当必须交叉时，一般应垂直交叉。③避开多年生经济作物和重要的农田水利设施。④尽量靠近公路。⑤避开重要军事设施、易燃易爆仓库、国家重点文物保护区、机场、码头、火车站、自然保护区等。⑥尽量避开滑坡、沼泽、软土、泥石流等不良工程地质地段。当必须通过时，应该对这些地段的管道采取可靠的工程防护措施。⑦避开地震烈度大于 7°的地震断裂带。当无法避开时，必须对这些地段的管道采取有效的抗震措施。

二、管道运输的地位及作用

经过 100 多年的发展，在各主要工业国，管道运输已发展为独立的技术门类，与铁路、公路、水运及航空运输并列为五大运输方式。

据美国运输部 2000 年发布的数据，美国 1998 年五种运输方式的货物周转量比例分别是：一级铁路 37.1%、城市间公路运输 27.7%、国内航空运输 0.37%、国内水运 18.1%、输油管道 16.7%。表 8-1-1 是美国 1975 ~ 1998 年间管道运输、水路运输、公路运输和铁路运输在美国原油和成品油运输中所占比例及货物周转量的数据。由此可见，管道运输的比例已经占到 2/3，并且在过去的 20 年里，这一比例还在不断上升。1998 年，美国输油管道运输年货物周转量为 9 048.9 × 10^8t·km，原油平均运距 1 109km、成品油平均运距 632km。1999 年我国原油管道运输占原油运输总量的 73.8%。

几种运输方式在美国原油和成品油运输中的周转量和比例　　表 8-1-1

运输方式		年份					
		1975	1980	1985	1990	1995	1998
管道	货物周转量(10^8t·km)	7 402	8 588	8 239	8 528	8 776	9 049
	所占比例(%)	59.9	47.2	47.2	54.2	57.5	66.7
水运	货物周转量(10^8t·km)	4 351	9 020	8 620	6 555	5 853	3 869
	所占比例(%)	35.2	49.6	49.4	41.7	38.4	28.5
公路	货物周转量(10^8t·km)	403	391	419	434	384	413
	所占比例(%)	3.3	2.2	2.4	2.8	2.5	3.0
铁路	货物周转量(10^8t·km)	206	182	177	204	242	244
	所占比例(%)	1.7	1.0	1.0	1.3	1.6	1.8

天然气的长距离运输目前只有两种方法，一是用管道输送，二是将天然气液化后用油轮运输。前者占绝对优势。

石油素有“工业的血液”之称，油气管道好比国民经济的大动脉，在保障国家的能源供应、维护能源安全方面发挥着非常重要的作用。

三、管道运输的特点及主要经济特征

(1)运输量大。不同于车、船等其他运输方式，输油管道可以连续运行。一条直径720mm的管道每年可输送原油$2\ 000 \times 10^4$t左右，直径1 220mm的管道每年则可输送原油1×10^8t以上。

(2)运费低，能耗少。管道的直径越大，单位运费越低。表8-1-2为国外几种方式运输油品的能源消耗和成本比较。

国外几种方式运输石油的能源消耗和成本比较 表8-1-2

项目 \ 运输方式	管道	铁路	内河	海运	公路
能源消耗比	1	2.5	2.0	0.53	8
成本比	1	4.6	1.4	0.4	20

(3)较安全可靠，对环境污染小。虽然油气管道运输的介质高度易燃易爆，但由于其密闭于管道内，且管道一般都埋于地下，故较其他运输方式安全。据美国运输部2000年发布的数据，1995~1999年，美国全国危险液体管道和输气管道(包括干线与配气管道)年均发生事故340起，而同期运营的这两类管道共计227×10^4km，每年每万公里的事故率为1.5起。由于管道都是密闭输送，其运输油品的损耗率较铁路、公路、水路运输都低，有利于环境保护。

(4)建设投资相对较小，占地面积少，受地理条件限制少。管道建设的投资和施工周期均不到铁路的1/2，4000km的西气东输管道可在3年多的时间里建成。管道埋在地下，投产后有90%的土地可以耕种，占地只有铁路的1/9。管道可以从河流、湖泊乃至海洋的水下穿过，也可以翻山越岭；其允许敷设的坡度较铁路、公路大，故易于选择捷径，缩短运距。

(5)劳动生产率高。现代化的油气管道设备可靠性高，均可远程控制，场站无需人员值守。据美国运输部2000年发布的数据，1998年美国输油管道平均每千米仅用0.048人，干线输气管道平均每千米用0.070人，配气管网平均每千米用0.044人。

(6)受气候环境的影响小，便与长期稳定运行。

(7)对一定直径的管道，有一经济合理的输送量范围(表8-1-3)，输量高于或低于此数值都使运输成本上升，输量变化超过一定范围甚至会影响到管道输送的经济合理性。因此，要求管道输送量应尽可能接近设计输送量。

(8)对于一定的输送量，有经济合理的最远输送距离。在同样的管径和输送量下，输送距离愈远，每吨油的运输费用也愈高，运费占原油成本的比例也愈大。因此，为使管道运输有较强的竞争力，当管道运输距离较远时，必须要有足够大的输送量，才能使每吨油的运输费用不超过油价的某一比例。发达国家每吨油的运费一般都不超过原油价格的5%，例如1995~1996美国原油的平均售价约为130美元/吨，管道的平均运费为3~4美元/吨。1996年俄罗斯出口原油的国内平均运费为3.5美元/吨。同一期间，我国大庆—秦皇岛1000km左右的原油管道的运费约占原油售价的5%(输送量1000×10^4t/a)。如取原油运价不超过原油售价的某一比例作为界限,则在某一输送量及其相应的经济管径下,就有最远运距的限制。表 8-1-3 提供了运费占油价的 15%或 20%时,相应管径的经济输送量及最远运距。该表按我国 1993 年的价格水平计算。不同的价格水平,计算结果略有出入。

不同直径管道的经济运量及运费占油价某一比例时的最远运距 表 8-1-3

管径(mm)	经济输量(10^4t/a)	最远运距(km)	
		运费占油价 15%	运费占油价 20%
820	3 000	2 000	2 550
720	2 000	1 650	2 100
630	1 500	1 400	1 800
529	1 000	1 000	1 300
426	600	650	830
377	400	470	600
325	300	320	420
273	200	270	360

(9)有极限输量的限制。对于已建成的管道,其最大输送量受泵或压缩机的性能、管道强度的限制。对于加热输送的输油管道,还存在最小输量的限制(详见第二章第三节输油管道热力特性)。

四、管道运输与其他运输方式的关系

管道运输与其他运输方式是相互依存、相辅相成的关系。长距离输油管道的起点或终点往往是油港或铁路转运站,而油轮、铁路槽车和公路槽车的装卸都需要管道系统的配合。

管道运输尽管具有上述的很多优越性,但它主要适用于量大、单向、定点的流体货物运输,不如汽车、船舶运输灵活。在石油的远洋运输中,大型油轮运输比管道运输来得经济。尽管通过管道运输可以将流体货物直接送达用户(如管道可将气田的天然气收集、运输至数百以至数千公里以外的城市,然后通过配气管网送达千家万户),但是对于地域上不是很集中的用户(如遍布城乡的加油站、农村地区零散的天然气/液化石油气用户等),往往没有必要建设庞大的配送管网系统,这就需要公路、水路运输的配合。对于天然气远洋运输,液化天然气的海运也有一定竞争力。固体物料的浆体输送则需要消耗较多的水资源。

从另一方面讲,与管道运输相比,大型油轮海运的成本虽然更低,但受地理环境限制,战争中更成为敌方攻击的重要目标。公路运量小且运输成本高,一般用于小批量油品的较短途运输。铁路运输成本高于管道,且罐车往往是返程空载,大量运油不经济。

总之,几种运输方式各有独特优势,也都存在固有缺陷。选择何种运输方式,要根据具体情况,在技术、经济、安全等方面进行综合比较后方可确定。

第二节 管道运输的历史、现状及发展趋势

一、管道运输发展简史

管道运输的发展与能源工业,特别是石油天然气工业的发展密切相关。近代管道运输起始于19世纪中叶。1865年美国宾夕法尼亚州建成了世界上第一条原油管道,直径50mm,长约10km。真正具有现代规模的长距离输油管道始于第二次世界大战中,当时德国潜艇对油轮的袭击严重威胁了美国的油料供应,美国于1942年初开始仅用一年多的时间就紧急建成了一条全长2 011km,管径600mm(当时世界最大)的原油管道,半年之后又投用了一条长2 365km、管径为500mm的成品油管道,对保证盟国的战争胜利起了重要作用。战后,随着石油工业的发展,管道运输得到了很大发展。

1886年,美国建成了世界上第一条工业规模的长距离输气管道,全长为140 km,直径200mm。近几十年来全球天然气管道发展迅速。在北美、前苏联及欧洲,天然气管道已连成地区性、全国性乃至跨国性大型供气系统。目前,全球干线输气管道总长度超过140×10^4km,约占全球油气干线管道总长度的70%,其中美国逾40×10^4km,居世界第一位;前苏联逾20×10^4km,居第二位。20世纪70~80年代是全球输气管道建设高峰期,在此期间建成的输气管道长度约占当时输气管道总长度的三分之一。

目前世界上比较著名的大型油气管道系统有:

(1)前苏联的友谊输油管道。它是目前世界上距离最长、直径最大的原油管道。从前苏联的阿尔梅季耶夫斯克(第二巴库)到达莫济里后分为北、南两线,北线进入波兰和前民主德国,南线通过捷克和匈牙利。北、南线长度分别为4 412km和5 500km,直径分别为1 220mm、1 020mm、820mm、720mm、529mm、426mm,年输原油量超过1×10^8t/a,管道工作压力4.9~6.28MPa。

(2)美国阿拉斯加原油管道。该管道纵贯阿拉斯加,是世界上第一条伸入北极圈的输油管道,其全长1 287km,管径1 220mm,工作压力8.23MPa,设计输油能力1×10^8t/a。

(3)美国科洛尼尔成品油管道系统。该管道系统干线管道直径为1020mm、920mm、820mm、750mm,总长4 613km,干线与支线总长8 413km,输送汽油、柴油、燃料油等100多个品级和牌号的油品。全系统的输油能力为1.4×10^8t/a。

(4)西西伯利亚的乌连戈依特大型气田至前苏联中央地区的大型输气管道系统。由6条直径为1 420mm的管道构成,总长度约2×10^4km,总输气能力每年可达$2\ 000\times10^8m^3$。

(5)从俄罗斯向欧洲大陆供气的乌连戈依—波马雷—乌日格罗德管道,它的起点是西西伯利亚的乌连戈依气田,终点位于前苏联与捷克交界处,全长4 451km,是目前世界上最长的单根输气管道。

(6)北海挪威海区到比利时的Zeepipe管道,长度821km,管径1 016mm,是目前世界上最长的海底输气管道。

利用管道输送固体物料的浆体已有100多年的历史。1957年,美国俄亥俄州建成了世界上第一条煤浆输送管道,长173km,直径254mm,年输送量130×10^4t,浆体中固体含量50%。1967年澳大利亚建成了世界上第一条铁精矿输送管道,长85km,直径244mm,年输送量230×

10^4t,浆体中固体含量50%~60%。1977年巴西建成了世界上规模最大的铁精矿输送管道,长397km,直径508mm/457mm,年输送量1 200×10^4t,浆体中固体含量60%~70%。世界上已投产的规模最大的输煤管道是美国1970年建成的黑迈萨煤浆管道,全长439km,由457mm和305mm两种直径的管段组成,年输煤500×10^4t,有4座中间加压泵站。目前,利用浆体管道输送的固体物料包括金属矿山和非金属矿山的精矿和尾矿、火力发电厂的灰渣、洗煤厂的煤粉、水利工程的泥沙等。

除了浆体形式输送外,近年来美国还在研究通过管道输送煤的柱状形料的技术——在煤中加入适量的粘结剂挤压成具有一定强度、摩耗重量损失很小的抗水性圆柱形料,以水为载体在管道内连续长距离输送。柱状形料输送所需水量比浆体输送要少得多,煤不需研磨成浆体输送所需的细小颗粒,在终点不需昂贵的脱水设施,输送用泵和阀件不与固体煤接触,磨损很小,输送的摩阻压力损失小。该技术与煤炭的浆体输送、铁路公路运输相比,预计将具有较强的竞争力,目前已通过工业性试验,正计划在工业管道中使用。

国外还研究过一种容器式管道输送系统,靠鼓风机在管道内建立气体压差,以推动带有轮子的容器列车在管道内运行,输送的物料在装载站自动定量装入容器中,在卸载站自动卸下。

此外,国内外都在研究深海采矿(如锰结核)时用管道扬矿的技术。

二、管道运输的发展趋势

(1)油气输送干线向长距离、大口径、高压力、大输量的方向发展。近20年来,世界上新开发的大型气田大多远离天然气的消费市场,同时国际天然气贸易量迅速增加,这就导致全球新建输气管道的平均长度增加。1990年,前苏联的天然气平均运距为2 698km,为1980年的1.4倍,1970年的3倍,1960年的4.6倍。降低管道输气成本的需要促使干线输气管道向大口径和高压力的方向发展。一条直径1 420mm、输送压力7.5MPa输气管道的输量可与三条直径1 020mm、输送压力5.5MPa的管道相当,且前者可节省投资35%。目前,输气管道的最大直径为1 420mm(前苏联),欧美国家输气管道最大直径为1 220mm;陆上输气管道的最高设计压力为12MPa(加拿大至美国的联盟输气管道),海底输气管道的最高工作压力为15MPa(阿尔及利亚至意大利输气管道穿越西西里海峡段)。

(2)采用高强度、高韧性及可焊性良好的管材。大口径、高压力的油气管道需要高强度的管材。为了防止管道断裂事故、保证管道焊接质量,要求管材有良好的韧性和可焊性。目前API X70钢在油气管道中占主导地位,X80钢已开始用于新建管道。

(3)管道建设向极地和海洋延伸。目前世界上新开发和待开发的大型油气田不少分布在北极地区或海洋中,如俄罗斯的亚马尔半岛、美国的阿拉斯加、欧洲的北海等,这些油气田的开发促使输气管道建设不断向极地与海洋延伸。据统计,1986~1990在欧洲和美洲海区共建设了6 737km海底管道,年平均增长率达到49.9%。迄今为止,全球海底管道长度已达10×10^4km,铺设水深已达1 463m。

(4)形成大型供气系统。目前全世界已形成若干地区性、全国性乃至跨国性大型供气系统。一个大型供气系统通常由多条输气干线、多个集气管网、多个配气管网以及地下储气库等子系统构成,可以将许多气田(或油田)与成千上万的用户连接起来。大型供气系统具有多气源、多通路供气的特点,有利于供气的可靠性与灵活性。前苏联,国家统一供气系统连接了300多个大小气田、数十座地下储气库及2 000多个城镇,管道总长度超过 30×10^4km,总输气能力每年超过10 000 $\times10^8$m^3。目前欧洲大陆的供气系统从北海延伸到地中海、从东欧边境延伸到大西洋,而阿尔及利亚至意大利和西班牙的两条输气管道又将该输气系统与北非产气区相连。

(5)油气水多相流体混输、天然气高压富气输送等管道输送的新技术渐趋成熟。以往油气水多相流体混输仅局限于油田内部的短管道。海洋、极地、沙漠油气田环境条件恶劣,地面工程投资大,若将油气处理设施建在岸上或自然条件较好的地区,可大大降低地面工程投资、充分利用油气资源,便于运行管理和环境保护,但这就需要增加油气混输的距离。目前混输管道已从过去的小直径、短距离逐步向大直径、长距离的方向发展。位于北海的英国与挪威交界处的Frigg大气田到苏格兰Saint Fergus的直径32in、长365km的输送天然气—凝析液的混输管道便是一例。高压富气输送是天然气管道输送技术的重大创新,已在加拿大至美国的联盟输气管道上使用。气田生产的天然气以甲烷为主,但一般都含有不同比例的乙烷、丙烷、丁烷等较重的组分,这些组分含量较高的天然气称富气。在压力降低到一定值时,这些较重的组分要析出呈液态。传统上长距离输气管道要控制这些较重组分的含量。高压富气输送技术是输送过程中保持系统在某一较高的压力范围,使重组分不致于呈液态析出。其优越性是可以显著提高输送效率,但要求管材具有更高的防止延性裂纹扩展的止裂韧性。

(6)油气管道的安全日益受到高度重视。由于油气管道所输送介质高度具有易燃易爆的特点,世界各主要工业国家都十分重视油气管道的安全可靠性。管道安全技术是每两年一届的国际管道会议的主要议题之一。美国在20世纪60年代末就有油气管道安全的立法,其能源部设有管道安全办公室,其他工业发达国家也设有类似职能的机构。为了提高管道风险管理水平,北美和欧洲管道工业发达国家都在制定和完善管道风险评价的标准,建立油气管道风险评价的信息数据库,管道风险评价技术正向定量化、准确化和智能化的方向发展。

三、我国管道运输业的发展

我国是世界上最早使用管子输送流体的国家,蜀汉时代已经用竹筒连接起来输送卤水及天然气,然而现代管道工业起步较晚。我国第一条长距离输油管道建于1958年,其长度为147km,直径150mm,将克拉玛依油田的原油输送至独山子炼油厂。20世纪60~70年代,随着大庆、胜利、华北、中原等油田的开发,迎来了我国管道工业的第一个大发展时期,兴建了贯穿东北、华北、华东地区的原油管道网。目前我国有长距离原油输送管道约 1.2×10^4km,成品油管道逾3 000km;在我国海域铺设的海底管道已有约2 000km。

东北地区的大庆—铁岭(双线)、铁岭—大连、铁岭—秦皇岛4条干线输油管道直径均为720mm,总长2 181km,形成了从大庆到秦皇岛和大庆到大连的两大输油动脉,年输油能力4 000 $\times10^4$t。建于世界屋脊青藏高原上、穿过永久冻土带等地质条件极为复杂地区的格尔木—拉萨成品油管道全长1 076km,管径150mm,输送汽油和柴油。新近建成投产的兰州—成都—重庆成品油管道是目前我国最长的成品油管道,全长约1 200km。

我国第一条长距离天然气输送管道于1963年建成,其长度为55km,直径426mm,将四川南部的天然气输送至重庆市。从20世纪60年代中后期到80年代末,川渝地区输气管道建设经历了一个较快发展阶段,以1966年底威远—成都输气管道建成及1989年北干线投产为标志,建成了一批输气干线及连接城市和大型化工厂的输气支线,构成了全长1 400km的川渝环形输气管网。目前川渝境内输气管道总长度已接近 3 000km，每年总输气量逾 $60\times10^8m^3$。这些管道的直径为 325 ~720mm，最大允许操作压力为 2.5 ~6.4 MPa。

从 20 世纪 80 年代开始，我国其他地区也相继建成一些输气管道，其主要有：华北油田—北京输气管道（两条）、大港油田—天津输气管道、河南濮阳—沧州输气管道、濮阳—开封输气管道、天津—沧州输气管道、陕西靖边—北京输气管道、靖边—西安输气管道、靖边—银川输气管道、新疆轮南—库尔勒输气管道、吐鲁番—乌鲁木齐输气管道、青海涩北—西宁—兰州输气管道等。目前我国还有两条长距离海底输气管道。一条是 1996 年初投产的南海崖 13 -1 气田至香港输气管道，长度 797km，管径 711mm，设计压力 8 MPa，年输气能力 $34\times10^8m^3$。这条管道的长度居世界海底输气管道第二位。另一条是 1999 年投产的东海平湖凝析气田至上海南汇的凝析气管道，其长度为 400km。截止 2001 年底，我国有长距离输气管道 1.2×10^4km。

我国在 20 世纪 70 年代以前建成投产的浆体管道多为选矿厂的尾矿输送管道和火力发电厂的灰渣输送管道，输送距离短、输送浓度低。进入 20 世纪 80 年代后，开始重视提高输送浓度，并着手开发煤炭、铁精矿和磷精矿的长距离浆体管道输送技术。到 1998 年，已建成了 100km 长、年输量 200×10^4t 的铁精矿浆体管道。山西盂县—潍坊—青岛煤浆管道项目已经完成可行性研究。该管道全长 713km，直径 559mm，设有 6 座泵站，年输煤 700×10^4t，若建成将是目前世界最长的煤浆输送管道。经过多年坚持不懈的研究，我国浆体管道输送技术已趋成熟。

改革开放以来，我国经济的快速发展使得对能源的需求快速增长，从而对能源的管道运输提出了更高的要求。以西气东输工程的建设为标志，我国管道运输业已进入了一个新的大发展时期。目前，包括西气东输工程、俄罗斯—中国输油及输气管道工程在内的在建管道及拟建长距离输油、输气管道约 2×10^4km。

与西电东送、南水北调、青藏铁路一道并称我国在 21 世纪初的四大工程的西气东输管道西起新疆巴音郭楞蒙古自治州的轮南，经甘肃、宁夏、陕西、山西、河南、安徽、江苏、浙江，东抵上海（图8-1-2），全长4000km，管道直径1016mm，设计工作压力10MPa，2005年一期工程建成

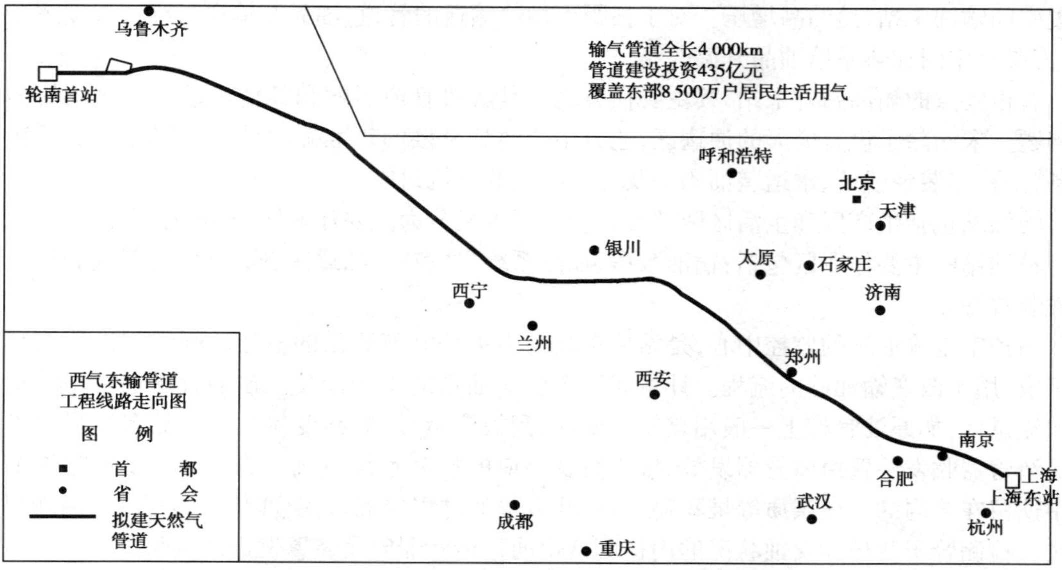

图 8-1-2　西气东输管道线路走向图

后年输量为 $120\times10^8m^3$ 天然气,二期工程增加 10 个压气站后,年输量将可达到 $180\times10^8m^3$。该管道完全实现自动控制,平均每 10km 约只用 1 人。目前天然气在我国一次能源构成中的比重不到 3%,而世界平均水平已达 24%。西气东输工程的建设对于改善我国能源结构,保护环境,促进我国东部和西部地区经济的发展,提高人民生活水平都有重大意义。毫无疑问,该工程的建设将极大地促进了我国管道运输业的发展。

第二章 长距离输油管道

第一节 长距离输油管道的组成

一、长距离输油管道的主要组成部分

长距离输油管道由输油站与线路两大部分组成。

沿管道干线为输送油品而建立的各种作业场站统称为输油站。按其所处的位置不同可分为首站(起点站)、末站(终点站)和中间站。中间站按其任务不同又可分为中间泵站、加热站、热泵站、分(合)输站等。输油泵站的主要功能是提供输送油品所需的压能。对于某些原油和重质燃料油(如我国生产的绝大部分原油),由于常温下粘度太高,需要加热降粘才能输送,故需设置加热站。输油泵站与加热站设在一起的称热泵站。

输油首站的任务是接收来自油田、炼油厂或港口的油品并经计量后输向下一站。首站主要由油罐区、计量系统和输油泵房组成。对于加热输送管道,还需设置加热炉等加热设备。

输送过程中由于摩擦、地形高差等原因,油品压力不断下降,因此在长距离管道中途需要设置中间输油泵站,给油品增压。对于长距离加热输送的管道,油品在输送过程中温度逐渐下降,需要有中间加热站给油品升温。

管道终点的输油站称末站,其主要任务之一是解决管道运输和其他运输方式之间的不均衡问题。末站除了设有庞大的油罐区,还有用于油品交接的较准确的计量系统以及油品转输设备,如铁路装油栈桥、水运装油码头及与之配套的泵机组等。

输油站包括生产区和生活区两部分。生产区内又分为主要作业区与辅助作业区。

输油站的主要作业区包括:输油泵房、加热系统、站控室、油罐区、阀组间、计量间和清管器收发装置等。

站控室是输油站的监控中心,是站控系统与中央控制室联系的枢纽。阀组间由管汇和阀门组成,用于改变输油站的流程。计量间用于管输油品的交接计量。输油管道上常用的是容积式流量计,如原油管道上一般用腰轮流量计、刮板流量计,对粘度较小的油品多用涡轮流量计。清管器收发装置由清管器发放、接收筒及相应的控制系统组成。清管器用于清除施工过程中遗留在管内的机械杂质等堆积物,以及清除输油过程中沉积在管内壁上的石蜡、油砂等沉积物。检测管子变形和腐蚀状况的内检测器也通过清管器收发装置发送及接收。

油罐区容量的大小要根据转运方式的转运周期、一次运量、运输条件及管道输量等因素综

合考虑。如转换为海运,则一次装油量大、周转期长,又要受台风等气候条件的影响,故需较大的储油罐区。输送单一油品的首末站罐区容量一般不小于3天的管道最大输量。

输油站的辅助作业区包括供电系统、输油管道的自控与生产调度,以及日常运行管理等所需的通信系统、供热系统、供/排水系统、消防系统、机修间、油品化验室、办公室等。

长距离输油管道的线路部分包括管道本身,沿线阀室,通过河流、公路、山谷的穿(跨)越构筑物,阴极保护设施,通讯与自控线路等。

长距离输油管道由钢管焊接而成,一般采用埋地敷设。为防止土壤对钢管的腐蚀,管外都包有防腐绝缘层,并采用电法保护措施。长距离输油管道上每隔一定距离设有截断阀室,大型穿(跨)越构筑物两端也有此室,其作用是一旦发生事故可以及时截断管内油品,防止事故扩大并便于抢修。通讯系统是长距离输油管道的重要设施,用于全线生产调度及系统监控信息的传输,通讯方式包括微波、光纤与卫星通讯。

据国外统计,在长距离输油管道的建设中,泵站的投资一般约占17%,管道用管的投资约占30%,用于征地的费用约占3%,施工费用约占40%,其他费用约占10%。

二、长距离输油管道泵站(图8-2-1)的连接方式

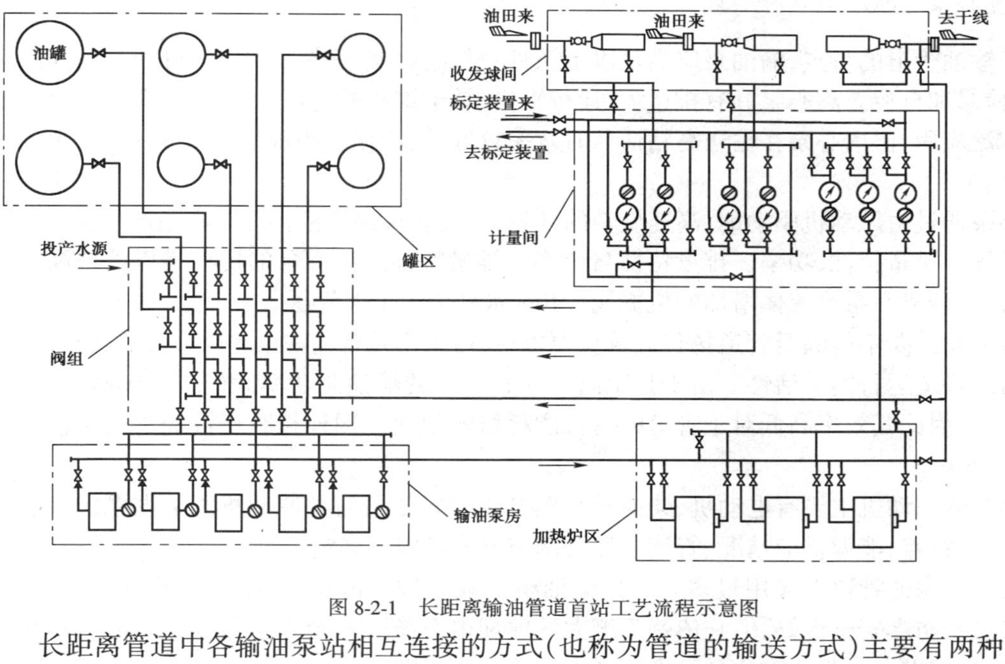

图8-2-1 长距离输油管道首站工艺流程示意图

长距离管道中各输油泵站相互连接的方式(也称为管道的输送方式)主要有两种:旁接油罐方式和密闭输送方式。

旁接油罐输送方式是上一站来的输油干线与下一站输油泵的吸入管道相连,同时在吸入管道上并联着与大气相通的旁接油罐,见图8-2-2。旁接油罐起到调节两站间输量差额的作用,由于它的存在,长距离输油管道被分成若干个独立的水力系统,即每一个泵站与由其供应能量的站间管道构成一个独立的水力系统。因此,以这种方式运行的管道便于人工控制,对管道的自动化水平要求不高,但不利于能量的充分利用,存在罐内油品的挥发损耗。

密闭输送也叫从“泵到泵”输送。它是上一站来的输油干线与下一站输油泵的吸入管道相连，正常工作时没有起调节作用的旁接油罐，见图8-2-2。它的特点是各站的输量必然相等，各站的进出站压力相互直接影响，全线构成一个统一的水力系统。这种输油方式便于全线统一管理，但需要有可靠的自动控制和安全保护措施。现代化的输油管道均采用密闭输送方式。

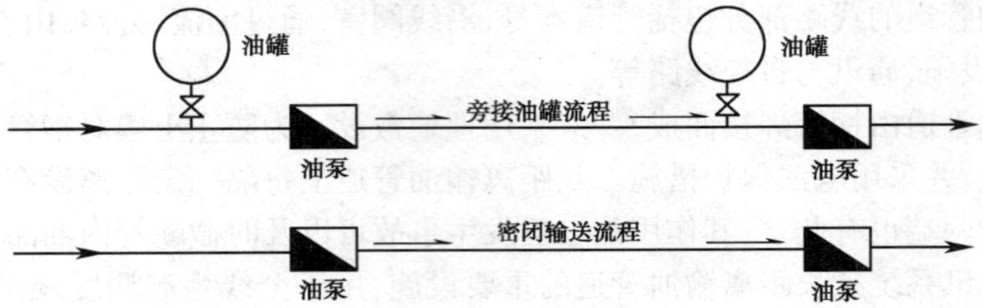

图8-2-2　两种输送方式

第二节　长距离输油管道的主要设备

一、输油泵与原动机

由于输油管道的特点，输油泵应满足以下条件：排量大、扬程高、效率高、可长时间连续运行、便于检修和自控。离心泵具有排量大、运行平稳、易于维修等优点，因而在长距离输油管道上得到广泛应用，但离心泵在输送高粘油品时效率较低，因此在一些输送高粘油品的管道上采用螺杆泵。

离心泵通过由原动机驱动的、高速旋转的叶轮，将能量传递给液体。离心泵的主要工作特性包括扬程—排量特性、功率—排量特性与效率—排量特性。离心泵的扬程是以液柱高度表示的压力，代表离心泵给流体增加的机械能。10m水柱为1个大气压。

在单台输油泵不能满足管道扬程或输量要求时，可采用几台输油泵串联或并联运行，这样还可以增加管道运行的灵活性。由于长距离输油管道上的输油泵功率大(在1 000kW以上)，可常年运行，因此其效率高低对于管道的运行能耗影响很大。国外长距离输油管道用输油泵效率可达85%。

输油泵的原动机主要有电动机、柴油机和燃气轮机。使用何种原动机需根据泵的性能参数、原动机的特点、能源供应情况、管道自控及调节方式等因素确定。

电动机在输油管道上应用最多。它比柴油机价廉、轻便、体积小、维护管理方便、工作平稳、便于自控、防爆安全性好，但它依赖于庞大的输配电系统。一个大型输油泵站的电功率可达10 000kW或更大。驱动输油泵可采用同步或异步电动机。

在供电不能满足要求的地区，可采用柴油机驱动离心泵。当功率较大时，柴油机的体积、质量很大，故其主要适用于缺乏电源而机组功率不大的中、小型管道。

缺乏电源时，大型管道上一般选用燃气轮机。燃气轮机单位功率的质量和体积都比柴油机小得多，可以用多种油品与天然气作燃料，运行安全可靠，便于自控，故在输油管道上的应用日益增多。其主要缺点是效率低，功率为2 200kW的燃气轮机的效率为25%左右。目前管道上使用的燃气轮机有航机改型及工业型两种。美国阿拉斯加原油管道及1980年建成的沙特阿拉伯东—西原油管道采用航机改型燃气轮机，功率分别为 9 920kW 和 16 900kW。其他一些国家的输油管道上采用轻型工业燃气轮机，功率在 2 200～5 880kW。

二、加热系统

加热系统是加热输送管道的关键设备，也是主要的耗能设备。对输油管道加热炉的要求是热效率高、流动阻力小、能适应管道输量变化、可长期安全运行。

按油流是否通过加热炉炉管，长距离输油管道上的加热系统分为直接加热与间接加热两种。

直接加热式加热炉设备简单、投资省，应用很普遍。但油品在炉管内直接加热，存在结焦的可能。一旦断流或偏流，容易因炉管过热使原油结焦，甚至烧穿炉管造成事故。我国输油管道使用的加热炉主要有方箱型、圆筒型和卧式圆筒型加热炉。

间接加热系统由热媒加热炉、换热器、热媒罐、热媒泵、检测及控制仪表组成。热媒是一种化学性质较稳定的液体，高温时蒸汽压较低，也不存在结焦的可能；对金属没有腐蚀性；粘度较小，低温时也可以泵送。热媒加热炉的原理、结构与直接加热的加热炉相似，只是炉管内加热的是热媒而不是管输的油品。热媒在炉中加热至 260～315℃，进入管壳式换热器与管输的油品换热，加热油品。加热系统有两套温度控制系统，分别控制热媒和油品的温度，故能适应管道输量的大幅度变化。间接加热系统的主要缺点是系统复杂、占地面积大、造价较高（比直接加热炉高 3～4 倍）、耗电量较大。

三、储油罐

按储油罐的材质，可分为金属储油罐和非金属储油罐两大类。

金属储罐是用钢板焊接而成的薄壳容器，具有造价低、不渗漏、施工方便、易于清洗和检修、安全可靠，适合于储存各类油料等优点，因而得到了广泛应用。输油站内的储油罐一般都是金属储油罐。

按照储油罐形状，常用的金属储油罐又可分为立式圆筒形、卧式圆筒形和球形三类。立式圆筒形储油罐按罐顶结构可分为固定顶储罐和活动顶储罐两类。活动顶罐可分为外浮顶和内浮顶两种。

浮顶罐顾名思义其顶盖是在罐内液面上浮动的，在浮顶周边与罐壁之间设有密封装置。浮顶罐因浮顶与油面间基本不存在气体空间，油品很少蒸发，故基本上避免了收发油和气温变化时的呼吸损耗，减少了对大气的污染和发生火灾的危险。外浮顶罐的浮顶外为大气空间，内浮顶罐是在固定顶储罐中加设内浮盘。10 000m^3 以上的油罐宜选用浮顶罐。目前，我国浮顶罐的最大容量为 $10\times10^4m^3$。

首末站油罐区总容量取决于管道输送量及所需的储备天数。储备天数与来油或转油的方式有关。油罐区的总容量按下式计算：

$$V=\frac{GK}{350\rho\varepsilon} \tag{8-2-1}$$

式中：V——首（末）站油罐总容量（m^3）；

G——首(末)站油品年总转运量(t);

ρ——储存温度下油品的密度(t/m^3);

ε——油罐容积利用系数,立式固定顶金属罐取0.85,浮顶罐取0.9;

K——油品储备天数。

我国国家标准《输油管道工程设计规范》中规定,不同类型输油站的原油储备天数按下列原则考虑:

首站:与油田管道相连时,$K=3d$;为铁路卸车油库时,$K=3\sim5d$;为水运码头油库时,海运$K=5\sim7d$,河运 $K=3\sim4d$。

末站:为装车油库时,$K=4\sim5d$;为水运装船码头油库时,海运 $K=5\sim7d$,河运 $K=3\sim4d$;为向用户供油的管道转运站时,$K=2\sim3d$。

顺序输送管道的罐容量取决于循环次数、油品种类和输量。

四、管道的监控与数据采集系统

现代输油管道通过计算机监控与数据采集系统(SCADA)实现全线的集中控制。SCADA 系统主要由控制中心计算机系统、远程终端装置(RTU)、数据传输及网络系统及应用软件组成。控制中心的计算机通过数据传输系统对设在泵站、计量站或远控阀室的 RTU 定期进行查询,连续采集各站的操作数据和状态信息,并向 RTU 发出操作和调整设定值的指令,从而实现对整条管道的统一监视、控制和调度管理。

控制中心的主计算机是 SCADA 系统的核心。为了保证系统高度可靠,主计算机系统采用双机热备用运行方式,一台在线监控,另一台处于热备用状态。正常时,主机定时把数据送入备用计算机的内存储器中。一旦检测到主机或相关设备出现故障,主机自动脱离在线控制,由备用机取代,外围设备也自动切换到备用机上。主计算机具有以下功能:①监视各站的工作状态及设备运行情况,采集各站数据和状态信息,发现异常时发出报警信息;②根据操作人员或控制软件的要求向 RTU 发出操作指令,对各站的设备进行遥控;③提供有关管道系统运行状态的图形显示及历史资料的比较及趋势显示;④记录及打印各站的主要运行参数及运行状态报告;⑤记录管道系统所发生的重大事件的报警、操作指令等;⑥运行有关的应用软件。

站控系统的核心是 RTU 或可编程序控制器(PLC)。现代 SCADA 系统采用以微处理机为基础的智能 RTU,它具有以下特点:能在现场处理数据,即使与控制中心通信中断,仍能保持监控功能,自动对控制进行决策,独立完成操作。站控系统的 RTU 或 PLC 大多也采用双机热备用方式运行。它们与现场传感器、变送器和执行器或泵机组、加热炉的工业控制计算机连接。其主要功能有:①过程变量巡回检测和数据处理;②向控制中心报告经选择的数据和报警;③提供运行状态、工艺流程、动态数据的画面、图象显示、报警、存储、记录、打印;④除执行控制中心的命令外,还可独立进行工作,实现 PID 及其他控制;⑤实现流程切换;⑥进行自诊断,并把结果报告控制中心;⑦给操作人员提供操作记录和运行报告。

长距离输油管道输量大、运输距离长、全年连续运行,能耗很大。对于运行中的管道应确定其最优运行参数,使全线的能耗费用最小。国外大部分管道及国内部分管道均在其 SCADA 系统中装有优化运行控制软件,定时对管道的运行控制方案进行优化,使管道在最经济的状态下运行。

第三节　长距离输油管道的运行控制

一、输油管道的水力特性

1.输油管道的压能损失

管道输送流体的过程就是压能的供给与消耗的过程。输油管道的压能消耗主要有两部分,一部分用于克服地形高差,这部分压能损失与输量无关,另一部分是与输量有关的摩擦损失,包括油流通过直管段时的摩擦损失(简称沿程摩阻)和油流通过各种阀件、管件时的摩擦损失(简称局部摩阻)。长距离输油管道站间管道的摩擦损失主要是沿程摩阻,局部摩阻只占1%~2%。

对于牛顿流体,管道的沿程摩阻损失 h_1 可按列宾宗公式计算

$$h_1=\beta\frac{Q^{2-\mathrm{m}}v^{\mathrm{m}}L}{d^{5-\mathrm{m}}} \tag{8-2-2}$$

式中:Q——油品的体积流量(m^3/s);

v——油品在输送温度下的运动粘度(m^2/s);

L——管道长度(m);

d——管内径(m);

β、m——与流态有关的参数,对层流和紊流的水力光滑区,β 分别为 4.15 及 0.0246,m 分别为 1 和 0.25,其他流态下 β 和 m 的取值或计算方法可以在有关著作或手册中查到;

h_1——单位是米液柱。

在额定输量下运行的原油管道一般处于水力光滑区,低输量的粘稠原油管道可能进入层流区。式(8-2-22)说明了沿程摩阻与管道长度、输量及油品物性的关系。以紊流光滑区为例,沿程摩阻与管道长度、流量的 1.75 次方及粘度的 0.25 次方成正比,与管径的 4.75 次方成反比。因此,管道输量的增大将导致摩阻压降明显增大,而加大管径对于降低摩阻有非常显著的作用。

对于管内径及长度一定的输油管道,其起点至终点的总压降为(以米液柱表示):

$$H=h_1+h_{\mathrm{m}}+(Z_{\mathrm{z}}-Z_{\mathrm{q}}) \tag{8-2-3}$$

式中:$Z_{\mathrm{z}}-Z_{\mathrm{q}}=\Delta Z$——管道终点与起点的高程差;

h_{m}——泵站的站内摩阻(对多个泵站的管道为各泵站的站内摩阻之和)。

2.管道的工作特性及泵站—管道系统的工作点

管道的工作特性表示输送一定油品时,管道能量消耗 H 随流量 Q 变化的关系,如图 8-2-3 的曲线 G(其中假设 $\Delta Z>0$)。一条管道(d、L、ΔZ 一定)输送一种油品(v 一定)时,有一特定的管道特性曲线。

泵站的特性是指泵站的扬程(即泵站的能量供应)与排量的关系。离心泵泵站特性曲线如图 8-2-3 中的曲线 C。

在长距离输油管道中,泵站与管道组成了一个水力系统,管道所消耗的压能(包括终点所要求的剩余压力)必然等于泵站所提供的压能,即二者必然会保持能量供求的平衡关系。泵站

一管道系统的工作点是指在压力供需平衡的条件下，管道流量与泵站出站压力等参数之间的关系，通过泵站特性曲线与管道特性曲线的交点即可确定，见图 8-2-3 的点 A。

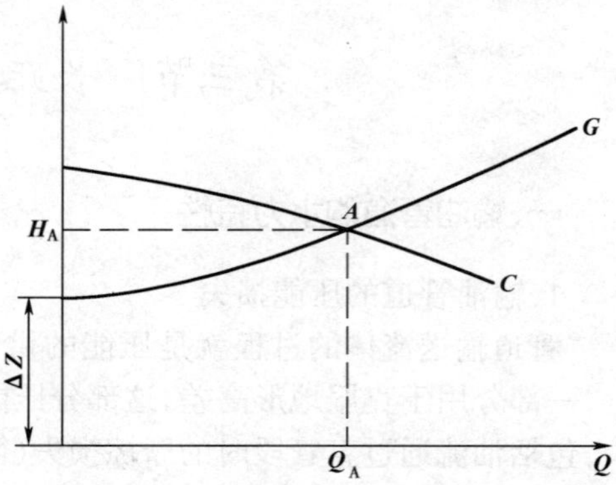

图 8-2-3　泵站与管道的工作点

二、输油管道热力特性

加热输送管道中油品温度高于环境温度，故油品向环境散热而降温。油流在管道中的温降与输量、环境条件、管道散热条件、油温等因素有关。忽略摩擦生热时，管内油品的温度可按苏霍夫公式计算：

$$T_1 = T_0 + (T_R - T_0)\exp\left(-\frac{K\pi D}{Gc}l\right) \tag{8-2-4}$$

式中：T_1——距起点 l 米处的油温（℃）；

T_0——管道周围介质温度，对埋地管道取管中心埋深处自然地温（℃）；

T_R——管道起点油温（℃）；

G——油品的质量流量（kg/s）；

c——油品的比热容[J/(kg·℃)]；

D——管道外直径（m）；

l——输送的距离（m）；

K——管道的总传热系数[W/(m²·℃)]。

由式(8-2-4)可见，管道中油品温度随输送距离延长按指数规律下降。对输送某一油品的一定管道（D 一定，K 基本不变），输量 G 越小，温度下降越快。图 8-2-4 为固定加热站进站温度时，不同输量情况下的温降曲线。可见输量越小，要求上一加热站出站温度越高。原油的最高出站温度 $T_{R\max}$受沥青防腐层耐热性能、管道热应力、加热炉功率等的限制，原油最低进站

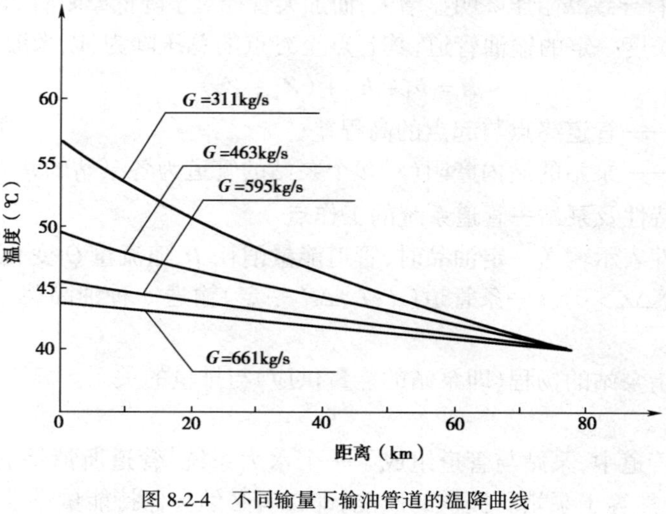

图 8-2-4　不同输量下输油管道的温降曲线

温度 $T_{1\,min}$则受原油流动性的限制(进站温度一般应高于原油凝点 3℃),由式(8-2-4)可知,对于一定的管道(D、l、K 一定)和环境条件(T_0 一定),输送一定的原油(c 一定)时,存在最小输量。

总传热系数 K 是热力计算的关键参数。对于埋地管道,油流的传热主要有三个过程:油流与管壁的对流换热、管壁(包括沥青绝缘层和保温层)的热传导,以及管外壁至周围土壤的传热(包括土壤的导热和土壤至大气及地下水的放热)。对于埋地不保温管道,K 值主要取决于管壁至土壤的传热。K 值可以通过理论公式或经验公式计算。

实际上,输油管道的水力、热力特性是相互影响的。管道输量变化时,油品的温降规律也要发生变化,而温度条件的变化反过来又影响管道的压降规律。

三、输油管道工况的调节

前已述及,泵站—管道系统的工作点由系统的能量供需关系决定。当管道的输量由于某种原因需要改变时,泵站—管道系统的能量供需关系即发生变化。输油管道的调节就是通过改变管道的能量供应(改变泵站特性)或改变管道的能量消耗(改变管道特性),使之在给定的输量下达到新的能量供需平衡。

改变泵站特性的方法有:

(1)改变运行的泵站数或泵机组数。这种方法适用于输量变化范围较大的情况。

(2)调节泵机组转速。这种方法一般用于小范围的调节。对于电动机驱动的离心泵,常采用变频调速的方法。

(3)更换叶轮。通过改变叶轮直径,可以改变离心泵的特性。这种方法主要用于调节后输量稳定时间较长的情况。

改变管道工作特性最常用的方法是改变出站调节阀的开度,人为地改变局部阻力,即把多余的能量消耗在节流上。这种方法操作简单,但能源浪费大。当泵机组不能调速时,输量的小范围调节常用这种方法。

四、提高管道输量的措施

输油管道的最大输量受输油泵的特性、管道强度、油品流动性质的限制。对于已建成的输油管道,若需要进一步提高输量,可更换更大输量的输油泵(必须重新校核管道强度)、或在现有管道的两站之间增设泵站。这些都是永久性的措施。对于短期的或季节性的增输要求,则可采用添加紊流减阻剂的方法。

输油管道内油品的流动大多处于紊流流态。紊流流场中的漩涡消耗了大量能量,因此紊流的摩阻压降大于层流(层流时管道沿程摩阻压降与流量成正比,在紊流光滑区则与流量的 1.75 次方成正比)。

紊流减阻剂是一种长链结构的高分子烃类聚合物,分子量为 $10^6 \sim 10^7$,甚至更高。其减阻原理是抑制紊流的漩涡,从而减小管道输送的能量消耗。早年的输油管道减阻剂一般是油溶性的。近年已开发出新型水基减阻剂,减阻率可达 70%。流体的紊流程度越高(雷诺数越高),减阻剂效果越好。但过泵和阀门节流以及通过管件的剪切均可使减阻剂分子链断裂,故减阻剂必须在泵站出站处注入。如需多个站间减阻,则需逐站注入减阻剂。

1979年美国阿拉斯加原油管道在四个泵站的出口以5~25mg/L的比例注入减阻剂，将输量提高了15%。这是减阻剂在输油管道上的首次大规模应用。现在，减阻剂已较广泛地用于原油和成品油管道。

五、输油管道的水击及其控制

输油管道密闭输送的关键之一是解决水击问题。水击是由于突然停泵(停电或故障)或阀门误关闭等造成管内液流速度突然变化，引起管内压力的突然大幅度上升或下降对管道所造成的冲击现象。水击所产生的压力波在输油管道内以1 000~1 200m/s的速度传播。水击压力的大小和传播过程与管道条件、引起流速变化的原因及过程、油品物性、管道正常运行时的流量及压力等有关(对于输油管道，管道中液流骤然停止引起的水击压力上升速率可达1MPa/s，水击压力上升幅度可达3MPa。)

水击对输油管道的直接危害有两种：一是水击的增压波(高于正常运行压力的压力波)有可能使管道压力超过允许的最大工作压力，使管道破裂；二是减压波(低于正常运行压力的压力波)有可能使稳态运行时压力较低的管段压力降至液体的饱和蒸汽压，引起液流分离(在管道高点形成气泡区，液体在气泡下面流过)。对于建有中间泵站的长距离管道，减压波还可能造成下游泵站进站压力过低，影响下游泵机组的正常吸入。

通常采用以下两种方法来解决水击问题，即泄放保护及超前保护。泄放保护是在管道上装有自动泄压阀系统，当水击增压波导致管内压力达到一定值时，通过阀门泄放出一定量的油品，从而削弱增压波，防止水击造成危害。超前保护是在产生水击后，由管道控制中心迅速向有关泵站发出指令，各泵站采取相应的保护动作，以避免水击造成危害。

六、清管

清管是保证输油管道能够长期在设计输量下安全运行的基本措施之一。原油管道的清管，主要是清除输油过程中沉积在管内壁上的石蜡、油砂等凝聚物。管壁沉积物使管道的流通面积缩小，摩阻增加，增大了管输的动力消耗。例如，利比亚的一条管径850mm，长度960km的原油管道，因没有清管，投产3年之后就无法运行，经3个多月的连续清管后，才使管道恢复正常。我国一条直径426mm的原油管道，输油不到一年，因管壁蜡沉积使摩阻增加了一倍，输送能力大大下降。

清管方法是向管内投放与管内壁紧密接触的清管器，其在油流的推动下顺着管壁前进，刮掉管壁上的沉积物。清管器有皮碗刮刀型(图8-2-5)、球型等多种，从材质上分有机械型和泡沫塑料型等。为了投放和取出清管器，需要在输油站上设置清管器收发装置。

目前，清管器的功能已拓展到管内检测(检测管道的腐蚀、裂纹、变形等)，即所谓智能清管器。

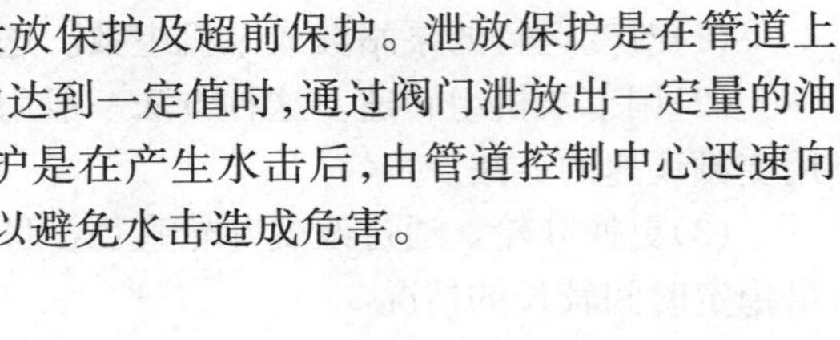

图8-2-5 机械式清管器结构示意图
1-前皮碗；2-钢刷；3-刮板；4-石皮碗

七、输油管道的优化设计与优化运行

显然，管道线路的走向和管道的设计方案对其投资和运行成本有很大影响，因此管道设计参数需要优选。例如,在一定任务输量下,提高管道运行压力将可以减少中间泵站、节省泵站建设的投资,但这要求管子有更高的强度(需提高管子用钢的等级、和/或增大管子壁厚等),以及需要更高扬程的泵,还涉及设备技术指标的约束(管子耐压和泵扬程的提高有一定限度),因而存在最优工作压力。再如,对于加热输送管道,在一定任务输量下,提高加热温度可使油品粘度下降,从而减小输油泵的电能消耗,其代价是燃料油消耗上升;反之,降低输送温度可节省燃料油消耗,但导致耗电量增加。油温上限还受管道热应力、防腐层耐热性能等因素的约束,油温下限则受油品物性的约束,因而存在最优的运行温度和压力。图 8-2-6 为对具体管道,当流量、地温、总传热系数及运行的加热站数和泵站数一定时,输油泵的动力费用 S_P、加热的燃料费用 S_R 及总能耗费用(动力费用与燃料费用之和)S 随加热站出站温度 T_R 变化的曲线。总能耗费用最低的出站温度就是最优的出站温度。

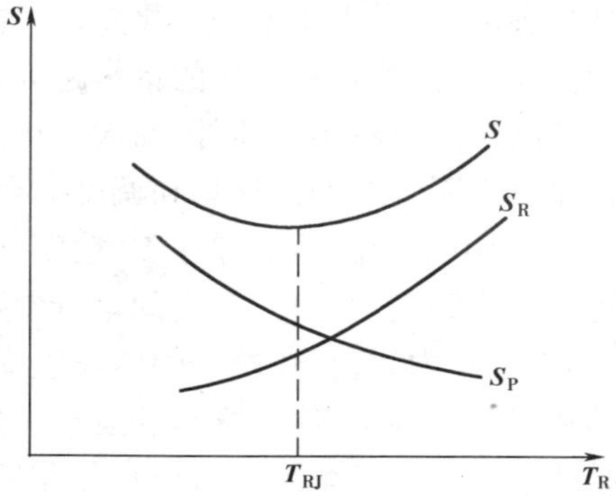

图 8-2-6　加热站出站油温 T_R 与能耗费用 S 的关系

一般来说,在等温输油管道的设计中,若把线路走向、管径、管材、管壁厚度、泵机组型号、运行参数等都作变量考虑,可能的设计方案数目非常多。对于加热输送管道,还涉及进出站温度、加热方式与设备、管道埋深的确定及管道保温的选择等。为了确定输油管道的最优设计参数,必须采用最优化的数学方法,借助计算机求取数值解。这是一个涉及非线性规划、动态规划、整数规划等的多目标综合性规划问题,有关的变量有连续变量、离散变量、整型变量,约束条件有等式及不等式,以及线性及非线性方程,衡量方案好坏的标准除了要求投资及经营费用低外,还要求施工期短、运行可靠性好、对环境的污染及危险小等。

第四节　多种油品的顺序输送

在同一管道内,按一定顺序连续地输送几种油品,这种输送方式称为顺序输送。输送成品油的长距离管道一般都采用这种输送方式。这是因为成品油的品种多,而每一种油品的批量有限,当输送距离较长时,为每一种油品单独铺设一条小口径管道显然是不经济的,甚至是不可能的。而采用顺序输送,可铺一条大口径管道,输油成本将大大下降。用同一条管道输送几种不同品质的原油时,为了避免不同原油的掺混导致优质原油降级,或为了保证某些石油炼制产品的质量,也会采用顺序输送。国外有些管道还实现原油与成品油及化工产品的顺序输送。

一、顺序输送的特点

与输送单一油品的管道相比,多种油品的顺序输送有以下特点:

(1)由于经常周期性地变换输油品种,所以顺序输送管道在起终点要建造较多的油罐,以调节供油、输油与用油之间的不平衡。因此,对于短距离管道采用顺序输送在经济上不一定合理。

(2)两种油品交替时,在接触界面处将产生一段混油。生产实践表明,在紊流状态下输送时,混油量一般为管道总体积的 0.5% ~ 1%。因此,顺序输送管道需要有一套混油跟踪、检测、控制、切割、处理的措施和设备。

(3)大型的油品顺序输送系统往往面向多个炼厂和多个用户,管网多点输入、输出油品,油品品种多,批量大小不一。显然,各种油品输入、输出的量和时间将对管道的运行产生显著影响。此外,虽然每种油品的批量越大,相对的混油损失越小,但此时首、末站或中间分输点所需建造的油罐也越多。此外,面向市场的管道系统还应尽量满足客户的要求。因此,多种油品的顺序输送系统对输油计划和调度的要求比输送单一油品的管道复杂得多。

(4)由于油品的物理性质(粘度、密度等)存在差异,当两种油品在管内交替时,随着油品在管内运行距离的变化,管道的运行参数处于缓慢的变化中。而当混油通过泵站时,泵站的特性(如出站压力)将在较短时间内发生变化,从而导致泵站—管道系统工作点的变化,再加上油品的多点输入输出,使得管道的运行参数处于不断的变化中。要保证管道系统安全、高效运行,必须借助计算机系统进行仿真与监控。

二、顺序输送中的混油及其控制与处理

顺序输送中两种油品在管道内交替时,由于其性质不同,在接触界面处将产生一段混油。流态的不同对混油有很大的影响。层流时,管道截面上流速分布的不均匀是造成混油的主要原因——管中心流速比平均流速大一倍,故后行油品会进入前行油品,形成楔形油头。在浓度差的作用下,两种油品的分子相互扩散,形成混油。这种混油量可达管道总容积的若干倍。管内紊流的速度分布较层流均匀,造成混油的主要原因是紊流扩散作用,由此造成的混油量比层流时要小得多。因此,顺序输送管道不应在层流下运行,流速应高于某一数值。

可以采取一些油品隔离措施减少混油量,例如使用机械隔离器或液体隔离塞,但不能杜绝混油,且增大了操作难度,故目前国内外使用隔离措施的顺序输送管道很少。

混油段中前行油品含量较高的一部分进前行油品的油罐,后行油品含量较高的一部分进后行油品的油罐,而混油段中间的那部分进混油罐。这个切换的过程就是“混油切割”。混油往往不符合产品的质量指标,需重新加工,或者降级使用,或者按一定比例回掺到纯净油品中(以不导致该油品的质量指标降级为限)。某一种油品中允许混入另一种油品的比例与这两种油品物理化学性质的差异以及油品的质量潜力有关。性质越接近,质量潜力越大,则允许混入另一种油品的比例也越大。故顺序输送管道中油品的排序有一定规则,性质相近的油品相邻输送。例如,汽油和柴油中允许混入煤油的浓度比汽油中允许混入柴油或柴油中允许混入汽油的浓度大若干倍。因此,应尽量以汽油和煤油、柴油和煤油作相邻油品。

混油段跟踪和检测的结果是顺序输送管道运行调度、混油切割和处理的重要依据。混油浓度检测的方法有两大类:物性指标检测与外加标记物检测。

混油的密度与两种油品的密度及它们的比例间存在线性加和关系。因此,采用在线密度计,连续检测管道中油品的密度,即可推断混油的浓度及其变化。声波在液体中传播的速度与液体的密度等性质有关。例如,在常温条件下,柴油中的声速为 1 375 ~ 1 390m/s,煤油中为 1 320 ~ 1 335m/s,汽油中为 1 175 ~ 1 190m/s。因此,基于声学原理的仪器广泛应用于顺序输送中混油浓度的测量。

添加标记物的方法是在油品切换时,在油品的接触区把少量记号物质(荧光燃料、化学惰

性气体等)添加到油流中。记号物质与油流一起流动并随混油段扩散。通过检测这些物质的浓度分布,便可确定混油段及混油界面。

三、原油—成品油顺序输送

在运输流向相同时,如果能够实现原油和成品油的顺序输送,则可更充分地利用管道的运力,节省建设投资(例如我国东北和西北地区均是原油和成品油的输出地)。国外已有原油和成品油顺序输送的成功例子。如加拿大埃得蒙顿到温哥华的贯山管道(Trans Mountain Pipe Line),始建于 1953 年,全长约 1260km,途径洛矶山脉和海岸山脉,有数百英里的管段处于大高差多起伏地带。该管道系统从 1993 年开始实现原油和成品油的顺序输送。所输油品包括航煤、汽油(无铅汽油及优质无铅汽油)、柴油(常规含硫、低硫及低温柴油)、甲基叔丁基醚(MTBE)及原油(轻质低硫原油、轻质含硫原油与重质原油)。由不同成品油段组成的“列车”可长达 350km。原油被置于成品油“列车”之间。

法国勒阿弗尔—巴黎管道长 1 200km,有 26 个泵站,34 个分输点。其输送的油品包括原油、发动机燃料油、车用燃料油、柴油、民用燃料油、航煤和石脑油。

原油与成品油的顺序输送除了具有成品油顺序输送的特点和存在问题外,还有一些特殊的问题与难点,例如原油中胶质、沥青质、蜡和机械杂质等在输送过程中会粘附或沉积在管壁上,在成品油段到来之前,必须有效地清除这些污染物。再如,易凝高粘原油通常采用加热输送,而对成品油的加热不仅浪费能源,还会对管道运行造成不利影响,因此易凝高粘原油与成品油顺序输送的难度更大。

第五节　易凝高粘原油的输送工艺

一、易凝高粘原油

我国各油田所产原油按其流动性质可分为两大类:第一大类是轻质原油,例如塔里木油田的塔中原油;第二大类是易凝高粘原油,包括含蜡量较高的易凝原油(含蜡原油),例如大庆原油、胜利原油、中原原油、华北原油等,以及胶质沥青质含量较高的高粘重质原油(俗称稠油)。轻质原油在我国原油产量中只占很小的份额。表 8-2-1 为我国部分原油的物性。

我国部分原油的物性　　表 8-2-1

<table>
<tr><th>原油
物性</th><th>大庆
混合油</th><th>胜利
混合油</th><th>中原
混合油</th><th>辽河
高升油</th><th>渤海
埕北油</th><th>塔里木
塔中油</th></tr>
<tr><td>20℃密度(kg/m³)</td><td>861.4</td><td>882.9</td><td>849.0</td><td>944.3</td><td>952.0</td><td>842.0</td></tr>
<tr><td>50℃粘度(mm²/s)</td><td>23.5</td><td>42.8</td><td>12.6</td><td>2435</td><td>614.8</td><td>7.33</td></tr>
<tr><td>凝点(℃)</td><td>33</td><td>28</td><td>32.5</td><td>13</td><td>0</td><td>−25</td></tr>
<tr><td>蜡含量(%)</td><td>25.6</td><td>15.8</td><td>24.7</td><td>6.6</td><td>6.3</td><td>1.38</td></tr>
<tr><td>胶质含量(%)</td><td>15.7</td><td>23.0</td><td rowspan="2">6.81</td><td rowspan="2">47.6</td><td>25.0</td><td rowspan="2">4.40</td></tr>
<tr><td>沥青质含量(%)</td><td>0</td><td>0.4</td><td>0</td></tr>
</table>

在一定条件下原油失去流动性的最高温度称凝点。它是衡量原油流动性的一个重要指标,在我国和前苏联应用较普遍。国际上通用的类似指标是倾点,它是一定条件下原油保持流动性的最高温度。

含蜡原油流动性的特点是凝点高,在远高于凝点的温度下,原油为牛顿流体;当油温降至原油凝点以上5~15℃时,由于蜡结晶析出,原油开始转变为非牛顿流体(剪切应力与剪切速率的关系不符合牛顿内摩擦定律),且粘度随温度降低而增长的速率加快;再继续降温原油将胶凝,失去流动性。重质原油即使在较高温度下也具有相当高的粘度。图8-2-7、图8-2-8分别为典型含蜡原油和重质原油的粘度随温度变化的曲线。水的粘度约为1mPa·s。

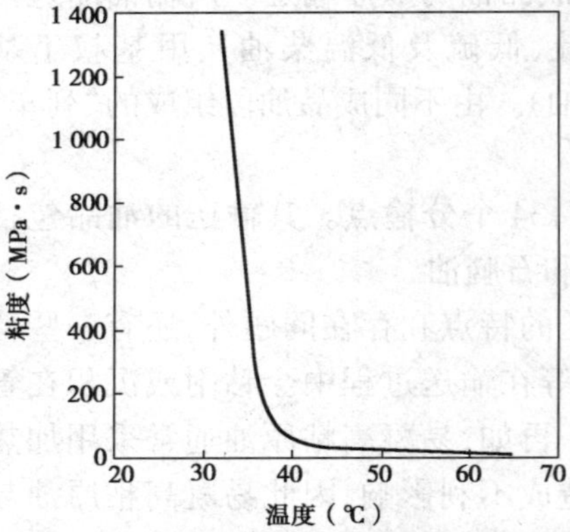

图8-2-7 某含蜡原油粘度随温度变化曲线
(45℃以下为非牛顿流体)

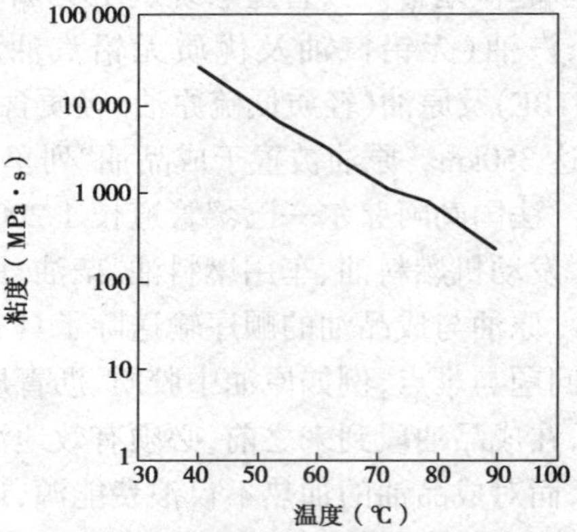

图8-2-8 某重质原油粘度随温度变化曲线

二、加热输送

由图8-2-7、图8-2-8可见升高温度可以显著降低原油的粘度,改善流动性,因此传统上常采用加热的方法输送易凝高粘原油。原油的加热温度取决于原油粘度随温度变化的规律、输油管道直径、输量、环境温度等因素有关,不同管道变化很大。我国东北地区输送大庆原油的720mm管道在满输量运行时,加热站出站温度为45℃左右。输量较小的管道加热温度要高于此值,在50~60℃甚至更高。

加热输送的方法虽行之有效,但也存在若干弊端:首先是能耗大,我国东北地区的ϕ720mm管道在接近满负荷运行时,年平均每千公里用于加热的燃料油消耗接近输油量的0.4%,每吨公里总能耗约为410kJ。在低于设计输量的工况下运行时每吨公里油耗更大;管径愈小,相对油耗愈大。美国相近规模的轻质原油等温输送管道每千公里的总能耗约为所输原油的0.4%,每吨公里的总能耗约为161KJ。第二,就某一具体管道而言,允许的输量变动范围窄,难以适应投产初期和末期低输量运行的需要。第三,热油管道长时间停输后管内原油若冷却至胶凝将阻塞管道,重新疏通管道代价高昂。第四,设置加热站增加了管道建设的投资和运行管理的难度及费用。

易凝高粘原油的经济、安全输送一直是石油管道科学研究的重点问题之一。

三、含蜡原油改性输送

在较低温度下含蜡原油流动性差,是因为其中的蜡结晶析出,并相互联结形成海绵状的蜡晶结构。因此,改善蜡晶结构就可以改善含蜡原油的低温流动性。

添加降凝剂处理是目前最成功的含蜡原油改性输送技术。降凝剂是高分子聚合物,其分子由极性部分和非极性的烷基链组成。可以用作含蜡原油降凝剂的化学剂有多种,但目前大多数降凝剂都是以乙烯—醋酸乙烯酯共聚物(EVA)为主复配而成的。一般认为,降凝剂是通过共晶和吸附作用,改变蜡晶的形态和结构,从而改善原油流动性(即降凝和降粘)。共晶是指降凝剂分子中的烷基链与原油中的蜡分子共同结晶,吸附则是降凝剂分子吸附在已析出蜡晶的表面。图 8-2-9 是降凝剂处理前后某新疆原油的蜡晶照片,亮点(白色处)为蜡晶,黑色处为液态油。可见添加降凝剂前,原油中的蜡晶细小、均匀分布于原油中;添加降凝剂处理后,蜡晶颗粒变得较粗大并趋于聚集,原油中存在大片未被蜡晶占据的区域。我国原油输送中降凝剂添加量一般为 50g/t 原油。

降凝剂处理前2℃（凝点9℃）

降凝剂处理后2℃（凝点-6℃）

图 8-2-9　原油加降凝剂处理前后的蜡晶照片

该技术 20 世纪 60 年代末开始应用。我国 70 年代末开始进行相关研究，近 10 年来发展较快,对于低输量含蜡原油管道的安全运行、节能降耗发挥了很大作用。目前我国在这一技术领域处于国际领先地位。

四、重质原油的降粘减阻输送工艺

由于常规石油资源的减少,高粘重质原油(稠油)从 20 世纪 80 年代初开始引起国际石油界的关注。据估计,世界上重质原油的资源与常规原油相当。

输送重质原油的主要困难来自于它的高粘度,例如,胜利油田单家寺原油在 50℃的粘度接近 10 000mPa·s(比大庆原油高近 500 倍),80℃的粘度仍高达 750mPa·s。

目前,重质原油的主要降粘减阻输送工艺有以下几种:

1.稀释输送

其原理是在重质原油中掺入低粘油品。这是传统的重质原油输送方法,因其工艺简单,效果可靠,得到广泛应用。例如,在粘度 21 000mPa·s 的单家寺原油中掺入粘度为 28mPa·s 的含蜡原油,当稀释油在混合油中的比例为 20%时,混合油粘度降至 1 545mPa·s,降粘率 93%。用作稀释剂的低粘油可以是轻质原油、原油的馏分油或天然气凝析液。一般地,除非稀释油掺入量较大(例如上述加拿大的情况),否则重质原油稀释后仍需加热输送,只是加热温度可以大大降低。随着重质原油产量上升,稀释剂相对匮乏,另外考虑到经济或炼制加工方面的因素,国内外都在研究稀释输送的替代技术。

2.水包油乳化降粘输送

水包油乳化降粘输送是使原油以很小的液滴(几微米至几十微米)分散于水中,形成油为分散相、水为连续相的水包油乳状液,把粘稠原油与管道壁面的摩擦变为水与管壁的摩擦,从而大大降低输送时的摩阻。用单家寺重质原油制备的含水30%的水包油乳状液,其50℃时的粘度仅为54mPa·s(原油粘度为9 260mPa·s)。用于输送的乳状液的油水比一般为7:3左右。乳状液或直接用作燃料,或输送到终点后再破乳脱水后销售。这项技术的关键是制备出稳定性好,能够经受管输过程中各种剪切和热力作用而不被破坏的乳状液。这项技术在委内瑞拉等国已经得到应用。

3.水环输送

其原理是在管壁附近形成稳定的水环,把高粘重质原油与管壁隔开,从而起到减阻作用。试验表明,水量占管输量的8%~12%时较好(88%~92%为原油),其输送摩阻约为同等输量输水时的1.5倍,减阻效果很好。其技术关键是如何保持水环的稳定性,长距离输送过泵加压时如何不破坏水环是一个难题。因此,这一技术主要适用于输送距离不长的重质原油,在美国、委内瑞拉已有小规模应用。

第三章　输气管道

第一节　天然气供气系统概述

一、天然气的组成与用途

天然气的主要成分是可燃的烃类气体,一般包括甲烷、乙烷、丙烷、丁烷等,其中甲烷的比例远远高于其他烃类气体。在物理标准状态下(温度为0℃,压力为101.325kPa),甲烷至丁烷为气态,而戊烷以上为液态。根据天然气的来源可将其分为四种类型:气田气、石油伴生气、凝析气田气和煤层气。

除了可燃的烃类气体外,天然气中还可能含有少量的二氧化碳、硫化氢、氮气、水蒸气以及微量的氦、氖、氩等气体。在天然气工业中,通常把显著含有硫化氢和二氧化碳等酸性气体的天然气称为酸性天然气,而把酸性气体含量甚微的天然气称为纯净天然气。酸性天然气具有腐蚀性并会造成大气污染,特别是硫化氢对人体有很大毒性,需经过净化处理后才能达到商品天然气的气质要求。

为便于天然气的储存、运输和使用,在某些情况下需将它转化为两种特殊形态,即压缩天然气(CNG)和液化天然气(LNG)。CNG的额定压力一般为20~25MPa,它适合于用高压容器储存和运输。LNG的储存温度为-160℃左右,压力为0.05~0.5MPa(表压),需要用专门的耐低温绝热容器储存和运输。天然气液化后,其体积约为标准状态下气态体积的1/600。

天然气目前主要用作工业或民用燃料。它具有热值高、不含灰份、容易燃烧完全、综合热效率高、燃烧后对环境污染小、运输和使用方便、价格较低廉等优点。普通气田所产天然气的发热值通常为 33 000kJ/Nm^3 左右(Nm^3 表示标准立方米,即在物理标准状态下天然气的体积),比人工煤气高一倍以上,石油伴生气和凝析气田气的发热值往往更高。从世界范围看,火力发电厂是天然气的主要工业用户。天然气发电厂的投资可以比燃煤电厂低20%左右,而且环境污染小、控制与管理方便、易于实现自动化。由于它可以快速启动和停机,因而特别适用于作为调峰电厂。在民用方面,天然气灶具的热效率远远高于燃煤灶具,一般煤炉的热效率不高于40%,而结构良好的天然气灶具的热效率可达60%以上。此外,天然气汽车是近年来国内外的一种发展趋势,因为它可以大大减少汽车尾气中污染物的含量。目前,CNG 汽车是天然气汽车的主流,LNG 汽车正处于发展阶段。

天然气还是一种重要的化工原料。

二、有关术语和基本概念

1.标准状态与标准体积

天然气在通常的温度、压力条件下为气态,具有很强的压缩性,因而只有在指明温度与压力的前提下计量其体积才有意义。在天然气工业中,通常用天然气在某种特定状态下的体积作为计量单位,并称这样的状态为标准状态或基准状态,而天然气在标准状态下的体积称为标准体积,用标准立方米计量,记作 Nm^3。我国采用的天然气标准状态为:20℃、1 标准大气压(101.325kPa)。

2.相对密度

在标准状态下,天然气的密度一般为小于 1 但又接近于 1 的数值,其单位为 kg/Nm^3。常用相对密度,它是在相同温度、压力条件下天然气与干空气密度之比。在标准状态下,气田气的相对密度一般为 0.58~0.62,石油伴生气的相对密度一般为 0.7~0.85。

3.压缩因子

工程上通常用天然气的压缩因子 Z 来反映真实气体与理想气体的偏差,它表示在分子量、温度与压力均相同的条件下,真实气体与理想气体的比容之比。对真实气体引入压缩因子 Z 后,其状态方程具有如下形式:

$$Pv = ZR_{m}T/M \tag{8-3-1}$$

式中:T——绝对温度;

P——绝对压力;

v——比容;

M——气体的分子量;

R_m——通用气体常数;

Z——取决于气体的化学组成以及温度与压力。

4.节流效应

节流效应又叫焦耳—汤姆逊效应,它是指真实气体节流降压后其温度下降的现象。所谓节流是指气体在流动过程中由于能量损失而导致压力下降的过程。节流引起的温降与节流压降之比称为节流效应系数或焦耳—汤姆逊系数,其物理意义是气流的单位节流压降所引起的温降值。节流效应在工程上有广泛用途,如通过阀门节流或通过膨胀机降压都是工程上常用的气体降温方法。

5.露点

天然气的露点是控制天然气储运过程中不产生液态物质的重要指标。在一定压力下,天然气中析出第一滴液态水时的温度称为水露点,析出第一滴液态烃时的温度称为烃露点。在相同压力下,天然气中水蒸气含量越高,则其水露点越高;重烃组分含量越高,则其烃露点越高。对于同一种天然气,其水露点与烃露点随压力变化。压力越高,水露点和烃露点也越高。通常采用控制水露点与烃露点的办法防止在天然气储运和利用过程中析出液态水或液态烃。《输气管道工程设计规范》(GB 50251-94)明确规定:管输天然气在最高输送压力下的水露点至少比管道周围最低环境温度低5℃,而烃露点不得高于最低环境温度。

6.发热值与爆炸极限

单位数量天然气完全燃烧产生的热量称为天然气的燃烧热值,它分为高热值(总热值)与低热值(净热值)。高热值指单位数量天然气的燃烧反应热与燃烧产物中水蒸气的凝结潜热之和,而低热值等于单位数量天然气的燃烧反应热。工程上,若不声明,则发热值一般指低热值。当可燃气体浓度在一定范围内时,可燃气体与空气的混合物如遇明火就会发生爆炸,该范围的界限称为可燃气体在空气中的爆炸极限,它分为下限与上限,分别表示混合物可发生爆炸时可燃气体的最低浓度和最高浓度。一般天然气的爆炸下限为4%左右,爆炸上限为15%左右。

7.管输天然气的气质要求

管输天然气是指进入干线输气管道的天然气,也称商品天然气。为了保证输气系统及用气设施安全、高效运行,同时使天然气燃烧产物满足环保要求,对进入干线输气管道的天然气的气质有较高要求。《城镇燃气设计规范》(GB 50028-93)规定:天然气中固体颗粒的含量小于10mg/Nm^3,硫化氢的含量小于20mg/Nm^3。我国石油行业标准SY 7514-88将商品天然气分为四类,其中Ⅰ、Ⅱ类可作为民用燃料,Ⅲ、Ⅳ类主要用作工业燃料。进入干线输气管道的天然气应符合Ⅰ、Ⅱ类标准。该标准规定Ⅰ类天然气的硫化氢含量和总硫含量分别不超过6mg/Nm^{3}和150mg/Nm^3,Ⅱ类天然气的硫化氢含量和总硫含量分别不超过20mg/Nm^{3}和270mg/Nm^3,而Ⅰ、Ⅱ类天然气的二氧化碳含量(体积分数)不超过3%。

三、天然气供气系统的组成及特点

1.一体化供气系统

与石油相比,天然气密度小、比容大、压缩性大、单位体积发热值低,这些特点决定了管道几乎是天然气运输的唯一方式。由于气态天然气在非密闭容器或设施中会迅速扩散到空气中,故在储运销过程中必须始终保持密闭状态。事实上,从气田井口开始,经矿场集气系统、气体净化系统、干线输气管道,再通过配气管网到用户,天然气经过的所有环节构成了一个一体化储运销系统,同时也是连续的密闭水力系统,这个系统可以统称为天然气供气系统。大型供气系统的规划、设计、建设及运行管理是复杂的系统工程,必须对其上、中、下游各个环节统筹兼顾、统一规划、统一调度、统一管理才能获得良好的经济与社会效益。

除管道运输外,还可以用专用轮船或槽车运输液化天然气(LNG),也可以用专用撬装车运输压缩天然气(CNG),但这两种运输方式有较大局限性,只有在特定条件下才具有经济上的可行性。

2.天然气供气系统的组成

一个完整的天然气供气系统通常主要由油气田矿场集输系统、气体净化与处理设施、长距离干线输气管道或管网、城市输配气管网、储气库(地下储气库或地面储罐)等子系统构成,它们既有分工,又相互连接成一个统一的系统。

天然气矿场集输管网所输送的介质是未经净化处理的原料气。矿场集输管道具有输送距离短(一般为几公里至几十公里)、管径小(一般不超过 300mm)、运行寿命期内压力变化大(在开采初期有可能高达 10MPa 以上,而在开采后期可能降至 1MPa,甚至 0.1~0.2MPa)等特点。

干线输气管道的任务是把经净化处理的天然气输送到城市门站(即干线输气管道与城市输配气管网的连接点)或大型工业用户。这类管道是天然气长距离运输的主要工具,其主要特点是距离长(一般从几百公里到几千公里)、管径大(一般在 400mm 以上)、输送压力高(一般高于 4MPa)、输量大、投资大。干线输气管道一般设有一个或多个压气站。有些干线输气管道在投产初期不设压气站,以后随着输气量增大再增设压气站。

城市输配管网的任务是从城市门站接收天然气,并将其输送、分配到每个用户。由于一个大城市的天然气用户很多,因而其输配气管网的规模可能相当大,以至于该管网的建设工程量和投资可能会超过为它供气的干线输气管道。认识到这一点对于落实天然气消费市场、合理规划气田产能建设和干线输气管道工程具有重要意义。城市输配气管道运行压力较低,其中高压配气干线的工作压力一般不超过 1.6MPa。这类管道的管径范围很大,入户配气管道管径小到 20mm,而配气干线管径可达 1m 以上。

第二节　长距离输气管道的组成及设计

一、长距离输气管道的组成

长距离输气管道一般由干线输气管段、首站、压气站(也叫压缩机站)、中间气体接收站、中间气体分输站、末站、清管站、干线截断阀室、线路上各种障碍物(水域、铁路、地质障碍等)的穿跨越段等部分组成(图 8-3-1)。此外,还包括通信与仪表自动化两个辅助系统,它们是构成管道 SCADA 系统的基础,其功能是对管道运行过程进行实时监测、控制和远动操作。

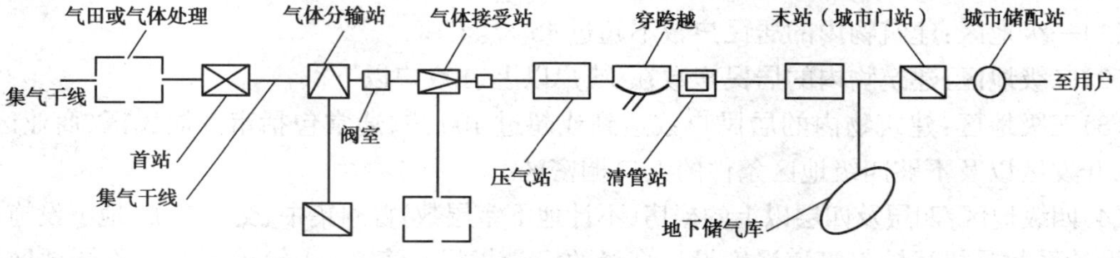

图 8-3-1　干线输气管道总体结构与流程

首站的主要功能是对进入管道的天然气进行分离、调压和计量,同时还具有气质检测和发送清管器功能。若输气管道需加压输送,则首站一般也是压气站。

中间进气站的功能是收集管道沿途支线或气源来气,而中间分输站的功能是向管道沿途支线或用户供气。这些站一般设有天然气调压和计量装置,某些接收站或分输站同时也是压气站。

压气站的功能是给气体增压,从而维持所要求的输气流量。压气站的输气设备及工艺流程较复杂,在本章第三节将予以专门介绍。

清管站的功能是发送、接收清管器,间距一般为 100 ~ 150km。清管站通常与其他站场合建,例如压气站一般都设有清管装置,但也有单独建清管站的情况。清管的目的是定期清除管道中的杂物,如水、液态烃、机械杂质和铁锈等。

若输气管道末站直接向城市输配气管网供气,则称之为城市门站。末站具有分离、调压、计量功能,有时还兼有为城市供气系统配气的功能。

为适应用气量随时间波动,输气干线有时与地下储气库或地面储配站相连。地下储气库一般设有压气站,当用气低谷时,利用该压气站将干线中多余的天然气注入地下储气空间;而用气高峰时,抽出库内天然气并将其注入输气干线中。由于地下储气空间可能会污染储存的天然气,故必须对从中抽出的天然气进行净化处理后才能将其注入输气干线。

干线截断阀室是为方便事故抢修、防止事故扩大而设置的。《输气管道工程设计规范》(GB 50251 – 94)规定干线截断阀室最大间距不得超过 32km。对于管道的穿跨越段,还应在其两端设置干线截断阀。

二、长距离输气管道强度设计

输气管道强度设计的主要内容是在设定管径、管材与最大允许操作压力的前提下确定管道壁厚,或在管材、管径与壁厚已定的前提下确定最大允许操作压力。

国际上采用两种不同的输气管道强度设计原则。以前苏联为代表的东欧国家采用距离安全性原则,而以美国为代表的欧美国家采用强度安全性原则。所谓距离安全性原则是指管道与周围建构筑物之间要保持一定的安全距离。所谓强度安全性原则是指根据管道所经地区的敏感程度确定管道的强度裕量。按这一原则,当管道经过敏感程度不同的地区时应采用不同的壁厚。《输气管道工程设计规范》(GB 50251 – 94)已明确规定我国采用强度安全性原则。

强度安全性原则要求按一定的标准将管道经过地区划分为若干等级。在《输气管道工程设计规范》(GB 50251 – 94)中,划分的依据是管中心线两侧 200m 宽、连续 2km 长范围内的居民住户数量和建筑物种类。具体标准如下:

(1)一级地区:建筑物内的居民户数不超过 15 户。

(2)二级地区:建筑物内的居民户数在 15 户以上、100 户以下。

(3)三级地区:建筑物内的居民户数达到或超过 100 户,通常包括市郊居民区、商业区、工业区、开发区以及不够四级地区条件的人口稠密区。

(4)四级地区:四层及四层以上的楼房(不计地下室层数)普遍集中、交通繁忙、地下设施多。

设计系数是描述输气管道强度设计裕量的定量指标。表 8-3-1 给出了对应不同地区等级的设计系数。

输气管道线路的设计系数 表 8-3-1

地 区 等 级	设计系数(F)	地 区 等 级	设计系数(F)
一级地区	0.72	三级地区	0.5
二级地区	0.6	四级地区	0.4

输气管道的基本强度计算基于钢管的环向应力计算,基本计算公式为:

$$p = \frac{2\sigma_s\delta}{D} \times F \times E \times T \tag{8-3-2}$$

式中:p——管道设计压力或最大允许操作压力(MPa);

σ_s——所采用管材的规定最小屈服强度(SMYS)(MPa);

D——管道公称外径(mm);

δ——管道公称壁厚(mm);

F——设计系数;

E——纵向焊缝系数;

T——温度折减系数。

对无缝钢管、螺旋焊缝钢管和某些直缝焊钢管,F 取 1;对采用某些焊接工艺的直缝焊钢管,F 取 0.6 或 0.8。当输气管道温度低于 120℃时,取 $T = 1$。

三、输气管道的稳态水力计算

工艺设计是整个输气管道设计工作的龙头,它主要包括管道水力与热力计算、确定管道设计压力与压气站的压比(即出站压力与进站压力之比,简称站压比)、压气站布站、压缩机组配置、各种工艺站场的流程设计等内容。

按运行参数(流量、压力、温度等)是否随时间变化,输气管道工况分为稳态与非稳态两类。虽然输气管道经常处于非稳态工况,但在进行工艺设计时通常先按稳态工况考虑,在给出工艺设计方案后再进行非稳态工况校核。

输气管道稳态水力计算的基本任务是确定管道流量与沿线压力分布的关系,即在已知管段两端压力的前提下计算其流量,或者在已知管段流量及某一端压力的前提下计算管段沿线的压力分布。稳态水力计算的基本流量公式为:

$$Q = C_0\sqrt{\frac{(p_1^2 - p_2^2)\,d^5}{\lambda Z\Delta_* TL}} \tag{8-3-3}$$

式中:Q——管段的标准体积流量(Nm^3/s);

p_1——管段的起点压力(Pa);

p_2——管段的终点压力(Pa);

d——管段的内直径(m);

L——管段长度(m);

T——管段中气体的平均温度(K);

Z——对应于管段中气体平均温度与平均压力的气体压缩因子,无量纲;

Δ_*——输气管段中的气体在标准状态下的相对密度;

λ——管段中气体流动的摩阻系数,无量纲;

C_0——综合常数,若采用以上列出的各物理量的单位,则 $C_0 = 0.03848$ 。

从式(8-3-3)中可以看出管径对流量影响最大。在其他条件不变的前提下,管径增大一倍将使管段流量增大到原来的5.66倍。

λ 取决于管段中气体流动的雷诺数和管内壁的相对粗糙度。

输气管道的雷诺数 Re 定义为:

$$Re = 1.536 \frac{Q\Delta_*}{d\mu}$$

式中:μ——气体的动力粘度(Pa.s)。

干线输气管道的雷诺数常常高达 $10^6 \sim 10^7$ 数量级(比一般输油管道高10~100倍),流态处于水力粗糙区或混合摩擦区,而城市输配气管道的流态一般为水力光滑区。

管壁绝对粗糙度是描述管内壁光洁度的指标,绝对粗糙度与管直径之比称为相对粗糙度。在紊流光滑区,管壁粗糙度对 λ 没有影响,而在混合摩擦区和水力粗糙区则有影响,而且在水力粗糙区影响最大。降低粗糙度一般可以使 λ 减小,从而减少气流在管段内的摩阻损失。降低粗糙度的一种有效措施是管内壁涂层。目前北美与欧洲的许多输气管道都有内涂层,基本上都采用环氧树脂类涂料。据统计,在其他条件不变的前提下,有内涂层的输气管道可以提高输量5%~8%,有的甚至达10%以上。根据经验,当管道直径大于500mm时通常采用内涂层管。

四、输气管道的稳态热力计算

输气管道热力计算主要有两个目的,一是为同一管段的水力计算服务,二是预测管段中出现凝析液及水合物的情况。热力计算可以确定管道沿线的温度分布及平均温度,该平均温度是管道基本流量公式中的一个参数。

输气管道在稳态工况下的沿线轴向温度分布可以用以下方程描述:

$$T_x = T_0 + (T_1 - T_0)e^{-ax} - D_i \frac{p_1 - p_2}{aL}(1 - e^{-ax}) \tag{8-3-4}$$

式中:T_x——距管段起点 x 米处的气体温度(℃);

T_1——管段起点的气体温度(℃);

T_0——管段周围环境的自然温度(对于埋地管道,此温度系指管道中心线处的自然地温)(℃);

D_i——气体的焦耳—汤姆逊系数,对干线输气管道,D_i 为2.5~3℃/MPa;

a——一个综合系数,$a = \frac{K\pi D}{Mc_p}$;

式中:c_p——气体的定压比热[kJ/(kg·℃)];

K——管段与周围环境之间的总传热系数[W/(m²·℃)];

M——气体的质量流量(kg/s);

D——管段外直径(m)。

相同管径输气管道的设计质量流量一般只有输油管道的1/4~1/3,而天然气的定压比热与石油差不多。因此,如果直径相同的输气管道与输油管道都处于满负荷稳态工况,且其他条件均相同,则前者的温降比后者要快得多。应该指出,由于焦耳—汤姆逊效应的影响,随着气体沿管段流动，其温度可能从高于环境温度降到低于环境温度，而输油管道不可能出现这种情况。

五、输气管道中的水合物

水合物是天然气的某些组分与液态水在一定的温度、压力条件下形成的一种冰霜状的物质。水合物的形成机理及条件与水结冰完全不同，即使温度高达29℃，只要天然气的压力足够高仍然可以形成水合物。在天然气储运过程中，通常在产生剧烈焦耳—汤姆逊效应的装置处(如调压阀)最易形成水合物，故有时需要在节流装置前对气体加热。

一种气体可形成水合物的最高温度称为该种气体的水合物临界温度。当温度高于临界温度时，在任何压力下也不可能使这种气体形成水合物。表8-3-2列出了天然气中各种组分的水合物临界温度。

形成水合物的临界温度　　表8-3-2

气体名称	甲　烷	乙　烷	丙　烷	异丁烷	正丁烷	二氧化碳	硫化氢
临界温度(℃)	47	14.5	5.5	2.5	1	10	29

形成水合物的必要条件是有液态水与天然气接触、足够高的压力和足够低的温度。此外，气流扰动、出现水合物晶种、天然气中含硫化氢和二氧化碳等因素将促使水合物形成。

在输气管道中形成水合物将增大管路摩阻甚至堵塞管道，而且一旦形成了水合物，要消除它往往相当麻烦，因此在管道运行过程中要尽量避免形成水合物。防止水合物形成的关键是避免在管内出现液态水。只要管输天然气的水露点符合设计规范要求，则在管道中就不会析出液态水。然而，如果管道投产前没有扫尽其中的积水和管内壁上的水膜，即使进入管道的天然气的水露点符合要求，仍然有可能形成水合物。为此，在输气管道预投产过程中要对管道线路进行严格的清扫和干燥。通常采用压缩空气推动清管器进行管道清扫，在清扫后还要进行干燥。常用的干燥方法有干空气法、干燥剂法和真空法。

除了控制天然气的水露点外，注入水合物抑制剂(甲醇、乙二醇等)、加热和清管等措施也可以防止水合物形成，而且这些措施在一定条件下也可以消除已形成的水合物。

六、干线输气管道工艺方案设计

工艺方案设计是干线输气管道可行性研究及初步设计的重要内容，其任务是确定管道的总体工艺方案，即在管道线路走向已定的前提下，确定各管段的管材、管径、管壁厚度及设计压力、管道全线压气站的数目及位置、各压气站的进/出站压力、进/出站温度、压比及压缩机组配置方案、管道沿线各分支点(进气点/分气点)的压力等。

1.工艺方案设计的基本步骤

(1)根据管道沿线各管段的流量、地区类别及其他条件确定各管段的管材、管径、管壁厚度及设计压力(最大允许操作压力)。同一条输气管道通常采用同一种管材及同一个设计压力值。

(2)确定每个压气站在其设计流量下的压比。《输气管道工程设计规范》(GB 50251－94)建议：当采用离心压缩机时，压气站的压比取1.2～1.5为宜。

(3)取每个压气站的出站压力刚好等于其所在位置处管段的设计压力。

(4)根据对管道末段(最后一个压气站出口到管道终点的管段)储气能力的要求,确定末段长度、管径及管壁厚度,将最后一个压气站布置在末段起点。

(5)从管道起点开始,根据设定的压气站出站压力、压气站压比及管段的水力热力计算结果沿管道线路布置压气站。

(6)根据每个压气站的流量及站压比确定其压缩机组的配置方案,包括压缩机组的类型、数目、型号规格、特性及连接方式等。

2.管道末段的储气能力

如果在干线输气管道设计时对末段储气能力有所要求,则在布置压气站之前必须确定末段的长度、管径与壁厚。末段储气的基本原理是利用该段管道中气体压力的变化改变其中所充装的气体数量。所谓末段储气能力是指该管段在最大平均压力下与最小平均压力下的气体充装量之差。工程上通常按稳态工况计算方法估算管道末段的储气能力。

末段储气能力与该管段的内部横截面积成正比,故增大管径是提高末段储气能力的有效方法。末段储气能力随末段长度的变化规律是:在一定范围内,储气能力随末段长度增加而增大,但当达到某个长度时储气能力将达到最大值,该长度称为最优末段长度。在进行末段设计时,一般先假设末段管径与其前面相邻管段的管径一致,根据该管径可以计算出相应的最优末段长度及最大储气能力。若该储气能力满足设计要求,则以最优末段长度作为设计值。否则,适当增大末段管径,然后重新计算相应于新管径的最优末段长度及最大输气能力。如此继续直到相应于新管径的最大末段储气能力满足设计要求为止。

第三节　压缩机组与压气站

一、压缩机组

压缩机及与之配套的原动机统称为压缩机组,它是干线输气管道的主要工艺设备,同时也是压气站的核心部分,其功能是给所输送的气体增压。输气管道的可靠性和经济性在很大程度上取决于输气压缩机组的选择。

1.输气压缩机的类型及特点

干线输气管道的输气压缩机有两种类型,即往复式和离心式。干线输气管道一般采用离心压缩机。

与往复压缩机相比,离心压缩机的主要特点是:①排量大,压比低,特别适合于干线输气管道这种大排量的应用场合;②结构紧凑,体积小;③运动部件少,无往复运动部件,易损件少,运行可靠性高,连续运转时间可达一年以上,运行维护工作量大大低于往复压缩机;④振动和噪声小,不需庞大而笨重的基座;⑤除轴承外,机器内部其他部件不需润滑;⑥转速高,可与燃气轮机或蒸汽轮机直接联接而不需变速装置;⑦排气均匀、连续,多台压缩机可以直接串联运行;⑧存在喘振与滞止现象,稳定工作范围较窄;⑨效率较低,干线输气管道上大型离心压缩机的最高效率一般只能达到80%~84%。

喘振和滞止是离心压缩机的两种非正常工况。每台离心压缩机在一定转速下都有一个稳定工作范围,可用压缩机入口状态下的体积流量下限 Q_{min}和上限 Q_{max}表示。当入口体积流量低于 Q_{min}时,叶轮进、出口处的气体流量和压力会出现大幅度脉动,并导致压缩机产生强烈振动和噪声,这种现象称为喘振。喘振对压缩机十分有害,对其密封、轴承、叶轮会造成较大损害,在严重的情况下甚至会使整台压缩机及与之相联的设备与管道遭受破坏。当压缩机在一定转速下的入口体积流量高于 Q_{max}时,气体在叶轮流道中的流动损失相当大,以至于压缩机的排出压力并不高于吸入压力,这种现象称为滞止。

与离心压缩机相比,往复压缩机的主要特点是:①曲轴转速低,出口排量小;②压比高,适用的压力范围广。用于干线输气管道的大型往复压缩机的排出压力一般不超过 20MPa;③效率高。干线输气管道上往复压缩机的效率可达 86% ~ 90%;④适应性较强,同一台压缩机适用于较宽流量范围,且流量调节比较方便;⑤结构复杂、体积庞大、易损件多、维护保养工作量大;⑥排气不连续,排气流量和压力是脉动的,运行时振动较大;⑦不宜串联运行。

2.输气压缩机组的原动机

输气压缩机组的原动机主要是燃气轮机和燃气发动机,在某些情况下也采用电动机和蒸汽轮机。燃气轮机—离心压缩机组和燃气发动机—往复压缩机组是最常用的机组类型,特别是大功率机组(3700kW 以上)基本上为第一种类型。

燃气轮机具有比其他热机更简单的结构、更小的体积和质量,且较容易对其热力过程实现自动控制。燃气轮机本身不需冷却,只需少量水冷却润滑油,适合于在缺水地区使用。燃气轮机的最大输出功率随气温降低而增大,故特别适合于一般干线输气管道的工况变化规律,因为输气管道的高峰负荷往往在气温较低时出现。输气管道上使用的燃气轮机的燃料通常就是从管道中引出的天然气。

燃气轮机可按结构分为重型工业燃气轮机、航空改型燃气轮机和混合型燃气轮机三种类型。重型工业燃气轮机的转速较低,通常为 6 000 ~ 8 000r/min,可以直接与离心压缩机连接。航空改型燃气轮机的转速通常在 8 000 ~ 30 000r/min 的范围内,如果采用高速航空改型燃气轮机驱动离心压缩机,一般需要在两者之间设减速装置。重型工业燃气轮机的投资及单位功率能耗指标一般高于航空改型燃气轮机,但前者大检和大修周期长,因而其综合维护费用低于后者。国外统计资料表明:航空改型燃气轮机的大修周期约为 25 000h,大检周期约为 6 000h;重型工业燃气轮机的大修周期约为 100 000h,大检周期约为 30 000h。航空改型燃气轮机具有轻便、单机功率大、易于安装、维修和整体更换方便、检修停运时间短、不必设现场维修人员与设备等优点,其质量一般只有重型工业燃气轮机的 1/3 ~ 1/2。混合型燃气轮机吸收了上述两种燃气轮机的优点,其多项技术指标值介于两者之间。其转速范围通常为 14 000 ~ 25 000r/min,大修周期约为 30 000h,大检周期约为 10 000h。

燃气轮机的主要缺点是效率低。当不采取任何回热利用措施时,重型工业燃气轮机、航空改型燃气轮机以及混合型燃气轮机的热效率分别为 22%、24% 和 26% 左右。

燃气发动机是以天然气作燃料的内燃机,其主要优点是热效率较高(通常为 35% ~ 37%,最高可达 40%)、耗气率低(0.25 ~ 0.3Nm^3/kW·h),可直接与往复压缩机连接且调速方便。主要缺点是笨重、结构复杂、安装和维修费用高、辅助设备繁杂、振动和噪声大,不宜与离心压缩机直接连接。燃气发动机的单机功率一般比燃气轮机小。

电动机具有结构紧凑、规格齐全、操作简便、运行平稳、易于实现自动控制和远动操作、效率高(一般为95%左右)、可靠性高、寿命长(可达15×10^4h)、投资小、安装维护费用低等优点。一般来说,如果不需专门建新的长距离输电线路,则采用电动机的初始投资要低于其他原动机。例如,对于一个压缩机组装机容量一定的压气站,如果采用电动机作为压缩机组的原动机,则其总投资通常只相当于装备燃气轮机的压气站的1/2~2/3。

由于转速不匹配,在输气管道上一般不采用电动机作为往复压缩机的原动机。在输气管道上与离心压缩机配套的电动机一般为鼠笼式异步感应电动机。电动机与离心压缩机配套的一个主要缺点是调速困难。虽然可以采用变频等措施实现电动机无级变速,也可以在电动机与压缩机之间增设调速装置,但这些措施的代价较高,而且其中大多数都存在局限性。

二、压气站

1.压气站的功能与组成

压气站是输气管道的主要工艺站场,其核心功能是给天然气增压。此外,压气站通常还具有清管器收/发、越站旁通输送、安全放空、管路紧急截断等功能。如果压气站位于管道起点或分支点,则还应该具有计量和调压功能。

整个压气站分为主工艺系统和辅助系统。主工艺系统主要包括压缩机组、净化除尘设备、调压阀、流量计、天然气冷却器、工艺阀门以及它们之间的连接管道。辅助系统通常包括压缩机组的能源系统、气缸冷却系统、密封油系统、润滑油系统、润滑油冷却系统以及整个压气站的仪表监控系统、通信系统、给排水系统、通风系统、消防系统、事故紧急截断系统、放空系统等。

2.压气站的工艺流程

压气站的结构和流程取决于它的功能需求,还取决于该站的压缩机组类型及连接方式。考虑到压气站工况调节及机组备用的需要,一个压气站通常配置多台压缩机组。这些机组可以采用多种连接方式,其中最常见的是串联和并联。串联方式的基本特点是:各台压缩机的标准体积流量相等,压气站的站压比等于各台压缩机的压比之积。并联方式的基本特点是:压气站总流量(标准体积流量)等于各台压缩机的标准体积流量之和,站压比等于每台压缩机的压比。

站内管道是实现压气站工艺流程的纽带。在设计站内管道时既要最大限度地满足工艺要求,又要尽可能缩短管道长度,减少阀门数量,并按照合理流速选择管道直径。站内管道的气体流速一般应控制在20m/s以内,整个压气站的摩阻压降应控制在0.2MPa以内。

第四节　长距离输气管道的运行管理

一、概述

输气管道运行管理的目标是尽可能保证按质、按量、按时向用户供气,同时做到安全、可靠、高效运行,以使得输气企业获得最佳经济与社会效益。要实现这些目标,首先应根据管道沿线气源的供气能力及用户要求的用气流量确定技术上可行、经济上合理的工艺运行方案,其次在实施该方案过程中要根据管道的实际运行状态进行合理的控制与调节。工艺运行方案主要包括每个压气站的压缩机开机方案、每个压气站的进/出站压力、每个压气站的进/出站温度等要素。对于稳态工况,工艺运行方案中的各要素在稳态运行期内是不随时间变化的;而对于非稳态工况,这些要素则可能随时间改变。无论是稳态工况还是非稳态工况,一个技术上可行的运行方案必须满足管道终点及沿线各分气点的供气流量及最低供气压力要求。在这些要求为给定的前提下,一般需要通过稳态(静态)或非稳态(动态)工况模拟确定输气管道的具体运行方案。目前国际上可以提供多种输气管道运行模拟的商品化软件,这些软件已经成为输气管道运行调度的重要工具。此外,在大多数情况下可能同时存在多个技术上可行的工艺运行方案,这就提出了所谓运行方案优化问题,优化目标通常是运行费用或能耗最低。

二、压气站与管路的匹配

所谓压气站与管路匹配就是压气站与其站间管路联合工作。从物理本质上看,匹配反映了输气管道系统的能量守恒规律,即压气站提供的能量刚好等于气体在管路中流动的能量损失加上气体本身增加的能量。假设一条输气管道处于稳态工况,且其每个压气站的压缩机开机方案及调节方案是确定的,则管道的输气流量将随之确定。一条输气管道的具体匹配情况可以用其全线各压气站的工艺运行参数来描述,它取决于全线每个压气站及每段管路的工艺特性。

压气站的工艺特性取决于其运行压缩机组合(即处于开机状态的压缩机组合)以及该组合中每台压缩机的特性。压缩机的工艺特性包括压比—流量特性(或排出压力—流量特性)、压头—流量特性、效率—流量特性和功率—流量特性,最常用的是前者。往复压缩机的排出压力—流量特性比较简单,其排出压力—流量特性可描述为:在吸入状态下的体积流量取决于转速,排出压力取决于其出口处管道的背压。离心压缩机的压比—流量特性常用下式表示:

$$\varepsilon^2 = a - b_0 Q_1^2 \tag{8-3-5}$$

式中:ε——压缩机的压比;

Q_1——压缩机在进口状态下的体积流量;

a、b_0——与压缩机有关的系数。

为计算方便,在匹配计算中常采用如下形式的排出压力—流量特性方程取代上述压比—流量特性方程:

$$p_2^2 = ap_1^2 - bQ^2 \tag{8-3-6}$$

式中:p_1、p_2——压缩机的吸入压力与排出压力;

Q——通过压缩机的标准体积流量;

b——与压缩机进口状态及 b_0 有关。

压气站的工艺特性是指将整个压气站作为一台等效压缩机看待时其所体现出的压比(或排出压力)—流量特性。只要知道压气站的压缩机开机方案以及其中每台压缩机的排出压力—流量特性,就可以确定该站的排出压力—流量特性。

管路的工艺特性包括水力特性和热力特性,与匹配有关的主要是水力特性。一段管路的水力特性是指该管路两端的压力与管路流量之间的关系。根据输气管段的基本流量公式,管路水力特性可用下式描述:

$$p_Q^2 - p_z^2 = CLQ^2 \tag{8-3-7}$$

式中：p_Q、p_z——管段起、终点压力；

C——综合系数，取决于管路直径、水力摩阻系数、所输气体的性质以及管路的平均输气温度。

对输气管道的每个压气站和站间管段分别列出上述特性方程，然后联立求解就可以确定管道的稳态运行参数。

三、干线输气管道的工况调节

由于用户用气流量的变化及其他原因，输气管道的工况经常需要调节，这种调节一般是在压气站上进行的。离心压气站常用的调节措施有以下几种：

(1)改变压缩机转速。这是所有调节方法中最经济的，基本原理是通过改变转速来改变离心压缩机的排出压力—流量特性。

(2)压气站出口节流。该方法操作简单，其物理本质是通过增大压气站出口调节阀的局部阻力损失来降低输气流量，故经济性差。

(3)压气站进口节流调节。该方法简单易行，且经济上优于出口节流。

(4)进口导叶角度调节。该方法要求在离心压缩机叶轮进口前设置一组气流导向叶片，因而使压缩机的内部结构复杂化。其调节范围取决于叶轮的内径与外径之比，该比值越小，调节范围就越小。其经济性仅次于调节压缩机转速。

(5)回流调节。该方法简单易行，但经济性最差。其基本原理是让压气站出口的一部分气体通过站内循环管道返回进口，从而减少该压气站的有效流量。

第五节　城市燃气输配系统

一、城市燃气的种类

除了天然气，城市燃气还有人工煤气、液化石油气等。此外，在一些用气量较小且距离天然气气源较远的城镇或城市远郊，采用汽车槽车运输 CNG 或 LNG 可能比管道输送更经济。

1.人工燃气

根据制作原料和工艺，人工燃气分为固体燃料干馏煤气、固体燃料气化煤气、油制气、高炉煤气四种类型。从发展趋势看，传统意义上的煤制气在城市燃气中的比例将越来越小。

固体燃料干馏煤气是指利用焦炉、连续式直立炭化炉或立箱炉等对煤进行干馏所获得的煤气。干馏方式的产率约为每吨煤生产 300～400Nm^3 煤气。干馏煤气中甲烷和氢含量较高，其低发热值约为 16 700kJ/Nm^3。与其他人工煤气相比，干馏煤气历史最悠久，目前它仍然是我国城市燃气的主要气源之一。

固体燃料气化煤气包括压力气化煤气、水煤气、发生炉煤气等。在 2～3MPa 压力下，以纯氧或水蒸气作为气化剂将煤气化可获得压力气化煤气。这种煤气的主要成分是氢，甲烷含量也较高，其发热值约为 15 100kJ/Nm^3。若城市附近有褐煤或长焰煤资源，可在煤矿附近采用鲁奇炉生产压力气化煤气(一般称为坑口气化),然后直接利用煤气本身的压力就可以将其输送到城市。水煤气和发生炉煤气的主要组分为一氧化碳和氢。这两种煤气的发热值低、毒性大,不能单独作为城市燃气的气源,但可以作为焦炉和连续式直立炭化炉本身的燃料,以顶替出由这两种炉生产的干馏煤气,增加干馏煤气的产量。也可以将这两种煤气与干馏煤气、重油蓄热裂解气掺混,用于调节供气量和燃气的发热值。

油制气是指利用炼油厂渣油制取的燃气,分为重油储热热裂解气和重油储热催化裂解气两种。热裂解气的主要组分是氢气、甲烷、乙烯和丙烯,发热值约为 41 900kJ/Nm^3,每吨渣油产气量为 500 ~ 550Nm^3。催化裂解气中氢含量最高,也含有甲烷和一氧化碳,发热值为 17 600 ~ 20 900kJ/Nm^3。若利用三筒炉催化裂解装置,每吨渣油产气量为 1 200 ~ 1 300Nm^3。此外,国外一些中、小燃气厂采用石脑油(粗汽油)作为制气原料。

高炉煤气是钢铁厂的副产品,主要组分是一氧化碳和氮气,发热值为 3 800 ~ 4 200kJ/Nm^3。高炉煤气可作为炼焦炉的燃料,从而可以替换出炼焦炉本身生产的焦炉煤气。

2.液化石油气

液化石油气(LPG)是石油开采和炼制过程的副产品。目前我国的 LPG 主要来自炼厂的催化裂化装置,这种装置的液化石油气产率为 7% ~ 8%。此外,油气田的原油稳定和轻烃回收装置也提供一定数量的 LPG。LPG 的主要成分是丙烷和丁烷,它在常温常压下呈气态,但当压力升高或温度降低时很容易转化为液态,其液态体积约为气态的 1/250。液化石油气(气态)的发热值为 92 100 ~ 121 400kJ/Nm^3,折算为液态为 45 200 ~ 46 100kJ/kg。除了作为工业与民用燃料外,LPG 还是一种清洁汽车燃料。LPG 汽车的尾气排放质量虽然比天然气汽车稍差,但远远优于石油燃料汽车。

LPG 的主要优点是运输和供应方式比较灵活。此外,其供气设施具有投资少、设备较简单、建设速度快等优点,所以近 20 多年来在我国发展很快。20 世纪 80 年代以前,我国民用 LPG 的供应方式基本上是罐装,目前这种方式仍占相当大比例。近十几年来,我国一些城镇陆续建设了 LPG 配气管网,即在气化站将 LPG 集中气化后将其送入配气管网。这种管网有两种供气方式,一是纯 LPG,另一种是掺入空气的混合气。LPG 掺空气的目的是使混合气的发热值降低到接近天然气的水平,这样,一旦有了天然气气源,用户的燃气用具就可以直接切换到天然气。此外,掺入空气可以降低输配气管网中气体的露点,因而在气温较低的地区往往采用这种方式。混合气中掺入空气的比例一般为 60%左右。

二、城市燃气的质量要求

1.人工燃气中主要杂质的允许含量

(1)焦油与灰尘。我国《城镇煤气设计规范》(GB 50028 – 93)规定:城市燃气的焦油和灰尘含量不得超过 10mg/Nm^3。

(2)萘。人工煤气特别是干馏煤气中含萘较多。规范规定:对于低压输送(压力不超过 500mm 水柱)的城市燃气,冬季的含萘量不得超过 50mg/Nm^3,夏季的含萘量不得超过 100mg/Nm^3;对于中压以上(压力高于 500mm 水柱)的燃气管道,冬季的含萘量不得超过 $50/p$(mg/Nm^3),夏季的含萘量不得超过 $100/p$(mg/Nm^3),这里 p 是输配气管网起点处的绝对压力,单位为 10^5Pa,即 bar。

(3)硫化物。燃气中的硫化物分为无机硫和有机硫,其中90%~95%为无机硫。无机硫指硫化氢,有机硫包括二硫化碳、硫氧化碳、硫醇、噻吩、硫醚等。硫化氢及其燃烧产物二氧化硫都具有很强的毒性和腐蚀性,有机硫经高温分解和燃烧后会生成硫化氢或二氧化硫和三氧化硫。规范规定人工燃气中硫化氢的含量不得超过20mg/Nm^3。

(4)氨。高温干馏煤气中含有氨气,其对燃气管道、设备及燃具有腐蚀作用,且其燃烧后产生的氮氧化物对人体和环境都有害。规范规定人工燃气中氨的含量不得高于50mg/Nm^3。

(5)一氧化碳。一氧化碳是无色、无味、有剧毒的可燃气体,它是城市燃气中毒性最强的可燃成分。人工煤气(特别是发生炉煤气)中一氧化碳含量往往较高。一般要求城市燃气中一氧化碳含量不超过10%。

(6)氮氧化物。氮氧化物对人体有害。燃气中的一氧化氮燃烧后生成二氧化氮,二氧化氮又可与燃气中某些烯烃反应而聚合成气态胶质。这种胶质易沉积于气体流速及流向变化的地方,因而会引起燃气输配设备和燃气用具发生故障。目前规范中对氮氧化物含量还没有具体要求。

2.LPG的质量要求

(1)硫分。一般要求气态LPG中硫化氢的含量不高于50 mg/Nm^3,液态LPG中总硫分的质量百分比不超过0.015%~0.02%。

(2)水分。通常要求将LPG的水分尽可能脱除干净。

(3)从炼油厂获得的LPG可能含有二烯烃。当这种LPG气化时,在气化装置的加热面上可能生成橡胶状固体聚合物,并可能导致气化装置发生故障。一般要求LPG中丁二烯的摩尔分数不高于2%。

(4)乙烷和乙烯。由于乙烷和乙烯的饱和蒸汽压高于丙烷和丙烯的饱和蒸汽压,而LPG的储运设备大多是按纯丙烷设计的,故乙烷和乙烯含量过高容易发生事故。一般要求作为燃气的LPG中乙烷和乙烯的质量分数不超过6%。

(5)残液。C_5及C_5以上的组分在储气容器中以液态形式存在,故通常称之为残液。一般要求在20℃条件下液态LPG中残液的体积分数不超过2%。

除上述要求外,我国《城镇燃气设计规范》(GB 50028-93)还规定:人工燃气的发热值不得低于14 700kJ/Nm^3,燃气的华白指数波动范围不超过5%。华白指数是反映燃烧性能的一个数量指标,它等于燃气的高发热值与其相对密度的平方根之比。为了使燃气用具的热负荷在燃气种类变化的情况下保持相对稳定,应该限制燃气的华白指数不要发生大的波动。

三、城市燃气管网的基本结构

(一)城市燃气输配管道的分类

1.按管道功能分类

(1)分配管道:将燃气分配给工业用户、公共建筑物和居民用户的管道。它包括从长距离输气管道的城市门站或其他气源接收燃气的管道、穿过街区的配气管道以及居民小区内部的配气管道。

(2)用户引入管:分配管道与用户室内管道之间的连接管道。

(3)室内燃气管道:将燃气引入室内,并分配到每一件燃气用具。

(4)工业企业燃气管道:通常包括工厂引入管、厂区分配管、车间燃气管道和炉前燃气管道。

2.按敷设方式分类

(1)埋地管道:这是城市燃气管道最常用的敷设方式。

(2)架空管道:只用于某些不适于埋地敷设的特殊地段,有时在厂区内为了管理维修方便也采用架空方式。

3.按燃气压力分类

根据我国《城镇燃气设计规范》(GB 50028-93),城市燃气输配管道划分为5个压力等级:

高压A级:$0.8 < p \leqslant 1.6$ MPa;

高压B级:$0.4 < p \leqslant 0.8$ MPa;

中压A级:$0.2 < p \leqslant 0.4$ MPa;

中压B级:$0.005 < p \leqslant 0.2$ MPa;

低压:$p \leqslant 0.005$MPa。

气体从高压力等级的管道进入低压力等级的管道必须经过调压。

4.按管材分类

(1)钢管:常用的有普通无缝钢管和焊接钢管。钢管具有强度高、管壁薄、可塑性好等优点,特别适合于压力较高的管道。其缺点是耐腐蚀性能较差,防腐成本高。

(2)铸铁管:铸铁管是城市燃气行业中历史最悠久的管材,目前在我国城市的中、低压燃气管道中仍广泛采用。铸铁管的优点是投资省、耐腐蚀性能好。其缺点是抗拉强度、抗弯曲能力、抗冲击能力及焊接性能等不如钢管好。随着球墨铸铁铸造技术的发展,铸铁管的机械性能已大大改善。国外用于燃气管道的铸铁管直径为40~2 600mm,最高输气压力达1.6MPa。

(3)塑料管:塑料管具有耐腐蚀、质量轻、柔性好、流动阻力小、施工简便等优点。近几十年来,一些国家相继在城市输配系统中推广使用聚氯乙烯、高中密度聚乙烯和尼龙—11等多种材质的塑料管。塑料管的承压能力远远低于钢材,在同样设计压力下,塑料管的厚度比钢管大得多。目前塑料燃气管道的最大设计压力一般为0.3MPa,最高工作温度为38℃。为提高塑料管的承压能力,近年来开始使用一种带金属骨架的塑料复合管。这种复合管的主材是高密度聚乙烯或聚丙烯,其管壁内部敷设了一层用于提高管子强度和刚度的钢骨架。塑料管(包括金属骨架塑料复合管)价格一般高于钢管,但由于不需采取防腐措施,而且施工简便,故其综合造价与钢管差不多。

(4)有色金属管:国外有些小口径燃气管道(如室内管道)采用有色金属管材,如铜管和铝管。有色金属管的优点是耐腐蚀性好,缺点是造价高。

(二)城市燃气输配管网的拓扑结构

管网拓扑结构是指其组成及各部分之间的联接关系。现代城市燃气输配管网一般由以下几部分构成:①各种压力等级的燃气管道;②城市燃气分配站(简称配气站)、压气站、调压计量站、调压室;③储气站;④计算机监控系统。

根据管网压力的分级情况,城市燃气输配管网分为一级系统、两级系统、三级系统和多级系统。

一级系统只有低压管网,一般只适用于小城镇。当供气范围较大时,这种系统结构将导致单位燃气输量的管材用量急剧增加，因而经济上不合算。

两级系统由低压和中压(A 级或 B 级)两级管网构成。中压管道和低压管网中的主干线一般建成环状，而其他低压管道一般建成树枝状结构。近年来，低压管网一般采用分区建设模式，各区域的低压管网相对独立，这样不但不会降低各区域的供气可靠性，还可避免区域低压管网之间相互干扰。

在中压管网和低压管网之间必须设调压室。调压室的主要设备是调压器，其功能是降低燃气压力，并维持调压室出口压力稳定。

三级系统由低压、中压和高压管网组成，其气源一般是来自长距离输气管道的天然气，在少数情况下也可以是高压人工燃气。这种系统的高压、中压管道多采用环状结构，低压管网结构与两级系统相同。在不同压力等级的管网间必须设调压室。为了使各个环上的压力均衡，每两级管网之间一般要设置多个调压室。

多级系统由低压、中压、高压和超高压管网组成，一般适用于特大型城市，其气源一般是来自长距离输气管道的天然气。在这种系统中，除了要设各种调压室外，在超高压环线与高压环线之间一般还要设调压计量站。为提高供气可靠性和灵活性，一般有多条长距离输气管道与超高压环线相连。

第六节　供气调峰与储气设施

由于气源供气的相对平稳性与用气的不均匀性，天然气供气系统的供气量与用气量在时间分布上往往不平衡。为了最大限度地满足用气需求，必须采取各种措施强制性地维持供气量与用气量的动态平衡，这一过程称为供气调峰。在大多数供气系统的设计和运行管理中，调峰是一项必不可少的重要内容。

一、用气量的时间不均匀性

用气流量随时间的波动称为用气量的时间不均匀性，它分为月不均匀性、日不均匀性和时不均匀性。影响月不均匀性的主要因素是气候的季节性变化。一年中月用气量的不均匀性用月不均匀系数表示，它等于每月的平均日用气量与全年的平均日用气量之比。全年中月不均匀系数最大的月称为高峰月，该月的月不均匀系数称为月高峰系数。一个月中日用气量的不均匀性用日不均匀系数表示，它等于每日的用气量与全月的平均日用气量之比。一个月中平均日用气量最大的哪一天称为高峰日，该日的日不均匀系数称为日高峰系数。一昼夜内用气量的波动用小时不均匀系数表示，它等于每一小时的用气量与全天的平均小时用气量之比。一天中小时不均匀系数的最大值称为这一天的小时高峰系数。

二、调峰的主要措施

可从供气和用气两方面调节供气与用气的平衡。供气方调峰措施主要有：调整气田或人工燃气厂的产量，调整输气管道的工艺运行方案，输气管道末段储气，储气库、储气罐或地下管束储气，调峰型 LNG 厂，引进 LNG 或 LPG 作为辅助气源等。用气方的调峰措施主要有：选择一些可切换多种燃料的大型工业企业作为缓冲用户、要求居民用户配置备用加热装置(如电炊具、电热水器)等。

调峰方案的选择与调峰周期有关。调峰周期指调峰过程涉及的时间长度,可以是一年、一个季度、一个月、一周或一天,也可以是某一段特定时间。根据调峰周期长短,可以将调峰分为中长期调峰和短期调峰两类。一般调峰周期达到或超过一个月的为中长期调峰或季节性调峰,而一个月以下的为短期调峰。

短期调峰最常用的措施是输气管道末段储气和储气罐储气。国外经验表明:长输管道末段储气是最有效、最方便、最经济的短期调峰方式。中长期调峰主要采用地下储气库和各类LNG设施。必要时,这两种措施也可以用于短期调峰。

某些调峰措施带有很大局限性。例如,若采用调整干线输气管道工艺运行方案的方式调峰,则一方面要求按最大用气流量设计干线输气管道,另一方面要求气源按该最大用气流量提供天然气,这样在全年大部分时间气源和干线输气管道都处于不满负荷状态,势必大大影响气源(例如气田)和管道的经济效益。根据国外经验,原则上不应采用调整气源供气量和干线输气管道工艺运行方案的办法进行中长期调峰,也就是说,气源设施和干线输气管道基本上应该按各自的设计能力维持平稳运行,而供气和用气的不平衡问题则通过其他调峰措施解决。

三、储气罐与地下储气管束

储气罐通常为地上钢罐,根据储气压力高低分为低压罐和高压罐,而低压罐又分为湿式与干式。低压储气罐又叫气柜,其储气压力恒定并接近大气压,一般为1~4 kPa,最高不超过6kPa。气柜的储气空间是可变的,因而可通过储气空间的容积变化改变储气量。高压储气罐的储气压力一般在0.8~2MPa的范围内,其储气空间是固定的,可通过储气压力的变化改变储气量。大型高压储气罐一般为球罐。目前世界上低压储气罐的最大容量为$50 \times 10^4 Nm^3$,高压储气罐的最大几何容积为$5.55 \times 10^4 m^3$。

地下储气管束的储气压力可以达到干线输气压力或更高水平。一般来说,高压储气罐比气柜经济,地下储气管束比高压储气罐经济,而干线管道末段储气又比地下管束经济。近20多年来国外已很少建天然气地面储罐和地下储气管束。

四、地下储气库

1.地下储气库的作用

地下储气库具有容量大、吞吐量大、功能全、适应性强、经济性好、安全度高、占地面积少、环境影响小等一系列优点。从地下储气库的储气功能出发,人们开发出了它的多种用途:

(1)供气系统调峰。地下储气库是一种最有效、适用范围最广,而且在许多情况下也是最经济的调峰手段,它通常建在用气中心附近。利用地下储气库调峰的基本原理是:当供气量大于用气量时,多余的气量进入与输气管道连通的地下储气库;当用气量大于供气量时,不足的气量由该储气库补充。地下储气库主要用于中长期调峰,但有时也用于短期调峰。

(2)提供应急气源。在供气系统上游的气源因各种原因停产或部分停产、干线输气管道事故(如管道断裂)停输或因故障而不得不降量输送的情况下,位于用气区附近的地下储气库可以作为应急气源维持供气。

(3)天然气战略储备。地下储气库可以作为国家、地区或企业的天然气战略储备基地,用于在正常气源较长时间不能保障供气的情况下维持供气。

(4)天然气贸易和价格套利。利用不同时间(如冬季和夏季)的价格差套取天然气买卖的差价收入。

(5)储气库租赁。由地下储气库专业公司向其他公司提供有偿储气服务。

2.地下储气库的分类

为了使地下储气库的采气压力满足工艺要求并保证储气库运行的经济性,不能将储存的气体全部采出。地下储气库中可采出的那部分气体叫周转气,而滞留的那部分气体叫垫层气。地下储气库可容纳的最大周转气量称有效容量。

根据以额定采气速率采出全部周转气量所需的天数,可以将地下储气库分为短期调峰型和季节型。短期调峰型一般为5~25d,季节型一般为70~120d。季节型储气库也叫基本负荷型储气库。

按地质构造划分,地下储气库分为枯竭油气田型、含水层型、盐穴型、岩洞型及废弃矿井型。枯竭油气田型又分为枯竭气田型、枯竭凝析气田型和枯竭油田型。而所有这些类型又可归成两大类:孔隙型与洞穴型。孔隙型包括枯竭油气田型和含水层型,其基本特征是储气区域为多孔岩层。洞穴型包括盐穴型、岩洞型和废弃矿井型,其基本特征是储气区域为各种形状的封闭洞穴。一般来说,孔隙型的储气容量大而单井产量低,主要用作季节性调峰;洞穴型的储气容量较小但单井产量高,特别适用于短期调峰。

3.各类储气库简介

枯竭油气田型地下储气库是最有效、最经济的季调峰方式,世界上现有的大部分地下储气库都属于这种类型。这类储气库的基本原理是:通过油气田原有的生产井和建库时新建的气井往枯竭油气层中注入天然气或从中采出天然气。由于枯竭油气层以前就是油气聚集区,故其孔隙度和渗透率一般能满足储气库的要求。这类储气库的主要优点是节省了大量勘探工作,而且可利用油气田原有的生产井及地面集输设施。枯竭气田型储气库的运行条件与原气田的开采条件很相似,在建设储气库时可以最大限度地利用气田原有的生产设施,因而将枯竭气田转化为储气库所需的改造工程量最小。此外,从这种储气库中采出的天然气的洁净度高,因而净化费用低。

含水层型储气库的基本原理是通过注气井(或注气/采气井)将天然气注入含水地层的孔隙空间内形成人造气田。注气时,天然气驱替含水层中的水并充满储层岩石的孔隙。采气时,储气层边缘的水又侵入一部分储气空间。这种储气库的容量与枯竭油气田型相当,一个含水层可以储存数十亿标准立方米的天然气。

盐穴储气库以地下盐层中的洞穴作为储气空间,洞穴可以是开采盐矿后留下的,也可以是为建造储气库而专门用淡水冲洗出来的。它的突出优点是单井产量高,因而特别适合于作为短期调峰型储气库。在冬季用气高峰期,盐穴储气库是多孔岩层型储气库的最佳搭档。

岩洞型储气库利用在岩石中专门开挖的洞穴储存天然气,它可以建在大多数岩石中,因而选址的灵活性大。对于那些缺乏孔隙型地层和盐层的地区,岩洞储气库是一种值得考虑的储气方式。然而,由于施工费用高且密封难度大,迄今为止世界上还没有一座岩洞型储气库投入工业运行。

废弃矿井型储气库利用废弃矿井作为储气空间,从而节省了开挖洞穴的工程量。但由于废弃矿井原来在常压下工作且不具密封性，故在将其改建为高压储气库时首先应进行加固和密封。矿井中原有的竖井可以作为储气库的注、采气井，但必须进行严格的密封处理。此外，还要新增一些注、采气井和监测井。建设这种储气库的最大困难是密封难度大，由此有可能引发安全和环保方面的问题。

五、利用 LNG 调峰

在没有条件建地下储气库的情况下，液化储存是值得考虑的储气和调峰方式。利用 LNG 调峰通常有两种方式。第一种是在干线输气管道末端附近建一个与该管道相连的调峰型 LNG 厂。当管道输气流量大于用气流量且管道本身不能容纳多余的气体时，这些气体可以在 LNG 厂液化后储存；当输气流量小于用气流量且管道本身不能弥补这个差异时，可以将储存的 LNG 再气化，然后补充到供气管网中。第二种是从其他地方将 LNG 运到靠近干线管道末端的 LNG 卫星站，当干线管道的输气流量不能满足用户需求时，将作为辅助气源的 LNG 再气化并输入管网中。这些 LNG 一般来源于连续生产的基本负荷型 LNG 厂。这种 LNG 厂的生产规模通常远远大于调峰型 LNG 厂，它提供的 LNG 既可作为调峰辅助气源，也可作为供气系统的主气源。日本、韩国和我国台湾省就以 LNG 作为供气系统的主气源。

LNG 通常以低温、常压状态储存，储存温度在 -161℃以下，储存压力一般不超过0.03MPa。LNG 储罐普遍采用由内罐和外罐构成的双层结构，其间充满绝热材料。内罐材料必须具有良好的低温韧性，通常采用铝、镍钢、铬镍钢及预应力混凝土等材料。绝热材料通常为珍珠岩，也可采用聚氨酯泡沫或泡沫玻璃砖。LNG 储罐中的低温液体会有一定的蒸发量。通常认为大型 LNG 储罐的经济蒸发率为 0.05%（相对于储存量而言）左右。

LNG 储罐分为地上金属储罐、地上金属—混凝土储罐、地下储罐三类。此外，LNG 还可储存于盐穴、岩洞及冻土层洞穴中，但应用实例极少。

地上金属储罐历史最长，目前应用也最普遍。它具有两层金属壁，两层之间有一层绝热材料。内罐材料为耐低温金属，用得最多的是 9% 镍钢，但也有用铝合金或不锈钢的；外罐材料是不耐低温的碳钢。内罐很薄，通常被称为薄膜罐。它本身不能承压，但可通过绝热层将液压传递给外罐壁。这种储罐分为落地式和高架式两种。落地式金属储罐底部用珍珠岩隔热，并在预埋的加热管中通入热风或热水，或在罐基上预设电加热器，以防止土壤冻结后隆起而损坏储罐。高架式金属储罐支撑于伸出地面的桩上，这样可以保持罐底与地面间空气畅通，从而避免位于罐底下方的土壤冻结。

地上金属—混凝土储罐的内罐和外罐中有一个用金属制成，另一个用钢筋混凝土或预应力混凝土制成。这种储罐具有耐火、抗震能力强、耐强风暴和人为损害等优点。由于混凝土只是液密而非气密的，故必须在这种储罐中加装一个密封层。除了金属—混凝土罐外，还有一种内罐和外罐均由混凝土制成的全混凝土罐。

地下储罐的内罐和绝热层与地上储罐基本相同，外罐通常采用钢筋混凝土或预应力混凝土罐壁。它的主要优点是占地面积小、安全性高、耐久性好、抗震性能好。据国外资料介绍，在各种 LNG 储存设施中，冻土层地下洞穴投资最低，地上金属罐的投资最高，但包括运行管理费在内的各种储罐的综合运行成本几乎相同。一般来说，当罐容不超过 $2 \times 10^4 m^3$ 时多采用金属罐；而超过此界限时多采用金属—混凝土罐，同时可考虑采用地下储罐。

第四章　矿场油气集输管道

第一节　油气集输管道系统

一、油气集输管道的组成及特点

油气井的产物主要是原油、天然气、水和某些杂质的混合物。原油和天然气是油气田的主要产品，在它们被外输销售之前必须经过净化处理使之符合国家质量标准。矿场油气集输管道是连接油气井与各个油气田地面生产设备的纽带，其任务是将各油气井产物用管道汇集到计量、分离、处理站进行处理，并将合格产品送至长距离油气管道首站，或铁路转运站，或油气田附近的直接用户。与长距离油气输送管道不同，油气集输管道中输送的介质一般是油、气、水多相混合物。

在油田，从井口采油树出口到原油和天然气外输之间所有的油气生产过程均属油气集输范畴，其生产过程内容及相应关系见图8-4-1。油气集输系统以集输管网及各种生产设施构成的庞大系统覆盖着整个油田。

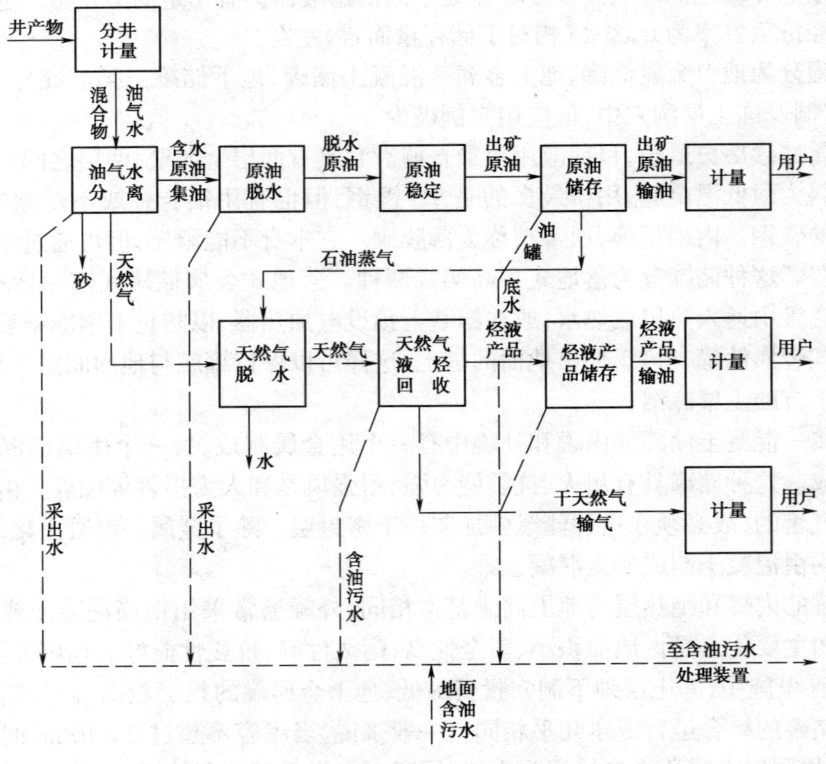

图8-4-1　油气集输过程示意图

由于各油田、各油层所产石油的物性、产量不同，井口的参数(温度、压力等)不一，地貌气候的差异，不同生产阶段油气井产物的变化等，要求油气集输管网的规划、设备及生产流程与之相适应。例如，根据油气产量随开发时间呈上升、平稳、下降几个阶段的特点，地面集输管道系统及设备中不仅是介质的量(油、气、水产量)发生变化，其性质(如原油物性)也在变化，因此在一定时期内油气集输管网和设备需作适当的调整以适应油气田开发不同阶段的要求。油气田油气集输系统的适用期一般为 5～10 年，按油气田开发区规定的逐年产油量、产气量、油气比、含水率的变化，按 10 年中最大处理量确定生产规模。

二、油田油气集输系统

油田油气集输系统包括油井计量、集油、集气、油气水分离、原油脱水、原油稳定、原油储存、天然气脱水、天然气凝液回收、凝液储存和含油污水处理等装置，而连接这些生产装置的就是庞大的油气集输管网系统。油气集输系统工艺流程是油、气等物质在集输管网中流向的说明。系统中每个生产环节的功能和任务、技术要求和指标、工作条件和工艺参数、各环节间的关系等也都在流程中说明。

集输工艺系统的性能可以通过其能耗、处理质量、损耗等方面加以衡量。

对集输系统的基本要求是：①对油、气、水等油井产物的处理要完善、彻底，能获得最大量的油、气产品，并使各种产品达到规定的质量标准；②集输过程中的能耗和损失最低，能量利用率高。

图 8-4-2 为典型的油田全密闭集输流程。全密闭集输流程是指油气从井口到外输站的集输处理和外输的全过程不开口(没有与大气相接触的点)，形成全过程的密闭系统。

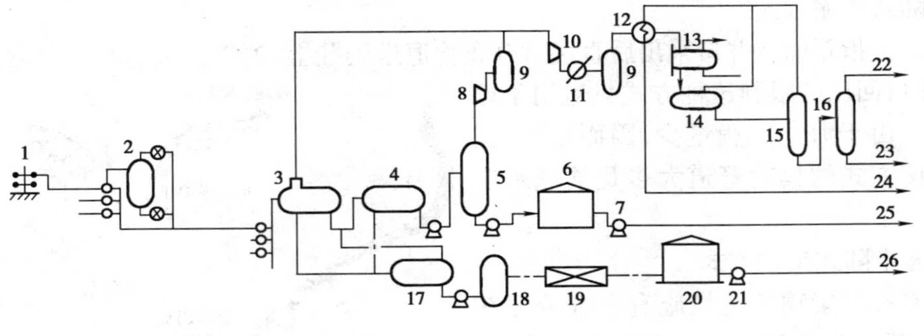

图 8-4-2　油田全密闭油气流程

1-油井；2-计量装置；3-三相分离器；4-原油脱水；5-原油稳定；6-储油罐；7-输油泵；8-压缩机；9-分离器；10-压缩机；11-冷却；12-换热；13-外冷源换冷；14-分离器；15-脱乙烷塔；16-脱丁烷塔；17-污水除油；18-过滤；19-浮选；20-水罐；21-注水泵；22-液化气；23-轻油；24-天然气；25-原油；26-处理后污水(注入地层)

三、气田集气系统

气田的矿场集输与油田有许多共同之处。气田的商品主要为天然气、液化石油气、稳定轻烃及从含硫天然气中提炼出的高纯度的硫磺等副产品。

气井井口压力与气藏深度有关，一般远高于油井，开采初期常在 10MPa 左右。随天然气开采井口压力下降，开采后期压力可降至 1.6MPa 以下。根据集气压力不同，集气管网可分为高压(>10MPa)、中压(1.6～10 MPa)、和低压(<1.6MPa)三种。低压气可供邻近用户，或用压

缩机，或以高压气为动力的喷射器增压后纳入上一压力等级的集气管网。集气流向从井口至集气站再输至气体处理厂。

集气管网分枝状、环状和放射状三种（图 8-4-3），按气藏大小、形状、集气可靠性、气井集中程度等因素选择管网形式。

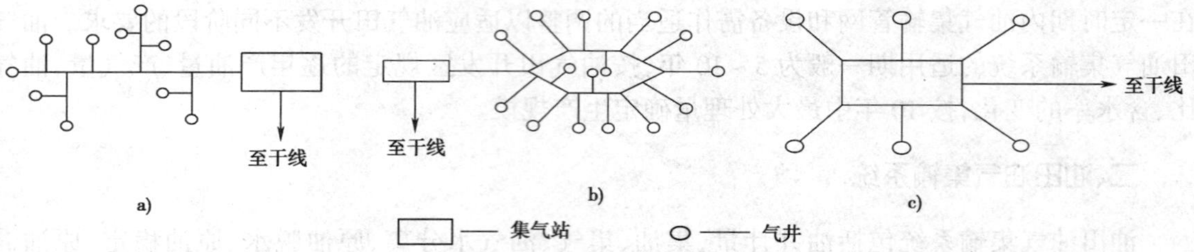

图 8-4-3　集气管网示意图

a）枝状集气管网；b）环状集气管网；c）放射状集气管网

四、海上油气集输系统简介

从海底下开采出来的油井产品，经过收集、加工、储存，装船外运或经海底管道输到陆地，这就是海上油气集输的任务。

海上油气集输系统因油气田的地理位置、海底情况和开发方案的差别而有不同的方式。一般以生产设施建设的位置划分为不同的海上油气集输方式。常见的有全海式、半海半陆式和全陆式，见图 8-4-4。

1.全陆式集输方式

全陆式是指石油从井口采出后直接由海底管道送到陆上，油气分离、处理、储存全在陆上进行，受井口回压的限制这种方式只适用于近海油气田。由于海上工程量少，因而投资省、投产快。该方式的集输管道大多是油气水三相混输。

2.半海半陆式集输方式

这种方式的集输工艺设施有一部分建在海上，另一部分建在陆地。一般在海上计量、分离、脱水（或陆上脱水），通过管道分别将油气输送到陆上进行后继处理。该方式适应性较强，远近海油气田都可采用。如果海底不宜敷设管道此方式难以采用。

3.全海式集输方式

全海式的集输过程全在海上进行。它能用于各种海上油田，尤其是深海和远海油气田。由于该方式多采用浮式设施，投资相应较低。井口生产平台或水下采油树与生产储油轮间通过管道连接。

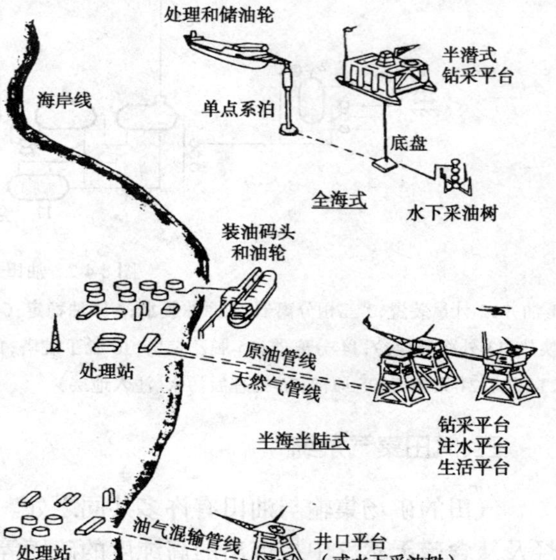

图 8-4-4　三种集输方式示意图

五、油气处理系统概述

1.油气分离

从井口采油树出来的井液主要是水和烃类混合物。在油藏的高温、高压条件下天然气溶解在原油中。当井液从地下沿井筒向上流动和沿集输管道流动的过程中，随着压力的降低，溶解在液相中的气体不断析出，形成了气液混合物。为了满足产品计量、处理、储存、运输和使用的需要必须将它们分开，这就是油气分离。

生产中采用多级分离方式。多级分离是指气液两相在保持接触的条件下，压力降到某一数值时，停止降压，把析出的气体排出；液相部分继续降压，重复上述过程，如此反复直至系统压力降为常压。

2.原油脱水

油井产物中多含有水、砂等杂质，水中还溶解了一些矿物盐(尤其是开采后期)。由于我国大部分油田是用注水方式开发的，目前我国原油平均含水量已在80%以上，到开发后期含水量可高于90%，输送和处理大量的水使管道和设备不堪重负，增加了能量的消耗，矿物盐造成了管道和设备结垢和腐蚀。原油中夹带的泥砂造成管道堵塞和储罐淤积，还使设备磨损。原油必须在矿场经过脱水、净化加工才能成为合格产品外输。

3.原油稳定

原油是烃类混合物，其中低碳烃($C_1 \sim C_4$)在常温、常压下是气体。这些轻烃从原油中挥发出来时会带走戊烷、己烷等组分，造成原油在储运过程中损耗，并污染环境。将原油中的轻组分脱出，降低其蒸汽压，减少蒸发损耗，称为原油稳定。

4.天然气净化

天然气是很好的能源和化工原料。天然气中含有水蒸气，有些还含有 H_2S 和 CO_2(称酸性气体)，酸性气体会使管线和设备腐蚀，同时也不符合化工原料的要求，必须脱除。在天然气中常含 C_2 以上的组分，其中 C_3、C_4、C_5^+ 是液化气和稳定轻烃的组分，应予回收。

天然气脱硫实际上是脱除气体中常含有的有机硫化合物等酸性气体和 H_2S、CO_2。天然气脱硫和脱水也称天然气净化。

第二节　油气水多相混输管道

一、油气水混输管道概述

在矿场油气集输系统中，油、气、水或它们的混合物输送都是靠管道来完成的。油气分离之前的管道是油气水三相混输。在矿场集输管道中大约有70%为多相混输管道。

在一些条件下，油气水混输管道在经济上往往优于用两条管道分别输送量不大的原油和天然气。在某些特定环境下，混输管道更具有单相管道不可比拟的优点。例如，在近海石油开采中，若采用混输管道将油井的油气产物送至陆上处理站，就可以大大减小海上平台的面积，从而节省平台建造、操作费用，节省海上油气处理设备的安装及经营费用。因此，目前混输管道已从过去的小直径、短距离逐步向大直径、长距离的方向发展。位于北海的英国与挪威交界处的 Frigg 大气田到苏格兰 Saint Fergus 的直径 32in、长 365km 的输送天然气—凝析液的混输管道便是一例。近 20 年来,油气水混输技术已成为各国的研究热点。

1.混输管道分类

按照所输送介质的种类,油气田生产中的混输管道可分为气液两相混输管道、油水两相混输管道及油气水三相混输管道。

2.多相混输管道的特点

与单相流体管道相比,混输管道有以下特点:

(1)流动不稳定、流型多变。在不同的油气性质、油气水三相比例、管径等条件,混输管道可能出现各种流动形态(流型)。即是同一管道,不同时间、不同地段,其流型也可能不同。例如,随着输送距离的延长,管道内压力下降,使气体体积增大,从而使气液体积比发生变化,导致流型变化。

(2)存在各相流体间的能量损失和液相积聚现象。例如,在气液两相流动中,由于各相的速度常常不同,使气液相间产生能量交换和能量损失。在气液两相管道内液面的起伏使气体流道面积忽大忽小,气体忽而膨胀忽而压缩,使相间能量损失增加。同时,由于重力等一些因素的作用,液相会在管道低洼处聚积,导致流动阻力大。

(3)由于各相流体在管道内分布状况多种多样,使多相流动的规律从而多相混输管道的设计与运行相当复杂,目前尚无公认的、准确的热力、水力计算模型,长距离管道输送关键的增压和计量设备还不能很好满足生产应用的需要。

二、混输管道的流动特性及其计算方法简介

1.气液两相流的流型划分

根据气液两相流体在管内的分布情况和结构特征,人们把两相流动分成若干流型。由于流动的复杂性和实验条件的差异,不同学者提出了的流型划分不完全相同,其中比较有代表性的是埃尔乌斯流型划分法。他把管内两相流流型划分为以下 8 种:

(1)气泡流(Bubble flow) 当气液混合物内的含气量不多时,气体以气泡形式浓集于管子的顶部。气泡与液体等速流动,此流型的流动规律基本与液相管流相同。

(2)气团流(Plug flow) 随着气量的增加,形成较大的气团,在管道上部同液体交替流动。

(3)分层流(Stratified flow) 再增多气体,气团连成一片成为连续气相,气液相间具有较光滑的界面,两相的流速有较大的差别。

(4)波浪流(Wavy flow) 气量进一步增加,气体流速提高,在气液界面上吹起与行进方向相反的波浪。

(5)冲击流(Slug flow) 又称段塞流。气体流速更大时,波浪加剧,其波峰不时高达管顶,形成液塞,阻碍高速气体的通过,进而又被气体吹开并带走一部分液体。被带走的液体或吹散成雾滴,或与气体一起形成泡沫。以冲击流型工作的混输管道其振动和水击现象最为明显,管道的压力有很大波动,但振动频率较小。

(6)不完全环状流(Semi-annular flow) 气量继续提高,要求管道有更大的面积供气体通过。气流将液体的截面压缩成新月形,管道顶部的液层很薄而底部的液层较厚,形成不同心的环状流。

(7)环状流(Annular flow)　随着气流速度的进一步提高,不同心环状液层变薄,形成环状流。气体携带着液滴以较高的速度在紧挨管壁的环状液层的中心通过。

(8)弥散流(Spray flow)　当气体的流速更大时,环状液层被气体吹散,以液雾的形式随高速气流向前流动。

据研究,原油—天然气混输管道中常遇到前五种流型,天然气—凝析液混输管道常遇到分层流和后三种流型。图 8-4-5 是水平管内两相流动的流型图。

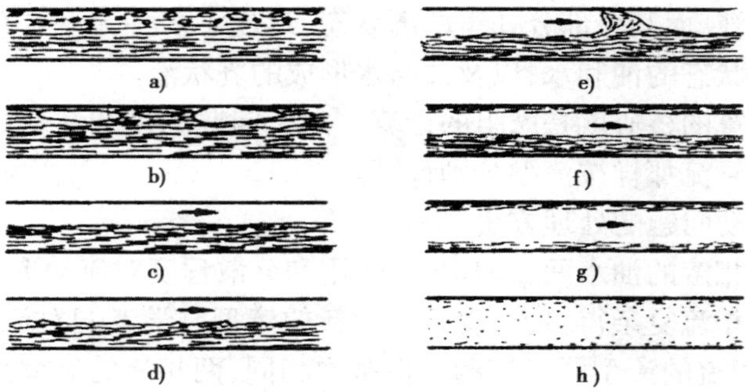

图 8-4-5　两相流动的流型

a)气泡流;b)气团流;c)分层流;d)波浪流;e)冲击流;f)不完全环状流;g)环状流;h)弥散流

2.气液两相流动的流型图

气液两相流动的流型可以根据两相流体的流速判断。由于两相流动的复杂性,不同研究者得到的流型图不完全相同。图 8-4-6 为曼德汉根据 1 000 多组实验数据作出的水平管流型分界图。该流型图以液、气相的折算速度为纵、横坐标。某一相的折算速度为假设管子全部流通截面为该相流体占据时的流速。

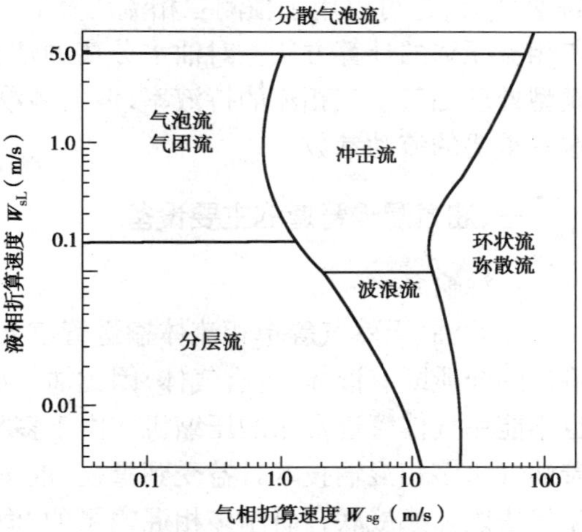

图 8-4-6　曼德汉流型图

3.气液两相流动问题的处理方法

体现质量守恒的连续性方程和体现运动守恒的动量方程以及能量方程,都适用于两相流动。对于两相流动,一般对应列出各自的守恒方程,而且还应考虑两相间的作用,故描述两相流动的方程要比单相流复杂的多。各国学者在处理这类问题时常作一些假设使问题简化。比较流行的方法可归纳为三类,即均相流模型、分相流模型和流型模型。

(1)均相流模型　把气液混合物看成一种均匀介质,用单相管流的方法处理两相问题。气泡流和弥散流比较接近均相流模型的假设条件。

(2)分相流模型　管内气液两相的流动看作是各自分别的流动。为此,先确定气液相在管道内各自所占的流通面积,再把气相和液相按单相管道处理并计入相间作用,然后将气液相的方程合并。分层流、波浪流和环状流等流型比较接近分相流模型的假设。

(3)流型模型　首先判断两相流型,然后根据流型的特点,分析其流动特性并建立关系式,这种处理方法称流型模型。流型模型处理方法能深入揭示两相流各种流型的流体力学特性，是近年来研究的热点。但是，由于流型分界尚未统一，流型模型的方法还不能普遍用于解决实际问题。目前，在工程上使用的大多是在实验数据基础上建立的各种流型的经验公式。

4.油水两相流动问题的处理方法

不同情况下的油水两相管流有很大区别。一般自然形成的油水两相流是介于混合液与乳状液之间的流动体系。由于剪切情况不同、天然乳化剂含量不同、含水率不同等原因，会有一部分的油水形成乳状液，而其余部分处于游离状态，形成了多种流型。在整个流动体系中，可能同时存在处于分离状态的油和水，以及油与水形成的乳状液。

油水两相工艺计算的核心就是摩阻的计算。由于问题的复杂性，目前油水两相管流的摩阻还不能像气液两相管流那样按流型分别计算。

5.油气水多相流动问题的处理方法

由于存在着互不相溶的油水两相，其相互作用和分散程度对流动形态影响很大，所以油气水三相流的流型比两相流复杂得多，出现了不少新的流型。学者们对流型的研究结果是有分歧的，有些人认为三相流的流型同气液两相流基本相同，两相流的流型图，比如 Baker 流型图，可以用于描述三相流动；但另一部分人则认为三相流的流型种类多，而且过渡变化复杂，两相流的流型划分方式或者流型图不能用于三相流流型的预测。

相比较而言，对压降计算的结论较为一致。不少学者都认为，在油水混合均匀的情况下，只要能准确地计算出油水混合物的粘度，有些两相流压降公式，比如 Beggs—Brill 公式和 Dukler 公式等，是可以用于预测三相流压降的。但是，目前还只是借用两相流的关系式，没有建立三相流压降的计算方法。对油水分离的情况还无能为力。另外，尽管 Lahey 等人用漂移流动模型处理油气水三相流的持液率，但大多数学者都认为，现在还没有一种方法可以准确地预测这一重要的流动参数。

三、油气混输管道的主要设备

1.混输泵

与石油、天然气等单相流体输送管道类似，多相流体的长距离混输需用中途增压。但由于输送的介质既有液体，也有气体，因此油气混输管道的增压既不能用液体管道常用的离心泵，也不能用气体管道常用的压缩机。由于多相流动的复杂性，混输泵技术目前还不太成熟。随着油气水多相混输技术日益受到重视，混输泵也成为发达国家研究的热点。例如，20 世纪 90 年代法国和挪威联合研制多相混输泵的“海神”计划耗资 2 000 万英镑。目前，国外已研制出近 10 种不同类型的混输泵，其中最具代表性的是螺旋轴流式多相泵和双螺杆式多相混输泵，已有 100 多台应用于世界各地的陆上及浅海平台油田，在 DRAUGEN 、THROUGH 以及巴西海域的水下增压泵输系统也已进入检验和考核阶段。但由于混输泵对流态和含气率的强依赖性，使其使用范围受到很大限制。近年来，国内某些单位也开展了混输泵研究，有些已经进入现场实验和应用阶段。

2.多相流量计

多相流计量基本上可分为混合均质多相计量和直接在线计量。混合均质多相计量也称部分分离计量，多相流量计一方面测量主管道内混合物的总质量流量，另一方面由一个微型采样分离器从主管道上取样并将其分离成气相和液相，然后用密度计测量出液相中油水的密度，并结合温度和压力的测量，算出油气水的量。直接在线多相流量计是采用电子设备来测量管内流体特性，用相分率仪测取油气水瞬时质量分数，用速度测量计确定通过混合物的流速，从而得出各相流量。

20世纪80年代末，随着北海、墨西哥湾等大型油田的发现和相继开发，多相计量装置的研制取得较大进展，目前国外已有十几种多相流量计进行了中间试验，有些已经通过石油工业对其进行的试用及评价，开始应用于部分陆上及海上油气田。

第五章　固体物料浆体的管道运输

第一节　基本原理及概况

一、固体物料浆体管道运输的基本原理

固体物料浆体的管道运输是将待输送的固体物料破碎成粉粒状，与适量的液体配制成可泵送的浆体，输送到目的地分离出水后送给用户，浓煤浆也可直接作燃料燃烧。目前，浆体管道主要用于输送煤、铁矿石、磷矿石、铜矿石、铝矾土和石灰石等矿物，以及发电厂的灰渣等。制浆液体大都用水，也有用燃料油配制成油煤浆。

浆体管道输送系统的组成与被输送的物料及其最终用途有关，一般包括浆体的制备和调质设施、储存和监控设施、加压和管道输送设施、终点接收和脱水及水处理设施，以及其他辅助设施等。

浆体制备和调质设施对于输煤管道系统来说一般包括破碎、磨细、浓缩等工序，主要是制备出合适粒度和浓度的煤浆。对于大部分金属矿或非金属矿，选矿工艺本身需要破碎和磨矿，浆体制备和调质主要是浓缩和筛分，以保证合格的浆体浓度及粒度。不符合管道输送要求的粗颗粒需要再磨，以保证不超过上限粒径。

常以带搅拌器的钢槽（罐）作为动态储浆用，也有用静态储浆方式的。其作用是调节工序间的流量不平衡，同时也考虑作为安全储备用。

监控设施除了安全测试环管（测定所制备的浆体在浓度、粒度、压差和腐蚀性等指标方面是否合格），主要是一套数据采集和传输系统，以及各设施的自控系统，以监控整个输送系统的运行状态，保证系统的正常运行。

泵送设施和管输设施包括起点泵站、中间加压泵站和管道及其他附属设施。浆体管道是固液两相流，对其泵送设备的要求与一般的单相液体有所不同，除了工作可靠、效率高，还需要耐磨性能好。浆体管道用泵主要有离心泵、往复泵、浆体不接触泵体的隔离式泵等。离心式浆体泵的主要优点是允许输送物料的粒度较大，从理论上讲，只要物料粒度不超过叶轮入口叶片通道间隙就是允许的，这是其他泵型所不及的。往复泵的工作原理是通过缸体中往复运动的活塞（或柱塞等），推动缸体中的浆体，达到加压的目的。离心泵以及浆体与缸体及活塞接触的

往复泵都有耐磨性能差的缺点。为此,又研发了几种非接触式的隔离式泵,包括隔膜泵、油隔离泵和水隔离泵等,其共同点是将浆体隔离在泵体之外,因而延长了泵的使用寿命。

终点设施主要有终点储槽、脱水设施和污水处理设施等。

二、长距离煤浆管道输送系统简介

长距离煤浆管道输送的典型流程如图 8-5-1 所示。对于煤浆管道,输送前的浆体制备与输送后的浆体脱水是两个重要的环节,常常影响工程成败。通常制浆工序是先把煤浆粉碎到一定大小的粗细颗粒,然后将水和粗料直接进入研磨机,用棒磨机来控制粒度使其达到要求,研磨机吐出符合要求的浆体。煤的颗粒粗细应该在适合泵送和易于脱水的粒径范围内进行比较。如果磨得过细,泵送容易,但在管道终端脱水困难;如果颗粒过粗,造成浆体非均质性严重,从而要求较高的泵送流速,相应需要较大的输送能耗并引起较严重的管壁磨损。迄今为止的经验是煤浆最大粒径 $d \leqslant 2$mm,平均粒径为 0.25~0.33mm,$d < 0.044$mm 应占全部颗粒重的 20%~24%。为保证制备出的煤浆符合要求,保证管道的运行安全,在浆体进入管道之前,有一段监控回路,用来监测浆体的水力学特性,如浓度、流量、温度、压力降等。只要监控回路的压降超过规定的限制值,即是浆体特性恶化的信号,在这种情况下,不合格的浆体或是经回路返回,或是排入废浆池。

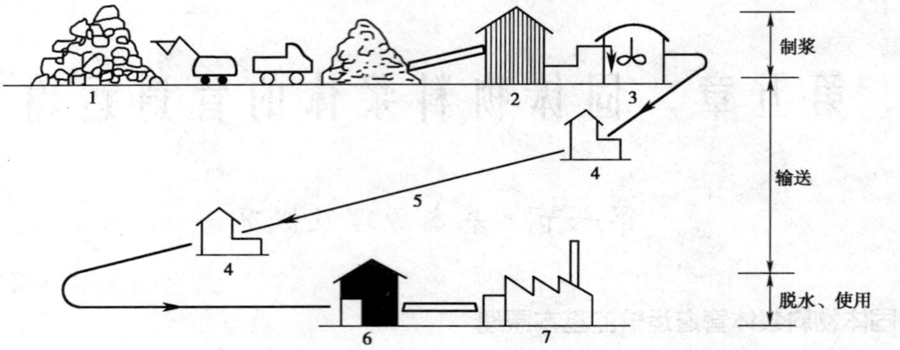

图 8-5-1 煤浆管道典型流程

1-矿区;2-破碎、制浆;3-存储;4-泵站;5-管道;6-稠化、脱水;7-用户

制浆流程(包括固体的破碎、筛分、磨细、质量控制和浆体储存)的有关设施,一般集中在管道起点的制浆厂内,构成管道输送的前处理环节。

把每一个泵站连接起来的管道,是浆体输送的核心部分。管道一般埋没在地下的冻土层以下,因此不占土地,对环境影响也很微小。泵站间的距离由管道水力计算结果和泵的功率大小决定,泵站内除设置主泵及其备用泵以外,还有很多辅助设施。

在管道的终端,煤浆需进行脱水以便使用。浆体的稠化是脱水的头道工序。稠化的主要设备是浓缩池,固体颗粒在池中靠重力下沉。浆体所能达到的浓缩程度取决于颗粒的沉降特性、浓缩池的尺寸大小和浆体的浓度。稠化后的浆体,尚须进一步脱水才能使用。在多数情况下,脱水采用离心分离器或过滤器。图 8-5-2 是离心分离机脱水流程示意图,可分为两个阶段。第一阶段用泵把煤浆从设有搅拌器的储浆罐送入离心机。分离出的极细煤粒被送入浓缩池,经化学絮凝处理和浓缩,再送入离心机回收。第二阶段,从离心机出来的煤饼送入磨煤机磨碎，用热空气烘干，送入锅炉。

在水泥工业中，浆体直接送入窑内燃烧，所含水分在窑内蒸发，而不需要任何中间的脱水环节。

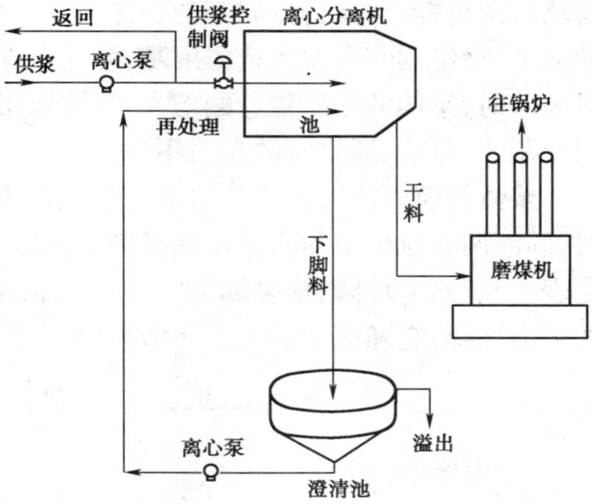

图 8-5-2　离心脱水流程示意图

三、固体物料浆体管道运输在综合运输体系中的作用

与石油、天然气不同，管道运输不是固体物料运输的主要方式。但是，它可以作为其他运输方式有益的补充。

煤炭在我国一次能源结构中约占 70%，产地主要集中在北方地区和西部地区，煤炭产销的格局是北煤南运、西煤东调。我国煤炭产量的约 70%需依靠铁路外运，约占铁路货运量的 45%（1996 年资料），加剧了我国铁路运力不足的矛盾。因此，发展管道输煤，与其他运输方式协调配合，是缓解铁路运输紧张局面，解决能源运输问题的较好途径。

此外，我国金属与非金属矿产资源大多分布在交通不便的山区，离运输干线较远。新建铁路、公路等运输干线往往投资较大，而且要占用日益珍贵的土地资源，增加对环境的压力。因此，发展固体物料浆体的管道输送，作为对现有运输体系的补充，有重要的现实意义。

第二节　浆体管道运输的主要工艺技术问题

一、浆体管道的几种流态及阻力特性

浆体是固液两相的混合物。由于密度差（浆体中固体密度一般大于液体），固体颗粒趋于沉降。因此，浆体管道必须在一定的流速下运行，以保持固体颗粒处于悬浮状态。流速过低会导致固体颗粒沉淀。在不同的流速下，浆体管道可能出现以下三种流态：

(1)均质流：固体颗粒全部处于悬浮状态，在管道横截面上颗粒浓度相同，这种流态都发生在浆体流速较高、固体颗粒的粒径较小和固液两相密度差较小的场合。

(2)半均质流：固体颗粒处于悬浮状态，但管道横截面上的颗粒浓度分布不均，大颗粒在管截面的下部运动，故截面下部的固体浓度大，上部的固体浓度小，但颗粒不沉积。在相同流速下，颗粒较大，固液两相密度差较大时容易出现这种流态；对于一定组成的浆体，流速降低可导致流态进入此区域。

(3)非均质流：整个管截面上浓度分布很不均匀，出现固体颗粒沉淀，并可能在管道底部出现沉积层。

同一种浆体当流速变化时，其流态可能在均质流和半均质流，或半均质流与非均质流之间转化。开始出现沉积时的流速称为浆体的临界流速，它也是半均质流和非均质流分界的参数。浆体管道应在临界流速之上，半均质流态下输送较为适宜。

非均质流动不仅摩阻高，管输费用大，而且沿管长方向形成浓度梯度，会导致流动不稳定，

有堵管的可能,并使管道底部的磨蚀增加。均质流虽然摩阻损失小,管输费用小,但要求的颗粒太细,会给制浆和脱水造成困难,使这两部分的成本显著增大,而且当颗粒的细度超过某一极限值时,浆体的粘度将急剧增大,管输费用反又升高。故应该选择最佳的颗粒大小和级配,以使制浆、管输、脱水等的总费用最小。

浆体管道固液两相流的阻力特性与单相液体管道有显著的不同,在一定管径、一定浓度时,固液两相流管道的阻力特性见图 8-5-3。图中纵坐标 i 是单位管长的压降(以浆体液柱高度表示)即水力坡降,横坐标 Q 是管道的流量。基本水力坡降 i_1 为没有沉积问题时浆体流动的水力坡降,它随流量的上升而增大。

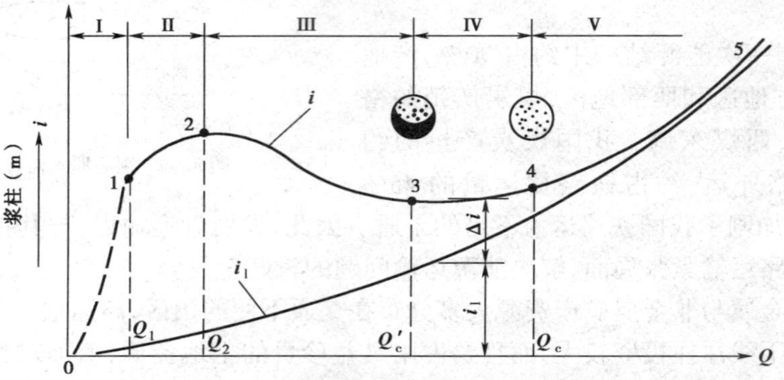

图 8-5-3　固液两相流管道阻力特性示意图

在一定浓度、一定管径条件下,固液两相流管道的阻力特性曲线分为五个阶段。

第一阶段,在流量 Q 很小时,固体颗粒沉积于管底,水由沉积层表面漫过或由沉积层内部渗过,如图 8-5-3 中 0 ~ 1 段所示。

第二阶段,当流量增大到 Q_1 时,固体颗粒开始滑动、滚动或跳跃,消耗于固体颗粒滑动或滚动的能量随流量的增加而增加,故阻力也增大,如图 8-5-3 中 1 ~ 2 段所示。

第三阶段,当流量增大到 Q_2 时,大部分颗粒处于间歇悬浮或跳跃状态,沿管底部滑动、滚动的固体颗粒开始减少,因此消耗于固体颗粒滑动和滚动的能量随流量的增大而减小,故阻力也减小,如图 8-5-3 中 2 ~ 3 段所示。

第四阶段,当流量增大到 Q_c'时,绝大部分颗粒处于间歇悬浮或跳跃状态,沿管底部滑动、滚动的固体颗粒越来越少,为此而消耗的能量也越来越小,但液相消耗的能量却随流量的增大而增大,故阻力也增大,如图 8-5-3 中 3 ~ 4 段所示。

第五阶段,当流量增大到 Q_c 时,固体颗粒处于完全悬浮状态,阻力随流量的增加而增大,如图 8-5-3 中 4 ~ 5 段所示。

可见点 4 是一个临界状态点。设计浆体管道时,常取其操作流速为临界流速的 1.1 ~ 1.2 倍(煤浆管道一般为 1.5 ~ 2.0m/s),以保持在半均质流或均质流的状态下运行,求得较低的能耗,使浆体有较好的水力特性,并要考虑到在管线停输后再启动时,易于再悬浮。

我国拟建的山西盂县—潍坊—青岛煤浆管道盂县—潍坊段临界流速为 1.62m/s,输送流速 1.77m/s;潍坊—青岛段临界流速为 1.54m/s,输送流速 1.68m/s。

二、颗粒大小和级配的选择

浆体输送中固体颗粒的大小是影响流动的稳定性、运行的安全性与经济性的重要因素,因而是浆体管道输送技术的关键之一。煤浆管道的实验表明，当直径小于 0.045mm 的颗粒含量小于 14%时，在一般的运行流速下会形成非均质流，必须当上述细颗粒的含量超过 18%时，才能保证稳定的悬浮状态，并容易在管道停输后实现再启动。但当上述细粉的含量超过 20%时，再脱水就出现困难。

对颗粒的最大直径需要有一定的限制。在一般的流速下，粒径大于 1.2mm 的颗粒不能均匀地悬浮起来，有滞留在管底的危险。故就煤浆管道而言，合适的煤颗粒级配一般应在 0 ~ 1.2mm之间，要有足够数量的细煤粉，以保证较大的颗粒能悬浮流动。上限粒径对于不同的物料有不同的要求，用通过 95%质量的物料的筛径 d_{95}表示时，一般来说，砂为 1.0mm，石灰石为 0.6mm，磷灰石为 0.3mm，铜精矿为 0.2mm，铁精矿为 0.15mm。

我国拟建的山西盂县—潍坊—青岛煤浆管道设计的最大粒径为 $d_{100} = 1.25$mm，平均粒径为 0.34mm。

上述要求主要是考虑了管输的稳定性，从整个系统的技术经济角度分析，颗粒大小的选择还和管道长度有关。细颗粒的含量较多时，虽然制浆和脱水这两部分费用的绝对值较大，但管输费下降，随着管道长度的增加，平均每吨公里的总费用就会减少。而且在一定的数量下，每吨公里的管输费用也是随着运距的增加而减少的。

从整个系统总费用的数学分析可得出，随着管道长度缩短，最优颗粒尺寸由细变粗，要求直径在 0.045mm 以下的颗粒含量下降。但这种下降当然要以不进入非均质流为界。国外对一条长 322km，年输煤量 237×10^4t 的煤浆管道的分析显示，年经营费用最小时的颗粒级配应为大于 1.2mm 的占 0.16%，小于 0.045mm 的占 24.94%。

三、浆体浓度的选择

浆体中固体浓度较低时，颗粒的沉降速度增大，易形成非均质流而使管道工作不稳定，但浆体中的固体浓度太高时，浆体的粘度增大，使摩阻损失加大，也促使每吨公里的输送能耗上升。因此，存在一个输送能耗最小的最佳浆体浓度。国外文献建议，当煤的相对比重为 1.4 时，长输煤浆管道的最佳质量浓度为 45% ~ 55%。美国俄亥俄州和黑迈萨两条输煤管道所选的质量浓度为 50%，我国拟建的山西盂县—潍坊—青岛煤浆管道设计的质量浓度为 53%。

对于不同的固体物料，由于其相对比重、破碎的难易程度、终点的用途等条件不同，最佳的颗粒级配和浓度也不同。如巴西萨马科铁矿浆管道所输矿浆的质量浓度为 66%，其颗粒级配为小于 0.045mm 的占 85%，大于 0.075mm 的占 4%，其细颗粒的含量比煤浆管道大，因而其重量浓度增大。

四、浆体管道的敷设坡度

为了避免在管道停运时管底沉留的固体粒子下滑到管道最低处而形成堵塞，对浆体管道的敷设坡度有严格限制。这是浆体管道与油气管道的又一显著区别。对于磁铁精矿管道，此坡度不宜大于 10% ~ 15%，赤铁精矿浆体管道为 15%，铜精矿为 12% ~ 18%，煤浆为 16%。

五、浆体管道的腐蚀与磨蚀

浆体管道除了要遭受水的内腐蚀外，还要经受固体颗粒对内壁的磨蚀。故确定壁厚时，要留适当的腐蚀和磨蚀余量。当固体物料的比重大(如铁矿浆)、粒径又大时,磨蚀就较严重。流速高时磨蚀也加剧,故必须控制一定的流速。

一般情况下,煤的硬度较小,故磨蚀较轻。根据黑迈萨管道的实测资料,运行10年内的平均年磨蚀量为0.0889mm,并且管道周围磨蚀均匀。对用水作载体的浆体管道,为减少水对管内壁的腐蚀,要严格控制水质,并常往水中注入缓蚀剂。

第三节　长距离浆体管道的主要技术经济特性

固体物料的浆体输送作为一种新的运输方式,虽然在技术上已经成熟,但其优越性及其发展前景还要取决于经济上是否合理。浆体管道的经济性与运量大小,运输距离的长短,沿线的地形、地质和气候条件,附近区域已有的其他运输设施等具体条件有很大关系,需要针对具体情况进行技术、经济和环境方面的分析论证和评价。

一、长距离浆体管道的主要技术经济特性

管道输送系统的投资及运行费用包括实现这种运输方式的所有环节。例如,对于煤浆管道,应包括制浆和脱水等生产环节,而对某些矿浆管道(如铁精矿、铜精矿、石灰石等),因无论采用管道输送与否,都包括制浆、脱水环节,故其费用不应计入管道输送的运行费用中。

就输煤管道而言,制浆与脱水环节的费用往往在整个系统运行费用中占相当比例,与管道输送的经济性关系较大。制浆与脱水环节的费用与运输距离的长短基本无关,而管道输送的成本则与运距成正比。因此,对于一定输量的管道,运距越长,每吨公里运输成本越低。运输量大小对这三个环节费用的影响也不相同,单位运量的前后处理费用随处理量的增大而下降,而每吨公里运输成本则随运量增加而明显下降,故浆体管道的运输成本随运量的增大而明显下降。

图8-5-4为美国资料介绍的煤浆管道的规模与吨煤运费的关系。虽然定量数据与特定条件有关,但其定性趋势反映了煤浆管道的经济规律。由图8-5-4中可知,当年输量2 500 × 10^4t时,对于运距为1 000mile的管道,由图8-5-4中得出每吨煤运费的组成是供水4%,制浆12%,脱水20%,管道64%,即供水及前后处理费用共占36%。当运距为500mile时,供水及前后处理费用上升至53%。对于1 000mile的管道,年输煤量由1 000 × 10^4t上升至2 500 × 10^4t时,则吨煤运费可减少30%。

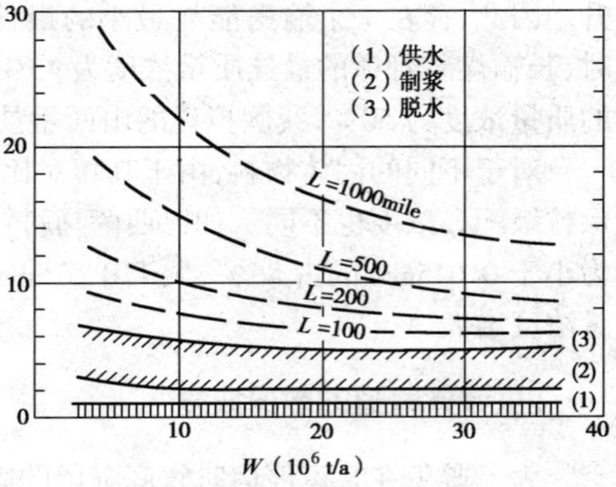

图8-5-4　煤浆管道吨煤运费与运量及运距的关系

二、煤的不同运输方式的成本比较

煤可以制成煤浆,通过管道运输到电厂发电;也可以通过铁路运输到同一电厂,还可以不建设管道或铁路,而将电厂建在煤炭产地(坑口电厂),另建高压输电线路,将电送到消费地。

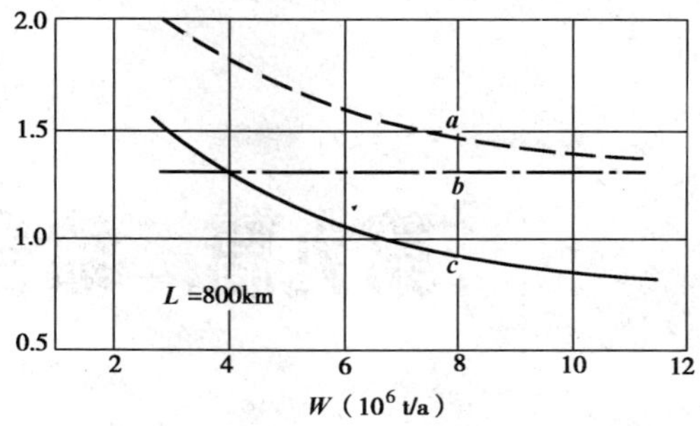

图 8-5-5　三种能源运输方式成本的比较
a-380kV 输电；b-铁路运输；c-管道运输

美国 Bechtel 公司对管道输煤的经济效益进行研究后得出如下结论：采用管道大运量远距离输送煤浆，不仅比铁路运输有利，且比坑口电厂发电后再高压线输电还合算，如图 8-5-5 所示。以运距 800km 为例，管道输送在年运量超过 380×10^4t 时，运输成本低于铁路；而用 380kV 远程输电方式，在任何输量范围内，成本均高于管道运输。

与铁路运输相比，管道输煤还有一个优点，就是物价上涨对运输成本的影响较小。这是因为管道运费受基建投资影响大，而可变成本含量较小；铁路运费则受可变成本影响大，故受物价上涨率影响较大。

参考文献

1　严大凡．不同运距的管道经济输量．油气储运．1999，18(2)：43～47

2　丁宏达．一项新型的长距离管道输煤技术——煤的柱状型料管道输送．管道运输．1999，4(2)：24～29

3　王绍周．粒状物料的浆体管道输送．北京：海洋出版社，1998

4　Kennedy J L. Oil and Gas Pipeline Fundamentals. Tulsa: PennWell Publishing Company, 1985

5　杨筱蘅、张国忠．输油管道设计与管理．东营：石油大学出版社，1996

6　Baum J S et al. Multi-products pipelines: Western Canadian experience. Proc. Int'l Pipeline Conf. 1998, Vol.1: 127～137

7　Vergnes B. Microcomputers operate French products pipeline. Oil & Gas J. Feb. 8, 1982: 130

8　Guevara E, Zagustin K, Zublillaga V, et al. Core-annular flow: the most economical method for the transportation of viscous hydrocarbons, Proceedings of the 4th UNITAR/UNDP Conference on Heavy Crude and Tar Sands, Aug 1988

9　王绍周等．粒状物料的浆体管道输送．北京：海洋出版社，1998

10　黄世玲主编．交通运输学．北京：人民交通出版社，1988

11　费祥俊．浆体与粒状物料输送水力学．北京：清华大学出版社，1994

第九篇　综合运输与多式联运

第一章　综合运输体系的结构

第一节　综合运输体系概述

一、综合运输体系的含义

所谓综合运输体系，或者叫综合的交通运输体系，是各种运输方式在社会化的运输范围内和统一的运输过程中，按其技术经济特点组成分工协作、有机结合、连接贯通、布局合理的交通运输综合体。首先，综合运输体系是在五种运输方式的基础上组建起来的。随着经济和社会的发展，科学技术的进步，运输过程由单一方式向多样化发展，运输工具由简陋向现代化发展，而人流和物流移动的全过程往往要使用多种运输工具才能实现。因此，运输生产社会化要求把多种运输方式组织起来，形成统一的运输过程。所以，综合运输体系是运输生产力发展到一定阶段的产物。其次，综合运输体系把各种运输方式通过运输过程本身的要求联系起来。这就是各种运输方式在分工的基础上，有一种协作配合、优势互补的要求，即在运输生产过程中的有机结合，在各个运输环节上的连接贯通，以及各种交通运输网和其他运输手段的合理布局。从运输业发展的历史和现状看，各种运输方式一方面在运输生产过程中存在着协作配合、优势互补的要求，另一方面在运输市场和技术发展上又相互竞争。这两种要求交织在一起，形成综合运输体系由低级向高级发展的长期过程。

综合运输体系大致由三个系统组成。一是具有一定技术装备的综合运输网及其结合部系统。这是综合运输体系的物质基础，系统的布局要合理协调，运输环节要相互衔接，技术装备要成龙配套，运输网络要四通八达。二是综合运输生产系统，即各种运输方式的联合运输系统。这个系统要实现运输高效率，经济高效益，服务高质量，充分体现各种运输方式综合利用的优越性。三是综合运输组织、管理和协调系统。这个系统要有利于宏观管理、统筹规划和组织协作。这三个方面构成了综合运输体系生产能力的主要因素。

二、发展综合运输体系的意义

(1)发展综合运输体系是当代运输业发展的新趋势、新方向。当代交通运输业的发展，出现了两大趋势：一是随着世界新技术革命的发展，交通运输广泛采用新技术，实现运输工具和设备的现代化；二是随着运输方式的多样化，运输过程的统一化，各种运输方式朝着分工协作、协调配合、建立综合运输体系的方向发展。这两种趋势结合起来，成为当代运输业发展的新方向，已经或正在改变着交通运输业的原来面貌。

(2)发展综合运输体系是我国运输业发展的新模式。运输业的建设由单一的、孤立的发展模式向综合的、协调的模式转变，是一个巨大的进步，特别对大宗的稳定的客货流方向按照综合运输体系的要求进行建设会收到良好的效果。

(3)发展综合运输体系是增强有效运输生产力，缓解我国交通运输紧张状况的途径之一。现代化生产的一个重要特征就是协作。马克思曾经说过：协作产生一种新的生产力。交通运输是一个大系统，各种运输方式、各条运输线路、各个运输环节，如果出现不协调，就不能发挥有效的运输生产力。例如，几年来我们比较注重沿海煤炭装船港的建设，而不大重视煤炭卸船港的建设，或者港口前沿能力大，而港口后方铁路能力小，使装船港的能力得不到充分利用，这也是较长时期以来煤炭运输及供应紧张的原因之一。

(4)发展综合运输体系是经济地发展运输业，提高经济效益的重要方法。运输业的根本任务是在提高经济和社会效益的前提下完成运输任务。按照各种运输方式的技术经济特点，建立合理的运输结构，发展综合运输体系，就能使各种运输方式扬其所长，避其所短，既可扩大运输能力，又能提高经济效益。

三、综合运输体系的发展趋势

综合运输体系是一个庞大的系统工程，要逐步建成具有我国特色的综合运输体系，必须从我国国情出发，处理好国民经济大系统与运输系统的关系，综合运输系统与各种运输方式子系统的关系，各种运输方式内部各个环节之间的关系等。国家科委制定的《中国技术政策》(交通运输)及其他部门研究成果表明，我国综合运输体系的发展方向的要点是：

(1)要搞好各种运输方式的综合发展和协作，在全国范围内建设综合运输网，因地制宜地发展相应的运输方式，发挥城市交通在综合交通运输网中的枢纽作用，大力发展各种运输方式的联合运输。

(2)在可预见的将来，铁路仍将是中、长距离客、货运输的主力。要加快铁路的技术改造和新线建设。近期内，要加快既有线路的改造和扩建。要发挥铁路在中、长距离大宗货物运输中的优势。适当建设客运专线及高速铁路。大力发展城市及城际轨道交通。对短途货运以及成品油运输应逐步由其他运输方式分担。

(3)充分发挥公路运输机动灵活、送达速度快、“门到门”运输的优势，发挥公路运输在短途客、货运输中的主力作用。随着公路状况的改善、汽车技术的进步和大型车的增加，公路运输将逐步成为高档工农业产品运输以及中距离客运的重要力量，要加速公路，尤其是干线公路的技术改造，应使公路建设有一个较大的发展。

(4)沿海和内河运输是国内外大宗和散装货物运输的主要方式之一。要加强内河航道建设，以及沿海和内河港口的改造和建设，发展沿海和长江等主要内河运输，实现干支道直达运输和江海联运。

(5)航空运输建设周期短、效益高、速度快。大中城市间长距离客运，应优先发展航空运输。对发展边远地区、高档外贸和急需物资的运输，航空运输也有其特别的优势。

(6)除发展原油和天然气管道运输外，在成品油集中的流向上，要建设成品油管道，积极慎重地发展输煤管道。

第二节 综合运输系统构成

综合运输体系包括铁路、公路、水运、航空和管道等五个运输子系统。本节从综合运输体系的设备构成、综合运输网络系统和综合运输枢纽系统及综合运输的组织系统四方面分别进行叙述。

一、综合运输体系的设备构成

综合运输系统的设备结构基本上有两大子系统,即固定设备子系统和移动设备子系统。只有这两个系统在综合运输能力的范围内协调配合,才能形成优化的综合运输能力。

1.固定设备子系统

固定设备子系统包括各种运输方式的线路、港站的土木建筑及其相关的技术设备,具体地说包括铁路、公路、航道、管道、桥梁隧道、车站、枢纽、港口码头、船闸、客货运设施、航空港、机场、管路、油气泵站以及相关的通信信号与控制等设备,也包括各种运输方式相联结,实现运输方式转换的旅客换乘或货物换装枢纽,完善的现代化的换乘或换装枢纽,是综合运输固定设备现代化的重要标志之一。

2.移动设备子系统

运输系统的特点是使用机械动力驱动载运工具在线路上(包括铁路线、公路、航道与空中航线等)运送人员和物资,这些动力装置和运载工具称为移动设备,包括铁路的机车车辆、公路的汽车、城市的电车、水上的船舶。为发展综合运输系统,除了有固定设施子系统外,还必须有相应的移动设备子系统,特别是能够快捷方便地实现运输方式转换的货物运输的标准化载体,才能保证运输功能的实现。

二、综合运输网络系统

综合运输网是在一定空间范围(国家或地区)内由几种运输方式的线路和枢纽等固定技术装备组成的综合体。综合运输网是运输生产的主要物质基础,其空间分布、通过能力和技术装备体现了整个运输系统的状况与水平,在运输业发展中占有重要地位。综合运输网的结构与水平更直接影响着交通运输系统的功能。为此,应该对综合运输网结构进行深入分析。

1.运输线路

根据综合运输网同国民经济和生产力地域组合的关系,可将组成全国综合运输网的各种交通线路,按照以下功能结构进行建设:

(1)骨干线路(主干线路) 这是全国综合运输网的骨干和大动脉,它把全国主要工矿区、大城市、重要海港和主要粮食和商品、农产品基地联系起来,把各个大经济区、省(自治区)联成一个有机的整体。骨干线路最明显地体现着这种物质基础的作用。

(2)开发线路 是骨干线路向边疆地区和新开发区的延伸。这种线路对开发资源、改变原来生产力分布的不平衡性有重大意义,在国民经济中起先行作用。

(3)给养线路　是联系主干线路和工业、农业以及矿产品地区,运入肥料、工矿设备、粮食和日用品等给养物资的线路。给养线路可以是铁路、公路,也可能是大河的支流或运河。许多工农业地区并不分布在主干线路上,必须用相关线路将其连接起来。一般来说,工厂、矿山在开始建设前就要修建铁路或公路支线。

(4)腹地线路　是分布在广大农村和工矿区内部的交通线,一般呈网状分布,像微血管一样贯输全国各地区。腹地线路一般为二级以下公路和小河航线,在城市工矿区有时也采用铁路和高级公路。

(5)企业线路(或叫专用铁道与专用线)　是为工矿企业和乡镇、国营农场内部生产服务的交通线。既构成企业内部的生产线,又像微血管一样把企业外部的运输系统连通起来。

2.综合运输网的层次结构

综合运输体系的空间布局形成典型的网络结构。各种运输方式的线路、航道、道路、航线构成网络的边，这些边的端点及交叉点，如交叉路口、车站、码头、机场和交通枢纽构成交通运输网络的节点。各子系统内部也是由线路、道路、运输服务设施及库场、站台、出入口等组成的复杂的网络子系统，这是区域、城市及各种运输方式共同具有的网络结构特点。

综合运输网有其层次结构，交通运输网络的层次性是根据地理条件、行政区划分、交通设施等状况确定的，根据我国的具体情况，交通运输网络分国家级、省级和地县级三个层次。

国家级的交通网络主要研究交通运输通道,为建立完整的综合运输体系服务,它可以清晰地反映以下几方面的问题:

(1)与国外联系的重要口岸及通道,是国家级交通网络和国际大交通网络的接口;

(2)国家重要资源的运输通道;

(3)重要交通枢纽在交通网络中的地位;

(4)行政区域间的交通联系;

(5)与国家经济发展战略相适应的运输通道。

对于省和地区级的交通网络,应主要研究其主干道以及与国家网络的接口。这就是从大流量的观点出发布置运输通道的方法。分层次研究交通网络,不仅为了简便,也可抓住主要方向,优化交通网络。此外,交通网络的三个层次是按行政区域划分的,从网络建设、投资归口、国土规划、物资调拨、统计资料等方面来看,也必须这样做。

三、综合运输枢纽系统

1.运输枢纽的含义

运输枢纽是在两条或两条以上运输线路的交汇、衔接处形成的,具有运输组织、中转、装卸、仓储、信息服务及其他辅助服务功能的综合性设施。服务于同一种运输方式的叫做单式运输枢纽,如我国目前的航空机场,铁路的车站,海运、内河的港口,公路的客货运输中心。服务于两种或两种以上运输方式的叫做复式运输枢纽。

2.运输枢纽的功能

运输枢纽集中了交通运输大系统的多种运输方式，其基本功能是将一个或几个方向的客货流分送到另一个或几个方向，具体体现在以下4个方面：

(1)运输枢纽是多种运输方式的交汇点，是大宗客货流中转、换乘、换装与集散的地点，是各种运输方式衔接和联运的主要基地。

(2)运输枢纽是同一种运输方式多条干线相互衔接，进行客货中转及对营运车辆、船舶、飞机等进行技术作业和调度的重要基地。

(3)提供满足多样化需求的各种运输服务与增值服务。从旅客到达枢纽到离开枢纽的一段时间内，为他们提供舒适的候车(船、机)环境，包括饮食服务；提供货物堆放、存储场所，包括包装、处理等服务；办理运输手续，货物称重，路线选择，路单填写和收费；旅客购票，检票；运输工具的停放、技术维护和调度。

(4)运输枢纽大都依托于一个城市，对城市的形成和发展有着很大的作用，是城市实现内外联系的桥梁和纽带。

从运输枢纽在运输全过程中所承担的主要作业任务来看，它的基本功能是保证完成四种主流作业：直通作业、中转作业、枢纽地方作业以及城市对外联系的相关作业。

3.运输枢纽的分类

(1)按地理位置可分为陆路运输枢纽(如北京、郑州)、滨海运输枢纽(如上海、大连)和通航江河岸边运输枢纽(如长江干流从宜宾至上海有13个此类运输枢纽)。

(2)按承担的客货运输业务可分为中转枢纽(以办理中转或直通运输业务为主，地方运量比例很小，如郑州)、地方枢纽(以办理地方作业为主，中转运量较少，如本溪、鞍山)和混合枢纽(有大量地方业务，还有相当数量的直通运输业务，如兰州、成都)。

(3)按交通方式的组合可分为：①铁路—公路枢纽，由陆路干线组成，分布于内陆地区，是运输枢纽的主要形式。我国运输枢纽约40%属于此类；②水路—公路枢纽，由水运与公路组成，一般水运起主要作用，公路以集散客货为主；③水路—铁路—公路运输枢纽。因水路有海、河之分，此类枢纽又包括：海运—河运—铁路—公路枢纽、海运—铁路—公路枢纽，河运—铁路—公路枢纽。前两种以海运为主，并有庞大的水路联运设施系统，如我国的上海，荷兰的鹿特丹，俄罗斯的圣彼得堡；后一种有些以水运为主，如武汉。④综合运输枢纽。它是交通运输发展的高级阶段，其具体组成方式由铁、公、水、空、管多条干线组成。上海、北京、沈阳、天津、武汉等均已形成了多种运输方式组合的综合交通运输枢纽。

(4)按交通运输干线与场站空间分布形态可分为：①终端式枢纽，分布于陆上干线的尽头或陆地的边缘处，如乌鲁木齐、青岛；②伸长式枢纽，干线从两端引入呈延长式布局，如兰州；③辐射式枢纽，各种干线从各个方向引入，如郑州、徐州；④辐射环形枢纽，由多条放射干线和连接它们的环线构成，如北京；⑤辐射半环形枢纽，分布于海、湖、河岸边。

4.运输枢纽的运作流程

如前所述，运输枢纽的功能包括运输组织、中转、装卸、仓储、信息服务及其他辅助服务等，其核心是为旅客(或货物)提供进入或离开某种运输方式，在同一运输方式内或在不同运输方式之间完成换乘(或换装)的服务。

客运枢纽主要提供不同交通方式的衔接和旅客换乘服务。由于旅客到达和出发的随机性，决定运输枢纽中还要提供候机(车、船)设施以及餐饮服务、娱乐场所和住宿条件。这些辅助性服务不仅为旅客提供方便,而且也是经营枢纽的收入来源。

货物启运和中转需要在枢纽场站完成装车(箱)或换装作业,部分集装箱需要在枢纽场站完成拆装箱作业,有些货物需要在枢纽场站堆放或储存。有时需要一系列作业才能完成中转服务。

为了分析、评价运输枢纽完成其基本功能的方式,我们以客运为例来说明客运枢纽的作业流程。图 9-1-1 为客运枢纽的作业流程图,它描述了从旅客到达至旅客离去的流程。除了用于分析枢纽结构之外,作业流程图在评价设计和营运计划方面也是不可缺少的。

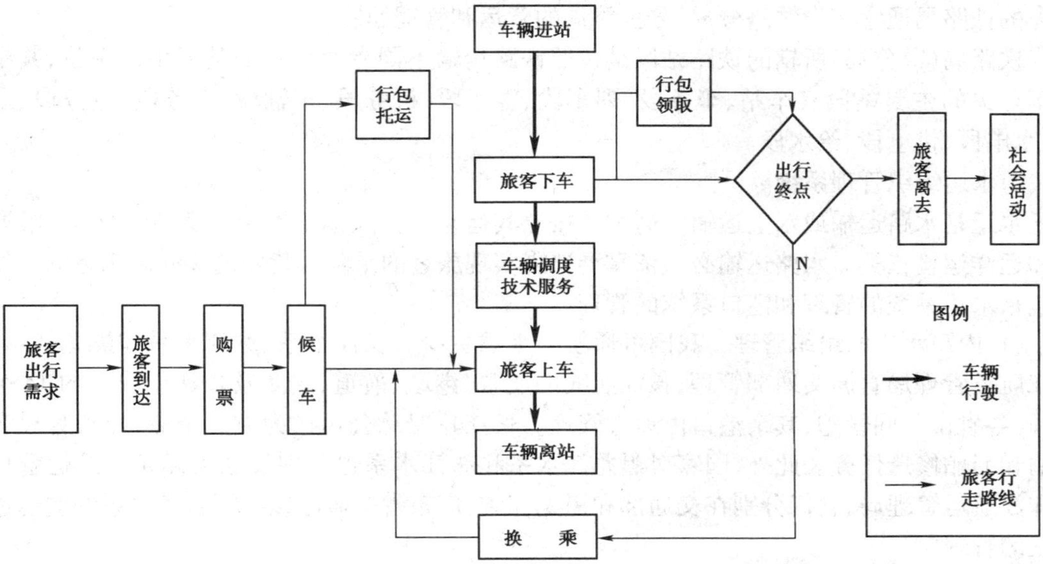

图 9-1-1　客运枢纽的作业流程图

车辆(旅客、货物)在枢纽内的逗留时间,或称为处理时间,是评价枢纽服务水平的一个重要指标。从理论上讲,可以把流程图上的每一步的处理时间累加起来以估计总的逗留时间。然而,由于系统和用户特性不同,上述时间可能有很大变化。

四、综合运输的组织管理系统

建立高效率的、相互衔接的、灵活运转的综合运输系统的组织管理体系,以及责、权、利三者统一的经济责任制,是发挥综合运输系统管理组织职能的重要方面,它对于提高综合运输系统管理效率和管理水平有着十分重要的作用。综合运输的组织管理不但要有各运输方式自身的管理体系,而且必须有综合的管理机制。因此,有必要在分析各运输方式的组织管理情况的基础上,进一步探讨综合运输体系中结合部的组织管理和运输协作等问题。

1. 各运输方式的组织管理形式

交通运输的组织管理任务,就是迅速、快捷、准确地处理运输生产经济活动中的问题,通过各种手段和措施去组织交通运输系统的生产活动,协调各方面关系,以实现管理目标,执行管理决策,完成运输计划和任务,促进交通运输生产活动的正常运转。针对以上的任务和目标,各种运输方式根据自己的情况有着各自的组织管理形式。

1)铁路运输的组织管理

我国铁路主要有国家铁路、地方铁路、专用铁路和铁路专用线等四类。实行铁道部、铁路局、铁路分局和站段四级管理。铁道部对国家铁路的营运实行统一集中领导,负责制定全国铁路运输发展战略、规划、方针、政策;制定全路的规章、制度和标准;编制全路运输计划、列车编组计划、列车运行图和技术计划,统一指挥全路日常运输调度工作;管理铁路国际联运和对外技术合作交流。

铁路局根据铁路运输规律和营运管理需要而设置,它是铁路运输经营活动的主体。业务量大的铁路局通常下设铁路分局,分担路局的营运和管理职能。

铁路局(或分局)所辖的铁路站段是按照铁路运输不同专业设置的基层生产单位,其中与行车有关的主要站段有车站、车务段、列车段、客运段、机务段、车辆段、工务段、电务段、通信段、水电段、供电段、给水段。

2)水运组织管理系统

水运是水路运输或水上运输的简称。按照其运输径路及运输距离分为内河运输、沿海运输和远洋运输三类。水路运输必须依靠港口来实现旅客的乘降和货物的装卸。水运的组织管理包括水运系统的管理和港口系统的管理。

(1)内河水运的组织管理　我国可通航的水系主要有长江水系、珠江水系和黑龙江水系。长江航务管理局直属交通部管理,长江航线的航政、港政、航道、船队及长江干线上的 14 个港口,同各省市共同管理,其余港口由地方管理。长江轮船总公司作为航运企业,经营管理客货运输和船舶修造任务。此外,国家对黑龙江水系和珠江水系也分别设立了黑龙江航运管理局和珠江航运管理局,它们分别在交通部和黑龙江省、广东省交通厅领导下对各水系的航运进行系统的管理。

(2)远洋运输的组织管理　远洋运输一般由国家直接管理, 目前由中国远洋运输总公司承办远洋运输业务。在全国各省会、边境与沿海口岸设有多个分公司和办事处, 在世界 140 多个国家和地区的 300 多个港口设有代理机构, 在 20 多个国家和地区设有租船代理机构。

(3)沿海运输的组织管理　在沿海运输方面,也有中央直属和地方经营两种航运企业。

(4)港口的组织管理系统　港口行政管理机关的主要职责是:根据国家制定的方针、政策和港口法规,编制本港的港口章程;对在本航区内作业和航行的外轮和本国船只,根据国际章程和本港章程,实行技术监督和行政监督与管理,实行船舶引领主权,办理船员的技术培训、船舶检验、丈量、登记和签证;制定本港的总体发展规划和港口建设与发展规划;组织指挥本港区内的救援、打捞和防台风、防汛、维护、疏浚港区航道,检测港区环境保护,监督管理港区通讯、导航、信号机消防警戒设施;调查处理港区发生的海事、海损案件;根据上级授权对本港区的航运企业在经济方面进行监督和必要的干预。

3)公路运输的组织管理

公路运输业的管理与组织是指公路运输的生产组织和行政管理,从宏观上讲,政府的管理部门负责制定规划、方针政策,颁布有关的法令规章,管理公路运输事业。从微观上讲,公路运输业务单位围绕运输业务建立必要的管理机构和规章制度,并进行计划、组织、指挥和监控等工作。公路运输组织按经营方式主要有四种形式:①将车辆出租给个人或部门,定次、定程或定期使用;②按照运输合同或协议,派车完成运输业务;③组织空乘、空站、空时的班车运输;④根据托运货物的要求,派车和组织车辆合理运行。

通常公路客运多采用定线、定时的组织方式,而公路货运的组织工作却复杂多样,以上述组织形式中的最后一种最为常见。

4)民用航空运输的组织管理

民航的运输生产服务组织是通过组建航线进行的。航线是指一定方向上沿着规定的地表面飞行,联络两个或几个地点进行定期或不定期运输业务的空中交通线,航线按其内容可分为班期飞行,加班飞行,包机或专机飞行;按区域可分为国内航线和国际航线。

我国交通运输系统的管理体制改革将随着经济体制改革的步伐进一步深化,其改革的目标为:有利于政府对交通运输系统宏观间接管理的职能,能理顺各方面的关系;有利于促进社会主义市场经济的发展,方便人民旅行;有利于协调发展和合理利用各种运输方式,形成以铁路、公路、沿海和长江干流为骨干的综合运输体系,优化运输结构,提高宏观经济和社会效益;有利于搞活企业,提高运输业自我改造和自我发展的能力;有利于调动各方面从事运输建设和经营运输业的积极性,繁荣运输市场。

2.综合运输中结合部的组织管理

现代运输业的生产规模的不断扩大和分工的不断细化,综合管理与协调工作日趋复杂和重要。而综合管理与协调工作又大量集中在各运输管理部门、各运输方式以及同一运输方式各区域、各工种之间的结合部上。结合部的管理已成为运输企业经营管理的一个突出问题。所谓运输结合部,就是在运输生产经营活动中,为了共同的目的,有几个系统和系统的几个要素,共同负责、共同管理形成相互交叉、相互依存的区域和环节。

在综合运输系统中,主要有以下几类结合部:

(1)过程结合部:指在运输过程中,由各工种协同完成某一特定功能的作业过程。这种结合部是最基本、最普遍的形态,如铁路运输中的接发列车作业、调车作业、机车出入库作业、施工作业等。从更广的意义上讲,这类结合部还可以指不同运输方式或同一运输方式中不同运输线路之间的客运换乘、货物换装的作业过程,即运输枢纽的基本作业过程。

(2)空间结合部:指各部门、各单位间相互衔接、密切联系,又共同管理、共同负责的区域。如不同运输方式的枢纽站,管辖区域的分界处,公路和城市的结合处等。

(3)时间结合部:指在连续的运输生产过程中,各工种、各工序必须在规定的时刻按要求完成的作业项目和内容。它类似于时间网络图中的节点,如铁路的列车交会、区间封锁、交接班、18点统计、客货运输交接等。

(4)设备结合部:指对运输设备在维修、管理、使用之间的相互联系。运输生产的连续性要求设备必须始终保持良好的运行状态。而设备的修、管、用有时归不同部门负责,需有一整套相互结合的管理措施。如车辆和集装箱的租赁和调运、运输设备的承包等。

(5)环境结合部:指与运输生产不可分割,而又对其发生重要影响的各种外部因素和条件,如运行秩序、治安状况、站车关系、港船关系等。

(6)职能结合部:指各运输管理部门的职能、职责、职权的相互交叉和联系。职能结合部的范围很广,表现在纵向、横向、内部、外部的分工协作等各个方面,如计划、规章等。

综合运输中的各类结合部往往不是孤立的,而是相互联系、相互依存的。它分布于管理的各个层次,寓于生产的全过程,处于变化之中。这些结合部呈现的基本特征是多重作业、多元集合、多级传递、多种形态。

3.结合部的协调功能

1)建立结合部的有序状态

聚集在结合部的各系统或系统的各个要素,不少是处于无序状态的。调整好各系统或要素之间的相互关系,使之从无序转为有序,是进行协调的首要任务和基本内容。要从结构、排列、层次、程序等方面进行整体优化,确定各自的职责范围、统筹规划,紧密衔接,相互协调,形成整体能力,发挥有效功能。

2)确定结合部的管理标准

为了使结合部的各要素处于有序状态,提高协调的效果,应当建立结合部的管理标准或控制标准,按照"5W1H"(why,what,when,where,who,how)的要求,明确规定:为什么做,做什么,何时做,何地做,谁来做,怎样做,包括意外情况下怎么做。每个要素都在明确无误的标准下有规则地运行,就可以使结合部处于有效管理状态。

3)把握结合部的分析方法

比较有效的结合部分析方法大致有:过程分析、关联分析,矩阵分析、失效树分析、网络分析、统计分析等。综合运输系统结合部的管理是个较新的课题,它的理论和方法已开始在实践中经受检验,收到初步的成效,并将在实践中不断发展和完善。

4.运输协作的组织与管理

运输协作是指参与运输生产经营活动的各方式、各部门、各企业之间的协作。按照它的层次可分为:

(1)运输企业与货主之间的协作,主要发生在货物的发送和到达环节。

(2)各种运输方式或各个运输企业之间的协作。如路港协作,港、站与短途疏运企业之间的协作。主要发生在客货运输的中转和集散环节,这些环节是多种运输方式的结合部。

(3)产、供、运、销各部门、各企业之间运输过程的协作,也是第一、二层次运输协作的深入和提高,涉及运输线和运输网络,而不只限于运输过程的某个环节。

运输协作是由运输业生产的系统特点决定的。货物运输是生产过程在流通领域的继续,货物的批量、品种、去向与时间都取决于产品生产、流通和消费,要求在保证生产和满足消费的前提下,合理利用运输能力,消耗最短的时间,运行最短的里程,经过最少的环节,支出最少的费用,安全、准确、及时地把货物从产地运送到消费地。运输全过程一般需要长途和短途、干线和支线、多种运输方式的协调和协作,才能良好地完成运输功能。旅客运输同样也要通过运输企业与相关部门的协调才能提高旅客运输的服务质量。

在计划经济时代,我国运输协作是在国家计划指导与政府直接参与指导下,各企业本着平等协商、等价交换、互惠互利,适应运输畅通,加快运达速度的原则建立起来的一种横向经济联合。随着我国市场经济体制的建立,运输市场的竞争机制已经冲破了某些传统的条条框框,给运输业的管理带来了新的问题,必须建立一整套适合社会主义市场经济的运输管理机制。发达国家的经验告诉我们,在市场经济条件下,各运输部门、运输企业、各运输方式之间的分工与协作显得更为重要。

第二章　综合运输布局与规划

第一节　生产布局与综合运输布局

一、生产布局与综合运输布局的相互关系

生产布局又称生产分布、生产配置，指的是社会物质生产部门（工业、农业、运输业等）在一个国家或地区的空间分布、结合形式，以及区域之间的经济联系等。它是生产发展的一个重要方面，并随着生产的发展而变化。生产布局合理与否，将会促进和影响生产的发展。生产布局的规律和特点取决于社会生产方式，并受社会历史、经济条件、技术水平、自然条件、人口和劳动力条件诸因素的综合影响。

综合运输布局指铁路、公路、水运、航空和管道等五种运输方式的线路（包括铁路线、公路线、水运航道和航线、航空线及管道等）、港站枢纽（包括公路客货运站、铁路车站、河港、海港、航空港等）的土木建筑物及相关技术设备和交通运输工具组成综合运输网的地区分布。综合运输布局取决于工农业生产的特点、水平和布局，当地的自然条件，各种运输方式的技术经济特征，城镇居民点分布，国防要求，以及生产过程的延续、社会生产和再生产的条件。因而，核算生产布局的经济效果，既要估计生产本身的消耗，又要估计其运输耗费。也就是说，从生产布局的观点而言，不是要求个别企业或个别部门的产品劳动耗费或成本最小化，而是要求产品的总劳动耗费或社会成本最小化。可见，通过考虑综合运输这个环节，对生产布局的合理化具有重要作用。

在一定的社会经济条件下，综合运输的发展和变化，必然对生产布局有相当的影响。交通工具的改进，会给生产布局带来难以预测的变化，大型油船和远程输油管道的采用，使炼油和石油化学工业远离港口，便是一例。交通线的建设和交通网的完善，对人口迁移、工业基地的建立、农业商品基地的建立和形成都起着重要作用，也会使线路上兴起新的城镇。另外，生产布局状况可以通过交通网中货物的运输反映出来，还可以通过货物的流量、流向分析，发现生产布局中存在的问题。如根据原料和成品间的大量相向调运，可看出企业布点与原料地、消费区在地理上的脱节现象，从而制定其改善措施。

尽管综合运输对生产力及其布局有着巨大影响，但前者的性质和规模还是由后者决定的。综合运输布局是宏观国民经济和社会生产布局的一个方面，运输部门与工业、农业、采掘业和地域人口都有着特定的供求关系，而国民经济各个部门对运输业的质和量要求也各有不同。因此，综合运输布局也要因时、因地、因部门而异。综合运输布局是一项战略性、综合性的工作。从地域空间看，工业、农业、采掘业、商业和国防需要，以及劳动人口、生产力与社会经济生活的地区分布决定了综合运输布局。生产布局和综合运输布局的发展是相互制约的。工农业部门生产的发展和技术改进，给交通运输提供了物质条件和运输需求。同时，交通运输是生产过程在流通领域中的继续，为国民经济发展提供运输服务。

从区域(国家或地区)着眼研究交通运输对工农业布局所起的均衡与合理作用是十分必要的。实践表明,交通运输促进区域经济(生产)结构的形成和发展,而区域经济结构和自然环境结构的情况和特征又对交通运输网的建设提出了多样化、现代化的要求。

二、综合运输布局影响因素的分析

综合运输布局的任务和目的是快速、准确、经济地为国民经济发展提供运输服务。综合运输系统不仅要在发展的规模、结构、速度上,而且要在空间地域分布上(即布局上)适应国民经济的发展。在综合运输体系中,各种运输方式都有自身的技术经济特征,且担负着不同的运输任务。为使交通运输网畅通,并担负起国家和地区的旅客、货物运输任务,必须形成系统的综合能力,既要有符合国家需要的担负干线和长途运输任务的铁路和高速公路、沿海和内河水运干线的运输能力,同时,还必须有相当的担负支线、短途运输任务的公路、内河航运的运输能力。综合运输布局是实现各种运输方式相互协调、相互合作的手段和方法。

1.影响综合运输布局的因素

综合运输体系的发展是实现合理的地域分工、生产地区专门化和生产协作关系的必要条件,是保证工农业生产、国家各地区之间的经济联系的重要纽带,是巩固国防安全的必要工具。归根到底,是最大限度地满足全体人民物质生活和文化生活需要的重要手段。

影响综合运输布局的主要因素有:

(1)国民经济的发展需求是影响综合运输布局的首要因素。综合运输布局必须考虑生产和消费两个方面,既为生产服务又为消费者服务。因此,综合运输布局要以满足全国或地方国民经济发展的需要为前提,使运输系统在发展生产和保障供给之间起桥梁和先行作用。

(2)自然条件是影响综合运输布局的重要因素。各种运输方式的运输活动都是在广大的地域空间中进行的,在某种意义上讲,自然条件对综合运输布局的影响甚至是决定性的。如占我国货运总量40%的煤炭资源的地区分布,在客观上决定了我国煤炭运输的流向是自北向南,由西向东,在一定程度上决定了我国综合运输网的基本格局。同时,各种运输方式对地形、地质、气候、水文条件要求不同。地形、地质条件对于陆上运输(铁路、公路)的线路、车站、港口码头的地基和周围地段的稳定性有重要影响。在地震活动地段、断裂破碎带、软土沼泽地区不宜建设铁路和港口。对于滑坡崩塌、泥石流、岩溶地段等也应尽可能避开,或采用必要的工程措施予以防护。

气候条件对各种运输方式的正常运行有着一定影响。河流在冬季封冻或季节性枯水,使轮船无法通航;有些气候条件不宜飞行。所以,水运和航空运输受气候影响最大。

水文因素中的流量、水深及其季节性变化,直接影响到水运、港址的选择、码头位置及规模等。地下水的高度对于铁路、公路、管道的路基稳定性也有一定影响。

应该指出,自然条件对综合运输布局的影响随着现代化科学技术的发展而逐步减少,但自然条件对综合运输布局的选线,港、站、场的选址,建设投资,综合运输能力以及建成后的综合运输成本和运营费用支出的影响仍不可忽视,必须给予正确的估计。

(3)技术条件是影响综合运输发展的重要因素。随着科学技术的不断进步,技术条件对综合运输布局的影响越来越大。新型交通工具的出现,对运输业的发展产生更深远的影响。19世纪,随着蒸汽机的发明应用,铁路成为当时人类的主要交通工具。20世纪以来,随着公路、民航、管道等运输业相继高速发展,大大改变了世界范围内综合运输布局的面貌。

(4)名胜古迹和旅游胜地对综合运输布局也有重要影响。名胜古迹吸引大量国内外游客,客观上要求提供舒适、安全、迅速、方便的交通运输条件。另一方面,在铁路、公路线路和机场布局时,应注意靠近名胜古迹,同时要严禁由于交通运输线路设施的建设对沿途文物古迹的破坏。

2.综合运输布局的原则

(1)满足国民经济发展的要求,促进国民经济各部门及对外贸易的发展作用,并与工农业布局和人口分布相适应。不仅要使综合运输的各种运输方式相互协调,还要适应工农业布局、客货流动等方面的要求,符合国家建设与国民经济发展的要求。

(2)以科学的客、货运量预测为基础。客、货运量是国民经济和人民生活对交通运输需求的数量尺度,综合运输布局和改造的标准与规模直接取决于客、货运量的大小。搞好近、中、远期客、货运量的预测,是做好综合运输布局的基础。

(3)因地制宜,充分考虑各地区的地形、地质、气候、水文等自然条件及其特点对交通线站的位置、走向和技术标准的影响。重视影响较大的地形、气候、水文、地质等自然条件的研究分析工作。

(4)综合利用各种运输方式,加速综合运输网的形成,保证运输枢纽有规律、步调一致地组织运营。做到点(站、港、枢纽)、线(线路、航线)、面(交通网)的结合,形成综合运输能力;要根据客、货流量和流向来规划运输网,在规划综合交通运输网的基础上,安排好交通运输枢纽的分布和建设。

(5)重视交通资源的合理利用和环境保护,特别是要尽量少占土地,节约用地。我国人多地少,土地资源非常宝贵。在满足运输需要的前提下,尽量做到节约用地,少占农田,不占良田。

(6)与城市规划相结合。交通运输是城市建设和发展的基本条件,交通运输条件的变化必然影响城市的变迁,而城市建设和发展反过来又将促进交通运输业的发展。

(7)综合运输布局要适应巩固国防和加强战备的需要。综合运输布局对实现全国政治稳定,巩固国防有着重要的作用,无论新线建设和旧线改造都要满足国防安全的需要,处理好国防需求与经济建设需求的关系。

综合运输布局是生产布局的重要组成部分。一般来说,生产布局的原则对综合运输布局同样适用,综合运输布局必须遵守这些原则。各种运输方式并存,互相配合,由各种运输方式的运输线路共同组成综合运输网,是世界各国综合运输布局的共同规律。

第二节　综合运输规划过程

综合运输规划指在一定地域范围内(一个国家或地区)对交通运输系统进行总体战略部署,即根据国民经济发展的要求,从当地具体的自然条件和经济条件出发,通过综合平衡和多方案的比较,确定交通运输发展方向和地域空间分布。综合运输规划是实现国民经济对运输要求的重要手段,也是编制运输方式总体规划的基本依据。其目的是为了改进运输系统并建立一套在交通运输部门内部分配资源的明确标准,并为此提供总体的指导。

一、综合运输规划的任务

(1)查明规划区(一个国家或地区)的自然条件、自然资源、经济地理条件、现有经济基础和历史发展特点、工农业生产布局状况,从而确定对交通运输的需求量。

(2)确定规划区的交通运输发展方向(包括运输系统总的发展方向和各个运输部门的发展方向),拟定交通运输发展的合理规模。

(3)选择交通运输系统中各种运输方式的适用地区并进行合理组织和布局。

综合运输规划按其任务要求、内容和深度的不同,分为总体规划和详细规划两阶段。总体规划是关于交通运输发展的纲领性规划,是交通运输业各项建设的战略部署,它一般规定了交通运输发展的总原则,如交通运输发展的规模、总的布局状况以及选定的交通运输发展的主要指标和重大工程方案。总体规划的期限,在我国一般为20年,并适当考虑远景。为了逐步实现总体规划,还要编制近期建设规划(5~10年),分阶段地安排建设项目。近期建设规划是总体规划的重要组成部分。详细规划是总体规划的深化和具体化,也就是近期规划的具体化。

总体规划和详细规划是互相密切联系的两个阶段(或部分),就一般程序而言,应先完成总体规划再进行详细规划。当然,通过详细规划也可对总体规划作局部调整和修改。

二、综合运输规划的内容

在综合运输总体规划的基本内容包括三个组成部分:①提出交通运输系统发展的依据,包括交通运输系统发展的方向、性质和规模,即交通运输系统发展规划;②研究交通运输系统中各种运输方式的空间分布,包括综合运输布局形式,用地结构和功能,即综合运输系统的布局规划;③研究交通运输系统各专项工程的规划。

交通运输系统发展规划是整个交通运输系统整体规划的基础和基本依据,关系到"建立一个什么样的交通运输系统"这个根本问题。只有对交通运输系统的发展规划进行科学论证,才能使交通运输系统布局规划建立在可靠的基础上。发展规划是对交通运输系统发展的科学预测和论证。

交通运输系统布局规划,是交通运输系统总体规划的核心部分。根据发展规划的要求,通过对规划地区的自然、经济条件的历史和现状分析,以及交通流的分析,确定布局模型。

交通运输系统的工程规划,是交通运输系统总体规划的重要组成部分,为交通运输系统的投资提供依据。

综上所述,进一步确定交通运输规划的具体内容为:

(1)确定交通运输业的性质、发展方向及发展规划,预测交通流量。

(2)选定有关建设标准和各项技术经济额定指标。

(3)选定规划范围,各种运输形式适用地发展方向,确定交通运输总体布局方向。

(4)对各种交通运输方式规划和总体布局进行必要的综合技术经济论证。

(5)确定近期交通运输系统发展的目标、内容和具体部署。

(6)拟定实施规划的步骤和措施,保证交通运输系统各项建设按照交通运输系统总体规划方案逐步实现。

交通运输规划是交通运输系统近期和远景发展的蓝图,它一方面要符合国家或地区的经济发展水平和交通运输系统发展状况;另一方面又必须勾划出交通运输系统发展远景。

三、综合运输规划步骤

综合运输规划的步骤见图9-2-1。

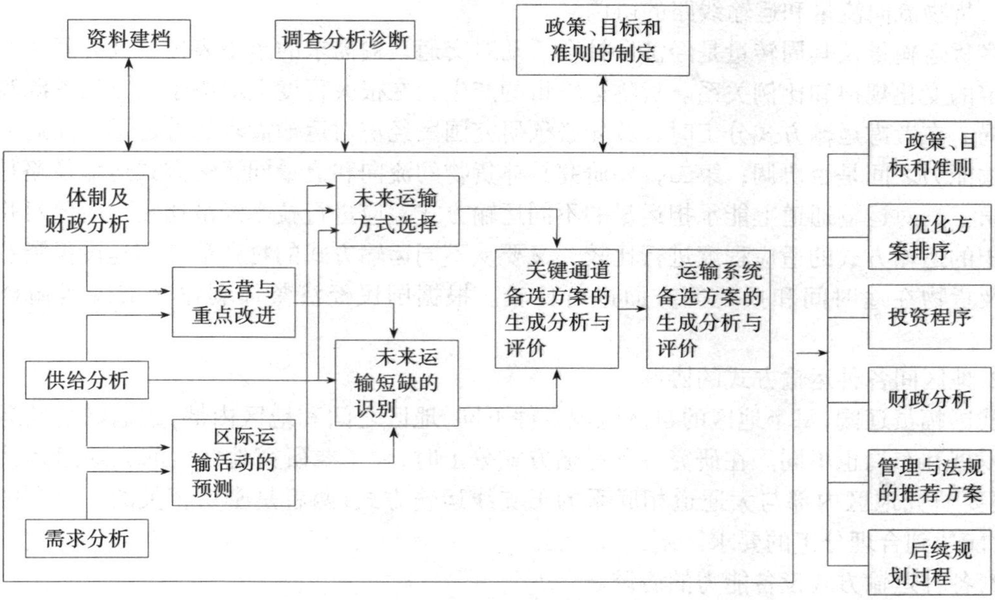

图 9-2-1　综合运输规划的过程和步骤

第三节　各种运输方式的合理配置和协调发展

在计划经济体制下,各种运输方式分工与协调是按全国一盘棋的模式,统筹规划,力求合理配置,协调发展。这种模式对当时运输业的发展起到了重要作用。随着市场经济体制的建立,产生了运输企业之间的竞争。首先,相互竞争的各个主体,都希望大力发展各自的运输方式并争取更多的市场份额。因此,打破了计划经济体制下的分工概念。例如,原来铁路运输因能力有限,把短途旅客运输分给公路,称为"公铁分流"。随着高等级公路的大规模兴建,不仅中短途客运已基本上由公路承担,而且在中长途客运中也取得一定份额。铁路面对严峻的市场形势,也在大力改善运输条件和运输服务,与公路展开激烈竞争。市场似乎由原来的"有序"转为暂时的"无序"。但是,随着市场的发展与培育,暂时的"无序"将逐渐通过协调转为有序竞争,使各种运输方式的发展达到动态平衡。从这个角度来认识综合运输体系各种运输方式的发展,就不难理解,各种运输方式的配置与分工确实有其自身的规律。只有尊重客观规律,才能使运输市场的竞争达到有序。同时,未来各种运输方式间的协调也不再只是政府的职能,而是与各自的发展息息相关,只有分工协作,形成完善的联合运输机制,才能更好地发挥各自的优势。因此,市场经济体制下也必然有各种运输方式的合理分工和协作。由于我国的市场经济体制还不够完善,资源和运输基础设施分布很不平衡,运输市场还没有完全建立,政府的宏观调控职能还有其不可替代的作用。从这个角度又不难理解,各种运输方式的配置与分工应具有合理的规律。这里的合理,既顺应了各种运输方式的自身发展规律,也能充分考虑国家的统一规划、运输布局等运输业的国家利益。

一、各种运输方式的协调发展

各种运输方式的协调发展主要有以下几个方面:

1. 货物流向流量和运输线路的协调

客货运输量及其周转量是经济和社会活动对交通运输需求的集中表现，彼此间存在着相对稳定的变化规律和比例关系。货物运输量的产生，在很大程度上取决于国家的资源和生产力布局。在考虑运输方式分工时，首先必须研究国民经济对运输需求的总运量，同通道上的总运输能力之间是否协调；第二，要研究具体货物的流向和流量同运输方式运输径路是否协调；第三，对运输通道上能承担运量的不同运输方式，应进行技术经济比较，既要对几种可能承担的运输方式的适应程度进行比较，又要从不同运输方式的物资消耗和建设投资费、运营费及货物在途时间和损耗等方面进行比较。根据国民经济整体利益来实现运输合理分工。

2. 地区间各种运输方式的协调

我国幅员辽阔,每个地区的自然地理条件不同,地区之间和地区内部,运输联系及运输方式的发展和布局也不同。在研究各种运输方式分工时,除了要研究地区之间大通道运输联系外,还要研究地区内部与大通道相联系的干支线运输方式,两者是密切相关的。只有两者协调,才能达到合理分工的要求。

3. 各种运输方式设备能力的协调

各种运输方式各自有其特点,在完成整个运输过程中,要求各个环节相互配合和协作。例如,铁路运输要求设备能力配套和协调,即线路能力要与车站、编组站的能力相配套,机车车辆能力与线路能力相配套,否则,铁路运输的总体能力就不能充分利用。科技进步和运输新技术装备的采用,对运输方式的分工影响很大。我国铁路运输逐步向重载、高速等方向发展,机车车辆和线路必须与之相适应,铁路采用重型钢轨,制造大功率的电力和内燃机车,以逐步代替蒸汽机车和小功率的内燃机车;车辆逐步采用大型车、专用车,以代替原来载重量小的货车;旅客列车为了高速运行而采用动车组。这些新技术的应用,可以提高铁路运输的效能,降低运输成本和能源消耗,扩大运输能力。

4. 各种运输方式运输组织工作的协调

不同运输方式的运输组织工作不同,对运输分工和选择运输方式也产生重要影响。特别是由两种或两种以上的运输方式或两个以上的运输企业联合完成货物或旅客的全程运输任务,更要强化运输组织工作,除在商务上和换装点的技术作业衔接联合外,在技术装备上通常还有两种类型。一类是通过集装箱或托盘等形式,将铁路、水路、公路和航空等不同的货物运输系统一元化。另一类是复合运输系统,它具有两种不同运输工具的功能,如牵引运输(驮背运输),汽车机头(牵引车)与拖运部分(半挂车、挂车或带轮集装箱)分开,干线运输利用铁路,两端(始发和终到站)运输利用公路。拖运部分兼有铁路和公路两种不同运输方式的功能,汽车渡船和火车渡船也属于这种类型。此外,还有公铁两用车,既可以收起胶轮安上转向架随列车挂运,发挥铁路在长途货运方面速度快、成本低的优势,又可以放下胶轮单车行驶,收到公路运输“门到门”服务、机动灵活的效果。

5. 运价和运输费用的协调

运价和运输费用对货主和旅客选择运输方式具有重要影响。当各种运输方式的运输能力都能满足需求时,货主和旅客将综合考虑运输速度、安全、方便、及时以及运价和运输费用等因素,选择所需要的运输方式。

二、各种运输方式合理配置的原则

各种运输方式按照优势互补、协调发展的原则进行合理配置。在时间上表现为两个方面：一是在现有运输环境下的合理配置；二是研究未来时期各种运输方式的合理配置。

1.各种运输方式合理配置的原则

(1)自然地理条件　要根据具体地区的自然地理条件。在铁路、公路、海洋、江河运输条件具备的情况下，进行合理分工，宜水则水，宜陆则陆。

(2)社会经济条件　必须适应地区的经济发展，充分满足地区客货运输量增长的要求。

(3)空间布局条件　必须同地区内工农业生产布局相适应。

(4)运输结构条件　应考虑历史上已经形成的运输结构，如水陆分工，铁公分工，运输部门、物资部门已有设备能力，如铁路专用线、站场、港口、货主码头等，充分利用现有设备，同时根据今后国民经济的发展，逐步发展或调整运输分工，形成合理的运输结构。

(5)运输技术条件　运输方式间的分工，在很多情况下是通过两种或两种以上运输方式的联运，才能实现整个运输过程。如在水陆联运中，既要考虑铁路、公路的运输能力，陆水衔接换装和港口能力、枢纽内部能力和航运能力的配合协调，同时又要考虑在采用运输新技术后，运输能力和运输效率将有很大提高，这些因素将对运输方式的分工有较大的影响。

(6)经济效益条件　要讲究经济效益，以最少的社会劳动消耗，使国民经济和社会获得最大的经济效益为准绳。

(7)国家运输政策　必须在国家制定的运输政策指导下进行，国家政策如产业政策、技术政策、投资政策、运输政策、运价政策等，都与运输方式分工和协调发展密切相关。

2.各种运输方式合理配置的研究方法

1)调查研究地区和地区间各种运输方式的现状及运输结构

认真调查地区和地区之间铁路、公路、航空、管道等线路网等级及其能力，港、站、场、枢纽等设施及其能力，各种运输方式完成的客货运输量和周转量，运输工具类型、数量、载重量及其技术参数，完成的运营指标和经济指标等。研究存在的主要问题。

2)国民经济和社会对运输需求的预测

搜集社会经济的历史统计资料和现状，如国民经济统计资料，交通运输网历年变化状况(设备和能力)，各种运输方式历年完成的客货运输量和周转量统计资料，地区内的工业布局状况及重要物资产量和运量。研究全国或地区的国民经济发展规模，如社会总产值、国民生产总值、国民收入，人口增长及旅游事业的发展等。研究国家(地区)的社会经济发展战略、产业政策、技术政策、价格政策、经济结构、产业结构、产品结构、交通运输政策等对运输业发展的影响。未来时期客货运输量和周转量增长量的研究和预测，分为总量和各种运输方式可能分担的运输量。

3)运输能力与运量增长的平衡分析

根据预测的客货运输量，衡量现有的运输能力能否承担以及满足需要的程度，并根据各种运输方式适应运量增长的需要应采取的措施，如增加运输设备的能力，对各种运输方式综合利用和协调发展进行技术经济评价。

4)各种运输方式合理配置的经济评价次序

它包括各种运输方式的技术特征和运输费用计算；各种运输方式能力扩展费用，如线路、站场、港口、机场、管道、运输工具、运输设备等的投资；各种运输方式根据运输建设项目经济评价方法，确定发展运输业的国民经济效益和社会效益以及财务效益。

5)各种运输方式扩展能力的投资及融资研究和分析

在研究各种运输方式扩大能力的同时，还要研究国家(地区)发展交通运输的投资来源和筹措办法，使运输项目建设资金来源有保障。

6)确定国家(地区)综合运输网模型

需要充分考虑各种运输方式的合理配置；各种运输方式的协调发展；发展运输业的步骤和建设次序；综合运输网给国家(地区)经济发展带来的国民经济效益和社会效益。

各种运输方式合理配置的模型方框图如图 9-2-2 所示。

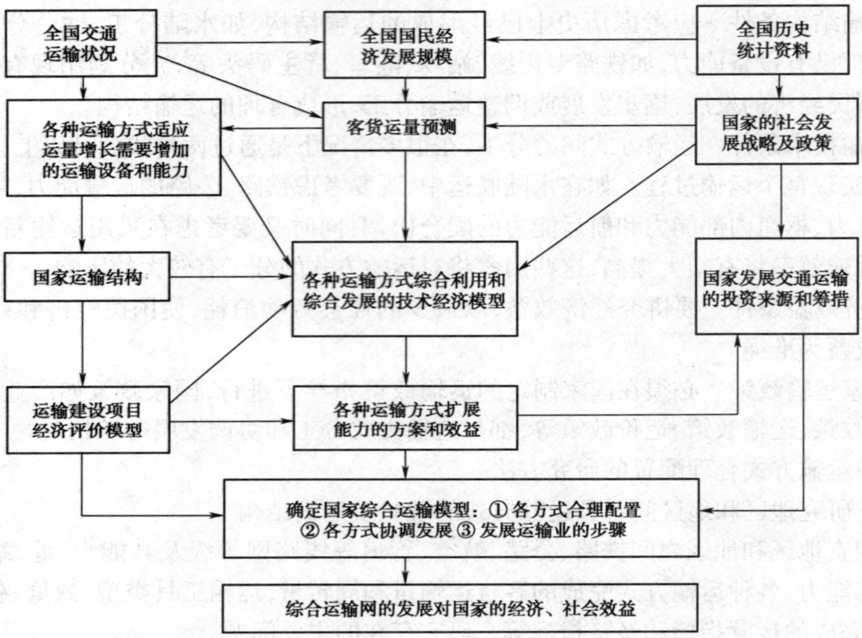

图 9-2-2　各种运输方式合理配置的模型框图

第三章　集装箱运输

第一节　集装箱运输的特点与发展趋势

一、集装箱运输的特点

1.集装箱运输是一种高效率的运输方式

具体体现在：①装卸效率高；②运输工具利用率高；③货物运达速度快，使之流动资金周转率高；④节省货物的运输包装费用和运杂费用；⑤提高库场使用率。

2.集装箱运输是一种高质量的运输方式

主要体现在:①以箱为运输单元,其装卸、换装、运输、暂存过程均以箱为单位整体进行,集装箱有较高强度和较好的封闭性,可以减小全程运输中,由于各种原因引起的货损、货差、被盗、丢失的可能性;②货物运达速度快;③简化了货物全程运输所涉及的各环节(托运、装卸、通关等)的手续,方便和简化了货主办理单据和各种财务及行政手续。

3.集装箱运输是一种资金高度密集型的运输产业

集装箱运输中的集装箱,各类运输工具,各种港站设施、机械设备及整个集疏运系统都需要投入大量的资金。随着运输工具的现代化、大型化,装卸机械的大型化、专业化和管理现代化,集装箱运输所需的人力资源将进一步减少,但对人员素质将提出更高的要求。

4.集装箱运输是一种专业化、标准化的运输方式

具体体现在:①箱型的标准化带来的货物质量和外形尺度的标准化;②各种运输方式中运输工具的专业化和标准化;③各类港、站设施的专业化和结构、布局及设计要求的标准化;④各类装卸、搬运机械设备的标准化;⑤运输管理组织、运输装卸技术工艺标准化;⑥运输法规、运输单据的统一化标准化等。

5.集装箱运输是一项复杂的系统工程

集装箱运输是把高效装卸的专业化码头,快速周转的运输船队,四通八达的集疏运网络,功能齐全的中转站,各种类型的运输经营人和实际承运人,遍及世界的代理网络,科学准确的信息传递和单征流转,协调工作的口岸各部门(海关、三检、理货、保险及其他服务部门等)有机结合在一起的大规模运输工程。

集装箱运输系统整体功能的发挥,依赖于上述各方面的协调发展和密切配合,从而在运输经营上打破了传统运输港站交接货物和分段运输的习惯,实现了"门到门"的运输。同时,在运输组织上,实现了不同运输方式或单一运输方式多程运输的综合组织,打破了长期以来各种运输方式独立发展,独立经营和独立组织的局面,把不同运输方式和货物运输中的不同环节连成了一个不可分割的整体。这些特点使集装箱运输在系统规划、企业经营、运输组织管理等方面的基本思想和方法技术都具有明显的系统性。

由于集装箱运输具有上述特点和优点,使集装箱运输在世界范围内迅速发展,并使物流全过程的诸环节(如包装、装卸、运输、保管及信息传递等)都发生了革命性的变化。

二、集装箱运输的基本条件

(1)货运要求。集装箱运输要求货物流量大而且比较稳定集中,货种适合集装箱装运,尤其要求航线两端货运量基本平衡,否则将造成大量空箱积压和空箱运输。

(2)设备要求。必须在整个运输过程的各个环节更新有关设备,以适应集装箱运输的要求。除了需要集装箱船舶、集装箱专用码头和堆场外,还必须要有相应的装卸搬运集装箱的重型机械设备,如岸壁集装箱装卸桥、跨式龙门吊和跨式集装箱搬运车等。

(3)集疏运条件要求。要有与集装箱运输相适应的内陆运输条件,公路和铁路运输应有接受大型集装箱进行海陆联运的能力,使集装箱能在各种运输方式之间迅速顺利地换装。

(4)管理工作要求。由于集装箱随着货物的流动而分散到各地,必须对集装箱进行专门掌握、调度、回收、修理等一系列复杂的管理工作。

三、集装箱运输的发展趋势

随着集装箱运输走向成熟以及经营管理的现代化，集装箱运输将朝着物流中心化、管理电脑化、港口高效化、船舶大型化、运输综合化的方向发展，以降低运输成本、缩短运输周期，真正为客户提供优质、快速、准时、便捷、价廉的服务。

1.干线船向大型化、高速化发展

20世纪90年代以来，集装箱船的大型化十分明显。据统计，1998年箱位数2 000TEU以上的大型船和4 500TEU以上的超巴拿马型船的合计载箱量已占集装箱船总载箱量的45%。一些著名船厂纷纷对箱位数8 000TEU以上的超大型集装箱船进行研究和方案设计，并具备了建造条件。据估计，到2010年前后，将有载箱量15 000TEU的集装箱船问世。

在集装箱船进一步向大型化发展的同时，集装箱船的高速化也将引起关注。美国、日本、韩国、西欧等一些发达国家和地区，正在开发研究航速在35kn以上的超高速集装箱船。

2.世界主要集装箱港口向大型、高效、综合服务方向发展

世界主要集装箱港口应拥有长度至少300m以上，前沿水深-12m以上、陆地纵深500~1 000m的集装箱泊位，采用大跨距、重负荷、自动化的装卸机械，全面实现电脑化管理，能够向船东和货主提供全方位的优质服务。

3.港口的中转作用日益重要

船公司在主要航线上配置的大型集装箱船只在少数货源稳定可靠的拥有深水泊位的港口之间航行，这些港口则将其他港口的货源通过支线船吸引过来加以中转。如香港、新加坡，1990年后一直雄居世界集装箱港口吞吐量前两位，其中转箱量占总吞吐量的比例高达50%~60%，国外有专家称这样的港口为大中心港。

4.多式联运日益完善

集装箱运输的优势之一是便于组织多式联运。一些发达国家除了大力发展港口基础设施和海运船队外，还重视海运船队、专用码头和内陆集疏运网络的建设与相互匹配，形成日益完善的多式联运综合运输系统。同时重视在国际组织中积极活动，拟定相关的国际公约，并通过国内立法，完善集装箱运输的规章制度，在全球建立货运代理和多式联运经营网络，力图通过改善经营管理，提高运输服务质量和市场竞争能力。

5.信息管理实现现代化

电子数据交换(EDI)已开始在航运界发挥日益重要的作用。依靠电子计算机和通信网络，实现信息自动交换和自动处理，以电子单证逐步取代复杂的纸面单证，简化各种业务手续，并对集装箱动态信息进行有效跟踪，从而大大提高运输效率和运输服务质量。

6.箱型大型化、专用化的发展趋势

一些发达国家为了充分利用运输工具的载运能力，近年来在国际标准化组织的多次会议上提出了修改集装箱标准的建议，包括增大集装箱的尺寸和总质量。近年来，40ft及其以上集装箱在总箱量中的比重逐年增加，冷藏、罐式、开顶等专用箱也呈增长趋势。

7.经营规模化

随着集装箱运输一体化的迅速发展，各大班轮公司通过兼并和组织联营集团，实现了规模经营，成为全球承运人，并以货物集拼、仓储、运输、分拨等全方位服务，进一步完善干支网络，

高效、快捷地组织“门到门”运输服务；广泛采用 EDI 系统，对运输全过程实现信息化管理，合理安排航线，扩大干线直挂港的范围，缩短航班周期，加快货运速度，降低运输成本，提高运输服务质量。

第二节　集装箱及标准

一、集装箱的定义

关于集装箱的定义，国内外专家学者尚存在一定分歧。国际标准化组织在其制订的《集装箱名词术语》中，对集装箱的定义为：

“集装箱是一种运输设备：①具有耐久性和足够的强度，适合反复使用；②经专门设计，便于以一种或多种运输方式运输货物，无须中途换装；③具有快速装卸和搬运的装置，特别便于从一种运输方式转移到另一种运输方式；④便于货物装满和卸空；⑤具有 $1m^3$ 及其以上的容积。集装箱这一术语，不包括车辆和一般包装。”

目前，中国、日本、美国、法国等国，都全面地引进了国际标准化组织的定义。

二、集装箱标准

集装箱标准化，不仅能提高集装箱作为共同运输单元在海、陆、空运输中的通用性和互换性，而且能够提高集装箱运输的安全性和经济性，促进国际集装箱多式联运的发展。同时，还给集装箱的载运工具和装卸机械提供了选型、设计和制造的依据，从而使集装箱运输成为相互衔接配套、专业化和高效率的运输系统。集装箱标准按使用范围分，有国际标准、国家标准、地区标准和公司标准四种。

1. 国际标准集装箱

到目前为止，国际标准集装箱共有 13 种规格，如表 9-3-1 所示。

国际标准集装箱现行箱型系列　　表 9-3-1

箱型	长度		宽度		高度		总重	
	mm	ft/in	mm	ft/in	mm	ft/in	kg	lb
1AA	12 192	40/	2 438	8/0	2 591	8/6	30 480	67 200
1A	12 192	40/	2 438	8/0	2 438	8/0	30 480	67 200
1AX	12 192	40/	2 438	8/0	<2 438	<8/0	30 480	67 200
1BB	9 125	29/11.5	2 438	8/0	2 591	8/6	25 400	56 000
1B	9 125	29/22.5	2 438	8/0	2 438	8/0	25 400	56 000
1BX	9 125	29/11.25	2 438	8/0	<2 438	<8/0	25 400	56 000
1CC	6 058	19/10.5	2 438	8/0	2 591	8/6	24 000	52 920
1C	6 058	19/10.5	2 438	8/0	2 438	8/0	24 000	52 920
1CX	6 058	19/10.5	2 438	8/0	<2 438	<8/0	24 000	52 920
1D	2 991	9/9.75	2 438	8/0	2 438	8/0	10 160	22 400
1DX	2 991	9/9.75	2 438	8/0	<2 438	<8/0	10 160	22 400
1AAA	12 192	40	2 438	8/0	2 896	9/6	30 480	67 200
1BBB	9 125	29/11.25	2 438	8/0	2 896	9/6	25 400	56 000

国际标准集装箱长度关系，见图 9-3-1。

1A 型 40ft(12 192mm)；1B 型 30ft(9 125mm)；1C 型 20ft(6 058mm)；1D 型 10ft(2 991mm)；间距 i 为 3in(76mm)；各种集装箱箱型之间的尺寸关系为：

$1A = 1B + i + 1D = 9\ 125 + 76 + 2\ 991 = 12\ 192mm$；

$1B = 1D + i + 1D + i + 1D = 3 \times 2\ 991 + 2 \times 76 = 9\ 125mm$；

$1C = 1D + i + 1D = 2 \times 2\ 991 + 76 = 6\ 058mm$。

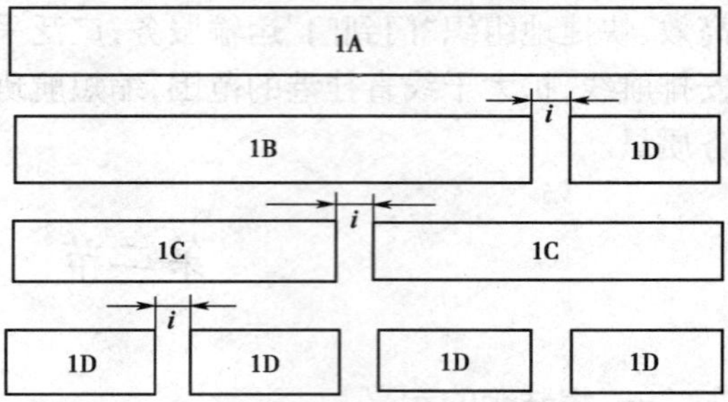

图 9-3-1　国际标准第一系列集装箱长度系列关系图

2.国家标准集装箱

各国政府参照国际标准并考虑本国的具体情况制定本国的集装箱标准。我国现行国家标准《集装箱外部尺寸和额定重量》(GB 1413－85)有关数据标准见表 9-3-2。

我国现行的集装箱外部尺寸、极限偏差及额定质量标准　　表 9-3-2

型　号	高度(H)mm		宽度(W)mm		长度(L)mm		额定重量(最大重量) kg
	尺　寸	极限偏差	尺　寸	极限偏差	尺　寸	极限偏差	
1AA	2 591	0，－5	2 438	0，－5	12 192	0，－10	30 480
1A	2 438	0，－5	2 438	0，－5	12 192	0，－10	30 480
1AX	2 438	0，－5	2 438	0，－5	12 192	0，－10	30 480
1CC	2 591	0，－5	2 438	0，－5	6 058	0，－6	20 320
1C	2 438	0，－5	2 438	0，－5	6 058	0，－6	20 320
1CX	2 438		2 438	0，－5	6 058	0，－6	20 320
10D	2 438	0，－5	2 438	0，－5	4 012	0，－5	10 000
5D	2 438	0，－5	2 438	0，－5	1 968	0，－5	5 000

注：①5D 和 10D 两种箱型主要用于国内运输，其他 6 种箱型主要用于国际运输；

②C 型箱额定质量仍为 20 320kg，实际使用中采用 24 000kg。

此外，还有由地区组织根据该地区的特殊情况制定并仅适用于该地区(如欧洲国际铁路联盟(VIC))的集装箱标准，某些大型集装箱船公司(如美国海陆公司)根据本公司的具体条件而制定的集装箱船公司标准。除标准箱外，目前世界上还有不少非标准集装箱。

第三节　集装箱运输组织

一、集装箱的运输方式

集装箱的运输方式有船舶、铁路、公路、航空四种。

(一)船舶运输

1.船舶的种类

按船舶装运集装箱化程度的不同，可将集装箱运输所使用船舶分为如下几种：

(1)全集装箱船　船舶的所有载货空间均适合集装箱装载。因装载方式的不同,全集装箱船又可分为舱格式全集装箱船与拖车式全集装箱船。

(2)半集装箱船　船上既有专供集装箱使用的舱格,也有装载散装杂货的保留空间。

(3)混合式集装箱船　是将舱格式与拖车式集装箱船混合成一体,除可使用起重机担任装卸工作外又可以承载载箱拖车。

(4)可变集装箱船　货舱通常以装载集装箱为主,必要时可变成装载散装杂货的货轮。

(5)子母船　整艘集装箱船分为子母两部分,子船负责进港装载集装箱,母船在港外接运子船,然后以母船担任越洋长途运送。

2.装卸方法

海上集装箱运输的装卸方法因集装箱船而异,可有下列几种方式:

(1)吊上吊下型　这类装卸方式主要使用于舱格式集装箱船,以码头或船上自备的桥式起重机为装卸机具,对集装箱作垂直式的装卸。

(2)驶进驶出型　这类装卸方式主要使用于拖车式集装箱船上,拖车驶进船舱,待抵达目的港后再直接以拖车将集装箱送达收货人处。

(3)浮上浮下型　这类装卸方式主要使用于子母船,子船对于母船而言就好比是一个超大型集装箱,母船可在船上设重型起重机直接装卸子船;也有利用大型升降台以升降方法装卸子船的;更有母船采取将子船直接驶入驶出船舱的方式。

3.作业方式

集装箱运输的作业方式有以下几种:

(1)直达作业　是传统的运输方式,运送人只担当主要港口之间的集装箱运输服务。

(2)接驳作业　是以小船来往于主要港口附近的小港口,担当集装箱的集中任务,将集装箱集中于主要港口,以大型集装箱船负责越洋长途运送任务。

(3)复合作业　是为了实现“门到门”服务的目标,由海运企业负责将各种运输工具协调结合在一起,共同担当集装箱运输任务的作业方式。

(二)陆上运输

在整个集装箱运输系统中,陆上集装箱运输企业主要担当集装箱的接运与转运的工作。并实现“门到门”的服务目标。陆上运输方式为铁路与公路。

1.铁路集装箱运输系统

利用铁路平车装载集装箱担当陆上较长运距的集装箱运输服务,是一种所谓背载运输的作业方式。根据集装箱的装载情况不同,它又可分为下列两种方法(图 9-3-2):

(1)平车载运拖车。将集装箱同载运拖车

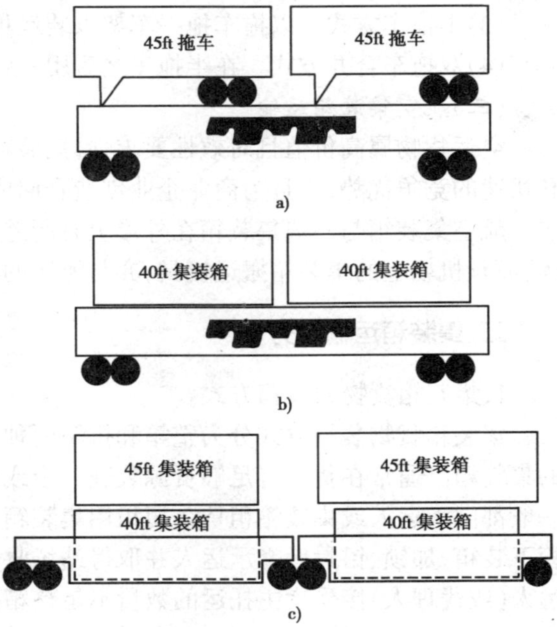

图 9-3-2　背载运输的作业方式

一起固定于铁路平车上，作长距离运送服务，到达目的站以后，则用该拖车将集装箱直接送往收货人处。

(2)平车载运集装箱。利用机具将集装箱固定于铁路平车上，待运抵目的站后，再以机具将集装箱卸放到当地拖车的车架上，由当地拖车送抵收货人货仓。近年来，又有双层集装箱列车出现，使铁路集装箱运输的经济效益又有进一步的提高。

2.公路集装箱运输系统

在铁路无法到达或运程较短的运输中，公路集装箱运输可以发挥其可达性高的优点，以完成集装箱运输系统的末梢运输任务。运送方法一般有下列四种(图 9-3-3)：

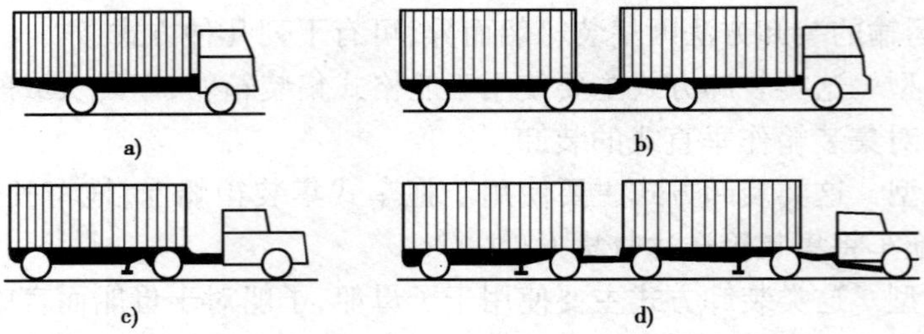

图 9-3-3　公路集装箱运输种类图

a)汽车货运；b)全拖车；c)半拖车；d)双拖车

(1)汽车货运方式　以一般货车来运送集装箱。

(2)全拖车方式　除了以一般货车装载集装箱外，货车尾端再以拖杆牵带一辆车架运送另一集装箱。

(3)半拖车方式　以拖车拖一车架以装运集装箱，拖车可脱离车架而灵活调度使用。

(4)双拖车合并方式　在半拖车之后用一台引车连接另一车架用以装运第二个集装箱。

(三)航空集装箱运输

空运货物属高价值且时效性要求强，集装箱化运输的引进不仅为航空运输企业创造安全和快速的竞争优势，而且为商业企业创造仓储成本的节省及商品配送速度提高的竞争优势。

航空集装箱与一般集装箱在外形上有所差异，主要目的是为了让集装箱更适用于飞机装运，而且机场上的集装箱搬运机具，亦与海运的集装箱搬运机具有所不同。

二、集装箱运输业务

1.集装箱货物的装箱方式

集装箱货物装箱方式分为整箱和拼箱两种。整箱是指货方自行装箱，并以箱为单位托运的集装箱。通常在货主有足够货源装载一个或数个整箱时采用。除有些货主自备集装箱外，一般都向承运人或集装箱租赁公司租用集装箱。空箱运到工厂或仓库后，货主在海关人员监管下装箱，加锁、铅封后交承运人并取得站场收据，最后凭收据换取提单或运单。拼箱是指承运人(或代理人)接受货主托运的数量不足整箱的小票货运后，根据货类性质和目的地进行分类整理，把同一目的地的货物集结到一定数量，拼装入箱。拼箱货的分类、整理、集中、装箱(拆箱)、交货等工作均在承运人码头(或内陆)集装箱货运站进行。

2.集装箱货交接方式

集装箱货运分为整箱和拼箱两种。因此,在交接方式上也有所不同,大致有以下4类:

(1)整箱交、整箱接　货主在工厂或仓库把装满货后的整箱交承运人,收货人在目的地以同样整箱接货。亦即承运人以整箱为单位负责交接。货物装箱和拆箱均由货方负责。

(2)拼箱交、拆箱接　货主将不足整箱的小票托运货物在集装箱货运站或内陆货运站交承运人,由承运人负责拼箱和装箱,运到目的地货运站或内陆货运站,由承运人负责拆箱,收货人凭单接货。货物的装箱和拆箱均由承运人负责。

(3)整箱交、拆箱接　货主在工厂或仓库把装满货后的整箱交承运人,在目的地的集装箱货运站或内陆货运站由承运人负责拆箱后,收货人凭单接货。

(4)拼箱交、整箱装　货主将不足整箱的小票托运货物在集装箱货运站或内陆货运站交承运人。由承运人分类调整,把同一收货人的货集中拼装成整箱,运到目的地后,承运人以整箱交,收货人以整箱接。

3.集装箱货物的交接地点

根据承运人从发货人手中接受货物和向收货人交付货物地点的不同组合,集装箱货物的交接方式可分为:

(1)"门到门"交接方式(Door to Door),货物交接的形态均为整箱货。

(2)"门"至堆场交接方式(Door to CY),货物交接形态均为整箱货。

(3)"门"至集装箱货运站交接方式(Door to CFS),在这种交接方式下,承运人接受的是整箱货,交付时为拆箱形态。

(4)堆场至"门"交接方式(CY to Door),其货物交接形态均为整箱货。

(5)堆场至堆场交接方式(CY to CY),货物的交接形态均为整箱货。

(6)堆场至集装箱货运站交接方式(CY to CFS),承运人以整箱形态接受货物,以拆箱形态交付货物。

(7)集装箱货运站至"门"交接方式(CFS to Door),承运人以拼箱形态接受货物,以整箱形态交付货物。这种交接方式一般对应于多个发货人,一个收货人的情况。

(8)集装箱货运站至堆场交接方式(CFS to CY),这种方式与第(7)种方式类似,差别仅是承运人在集装箱货运站接受货物后,负责将货物运至合同指定的目的地堆场,并向收货人交付货物。

(9)集装箱货运站至集装箱货运站交接方式(CFS to CFS),承运人接受货物与(7)、(8)相似,接受货物后要负责将货物运至合同指定目的地集装箱货运站,并负责拆箱后向收货人交付货物,货物交接形态均为拼箱,一般对应于多个发货人、多个收货人的情况。

第四节　集装箱调配与箱务管理

一、集装箱空箱调运产生的原因

集装箱空箱调运及其管理关系到集装箱的利用程度、空箱调运费的开支、货物的及时装箱和发送以及企业的经济效益。在集装箱运输航线货源不平衡的情况下,必须进行空箱调运。

通过合理的空箱调运,可以降低船公司航线集装箱需备量和租箱量,从而降低运输成本,提高船公司的竞争能力和经济效益。产生空箱调运的原因主要有:

(1)由于管理方面的原因产生空箱调运。如单证交接不全,流转不畅,影响空箱的调配和周转;又如货主超期提箱,造成港口重箱积压,影响集装箱在内陆的周转,为保证船期,需要从附近港口调运空箱。

(2)进出口货源不平衡,造成进、出口集装箱比例失调,产生空箱调运的问题。

(3)贸易逆差导致集装箱航线货流不平衡,产生空箱调运。

(4)进出口货物种类和性质不同,需使用不同规格的集装箱,产生不同规格集装箱短缺现象,需要按箱种规格调运空箱,以满足不同货物的需要。

(5)其他原因。如出于对修箱费用和修箱要求考虑,船公司将空箱调运至修费低、修箱质量高的地区去修理。

因此,产生一定数量的空箱调运是必然的。而通过加强箱务管理,实现箱务管理现代化,减少空箱调运量是完全可以实现的。

空箱调运应比较空箱调运费用与租箱费用,考虑航线集装箱配备量因素,确定采取空箱调运或租箱。

二、减少空箱调运的途径

减少空箱调运有效的途径主要有:

(1)组建联营体,实现船公司之间集装箱的共享。联营体通过互相调用空箱,可减少空箱调运量和航线集装箱需备量,节省空箱调运费和租箱费。

(2)强化集装箱集疏运系统,缩短集装箱周转时间。通过做好集装箱内陆运输各环节的工作,保证集装箱运输各环节紧密配合,缩短集装箱内陆周转时间和在港时间,以提供足够箱源,不至因缺少空箱而从邻港调运。

(3)强化集装箱跟踪管理系统,实现箱务管理现代化。通过优化集装箱跟踪管理计算机系统,采用EDI系统,以最快、准确的方式掌握集装箱信息,科学而合理地进行空箱调运,最大限度地减少空箱调运量及调运距离。

三、集装箱箱务管理

集装箱箱务管理是集装箱运输系统中极其重要的环节,其内容包括集装箱的调运、备用、租赁、保管、交接、发放、检验及修理等工作。做好集装箱箱务管理,对降低集装箱运输总成本,减少置箱投资,加快集装箱的周转,提高集装箱货物的装载质量和货运质量,提高企业经济效益和国际航运市场的竞争能力均具有重要意义。

1.集装箱营运管理体制

为加强对集装箱使用的管理,需设置集装箱营运管理机构,建立集装箱营运管理体制。通常集装箱营运管理实行一级调度、分级管理的体制,在集装箱运输总公司设箱管部,下设分部箱管部和箱管中心、各航线经营人及港口箱管代理。对接受航线经营人提还箱的港口指定为“开放”港口,对不接受航线经营人提还箱的港口指定为“封闭”港口。总公司箱管部对整个公司集装箱实行统一管理、集中控制、统一调度,由各航线经营人共同使用。箱管部设有营运管理、信息管理等业务职能部门。

2.集装箱调运管理

总公司箱管部统一管理整个公司的集装箱,并与各航线经营人密切配合、合理调配集装箱。根据开放港口的进出口箱量及其管理水平,由箱管中心确定开放港口的集装箱合理保有量,并可根据市场变化及时调整。分部箱管部负责检查所管辖地区内的港口集装箱保有量,制定区域内港口间集装箱平衡及调运计划,并报箱管部统筹调度解决。

箱管部负责制定并调整各港口及地区的集装箱保有量,制定周、月度空箱调运计划,并与航线经营人联系落实该计划,向航线经营人发送集装箱调运计划通知书,认可后,向代理发布调箱指令,同时抄报分部箱管部和航线经营人。港口箱管代理应做好集装箱现场管理工作,落实空箱调运计划,发现问题及时向有关各方反映,以便及时解决问题。

对于计划外用箱,应提出计划外用箱申请,交有关分部箱管部和箱管部,如在分部地区内可解决则地区内协调解决,仍有困难时,由分部箱管部报箱管部予以解决。

对于港口或地区的集装箱空箱总量超过合理保有量的一定比例,并已堆存一定的时间,可以认为该港口或地区集装箱积压。对积压在封闭港口内的空箱,有关分部箱管部应建议航线经营人积极组织回空,必要时应通报箱管部采取有效措施予以解决。

3.有关空箱调运的各种费用

空箱调运中的费用支出主要有:空箱调运费、空箱卸港及还箱手续费、开放港口提箱控制及提箱费、派船调运空箱费、集装箱滞期费等。这些费用应根据具体情况计入运营成本。

4.集装箱分配及使用

集装箱分配及使用一般应遵循以下原则:当港口集装箱充裕时,按船舶开离时间顺序分配用箱;集装箱不足时,应首先保证调进空箱量大的航线经营人所属船舶用箱,再考虑运距长的货物用箱;对去往集装箱严重积压的港口货物要控制放箱;要保证高质、有重要运输协议、有特殊运输时限要求的货物和展品等货物的用箱;要保证特种货物对特种用箱的需求。

5.集装箱的发放与交接

集装箱的发放与交接实行集装箱设备交接单制度,必须以集装箱代理人签发的集装箱设备交接单办理提箱、交箱及进出堆场等业务。

集装箱设备的交接时,责任的划分存在以下规定:船、港交接以船边界;港方与货方、内陆承运人交接以港口检查桥为界;堆场、货运站与货方、内陆承运人交接以堆场、货运站道口(公路承运人)或船边(水路承运人)或车皮(铁路承运人)为界。

6.集装箱的修理及维护保养

集装箱在运输、装卸、搬运、堆存过程中由于种种原因造成损坏,由箱管部及分部箱管部的技术管理部门对集装箱的维修作出统筹计划和组织实施。港口箱管代理可在授权范围内按照报修程序组织修理。

随着全球国际集装箱运输的快速发展，每年均需投入大量的集装箱。由于集装箱流动范围极广，很难进行有效的控制，而且集装箱灭失造成的经济损失很大。为了最大幅度地减少经济损失，提高集装箱的周转率，最大限度地发挥集装箱的运输能力，防止因种种原因产生的集装箱灭失现象，世界各国都在研制和设置集装箱跟踪管理系统，实现箱务管理现代化。

第四章　多种运输方式联合运输(多式联运)

第一节　多式联运概述

一、联合运输

货物从起运地到最终目的地的完整的运输过程(以下简称全程运输)一般不是一种运输方式就能够完成的,多数情况下需要使用两种或两种以上的运输方式。自从铁路、公路、海运、内河运输、航空、管道等运输方式产生以来,已经形成了符合自己特点的、行之有效的运输组织和营运管理的技术与方法。在很长一段历史时期内,各种运输方式的承运人仅限于在自己的业务范围内独立组织,完成各项运输任务。对于货物的全程运输,一般则是由货方(卖方、发货人或买方、收货人)和所涉及到的不同运输区段、不同运输方式的承运人共同完成。

在这种传统的货物分段运输组织形式下，运输组织中的大部分工作都是由货方及其代理人安排和完成的。货方为完成货物的全程运输，需要与各区段的承运人分别订立运输合同，多次结算费用，多次办理保险，并负责各段间的运输衔接工作，而各种方式的承运人仅负责组织、完成各该区段的货物运输。这种运输组织形式，不仅货方需要付出足够多的人力、时间和费用，而且可能由于对综合运网情况，对承运人营运线路、班次安排及全程运输中涉及的各个环节、各种手续不够熟悉而造成运输时间过长和运输费用增大，甚至造成不合理运输。

针对传统的全程运输组织形式存在的问题,一些政府机构,各种运输方式的运输企业,各种类型的服务企业,根据某些大宗战略(重点)物资运输的需要或适应运输市场竞争的需要,根据综合运输和为货主提供最大限度的方便与全面服务的全新运输经营思想,提出并实践了一种新的货物全程运输组织形式,即由一个机构或一个运输经营人对货物运输全程负责,完成和组织完成从起运地开始至最终目的地为止的期间内所涉及的全部运输、运输衔接和运输服务业务。货方只要与这个机构或经营人订立一份全程运输合同,一次交付费用,办理一次保险就可以实现货物的全程运输。这种新的运输组织形式,一般称为联合运输。经营联合运输业务的运输企业,一般称为联运经营人。

1.联合运输的概念与内容

联合运输(亦简称联运)是综合运输思想在运输组织领域的体现,是综合性的运输组织工作。这种综合组织是指在一个完整的货物运输过程中,不同运输企业、不同运输区段、不同运输方式和不同运输环节之间的衔接和协调组织,其内容主要包括以下几个方面:

(1)全程运输中使用两种或两种以上运输工具(方式)的运输衔接;

(2)全程运输中使用同一种运输工具两程或两程以上的运输衔接;

(3)全程运输中使用一种运输方式多家经营和多种运输方式联合经营的组织衔接;

(4)全程运输中所涉及的货物生产、供应、运输、销售企业的运输协作组织。

可见,联合运输是一种新的运输组织形式,是在旅客和货物多次中转的运输过程中,在不同运输区段、不同运输方式的结合部(中转、换装地点)发挥纽带、贯通和衔接作用。联合运输的运输组织工作,除上述衔接性工作外,还包括把原来由旅客、货主自己(或委托代理人)订立的运输合同,办理货物交接和各种手续及运输服务事宜,改由联运企业或联运管理机构统一组织办理。在联合运输组织业务中,联合是核心,衔接与协作是关键。

联合运输组织工作过程,实际上是各种运输方式合理分工和协作的过程。在选择全程运输的运输线路和选择各区段的运输方式过程中,不仅要考虑每一种运输方式的技术经济特性,更应充分考虑各种运输方式之间优势互补和由不同运输方式组成的运输路线的整体功能,把不同运输方式的不同企业结合成一个整体,以提供优质、方便、高效的全程运输服务。

2.联合运输的基本特征

联合运输与传统的单一方式、单程运输有很大区别,其基本特征主要有:

(1)全程性　联合运输是两种以上运输方式或单一方式两程以上的连续运输组织,联合运输经营人或联运管理机构要负责从接受货物托运、各区段运输、各区段运输衔接,直到货物交付期间的全部运输及相关服务业务,并对运输全程负责。

(2)简便性　货主只要与联合运输经营人订立一份运输合同,办理一次托运,一次结算全程费用,通过一张运输单据就可以实现货物的全程运输。与传统的分段运输比较,货主需要办理的手续大为简化,节约了货方的人力与时间,提高了社会综合经济效益。

(3)通用性　联合运输中所使用的商务活动的模式与规则,运输所依据的国际、国内法规,合同的性质作用,使用的单证文件等都必须具有通用性,使之能适应不同运输方式、不同企业及其衔接的工作需要。

(4)代理性　联合运输企业(联合运输经营人)与货方订立全程运输合同,对全程运输负有责任,是通过分别与其他运输企业(一般称为实际承运人)订立分区段的运输合同(一般称为分运或分包合同),借助其他运输企业的力量完成各段的运输。它的全程运输组织工作的主要内容是:提供服务与组织衔接,与运输代理企业的业务内容相似。

(5)协同性　搞好联合运输依赖于生产、供应、运输、销售、金融、通讯等部门及集、装、运、转、卸、疏等环节的紧密协作与配合。这种协同性不仅体现在运输组织和管理上协调一致,而且也体现在技术装备(港、站、库、场、集疏运系统)的相互配套,同步建设、协调发展。这种协同性是联合运输发展的必要条件。

二、多式联运

1.多式联运概念

多式联运是联运经营人根据单一的联运合同,使用两种或两种以上的运输方式,负责将货物从指定发送地点运抵交付地点的运输。一般来讲,多式联运应具备以下主要条件:

(1)必须具有一个多式联运合同;

(2)必须使用一份全程的多式联运单据(多式联运提单、多式联运运单等);

(3)必须至少使用两种不同的运输方式,而且是两种以上运输方式的连续运输;

(4)必须使用全程单一费率;

(5)必须有一个多式联运经营人对货物的运输全程负责;

(6)国际多式联运经营人接受货物的地点与交付货物的地点必须分属于两个国家。

国际货物多式联运是多式联运发展的最高形式。国际货物多式联运早在20世纪初就产生了,由于实现了不同运输方式的综合组织和提供全程运输服务,因此受到货主的欢迎。但由于运输全程包括多个运输区段,使用多种运输方式,货物运输途中经过多次装卸作业,容易造成货物的灭失损害和延误。在件杂货运输下,经营多式联运的企业风险很大,因此限制了企业经营多式联运的积极性。集装箱运输普遍使用后,其特有的优势减少了这种风险,国际多式联运才迅速发展起来。目前的国际多式联运,基本上是国际集装箱货物多式联运。

2.多式联运的优点

到目前为止,发达国家大部分国际贸易的货物运输已采用多式联运的形式,发展中国家采用多式联运形式运输货物的比例也以较大的速度增长。集装箱货物多式联运已成为国际货物运输的主流。多式联运较之传统运输,主要优点是:

(1)统一化、简单化　多式联运的统一化和简单化主要表现在不论运输全程有多远,不论由几种方式完成货物运输,也不论全程分为几个运输区段,经过几转换,所有运输事项均由多式联运经营人负责办理,货主只需办理一次托运、订立一份运输合同、一次保险。多式联运通过一张单证,采用单一费率,因而也大大简化了运输与结算手续。

(2)减少中间环节,提高运输质量　多式联运以集装箱为运输单元,可以实现"门到门"运输,尽管运输途中可能有多次换装、过关,但由于不须掏箱、装箱、逐件理货,只要保证集装箱外表状况良好,铅封完整即可免检放行,从而减少了中间环节;尽管货物运输全程中要进行多次装卸作业,但由于使用专用机械设备,而不直接涉及箱内货物,货损、货差和货物被盗的可能性减少;由于全程运输由专业人员组织,可做到各环节与各种运输工具之间衔接紧凑、中转及时,从而使货物的运达速度大大加快,有效地提高了运输质量,保证了货物安全、迅速、准确、及时地运抵目的地。

(3)降低运输成本,节约运杂费用　多式联运经营人通过对运输路线的合理选择和运输方式的合理使用,可以降低全程运输成本,提高利润。对于货主来讲,可以得到优惠的运价;一般将货物交给第一(实际)承运人后即可取得运输单证并据此结汇(结算货款),结汇时间比分段运输提前,有利于货物占有资金的周转;此外,由于采用集装箱运输,可节省货物的运输费用和保险费用。

(4)实行单一费率　采用单一费率是多式联运的基本特征和必要条件。多式联运全程运输成本的计算必须考虑国内不同运输方式的运价体系,了解国际海运、空运和国外内陆运输的运价体系以及各种市场竞争因素。由于多式联运全程运输采用一张单证,实行单一费率,从而简化了制单和结算的手续,节约了货方的人力、物力。

(5)扩大运输经营人业务范围,提高运输组织水平,实现合理运输　多式联运突破了各种运输方式自成体系、独立运输、经营范围和运输规模的局限,多式联运经营人或做为多式联运的参加者(实际承运人)的经营业务范围大大扩展,从理论上讲可以扩大到全世界。除运输经营人外,其他与运输有关的行业及机构,如仓储、港口、代理、保险、金融等都可通过参加多式联运得到好处,扩大业务。多式联运经营人对世界运输网、各类承运人、代理人、相关行业和机构及有关业务都有较深的了解和较为密切的关系,可以选择最佳的运输路线,使用合理的运输方式,选择合适的承运人,实现最佳的运输衔接与配合,实现合理运输。

三、我国货物多式联运的现状

适应我国货物运输需求的变化和国际贸易运输的要求，我国货物运输的组织发生了深刻的变革，货物多式联运的运输体系、组织形式在建立和完善中。原有的联合运输服务企业的服务范围在向多式联运领域拓展。

1. 多式联运公司的主要业务

目前，多式联运公司主要业务有零担货物的集结运输（指联运货物）、代办货物中转（指非联运货物）、笨重货物和搬家货物运输、工厂或成套设备承包运输、仓库保管、货物包装等，虽然采取多式联运的形式，但还不是真正意义的多式联运，没有建立起多式联运体系。

2. 多式联运业务网

在货物运输过程中，多式联运公司为货物在不同运输工具衔接点所办理的业务，称为联运货物中转交接业务。它包括货物或集装箱的到卸和接收；货物或集装箱的场、库保管；票据手续和杂费计算；向运输企业托运、组织货物装运。

多式联运公司都在一定地区范围内设有一定的相关业务机构，并通过这些机构处理货物的承运、中转和交付业务，以实现“一票到家”的货物运输全过程。就某一多式联运公司而言，要在一个较大区域范围内设置辖属的业务机构是有困难的，因而它可能办理的业务范围要受到一定的限制。

联运业务三项基本业务环节（承运、中转和交付）的实现，即多式联运公司办理联运货物运输的实现，有赖于各种形式联运业务网的组成。因而，联运业务网是多式联运公司开发联运业务的基础，必须根据本公司的具体条件做好这一基础性的工作。

第二节　国际货物多式联运的组织形式

一、国际多式联运的组织方法

国际货物多式联运的全过程就其工作性质的不同，可分为实际运输过程和全程运输组织业务过程两部分。实际运输过程是由参加国际多式联运的各种运输方式的实际承运人完成的，其运输组织工作属于各方式运输企业内部的技术、业务组织。全程运输组织业务过程是由国际多式联运经营人完成的，主要包括全程运输所涉及的所有商务性事务和衔接服务性工作的组织实施，其运输组织方法可以有很多种，但就其组织体制来说，基本上可分为协作式多式联运和衔接式多式联运两大类。

1. 协作式多式联运的运输组织方法

协作式多式联运的组织者是在各级政府主管部门协调下，由参加多式联运的各种运输方式的企业和中转港站共同组成联运办公室（或其他名称）。货物全程运输计划由该机构制定。这种联运组织下的货物运输过程如图 9-4-1 所示。

这种组织方法，发货人根据货物运输的实际需要向联运办公室提出托运申请，并按月申报整批货物要车、要船计划，联运办公室根据多式联运线路及各运输企业的实际情况制定货物运输计划，把该计划批复给托运人并转发给各运输企业和中转港站。发货人根据计划安排向多式联运第一程的运输企业提出申请，并填写联运货物托运委托书(附运输计划)，第一程运输企业接受货物后经双方签字，多式联运合同即告成立。第一程运输企业组织并完成自己承担区段的货物运输至下一区段衔接地，直接将货物交给中转港站，经换装后由下一程运输企业继续运输，直至最终目的地由最后一程运输企业向收货人交付。在前后程运输企业之间和港站与运输企业交接货物时，需填写货物运输交接单和中转交接单(交接与费用结算依据)。联运办公室(或第一程企业)负责按全程费率向托运人收取运费，然后按各企业之间商定的比例向各运输企业及港站清算。

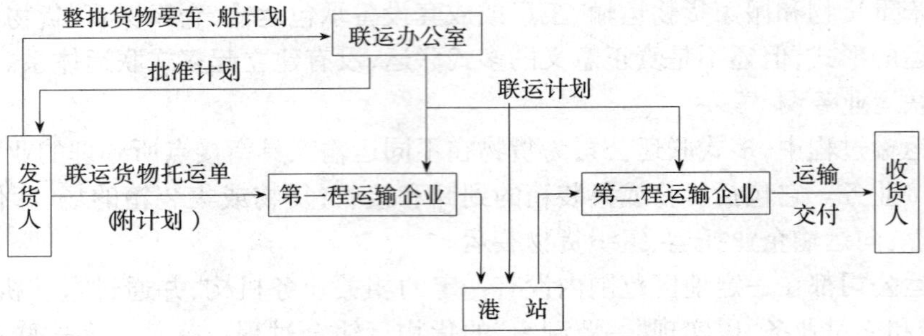

图 9-4-1 协作式多式联运过程示意图

协作式多式联运组织方法是建立在统一计划、统一技术作业标准、统一运行时间表和统一考核标准基础上，而且在接受货物运输、中转换装、货物交付等业务中使用的技术装备，衔接条件等也需要同步建设、配套运行以保证全程运输的协同性。这种组织方法在有的资料中称为货主直接托运制，是国内过去和当前多式联运(特别是大宗、稳定、重要物资运输)中主要采用的方法。

2.衔接式多式联运的组织方法

衔接式多式联运组织业务是由多式联运经营人完成的，货物运输过程如图 9-4-2 所示。

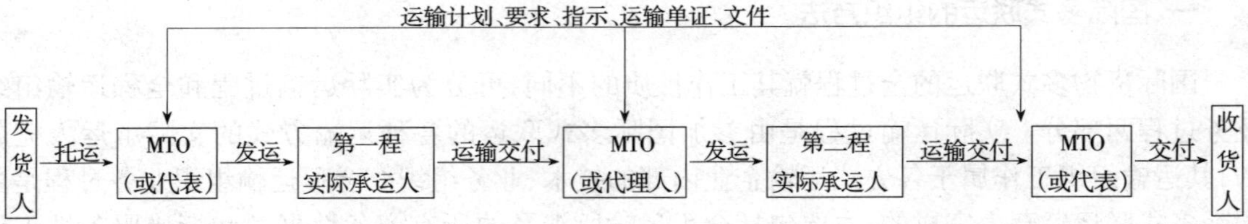

图 9-4-2 衔接式多式联运过程示意图

这种组织方法，由多式联运经营人受理发货人提出的托运申请，双方订立货物全程运输的多式联运合同，并在合同指定地点(发货人的工厂或仓库，或指定的货运站、中转站、堆场、仓库)办理货物的交接，多式联运经营人签发多式联运单据。接受托运后，多式联运经营人首先要选择货物运输路线，划分运输区段(确定中转、换装地点)，选择各区段的实际承运人，确定零星货物集运方案，制定货物全程运输计划，并把计划转发给各中转衔接地点的分支机构或委托的代理人。然后根据计划与各运程的实际承运人分别订立货物运输合同。全程各区段间的衔接，由多式联运经营人(或其代表或其代理人)从前程实际承运人接受货物再向后程承运人交接，在最终目的地从最后一程实际承运人接受货物后再向收货人交付。

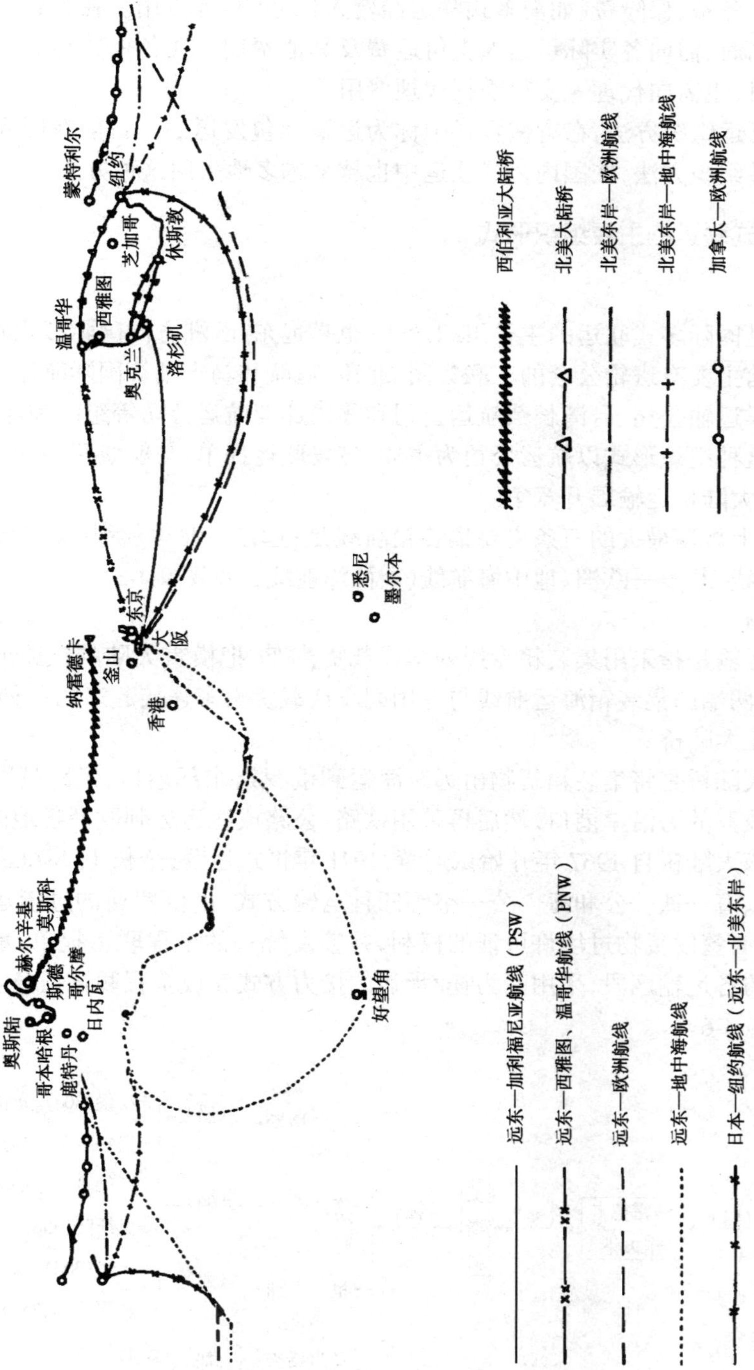

图9-4-3　世界主要集装箱航线图

在与发货人订立多式联运合同后,多式联运经营人根据双方协议,按全程单一费率收取全程运费和各类服务费、保险费(如需多式联运经营人代办的)等费用。在与各区段实际承运人订立各分运合同时,需向各实际承运人支付运费及其他费用。在各衔接地点委托代理人完成衔接服务业务时,也需向代理人支付委托代理费用。

这种多式联运组织方法,在有些资料中称为运输承包发运制。目前在国际货物多式联运中主要采用这种组织方法,在国内多式联运中也越来越多地采用这种方法。

二、国际多式联运的主要组织形式

1.海陆联运

海陆联运是国际多式联运的主要组织形式,也是远东/欧洲方向国际多式联运的主要组织形式之一。目前主要有班轮公会的三联集团、北荷、冠航和马士基等国际航运公司以及非班轮公会的中国远洋运输公司、台湾长荣航运公司和德国那亚航运公司等组织和经营远东/欧洲海陆联运业务。这种组织形式以航运公司为主体,签发联运提单,与航线两端的内陆运输部门开展联运业务,与大陆桥运输展开竞争。

当前,世界上规模最大的三条主要集装箱航线是:远东—北美航线(太平洋航线);远东—欧洲、地中海航线;北美—欧洲、地中海航线(大西洋航线),见图 9-4-3。

2.陆桥运输

所谓陆桥运输是指采用集装箱专用列车或载货汽车,把横贯大陆的铁路或公路作为中间"桥梁",使大陆两端的集装箱海运航线与专用列车或载货汽车连接起来的一种连贯运输方式。

1)西伯利亚大陆桥

西伯利亚大陆桥是将集装箱货物由远东海运到俄罗斯东部港口,经跨越欧亚大陆的西伯利亚铁路运至波罗的海沿岸港口,然后再采用铁路、公路或海运运到欧洲各地的国际多式联运的运输线路。该大陆桥自 1967 年开始试运营,1971 年正式运营,全长 11 896km,包括海—铁—铁、海—铁—海、海—铁—公和海—公—空等四种运输方式,由俄罗斯的过境运输总公司担当总经营人,它拥有签发货物过境许可证的权利,并签发统一的全程联运提单,承担全程运输责任。参加联运的各运输区段,采用互为托/承运的接力方式完成全程联运任务。其运输形式见图 9-4-4、9-4-5、9-4-6。

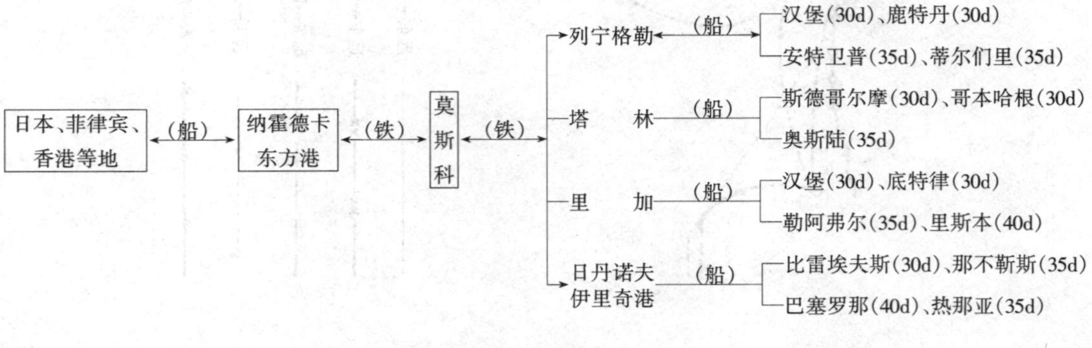

图 9-4-4 海—铁—海线路图

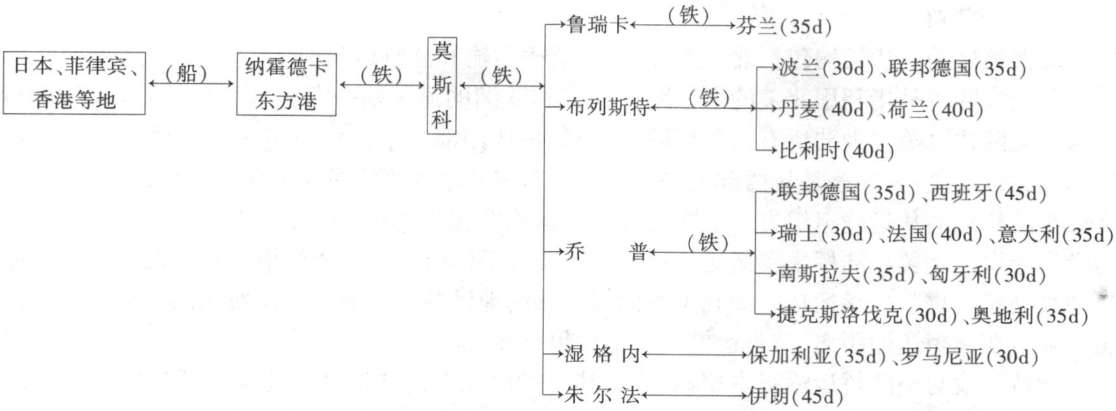

图 9-4-5　海—铁—铁线路图

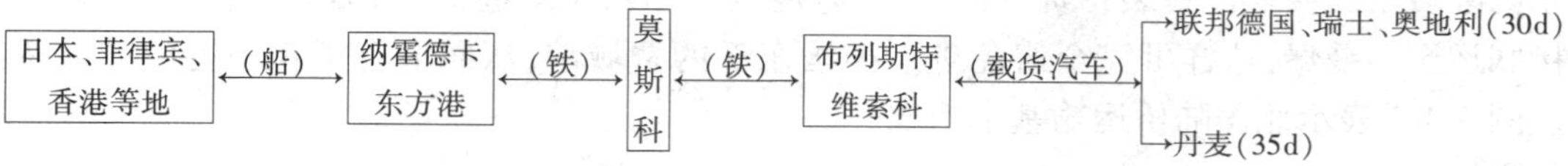

图 9-4-6　海—铁—公线路图

2）亚欧第二大陆桥

也称新亚欧大陆桥，东起中国连云港，西至荷兰鹿特丹港，全长 10 837km，在中国境内 4143km，途经中国、哈萨克斯坦、俄罗斯、白俄罗斯、波兰、德国和荷兰 7 个国家，可辐射到 30 多个国家和地区。1990 年 9 月，中国铁路与哈萨克铁路在德鲁日巴站正式接轨，标志该大陆桥的贯通。1991 年 7 月 20 日开办了新疆—哈萨克斯坦的临时边贸货物运输。1992 年 12 月 1 日由连云港发出首列国际集装箱联运东方特别快车，经陇海、兰新铁路，西出边境站阿拉山口，分别运送至阿拉木图、莫斯科、圣彼得堡等地，标志着该大陆桥运输的正式开办。近年来，该大陆桥（图 9-4-7）运量逐年增长，具有巨大的发展潜力。

图 9-4-7　新亚欧大陆桥

3）北美陆桥

北美地区的陆桥运输包括北美大陆桥、小陆桥运输和微桥运输。

北美大陆桥是指利用北美的大铁路从远东到欧洲的海—陆—海联运，包括美国大陆桥和加拿大大陆桥。美国大陆桥有两条运输线：一条是从西部太平洋沿岸至东部大西洋沿岸的铁路和公路运输线；另一条是从西部太平洋沿岸至东南部墨西哥湾沿岸的铁路和公路运输线。

小陆桥运输从运输组织方式上看与大陆桥运输并无大的区别，只是其运送货物的目的地为沿海港口。北美小陆桥主要运送从日本经北美太平洋沿岸到大西洋沿岸和墨西哥湾地区港口的集装箱货物。也承运从欧洲到美国西部及海湾地区各港口的大西洋航线的转运货物。北美小陆桥在缩短运输距离、节省运输时间上效果是显著的。

微桥运输与小陆桥运输基本相似，只是其交货地点在内陆地区。北美微桥运输是指经北美东、西海岸及墨西哥湾沿岸港口到美国、加拿大内陆地区的联运服务。例如，往来于日本和美东内陆城市匹兹堡的集装箱货，可从日本海运至美国西海岸港口，如奥克兰，然后通过铁路直接联运至匹兹堡，这样可完全避免进入美国东部的费城港，从而节省了在该港的港口费支出。图 9-4-8 表示北美陆桥运输基本构成。

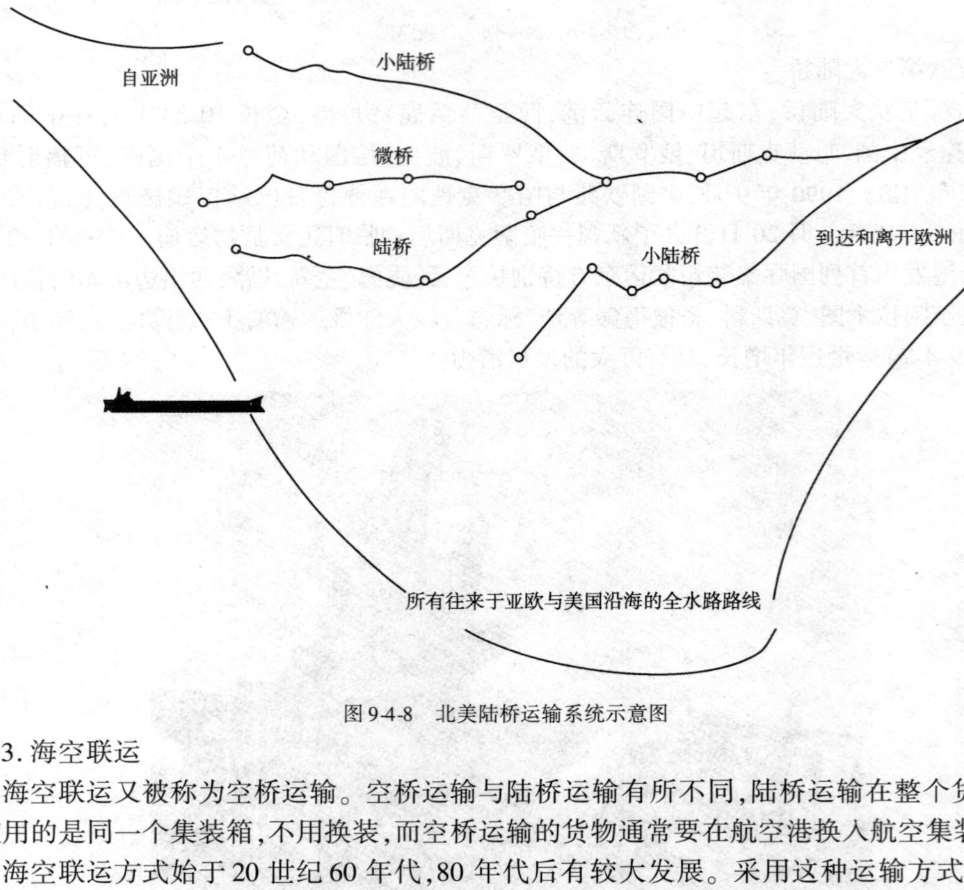

图 9-4-8　北美陆桥运输系统示意图

3. 海空联运

海空联运又被称为空桥运输。空桥运输与陆桥运输有所不同，陆桥运输在整个货运过程中使用的是同一个集装箱，不用换装，而空桥运输的货物通常要在航空港换入航空集装箱。

海空联运方式始于 20 世纪 60 年代，80 年代后有较大发展。采用这种运输方式，运输时间比全程海运少，运输费用比全程空运便宜。运输距离越远，采用海空联运的优越性就越大目前，国际海空联运线主要有：

(1)远东—欧洲:远东与欧洲间的航线有以温哥华、西雅图、洛杉矶为中转地,也有以香港、曼谷、海参威为中转地;还有以旧金山、新加坡为中转地。

(2)远东—中南美:近年来,远东至中南美的海空联运发展较快,因为此处港口和内陆运输不稳定,所以对海空运输的需求很大。该联运线以迈阿密、洛杉矶、温哥华为中转地。

(3)远东—中近东、非洲、澳洲:是以香港、曼谷为中转地至中近东、非洲的运输服务。在特殊情况下,还有经马赛至非洲、经曼谷至印度、经香港至澳洲等联运线。

第三节　国际多式联运业务

一、多式联运经营人

国际多式联运经营人是经营国际多式联运的企业或机构,是全程运输的组织者,负责完成或组织完成多式联运合同规定的货物全程运输。

1.国际多式联运经营人的分类

按是否拥有运输工具并实际完成多式联运货物全程运输或部分运输,国际多式联运经营人可分为两种类型:承运人型和无船承运人型。

1)承运人型的多式联运经营人

这类多式联运经营人拥有(或掌握)一种或一种以上的运输工具,直接承担并完成全程运输中一个或一个以上的货物运输区段。因此,他不仅是多式联运的契约承运人,对货物全程运输负责,同时也是实际承运人,对自己承担区段货物运输负责。这类经营人一般是由各种单一运输方式的承运人发展而来。

2)无船承运人型的国际多式联运经营人

该类经营人不拥有(或掌握)任何一种运输工具,而只是组织完成合同规定货物的全程运输,仅是多式联运的契约承运人,对货物全程运输负责。这类经营人一般由传统意义上的运输代理人或无船承运人或其他行业企业或机构发展而成。

我国主管部门规定,运输企业开展多式联运业务时,经营的多式联运部分应从原企业中分离出来成为独立法人。因此,我国的多式联运经营人均属于第二类。

2.国际多式联运经营人应具备的条件

(1)必须具有经营管理的组织机构、业务章程和具有企业法人资格的负责人,能够与发货人或其代表订立多式联运合同,且该合同至少要使用两种运输方式完成全程运输,合同中的货物应是国际间的货物。

(2)从发货人或其代表手中接收货物后,即能签发自己的多式联运单证以证明合同的订立并开始对货物负责。为确保该单证做为有价证券的流通性,国际多式联运经营人必须在国际运输中具有一定的资信或令人信服的担保。

(3)必须具有与经营业务相适应的自有资金。国际多式联运经营人要完成或组织完成全程运输,并对运输全过程中的货物灭失、损害和延误运输负责,因此必须具有开展业务所需的流动资金和足够的赔偿能力。

(4)必须能承担多式联运合同中规定的与运输和其他服务有关的责任。因此,必须具备与合同要求相适应的,能承担上述责任的技术能力,包括建立自己的多式联运线路,要有一支具有国际运输知识、经验和能力的专业队伍,要有完整的服务网络,要能够制定各线路的多式联运单一费率,要有必要的设备和设施,要做好宣传普及、咨询服务等工作。

3.国际多式联运企业经营的基本方式

国际多式联运经营人的经营方式通常有以下3种:

(1)独立经营方式。多式联运过程中的所有工作(除各区段实际运输外)全部由自己的办事处或分支机构承担并完成。承运人型的国际多式联运经营人多数采用这种形式。

(2)两企业间联营方式。联营企业由分别位于多式联运线路两端国家的两个(或几个)类似的国际多式联运经营人联合组成,联营的双方互为合作人,分别在各自的国家内开展业务活动,揽到货物后,按货物的流向及运输区段划分双方应承担的工作。

(3)代理方式,即在线路的两端和中间各衔接地点委托国外(内)同行业作为多式联运代理。这种代理关系可以是相互的,也可是单方面的。在这种情况下,一般由国际多式联运经营人向代理人支付代理费用。

第一种方式一般适用于货源数量较大,较为稳定的线路。一般要求企业具有较强的经济实力和业务基础。第二种和第三种(特别是第三种)方式多适用于公司的经济实力不足以设立众多的海外办事处和分支机构,或线路的货源不够大,不太稳定,设立分支机构在经济上不合理,或企业开展多式联运业务的初期等情况。大多数无船承运人型的国际多式联运经营人均采用后两种形式。在实际经营过程中,各国际多式联运经营人并不只按上述三种方式的某一种经营,而是三种方式结合运用。

4.国际多式联运经营人的赔偿责任

1)赔偿责任期间

国际多式联运经营人的赔偿责任期间一般为自接管货物开始至交付货物为止。

2)赔偿责任基础

《联合国国际货物多式联运公约》中规定:"多式联运经营人对于发生在其掌管货物期间货物的灭失损害和延误交货的损失应负赔偿责任。除非多式联运经营人能证明其本人、受雇人或其代理人或其他人为避免事故发生和其后果已采取了一切符合要求的措施。"这种规定与汉堡规则中的完全过失责任制类似,与目前国际上铁路等运输方式的规定有很大差别。

3)赔偿责任形式

目前在国际多式联运中,国际多式联运经营人已采用或可能采用的责任形式有3种:

(1)责任分担制　国际多式联运经营人与各区段的实际承运人仅对各该区段的货物运输负责,各区段的责任原则按该区段适用的法律予以确定。这种责任形式没有全程统一的责任人。目前一些承运人型的国际多式联运经营人仍采用这种责任形式。

(2)统一(同一)责任制　国际多式联运经营人对货物全程运输负责,各区段实际承运人对各该区段的货物运输负责。不论损害发生在哪一区段,国际多式联运经营人或实际承运人承担的赔偿责任都相同,是与多式联运的基本特征最为一致的责任形式。由于实际承运人难以接受等原因,目前未被采用。但《联合国国际货物多式联运公约》主张采用这种责任形式。

(3)网状(混合)责任制　国际多式联运经营人对货物的全程运输负责,各区段的实际承运人仅对该区段的运输负责。各区段适用的责任原则按该区段适用的法律予以确定。这种责任形式与多式联运的基本特征较为一致，是目前大多数多式联运合同中采用的责任形式。

4)统一的赔偿责任限制

在责任分担制或网状责任制下，国际多式联运经营人的责任限制（额）由损害发生区段适用的法规规定。因此，这两种责任形式的国际多式联运经营人的责任限制与各种单一方式国际运输相同。在统一责任制形式下，无论事故发生在哪一区段（方式）都给予相同的赔偿额。国际多式联运经营人统一的赔偿责任限额在《联合国国际货物多式联运公约》中有明确规定，具体情况可查阅《联合国国际货物多式联运公约》内容。

二、国际多式联运合同

1.国际多式联运合同的特点

具体特点表现在：①为双务合同，合同双方均负有义务和享有权利；②为有偿合同；③为不要式的合同，尽管可用多式联运提单证明，但提单不是运输合同，没有具体体现形式；④有约束第三者性质，收货人不参加合同订立，但可直接获得合同规定的利益并自动受合同约束；⑤合同有时包括接受委托、提供服务等内容，这些内容由双方议定。

2.国际多式联运合同的订立

国际多式联运合同是处于平等法律地位的国际多式联运经营人与发货人双方的民事法律行为，只有在双方表示一致时才能成立。合同是双方的协议，其订立过程是双方协商的过程。

发货人或他的代理人需向国际多式联运经营人或其营业所或代理机构提出货物（一般是集装箱货）运输申请（或填写定舱单），说明货物的品种、数量、起运地、目的地、运输期限要求等内容，国际多式联运经营人根据申请的内容，并结合自己的营运路线、所能使用的运输工具及其班期等情况，决定是否接受托运。如果认为可以接受，则在双方商定运费及支付形式，货物交接方式、形态、时间，集装箱提取地点、时间等情况后，由国际多式联运经营人在交给发货人（或代理）的场站收据的付本联上签章，以证明接受委托。这时多式联运合同即告成立。发货人与国际多式联运经营人的合同关系已确定并开始执行。

国际多式联运中使用的集装箱一般是由国际多式联运经营人提供的，在表示接受委托之后，国际多式联运经营人签发提箱单给发货人或其代理人以保证其在商定的时间、地点提取空箱使用。发货人或其代理人按双方商定的内容及托运货物的实际情况填写场站收据，并在国际多式联运经营人编号、办理货物报关及货物装箱后，负责将重箱拖运至双方商定的地点将货物交给国际多式联运经营人或指定的代理人（堆场或货运站），取得正本场站收据后到国际多式联运经营人处换取多式联运提单。

三、国际多式联运运输单据——多式联运提单

1.国际多式联运提单的性质和作用

《联合国国际货物多式联运公约》对多式联运运输单据的定义与国际海上运输提单的定义是一致的。多式联运运输单据的性质与作用具体为：

(1)是发货人与国际多式联运经营人订立的国际货物多式联运合同的证明；

(2)是国际多式联运经营人接管货物的证明和收据；

(3)是收货人提取货物和国际多式联运经营人交付货物的凭证；

(4)是货物所有权的证明,可以用来结汇、流通和抵押等。

2.多式联运提单的内容

根据《联合国国际货物多式联运公约》规定,多式联运提单应载明下列事项:

(1)货物的品类、包件数、货物的毛重或其他方式表示的数量等,识别货物所必须的主要标志。如属危险货物,其危险特性应明确声明。所有这些事项均由发货人提供。

(2)货物的外表状况。

(3)国际多式联运经营人的名称和主要营业所。

(4)发货人、收货人(必要时可有通知人)名称。

(5)多式联运经营人接管货物的地点和日期。

(6)交付货物的地点。

(7)双方明确协议的交付货物地点、交货的时间、期限。

(8)表示该提单为可转让或不可转让的声明。

(9)多式联运提单签发的地点和日期。

(10)国际多式联运经营人或经其授权的人的签字。

(11)经双方明确协议的有关运费支付的说明,包括应由发货人支付的运费及货币,或由收货人支付的其他说明。

(12)有关运输方式、运输路线、转运地点的说明。

(13)有关声明与保留。

(14)在不违背签发多式联运提单所在国法律前提下,双方同意列入提单的其他事项等。

四、国际多式联运的业务程序

国际多式联运经营人是全程运输的组织者。在国际多式联运中,其主要业务及程序如下:

1.接受托运申请,订立多式联运合同

如前所述,从国际多式联运经营人受理托运申请,至在交给发货人(或代理)的场站收据的副本联上签章,以证明接受委托。多式联运合同即告成立并开始执行。

发货人或其代理人根据双方就货物交接方式、时间、地点、付费方式等达成的协议填写场站收据,并交由国际多式联运经营人办理编号手续。

2.空箱的发放、提取及运送

国际多式联运中使用的集装箱一般应由国际多式联运经营人提供。如由发货人自行装箱,则国际多式联运经营人应签发提箱单(或由租箱公司或分运人签发提箱单)交给发货人或其代理人在规定日期、指定的堆场提箱并拖运至装箱地点。发货人亦可委托国际多式联运经营人办理从堆场到装箱地点的空箱拖运。如果是拼箱货或是整箱货但发货人不能自装时,则由国际多式联运经营人将所用空箱调运至接受货物的集装箱货运站。

3.出口报关

若多式联运从港口开始,则在港口报关;若从内陆地区开始,应在附近的内地海关办理报关。出口报关事宜一般由发货人或其代理人办理,也可委托国际多式联运经营人代为办理(这种情况需加收报关服务费及报关手续费,并由发货人负责海关派员所产生的全部费用)。报关时应提供场站收据、装箱单、出口许可证等有关单据和文件。

4.货物装箱及接收货物

发货人可以自行装箱,装箱工作一般要在报关后进行,并请海关派员到装箱地点监装和办理加封事宜。如需理货,还应请理货人员现场理货并与之共同制作装箱单。发货人也可委托国际多式联运经营人或货运站装箱(指整箱货情况)。如果是拼箱货物,发货人应负责将货物运至指定的集装箱货运站,由该站按国际多式联运经营人的指示装箱。无论装箱工作由谁负责,装箱人均需制作装箱单,并办理海关监装与加封事宜。对于货主自装的整箱货物,发货人应负责将货物运至双方协议规定的地点,由国际多式联运经营人或其代表(包括委托的堆场业务员)在该地点接收货物。如果是拼箱货,由国际多式联运经营人在指定的集装箱货运站接收货物。验收货物后,代表国际多式联运经营人收货物的人应在场站收据正本上签章并将其交给发货人或其代理人。

5.订舱及安排货物运送

国际多式联运经营人在合同订立之后,应制定该合同涉及的集装箱货物的运输计划。该计划包括货物的运输路线、区段的划分、各区段实际承运人的选择及各区段间衔接地点的到达、起运时间等内容。这里所说的订舱泛指国际多式联运经营人要按照运输计划安排各区段的运输工具,与选定的各实际承运人订立各区段的分运合同。这些合同的订立由国际多式联运经营人本人(派出机构或代表)或委托的代理人(在各转接地)办理,也可请前一区段的实际承运人做为代表向后一区段的实际承运人订舱。

6.办理保险

在发货人方面,应投保货物运输险。该保险由发货人自行办理,或由发货人承担费用由国际多式联运经营人代为办理。货物运输保险可以是全程,也可分段投保。

在国际多式联运经营人方面,应投保货物责任险和集装箱保险,由国际多式联运经营人或其代理人向保险公司或以其他形式办理。

7.签发多式联运提单、组织完成货物的全程运输

国际多式联运经营人的代表收取货物后,应向发货人签发多式联运提单。在把提单交给发货人前,应注意按双方议定的付费分工及内容、数量向发货人收取全部应付费用。

国际多式联运经营人在接收货物后,要组织各区段实际承运人、各派出机构及代表人共同协调工作,完成全程各区段的运输、各区段之间的衔接工作、运输过程中所涉及的各种服务性工作和运输单据、文件及有关信息传递等组织和协调工作。

8.运输过程中的海关业务

按惯例国际多式联运的海关业务主要包括货物及集装箱进口国的通关手续,进口国内陆段保税(海关监管)运输手续及结关等内容。如果陆上运输要通过其他国家海关和内陆运输线路时,还应包括这些海关的通关及保税运输手续。这些手续一般由国际多式联运经营人的派出机构或代理人办理,也可由各区段的实际承运人做为国际多式联运经营人的代表代为办理。由此产生的全部费用应由发货人或收货人负担。

如货物在目的港交付,则结关应在港口所在地海关进行。如在内地交货,则应在口岸办理保税(海关监管)运输手续,海关加封后方可运往内陆目的地,在内陆海关办理结关。

9.货物交付

当货物运至目的地后,由目的地代理通知收货人提货。收货人需凭多式联运提单提货,国

际多式联运经营人或其代理人按合同规定,收取收货人应付的全部费用,收回提单后签发提货单(交货记录),提货人据此到指定堆场(整箱货)或集装箱货运站(拼箱货)提货。

如果是整箱提货,则收货人要负责至掏箱地点的运输,并在货物掏出后将集装箱运回指定的堆场,运输合同终止。

10.货运事故处理

如果全程运输中发生了货运事故,如货物灭失、损害和运输延误等,应按本章第四节所述进行理赔。

第四节　国际多式联运的其他业务

一、国际多式联运与国际贸易价格条件

国际多式联运与传统国际运输中的分段运输、港至港交接相比较,货物交接的形态、地点和方式都发生较大的变化。这使贸易合同中买卖双方之间的风险、责任、费用的划分也发生了相应的变化。

国际贸易中使用的价格条件(术语)是在长期实践中逐渐形成的。它与贸易商品(货物)的运输起终点、运输方式、交接地点和方式密切相关。当买卖双方在贸易合同中确定采用某种价格条件时,要求合同中的其他条件(包括运输)都应与之相适应,特别在跟单信用证贸易下,所提供运输单据的种类及内容均要与贸易合同及信用证的规定完全一致才能结汇。

根据国际商会最新修改的《跟单信用证统一惯例》500号出版物和《1990年国际贸易术语解释通则》规定,可以采用国际集装箱货物多式联运方式运输并可使用多式联运提单进行结汇的国际贸易价格条件有以下几种:

(1)EXW　工厂或仓库交货(…指定地点)价;

(2)FCA　货交承运人(…指定地点)价;

(3)CPT　运费付至(…指定目的地)价;

(4)CIP　运费保险费付至(…指定目的地)价;

(5)DAF　边境交货(…指定地点)价;

(6)DDU　未完税交货(…指定目的地)价;

(7)DDP　完税后交货(…指定目的地)价等。

只有采用上述价格条件成交的贸易合同引起的货物运输,才能通过国际多式联运合同运输提供的多式联运提单结汇。对上述各价格条件的详细内容,这里不做介绍,如需要可查阅国际商会的解释通则。

二、国际集装箱货物多式联运的货运事故处理

国际多式联运货物运输事故发生后,总要产生受损方向责任方提出赔偿要求(索赔),责任方根据受损方要求和事故发生的具体情况进行处理(理赔)工作。

对于索赔应具备的条件及引起诉讼的管辖、时效等在《联合国国际货物多式联运公约》中都有明确规定。而索赔和理赔的业务程序,也与各单一方式的工作程序有许多相近之处,这里

仅就一些与传统运输组织有较大区别的几个主要特点做简要说明。

1.索赔和理赔工作的多重(多层次)性

当货物运达目的地,货方发现货损后,即使能确定事故发生区段和实际责任人,货方也只能向国际多式联运经营人提出索赔。国际多式联运经营人做出赔偿后,取得货物的所有权,便可以根据分运合同向实际责任人进行追索并得到赔偿。这使多式联运的事故处理表现出多重性的特点。如果涉及货物的保险,则还要增加被保险人与保险人之间的一重索、理赔。

2.赔偿标准(限额)的差异性

在国际多式联运中,无论采用何种的责任形式,均按事故发生区段适用的法规确定赔偿限额。各区段适用法规的差异性和事故地点适用地区性法规的差异性造成了国际多式联运中对不同运输区段、不同地点发生的货物损害赔偿标准的差异性。

3.对隐藏损害的处理

在国际多式联运业务活动中,无法确定事故发生的区段和实际责任人的货物损害一般称为隐藏损害。依据行业习惯,隐藏损害按海运段适用的国际公约规定确定责任赔偿额,向货方做出赔偿。在这种情况下,国际多式联运经营人无法从实际承运人处得到补偿。为避免这种损失,国际多式联运经营人通常采取事先投保运输责任险的方式,从保险公司得到补偿。

三、多式联运中的保险业务

国际多式联运过程中涉及到的保险业务很多,这里仅对多式联运合同双方(货方和国际多式联运经营人)需要办理的保险业务做简要说明。

1.货物运输险

一般由货方投保或货方出资由国际多式联运经营人代为办理。该类保险有多个险种,如平安险、水渍险、一切险等,货方可根据实际需要一次投保全程运输险,也可分段投保。

2.集装箱保险

由集装箱所有人投保,发货人与国际多式联运经营人应对自有箱进行保险。集装箱保险通常以年为单位进行,但也有以次进行的保险。保险内容可包括集装箱本身的保险(全损险和综合险)、集装箱所有人对第三者赔偿责任保险,集装箱经营人货物损害赔偿责任保险和对集装箱消毒、销毁、检疫费用支出保险等。

3.运输责任险

由国际多式联运经营人投保,本人或其委托的代理人发生责任事故时和遇到隐藏损害时可以得到保险赔偿。

第五节　国际多式联运的国际公约与国内法规

一、协调国际多式联运的国际公约

协调国际多式联运的国际公约有多个,主要有:

(1)《联合国国际货物多式联运公约》,1980。

(2)《1972年集装箱海关公约》,联合国政府间海事协商组织1972年通过。

(3)《国际集装箱安全公约》,联合国政府间海事协商组织 1972 年通过。

(4)国际集装箱运输方面的报关公约:

①《1956 年国际集装箱报关公约》和《1972 年新的集装箱报关公约》,欧洲经济委员会,1956 年、1972 年制定。

②《关于在国际公路运输手册担保下开展国际运输的报关公约》(《TIR 公约》)及《新 TIR 公约》,欧洲经济委员会,1959 年、1975 年制定。

③《国际货物运输报关公约》,海关互助理事会于 1971 年通过。

(5)《国际贸易术语解释通则》,国际商会 1990 年。

二、我国集装箱货物多式联运的有关主要法规

(1)《中华人民共和国海上国际集装箱运输管理规定》,1990。

(2)《中华人民共和国海上国际集装箱运输管理规定实施细则》,1992。

(3)《国际集装箱运输管理暂行办法》,1990。

(4)《中华人民共和国海商法》,1992。

(5)《中华人民共和国海关法》,1987。

(6)《中华人民共和国对进、出口集装箱和所装货物监管办法》,1983。

(7)《中华人民共和国海关对用于运输海关加封货物的国际集装箱核发批准牌照的管理办法》,1986。

(8)《中华人民共和国出口商品检验法》,1989。

(9)《中华人民共和国国境卫生检疫法》,1986。

第五章　多式联运的信息化

第一节　多式联运信息网系统

一、信息化与多式联运

货物运输过程包括两个方面的内容:一是货物的移动,包括货物运输的承运组织、运送组织和交付组织;二是货物信息的传递,包括货物本身的信息和货物运输信息的传递。货物运输的物流、信息流如图 9-5-1 所示。

货物运输效率是货物运输全过程各个环节服务水平的综合体现。有效、迅捷地将货物及其运送信息在其各个运输环节中进行传递,将物流运输及信息流传输作为一个整体,是实现提高货物运输效率的有效途径。没有信息的有效传递,多式联运业务很难进行。

二、多式联运信息系统

多式联运信息系统的逻辑结构如图 9-5-2 所示。它包括三个层次,底层是数据通讯支撑系

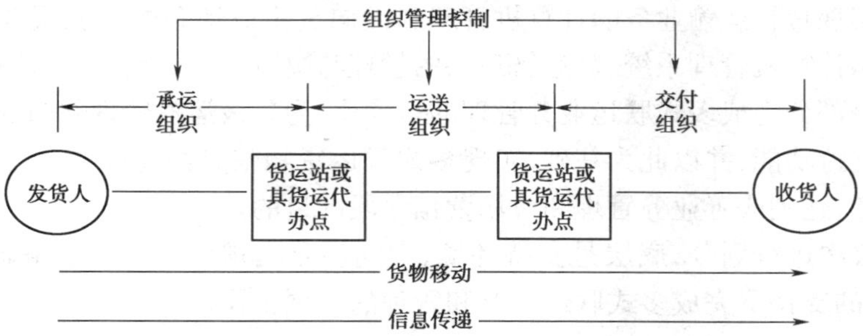

图 9-5-1　货物运输的物流、信息流示意图

统,中间是系统的业务数据传输部分,上层是业务管理部分。

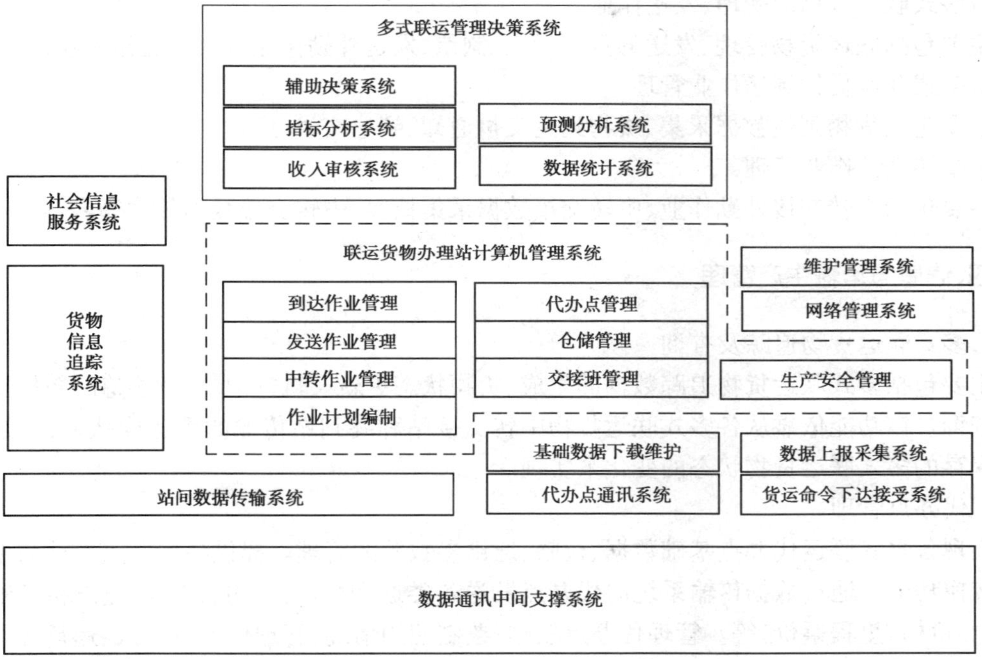

图 9-5-2　多式联运信息系统的逻辑结构示意图

1.数据通讯支撑系统

它是支持系统业务数据传输的环境,作为中间件,该部分是应用软件和操作系统之间的桥梁,为应用系统提供应用程序接口,并为上层应用提供可靠的基础。

2.业务数据传输部分

该部分作为中间层,构筑在底层支撑环境之上,为上层应用系统之间的数据通讯提供服务,向上提供调用级的接口。

该部分包括:运输方式内部及运输方式间的数据传输系统、货运代办点通讯系统、基础数据维护/下载系统、数据采集/上报系统、货运命令下达/接收系统。它们负责实现运输方式内部、运输方式之间、运输企业与代办点之间、运输企业与其管理部门之间的数据传输。

3.业务管理部分

这一部分实现货物运输业务的计算机管理和面向货主或社会的信息服务。该部分包括：货物运输办理站计算机管理系统、联运管理层的管理与决策系统、货物信息追踪系统和社会信息服务系统。该部分完成多式联运业务管理的自动化，为各级运输管理部门提供数据管理、数据处理和决策支持功能，并以此为基础，实现多式联运货物信息的追踪管理，进而向货主或社会提供信息服务，达到改善业务管理和市场营销手段的目的。

按照这种层次进行划分，底层是支持环境，中间层是实现多式联运业务计算机处理的基础，上层在下层的支持下完成多式联运生产和管理的各项工作。

三、信息与运输生产组织

1.多式联运货物的受理、发送作业

主要包括联运货物受理、发送的数据录入、制票、发送外勤作业以及发送作业查询功能。

2.多式联运货物到达作业管理

主要包括货物到达数据采集、货物到达交付通知、到达交付、到达查询。

3.中转交接作业管理

主要包括中转交接外勤作业、中转交接数据采集核实、中转交接数据传输等内容。

四、信息与运输生产管理

1.多式联运货物追踪及查询

主要包括多式联运货物追踪数据的生成、货物状态更新及轨迹记录、货物追踪数据转储和追踪查询。该功能依靠从各多式联运货物中转交接站和终到站传输的到达确认数据，触发始发站保存的多式联运货物状态的变化来实现。

2.代办点管理

实现各多式联运代办点基础数据、权限、通讯参数等的管理。提供各代办点上载数据的接口和转换功能。通过数据传输系统向代办点发送各类通知（如停限办规定）、公告和基础数据（如品类价格、里程票价）等。管理代办点票据、票签使用情况，管理代办点收入、运量等作业数据并进行审核。

3.仓储管理

主要包括对发送、中转交接和到达货物的基本信息及仓储货位信息的管理。

4.多式联运生产统计

信息系统既服务于多式联运企业内部的生产组织，也为向上级提供汇总报告准备数据。该功能主要包括：按时间、作业、方向类别进行多式联运货物运量和收入统计；货物运输作业指标统计及分析；各品类别流量流向统计与分析；各运输方式的容积、载重利用率统计分析；运输作业历年同期比较分析；货源与货主统计分析；上报汇总数据准备。

5.多式联运生产安全管理

信息系统记录多式联运企业每日（班）货物运输作业的事故发生情况，累计安全生产情况，形成事故统计和分析报告。

6.数据采集汇总与上报

可进行两方面的数据汇总：一是通过数据采集系统接收各多式联运企业上报数据；二是对上报数据进行加工整理，形成企业内的货物运输作业统计报告（包括运量、收入、运力利用统计等），并将数据加工处理后存储于统计信息数据库。数据采集包括两种基本形式：一种是定点接收各多式联运企业的上报数据，以批处理方式进行统计计算；另一种是随机向需要统计的多式联运企业发送采集要求，然后收集多式联运企业当时汇总的数据。

7.收入审核

可以对多式联运货物运输的收入进行统计和审核，并向运输收入管理的相关职能部门提供多式联运货物运输收入的数据接口。

8.基础数据的下载

信息系统基础数据下载功能实现联运企业从联运管理部门下载货物联运基础数据，实现日常接收有关基础数据的变更信息。

五、信息与运输方案制定

1.数据通信与货物多式联运的预确报

信息系统数据通讯保证各个多式联运企业之间、多式联运企业与各管理部门、各代理点、各货主之间的数据双向传输。数据通讯支持两种模式，阻塞模式（通讯中的数据发送方须等待对方立刻响应）和非阻塞模式（数据发送方不等待应答方立刻响应）。数据通讯完成以下功能：多式联运货物确报发送、到达确认发送与接收。

2.联运命令接收

联运企业计算机系统中的联运命令接收进程作为守护进程运行，当联运企业下达联运命令后，该功能实现联运命令的接收，并产生提示信息通知联运企业值班人员。

3.货位预留请求确认

信息系统可以实现装运货物的载运工具经过的各办理站向始发站传输货位预留申请数据（包括货物重量、体积、请求装运车次和时间），并完成接收从始发站传输的货位预留确认。

六、信息与运输决策支持

1.指标分析

根据统计数据库中的数据，对联运货物作业指标进行计算，进而形成供管理人员进行生产分析使用的指标分析报告。

2.预测分析

包括多式联运货运量预测方法库、模型库的维护管理。根据多式联运货物生产统计数据库中历年的资料，预测分析功能可以进行货物流量、流向、货源分布、品类分布等的预测分析，并提供多种预测分析方法的预测结果比较，为生产组织提供决策依据。

3.辅助决策

辅助决策功能在数据汇总统计、指标分析和预测分析的基础上，通过建立决策支持系统，通过利用各种模型对货运生产各个环节进行评估，分析作业过程中的瓶颈，并通过预测计算分析，给出对未来生产和营销的决策指标和建议。

七、信息的社会增值服务

社会信息服务功能主要通过联运企业的 WWW 服务器向社会及货主以超文本形式提供信息服务。具体功能包括：

1. WWW 站点的超文本信息发布

实现以超文本方式向社会发布与联运企业市场营销相关的多媒体信息。其中包括：联运企业形象宣传、与多式联运相关的货物运输规章制度、运输法律法规、运输常识、联运企业及代办点运输服务措施、运输承诺、联运企业与代理点分布及联系方式等。

2. 联运货物到发通知公告

通过建立 WWW 服务器与联运企业货物追踪信息的接口，由应用程序定时检索多式联运货物追踪数据库，形成超文本格式的报告，更新和发布发送货物公告、到达货物预报通知。

3. 货主追踪查询

在 Web 服务器上建立货主查询接口，接受货主查询检索多式联运货物追踪数据库或历史数据库，反馈查询结果。

4. 运输价格、里程径路及费用模拟计算

提供多式联运货物运输价格、计价方式、运费里程计算规则，根据用户输入的货物重量、品类等数据进行多式联运货物运输的运费模拟计算，供货主进行比选参考。

5. 货主货物运输预约请求及回复

对长期或大宗货物货主建立会员制度。会员用户经身份认证后，允许其通过网络提交联运货物运输的预约请求。联运企业作业人员收到预约要求后，作为制定多式联运货物发送计划的参考，系统提供接口协助对确认的请求以电子邮件的形式予以回复。

6. 网络结算

在银行机制成熟后，允许会员类货主与联运企业间通过网络进行运费转拨和结算。

第二节 电子单证

在国际贸易过程中，大量的与贸易、运输有关的合同和文件需要签署、审核、发送、接收、处理。传统的作业方式是通过纸面形式进行记录、传输与处理。这种方式不仅速度慢，容易出现差错，而且费用高。随计算机技术、电子传输技术的发展，利用计算机自动化技术及网络技术进行商业、贸易信息的处理与传输，逐渐成为信息处理的发展趋势。

一、电子单证的优势

电子数据交换(Electronic Data Interchange 简写为 EDI)是指有关当事人按照协议或规定，用约定的标准，编排有关的数据，通过信息网络传输业务往来信息。其实质是通过约定的商业数据表示方法，实现数据经由网络在贸易伙伴所拥有的计算机应用系统之间的交换和自动处理，达到迅捷和可靠的目的。利用 EDI 技术传输、处理的单证称为电子单证。

EDI 技术在国际商业贸易中的应用，促使国际商业贸易方式产生重大变革。由于使用 EDI 技术可以减少甚至消除贸易过程中的纸面单据，因而应用 EDI 技术进行的贸易方式被称为“无纸贸易”。目前，在发达国家已经建立了大量的连接各子公司、同行业竞争者、相关合作伙伴（如海关、货运代理、船公司、集装箱运输经营人）的 EDI 系统。EDI 技术的应用水平已经成为衡量一个企业在国际国内市场竞争能力的重要标志。在一些国家，甚至对不使用 EDI 的行业和企业采取一定的限制和制裁措施。电子单证的优势主要是：

(1)避免数据的重复录入，节约办公费用；同时提高信息处理的准确性，降低出错率。

(2)改善企业的信息管理及数据交换水平，有助于企业实施“适时管理(Just in time)”或“零库存管理”等全新的经营战略。

(3)确保有关票据、单证的处理安全、迅速，从而加速资金周转。

(4)提高“一关三检”部门的工作效率，加速货物的验放速度。

二、EDI 技术的核心问题

1.EDI 的工作流程

(1)文件的结构化和标准化处理。用户首先将原始的纸面商业和行政文件经计算机处理，形式符合 EDI 标准的、具有标准格式的 EDI 数据文件。

(2)传输和交换。用户用自己的本地计算机系统将形成的标准数据文件经由 EDI 数据通信和交换网络，传输到登录的 EDI 服务中心，继而转发到对方用户的计算机系统。

(3)文件的接收和自动处理。对方用户计算机系统收到发来的报文后，立即按特定的程序自动进行处理。越是自动化程度高的系统，人的干扰就越少。必要时，可输出纸面文件。

2.实现 EDI 技术的核心问题

1)数据通信技术

实现 EDI 技术的通信功能，受到通信技术的制约。目前，最重要的通信协议标准为 ISO－OSI(International Standards Organization－ Open System Interconnection 国际标准化组织开放系统互连)。要使 EDI 技术成为全球性商业贸易工具，必须建立用户统一的标准网络环境，即开放系统互联，以满足不同计算机系统、不同行业、不同国家在信息交换方面的需要。

2)标准化

为实现数据在网络中的有效传输和处理，需要制定电子数据交换标准——EDI 标准。电子数据交换网络中的每位计算机用户必须按照 EDI 标准的规定在通信中建立统一的标准化通信线路、传输速度。通信中认可的固定程序(如协议、数据格式)、各种传递的商贸文件、使用的语言等，需要采用统一的编码单证格式、标准语言规则、标准通信协议等，从而使参与贸易的各方均能对传递的数据进行接收、认可、处理、复制、提取、再生和服务，实现整个环节的自动化。标准是实现 EDI 的保证，也是 EDI 的语言。

实现 EDI 所使用的标准包括：单证标准、EDI 报文标准、通信协议标准及网络标准。报文标准是 EDI 技术的核心，它是单证标准的 EDI 实现形式。

3)计算机应用技术

EDI 技术的优势在一定程度上取决于 EDI 网络的应用规模。EDI 网络的建立和使用，受企业、行业、整个社会的计算机综合应用水平的影响。将 EDI 与办公自动化、管理自动化、各种 MIS 系统、数据库系统以及 CAD、CIMS 等结合起来，才能发挥预期的作用。

三、集装箱运输的电子单证

电子单证是EDI的数据交换标准。根据我国交通部1997年5月1日发布的《海上集装箱运输电子数据交换管理办法》,用以替代纸面单证的电子单证格式、代码数据应采用联合国欧洲经济委员会颁布的《行政、商业和运输电子数据交换规则》(UN/EDIFACT)国际标准或国家技术监督局颁布的国家标准。无国际标准或国家标准时,可采用行业标准或协议标准。

每一电子单证构成一笔完整业务的信息载体,适应于某一业务功能,并与某一业务单证全部或部分对应。与《海上集装箱运输电子数据交换管理办法》同时发布的《海上集装箱运输电子数据交换电子报文替代纸面单证管理规则》,结合我国国际集装箱运输的实际业务需要和UN/EDIFACT报文的功能,确定了23种电子单证替代相应的纸面单证,并规定电子单证替代纸面单证时,电子单证与纸面单证具有同等的效力。

四、集装箱多式联运单证管理系统的设计

集装箱运输的效率和效益,在很大程度上取决于速度,缩短集装箱货物在港站的停留时间尤其重要。在集装箱运输的港站以及货代、船代、运输公司、银行、保险、监管等部门的业务活动中,围绕集装箱的验收、提取、装卸、堆存、装箱、拆箱、费收、一关三检等,存在着错综复杂的作业环节,伴随着众多的信息、单证的处理要求。因此,实现对集装箱运输信息的现代化管理,对提高集装箱运输的效率有着十分重要的意义。

(一)集装箱运输对参与多式联运各方提供信息的要求

1.船舶信息

按规定,船代一般在所代理的船舶抵港前72h、48h、24h向港务局报告船舶抵港预报和确报时间,并及时汇报变更时间。船舶预确报的内容有:船名、国籍、性质、抵港时间、艏艉吃水、进出口货名、数量、船舶规范、装卸设备状况及特殊货物装载情况和要求等。港方根据这些内容及时作出科学合理的安排,这对缩短船舶在港时间、降低运输成本具有十分重要的意义。同时,船公司也需要及时掌握船舶在港作业动态、待泊停时及离港信息等。

2.装卸船信息

按照港口作业规定,船舶必须具备下列条件才能安排作业:

(1)进口的条件。船图、舱单及卸货有关资料必须齐全;具有港口主管部门批准的危险货物作业通知单;货物流向及接卸方案已作出详细安排,超高、超限、重大件设备具体资料预先掌握,特种车做好具体安排。

(2)出口的条件。信用证、商品检验、海关手续办理完毕;备齐货物;作出配载及货物积载图;能连续作业。

在集装箱码头装卸作业过程中,进口资料主要是进口船图和进口舱单,是制定卸船计划、安排卸船顺序的依据。出口资料主要是集装箱预配清单,是制定收箱计划、检查、收箱、积载、安排装船顺序的依据,所产生的出口船图是下一挂靠港的必备资料。所要交换的信息有:船名、航次、箱号、箱型、箱类、箱重、始发港、目的港、下一挂靠港、提单号、箱位、发货人、收货人、货类、货名等,上述信息主要在船代、理货方和集装箱码头经营人之间交换。

3.内陆集疏运信息

内陆集疏运是国际集装箱多式联运中不可缺少的中间环节。内陆集疏运进出口业务过程中,需要交接的单证主要有:

(1)货物托运单:包括货物名称、件数、包装、体积、重量、起运港、到达港、发货人和收货人等有关货物运输事项;

(2)装箱指示:箱内货物明细表;

(3)箱体动态:集装箱进出站、拆装箱信息。

4.货源组织与管理信息

货源的组织与信息的管理在出口和进口两方面有所区别:

(1)出口方面。船公司通过发货人的暂时订舱与确定订舱了解和掌握货源情况。暂时订舱是在船舶到港前提出的订舱,能使船公司大致了解今后一段时间内的货运情况,为船公司的货运组织与管理提供依据。确定订舱是发货人根据信用证的要求和货物运输的时间,选择合适的船舶,向船公司或其代理以口头或书面形式提出的订舱,是集装箱货源的确切信息。这些信息包括:订舱船名、接货地点、装货港、卸货港、交货地点、揽货代理人、货名、数量、包装、重量、接货方式、交货方式、所需空箱数、装箱地点等。应寄往卸货港的单证主要有:提单与场站收据副本、集装箱号码单、集装箱积载图、货物舱单、特种货物一览表。

(2)进口方面。为保证集装箱船舶抵达卸货港后,尽快把集装箱货物送到收货人手中,船公司或其代理需要根据装船港寄来的运输单证向海关、商检以及其他有关部门办理验放手续;办理卸货与接收手续;向收货人发出通知;根据提单签发提箱单。

集装箱在港口或内陆停留时间过长,不仅增大集装箱需要量,而且增加集装箱搬运费用和堆场费用。掌握集装箱在腹地的信息,对加快集装箱周转,提高运营效果,有直接的影响。

5.监管放行信息

集装箱运输部门向海关报送的信息主要有:海关申报单或货物报告、货主提供的许可证、产地证、发票及商检证等信息。为减少箱货在港停留时间,提高运输效率,集装箱运输部门希望海关能尽快返回有关放行信息。

6.银行、保险信息

必要时,理货公司要向保险公司提供溢卸、短缺及船期信息以核查保险金额。运输部门与银行之间存在到款、付款、结汇等信息传递。

(二)集装箱多式联运单证管理系统设计的基本框架

该系统以EDI为基础,其功能包括:

1)集装箱运输及集装箱多式联运电子单证的处理功能

根据上述集装箱运输及集装箱多式联运单证,通过数据通信网络和标准化的电子单证格式,实现电子单证在需要对电子单证进行处理的各参与方之间的传输和处理。

2)集装箱运输过程动态跟踪功能

对集装箱运输过程动态跟踪的目的在于通过加强对集装箱运输过程的管理,掌握集装箱运输的动态变化,为各信息需要方提供信息,并提高集装箱的利用效率。

3)集装箱箱务管理功能

集装箱箱务管理是集装箱运输系统重要的组成部分,其内容包括集装箱的备用、租赁、调运、保管、交接、发放、检验、修理以及清洗、消毒等工作。做好箱务管理,可以降低集装箱运输总成本,减少置箱投资,加快集装箱的周转,提高集装箱货物装载质量和货运质量。

管理系统的基本框架如图 9-5-3 所示。

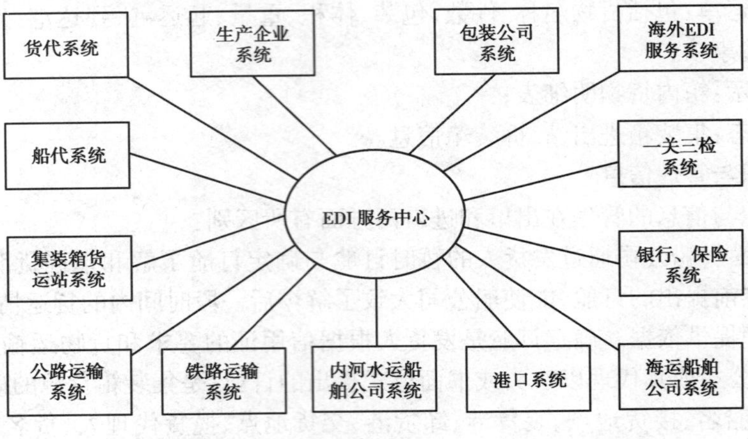

图 9-5-3 集装箱多式联运单证管理信息系统设计基本框架

参考文献

1 高家驹主编.综合运输概论.北京:中国铁道出版社,1993
2 于耀文,李士珍主编.联合运输概论.北京:中国经济出版社,1990
3 林祖乙主编.国际集装箱运输.北京:人民交通出版社,1993
4 吴永富主编.国际集装箱运输与多式联运.北京:人民交通出版社,1998
5 蒋正雄,刘鼎铭编著.集装箱运输学.北京:人民交通出版社,1997
6 张敏编.集装箱运输业务.北京:人民交通出版社,1997
7 刘鼎铭编著.国际集装箱及其标准化.北京:人民交通出版社,1998
8 朱晓宁著.集装箱多式联运通道规划理论与方法.北京: 中国铁道出版社,2002
9 胡思继编著.交通运输学.北京:人民交通出版社,2001
10 杨志刚主编.国际集装箱多式联运实务与法规.上海:上海科学技术出版社,1995
11 联合国亚太经社理事会编著.货运代理.刘洪俊,郭萍编译.大连:大连海事大学出版社,1997
12 顾奕镍,彦庆平编著.新编对外贸易运输实务.上海:知识出版社,1992
13 陈家源,侈成权编.国际航运市场学.大连:大连海事大学出版社,1995
14 杨志刚编.国际货运代理业务指南.北京:人民交通出版社,1997

第十篇　城市交通运输系统

第一章　城市交通运输系统概述

第一节　城市交通运输系统的含义

纵观城市发展史,可以看出这样一个普遍现象:城市的形成与演变取决于交通,城市的发展又促进了交通。交通与城市互为影响,兴衰与共,是不可分离的有机整体。

城市交通系统是由道路系统、流量系统和管理系统组成的一个综合体。道路系统包括各种等级的街道、交叉路口和交通管理设施,现代城市中出现的立交桥使得对道路和交叉路口的定义界面变得十分模糊。流量系统包含行驶在道路上的各种车辆及行人,交通流量的计算分析往往以一定时间内通过道路上某一位置的标准车辆数为单位,即 PCU (passenger car unit)。管理系统则是指管理交通网络和流量的各种规章制度。

构成城市交通系统的三个子系统之间是相互作用的。以道路系统和流量系统为例,良好的道路系统会使车辆和行人流动迅速,促进经济和文化发展,产生更多的车流和出行人数,从而使原来的道路系统通行能力不足,迫使规划和建设部门投资改扩建道路系统。落后的道路系统如果不及时改扩建,就会影响流量系统的运转,造成严重的拥挤现象,并抑制交通需求的发生。

如果视道路系统为供给方,流量系统为需求方,则系统地分析供给与需求之间的相互作用和寻找它们之间的平衡点是十分必要的。

城市交通系统的规划与管理过程,就是通过交通系统的硬件及软件建设来寻找这个平衡点。

第二节　城市交通运输系统的功能

城市交通系统的功能是为城市居民的各种出行活动提供必要的条件,城市交通设施把城市居民的各种出行活动有机地连接在一起。城市交通系统的性质,在很大程度上决定了城市的生活方式。

人们往往简单地认为,城市交通系统的存在只是给人们提供了来往于各建筑物间或活动场所间的方便条件,它是为城市服务的。至于使用哪种交通方式,取决于人们愿意付出多大代价。如果对交通的需求增加了,就必须建设新的道路等来满足这种要求。对交通的供应就像供应水、电、煤气或其他城市服务设施一样。

持这种观点的人,忽视了交通不同于其他服务设施的两个特点:① 城市交通不只是为城市服务,同时也是城市的一部分。在发达国家,交通设施往往占市中心区地面面积的30%~40%,约占郊区面积的20%,大城市的居民平均每天约有1h时间花在路途交通上,城市主要是由建筑物与交通设施组成的;② 交通是为人们各种活动服务的,但交通与建筑物和建筑内的活动是互相依存的,城市交通设施把组成城市生活的各种活动连接起来,这些活动必须依靠交通设施。城市的结构,城市的大小及其扩展,城市生活的方式及特点往往都是城市交通系统的性质和服务质量来决定的。

因此,城市交通部门与供水、供电等部门不同,它所面临的交通系统的选择直接影响城市的性质。交通与城市性质之间的相互影响又使确定交通功能这一任务大大复杂化。正像伦敦的生活方式是由它的19世纪的铁路所决定一样,洛杉矶的生活方式是由它的高速路决定的,纽约曼哈顿摩天大厦林立,是由纽约的地铁促成的,波士顿四周的现代工业地带是波士顿高速环路的产物等。在确定交通的功能时,人们要反问应该要什么样的城市,多大规模,为哪个阶层的人们服务。

第三节　城市交通运输系统的特点

一、城市交通系统的特点

1.交通方式综合性

城市交通运输系统不同于前面几篇中介绍的铁路、公路、水运、航空及管道五大运输系统,尽管城市交通运输系统在整个运输网络中只是一个节点,但它往往是一个枢纽,五大运输方式在这里进行交汇、转换。因此,城市交通运输系统的交通特点非常复杂,城市交通系统以道路交通为主,但同时涉及铁路(含对外铁路及市内地铁)、水运、航空等运输方式的转换与协调。

2.研究对象复杂性

在前述的五大运输方式中,主要的研究对象是载运工具及为载运工具服务的交通基础设施(公路、航线、航道)。在城市交通系统中,除了比其他运输系统中同样要考虑的载运工具及交通基础设施更为复杂外,它要考虑更多的是交通系统的参与者,不管他(她)采用的交通方式是步行、自行车、公交,还是摩托车、小汽车,他(她)的活动都将对交通产生影响。

3.研究目标多样性

城市交通系统是交通工程学的重点研究领域,对城市交通系统的研究,往往从五个方面展开:①工程(Engineering)。研究能满足交通需求的交通基础设施,包括这些交通设施的规划与设计;②法规(Enforcement)。由于城市交通系统的复杂性及综合性,完善的交通法规是保障城市交通系统正常运转的必要条件;③教育(Education)。由于所有城市居民都是城市交通系统的直接参与者,对于广大居民(特别是少年儿童)的交通意识教育是非常必要的;④能源(Energy)。交通工具是能源消耗大户,低能耗交通工具的研究一直是发达国家的研究热点。⑤环境(Environment)。在发达国家城市,80%的噪声污染及废气污染都是由汽车交通造成的,通过交通组织、交通结构优化及道路环境保护设计是保障城市系统可持续发展的重要措施。由于工程、教育、法规、能源、环境的英文单字开头都是“E”，因此人们常称，研究城市交通问题需综合运用“5E”科学。

二、城市交通的活动区位特征

城市活动区位分析是城市交通系统分析的核心内容，特别对城市交通规划来说，它是不可缺少的前提。城市活动区位主要是指城市人口、劳动力资源与就业岗位规模及其分布，它是影响城市客货运交通发生、吸引和分布的最重要、最基本的因素。

城市活动区位受到国家特定的社会政治背景，城市所处的地理区位，城市地区的自然资源、经济腹地，城市社会经济发展水平和城市本身的历史演变等诸多因素的影响和制约。可以说，城市活动区位模式直接体现了一个国家的民族特色、行为方式，它是在城市所处国家的社会政治制度、历史文化背景和经济发展模式下逐步形成的。其影响因素十分复杂，总结起来，主要有以下6个方面：

1.历史背景

城市是社会文明发展的产物和见证，西方现代城市与东方古老国家的传统城市从布局、景观到城市的运行管理模式、市民的行为方式有着显著的区别，从而影响到市民的家庭结构、居住分布模式、密度及其社会经济活动的区位模式。罗马与纽约、西安与巴黎、孟买与悉尼……无不带有强烈的文化历史背景色彩。

2.经济因素

影响城市活动区位的经济因素包括城市的产业结构和经济发展水平。显然重工业城市和轻工业城市、化工工业城市与电子信息工业城市、经济中心城市与历史文化名城之间，在城市用地布局、规模控制、人口就业岗位分布等方面有着不同要求和显著区别。同时，城市经济发展水平决定着人们对居住地点、质量、就业机会的选择。

3.政策政治因素

社会政治经济体制、城市运行管理政策等对城市活动区位均具有深刻影响。中国已从社会主义计划经济走向社会主义市场经济，这一历史性转变对中国城市的发展演变将产生深远影响。而与之相应的城市发展政策、人口政策、户籍政策、住房政策、房地产政策等方面的改革正在具体而深入地改变着中国城市人口分布、就业分布、城市活动区位的模式和走势。

4.文化习俗

东西方的文化观念和生活习俗有着很大差异，从而形成了东西方城市居民迥异的家庭结构、行为方式和活动模式。尽管随着开放和交流的扩大，人们的观念意识习惯会相互影响、转变、趋同，但这是一个十分漫长的历史过程。

5.地理区位

城市地形、地貌和用地条件及气象因素等限制或引导着城市空间发展方向和布局形态，从而亦影响城市居民的居住和就业分布。

6.城市规划控制

为了城市的健康有序发展和环境平衡，人们越来越重视城市规划的作用，以便有效地控制城市发展规模和方向，但这种控制可能对城市发展有利，也可能造成严重的反面影响。现代城市活动区位模式越来越受人为控制的影响。

总之,城市活动区位模式是特定社会经济的产物,它的演化、发展是一个历史过程,具有各自的特点和强烈的惯性,也可能因某种因素的强烈作用而发生突变。因此,城市活动区位分析应深入考察具体城市的特点,综合考虑各种影响因素及发展可能,而不是简单地套用某种既定的模式。

第四节　中国城市交通运输的特点与发展趋势

一、中国城市交通运输特点

1.城市交通基础设施相对薄弱

我国是发展中国家,绝大部分城市仍处于开发时期,城市交通基础设施的基本建设任务尚未完成,与发达国家相比,我国的城市交通基础设施相对薄弱,主要表现在以下两个方面:①城市道路密度、人均道路面积率都相对较低。我国城市交通用地面积一般都不到10%,而发达国家的城市交通用地往往达20%左右。②城市交通管理设施薄弱。多数城市道路的交叉路口信号灯普及率不到50%,绝大多数城市尚未实行信号联动控制。

2.道路交通流机非混行

我国是自行车大国,道路交通流中自行车占有很大比例。除了城市快速路及部分主干路实行机非分离外,大部分主干路、次干路及支路均为机非混行,在交叉口上,除立交外均为机非混行。由于大量自行车的存在及机动车、非机动车之间的相互干扰,我国城市道路机动车运行车速一般都较低,而交通事故率相对较高。

3.城市居民出行结构复杂

在发达国家,城市居民的主要出行方式为步行、公交车及私人小汽车,这三种出行方式占总体的99%以上,自行车、出租车、摩托车等出行方式均较少。在我国,城市居民的主要出行方式为步行、公交车及自行车,这三种出行方式占总体的90%~95%,但出租车、摩托车、单位车、私人小汽车等出行方式也占有一定的比例,一般不超过10%。

在我国城市居民出行三大方式中,自行车出行是主体,占50%~60%,其次是步行,占20%~30%,公交车出行占第三,个别特大城市的公交出行率占20%,但大多数城市的公交出行率仅占10%左右。由于公交车出行的道路利用率远高于自行车出行的道路利用率,因此通过大力发展公交,适当限制自行车发展等措施优化出行结构,道路交通紧张状况能大大缓解。

二、中国城市交通运输发展趋势

我国城市居民的出行结构是多元化的,但由于不同的出行方式有不同的道路利用效率,并产生不同的交通影响,因此各种交通方式并不是可以无限制发展的,而是通过交通发展政策的合理引导,使交通结构朝着有利于充分利用道路交通设施运输能力的方向发展。城市交通发展政策的制定,必须充分考虑我国国情(人口大国)、居民的承受力、交通设施发展规模、土地利用及土地资源的约束等因素,并使城市交通的发展符合可持续发展战略。

1.优先发展公共交通

城市公共交通是人均道路利用效率最高、消耗资源最少、环境污染程度最轻的大众交通方式。在城市交通系统中,公共交通应该得到优先发展。

公共交通的优先发展,必须有保障体系,一是从政策上给予保障,二是从技术上给予保障,如开辟公交专用线、专用道、交叉口专用相位等,并通过优化公交网络、优化站点布设及优化车辆调度等措施方便居民乘车,提高公交吸引力。

2.适当控制自行车发展

中国是自行车王国,自行车是我国的城市居民出行的主体交通工具(相当于发达国家的私人小汽车),并且,我国在以后几十年内仍将保留自行车这一特色交通方式。

但我国的大多数城市自行车发展有些失控,自行车出行占总出行的50%以上,而公共交通大大萎缩,造成了道路交通紧张局面。因此,适当控制自行车发展规模,引导自行车出行量向公共交通转移,能大大减轻城市道路交通压力。

3.协调发展私人小汽车

到21世纪初,无论是从我国居民的购买能力还是从我国经济发展(特别是汽车工业的发展)的需要来看,私人小汽车进入我国寻常百姓家庭是必然趋势,但我国是个人口大国,不能像发达国家那样一人一辆或一户一辆大规模地发展,我国的私人小汽车发展必须遵循协调发展原则。具体要做好以下几个方面的协调:①与道路交通基础设施建设水平相协调。根据各城市的道路交通设施水平,确定城市的机动车发展规模,避免道路交通拥挤及停车拥挤问题;②与环境保护相协调;③与能源开发相协调;④与我国居民素质水平的提高相协调。

4.有计划发展轨道交通

轻轨、地铁(通称大运量轨道交通)是城市公共交通的组成部分,当城市地面公交难以承受客流时,应开辟大运量的轨道交通。

轨道交通线路一般都建在地下,能大大节省土地资源,并且不产生环境污染,符合可持续发展战略。但轨道交通造价很高,一般城市很难在短期内完成轨道交通网的建设工作。国外发达城市的地铁网络也是通过了近一个世纪的建设才完成的。

在我国,特大城市、大城市可考虑修建轨道交通系统,但必须做长远的建设规划。

第二章　城市道路交通设施

第一节　道路交通设施

一、道路及其分类

城市道路是城市中组织生产、安排生活所必需的车辆、行人交通往来的道路,是连接城市各个组成部分,包括市中心、工业区、生活居住区、对外交通枢纽以及文化教育、风景游览、体育活动场所等,并与郊区公路、铁道场站、港口、码头、航空机场相贯通的交通纽带。城市道路不仅是组织城市交通运输的基础,而且是布置城市公用管线、街道绿化,组织沿街建筑和划分街坊的基础。因此,城市道路是城市市政设施的重要组成部分。

城市道路有各种类型，一般确定分类的基本因素是交通性质、交通量和行车速度。但是，由于城市道路与城市结构组成、交通组成有错综复杂的关系，因此难以用单一指标来分类，而是应综合考虑分类的基本因素，结合城市的性质、规模及现状来合理划分。

我国城市道路分类，根据国家《城市道路交通规划设计规范》（GB 50220－95）的规定，分为快速路、主干路、次干路和支路四类。

快速路完全为交通功能服务，是解决城市长距离快速交通的主要道路。快速路进出口应采用全控制或部分控制。快速路与快速路相交或与高速公路相交，必须采用立体交叉。

主干路以交通功能为主。主干路上的机动车与非机动车应分道行驶；平面交叉口间距以800～1 200m 为宜，主干路不宜设置公共建筑物出入口。

次干路是城市区域性的交通干道，为区域交通集散服务，配合主干路组成道路网，起到广泛连接城市各部分与集散作用。

支路为联系各居住小区的道路，解决地区交通、直接与两侧建筑物出入口相接，以服务功能为主。支路应满足公共交通线路行驶的要求。

二、交叉口及其分类

城市中道路与道路相交的部位称为城市道路的交叉口。由于城市内的车辆是通过由不同等级和不同方向的道路所组成的网络系统运行并到达目的地。因此，道路交叉口就成为城市交通能否快速畅通的关键部位。

城市道路交叉口分为平面交叉和立体交叉两类，每一类又包括多种形式，可以适应不同的通行能力和不同的地形构造与相交道路的等级与走向。

1. 平面交叉

平面交叉是指各相交道路中心线在同一高程相交的道口。平面交叉的形式决定于道路系统规划、交通量、交通性质和交通组织，以及交叉口用地及其周围建筑的布局。常见的形式有：十字形、X 字形、T 字形、Y 字形、错位交叉和复合交叉等几种。

进入交叉口的车辆，由于行驶方向不同，车辆与车辆相交的方式亦不相同。当行车方向互相交叉时可能产生碰撞的地点称为冲突点。当车辆从不同方向驶向同一方向或成锐角相交时可能产生碰撞的地点称为交织点。选择和设计交叉口时，应尽量设法减少冲突点和交织点。交叉口的行车安全和通行能力，在很大程度上决定于交叉口的交通组织。消除冲突点的交通组织有以下几种方式：

（1）环形交叉　在交叉口中央设置圆形或椭圆形交通岛，使进入交叉口的车辆一律绕岛单向逆时针方向行驶；

（2）渠化交通　在交叉口合理地布置交通岛，组织车流分道行驶，减少车辆行驶时的相互干扰；

（3）交通管制　在交叉口设置信号灯或由交通警手势指挥，使通过交叉口的直行、左转弯和右转弯的车辆的通行时间错开，即在同一时间内只允许某一方向的车流通过交叉口。

2. 立体交叉

立体交叉是指交叉道路的中心线在不同标高相交时的道路交叉口。其特点是各相交道路上的车流互相不干扰，可以各自保持原有的行车速度通过交叉口。立体交叉的主要组成部分包括跨路桥、匝道、出入口、变速车道。

(1)跨路桥　高速或快速路从桥上通过,相交道路从桥下通过,称为上跨式,反之,称为下穿式。

(2)匝道　为连接两相交道路而设置的互通式交换道。匝道又分为单向匝道、双向匝道和设分隔带的双向匝道。

(3)出入口　由快速道路驶出,进入匝道的道口称为出口;由匝道驶出,进入快速道路的道口称为入口。出和入均是针对快速道路本身而言。

(4)变速车道　由匝道驶入快速道的车辆需要加速,由快速道驶入匝道的车辆需要减速。设置在快速道右侧,用于出入匝道车辆加速或减速使用的附加车道称为变速车道。

根据相交道路上行驶的车辆是否能相互转换,立体交叉又可分为分离式和互通式两种。分离式立体交叉,在交叉处设跨路桥,上下道路之间不设匝道,因此在上、下道路上行驶的车辆不能相互转换。当快速干道与城市次要道路相交时,可采用分离式立交,保证干道交通快速畅通。互通式立体交叉,相交道路上行驶的车辆可以相互转换,在交叉处设置跨路桥与匝道供车辆转换使用。

3.停车场

为了满足城市交通发展的需要,除了设置数量足够的道路之外,还应设置数量足够的停车场。城市中供机动车使用的停车场按服务对象不同分为专用停车场和公用停车场两类。专用停车场专为机关或单位使用;公用停车场为社会各种车辆停车服务,如分布在城市出入口为外地来城的车辆或为过境车辆停放的停车场,或设置在商场、影剧院、体育场馆等公共建筑附近的停车场,以及城市道路路段上的停车场等称为公用停车场。

城市公共停车场用地面积可按规划城市人口每人 $0.8 \sim 1.0m^2$ 计算。在市中心地区,停车场的服务半径不大于200m;一般地区不大于300m。公共停车场的停车面积根据规划的停车位数计算,每个停车位占地 $25 \sim 30m^2$。机动车辆的停放方式按其与通道的关系可分为平行式、垂直式、斜放式三种类型。

第二节　道路交通隔离设施

为了严格交通管理,在城市道路的车行道与人行道之间、机动车道与非机动车道之间、两条对向行驶的机动车道之间的界线位置安装隔离设施。隔离设施的作用是严格防止车辆或行人越界,从而保证车辆与行人安全运行,不受干扰。

交通隔离设施分永久性隔离设施与临时性隔离设施两种。有一些道路为了临时的原因,旨在防止行人与车辆过分集中,相互干扰或引发交通事故而安放的隔离设施称为临时性隔离设施,当恢复正常运行后,应予以搬除。而有一些道路在正常运行情况下,行人和车辆始终处于相当繁忙状态时,可安装永久性隔离设施。

临时性隔离设施多数由移动式墩座和链条组成,以便于装卸和运送。永久性隔离设施多数采用铸铁格栅式、钢管护栏式或混凝土墩座和链条组成,并固定安装在道路分界线位置,长期使用。

尽管交通隔离设施是一种实施交通管理、保障交通安全的结构物,但是从城市道路总体来看，它又是道路景观的重要组成部分，应该从总体环境出发，配合周围建筑群和绿化布局，精心地对隔离设施的线条、造型、图案、构造和色调进行选择和设计，使之与环境和路容相互配合、协调一致，达到异曲同工的效果。

第三节　城市交通载运工具

国外城市交通载运工具通常以小汽车为主，辅以地铁、轻轨，或以公交为主，辅以小汽车。我国还处于汽车化的初期，主要城市交通载运工具包括公交、自行车和摩托车。

一、公共交通车辆

1.公共汽车

我国的公共汽车车辆类型甚多，目前主要是用解放牌、黄河牌载货汽车的底盘改制的。按载客量分，有小型（载客60～90人）、中型（载客90～130人）和大型铰接车（130～180人）。铰接车对解决上下班客运高峰时间的乘客拥挤情况起了大作用。

2.无轨电车

以直流电为动力，它除了用公共汽车的设备外，还要有架空的触线网、整流站等设备。首次投资较大，行驶时因受架空的触线的限制，机动性不如公共汽车，但行驶时能偏移触线两侧各4.5m左右，可以靠人行道边停站，必要时也可超越其他的城市车辆。无轨电车的特点是噪声低，不排放废气，起动加速快，变速方便，宜用于市区。

3.有轨电车

具有运载能力大，客运成本低的优点，其设备同无轨电车，但它还有轨道（其架空触线为一根）和专设的停靠站台。有轨电车的缺点是机动性差，行驶时噪声大，当它与车行道铺设在一起时，路面很容易损坏，影响道路的使用质量。它适用于单向小时客流量6 000～12 000人的干道线路，运送速度可达16km/h以上；唯这种方式在现代化大城市里已不能适应市区干道的交通混杂情况，需要向快速有轨电车改造。

4.城市高速铁道

适用于单向小时客流量4万人以上的客运，年客运强度在1000万人·公里/公里的市区或市郊干线线路采用，其运送速度一般达35～45km/h。

5.地下铁道

适用于单向小时客流4～6万人的客运量，年客运强度在1000万人·公里/公里的城市市区线路采用。地下铁道的运送速度一般在30～40km/h，对环境影响小。地下铁道以其运量大、速度快、安全准点、占地面积小、污染少等优点为人们所重视，但地铁基建费用大，营运亏损大，因此对兴建地铁应持慎重态度。

6.快速有轨电车

适用于单向小时客流1.5～3万人的客运量，年客运强度800万人公里/公里以上的市区或市郊干线线路采用。快速有轨电车的因地制宜性强，大城市、中等城市都可采用。其运送速度在20～35km/h范围内变化。快速有轨电车是在革新传统的有轨电车的基础上形成的，主要是使车辆现代化，对线路实行隔离，在市中心繁忙地段进入地下，从而提高运行速度。快速有轨电车基建费用较低,约为地铁的1/3,建设工期短,建成后运行费用低,因此,受到人们的重视。

7.出租汽车

出租汽车在城市客运交通中起着辅助作用,因而称之为辅助交通。出租汽车的车型有大、中、小型和微型,根据租用者的不同需要而提供。出租汽车是可以随时提供户到户的交通方式,它对城市居民的出行活动提供比其他定线公共交通更迅速、更方便的服务。

8.轮渡

这是在城市被江、河分割的特定条件下的城市客运交通,一般是起联结两岸摆渡交通的作用,从而使陆上交通不能直接相通的被分割区域可以沟通。这在没有现代化桥梁、水底隧道的城市显得尤为重要。除了摆渡交通外,城市轮渡往往还开发江上的游览活动,以丰富人民的文化生活。

二、自行车

目前,我国自行车已有多种类型,通常有普通型、轻便型、载重型、赛车型、小轮型几种。自行车交通具有灵活方便、经济耐用、节能保健、不污染环境及适合大众需求的优点,但同时又有安全性差、舒适性差、稳定性差、干扰性大及老人、儿童、残疾人、病人或体弱之人难以利用的缺点。

三、摩托车

我国将摩托车分为轻便摩托车和摩托车两类。发动机工作容积小于50mL,最大时速小于50km的摩托车属轻便摩托车;质量小于400kg,最大时速超过50km或发动机工作容积大于50mL的两轮或三轮机动车属摩托车。

为了城市的健康有序发展和环境平衡,人们越来越重视城市规划的作用,以便有效地控制城市发展规模和方向,但这种控制可能对城市发展有利,也可能造成严重的反面影响。现代城市活动区位模式越来越受人为控制的影响。

总之,城市活动区位模式是特定社会经济的产物,它的演化、发展是一个历史过程,具有各自的特点和强烈的惯性,也可能因某种因素的强烈作用而发生突变。因此,城市活动区位分析应深入考察具体城市的特点,综合考虑各种影响因素及发展可能,而不是简单地套用某种既定的模式。

第三章　城市道路交通管理

第一节　城市道路交通管理原则

一、城市道路交通管理目的

城市交通是城市社会活动、经济活动的纽带和动脉,对城市经济发展和人民生活水平的提高起着极其重要的作用。近几年来，随着人口的增长、国民经济的高速发展以及城市化进程的推进，城市交通需求量急剧增长，全国范围内的大中城市都基本上出现了严重的交通阻塞现象。在我国，出现城市交通全面紧张的主要原因有两个方面：

①城市交通基础设施建设速度远远跟不上交通需求增长速度，城市交通设施运输能力不能满足交通需求而造成交通阻塞。

"改革、开放"20 多年来，国民经济高速发展，交通需求量的增长基本上与国民经济的增长同步，机动车的年平均增长率达 13%～15%，而道路交通量的年平均增长率超过了 15%。另一方面，20 多年来，尽管国家在城市交通基础设施建设方面投入了大量的财力、物力，但由于交通设施的建设周期较长，投入资金巨大，其建设速度十分缓慢，全国城市道路里程的年平均增长率小于 5%。交通设施建设速度远远落后于交通需求增长速度，是造成我国城市交通全面紧张的主要原因。

②城市交通管理设施落后，管理水平不高，城市交通结构不合理，现有道路交通设施的运输能力得不到充分利用而加重了交通阻塞。

我国国内经济发展很不平衡，沿海城市较内地城市发展要快，许多城市已初步建成了较完善的道路网络系统。但由于我国大多数城市交通管理设施落后，管理水平不高，加上人们的现代交通意识淡薄，法制观念不强，交通秩序较混乱，严重影响了已有道路通行能力的充分利用。同时，我国城市交通方式结构极不合理，居民出行中，占用路面面积较大（人均占用路面 $3.75m^2$）的自行车出行占主体，而占用路面面积最小（人均占用路面 $1m^2$）的公交车出行所占比例很小，如南京、郑州、合肥等大城市，自行车出行占 50%～60%，公交出行只占 5%～10%。这种极不合理的交通结构，致使我国道路交通网络运输效率很低。因此，交通管理不善是造成我国城市交通全面紧张的另一主要原因。

一般来说，解决城市道路交通拥挤的办法是降低道路交通负荷度，使道路通行能力能适应交通流的要求。降低交通负荷可通过三条途径去实现。

①道路交通建设，提高交通网络交通容量，以达到降低交通负荷的目的。通过道路建设解决交通问题往往是人们首选的措施，但是，道路交通建设投资巨大（如新建 1km 城市干道需花费 0.5～1.0 亿元，1km 地铁需 4.0～8.0 亿元），建设周期很长。并且，当城市道路网络基本完善后，再建道路能产生的网络运输效益已经很低，相反会刺激原来被压抑的交通需求的产生。著名的当斯定律（Downs Law）就非常形象地说明了这个问题。

②交通需求管理，通过控制、限制、禁止某些交通方式的出行，减少出行量，以达到降低道路交通负荷的目的。

③交通系统管理，通过一系列的交通规则、交通设施控制交通流量，使交通流在时间上分布趋于均匀，在空间上分布趋于均匀，有效地避开交通阻塞时刻及阻塞地段，提高网络运输效率。

与建设道路相比，通过科学的交通管理手段，提高城市交通网络的运输效率，缓解城市交通紧张局面，投入少、见效快，更具有现实意义。

二、城市道路交通管理分类

城市道路交通管理分行政管理及技术管理两大类，当然它们的目标都是一致的，均是维护道路交通运行秩序，优化道路空间利用，提高网络运输效率，缓解交通紧张局面。

城市道路交通系统的行政管理是从行业、行政体系角度实施的一种管理办法，主要包括交通法规制定与执法、驾驶员的管理（含培训、发执照、考核、审验等）、车辆管理（含车辆牌证、车辆转户、报废、年检等）、道路管理（含道路通行秩序、路边施工管理、违章占道清除等）、交通事故处理（现场勘测、保护、事故认定、处罚等）。

城市道路交通系统的技术管理是从技术角度实施的一种管理办法，它又分交通需求管理（TDM-Traffic Demand Management）及交通系统管理（TSM-Traffic System Management）两种模式。

交通需求管理是一种政策性管理，它的管理对象主要是交通源。通过对交通源的政策性管理，影响城市交通结构，削减交通需求总量，达到减少道路交通流量的目的，缓解交通紧张状态。

交通系统管理是一种技术性管理，它的管理对象主要是交通流。通过对交通流的管制及合理引导，引起交通流在时间上、空间上的重分布，均匀交通负荷，提高道路网络系统的运输效率，缓解交通压力。

第二节　城市交通需求管理策略

城市交通需求管理是通过一系列的政策措施来降低出行需求量、优化交通结构的管理模式。根据我国国情及发达国家的经验，可采用以下几类交通需求管理策略。

一、优先发展策略

在城市道路交通的各种出行方式中，不同交通方式的道路空间占用要求、环境污染程度、能源消耗量有效大差异。优先发展策略就是对某些道路空间占用要求少、环境污染低、能源消耗小的交通方式实行优先发展，并根据城市道路交通网络、能源储备及环境控制的实际情况，制定优先发展的实施措施。

在我国最需优先发展的交通方式是公共交通，因为公共交通的人均占用道路面积最少，人均污染指标最低、人均消耗能源最少。目前，国内正在开展城市公共交通优先发展保障体系的研究，从政策措施、技术措施等方面保障公交的优先发展。

发达国家除了采用公交优先发展的措施，还采用多占位车辆（HOV）优先，即乘带多名乘客（两人以上）的小汽车在交叉口、收费通道享有优先通行权，有的城市设置了 HOV 专用车道，以此鼓励驾车人员多带乘客，以减少道路上的小汽车车辆数量。

二、限制发展策略

当城市道路交通网络总体交通负荷达到一定水平时，交通拥挤现象就会加重。这时，必须对某一些交通工具实施限制发展（或控制发展），以防止交通状况的进一步恶化。通常，被限制发展的交通工具是哪些交通运输效率低、污染大、能耗高的交通方式。

哪类交通工具应该被限制发展以及限制程度，应根据城市道路交通网络的发展水平、负荷水平、已有的交通结构及各类交通工具的拥有量与出行特征确定。如某一城市在某一交通负荷水平时应该限量发展私人小汽车，某一水平时需限量发展摩托车，某一水平需限量发展出租车、中巴车,某一水平时也可以考虑控制自行车总量水平,通过优先发展策略及限制发展策略的综合应用,来调整整个城市的交通结构,并使之优化,以提高交通网络的运输效率。与优先发展策略不同的是,采用限制发展策略会有一定的负面影响,因此在限制发展策略实施前,必须对此策略可能造成的正面效益及负面效益做细致的分析及定量化评价。

三、禁止出行策略

当某些大城市、特大城市的道路网络总体负荷水平接近饱和或局部区域内超饱和时,就应该采用暂时或较长一段时间内禁止某些交通工具在某些区域内出行的管理策略。

禁止出行策略一般为临时性的管理策略。在我国常用的禁止出行策略有:某些重要通道或某些区域(甚至是全市)的车辆单双号通行(单号日禁止车牌尾数为单号的车辆通行、双号日禁止尾数为双号的车辆通行)、某些路段或交叉口转向在某些时段(通常为高峰小时,有的甚至是全天)对某种交通工具实施禁止通行等。

与限制发展策略一样,禁止出行策略有一定的负作用,这类策略实施以前,必须进行"事前事后"效果的定量化评价。

四、经济杠杆策略

经济杠杆策略是一种介于无管理与禁止出行策略之间的柔性较大的管理策略,是一种通过经济杠杆来调整出行分布或减少出行需求量的管理措施。如通过收取市中心高额停车费来减少市中心区的车辆交通量,收取某些交通工具的附加费来减少这些交通工具的出行量,某些重要通道过分拥挤时可通过收取通行费(也称拥挤费)来调节交通量,对鼓励发展的交通方式收低价、对限制发展的交通方式收高价等来调整交通结构。

经济杠杆策略实施前,应对收费额度对调节交通量的影响作定量分析,以便确定最佳费额。

第三节　城市交通系统管理策略

城市交通系统管理是通过一系列的交通规划或硬件管制来调整、均衡交通流时空分布,提高交通网络运输效率的管理模式。根据我国国情及发达国家的经验,可采用以下几类交通系统管理策略。

一、节点交通管理策略

节点交通管理是指以交通节点(往往是交叉口)为管理范围,通过采取一系列的管理规则及硬件设备控制来优化利用交通节点时空资源,提高交通节点通过能力的交通管理措施。节点交通管理是城市交通系统管理中的最基本形式,也是干线交通管理、区域交通管理的基础。在我国,目前常采用的节点管理方式有:

1)交叉口控制方式

目前,我国城市道路网络中,常采用的交叉口控制方式有信号控制交叉口、无控制交叉口、环形交叉口、立体交叉口等形式。由于立体交叉口占地较大,较多情况下设置在城市边缘地区

(城市出入口道路与环城公路交叉处)或城市快速道路与其他干道交叉处,城市内部的交通节点绝大部分为前三类平面交叉口。

2)交叉口管理方式

在城市交通网络中由于交叉口的某行车方向车流平均通行时间不足50%(路段为100%),因此,交叉口是交通网络的“瓶颈口”。为了提高交叉口的通行能力,使之与路段通行能力相协调,以此提高全网络运输效率,通常采用的交叉口管理方式有:①进口拓宽、增加交叉口进口车道数,提高交叉口在单位时间的通行能力,以此来弥补通行时间的不足。②进口渠化。根据交通量及转向流量大小设置不同转向的专用进口道,优化利用交叉口空间及通行时间。③信号配时优化。根据交叉口交通量、转向流量大小优化信号灯配时,使有限的绿灯时间放行尽可能多的车辆数。

3)交叉口转向限制

由于在交叉口存在转向交通行为,交叉口的交通状况要比路段复杂得多,交通流冲突点的存在使交叉口通行能力大大降低。在各转向车流中,左转车流引起的车流冲突点最多,在四路交叉口,禁止左转后车流冲突点数能从原来的16个减少到4个,交通状况能大大改善。因此,在交通流量较大的交叉口,可采用定时段(高峰小时)或全天禁止左转(全交叉口或某一些进口)的管理措施,以提高交叉口通行能力。

二、干线交通管理策略

干线交通管理是指以某条交通干线为管理范围而采取一系列管理措施,来优化利用交通干线时空资源,提高交通干线运行效率的交通管理方法。

干线交通管理不同于节点交通管理,它以干线交通运输效率最大为管理目标。干线交通管理应以道路网络布局为基础,并根据道路功能确定干线交通管理的方式。在我国,常用的干线交通管理方式有:单行线、公共交通专用线、货运禁止线、自行车专用线(或禁止线)、“绿波”交通线等。详见“第四节典型交通管理策略分析,第五节交通信号控制系统”。

三、区域交通管理策略

区域交通管理是城市交通系统管理的最高形式,它以全区域所有车辆的运输效率最大(总延误最小、停车次数最少、总体出行时间最短等)为管理目标。区域交通管理是一种现代化的交通管理模式,它需要以城市交通信息系统作为基础,以通讯技术、控制技术、计算机技术作为技术支撑。目前,区域交通管理有两类形式:

(1)区域信号控制系统。这种系统20世纪80年代开始在英美等国应用,后来得到了不断发展,有定时脱机式区域信号控制系统(如TRANSYT)、响应式联机信号控制系统(如SCOOT、SCATS)两种控制模式。我国有些大城市已开始引进这两种区域控制系统。

(2)智能化区域管理系统。智能化区域管理系统是智能化交通系统(ITS)的主体部分,20世纪90年代初欧美发达国家开始进行研究,目前尚处于开发阶段,离推广应用还有一段距离。其中,车辆线路诱导系统已在部分发达国家试运行,而智能化车辆卫星导航技术,一些发达国家正在研制中。

第四节 典型交通管理策略分析

一、城市公共交通优先发展策略及其保障体系

城市公共交通优先发展是交通管理中最典型的需求管理策略，当然公交优先发展战略的实施，也需要其他系统管理策略的支撑。

在城市交通系统中，与其他交通方式相比，公交方式的人均占用道路面积最少、人均消耗的能源最低、人均产生的噪声、废气污染最轻，因此优先发展公共交通不仅有利于缓解城市交通紧张压力，而且符合城市系统的可持续发展战略。

在我国，提出"优先发展城市公共交通"的交通政策已有10多年，但由于没有公交优先发展的保障体系，近10多年来，城市公共交通不但没有得到大力发展，反而出现了严重萎缩。例如，南京市从1986~1997年11年里，公交出行方式由19.2%下降至7.87%，几乎每年下降一个百分点。

引起公交严重萎缩的原因有两个方面，一方面是公交方式失去了对居民出行的吸引力。根据我们的调查，导致公交方式失去吸引力的原因有3个：①乘公交车不方便，②乘公交准时性不能得到保证；③公交车服务质量低。另一方面是公交企业效率低下，亏损严重，影响服务质量。由于这两个方面的相互影响，使公交发展进入恶性循环。

因此，要大力发展公共交通，必须建立切实可行的保障体系，保障体系的建立，应从提高公交吸引力及提高公交企业效率两方面入手。

公交优先发展保障体系应该包括以下几个方面：

1.优化的公交线网、合理的站点布局及科学的调度管理

规划一个优化的公交线网，使它与主要客流走向基本一致，能大大减少公交空白区，减少公交出行换乘次数及出行起终点的车外步行时间。布设一个合理的站点系统，能大大减少车外步行时间(特别是换乘时的车外步行时间)。建立一个科学的调度管理系统，合理调整发车间隔，可缩短乘客的站点等车时间。

2.公交优先通行保障系统设计

公交优先通行保障系统指道路路段的公交车专用线(或专用车道)及道路交叉口专用相位设计，它的作用在于尽可能减少(甚至消除)公交车的路段延误及交叉口排队延误，即使在高峰小时其他车辆发生交通拥挤时，公交车仍能通行无阻。公交优先通行设计在欧洲国家十分盛行，它是提高公交车到站准时率、增加公交吸引力的可靠保障。

3.强化公交运行管理，提高公交服务质量

加强公交企业内部改造，提高驾乘人员业务素质及主人翁意识，实行规范化报站制度，改善车辆硬件条件以提高公交吸引力。

二、平面交叉口交通管理

1.平面交叉口交通管理的主要目的及分类

城市道路平面交叉口交通管理是城市交通系统管理(TSM)中最基本、最简单的形式，平面

交叉口交通管理的主要目的为减少冲突点，提高安全性，控制车辆行驶的相对速度，并为公共交通及重交通流提供优先通行权。

平面交叉口也可以按有无信号灯控制分成信号控制交叉口及无信号控制交叉口两类。信号交叉口的交通管理技术在第五节中讨论，这里仅讨论无信号控制交叉口的常规交通管理技术。

无信号控制交叉口又可分为全无控制交叉口及优先权交叉口两种。

2.全无控制交叉口交通管理

全无控制交叉口是指具有相同或基本相同重要地位，从而具有同等通行权的两条相交道路，因其流量较小，在交叉口上不采取任何管理手段的交叉口。

1)交叉口视距三角形

无控制交叉口通常没有明确的停车线，在车辆到达交叉口时，驾驶员将在距冲突点一定距离处做出决策，或减速让路，或直接通过。驾驶员所做出的决策很大程度上取决于交叉口上的视距，故无控制交叉口的交通安全是靠交叉口上良好的视距来保证的。视距三角形常是用来分析交叉口上视距是否足够的一种图解分析方法(图10-3-1)。

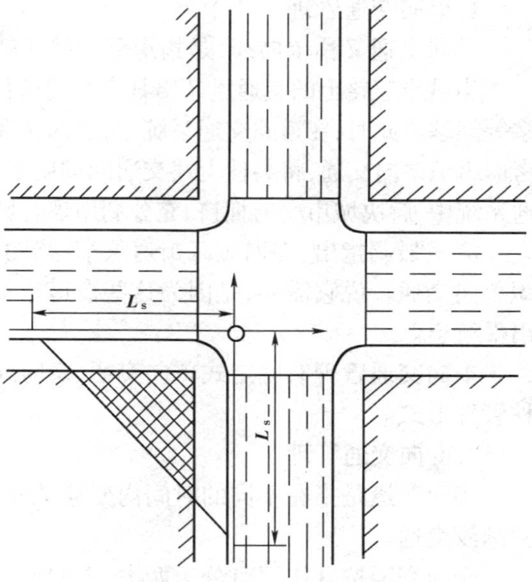

图 10-3-1　交叉口的视距三角形

视距三角形中的直角边 L_s，与行驶车速、道路坡度、路面状况等因素有关。

2)无控制交叉口的冲突点及通行规则

由于交叉口存在许多冲突点，使得有些相冲突车流的车辆不能同时通过交叉口，因此，需要有一个通行规则，确定各入口车辆以怎样的次序进入交叉口。

若相交道路不分主次及不考虑优先，则先到达交叉口的车辆应先通过是理所当然的。但实际并非如此简单。我国公安部颁发的《道路交通管理条例》(以下简称《条例》)第 43 条规定："车辆通过没有交通信号或交通标志控制的交叉路口，必须遵守下列规定依次让行：支、干路不分的，非机动车让机动车先行，非公共汽车让公交车。若相交道路有主次之分，则支路车让干路车先行"。

《条例》中还指出："让行车辆须停车或减速瞭望，确认安全后，方准通过"。

3.优先控制交叉口交通管理

无控制交叉口的延误是较小的，但鉴于安全性考虑，使得无控制交叉口在低流量时就要求加以管制。由于从无控制变为信号灯控制，交叉口延误将明显增加，因此必须考虑一种过渡的控制形式。它既能解决安全性问题，且延误又不至于增加很多，优先控制就能满足这种要求。优先控制可分为停车标志控制和可不停车(减速)的让路标志控制。

1)停车标志控制

相交的两条道路中，常将交通量大的道路称主路或干路，小的称次路或支路(包括胡同和里弄)。规定主路车辆通过交叉口有优先通行权,次路车辆必须让主路车辆先行,这种控制方式称为优先控制。停车标志控制按相交道路条件的不同分有单向停车控制和多向停车控制。

2)让路标志控制

让路控制交叉口又称减速让行控制,是指进入交叉口的次路车辆,不一定需要停车等候,但必须放慢车速瞭望观察,让主路车辆优先通行,寻找可穿越或汇入主路车流的安全"空当"机会通过交叉口。让路控制与停车控制差别在于后者对停车有强制性。

三、道路交通行车管理

道路交通行车管理是城市交通系统管理(TSM)中线路交通管理的最基本、最简单形式,道路交通行车管理往往有以下几种形式。

1.单向交通管理

单向交通又称单向线,是指道路上的车辆只能按一个方向行驶的交通线路。

当城市道路上的交通量超出其自身的通行能力时,将造成城市交通拥塞、延误及交通事故增多等问题。此时,在道路交通系统中,若对某条道路或几条道路,甚至对某些路面较宽的巷、弄,考虑组织单向交通,将会使上述交通问题明显地得到缓解和改善。故单向交通是在城市道路交通系统中,解决城市交通拥挤,充分利用现有城市道路网容量的一种经济、有效的交通管制措施。

应该强调指出,在旧城区街道狭窄、路网密度很大的地方,需要且有可能在一些街道上组织单向交通。说它需要,是因为这些街道车行道狭窄;说它可能,是由于道路网密度大,便于划出平行道。

单向交通管理有固定式单向交通、定时式单向交通、可逆性单向交通及车种性单向交通四种管理形式。

2.变向交通管理

变向车道是指在不同的时间内变换某些车道的行车方向或行车种类的交通。变向交通又称潮汐交通。

变向交通按其作用可分为两类:方向性变向交通和非方向性变向交通。在不同时间内,变换某些车道上行车方向的交通称为方向性变向交通。这类变向交通可使车流量方向分布不均匀现象得到缓和,从而提高道路的利用率。在不同时间内,变换某些车道上行车种类的交通称为非方向性变向交通。它可分为车辆与行人、机动车与非机动车之间相互变换使用的变向车道。这类变向交通对缓和各种类型的交通在时间分布上不均匀性的矛盾有较好的效果。例如,在早晨自行车高峰时间,变换机动车外侧车道为自行车道,到了机动车高峰时间,则变换非机动车道为机动车道。另外,在中心商业区变换车行道为人行道及设置定时步行街等,这些都是非方向性的变向交通。

3.专用车道管理

规划专用车道(或专用道路系统)是缓解城市交通问题的途径之一。专用车道包括公共交通车辆专用车道和自行车专用车道。公交专用车道往往又与单向交通联合使用,如在单行线上,逆向开辟公交专用车道。

4.禁行交通管理

为了减轻道路上的交通负荷,或将一部分交通流量均分到其他负荷较低的道路上去,根据道路条件和交通条件,实行对机动车和非机动车的某种限制管理,称为禁行管理。禁行管理一般有时段禁行、错日禁行、车种禁行、转弯禁行及重量(高度、超速等)禁行五种形式。

第五节　城市道路交通信号控制

一、城市道路交通信号控制的目的与控制分类

一般来说,城市道路交叉口设置交通信号控制系统的目的有以下几个方面:

(1)在时间上隔离不同方向的车流,控制车流运行秩序,并获得最大的交通安全。

(2)使在平面交叉的道路网络上人和物的运输达到最高效率,其效率往往用通行能力、延误及停车次数三项指标来衡量。

(3)为道路使用者提供必要的情报,帮助他们有效地使用交通设施。

城市道路交通信号控制系统按其管理范围可分为以下三种类型:

(1)单点交叉口交通信号控制;

(2)干道交通信号协调控制;

(3)区域交通信号系统控制。

二、单点交叉口交通信号控制

单点交叉口交通信号控制简称点控制,它以单个交叉口为控制对象,它是交通信号灯控制的最基本形式。点控制又可分为两类:固定周期信号控制及感应式信号控制。

1.固定周期信号控制

固定周期信号是最基本的交叉口信号控制方式,这种控制方式设备简单、投资最省、维护方便,同时这种信号控制机还可以升级,与邻近信号灯连机后上升为干线控制或区域控制。

1)控制原理

按事先设计好的控制程序,在每个方向上通过红、绿、黄三色灯循环显示,指挥交通流,在时间上实施隔离。交通规划规定:红灯——停止通行,绿灯——放行,黄灯——清尾,即允许已过停车线的车辆继续通行,通过交叉口。

2)信号相位方案

信号相位方案即信号灯轮流给某些方向的车辆或行人分配通行权的一种顺序安排。把每一种控制(即对各进口道不同方向所显示的不同灯色的组合)称为一个信号相位。

一般情况下,信号控制灯多采用两个相位,即二相制,如东西相放行,显绿灯,则南北相禁行,显红灯,这为第一相,第二相时,南北相放行,显绿灯,东西向禁行,显红灯。当左转交通量比较大时,可设置左转专用相位,此时,信号控制灯采用三相制。

3)固定周期信号灯基本控制参数

(1)周期长度　各个行车方向完成一组色灯变换所需的总时间,它等于红灯时间+绿灯时间+黄灯时间。周期长度及红灯、绿灯时间根据交叉口总交通量、两相交道路交通量确定。黄灯时间根据交叉口大小确定,一般为4s。在一个较小的时间段内(如1h),周期长度及各色灯时间是固定的,但在一天中,周期长度及各色灯时间是可变的。

(2)绿信比　绿信比是某一方向通行效率的指标,它等于一个相位内有效通行时间与周期长度之比。

2.感应式信号控制

1)控制原理

感应式信号控制设有固定的周期长度,它的工作原理是:在感应式信号控制的进口,均设有车辆到达检测器,一相位起始绿灯,感应信号控制器内设有一个初始绿灯时间,到初始绿灯时间结束时,如果在一个预先设置的时间间隔内没有后续车辆到达,则变换相位,如果有车辆到达,则绿灯延长一个预设的单位绿灯延长时间,只要不断有车到达,绿灯时间可继续延长,直到预设的最长绿灯时间时变换相位。

2)感应式信号灯的基本控制参数

(1)初始绿灯时间　给每个相位预先设置的最短绿灯时间,在此时间内,不管有否来车本相位必须绿灯。初始绿灯时间的长短,取决于检测器的位置及检测器到停车线可停放的车辆数。

(2)单位绿灯延长时间　它是初始绿灯时间结束后,在一定时间间隔内测得后续车辆时所延长的绿灯时间。

(3)最长绿灯时间　它是为了保持交叉口信号灯具有较佳的绿信比而设置的,一般为30~60s。当某相位的初始绿灯时间加上后来增加的多个单位绿灯延长时间达到最长绿灯时间时,信号机会强行改变相位,让另一方向通行。

三、干道交通信号协调控制

干道交通信号协调控制系统也简称线控制,就是把一条主要干道上一批相邻的交通信号灯联动起来,进行协调控制,以便提高整条干道的通行能力。线控制往往是面控制系统的一种简化形式,控制参数基本相似。根据道路交叉口所采用信号灯控制方式的不同,线控制也可分为干道交通信号定时式协调控制及干道交通信号感应式协调控制两种。其中,以定时式协调控制较为普遍,本节仅介绍此类系统。

1.干道信号控制系统的基本参数

(1)周期长度　单个交叉口的信号周期长度是根据交叉口交通量来确定的,由于控制系统中有多个交叉口,为了达到系统协调,各交叉口必须采用相同的周期长度。为此,必须先按单个交叉口的信号配时方法,确定每个交叉口的周期长度,然后到最长的作为本系统的公共周期长度,其他交叉口也必须采用这个周期长度。

(2)绿信比　在干道控制系统中,各交叉口的绿信比可根据交叉口的各方向交通量来确定,不一定统一。

(3)相位差　相位差是干道交通信号控制的关键参数。通常相位差有两种:①绝对相位差:指各个交叉口信号的绿灯或红灯的起点相对于控制系统中参照交叉口的绿灯或红灯的起点的时间差;②相对相位差:指相邻两交叉口信号的绿灯或红灯起点的时间差。

2."绿波交通"——单向交通干道的信号协调控制

所谓"绿波交通",就是指车流沿某条主干道行进过程中,连续得到一个接一个的绿灯信号,畅通无阻地通过沿途所有交叉口。这种连续绿灯信号波是经过沿线各交叉口信号配时的精心协调来实现的。完全意义的"绿波交通"只有在单向交通干线上才能实现,实现"绿波"的关键是精确设计相邻交叉口之间的相位差。

四、区域交通信号控制系统

区域交通信号控制系统也简称面控制，它把整个区域中所有信号交叉口作为协调控制的对象。控制区内各受控交通信号都受中心控制室的集中控制，对范围较小的区域，可以整区集中控制；范围较大的区域，可以分区分级控制。分区的结果往往成为一个由几条线控制组成的分级集中控制系统，这时，可认为各线控制是面控制中的一个单元，有时分区成为一个点、线、面控制的综合性分级控制系统。

区域控制系统按控制策略可分为定时脱机式控制系统及感应式联机控制系统两种。

1.定时脱机式区域交通控制系统

定时式脱机操作控制系统，利用交通流历史及现状统计数据，进行脱机优化处理，得出多时段的最优信号配时方案，存入控制器或控制计算机内，对整区交通实施多时段定时控制。定时控制简单、可靠、效益投资比高，但不能适应交通流的随机变化，特别是当交通流量数据过时后，控制效果明显下降，重新制定优化配时方案将消耗大量的人力作交通调查。

TRANSYT（Traffic Network Study Tool——交通网络研究工具）是定时脱机式区域控制系统的代表，系统主要由两部分组成。

（1）仿真模型　建立交通仿真模型，其目的是用数学方法模拟车流在交通网上的运行状况，研究交通网配时参数的改变对车流运行的影响，以便客观地评价任意一组配时方案的优劣。为此，交通仿真模型应当能够对不同配时方案控制下的车流运行参数——延误时间、停车率、燃油消耗量等作出可靠的估算。

（2）优化　将仿真所得的性能指标（PI）送入优化程序部分，作为优化的目标函数：TRANSYT 以网络内的总行车油耗或总延误时间及停车次数的加权值作性能指标；用“爬山法”优化，产生较之初始配时更为优越的新的信号配时，把新信号配时再送入仿真部分，反复迭代，最后取得 PI 值达到最小的系统最佳配时。TRANSYT 优化过程的主要环节包括：绿时差的优选、绿灯时间的优选、控制子区的划分及信号周期时间的选择四部分。

2.联机感应式区域交通控制系统

由于定时式脱机操作系统具有不能适应交通随机变化的缺点，人们进一步研究能随交通变化自动优选配时方案的控制系统。随着计算机自动控制技术的发展，交通信号网络的自适应控制系统就应运而生。英国、美国、澳大利亚、日本等国家作了大量的研究和实践，用不同方式各自建立了各有特色的自适应控制系统。归纳起来就是方案选择式与方案形成式两类。方案选择式以 SCATS 为代表；方案形成式以 SCOOT 为代表。

（1）SCATS　SCATS（Sydney Co－ordinated Adaptive Traffic System）控制系统是一种实时自适应控制系统。20 世纪 70 年代开始研究，20 世纪 80 年代初投入使用。

SCATS 的控制结构用的是分层式三级控制，可分成：中央监控中心→地区控制中心→信号控制机。在地区控制中心对信号控制机实行控制时，通常将每 1～10 个信号控制机组合为一个子系统，若干子系统组合为一个相对独立的系统。系统之间基本上互不相干，而系统内部各子系统之间，存在一定的协调关系。随交通状况的实时变化，子系统既可以合并，也可以重新分开。三项基本配时参数的选择，都以子系统为核算单位。

SCATS 优选配时方案的主要环节为:子系统的划分与合并、配时参数优先、信号周期长度选择、绿信比方案选择、绿时差方案选择五部分。

(2)SCOOT　SCOOT(Split - Cycle - Offset Optimization Technique),即绿信比—信号周期—绿时差优化技术,是一种对交通信号网实行实时协调控制的自适应控制系统。由英国 TRRL(英国运输与道路研究所)于 1973 年研制开发,1979 年正式投入应用。

SCOOT 是在 TRANSYT 的基础上发展起来的,其模型及优化原理均与 TRANSYT 相仿。不同的是,SCOOT 是方案形成方式的控制系统,通过安装在各交叉口的每条进口道最上游的车辆检测器所采集的车辆到达信息,联机处理,形成控制方案,连续地实时调整绿信比、周期长度及绿时差三参数,使之同变化的交通流相适应。

SCOOT 优选配时方案的主要环节为:交通检测、小区划分、模型预测及系统优化四个部分。

第六节　城市道路交通运行组织管理

一、城市道路交通运行组织的意义

由于城市空间有限,道路数量永远不可能按需增长。为此,必须加强对现有道路使用的管理,即用现代化的管理方法和手段,按照道路的功能,合理地组织交通,调节疏导交通流量,使道路的交通量与道路通行能力相协调,充分发挥路网的效能,以缓解需求的矛盾。

对交通管理部门来说,为了道路的最佳使用,就必须通过多种管理措施和手段,对已有道路规定其使用方式,对各种车辆的运行进行优化组织。

城市道路交通运行组织管理是交通需求管理(TDM)策略、交通系统管理(TSM)策略中诸多管理措施的综合运用。

二、城市道路交通组织管理方案的制定

城市道路交通组织管理方案制定的方法是:首先对城市交通进行系统调查,掌握大量的城市交通基础资料和信息,并对城市交通路网系统的现状进行分析,根据路网道路条件、道路功能的分工和交通流分布状况,以安全、畅通为目标,通过对现有交通流的合理汇集与再分配以及交通模拟分析,制定出能够对车流运动状态产生控制作用的、由多种交通管理措施组成的实施方案,其中包括硬件、软件方面的多种手段。

三、城市道路交通组织管理规划的理论依据

城市道路交通组织管理规划是为了在现有城市路网结构与已推算出车辆 O - D 出行分布的情况下,通过交通流分配和模拟分析,在所限定的路线通行能力下,以车辆出行延误总时间最小为准则,寻找出优化的城市道路交通组织管理方案。因此,其关键的理论基础和方法是交通流分配和模拟分析。关于交通流分配和模拟方法见前交通规划部分。

四、交通运行组织管理考虑的基本原则和措施

在组织、疏导城市路网上的交通流时,通常考虑以下一些原则:①交通分离原则。把道路

上不同类型、不同方向、不同速度的车辆以及行人与车辆，在时间上或空间上进行分离。如快慢车划线分道或物体隔离、设置专用道路、立交等。②交通量控制和调节原则。从时间上、方向上、区域上、道路功能上来对交通量进行控制和调节。如设置单行线，路线的限时、限车种通行，繁华商业区禁止货车通过等。③按交通性质疏导原则。对不同交通性质的车辆进行引导限制。如对客、货交通分别考虑，客运交通优先，开辟过境线路，引导过境交通避开市区。

根据这些原则，具体实施的交通管理措施共计有以下六类：

(1)路口禁止车辆转弯：它包括禁止车辆左转弯、禁止车辆右转弯、禁止车辆掉头。

(2)路段禁止车辆通行：它包括以下几个方面：

①禁止机动车辆通行：双向禁止机动车通行(即非机动车专用道)、单向禁止机动车通行(即机动车专用道)、双向禁止货车通行、单向禁止货车通行、禁止摩托车通行、禁止拖拉机通行、禁止手扶拖拉机通行、禁止教练车通行。

②禁止非机动车通行：双向禁止非机动车通行(即机动车专用道)、单向禁止非机动车通行(即非机动车专用道)、禁止人力车通行。

③单向禁止机动车、非机动车通行的道路(即一切车辆单向通行的道路)。

④机动车、非机动车对向通行的道路。

(3)禁止超车路段。

(4)限速路段。

(5)禁止停车路段。

(6)禁止鸣号路段。

有关禁行措施方面，除了分方向、车种禁行外，在时间上分为全日禁行、白天禁行、高峰禁行。这三种禁行形式往往综合使用，在管理中一般还根据具体情况，对某些特殊需要的车辆发放通行证准许在禁行区段行驶。

第四章　城市道路交通设计

第一节　城市道路横断面设计

城市道路横断面由车行道、人行道、绿化带以及分车带等部分组成。横断面设计的主要任务是：根据道路的等级、性质和红线宽度以及有关交通资料，确定各组成部分的宽度，并给予合理的布置。道路的规划红线宽度、道路功能、交通组织方式和交通资料分析，是城市道路横断面设计的主要依据。

一、城市道路横断面综合布置

1.城市道路横断面的基本形式

根据机动车和非机动车道的不同布置形式，城市道路横断面的布置有四种基本形式。

单幅路：将所有车辆都组织在同一个车行道上混合行驶，车行道布置在道路中央。在划有机动车和非机动车道线的街道,机动车和非机动车分道行驶,允许车辆临时超越分道线。在机动车和非机动车道不分的街道,机动车在中央行驶,非机动车靠右侧行驶。

双幅路:利用分隔带(或分隔墩)将单幅路的车行道一分为二,在交通组织上起分流渠化作用,分向行驶。在两条相向行驶的车行道上,可以划分机动车、非机动车分道线分流行驶,也可以不划分道线,机动车、非机动车混合行驶。

三幅路:利用分隔带(或分隔墩)将车行道分隔为三块,中间为双向行驶的机动车车道,两侧为单向行驶的非机动车车行道。

四幅路:在三幅路断面形式的基础上,再用分隔带将中间的机动车车行道分隔为两部分,分向行驶。

2.不同道路横断面形式的特点及适用条件

单幅路占地最小,投资省,在各等级道路上均可以采用。单幅路和双幅路,由于机动车和非机动车混合行驶,互相干扰,车速较低。

三幅路特别是四幅路用地量大,总造价高,但有利于地下管线的分期敷设,照明、绿化容易处理,因机动车和非机动车分道行驶,互不干扰,车速一般较高,主要适用于主干道。

三幅路便于分期实施,当近期交通量不大时,可先作成单幅路,待交通量增长到一定程度再扩建成三幅路。

四种横断面形式都各有其优缺点和适用条件情况,必须结合具体情况,因地制宜采用。

一般情况下,三幅路和四幅路适用于道路红线宽度较宽(一般在 40m 以上)、机动车交通量大(≥4 条机动车道)、车速高、非机动车多的主要干道。

单幅路适用于建筑红线较窄(一般在 40m 以下)、非机动车不多、设 4 条车道已能满足交通量的需要,常应用在次干路和支路。在用地困难、拆迁量较大地段以及出入口较多的商业性街道上可优先考虑。

双幅路适用于附近有辅路可供非机动车行驶的主干路或快速路以及郊区快速干道(机动车辆多,非机动车辆少),可以减少对向机动车相互之间的干扰,特别是夜间行车。

相比较而言,三幅路优点较多,在条件具备的城市道路上宜优先考虑采用。城市中有时为了减少拆迁,节省近期投资,在近期可先辟成单幅路,以后视需要再过渡到三幅路。双幅路在交通量大的市区干道,不宜采用,一般是在交通量不太大的次要道路或郊区道路上才考虑选用。

四幅路在城市道路上较少采用,主要用于高速道路与郊区公路上。

二、机动车道设计

1.设计小时交通量

常用的设计小时交通量确定方法有以下几种:

(1)取高峰小时交通量作为设计小时交通量　以 1h 为单位,选用所观测的交通量结果中的最大交通量。这里所指的高峰小时交通量并不是指全年中最大的交通量,所选用的高峰小时交通量,应是在全年中经常出现并且具有代表性的交通量,而不是偶然出现的最大小时交通量。选择观测日期时应尽可能兼顾到不同季节、不同月份和一周中的不同工作日,所选定的高峰小时交通量才能代表全年的平均高峰小时交通量。

(2)取第30位小时交通量作为设计小时交通量　第30位小时交通量就是将一年中观测得到的8760个小时交通量,从大到小按顺序排列,排在第30位的那个小时交通量。研究表明,第30位小时交通量与年平均日交通量的比值较为稳定,城市道路一般为10%~12%。

当缺乏长期观测资料时,可以选择有代表性的工作日的24h交通量,近似作为年平均日交通量,据此计算第30位小时交通量。

(3)参照其他类似规模城市的道路交通量资料作为设计小时交通量　新建道路和缺乏长年交通量观测资料的改建道路,均可以参照其他类似规模城市道路的已有交通量资料,如高峰小时交通量、年平均日交通量、24h昼夜交通量、第30位小时交通量等来确定道路的设计小时交通量。

(4)根据或参照城市规划资料确定设计小时交通量　根据城市规划布局,可以知道道路沿线以及道路附近的主要人流和货流集散点,据此推算可能产生的高峰小时交通量。在此基础上,确定道路的设计交通量。

在确定道路设计小时交通量时,上述的四种方法,可以视具体情况采用。在条件许可的情况下,以观测和统计交通量的方法为主,以估算的方法为辅。

2.机动车道通行能力

在城市一般的道路与交通条件下,不受平面交叉口影响时,一条机动车道的可能通行能力根据连续车流平均车头间隔计算。当缺乏连续车流平均车头间隔观测值时,可能通行能力可以采用表10-4-1中的数据。

一条车道可能通行能力　　表10-4-1

计算行车速度(km/h)	50	40	30	20
可能通行能力(pcu/h)	1 690	1 640	1 550	1 380

各个路段的车速是随着道路纵坡、弯道以及车辆和行人的不同干扰程度而变化的,因此各路段的通行能力是不相同的。对整条道路来说,它的通行能力让最不利地段上的通行能力所限制。同时,各条车道的不同行车状况和交叉口信号等因素,也影响道路路段的通行能力,要根据不同情况对上述通行能力计算值进行折减。

3.机动车车行道宽度

机动车车道宽度由三部分组成,车身外形宽度、车身边缘与路缘石之间的横向安全距离、车身边缘与相邻车道边缘之间的横向安全距离。机动车道宽度与车速有关,车速越高,所需的车道宽度越大。我国城市一般道路平均最高车速为30~40km/h,平均一条车道宽度可以采用3.5m。

机动车车行道宽度等于一条机动车道宽度乘以所需要的机动车道数,所需要的机动车道数根据设计小时交通量和机动车道通行能力确定。根据计算得到的机动车道宽度,再根据道路等级、道路红线宽度、交通组织、横断面布置形式等要求全面考虑加以确定。

三、非机动车道设计

1.非机动车道的通行能力

在非机动车道上行驶的车辆,绝大多数是自行车,非机动车道的通行能力以自行车为主要车辆进行验算。

路段非机动车道可能通行能力推荐值，有机非分隔设施时为 2 100 辆/(h·m)；无机非分隔设施时为 1 800 辆/(h·m)。

2.非机动车车行道宽度

自行车车把宽度一般为 0.5m，在骑行中左右两侧各要求 0.25m 的横向摆动安全净空，因此一条自行车道宽度为 1m。自行车车道的两侧还应留有 0.25m 的安全距离，加上每条自行车道的宽度 1m，这样，单一车道宽度为 1.5m。如设计两条自行车道的宽度即为 2.5m，三条车道为 3.5m，四条车道为 4.5m，依次类推。

根据各城市对非机动车车行道宽度的设计和使用经验，其基本宽度推荐采用 5m（或 4.5m）；6.5m（或 6m）；8m（或 7.5m）。

机动车和非机动车混合行驶所需要的车行道宽度，根据高峰小时交通量和道路的可能通行能力，先初步确定机动车和非机动车交通各自所需要的车道数和宽度，然后结合现状道路断面、现有道路构造物和房屋拆迁的可能性、可能拓宽的路幅宽度、道路横断面近远期方案的结合、机动车道和非机动车道相互调剂使用的可能性等因素，按照合理的交通组织设计方案，将各类车辆在横断面上进行不同组合布置，最终确定机动车和非机动车混合行驶所需要的车行道宽度。

四、人行道设计

人行道是城市道路的重要组成部分，其主要功能是供行人步行交通使用，其次是供植树、立杆等，其地下空间还可以用来埋设地下管线。人行道通常对称地布置在街道的两侧，在受到地形、地物限制或其他特殊情况下也可以作不等宽或仅在一边布置。

人行道的宽度等于一条步行带的宽度乘以步行带条数。在一般的道路上，一条步行带宽度平均可取 0.75m；在车站、码头、大型商场等附近的道路以及交通干道上，考虑到携带物品的行人众多，一条步行带宽度平均取 0.9m。

人行道的宽度必须满足行人通行的安全和畅通，其宽度不仅应满足近期行人通行的需要，而且还必须能适应今后发展的需要。在城市主要干道上，单侧人行道步行带的条数一般不应小于 6 条；在次要街道上不少于 4 条；在住宅区街道和多层建筑的街坊内，不应少于 2 条。在经常积聚大量人群的路段、大型商店、影剧院、公交车站等处，步行道宽度应适当放宽些。

为保证交通安全，人行道一般高出车行道 0.08～0.20m，常采用 0.15m。

第二节　道路交叉口交通设计

一、交叉口控制方式的选择

道路交叉口可以划分为平面交叉口和立体交叉口两大类，其中，平面交叉口又可以进一步细化为全无控制交叉口、优先控制交叉口、信号控制交叉口和环形交叉口等几类。

交叉口控制方式的选择涉及相交道路的性质、等级、交通量大小、车种组成、流向分布、设计车速、交通安全以及自然地理条件等许多因素。交叉口的设置必须满足道路功能、适应交通量和交通安全等三方面的要求，因此交叉口控制方式的选择主要从这三方面进行考虑。

城市道路一般分成四个等级：快速干道、主干道、次干道和支路。一般情况下，快速干道应选择立交或信号控制交叉口；主干道应设置立交或信号控制交叉口；次干道上可选择信号控制或环形交叉口；支路上可采用优先控制或不设管制。

当交叉口的实际交通量达到或超过交叉口的设计通行能力时，应考虑改变交叉口控制方式，采用通行能力更大的交叉口形式，或进行路网分流。当相交道路进入交叉口的交通量达到 4 000 ~ 6 000 辆/h（小汽车）以上，相交道路为 4 车道以上，且对平面交叉口采取改善措施和调整交通组织难以奏效时，可以考虑设置立交。

当一年内交叉口直角碰撞交通事故出现次数超过 5 次时应采用信号控制交叉口。

二、平面交叉口的几何设计

1.平面交叉口形式

平面交叉口的形式取决于交叉口相交道路的条数及相交角度。

平面交叉口交通流线之间产生的冲突点、分流点、合流点均随相交道路条数的增加而急剧增加。5 条以上道路相交的平面交叉口，不仅其通行能力会因各向交通流线相互之间的严重干扰而大大降低，而且在交通管理和控制上也带来很大的困难。因此，交叉口的相交道路条数原则上应设计成 4 条或 4 条以下。当存在平面交叉口相交道路条数超过 5 条时，在用地条件允许时应对其进行改造。3 条道路相交的交叉口（如 T 形、Y 形交叉），其通行能力不如十字交叉，不宜用做主要交通干道交叉口，一般多用于次要道路交叉口。确因路网结构要求或因地形、地物等条件的限制而设计 3 条道路相交时，应尽可能把标准高的道路布置在顺直的方向。

当相交道路交叉角度成锐角时，将使交叉口面积增大，视距条件变差，冲突点分散。同时，由于交叉口面积加大，会使交通信号控制中的损失时间增加，导致通行能力降低。因此，原则上应尽可能将道路交叉角度控制在 90°。如不能采用十字形交叉口时，应尽量使相交角度大些。T 形、Y 形、错位交叉不宜用于主干道与主干道相交的交叉口，一般多见于主要道路和次要道路的交叉口，主要道路应设置在交叉口的顺直方向。

2.交叉口间距

从提高车辆通行条件的角度出发，道路上的交叉口数量越少越好，并且其间距越大越有利。但是从道路网络结构要求的角度考虑，交叉口的间距不宜太大，应具有一定的密度。一般情况下交叉口间距不应小于表 10-4-2 中所列数值。

交叉口最小间距　　表 10-4-2

交叉口性质	公　路	城 市 道 路	备　注
无信号交叉口之间	$3v$	$1.5v$	禁止左转时
无信号交叉口之间	$3v \cdot n$	$1.5v \cdot n$	
信号交叉口之间		$3v$	
信号交叉口与无信号交叉口之间		$1.5v \cdot n$	

注：v-设计行车速度（km/h）；n-单方向车道数（不包括附加车道）。

当交叉口间距无法满足上述要求时，应将交叉口之间的道路组织成单向交通或在交叉口内禁止左转，以此消除交通干扰，保证车辆通过交叉口的安全条件。

三、交叉口渠化设计

交通渠化就是在道路上用交通标志、标线或用高出路面的各种岛状构造物，或利用路面漆刷成不同颜色，或利用护栏、分隔带、隔离墩及其他设施和方法，对行人与各种不同车型、不同方向、不同速度及不同运动状态的交通流进行引导、隔离和规制，使交通实体像渠内水流一样顺着一定的方向和线路，互不干扰地安全而有序地运行，以达到分离和规制交通流的目的。

通过渠化，将道路上不同车种、不同行驶方向和不同行驶速度的车辆分隔行驶或分道行驶，使行人和驾驶员均易于辨明相互往来的行驶方向，应选择的行车路线或车道，并使交叉口左转、右转和直行的车辆按各自规定的车道行驶，从而分隔冲突点，分离交通流，控制冲突时的交通流线角度，可提高交叉口通行能力、行车速度，减少车辆相互碰撞以增加行车安全性。此外，还有压缩交叉口内不必要的路面铺装，为主要交通流向提供优先通行条件，保护转弯车辆和过街行人安全等作用。

交叉口是制约道路网整体效率发挥的关键，典型城市的研究结果表明，若道路网中的所有交叉口进行渠化，则路网容量可以提高 40% ~ 50%。交叉口渠化设计投资少、见效快，对于提高道路网运输效率有明显的效果。

1.渠化设计原则与方法

交叉口渠化设计时应考虑多方面因素，主要涉及人的交通特性、车辆交通特性、相交路段交通特性、交叉口交通特性、交通设施状况、工程费用与效益等方面。交叉口渠化设计应有利于交通安全，提高通行能力和行车速度，减少延误和方便行车行人。交叉口渠化设计时，应遵循符合规范、方便直捷、有利安全、保证视距、位置合理、便于认识、简单明了等原则。

渠化设计的方法应根据交通工程原理和汽车行驶性能予以认真考虑，一般应注意以下几点：

分清主次道路，保证主要流向畅行。对主次干道相交的交叉口，渠化时次要道路可以弯曲或适当迁就主干路，保证主要流向的通行畅通。

保护转弯车流。在不同方向交通流之间设置分隔带以防止可能的车流冲突，并保护转弯车辆和横向行驶车辆。对大量的转弯车流应优先考虑，并提供方便。

调整车道宽度。渠化交叉口车道的宽度，应保证最大外形尺寸的车辆能顺利地实现转弯运行，不受阻碍亦不致过分降低车速，但亦不宜过宽，避免造成可以两车并行的假象。

标线明确。车道线、停止线、转弯箭头，都应保持清楚明确，模糊时应及时更新。

交叉口渠化设计应根据交叉口的道路交通、环境等具体条件灵活运用，应保证交叉口行车及行人的安全和通畅。

2.平面交叉口的拓宽渠化

交叉口拓宽渠化是最常用的渠化方式之一。通过拓宽平面交叉口，增设左、右转专用车道并予以渠化，可以实现交叉口各向分流，使车辆有秩序地行驶以提高通行能力。

采用拓宽交叉口的方法，通常工程量不大，可以收到很好的效果。一般拓宽后，可提高通行能力 30%左右，在有条件拓宽交叉口时，应首先采用此方法。

拓宽的方式一般有三种：对进口道的右侧进行拓宽，增设右转弯车道；对进口道的左侧进行拓宽，利用中央分隔带或偏移道路中心线占用对向的车行道部分宽度，增设左转弯车道；交叉口进口道的左右两侧同时拓宽，增加转弯车道。

当现有平面交叉口通行能力不能适应实际交通量，经常发生拥挤、阻塞和事故，或车速、安全性大大降低时，应考虑进行交叉口的拓宽渠化。根据我国道路交通的实际情况，参照国外的研究成果，建议在主干道与次干道上，当每日交通量在 2 000 ~ 5 000 辆以上时，采用拓宽渠化的方式。

1)右转弯车道渠化设计

当右转交通量大或右转车辆速度高时，通常应设置右转专用道。根据国内的经验，当路段上直行交通量达到允许通行能力的 70% 以上，同时右转车所占比例在 15% 以上时，应该设置右转车道。

通常右转弯车道的设置有两种方式：外加平行车道(即附加右转车道)和设右转渠化岛的右转专用分离式车道。

2)左转弯车道渠化设计

左转车辆在平面交叉口的转向行驶对直行交通影响很大，容易引起交通事故和降低通行能力。因此，除了单向行驶的单车道道路或者设计速度低于 60km/h、交通量小于 500 辆/h，并且左转车比例很小的双车道道路，一般应在交叉口进口设置左转车道。

左转车道的设置长度根据交叉口交通量和左转车比例确定，一般可以取 40 ~ 100m。

常见的左转车道设置方式有两种：通过移动车道中心线和减少车道宽度设置左转车道；去掉中央分隔带设置左转车道。

3)渠化交叉口车道宽度

在交叉口的驶入段，由于车速降低，容易按车道线行驶，车道宽度可以适当缩减。在交叉口渠化过程中，设置左转车道和右转车道往往受道路宽度的限制，可以通过缩减车道宽度实现增加车道数量。

车道宽度的设定以保证交通安全，提高运行效率，便于车辆行驶、舒适为原则。一般城市道路车道宽度为 2.75 ~ 3.50m。当交叉口渠化有困难时，直行车道的宽度可以缩减到 2.75m(小型车辆)或 3.00m(大型车辆)，左转、右转车道可以 3.00m 为基准，根据实地情况适当调整，但一般不小于 2.75m，最小不得小于 2.50m。

3.导流岛设计

渠化交叉口导流岛通常布置在交叉口内行车轨迹很少压到的空间范围或不作行车之用的区域。导流岛一般设在较大的、不规则的、复杂的交叉口上，它将进入交叉口的不同方向交通流指引到不同车道或者是规定线路上，以防止车流偏离方向。交叉口设立导流岛后，通过限制行车路线，可以减少车辆冲突，提高交叉口的行车安全和通畅。

导流岛的形状和位置通过作图分析或现场试验确定，其基本原则是应与车辆的行驶轨迹相吻合。许多畸形复杂而不规则的交叉口，往往布置导流岛能收到很好的效果。导流岛除了起到诱导、分离交通流的作用，还可以兼作安全岛和分车带。导流岛的大小必须保证驾驶员能够清楚地确认其存在和易于识别。

导流岛一般用路缘石在路面上围起来，特殊情况下可以采用路面交通标志线代替，或者用有色路面来区分,其实施方法按照国家标准《道路交通标志和标线》(GB 5768－1999)中有关规定执行。

第三节　道路交通标志标线设计

一、道路交通标志

道路交通标志是一种用图形符号和文字传递特定信息,用以管理道路交通的安全设施,一般设置在路侧或道路上方。道路交通标志给道路使用者以确切的道路交通情报,正确和合理地设置交通标志,可以提高道路通行能力,调整运行秩序,使道路达到安全、畅通、低公害和节约能源的目的。我国目前实施的是中华人民共和国国家标准《道路交通标志和标线》(GB 5768－1999)(以下简称《国标》)。按照规定道路交通标志分为主标志和辅助标志两大类。

主标志划分为警告标志、禁令标志、指示标志和指路标志四类。

警告标志包括交叉口标志、陡坡标志、窄路标志等 24 个,其颜色为黄底、黑边、黑图案,形状为等边三角形。

禁令标志包括禁止通行标志、禁止驶入标志、禁止车辆通行标志等 21 个,其颜色大多数为白底、红圈、黑图案。

指示标志包括车辆行驶方向标志、机动车道标志和非机动车道标志等 9 个,其颜色为蓝底、白图案,形状分为圆形、长方形和正方形。

指路标志包括一般道路指路标志和高速公路指路标志两类 19 个。

辅助标志是附设在主标志下起辅助说明作用的标志,其颜色为白底、黑字、黑边框。

《国标》规定的各类标志,每种都有一定的设置条件,应根据实际需要,结合具体情况合理设置,为保证交通畅通和行车安全服务。在一定距离内,交通标志之间以及与其他交通设施应是协调的。总体考虑布局,避免出现标志内容相互矛盾、重复的现象,尽量用最少的标志把必需的信息展现出来。交通标志应设在车辆行进正面方向最容易看清的地方,根据具体情况可以设置在道路右侧、中央分隔带或者车行道上方。交通标志必须设置在照明条件较好,或者有发光或反光装置的位置。夜间交通量较大的道路,应尽量采用反光标志。

二、道路交通标线

道路交通标线是由各种路面标线、箭头、文字、立面标记、突起路标和路边线轮廓等构成的交通安全设施。它的作用是管制和引导交通,可以和标志配合使用,也可以单独使用。高速公路、一级公路、二级公路和城市快速道路、主次干道应按照《国标》设置交通标线,其他道路可以根据需要设置。标线的颜色除了少数注明采用黄色外,大多数用白色。

道路交通标线具体划分为以下种类:

(1)车行道中心线:用来分隔对向行驶交通流。一般设在车行道中线上,采用黄色或白色。

(2)车道分界线:用来分隔同向行驶的交通流。

(3)车行道边缘线:车行道边缘线表示车行道的边线,颜色为白色。

(4)停止线:表示车辆等候放行信号,或停车让行的停车位置,采用白色单实线。

(5)减速让行线:采用两条平行的白色虚线。

(6)人行横道线:它是准许行人横穿车行道的白色标线。

(7)导流线:采用45°角斜向的平行白线。它表示车辆需按规定的路线行驶,不得压线或越线行驶。

(8)车行道宽度渐变段标线:表示车行道宽度变化及车道数增减。

(9)接近路面障碍物标线:表示车辆需绕过路面障碍物。

(10)停车位标线:表示车辆停放的位置。设置时应和停车场标志配合使用。

(11)港湾式停靠站标线:表示供公共汽车通行的专门分离引道和停靠位置。

(12)出入口标线:主要用于高速公路与城市快速路立体交叉口进出匝道,保证车辆安全交汇。它包括出入口的横向标线及三角地带等标线。

(13)立面标记:用于提醒驾驶员注意,在车行道内或近傍有高出路面的构造物,可设在构造物的墩柱或侧墙端面上,或安全岛的壁面上。

设置道路交通标线应考虑交叉口的形式、交通量、车行道宽度、转弯车辆比例、非机动车流量与比例等因素,道路交通标线的设计原则、内容和标准应遵照国家标准严格执行。

第四节　城市停车设施规划设计

本节主要介绍城市机动车和非机动车停车设施规划设计。

一、机动车停车规划设计

(一)机动车停车场类型分析

对机动车停车设施的分类是停车规划的前提。

1.按服务对象分类

按照服务对象可将停车场分为专用停车场、建筑物配建停车场和社会公共停车场三种。其中,专用停车场是指专业运输部门或企业事业单位所属建设的停车场地,仅供有关单位内部自有的车辆停泊;建筑物配建停车场是大型公用设施或是建筑配套建设的停车场所,主要为与该设施业务活动相关的出行者提供停车服务;社会公共停车场是为从事各种活动的出行者提供公共停车服务的停车场所,服务范围最广。

2.按停车场地的位置分类

停车场按其与城市道路系统所处的相对位置可以分为路内和路外停车场两种类型,其中路内停车场又包括路上停车场和路边停车场。

路上停车场是指在城市道路的两侧或一侧划出若干路面供车辆停放的场所。路上停车场车辆存取方便,但是对城市机动车和非机动车交通的干扰较大,因此要求除去停车带以外,必须保留足够的道路宽度供车辆通行。

路边停车场是指在城市道路的两边或一边的路缘外侧所布置的一些带状停车场。路边停车场虽然对道路车辆行驶的干扰较小,但是过多的路边停车不利于城市的景观,而且对行人交通的通畅和安全均有较大影响。

路外停车场位于城市道路系统以外,通常由专用的通道与城市道路系统相联系。

3.按停车场建造类型分类

停车场按其建造形式主要可以分为地面停车场、地下停车库、立体机械式停车楼等三种类型。

地面停车场又称平面停车场,具有布局灵活、停车方便、成本低廉等特点,是最为常见的停车场形式。

地下停车库是指建立于地下的具有一层或多层的停车场,它缓解了城市用地紧张的矛盾,提高了土地使用价值,但由于需要附加的照明、空调、排水等系统维护费用,成本较高。

立体机械式停车楼可以建造在城市中心区域或是不规则的用地上,采用电梯或升降机械自动将所需停放车辆作上下和水平移动,进行车辆的存取。

4.按收费管理方式分类

停车场按收费管理方式可分为免费停车场、限时停车场、收费停车场和指定停车场等四类。

免费停车场多见于平面停车场,如住宅区或商业区的路上或路边停车场,大型公用设施和邮局、商场、饭店宾馆的临时停车场所。

限时停车场限制车辆的停泊时间,并且辅助以适当的超时处罚措施,通常设置时间限制装置,由停车者自行启动,交通警察或值勤人员监督执行。

收费停车场的使用者无论停车时间的长短,都将交纳一定的停车费用。通常采取两种收费方式,即记时收费和不计时收费。

指定停车场是指通过标志牌或是地面标识指明专供某类人员或是某种性质车辆停放的停车场所。一般分为以下两种形式:①指明临时性停车,如接送客人的出租车临时停车位、装卸货物停车或是传递邮件的临时停车泊位;②为照顾残疾人、老年人以及医护人员等停车而设置的指定车位。这一类型的停车场通常为免费停车方式。

(二)机动车停车规划方法

1.规划原则

(1)停车设施的规划布局应服从于城市交通发展的总体战略,以规划远期停车需求作为全市各功能分区路内外停车设施形态布局和用地控制的依据;

(2)停车设施的规划与布局应有利于鼓励使用公共交通工具方针的实施,有利于鼓励使用路外停车设施,有利于完善城市道路网系统功能,改善投资环境,缓解市中心区内的交通拥挤;

(3)借鉴国内外的经验与教训,以政策调控作为停车设施合理规划与布局的重要手段,确保不同区域的停车泊位密度与人口、岗位、土地开发规划相适应;

(4)充分考虑城市停车设施的泊位供应控制和供需平衡两种不同规划对策。市中心的停车设施规划不应单纯以满足停车需求为目标,而必须考虑社会经济、交通、土地和环境多目标的要求;

(5)公共停车设施宜采用分散布置为主。停车场(库)规模不宜大于500泊位,步行距离应不超过250m。建筑形式因地制宜,尽可能结合公用设施用地空间(如绿地、公园、体育场地下)利用,在建筑密度高的中心区多采用高密度立体停车库(包括升降式,回转式等),外围区还可采用平面式或综合式,建筑物配建停车设施尽可能采用智能化升降式,以提高泊位率;

(6)合理配置不同形式停车设施的建设比例和区位布局。社会停车场泊位需求量宜占总量 10%左右。其主要功能是车辆使用过程中的停放，是作为配建停车场泊位的补充、调节。路内停车泊位比例控制在停车需求的 5% ~ 15%，其他停车需求均由建筑物配建停车场提供。

2.路内停车设施规划内容与方法

对路内停车场的交通规划主要从其对路段通行能力的影响和路内停车设施的合理设置入手。

1)路内停车场的设置条件

①路内停车设施的设置应有明确的标志、标线引导，在其他有可能停放车辆的路段上设置禁停标志、标线；

②考虑路内停车位的设施规划对动态交通可能产生的影响，在交叉口、车辆进出口、人行横道、消防栓、停车标志、让路标志、信号灯附近不宜设置路内停车位。

2)路内停车场对动态交通的影响

考虑路内停车对道路通行能力的具体影响，通常考虑路边停车占用道路车道宽度造成通行能力减小、路边停车产生车辆行驶侧向净空损失对通行能力的折减、车辆驶入驶离路边停车场地对通行能力的影响等三个方面。

假设道路原有通行能力为 N，r_1、r_2、r_3 分别为车道宽度、侧向净空、车辆出入路边停车场地对通行能力的折减系数，则设置路边停车设施后的道路通行能力 Q 可表示为：

$$Q = N \cdot r_1 \cdot r_2 \cdot r_3$$

当路段服务水平低于 D 级时，应禁止停车设施的设置。

3.路外停车设施规划内容与方法

路外停车设施布局规划的内容主要包括停车场地的选址、泊位规模的确定以及停车设施类型的选择。路外停车场布局规划的一般要求包括以下几个方面：

1)与总体规划的协调

停车场选址应考虑其规划范围内未来停车发生源在位置和数量上的变化，以及城市道路的新建和改造，做到规划的连续性和协调性。

2)停放车辆阻抗

停放车辆阻抗包括停车者步行至目的地的距离、停车位的搜索时间、停车场的收费及管理措施等，其中步行距离是反映了停车者对从停车场(库)到其目的地的便捷程度的要求，步行距离越短，停车者至目的地的可达性越好；停车位的搜索时间可通过停车标志的优化来减小；而停车收费涉及对停车场的管理和控制模式，对城市不同区域之间(如城市中心区和郊区)进行停车收费价格的调整可能会影响停车的分布。

3)车辆可达性

车辆可达性是指汽车到达(驶离)停车场地的难易程度。车辆可达性主要由停车场出入口的设置决定，不同道路等级、不同交通流状况对停车场的出入口有较大的影响。车辆可达性越好，停车场的吸引力也越大。

另外，连接停车场地出入口与城市干道网的道路，其通行能力应适宜于承受由停车场建成后所产生的附加交通量，出入口附近的道路应有足够的空间提供给车辆因进、出停车场所产生的排队等候。因此，对车辆可达性的研究也就是对停车场地的出入口以及邻接道路动态交通的研究。

4)土地征用的费用

停车场的选址布局应考虑拟征用的土地是否存在建筑物,是否有地下、地上的管线改造,是否存在地质水文的处理等,这些都包括在停车场建设土地开发的费用以内。

二、非机动车停车场地规划

1.规划原则

(1)自行车停车场地应尽可能分散多处设置,方便停放,一般应充分利用车辆、人流稀少的支路、街巷或宅旁空地,尽量不占、少占人行道或车行道;

(2)自行车停车场应避免其出入口直接对着交通干道或繁忙的交叉口,对于规划较大的停车场地,尽可能设置两个以上的进出口,停车场内亦应作好交通组织,进出路线应明确划分并尽可能组织单向交通;

(3)停车场的规模宜视需要与实际场地大小确定,停车场地的形状也要因地制宜,不宜硬性规定或机械搬用。固定式车辆停放场地应设置车棚、车架、铺砌地面,半永久式和临时停车场地也应设明显的标志、标线,公布使用规则,以方便停车和交警执法;

(4)对于现有的商业、文化娱乐、体育等大量吸引人流的公建设施,均应配备相应规模的停车场地;

(5)对于车站、公交站场等繁忙的交通换乘地点,应按规定设置足够的自行车停车场地,以方便转乘、换乘;

(6)大型公建设施除目前应考虑自行车停车场地外,还应为今后机动车、小汽车的发展和停车需求的增加留有充分的余地。

2.停车场地选择的一般要求

(1)自行车停车分布。车场在城市应分散多处设置,以方便停放。大型建筑和文化娱乐设施附近应设置专用停车场;

(2)停车后的步行距离。停车场的设置地点与出行目的地之间的距离以不超过 100m 为宜,特殊情况下也不要超过 150m;

(3)停车场出口道路的选择。停车场应避免设在交叉口和主要干道附近,尽可能使停车场出入口避开主干道;

(4)土地的开发费用。停车场尽量充分利用空闲土地,如人行道的绿化带、快慢车流的分隔带、人流稀少的街巷等,以节约土地开发的费用。

第五章　城市常规公共交通系统

在城市行政辖区内为本市居民和流动人口提供乘用的公共交通,包括定时定线行驶的公共汽车、无轨电车、有轨电车、中运量和大运量的快速轨道交通,以及小公共汽车、出租汽车、旅客轮渡、轨道缆车、索道缆车等交通工具及其配套设施。各种公共交通工具之间相互配合,以不同的速度、运载能力、舒适程度和价格为乘客服务。城市常规公共交通系统是指在城市道路上运行的公共汽车、电车与出租汽车组成的交通系统。目前我国城市公共交通的主体是常规地面公共汽车交通，它是我国城市客运交通中社会成本最低、综合效益最好的交通工具，为城市的中低收入居民提供了低价格出行机会。可以说，常规公共交通系统发展状况在很大程度上反映了一个城市的公共客运交通系统整体水平。从系统规划、建设和管理角度看，城市常规公共交通系统可分为车辆、线路网、场站及公共交通运营管理系统等主要组成部分。

第一节　城市公共交通车辆

一、几种主要公共交通工具的特点与发展概况

1.公共汽车

公共汽车是目前世界各国使用最广泛的公共交通工具。公共汽车之所以被广泛采用，是由于它的机动灵活，只要有相宜的道路，就可以通行，并且公共汽车组织运行所需的附属设施的投资，较之其他现代化公共交通工具也最少。我国的公共汽车车辆类型甚多，按载客量分，有小型(载客 60～90 人)、中型(载客 90～130 人)和大型(载客 130～180 人)。大型公共汽车对解决上下班客运高峰时间的乘车拥挤情况起了很大作用。近年来，为了适应不同乘客不同层次的需求以及实际运营中的灵活性和经济性，又出现了微型公共汽车，在服务方式上国外又有传呼式公共汽车问世。

2.无轨电车

无轨电车是以直流电为动力，除了用公共汽车的设备外，还要有架空的触线网、整流站等设备，故初期投资较大，且行驶时因受架空触线的限制，机动性不如公共汽车。不过，无轨电车行驶时能偏移触线两侧各 4.5m 左右，可以靠人行道边停靠，必要时也可超越其他的城市车辆。无轨电车的特点是噪声小、不排放废气、起动加速快、变速方便。无轨电车在欧洲正在进行着一种新的试验，为了不在城市中心复杂的交叉口架设触线网和避免因触线网故障而影响交通，并提高无轨电车的机动性，一种双动力源的车辆已研制成功，一类是集电杆集电/柴油机驱动形式，另一类是集电杆集电/蓄电池供电形式。由于经济效益问题，都还没有成批投入营运。

3.有轨电车

有轨电车具有运载能力大、客运成本低的优点，其设备同无轨电车，但它还有轨道和专设的停靠站台，其架空触线为一根。20 世纪初，有轨电车在西方国家城市的形成和发展中曾起过重要的作用。我国最早行驶有轨电车的城市是天津(1906 年)，随后上海、大连、北京、沈阳、哈尔滨、长春等城市相继建成了有轨电车系统。随着汽车工业的发展，小汽车的大量增加，有轨电车机动性差、车速低、制动性能差以及行驶时噪声大等缺点，使之由盛转衰，各国相继拆除铁轨，停驶有轨电车。进入 20 世纪 70 年代后，西方发达国家的大城市小汽车泛滥成灾，城市环境污染严重，交通阻塞，加上石油危机，有轨电车在一些国家不仅复兴，而且得到了技术改进，出现了一种新型有轨电车，英文名称为 Light Rail Transit，我国翻译为轻轨交通，也称快速有轨电车。通过车辆更新，并对线路实行隔离，在市中心繁忙地段进入地下，使客运容量增大、乘坐舒适、运行经济。

4.出租汽车

出租汽车是一种不定线路、不定车站、以计程或计时方式营业、为租用者提供“门到门”服务的较高层次的公共交通工具。出租汽车的车型有大、中、小型和微型,根据租用者的不同需要而提供。出租汽车在城市公共客运交通中起着辅助作用,因而称为辅助交通。我国城市出租汽车交通已有近百年的历史,其发展是缓慢而曲折的,旧社会的车行业主,多属小本经济,独家经营,规模不大,虽有盈利,但受时局影响,时盛时衰,很不稳定。建国初期,城市交通以发展公共汽车、电车为主,出租汽车基本处于停滞状态,直至20世纪80年代后期,随着政治经济形势的变化,出租汽车才得到快速发展,成为城市公共交通业的重要组成部分。

出租汽车作为城市定线公共交通系统的补充,在城市客运交通系统中有着不可替代的作用。但是,鉴于出租汽车流动运行的特性以及完成单位运量所占用的道路时空资源大、能耗高、废气污染严重等缺点,出租汽车应根据城市经济发展水平和社会实际需要,有控制的发展,应加强出租汽车行业管理和出租汽车企业的经营管理。

二、城市公共交通车辆的配置

城市公共交通车辆的配备应综合考虑城市人口规模、城市客运需求、道路环境条件、公交车辆的营运速度以及实载率等因素。我国国标《城市道路交通规划设计规范》(GB 50220-95)中规定,城市公共汽车和电车的规划拥有量,大城市应每800~1 000人一辆标准车,中、小城市应每1 200~1 500人一辆标准车。城市出租汽车规划拥有量根据实际情况确定,大城市每千人不宜少于两辆;小城市每千人不宜少于0.5辆;中等城市可在其间取值。

公交车辆的营运速度直接影响到公交乘客乘车时间和车辆运行效率,公交车辆的实载率直接影响到公交的舒适程度,进而影响到人们出行时对公共交通的选择。为了保证公交车辆的营运速度和一定的实载率水平,除了道路交通条件外,必须有相应的公交车辆配备。

一条公交线路的营运车辆数与其平均营运速度和实载率之间有下列关系:

$$N_{营} = C/(m \cdot V_{营} \cdot \eta \cdot \alpha \cdot \beta) \tag{10-5-1}$$

式中:$N_{营}$——营运车辆数(辆);

C——高峰小时客运周转量(人·km/h);

m——车辆额定载客量(人/车);

$V_{营}$——平均营运速度(km/h)

η——车辆高峰小时平均实载率;

α——车辆高峰小时的营运时间(h);

β——方向不均匀系数。

一条公交线路的车辆配备数则为:

$$V_{车} = N_{营}/r \tag{10-5-2}$$

式中:r——车辆利用系数。

从上述关系式中可以看出,公交车辆营运速度提高将有效减少线路上所需的营运车辆数,或者配备同样多的营运车辆而能提供更优质的公交服务。公交车辆利用率提高则可以进一步减小公交车辆配备数,从而降低公交企业的经营成本,并减少公交车辆场站设施占地面积。

不同的公共交通方式有不同的运载能力,每条线路应尽可能地考虑采用其运输能力与线路上的客流量相适应的方式。常用公共交通方式的主要技术参数如表10-5-1所列

常用公共交通方式的主要技术参数　　表 10-5-1

公共交通方式	运送速度(km/h)	发车频率(车次/h)	单向客运能力(千人次/h)
公共汽车	16 ~ 25	60 ~ 90	8 ~ 12
无轨电车	15 ~ 20	50 ~ 60	8 ~ 10
有轨电车	14 ~ 18	40 ~ 60	10 ~ 15

第二节　城市公共交通线路网

一、公共交通线路网的类型

在理论上，一个城市的公共交通线路网可按不同的布局结构分为如下三类：
(1)设有中央终点设施的放射形网络；
(2)主干线和驳运线相结合的网络；
(3)带有环线或切线状线路的放射形网络。

二、公共交通线路网规划的原则

城市中有多种公共交通方式时，其线路网必须综合规划。市区线路、郊区线路和对外交通线路应紧密衔接，并协调各线路网的集疏能力。公共交通线路网还应对城市用地的发展具有较好的适应性。

城市公共交通线路网的布局，应与城市用地规划范围内主要客流的流向一致；主要客流的集散点应设置不同交通方式的换乘枢纽，方便乘客停车与换乘，以缩短乘客出行时间，扩大乘客活动可达范围。

城市公共交通线路网密度大小反映了居民接近线路的程度。按理论分析，城市公共交通线路网平均密度以 2.5km/km^2 为佳，在市中心可以加密些，达到 3 ~ 4km/km^2，而城市边缘地区取值可小些。居民步行到公共交通车站的平均时间以 4 ~ 5min 为佳。根据调查，沿公共交通线路两侧各 300m 范围内的居民是愿意乘公共交通车的，超出 500m 范围，绝大多数居民选择骑车，乘公共交通车的很少。为扩大公交线网密度，公共交通可以在适宜的支路上行驶。

为保证公共交通的正常运营，提高公共交通服务水平，公共交通主要线路的长度宜控制在 8 ~ 12km，线路的非直线系数不宜过大，一般不应超过 1.4。线路过短，增加乘客换乘率，线路过长，车速不易稳定，行车难以准点，正常的行车间隔也难以保证；线路曲折，虽可扩大线路服务面，但使不少乘客增加额外的行程和出行时耗。

第三节　城市公共交通车站与场站设施

城市公共交通车站分为终点站、枢纽站和中间停靠站。各种车站的功能和用地要求是不同的

一、公共交通起(终)点站

公共交通起(终)点站是影响车辆运营速度和调度计划的重要因素,其主要功能是为线路上的公交车辆在开始和结束营运、等候调度以及下班后提供合理的停放场地的必要场所。公共交通起、终点站的设置位置和进出口的交通组织与管理,既对公交系统作用的发挥有着很大影响,同时也影响着城市道路交通秩序和安全。规划时应遵循以下原则:

(1)公交起、终点站的设置应与城市道路网的建设及发展相协调,宜选择在紧靠客流集散点和道路客流主要方向的同侧;

(2)公交起、终点站的选址宜靠近人口比较集中、客流集散量较大而且周围留有一定空地的位置,如居住区、火车站、码头、公园、文化体育中心等,使大部分乘客处在以该站点为中心的服务半径范围内(通常为350m),最大距离不超过700~800m;

(3)起、终点站的规模应按所服务的公交线路所配营运车辆的总数来确定。一般配车总数(折算为标准车)大于50辆的为大型站点,26~50辆的为中型站点,小于26辆的为小型站点;

(4)与公交起、终站点相连的出入口道应设置在道路使用面积较为富裕、服务水平良好的道路上,尽量避免接近平面交叉口,必要时出入口可设置信号控制,以减少对周边道路交通的干扰。

(5)无轨电车终点站的折返能力,应同线路的通过能力相匹配;两条及两条线路以上无轨电车共用一对架空触线的路段,应使其发车频率与车站通过能力、交叉口架空触线的通过能力相协调。

二、公共交通枢纽站

公共交通枢纽站是公共交通线路之间、公共交通与其他交通方式之间客流转换的场所。随着城市不断扩大,公共交通线路不断地增加和延伸,客运交通方式向多元化发展,人们的工作、社交、购物、文化娱乐等各项活动的出行范围也在不断扩大、出行距离增长。乘客从起点到终点完成一次出行,往往需要使用多种交通方式或转换线路,把多种交通方式、多条线路有机地衔接起来,方便乘客换乘,是客运交通系统提高服务水平、吸引乘客的重要手段。

城市公共交通枢纽可以分为对外交通枢纽和市内交通枢纽两种。对外交通枢纽是市内公共交通与市际交通的联系点,一般在铁路客运站、长途汽车站、轮渡港口、航空港口和城市出入口道路处,这类交通枢纽在城市中的位置相对比较确定。

市内交通枢纽一般是城市区域内的客流集散点,是公共交通之间或公共交通与其他交通方式之间的转换场所,如常规公交与快速轨道交通、自行车交通的换乘枢纽,多条公交线路汇聚的交点等。其中,公交—自行车换乘枢纽的规划具有重要的现实意义,对公共交通系统而言,在某些情况下设置公交—自行车换乘枢纽可以提高公共交通的吸引力。例如,在城市边缘地区和新开发地区,出行强度不大,公交线网密度较低,步行到达公交线路的时间较长,在这些地区合理地组织自行车和公交的换乘,可以减少总的出行时间。

三、公共交通中途站点

公共交通中途站点的位置、间距、站点形式和规模对公交系统的正常运营有很大影响,是决定公交车辆运营速度和行车准时性的重要因素。

公共交通中途站点的规划布置通常主要考虑中途站点的合理间距。最优站间距规划的目标是使所有乘客出行的总行程时间最小。一般而言，较长的车站间距可提高公交车的平均运营速率，并减少乘客因停车造成的不适，但乘客从出行起点（终点）到上（下）车站的步行距离增大，并给换乘出行带来不便，而站间距缩短则相反。

公共交通中间停靠站的站距受交叉口间距和沿线客流集散点分布的影响，在整条线路上是不等的。市中心区客流密集，乘客乘距短，上下站频繁，站距宜小；城市边缘区，站距可大些；郊区线，乘客乘距长，站距可更大。设置公共交通停靠站的原则是应方便乘客乘车并节省乘客总的出行时间。几种主要公共交通方式的站距推荐值见表 10-5-2 所示。

公 共 交 通 站 距　　表 10-5-2

公共交通系统类型	市区线（m）	郊区线（m）	公共交通系统类型	市区线（m）	郊区线（m）
公共汽车与电车	500～800	800～1 000	中运量快速轨道交通	800～1 000	1 000～1 500
公共汽车大站快车	1 500～2 000	1 500～2 500	大运量快速轨道交通	1 000～1 200	1 500～2 000

《城市道路交通规划设计规范》中对公共交通车站服务面积的规定是：以 300m 为半径计算，不得小于城市用地面积的 50%；以 500m 为半径计算，不得小于 90%；城市出租汽车采用营业站定点服务时，营业站的服务半径不宜大于 1km。从保证交通安全与畅通的道路交通管理要求出发，公共交通中途停靠站点的设置应重点考虑道路交通运行状况及相应的设站条件。规划时，应遵循以下原则：

（1）中途站点应设置在公共交通线路沿途所经过的各主要客流集散点上；

（2）中途站点应沿街布置，站址宜选择在能按要求完成公交车辆的停靠和正常通行的地方，尽量减少车辆停靠对道路交通流的影响；

（3）交叉口附近设置中途站点时，一般设在过交叉口 50m 以外处，在大城市车辆较多的主干道上，宜设在 100m 以外处。

公交车站的形式按其设置位置分成路内式与港湾式两类，按站台高度又可分为高站台与低站台两种。路内式公交车站占地少，布设简单，但当有公交车在站台上停靠时，其他行驶的车辆要受其影响，产生延误，尤其是在车流量大，难以利用其他车道进行超车时，这种延误影响将更为严重。港湾式公交车站可以大大减少由于公交车进站停靠而对其他行驶中的车辆所造成的延误影响，提高安全性，缺点是要占用一定的道路空间，同时有可能对自行车交通构成较大的干扰，且公交车辆进出车站时要走一条反向曲线，车辆停靠、启动加速、驶出不够便利。公交车站的站台高度对乘客上、下车时间的影响较大，在配置普通型公交车辆的线路上，应考虑增高站台，尽量缩小车辆地板与站台的高差，以方便乘客上、下车，减少公交车辆在站点的停车时间。

四、公共交通场站设施

公共交通停车场、车辆维修场、整流站、公共交通车辆调度中心等场站设施是城市公共交通系统的重要组成部分，应与城市公共交通发展规模相匹配，用地有保证。公共交通场站布局，主要根据公共交通的车种、车辆数、服务半径和所在地区的用地条件设置。公共交通停车场宜大、中、小相结合，分散布置；车辆维修场布局应使高级维修集中，低级维修分散，并与公共交通停车场相结合。

第四节　城市公共交通营运管理

一、公共交通企业的经营机制

城市公共交通是特殊的行业，承担经济、社会双重责任，是国家在基本建设领域中重点支持的行业，不可能完全放开市场、任意经营，否则会误入单纯追求经济效益的歧途而损害社会效益；但完全不参与市场竞争，运营效率不和经济效益挂钩、服务质量下降和企业无关，长期处于亏本的状态显然不适应社会经济发展的要求。

为了进入市场，增加企业活力，提高经济效益和社会效益，1985 年国务院在改革公交的文件中提出了“改变独家经营体制，实行多家经营、统一管理，以国营为主，发展集体和个体经营”的方针，1993 年建设部按照国家总的战略发布了“全民所有制城市公共交通企业转换经营机制实施办法”，各地政府据此进行了各种探索性的改革，已开始初显成效。

政府主管部门的行政职能由直接管企业转向宏观管理，重点进行方针政策的制定和协调、监督等行业管理；公交企业在所有制和经营方式上的多元化以及公交车辆的多样化为适应市场经济机制创造了条件，部分城市还建立了专营权管理制度。

在城市交通发展政策导向上，通过重视综合交通规划、强调各种客运交通方式协调发展，使公交逐步确立作为全局性、先导性基础行业在社会生活和经济建设中的重要地位。

二、城市公交车辆调度优化

城市公共交通，尤其是道路上行驶的常规公共汽车、电车交通，是定时、定线行驶并按客流流量、流向时空分布变化而不断调节的随机服务系统。这个系统能否正常和有效地运行，不仅取决于道路和车辆、场站等物质技术设施条件，而且有赖于科学有效的营运管理系统。

公交企业的营运调度管理主要包括两个内容，一是营运调度计划的制定，二是营运调度计划的执行和监控。过去，我国城市公共汽车、无轨电车的车辆调度，基本上沿用“定点发车、两头卡点”的手工作业的调度方式，由于信息不灵、调度失控，车辆经常出现“串车”、大间隔现象。近年来，部分城市引进或自主开发了调度通信手段和车辆自动监控、营运管理信息系统，并开始部分地投入使用，显示出公共交通营运管理手段现代化的重要作用。下面对城市公共交通车辆自动监控系统作一简要介绍。

城市公共交通车辆自动监控系统（Automatic Vehicle Monitoring System for Urban Public Transport），国际上统称为 AVM 系统，是对公共交通车辆的运营数据进行自动监测和实时处理的调度系统，由自动监测设备、通信设备和计算机组成。其功能主要包括：监测车辆的动态位置；监测车辆的载客量；监测车辆的运行时刻偏离量 ；根据车辆运营数据和运行计划，辅助选择最佳调度方案 ；编制并显示各线路的运营图像、运营报表和统计曲线 ；调度室向运营车辆下达调度指令 ；建立数据库，为预测客流、编制和修改运行计划、线网优化等提供依据；与城市道路交通控制系统交换信息。

为了达到改善城市公共客运系统的服务质量、提高公交车辆有效利用水平，装备现代化的车辆运行自动监控系统，使运行车辆处于全面受控状态，是完全必要的。

第五节　城市公共交通优先通行系统设计

一、城市公共交通优先通行系统设计的必要性

在实际调查中发现，我国城市公交吸引力低的一个重要原因是公交出行时间较长，准时率难以保证。公交车在道路上行驶，与其他各种交通工具共同分享道路资源，与其他交通工具相比，公交车体积大，机动性与灵活性差，在路段上车速较低，在交叉口延误时间较长，同时更易受到行人与非机动车的干扰。一旦道路交通量上升，交通拥挤，公交车运行状况的恶化最为严重。因此，在交通较为拥挤的路段和交叉口采取公交优先通行措施，以保证其营运速度，尽量减少公交出行时间，提高公交车运行准时率，是提高公交吸引力的重要保证。

二、常用的公共交通优先策略

城市道路网络是公交车辆运行的载体。公交优先网络设计就是要在公交车所经过的道路网上采取相应的措施，使公交车运行时少受干扰、优先通行。

常见的公交优先策略有以下几种：

1.设置公交专用车道

公交专用车道一般设在城市中心区的主要道路或是通向中心区的主要放射性道路上，以及交通拥挤的桥隧或道路的瓶颈地区，在这些地方供公交车优先通过。在交通并不十分拥挤时，为了提高公交服务水平，主动吸引市民乘坐公交车，以改善城市居民的出行方式结构，也可以根据实际情况设置公交专用车道；此时，为了提高公交车道的利用效率，可以允许执行公务的警车、消防车、救护车、工程抢险车等特种车辆通行。

2.设置公交专用道路

公交专用道路是指仅允许公交车和行人通行的道路，对于较宽的道路上也可以允许自行车通行。通常在城市的中心商业区或只有两条车道而又必须行驶公交车的窄街道，可以根据实际情况考虑设置为公交专用道路。

3.交叉口公交优先通行

我国城市交叉口交通流量大，机动车、非机动车混行严重，秩序较混乱，是道路网中的瓶颈地带。公交车由于自身车辆性能的限制，在交叉口处往往会受到更大的延误。因此，交叉口上的优先措施是公交优先设计中的重要组成部分。交叉口上的公交优先措施主要有设置专门的公交车相位、公交车优先排队与通行。

采用了公交优先技术后，不论对乘客、公交运营单位，还是对道路交通系统都将带来明显效益。公交优先技术实施所带来的根本效益，在于通过公交车行驶速度提高、公交车运行准点率提高和公交乘客出行时间减少，增强公共交通的竞争力，从而有利于改善居民城市出行交通方式结构，缓解道路交通供求矛盾。

总之，随着城市公共交通各项方针政策的贯彻实施和改革措施的逐步落实，特别是“优先

发展城市公共交通”战略的确立并成为社会各界的共识,我国城市公共交通系统必将在新世纪得到稳步的发展,公共交通结构将逐步多元化,综合客运交通枢纽设施的配套建设将有计划地展开,为满足不同层次的需求,提升公共交通系统整体服务水平发挥重要作用。同时,随着科学技术的进步和城市经济的发展,在城市公共交通系统规划、建设及运营管理中将大力推广高新技术。如公交运营管理上广泛应用 GPS(全球卫星定位系统)、AVM(车辆自动监控系统)与 PIS(乘客信息系统)等新技术,GIS(地理信息系统)广泛应用于公交线网规划、公交运营计划及乘客信息系统的建立。高新技术的应用将使城市公交规划管理建立在充分的调查分析和全面的信息利用之上,从而大大提高公交规划管理决策水平,改善公交的服务质量,并有力地推动城市公交规划及运营调度管理水平的提高,城市公共交通系统将逐步实现信息化、智能化,城市居民的出行将更加方便、快捷和舒适。

参考文献

1 王炜,徐吉谦等.城市交通规划理论及其应用.南京:东南大学出版社,1998

2 周干峙等.发展我国大城市交通的研究.北京:中国建筑工业出版社,1997

3 江苏省科技协会等.城市化进程与城市可持续发展.南京:东南大学出版社,1997

4 李晓江等编译.中国城市交通发展战略.北京:中国建筑工业出版社,1997

5 J.U.汤姆逊著.城市布局与交通规划.倪文彦译.北京:中国建筑工业出版社,1982

6 杨佩昆,张树升.交通管理与控制。北京:人民交通出版社,1995

7 王炜,徐吉谦.城市交通规划理论与方法。北京:人民交通出版社,1992

8 中国公路学会.交通工程手册.北京:人民交通出版社,1998

9 中华人民共和国国标.城市道路交通规划设计规范(GB 50220－95),中国计划出版社,1995

10 郑祖武,李康,徐吉廉等编著.现代城市交通.北京:人民交通出版社,1998